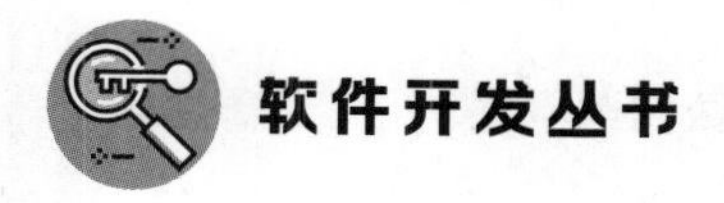

完全自学教程

梁彦冰 李银兵 ◉ 编著

人 民 邮 电 出 版 社
北 京

图书在版编目（CIP）数据

MATLAB完全自学教程 / 梁彦冰，李银兵编著. -- 北京 : 人民邮电出版社，2023.1
ISBN 978-7-115-59478-5

Ⅰ. ①M… Ⅱ. ①梁… ②李… Ⅲ. ①Matlab软件－教材 Ⅳ. ①TP317

中国版本图书馆CIP数据核字(2022)第104138号

内 容 提 要

MATLAB是一种用于数值计算和图形图像处理的工具软件，它的特点是语法结构简明、数值计算高效、图形功能完备、易学易用。它在矩阵运算、数值分析、图形图像处理、系统建模与仿真等领域都有广泛的应用。

本书从MATLAB的基础知识入手，循序渐进地介绍了MATLAB的知识体系结构和操作方法。其中主要介绍了如何使用MATLAB进行数据分析、图形图像处理、MATLAB编程、图形用户界面建立、MATLAB仿真、文件输入/输出以及应用程序接口等内容。本书侧重于利用大量的实例来引导读者快速学习和掌握MATLAB的各种功能，并尽量与实际问题相结合，以体现其工程应用的重要性。

本书系统全面、内容合理、实例丰富、层次清晰、使用方便，适用于初、中级MATLAB用户，也可作为高等学校理工科专业本科生、研究生的学习用书，教师的教学用书，以及广大科研人员和工程技术人员的参考用书。

◆ 编　　著　梁彦冰　李银兵
责任编辑　张天怡
责任印制　王　郁　陈　犇
◆ 人民邮电出版社出版发行　　北京市丰台区成寿寺路 11 号
邮编　100164　　电子邮件　315@ptpress.com.cn
网址　https://www.ptpress.com.cn
三河市中晟雅豪印务有限公司印刷
◆ 开本：787×1092　1/16
印张：35　　2023 年 1 月第 1 版
字数：924 千字　　2023 年 1 月河北第 1 次印刷

定价：119.80 元

读者服务热线：(010)81055410　印装质量热线：(010)81055316
反盗版热线：(010)81055315
广告经营许可证：京东市监广登字 20170147 号

前言

编写目的

20 世纪 70 年代后期，时任新墨西哥州立大学计算机系主任的克利夫·莫勒（Cleve Moler）利用业余时间编写了 MATLAB（Matrix Laboratory），新版的 MATLAB 是由 MathWorks 公司用 C 语言编写的，自 1984 年推向市场以来，随着版本的不断升级，它具有越来越强大的数值计算能力、更为卓越的数据可视化能力及良好的符号计算功能，现已成为国际认可的最优化的科技应用软件之一。在它的发展过程中，许多优秀的人员为它的完善做出了卓越的贡献，使它从一个简单的矩阵分析软件逐渐发展成为一个具有极高通用性、带有众多实用工具的运算操作平台。与其他高级语言相比，MATLAB 提供了人机交互的教学系统环境，并以矩阵作为基本的数据结构，可以大大节省编程时间。MATLAB 语法规则简单、容易掌握、调试方便，调试过程中可以设置断点、存储中间结果，从而能很快查出程序中的错误。

正是由于 MATLAB 的强大功能，在美国的大学中，MATLAB 受到了教授与学生的欢迎和重视。由于它能将使用者从繁重、重复的计算中解放出来，把更多的精力投入对数学的基本含义的理解上，因此，它已逐步成为许多本科生和研究生课程中的重要工具。在线性代数、高等数学、信号处理、自动控制等许多领域，不论在教学还是学生解题时，它都表现出高效、简单和直观的优势，是计算机辅助设计强有力的工具。因此在国外的高等院校里，MATLAB 已经成为线性代数、自动控制理论、概率论及数理统计、数字信号处理、时间序列分析、动态系统仿真等课程的基本教学工具，熟练运用 MATLAB 已成为本科生、研究生必须掌握的基本技能；在设计研究单位和工业部门，MATLAB 已成为研究所用的必备软件和标准软件。国际上的许多新版科技书籍（特别是高校教材）在讲述其专业内容时都把 MATLAB 作为基本工具使用。

MATLAB 在版本更新过程中，不断加入新的组件和功能。以往关于 MATLAB 的书籍均从软件组织的角度出发，向使用者介绍该软件，但从使用者的知识结构来看，由于书籍编写内容分散、无统一体系，因而往往使用者对 MATLAB 的具体功能有所了解了，但距将其与自己的数学知识相结合并从整体上把握、运用该软件还差得很远。编写本书的目的就是阐述 MATLAB 软件的整体知识结构，从最基本的知识和操作入手，深入讲解这一高效的应用软件，以大家十分熟悉的结构来组织全书，帮助使用者摆脱繁重而重复的数学计算，能有更多的时间和精力来理解严谨的数学概念和题目的含义。

内容特色

1. 内容新颖，知识全面

考虑到采用 MATLAB 进行仿真和运算分析时所需的基础知识和实践操作，本书在内容的安排上从基础的变量、函数、数据类型等入手，涉及数学分析、图形可视化、Simulink 仿真、文件读写等，详细、全面地帮助读者掌握 MATLAB 的分析方法。

2. 版本更新与内容稳定并重

随着 MathWorks 公司持续发行 MATLAB 软件的新版本，新内容不断增加到新版本中。但新版本在基础编程、基础知识和基础操作方面保持了一贯的稳定性。因此，本书在编写时兼顾了版本的更新和内容的稳定。

3. 内容深入，实例清楚

MATLAB 的基础内容涉及比较多的方面，本书在介绍相关主题的同时，将函数或命令中比较常用的部分进行了重点的分析介绍，同时，通过实例对有关函数或命令的典型知识点进行讲解，从而帮助读者理解和深入学习。

4. 精心编排，便于查阅

本书在讲解 MATLAB 命令时，精心选择了有代表性的实例。同时，将相关内容和函数、命令通过表格的形式归纳总结，方便读者在学习的同时翻阅查找。

读者群

本书的主要编写目的是向社会推广 MATLAB 软件的功能与使用方法，内容编排遵循循序渐进的原则，体现了人的认知规律，适合不同水平的读者。入门的读者可以很快地掌握一些常用的基本命令并积累编程经验，专业读者则可以从对某一工具箱的相关内容的学习中掌握相应的开发技术和技巧。本书既可以作为高等院校的教科书，又可供广大科技工作者阅读使用。

梁彦冰

2022 年 10 月

目录

第 15 章 GUI 设计……325

第 16 章 GUI 高级图形设计……337

第 17 章 GUI 用户控件操作……359

第 18 章 Simulink 基础概述……383

第 1 章 MATLAB 概述

MATLAB 是一种功能十分强大、运算效率很高的专业计算机程序，用于工程科学的矩阵数学运算，全称是 Matrix Laboratory。起初它是一种专门用于矩阵运算的软件，但经过多年的发展，MATLAB 逐渐发展成为一种极其灵活的计算体系，可以解决科学计算中大多数的重要技术问题。MATLAB 程序使用 MATLAB 语言，并提供了极其广泛的预定义函数库，拥有令人“难以置信”的各种丰富的函数，即使是基本版本的 MATLAB 语言拥有的函数也比其他的工程编程语言要丰富得多。基本的 MATLAB 语言已经拥有超过 1000 个函数，而它的工具箱含有更多的函数，由此扩展了它在许多专业领域的功能。

本章主要介绍 MATLAB 的一些基本情况，主要包括 MATLAB 的发展历史和 MATLAB R2020a 的新特点等。

1.1 MATLAB 简介

MATLAB 最初是由克利夫 · 莫勒（Cleve Moler）用 Fortran 语言设计的，有关矩阵的算法来自 LINPACK 和 EISPACK 课题的研究成果。现在的 MATLAB 是 MathWorks 公司用 C 语言开发的。本节主要介绍 MATLAB 的发展、优点及缺点。

1.1.1 MATLAB 的发展

起初，MATLAB 是专门用于矩阵运算的一种数学软件，伴随着 MATLAB 的市场化，其功能也越来越强大，从 MATLAB 4.1 开始，MATLAB 开始拥有自己的符号运算功能，从而可以代替其他一些专用的符号运算软件。

在 MATLAB 环境下，用户可以进行程序设计、数值计算、图形绘制、输入/输出、文件管理等多项操作，MATLAB 还提供了数据分析、算法实现与应用开发的交互式开发环境。

20 世纪 70 年代中期，美国新墨西哥州立大学计算机系主任 Cleve Moler 博士和其同事在美国国家科学基金会的资助下，开发了调用 LINPACK 和 EISPACK 的 Fortran 子程序。20 世纪 70 年代后期，Cleve Moler 博士编写了相应的接口程序，并将其命名为 MATLAB。

1983 年，杰克 · 利特尔（Jack Little）、Cleve Moler、史蒂夫 · 班格特（Steve Bangert）等一起合作开发了第 2 代专业版 MATLAB。1984 年，Cleve Moler 博士和一批数学专家、软件专家成立了 MathWorks 公司，继续 MATLAB 软件的研制与开发，并着力将软件推向市场。

1987 年，MathWorks 公司推出了 MATLAB 4.1，1996 年推出了 MATLAB 5.0，2001 年推出了 MATLAB 6.x，2004 年推出了 MATLAB 7.0。

2020 年 3 月，MathWorks 公司推出了 MATLAB R2020a，简化了安装流程并新增了大量功能。MATLAB R2020a 是针对专业的研究人员打造的一款实用数学运算软件，提供了丰富的数学符号和公式，并且与主流的编程软件兼容。

1.1.2 MATLAB 的优点

与其他的计算机高级语言相比，MATLAB 有着许多非常明显的优点，介绍如下。

1. 简单易学

MATLAB 允许用户以数学形式的语言编写程序，用户在命令行窗口中输入命令即可直接得到结果，这比 C、Fortran 和 Basic 等高级语言都要方便得多。由于它是用 C 语言开发的，它的流程控制语句与 C 语言中的相应语句几乎一致，所以，初学者只要有 C 语言的基础，就会很容易掌握 MATLAB 语言。

2. 简短、高效的源代码

由于 MATLAB 已经将数学问题的具体算法编成了现成的函数，用户只要熟悉算法的特点、使用场合、函数的调用格式和参数意义等，通过调用函数很快就可以解决问题，而不必花大量的时间“纠缠”于具体算法的实现。

3. 强大的矩阵运算功能

MATLAB 具有强大的矩阵运算功能，利用一般的符号和函数不仅可以对矩阵进行加、减、乘、除运算，以及转置、求逆运算，而且可以处理稀疏矩阵等特殊的矩阵，非常适合有限元等大型数值算法的编程。此外，该软件现有的工具箱，可以用于解决实际应用中的大多数数学问题。

4. 强大的图形表达功能

MATLAB 不仅可以绘制一般的二维/三维图形，如线图、条形图、饼图、散点图、直方图等，还可以绘制工程特性较强的特殊图形，如玫瑰花图、极坐标图等。科学计算会涉及大量的数据处理，利用图形展示数据的特性，能显著提高数据处理的效率，提高对数据反馈信息的处理速度和能力。MATLAB 提供了丰富的科学计算可视化功能，利用它，不仅可以绘制二维/三维矢量图、等值线图、三维表面图、假色彩图、曲面图、云图、二维/三维流线图、三维流锥图、流带图、流管图、切片图等，还可以生成快照图和进行动画制作。基于 MATLAB 句柄（handle）图形对象，结合绘图工具函数，可以根据需要用 MATLAB 绘制相应的图形。

MATLAB 也具有符号运算功能，特别是 MATLAB R2020a 在这方面的功能丝毫不逊色于其他的相关软件，如 Mathematic 和 Mathcad 等。因此，用户只需掌握 MATLAB R2020a，就几乎可以解决学习和科研中的所有符号运算问题，不必再专门学习一门符号运算语言。同时由于有了 Maple 和 MATLAB 之间的接口，符号运算问题得到了更好的解决。

5. 可扩展性强

可扩展性强是 MATLAB 的一大优点，用户可以自己编写脚本文件（M 文件），构建自己的工具箱，方便地解决本领域内常见的计算问题。此外，利用 MATLAB 编译器和运行时服务器，可以生成独立的可执行程序，从而隐藏算法并避免依赖 MATLAB。MATLAB 支持动态数据交换（Dynamic Data Exchange，DDE）和 ActiveX 自动化等机制，可以与同样支持该技术的应用程序进行接口。

6. 丰富的内部函数和工具箱

MATLAB 的内部函数库提供了相当丰富的函数，这些函数可以解决许多基本问题，如矩阵的输入。在其他语言中（如 C 语言），要输入一个矩阵，先要编写一个矩阵的子函数，而 MATLAB 语言则提供了人机交互的数学系统环境，该系统的基本数据结构是矩阵，在生成矩阵对象的时候，不要求进行明确的维数说明。与利用 C 语言或 Fortran 语言编写数值计算的程序设计相比，利用 MATLAB 可以节省大量的编程时间。这会给用户节省很多的时间，使用户能够把自己的精力放在创造方面，而把烦琐的问题交给内部函数来解决。

除了这些丰富的基本内部函数外，MATLAB 还有为数不少的工具箱。这些工具箱用于解决某些特定领域的复杂问题，如使用 Wavelet Toolbox 进行小波理论分析，或者使用 Financial Toolbox 进行金融方面问题的研究。同时，用户可以通过网络获取更多的 MATLAB 程序。

7. 支持多种操作系统

MATLAB 支持多种计算机操作系统，如 Windows 操作系统或许多不同版本的 UNIX 操作系统，而且，在一种操作系统下编制的程序转移到其他的操作系统下时，程序不需要进行任何修改。同样，在一种平台上编写的数据文件转移到另外的平台时，也不需要进行任何修改。因此，用户编写的 MATLAB 程序可以自由地在不同的平台之间转移，这给用户带来了很大的方便。

8. 可以自动选择算法

在使用其他语言编写程序时，用户往往会在算法的选择上费一番周折，但在 MATLAB 里，这个问题则不复存在。MATLAB 的许多功能函数都带有算法的自适应能力，它会根据情况自行选择最合适的算法，这样，当使用其他程序时，因算法选择不当而引起的如死循环等错误，在使用 MATLAB 时可以在很大程度上得以避免。

9. 与其他软件和语言有良好的连接

除了上面所提的 MATLAB 与 Maple 的连接外，MATLAB 与 Fortran、C 和 Basic 之间都可以很方便地实现连接，用户只需将已有的 EXE 文件转换成 MEX 文件即可。可见，尽管 MATLAB 除自身已经具有十分强大的功能之外，它还可以与其他软件和语言实现很好的“交流”，这样可以最大限度地利用各种资源的优势，从而使得用 MATLAB 编写的程序能够达到最大程度的优化。

1.1.3 MATLAB 的缺点

MATLAB 的缺点主要体现在两个方面。

首先，由于 MATLAB 是一种合成语言，因此，与一般的高级语言相比，用 MATLAB 编写的程序运行起来所用的时间往往要多一些。当然，随着计算机运行速度的不断提高，这个缺点正在逐渐弱化。而且，由于用户使用 MATLAB 编写程序比较节省时间，因此从编写程序到运行完程序的总的时间来说，使用 MATLAB 仍然比使用其他语言节省时间。

其次，虽然 MATLAB 这套软件比较贵，一般的用户可能支付不起它的高昂费用，但是，由于 MATLAB 具有极高的编程效率，因此购买 MATLAB 的昂贵费用在很大程度上可以由使用它所编写的程序的价值抵消。所以，就性价比来说，MATLAB 绝对是物有所值。但 MATLAB 对于一般的用户来说，仍然显得过于昂贵。幸运的是，MATLAB 的开发公司还发行了一种比较便宜的 MATLAB 学生版，这对广大想学习和使用 MATLAB 的用户来说，无疑是一个极好的消息。MATLAB 学生版与 MATLAB 的基本版几乎一样，可以解决很多科研和学习中遇到的问题。

总而言之，相对于 MATLAB 的优点来说，它的缺点是微不足道的，而且，随着 MATLAB 版本的不断升级，它的缺点已经变得越来越不明显。掌握 MATLAB，必将给我们的学习、科研和工作带来极大的帮助。

1.2 MATLAB 的安装

用户到网站下载适用于 Windows 操作系统的 MATLAB R2020a 软件后，可以按照相关的说明进行安装，安装方法相对比较简单。安装 MATLAB R2020a 必须具有由 MathWorks 公司提供的合法个人使用许可，如果没有使用许可，用户将无法安装 MATLAB。下面将一步一步指导读者安装

MATLAB R2020a。

在一般情况下，当用户打开 setup.exe 应用程序时，如图 1-1 所示，MATLAB 会启动安装向导，显示 MATLAB R2020a 安装开始，如图 1-2 所示。

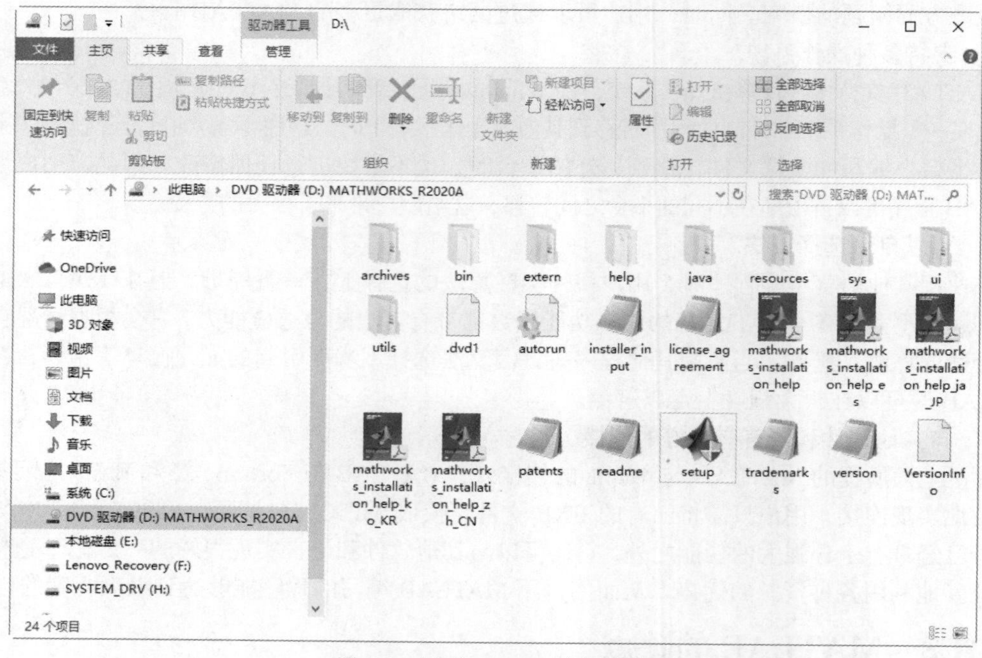

图 1-1　打开 setup.exe 应用程序

在安装过程中，选择“高级选项”下的“我有文件安装密钥”，然后单击“下一步”按钮，如图 1-3 所示。

选择图 1-4 所示的“是”单选按钮，并单击“下一步”按钮。

打开图 1-1 所示的安装文件夹中的 readme.txt 文件，复制其中的序列号。将复制的序列号粘贴在图 1-5 所示的界面的输入文件安装密钥文本框中。

当图 1-5 所示的“下一步”按钮由灰色变成蓝色后，单击进入图 1-6 所示的选择许可证文件界面，选择许可证文件。

图 1-2　开始安装

图 1-3　选择选项

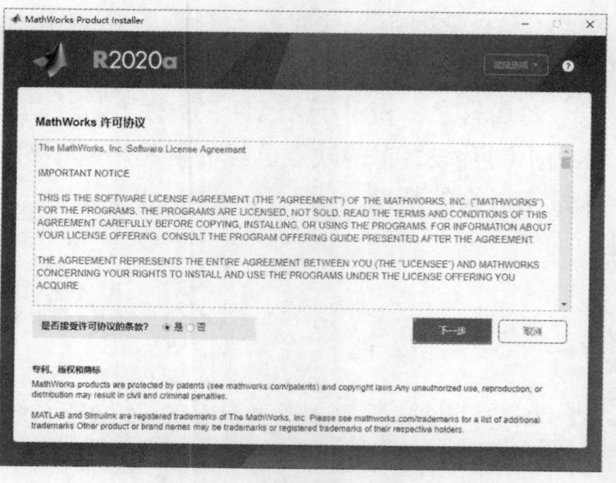

图 1-4　选择“是”单选按钮

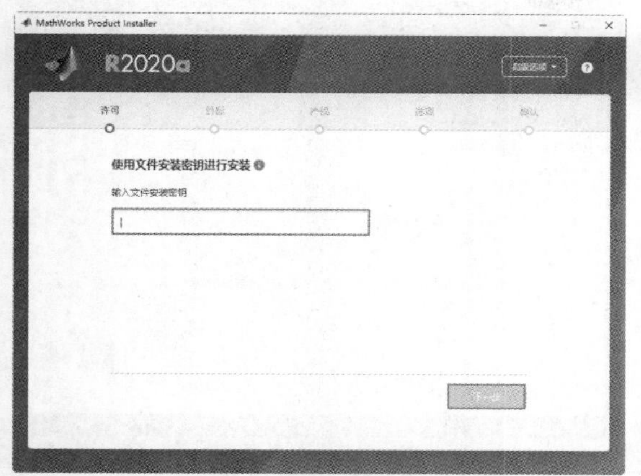

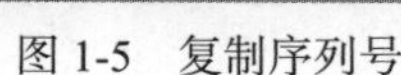
图 1-5　复制序列号

图 1-6　选择许可证文件

单击图 1-6 中的“下一步”按钮，进入选择目标文件夹界面，如图 1-7 所示。

用户根据自己的实际需要，在图 1-7 所示的界面中选择适当的安装路径，然后单击“下一步”按钮，进入图 1-8 所示的选择产品界面，用户根据自己的工作或学习需要选择安装适当的产品，不必全部安装。

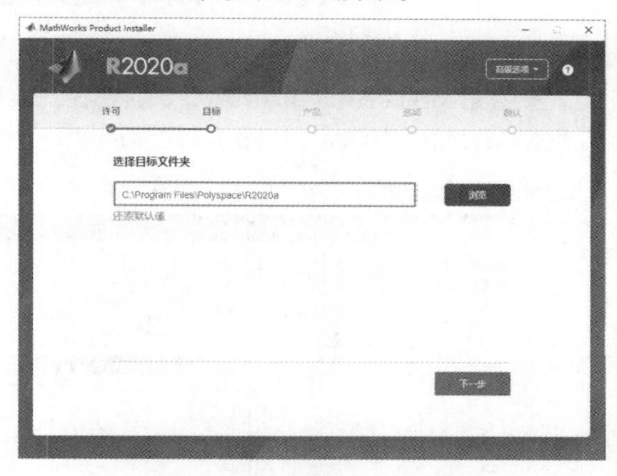

图 1-7　选择目标文件夹界面

单击图 1-8 中的“下一步”按钮，进入图 1-9 所示的选择选项界面，选择是否将快捷方式添加到桌面，勾选该复选框，接着单击“下一步”按钮。

进入确认选择界面，如图 1-10 所示，即可单击“开始安装”按钮。

安装完毕，出现图 1-11 所示的界面，提示可能需要执行其他配置步骤。

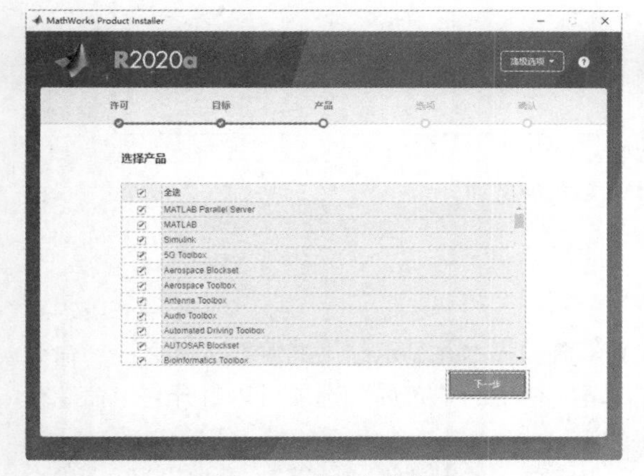

图 1-8　选择产品界面

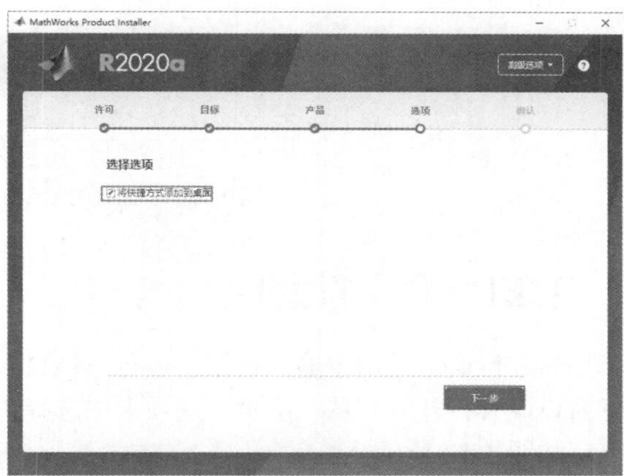

图 1-9　选择选项

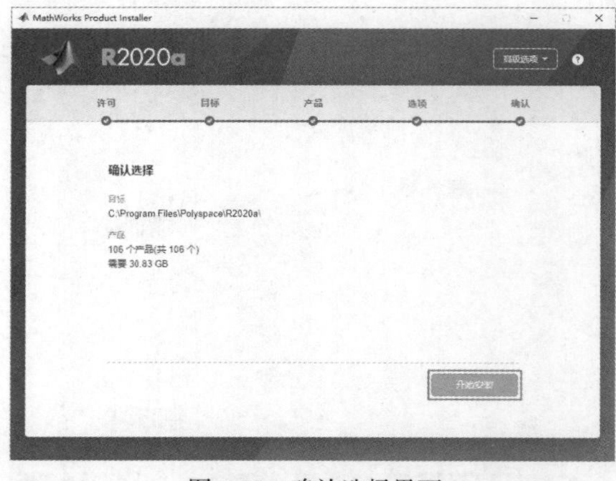

图 1-10 确认选择界面

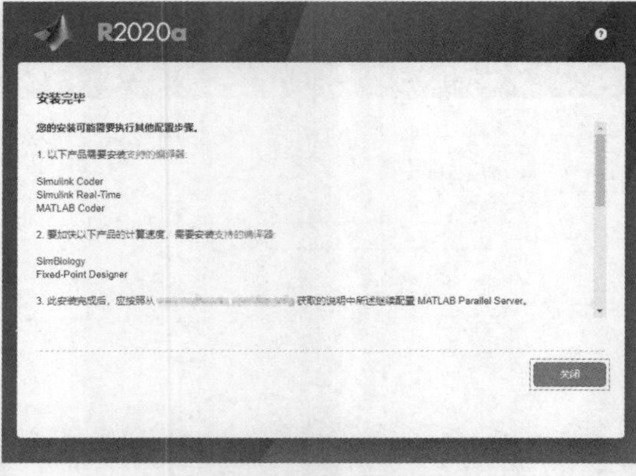

图 1-11 安装完毕界面

1.3 MATLAB 操作界面介绍

安装完 MATLAB R2020a 之后，需要在安装目录中找到 bin 文件夹，双击 MATLAB 应用程序，启动 MATLAB R2020a，如图 1-12 所示。

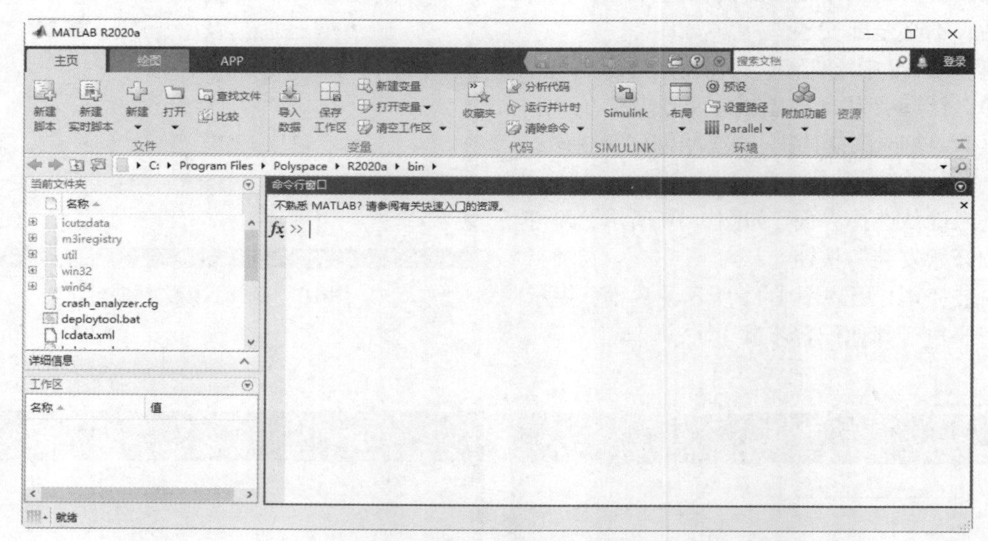

图 1-12 MATLAB R2020a 界面

1.3.1 命令行窗口

命令行窗口是用于输入数据、运行 MATLAB 函数和脚本并显示结果的主要工具之一。命令行窗口没有打开时，从“主页”选项卡中选择“环境”栏中的“布局”选项可以打开它。命令行窗口如图 1-13 所示。

如果更喜欢简单的、没有其他工具窗口的命令行窗口，依次选择“主页”→“环境”→“布局”→“仅命令行窗口”。“>>”是输入函数的提示符，表示 MATLAB 处于准备状态。MATLAB 具有良好的交互性，当在提示符后输入一段正确的运算式时，只需按 Enter 键，命令行窗口就会直接显示运算结果。

图 1-13　命令行窗口

例 1.1　计算一个圆的面积，假设圆的半径为 3。

在命令行窗口中输入如下内容。

```
>>area=pi*3^2
```

按 Enter 键确认输入，如图 1-14 所示，可以得到如下结果。

```
area =
   28.2743
```

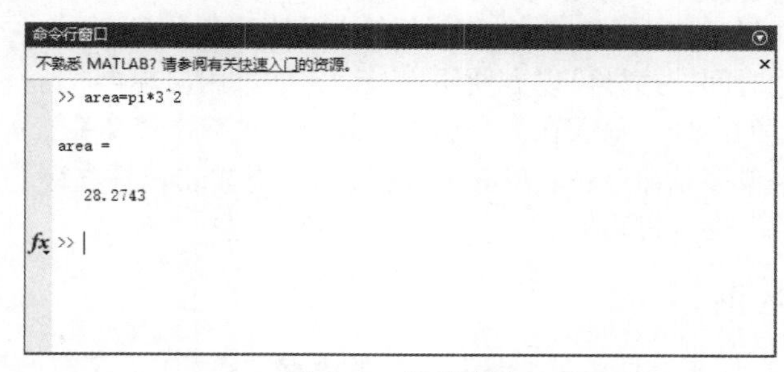

图 1-14　得到结果

同时 MATLAB 的提示符“>>”不会消失，这表明 MATLAB 继续处于准备状态。

pi 是 MATLAB 预先定义好的变量，所以不需要预先声明。结果被计算出来之后存储到一个叫 area 的变量中（其实是一个 1×1 的数组），而且这个变量能进行进一步的计算。

一般来说，一个命令行输入一条命令，命令行以回车符结束。但一个命令行也可以输入若干条命令，各命令之间以逗号分隔，若前一个命令后带有分号，则逗号可以省略。

例 1.2　在 MATLAB 命令行窗口中输入下面的命令。

```
>> x=123,y=456
x =
   123
y =
   456
>> x=123;y=456
y =
   456
```

以上两个命令行都是合法的，第 1 个命令行执行后显示 x 和 y 的值，第 2 个命令行因命令 x=123 后面带有分号，x 的值不显示，而只显示 y 的值。

如果一个命令行很长，在一行内书写不下，可能要另起一行接着写，在这种情况下我们需要在第 1 行末输入“…”并按 Enter 键，然后接着下一行继续写其他部分。其中的“…”称为续行符，即把下面的命令行看作该行的逻辑继续。

例 1.3　下面的两条语句是等价的。

```
x1=1+2+3+4+5+6+7+8+9;
```

和

```
x1=1+2+3+4+5+6…
+7+8+9;
```

后者是一个命令行，但是占用了两个物理行，第 1 个物理行以续行符“…”结束，第 2 个物理行是上一行的逻辑继续。

将一系列命令写入一个文件，在命令行窗口输入此文件的文件名，然后 MATLAB 就开始执行这个文件，而不是用直接在命令行窗口输入的方法，这样的文件叫作脚本文件，由于脚本文件的扩展名为“.m”，所以它也叫作 M 文件。

1.3.2 命令历史记录窗口

用户可以选择“主页”→“环境”→“布局”→“命令历史记录”调出或隐藏命令历史记录窗口，该窗口也可以浮动在主窗口上。命令历史记录窗口如图 1-15 所示。

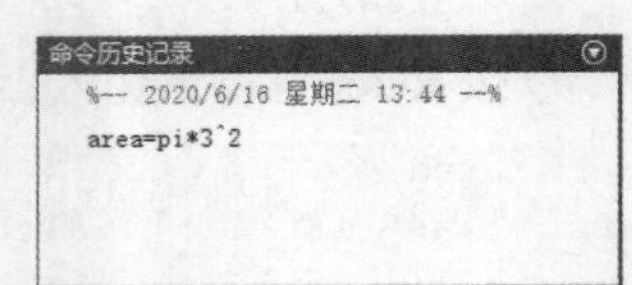

图 1-15 命令历史记录窗口

命令历史记录窗口显示用户在命令行窗口中所输入的每条命令的历史记录，并标明使用时间，这样可以方便用户查询，如果用户想再次执行某条已经执行过的命令，只需在命令历史记录窗口中双击该命令；如果用户需要从命令历史记录窗口中删除一条或多条命令，只需选中这些命令，并单击鼠标右键（又称右击），在弹出的快捷菜单中选择“删除”命令即可。

1.3.3 工作区窗口

工作区是 MATLAB 用于存储各种变量和结果的内存空间。工作区窗口是 MATLAB 集成环境的重要组成部分，它与 MATLAB 命令行窗口一样，不仅可以内嵌在 MATLAB 的工作界面，还可以以独立窗口的形式浮动在界面上，用户也可以选择“主页”→“环境”→“布局”→“工作区”调出或隐藏该窗口，工作区窗口如图 1-16 所示。在该窗口中显示工作区中所有变量的名称和值，可对变量进行观察、编辑、保存及删除。

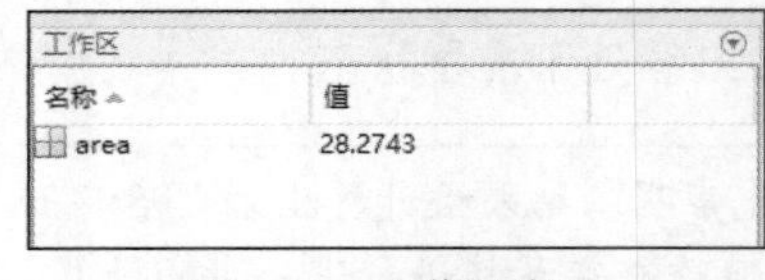

图 1-16 工作区窗口

在 MATLAB 命令行窗口中运行的所有命令都共享一个相同的工作区，所以它们共享所有的变量，初学者应当重视。

1.3.4 当前目录窗口

MATLAB 系统本身包含了数目繁多的文件，再加上用户自己开发的文件，则更是数不胜数。如何管理和使用这些文件是十分重要的问题。为了对文件进行有效的组织和管理，MATLAB 有严谨的目录结构，不同类型的文件放在不同的目录下面，而且通过路径来搜索文件。

当前目录（也称当前文件夹）是指 MATLAB 运行时的工作目录，只有在当前目录或搜索路径下的文件、函数才可以被运行或调用。如果没有特殊说明，数据文件也将存放在当前目录下。为了便于管理文件和数据，用户可以将自己的工作目录设置成当前目录，从而使得用户的操作都在当前目录中进行。

当前目录窗口也称为路径浏览器，它可以内嵌在 MATLAB 的主窗口中，也可以浮动在主窗口上。在当前目录窗口中可以显示或改变当前目录，还可以显示当前目录下的文件和相关信息，通过目录下拉列表框可以选择已经访问过的目录。单击当前路径列表框右侧的浏览按钮，可以打开路径选择对话框，用户可以设置或添加路径。

将用户目录设置成当前目录也可以使用 cd 命令。如将用户目录 e:\matlab\work 设置为当前目录，可以在命令行窗口输入以下命令。

```
cd e:\matlab\work
```

1.4　MATLAB 帮助系统

MATLAB 是功能强大的应用软件，具有许多内置函数和功能完备的工具箱，各种命令和函数数以百计，而每个命令都有自己独特的参数，每个函数也都有不同的参数和返回结果。面对这么多的命令和函数，每个人都不可能精通所有命令和函数，即使对那些常用的命令和函数亦是如此。那么当需要某个函数而又不了解它的具体用法时，一种方法就是查手头的资料，这通常是不太现实的，即使有合适的资料供查找，也很费时间；另一种方法就是利用 MATLAB 的在线查找功能。MATLAB 提供了非常完备的在线查找功能，在使用过程中可以发现，理解、掌握和精通这种方法是非常必要和有效的。对于查询系统的调用方式而言，有以下 3 种方式：

- 在 MATLAB 的帮助窗口中获得帮助信息；
- 在 MATLAB 的命令行中直接输入帮助命令，这种方式直截了当，获得信息便捷且迅速，非常常用；
- 利用 MATLAB 提供的强大的在线帮助桌面（这里面提供了按字母排序的指令索引表和按内容排序的指令索引表，还提供了功能强大的搜索引擎），在线查找各类信息，并可以运用逻辑关系运算，功能非常强大。

这 3 种方式各有特色，灵活运用一般都能查到所需要的信息，下面将主要介绍前两种方式。

1.4.1　帮助窗口

MATLAB 帮助窗口相当于一个帮助信息浏览器，使用帮助窗口可以搜索和查看所有 MATLAB 的帮助文档，还能运行相关演示程序。单击“主页”→“资源”→“帮助”选项，即可启动帮助窗口，如图 1-17 所示。该窗口包括左边的帮助向导页面和右边的帮助显示页面两部分。在左边的帮助向导页面选择帮助项目名称，将在右边的帮助显示页面中显示对应的帮助信息。

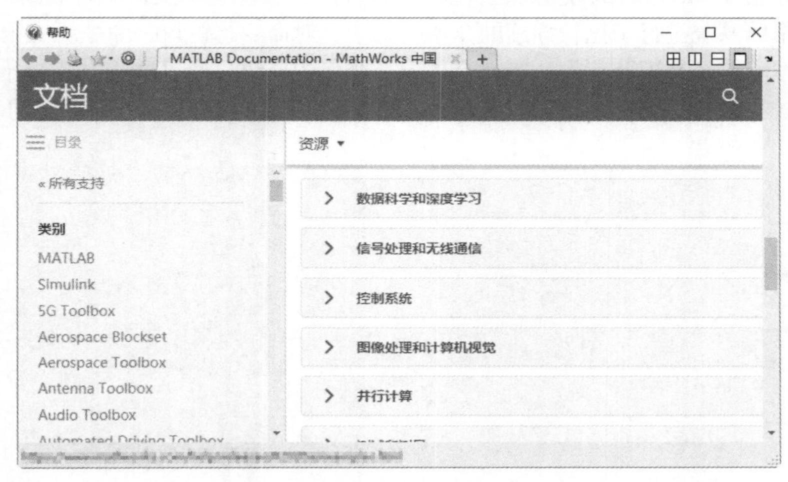

图 1-17　帮助窗口

单击帮助窗口上的🔍按钮，在出现的文本框内可以输入要查找的主题，然后按 Enter 键即可显示相关主题的查找结果。可以单击某个条目来显示这个主题的内容，以便充分了解某个命令或函数。单击“Back”按钮可以回到上一次显示的内容，单击“Forward”按钮可以跳转到下一个显示内容。

1.4.2 帮助命令

在命令行中可以配合使用 doc、help、lookfor、exit、which、who、whos、what 等命令来对函数、文件、变量和目录等信息进行查找。

在命令行窗口中输入 doc function 可以直接启动帮助窗口并显示与 function 有关的 HTML 格式的帮助信息。如输入 doc which，即可得到与 which 命令有关的信息，如图 1-18 所示。

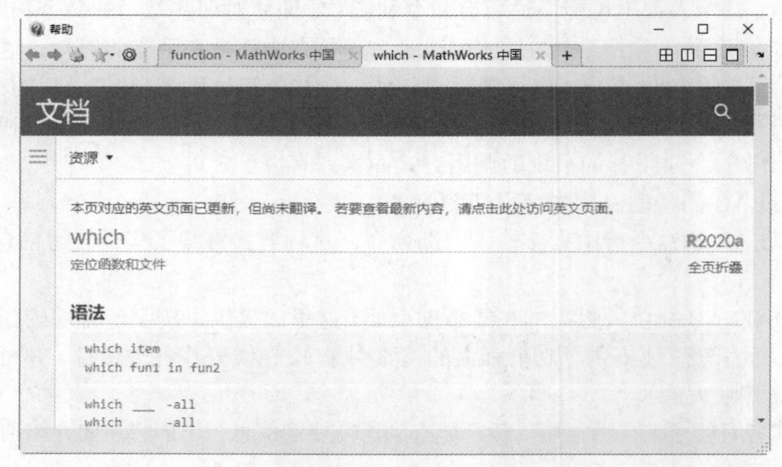

图 1-18 which 命令相关信息

1.5 本章小结

本章主要介绍了 MATLAB 的发展过程及其主要特点，在此基础上，对 MATLAB 的安装过程、工作环境以及帮助系统进行了比较详细的介绍。其中，对命令行窗口、命令历史记录窗口、目录和文件管理、搜索路径管理及工作区等内容进行了全面的介绍。通过这些内容的介绍，读者可以更快地熟悉 MATLAB 的工作和运行环境，为深入学习后面章节的内容打下更好的基础。

第2章 MATLAB基础知识

MATLAB语言以前是一种专门为进行矩阵运算所设计的语言，后来版本逐步扩充了功能。现在 MATLAB 不仅仅局限于矩阵运算领域，但其最基本、最重要的功能之一还是进行实数矩阵和复数矩阵的运算。本章主要介绍 MATLAB 语言和命令的基本知识，这是学习 MATLAB 的最基本和最重要的部分之一，对本章内容的深入理解和掌握是对其他各章进行理解和运用并对 MATLAB 进行扩展的基础。读者在学习完本章的内容后，可以进行基本的数值计算，从而能够轻松地解决许多学习和科研中遇到的计算问题。

2.1 一般运算符和操作符

一般运算符和操作符构成运算的基本的操作指令，如加、减、乘、除和乘方等运算，这些操作指令几乎在所有计算机语言中都有，且大同小异。在 MATLAB 中，几乎所有的操作都是以矩阵为基本运算单元的，这与其他计算机语言有很大不同，也是 MATLAB 的重要特点，读者在以后的学习中应该充分理解和注意。

2.1.1 运算符

针对矩阵运算，本节主要介绍加法、减法、乘法、数组乘法、乘方、数组乘方、左除、右除、点除及克罗内克（Kronecker）张量积运算。

1. 矩阵的加、减运算

其基本形式为 ***X***±***Y***，***X*** 和 ***Y*** 必须为同维的矩阵，此时各对应元素相加减。如果 ***X*** 与 ***Y*** 的维数不相同，则 MATLAB 将给出错误信息，提示用户两个矩阵的维数不匹配。

例 2.1 MATLAB 中的矩阵加、减运算。

```
X=
    2     3
    4     5
Y=
3     4
    4     3
X+Y=
5     7
    8     8
X-Y=
-1    -1
    0     2
```

2. 矩阵的乘法运算

X*****Y*** 是两个矩阵 ***X*** 和 ***Y*** 的乘积，其中 ***X*** 和 ***Y*** 必须满足矩阵相乘的条件，即矩阵 ***X*** 的列数必

须等于矩阵 ***Y*** 的行数。如果其中一个为 1×1 矩阵也合法，此时便是将每一个矩阵的元素都分别与这个数值相乘。

例 2.2 MATLAB 中的矩阵乘法运算。

```
>>X*Y
ans =
    18    17
    32    31
X*2
ans =
     4     6
     8    10
```

3. 矩阵的数组乘法运算

X.*Y 的运算结果为两个矩阵的相应元素相乘，得到的结果与 ***X*** 和 ***Y*** 同维，此时 ***X*** 和 ***Y*** 也必须有相同的维数，除非其中一个为 1×1 矩阵，此时运算法则与 ***X*Y*** 相同。

例 2.3 MATLAB 中的矩阵数组乘法运算。

```
>> X.*Y
ans =
     6    12
    16    15
>> 2.*X
ans =
     4     6
     8    10
```

4. 矩阵的乘方运算

（1）***x^Y*** 表示，如果 ***x*** 为数，而 ***Y*** 为方阵，结果由各特征值和特征向量计算得到。

（2）***X^y*** 表示，如果 ***X*** 是方阵、***y*** 是一个大于 1 的整数，所得结果由 ***X*** 重复相乘 ***y*** 次得到；如果 ***y*** 不是整数，则将计算各特征值和特征向量的乘方。

（3）如果 ***X*** 和 ***Y*** 都是矩阵，或者 ***X*** 和 ***Y*** 不是方阵，则会显示错误信息。

例 2.4 MATLAB 中的矩阵乘方运算。

```
>> X^2
ans =
    16    21
    28    37
>> X^1.5
ans =
   5.9125 - 0.1007i   7.7970 + 0.0573i
   10.3960 + 0.0764i  13.7095 - 0.0434i
>> 2^Y
ans =
   64.2500   63.7500
   63.7500   64.2500
```

5. 矩阵的数组乘方运算

X.^Y 的运算结果为 ***X*** 中元素对 ***Y*** 中对应元素求幂，形成的矩阵与原矩阵维数相等，这里 ***X*** 和 ***Y*** 必须维数相等，或其中一个为数，此时运算法则等同于 ***X^Y***。

例 2.5 MATLAB 中的数组乘方运算。

```
>> X.^Y
ans =
     8    81
   256   125
```

6. 矩阵的左除运算

A\B 称作矩阵 ***A*** 左除矩阵 ***B***，其运算结果基本与 INV(A)B 相同，但其算法却是不相同的。如果 ***A*** 是 $N\times N$ 的方阵，而 ***B*** 是 N 维列向量，或是由若干 N 维列向量组成的矩阵，则 ***X=A\B*** 是方

程 **AX=B** 的解，**X** 与 **B** 的大小相同，对于 **X** 和 **B** 的每个列向量，都有 **AX**(n)=**B**(n)，此解是由高斯消元法得到的。很显然，A\EYE(SIZE(A))=INV(A)EYE(SIZE(A)) =INV(A)。如果 **A** 是 $M\times N$ 的矩阵（$M\neq N$），**B** 是 M 维列向量或由若干 M 维列向量组成的矩阵，则 **X=A\B** 是欠定或超定方程 **AX=B** 的最小二乘解。**A** 的有效秩 L 由旋转的正交三角（QR）分解得到，并至多在每列 L 个零元素上求解。

例 2.6　MATLAB 中的矩阵左除运算。

```
A =
     1     2
     3     4
B =
     2     3
     3     2
>> A\B
ans =
   -1.0000   -4.0000
    1.5000    3.5000
```

7. 矩阵的右除运算

B/A 称为矩阵 **A** 右除矩阵 **B**，其运算结果基本与 B*INV(A)相同，但其算法是不同的，可以由左除运算得到，即 **B/A**=(**A'\B'**)'。它实际上是方程 **XA=B** 的解。

例 2.7　MATLAB 中的矩阵右除运算。

```
>> B/A
ans =
    0.5000    0.5000
   -3.0000    2.0000
>> (A'\B')'
ans =
    0.5000    0.5000
   -3.0000    2.0000
```

8. 矩阵的点除运算

如果 **B** 和 **A** 都是矩阵，且维数相同，则 **B./A** 就是 **B** 中的元素除以 **A** 中的对应元素，所得结果矩阵的大小与 **B** 和 **A** 都相同；如果 **B** 和 **A** 中有一个为数，则使此数与相应的矩阵中的每个元素进行运算，结果矩阵与参加运算的矩阵大小相同。

例 2.8　MATLAB 中的矩阵点除运算。

```
>> B./A
ans =
    2.0000    1.5000
    1.0000    0.5000
>> B./2
ans =
    1.0000    1.5000
    1.5000    1.0000
```

9. 矩阵的 Kronecker 张量积运算

K=kron(A,B)返回 **A** 和 **B** 的张量积，取值为矩阵 **A** 和 **B** 的元素间所有的可能积。如果 **A** 是 $m\times n$ 矩阵，而 **B** 是 $p\times q$ 矩阵，则 kron(A,B)是 $mp\times nq$ 的矩阵。如 **A** 是 2×2 的矩阵，则有下式成立。

kron(A,B)=[A(1,1)*B　　A(1,2)*B
　　　　　A(2,1)*B　　A(2,2)*B]

如果 **A** 和 **B** 中有一个为稀疏矩阵，则只有非零元素会参与运算，所得的结果亦是稀疏矩阵。

例 2.9　MATLAB 中的矩阵 Kronecker 张量积运算。

```
>> kron(A,B)
ans =
     2     3     4     6
     3     2     6     4
```

```
     6     9     8    12
     9     6    12     8
```

2.1.2 操作符

MATLAB 中的操作符主要包含冒号、百分号、续行符、单引号及分号，下面分别进行介绍。

1. 冒号“:”

此符号在矩阵的构造和运算中非常有用，它可以用来产生向量，用作矩阵的下标（也称索引），以及部分地选择矩阵的元素，进行行循环操作等，熟练掌握可以在矩阵的运算中受益匪浅。其基本用法如下。

j:*k* 等价于[*j*,*j*+1,…,*k*]。

j:*i*:*k* 等价于[*j*,*j*+*i*,*j*+2**i*,…,*k*]。

j:*k* 中，如果 *j*>*k* 则返回空值；*j*:*i*:*k* 中，如果 *j*>*k* 并且 *i*>0，或 *j*<*k* 并且 *i*<0 都会返回空值。

A(:,*i*)取 **A** 矩阵的第 *i* 列。

A(*i*,:)取 **A** 矩阵的第 *i* 行。

A(:,:)以 **A** 的所有元素构造二维矩阵，如果 **A** 是二维矩阵，则结果就等于 **A**。

A(*j*:*k*)等价于 **A**(*j*),**A**(*j*+1),…,**A**(*k*)。

A(:,:,*k*)表示三维矩阵，*k* 为第三维度。

A(:)将所有 **A** 的元素作为一个列向量，如果此操作符在赋值语句的左边，则用右边矩阵的元素来填充矩阵 **A**，矩阵 **A** 的结构不变，但要求两边矩阵的元素个数相同，否则会出错。

例 2.10 MATLAB 中冒号的用法。

```
>> a=rand(3,4)
a =
    0.8147    0.9134    0.2785    0.9649
    0.9058    0.6324    0.5469    0.1576
    0.1270    0.0975    0.9575    0.9706
>> b=rand(2,2,3)
b(:,:,1) =
    0.9572    0.8003
    0.4854    0.1419
b(:,:,2) =
    0.4218    0.7922
    0.9157    0.9595
b(:,:,3) =
    0.6557    0.8491
    0.0357    0.9340
>> b(:,:,3)
ans =
    0.6557    0.8491
    0.0357    0.9340
>> b(:,:)
ans =
    0.9572    0.8003    0.4218    0.7922    0.6557    0.8491
    0.4854    0.1419    0.9157    0.9595    0.0357    0.9340
>> a(:)=b
a =
    0.9572    0.1419    0.7922    0.0357
    0.4854    0.4218    0.9595    0.8491
    0.8003    0.9157    0.6557    0.9340
```

2. 百分号“%”

百分号在 M 文件和命令行中表示注释，即在一行中百分号后面的语句都被忽略而不被执行。在 M 文件中，百分号后面的语句可以用 help 命令输出。

3. 续行符“…”

如果一条命令很长，一行容不下，可以用 3 个或更多的点加在一行的末尾，表示此行未完，而在下一行继续。

4. 单引号“'”

表示矩阵的转置。

5. 分号“;”

分号用在“[]”内，表示矩阵中行的结尾；也可以用在每行命令的结尾，它不会返回结果。分号还可以用在 M 文件中控制命令的显示，并压缩输出篇幅。

例 2.11　MATLAB 中分号的用法。

```
>> c=[1 2;3 4]
c =
     1     2
     3     4
```

2.2　数据格式显示

虽然在 MATLAB 系统中数据的存储和计算都是以双精度数方式进行的，但其显示格式却可以有不同的形式。在 MATLAB 的命令行中通常可以利用 format 命令来调整数据的不同显示格式。format 命令的格式和作用如下。

（1）format：默认值，数据显示格式与 short 格式相同。

（2）format short：短格式，只显示 5 位数。对于小于 1000 且大于 0.0001 的小数，则整数部分会按数据的原格式显示，而小数只会显示到小数点后面 4 位，如 123.45678 即显示 123.4568；对于大于 1000 或小于 0.0001 的小数，其显示格式与 format short e 相同，即小数部分只显示 5 位数，如输入 0.00001 便会显示 1.0000e−005，而输入 1000.123456 则会显示 1.0001e+003，而对于整数，绝对值小于 10e9 则按原样输出，而大于等于 10e9 的数则其显示格式与 format short e 相同。可以通过实验来比较它与 format short e 之间的联系与区别。

（3）format long：长格式，显示 15 位数。也就是将所有的小数都用 e 格式输出，e 左边为 15 位数，如输入 1.2 则会输出 1.20000000000000e+000，这与 format long e 格式基本相同；而对于整数，绝对值小于 10e9 的数按原样输出，而大于等于 10e9 的数则按 e 格式输出，如输入 10000 则显示 10000，而输入−1000000000 则显示−1.00000000000000e+009。

（4）format short e：短格式 e 方式，对于任意小数采用 e 格式，只显示 5 位小数，如输入 1.2 则会显示 1.2000e+000；对于整数，其显示格式与 format short 格式相同。

（5）format long e：长格式 e 方式，显示 15 位小数。对于任意小数都会采用 e 格式显示，如输入 1.2 则显示 1.20000000000000e+000；对于整数，其显示格式参照 format short。

（6）format short g：最优化短格式，最多显示 5 位数，系统会根据数据的大小和形式采用比较好的显示数据的方式，如略去小数后面的零等。如输入 1.234e1 则显示 12.34，输入 1234.5678 则显示 1234.6，输入 1234567.8888 则显示 1.2346e+006，输入 0.02000 则显示 0.02 等，其显示方式看起来比较灵活和更加合理。对于整数的显示方式，可以参照 format short 格式。

（7）format long g：最优化长格式，最多显示 15 位数。其显示规则大体与 format short g 相同，现举例加以说明。输入 1.2 则显示 1.2，输入 1.2345678900 则显示 1.23456789，输入 1.234567890123456789 则显示 1.23456789012346，输入 1234567890123456.1234567 则显示 1.23456789012346e+015。

（8）format hex：十六进制格式。显示二进制双精度数的十六进制形式，如输入 1.2 则显示

3ff3333333333333，输入−2.3456 则显示 c002c3c9eecbfb16。

（9）format bank：货币格式。保留小数点后两位小数，对于整数亦是如此。但并不是简单的四舍五入法，如输入 0.355 则显示 0.36，而是输入 0.345 则显示 0.34；对于任意整数其后都显示两位小数，如输入 1 则显示 1.00。

（10）format rat：有理格式。对于整数则照常显示，而对于小数则用两个整数相除的方式显示。如输入 0.5 和 1/2 则都会显示 1/2，输入 6.33333 则显示 19/3。注意：用有理小数表示分数是有一定精度要求的，如输入 6.3333 则只会显示 63333/10000，而不会显示 19/3。

（11）format +：紧密格式。用“+”“−”或空格表示数据为正、负或零。如输入 1−2 则会显示“−”，输入 3 则会显示“+”，输入 0 则会输出一个空格。

例 2.12 MATLAB 中 format 命令的用法。

```
>> format compact
>> a=[123.4567 3;3.845678 5]
a =
      123.4567        3
      3.8456          5
```

不论采用什么样的显示格式，数据在内存中的精确度是不会变的，即不影响数据的存储。对于 a=19/3，当用 format short 格式显示时是 6.3333，而改用 format rat 格式显示时仍是 19/3，而不会因为已经用 format short 格式显示过而丢失精度。

2.3 关系运算符

关系运算符主要用来对数与矩阵、矩阵与矩阵进行比较，并返回反映二者之间大小关系的由数 0 和 1 组成的矩阵。基本的关系运算符主要有 6 个：>、<、>=、<=、==、~=。下面分别介绍它们的用法。

1. 大于“>”

A>B，如果矩阵 **A** 中的元素大于矩阵 **B** 中相应位置的元素，则在输出矩阵的此位置上输出 1，反之则输出 0；如果其中之一为数值，则将这个数与另一对象的每一个元素进行比较。

函数 gt(A,B)亦是判断 **A** 是否大于 **B**，**A** 和 **B** 可以是矩阵、数值或任意其他的对象。

2. 小于“<”

A<B，如果矩阵 **A** 中的元素小于矩阵 **B** 中相应位置的元素，则在输出矩阵的此位置上输出 1，反之则输出 0；如果其中之一为数值，则将这个数与另一对象的每一个元素进行比较。

函数 lt(A,B)亦是判断 **A** 是否小于 **B**，**A** 和 **B** 可以是矩阵、数值或任意其他的对象。

3. 大于或等于“>=”

A>=B，如果矩阵 **A** 中的元素大于或等于矩阵 **B** 中相应位置的元素，则在输出矩阵的此位置上输出 1，反之则输出 0；如果其中之一为数值，则将这个数与另一对象的每一个元素进行比较。

函数 ge(A,B)亦是判断 **A** 是否大于或等于 **B**，**A** 和 **B** 可以是矩阵、数值或任意其他的对象。

4. 小于或等于“<=”

A<=B，如果矩阵 **A** 中的元素小于或等于矩阵 **B** 中相应位置的元素，则在输出矩阵的此位置上输出 1，反之则输出 0；如果其中之一为数值，则将这个数与另一对象的每一个元素进行比较。

函数 le(A,B)亦是判断 **A** 是否小于或等于 **B**，**A** 和 **B** 可以是矩阵、数值或任意其他的对象。

5. 等于“==”

A==B，如果 **A** 和 **B** 都为矩阵，则 **A** 和 **B** 必须具有相同的维数，运算时将 **A** 中的元素和 **B** 中的对应元素进行比较，如果两者相等，则在输出矩阵的对应位置输出 1，反之输出 0。如果 **A** 和 **B**

其中之一为数值，则将这个数与另一对象的每一个元素进行比较。无论何种情况，返回结果都是参与运算的矩阵有相同维数的由 0 和 1 组成的矩阵。其余关系运算中对 **A** 和 **B** 的要求与返回结果的维数所满足的条件亦是如此。

函数 eq(A,B)亦是对 **A** 和 **B** 进行比较，看是否相等。其中，**A** 和 **B** 可以是矩阵或数值，也可以是其他的对象，如 figure 对象。

6. 不等于“~=”

A~=B，与 **A==B** 相反，如果 **A** 和 **B** 中相同位置上的对应元素不相等，则在输出矩阵的对应位置输出 1，反之输出 0。由此可见，所得矩阵中的 0 和 1 应该与 A==B 得到的矩阵中 0 和 1 的位置相互颠倒。

同样，函数 ne(A,B)对 **A** 和 **B** 进行比较，也可以用于对两个矩阵进行比较。

例 2.13　MATLAB 中关系运算符的用法。

```
>> a=[1 2;3 4]
a =
        1              2
        3              4
>> a>1
ans =
     0     1
     1     1
>> a<3
ans =
     1     1
     0     0
>> a>=2
ans =
     0     1
     1     1
>> a<=2
ans =
     1     1
     0     0
>> eq(a,b)
ans =
     1     1
     0     0
>> a==1            %找出 a 中等于 1 的元素
ans =
     1     0
     0     0
>> a~=b
ans =
     0     0
     1     1
```

2.4　逻辑运算和逻辑函数

逻辑运算和逻辑函数在计算机语言中是普遍存在的，在 MATLAB 中包含与、或、非、异或 4 种基本的逻辑运算。逻辑表达式和逻辑函数的值应该为逻辑“真”或“假”。MATLAB 系统在给出逻辑运算的结果时，以“1”代表“真”，以“0”代表“假”；但在判断一个量是否为“真”时，以“0”代表“假”，以任意的非零数代表“真”。MATLAB 的逻辑运算也是以矩阵为基本运算单元的。

2.4.1　逻辑运算

符号“&”“|”“~”“xor”分别代表逻辑运算中的与、或、非、异或，它们作用于数组元素。“0”代表逻辑“假”，而任意非零数代表逻辑“真”。逻辑运算的运算法则如下。

- 在逻辑数组中，“0”代表逻辑“假”，“1”代表逻辑“真”。
- 如果两个标量 *a* 和 *b* 参与运算，则逻辑运算的运算规则如表 2-1 所示。
- 如果两个维数相同的矩阵参与运算，则将 **A** 和 **B** 相同位置上的元素按标量逻辑运算的规则进行计算，结果返回与矩阵 **A** 和 **B** 同样大小的矩阵，其元素由同位置上的 **A** 和 **B** 的元素进行逻辑运算的结果所决定。
- 如果标量 *a* 和矩阵 **A** 参与运算，则将 *a* 和 **A** 中的所有元素进行逻辑运算，返回结果是由 0 和 1 组成的与 **A** 具有同样维数的矩阵。
- 在逻辑运算符、关系运算符和计算运算符三者中，逻辑运算符的优先级最低，但是逻辑“非”的优先级最高。
- 在逻辑“与”“或”“非”三者中，“与”的优先级高于“或”的优先级，且都低于“非”的优先级。
- 通过增加“()”可以改变各运算符之间的优先级。

表 2-1　逻辑运算的运算规则

输入		与	或	异或	非
a	*b*	a&b	a|b	xor(a,b)	~a
0	0	0	0	0	1
0	1	0	1	1	1
1	0	0	1	1	0
1	1	1	1	0	0

例 2.14　MATLAB 中逻辑运算符的用法。

```
>> a=[1 2;3 4]
a =
     1     2
     3     4
>> b=[1 0;0 1]
b =
     1     0
     0     1
>> a&b                %求逻辑“与”的值
ans =
     1     0
     0     1
>> a|b                %求逻辑“或”的值
ans =
     1     1
     1     1
>> ~b                 %求逻辑“非”的值
ans =
     0     1
     1     0
>> xor(a,b)           %求逻辑“异或”的值
ans =
     0     1
     1     0
>> ~a-1>=1
ans =
     0     0
     0     0
>> a-1>=1&0
ans =
     0     0
     0     0
>> ~(a-1>=1)
```

```
ans =
     1     0
     0     0
>> ~a-1
ans =
    -1    -1
    -1    -1
>> 1|0&0
ans =
     1
>> 0&0|1
ans =
     1
>> and(a,b)
ans =
     1     0
     0     1
```

在 M 文件中，可以用 and(A,B)、or(A,B)、not(A) 分别进行“与”“或”“非”的操作，亦可以在命令行中直接输入，其结果与用“&”“|”“~”运算所得结果相同。

2.4.2　逻辑函数

MATLAB 从 3.0 版本开始提供逻辑函数，这些函数对交互运算和进行矩阵变换非常有用，可以很方便地查找或替换矩阵中满足一定条件的部分或所有元素。只有在使用过程中认真体会每个函数的具体用法，大家才能在实际应用过程中灵活运用。

1. all()函数：判断是否所有元素都为非零数

如果要获得矩阵或向量中非零元素的位置或个数，可以利用 all()函数。此函数对于向量 **a**（行向量或列向量），如果向量中的每个元素都是非零数，all(a)返回逻辑“真”，即“1”；如果至少一个元素为零，则返回逻辑“假”，即“0”。对于矩阵 **A**，all(A)是作用于列向量上的，即如果矩阵 **A** 的某列的所有元素都是非零数，则返回结果的当前列为逻辑“真”，即“1”；如果至少有一个为零，则返回结果的当前列为逻辑“假”，即“0”。显然，返回结果为与矩阵 **A** 具有同列维的行向量。如果 **A** 是多维矩阵，则 all(A)将是以第 1 个不是单维的维作为向量进行运算，运算规则同向量运算规则。all(A,dim)将指定的第 dim 维作为向量进行运算。

例 2.15　判断矩阵 **A**=[0 1 2;3 4 5]的所有元素是否都大于或等于 1。

```
>> all(all(A))
ans =
     0
>> A>=1
ans =
     0     1     1
     1     1     1
>> all(A>=1)
ans =
     0     1     1
```

而对矩阵 **A**=[0 1 2;3 4 5]再做一次 all()的逻辑运算，便可以得到最终的结果 0。

从以上分析不难看出，如果 **A**=[0 1 2;3 4 5]，则 all(all(A>=1))=1。

例 2.16　举例说明 all()函数运算的规则。

```
>> A=[0 1 2;3 4 5]
A =
     0     1     2
     3     4     5
>> all(A)
```

```
ans =
     0     1     1
>> all(A,2)
ans =
     0
     1
>> c=rand(1,2,3)
c(:,:,1) =
    0.8147    0.9058
c(:,:,2) =
    0.1270    0.9134
c(:,:,3) =
    0.6324    0.0975
>> all(c)
ans(:,:,1) =
    1
ans(:,:,2) =
    1
ans(:,:,3) =
    1
```

由上例可以看出，三维列向量 ***c*** 进行 all()的逻辑运算时，是将第 2 维作为向量进行计算的，而不是将第 1 维作为向量进行计算。

技巧：在 M 函数中，可以充分利用 all()函数的功能，对向量或矩阵进行判断，并根据返回结果做出相应的反应。如下面的一段程序。

```
if all(all(A>=1))
    %存放将要执行的代码
end
```

2. any()函数：判断是否有一个向量元素为非零数

在矩阵处理中，有时候需要判断矩阵中的元素是否有零或非零数，如在对矩阵进行数组除时，就需要判断作为除数的矩阵是否有零元素，any()函数可以实现这一功能。此函数有 3 种调用格式：any(a)、any(A)、any(A,dim)。对于向量 ***a***（行向量或列向量），如果向量中至少有一个元素为非零数，any(a)返回逻辑"真"，即"1"；而如果所有元素都为零，则返回逻辑"假"，即"0"。对于矩阵 ***A***，any(A)与 all(A)一样，也是作用于列向量上的，即如果矩阵 ***A*** 的某列中存在某个元素为非零数，则返回结果的当前列为逻辑"真"，即"1"；如果所有元素都为零，则返回结果的当前列为逻辑"假"，即"0"。如果 ***A*** 是多维矩阵，则 any(A)将第 1 个不是单维的维作为向量进行运算，运算规则同向量运算规则。any(A,dim)将指定的第 dim 维作为向量进行计算。

例 2.17　举例说明 any()函数运算的规则。

```
>> A=[0 1 2;0 3 4]
A =
     0     1     2
     0     3     4
>> any(A)
ans =
     0     1     1
>> any(A,2)
ans =
     1
     1
```

any()函数的其余规则与 all()函数基本相同，在此不赘述。

3. exist()函数：查看变量或函数是否存在

在 MATLAB 程序设计中，有时候需要知道变量是否已经被定义过，即是否存在于当前内存中，有时候还需要详细了解变量的类型，这时 exist()函数就显得非常有用。a=exist('A')返回变量或者函数的状态或类型，*a* 值和 ***A*** 对应的状态或类型如表 2-2 所示。

表 2-2　　exist()函数中 *a* 值与 ***A*** 对应的状态或类型

a 的值	***A*** 对应的状态或类型
0	如果 ***A*** 不存在或没在 MATLAB 的搜索路径下
1	如果 ***A*** 是工作空间中的一个变量
2	如果 ***A*** 是一个 M 文件或是一个在 MATLAB 搜索路径下的未知类型的文件
3	如果 ***A*** 是一个 MATLAB 搜索路径下的 MEX 文件
4	如果 ***A*** 是一个 MATLAB 搜索路径下的已编译的 Simulink 函数（MDL 文件）
5	如果 ***A*** 是 MATLAB 的内置函数
6	如果 ***A*** 是一个 MATLAB 搜索路径下的 P 文件
7	如果 ***A*** 是一个路径，不一定是 MATLAB 的搜索路径
8	如果 ***A*** 是一个 Java 类

如果 A 存在于 MATLAB 的搜索路径下，但并不是 MATLAB 可以识别的非 M 文件，即非 MDL 文件、MEX 文件时，exist('A')或 exist('A.ext')将返回 2。

在 exist('A')中，A 可以是当前路径下的子目录或相对路径。

如 MATLAB 的当前路径为 D:\Program Files\MATLAB，则输入 exist('bin')便会得到如下内容。

```
>> exist('bin')
ans =
     7
```

当然也可以检验计算机上的任意一条路径，但必须要输入全部路径。

如下面一段程序。

```
>> exist('D:\Program Files\MATLAB')
ans =
     7
```

findall.p 是 toolbox\matlab 目录下的一个 P 文件，输入如下。

```
>> exist('findall')
ans =
     6
>> exist('sin')
ans =
     5
```

flag=exist('A',kind)，如果 MATLAB 找到指定类型 kind 下的对象 ***A*** 的话，此语句返回逻辑“真”，即 flag 值为“1”，否则返回逻辑“假”，flag 值为“0”。其中，kind 参数的取值如下。

- exist('A','var')：仅检查工作空间中的变量。
- exist('A','builtin')：仅检查 MATLAB 的内置函数。
- exist('A','file')：检查 MATLAB 搜索路径下的文件和路径。
- exist('A','dir')：仅检查路径。

如下面一段程序。

```
>> exist('a','var')                %在工作空间的变量中查找变量 a
ans =
     0                             %表明没有找到名为“a”的变量
>> exist('A','var')                %在工作空间的变量中查找变量 A
ans =
     1                             %表明找到名为“A”的变量
>> exist('A','builtin')            %在内置函数中查找函数 A
```

```
ans =
     0                                    %表明没有找到名为“A”的函数
```

4. find()函数：找出向量或矩阵中非零元素的位置标识

在许多情况下，都需要对矩阵中符合某一特定条件的元素的位置进行定位，如将某一矩阵中为零的元素设为 1 等。如果这个矩阵的元素非常多，手工修改就非常麻烦，而灵活运用 find()函数和各种逻辑及关系运算可以实现绝大多数条件下的元素定位。find()函数的基本用法有 k=find(A)、[i,j]=find(A)、[i,j,v]=find(A)，它是一个很有用的逻辑函数，在对数组元素进行查找、替换和修改变化等操作中占有非常重要的地位，熟练运用该函数可以方便而灵活地对数组进行操作。

k=find(A)：此函数返回由矩阵 ***A*** 的所有非零元素的位置标识组成的向量。如果没有非零元素则会返回空值。

例 2.18 举例说明 find()函数的运算规则。

```
>> a=[0 1;2 3;0 4]
a =
     0     1
     2     3
     0     4
>> find(a)              %查找 a 中的非零元素
ans =                   %结果显示元素的位置标识是按列进行的，即从 1 开始
     2                  %数完第 1 列再数第 2 列，依次数下去
     4
     5
     6
>> b(:,:,1)=[0 0;1 2]
b =
     0     0
     1     2
>> b(:,:,2)=[3 4;5 6]
b(:,:,1) =
     0     0
     1     2
b(:,:,2) =
     3     4
     5     6
>> find(b)
ans =
     2
     4
     5
     6
     7
     8
```

从以上内容不难看出，多维数组的元素位置标识是从低维到高维依次进位的，如对于一个三维数组 ***b***，它的元素 ***b***(1,1,1)、***b***(2,1,1)、***b***(1,2,1)、***b***(2,2,1)、***b***(1,1,2)、***b***(2,1,2)、***b***(1,2,2)、***b***(2,2,2)的位置标识依次为 1、2、3、4、5、6、7、8。

[i,j]=find(A)：此函数返回矩阵 ***A*** 的非零元素的行和列的位置标识，其中 *i* 代表行标，而 *j* 代表列标。此函数经常用在稀疏矩阵中。在多维矩阵中通常将第 1 维用 i 表示，将其余各维作为第 2 维，用 *j* 表示。如对于上面的三维数组 ***b***，有如下程序。

```
>> [i,j]=find(b)
i =
     2
     2
     1
     2
     1
     2
j =
```

```
        1
        2
        3
        3
        4
        4
```

[i,j,v]=find(A)：此函数返回矩阵 **A** 的非零元素的行和列的位置标识，其中 *i* 代表行标，而 *j* 代表列标，同时，将相应的非零元素的值放于列向量 **v** 中，即 *i* 和 *j* 的值与[i,j]=find(A)取值相同，只是增加了非零元素的值这一项，如下面一段程序。

```
>> [i,j,v]=find(b)
i =
      2
      2
      1
      2
      1
      2
j =
      1
      2
      3
      3
      4
      4
v =
      1
      2
      3
      5
      4
      6
>> a=[-1 -2;-3 -4]
a =
     -1    -2
     -3    -4
>> find(a<-3)                 %找出 a 中小于-3 的元素的位置
ans =
      4
>> find(a<-2)                 %找出 a 中小于-2 的元素的位置
ans =
      2
      4
>> find(a==-1)                %找出 a 中等于-1 的元素的位置
ans =
      1
>> a(find(a==-4))=-5          %找出 a 中等于-4 的元素并将其换为-5
a =
     -1    -2
     -3    -5
```

利用 find()函数可以实现部分矩阵的替换。

例 2.19　利用 find()函数实现部分矩阵的替换。

```
>> b=[3 4;5 6]
b =
      3     4
      5     6
>> a(find(a==-3))=b(find(a==-3))          %将矩阵 a 中等于-3 的元素换为矩阵 b 中相应位置上的元素
a =
     -1    -2
      5    -5                             %原来的-3 被替换为 5
>> a(find(a==-5))=[]                      %将矩阵 a 中等于-5 的元素删除
a =
     -1     5    -2
```

技巧：在矩阵运算中通常可以采用这种方法进行矩阵删除，即将矩阵的某个或某行元素直接赋值为零。

如果要删除矩阵 ***b*** 中的第 2 行，可以用如下方法实现。

```
>> b(2,:)=[]
b =
     3     4
```

上面“()”中的“:”为操作符，代表矩阵 ***b*** 中第 2 行的所有元素。

5. isfinite()函数：确认矩阵元素是否为有限值

isfinite(A)：如果矩阵 ***A*** 中的元素为有限值，则此函数在返回矩阵的相应位置上输出 1，否则输出 0。有限值为具有确定值的数，而 NaN、+Inf、-Inf 等都被视为无限值。isinf(A)用于判断矩阵 ***A*** 的元素是否为无限值，用法与 isfinite()函数相同。

NaN 称为不确定值，通常由 0/0、Inf ± Inf、Inf/Inf 及 NaN 与其他任何数进行运算得到；Inf 称为无穷大数，可以由任意非零实数除以零得到，而复数除以零会得到 NaN 数。

例 2.20　isfinite()函数的用法。

```
>> c=[1 2;3 4]
c =
     1     2
     3     4
>> isfinite(c)
ans =
     1     1
     1     1
>> d=[1 +inf;nan -inf]
d =
     1   Inf
   NaN  -Inf
>> isfinite(d)
ans =
     1     0
     0     0
>> isinf(d)
ans =
     0     1
     0     1
```

6. isempty()函数：确认矩阵是否为空矩阵

不要把空矩阵、零矩阵及矩阵不存在 3 个概念混淆。空矩阵说明矩阵存在，但是矩阵没有元素；零矩阵是指矩阵的所有元素都为零；矩阵不存在是指当前的工作空间中没有定义此矩阵变量。isempty(A)可以判断一个存在的矩阵变量 ***A*** 是否为空矩阵，如果矩阵变量 ***A*** 为空矩阵则返回逻辑“真”，否则返回逻辑“假”。零矩阵至少有一维是零，如 0×0、0×5、0×3×3 等。零矩阵没有任何元素，可以用函数 size(A)来判断，如果其中有一维为零，则 A 就是零矩阵。

例 2.21　isempty()函数的用法。

```
>> a=[]
a =
     []
>> size(a)
ans =
     0     0
>> b=rand(3,3,3);
>> b(:,:,:)=[]
b =
   Empty array: 0-by-3-by-3
>> size(b)
```

```
ans =
     0     3     3
```

说明

b 是 0×3×3 维矩阵，因而 ***a*** 是零矩阵。

```
>> isempty(b)
ans =
     1
```

7. isequal()函数：判断对象是否相等

isequal(A,B,C...)：如果要判断的所有对象 ***A,B,C***...具有相同的类型、大小和内容，对于矩阵来说，就是所有矩阵的维数相同，而且矩阵元素的数值相同。如果满足这样的条件，此函数返回逻辑“真”；反之，只要有一个对象与其他对象不相同，就会返回逻辑“假”。

例 2.22　isequal()函数的用法。

```
>> a=[1 2]
a =
     1     2
>> b=[1 2]
b =
     1     2
>> c='hello world'
c =
hello world
>> d=[1;2]
d =
     1
     2
>> isequal(a,d)
ans =
     0
>> isequal(a,b)
ans =
     1
>> isequal(a,b,c)
ans =
     0
```

8. isnumeric()函数：判断对象是不是数据

isnumeric(A)：如果 ***A*** 是数据矩阵，如稀疏矩阵、双精度矩阵、复数矩阵等，此函数返回逻辑“真”；反之，如果 ***A*** 是字符串、结构体矩阵等，则返回逻辑“假”。

例 2.23　isnumeric()函数的用法。

```
>> isnumeric(a)
ans =
     1
>> isnumeric(c)
ans =
     0
>> e=[1+2i 3+4i]
e =
   1.0000 + 2.0000i   3.0000 + 4.0000i
>> isnumeric(e)
ans =
     1
```

还有一些逻辑函数也比较常用，为了保持完整性，将其部分列出，以供参考。

issparse()：判断是否为稀疏矩阵。

isstr()：判断是否为字符串。

islogical()：判断是否为逻辑矩阵。

isfield()：判断对象是否为某个结构体矩阵的域。

isstruct()：判断是否为结构体。

ishandle()：判断是否为图像句柄。

2.5 字符串操作

在许多计算机高级语言中，字符串处理一向是作为非常重要的部分。由于 MATLAB 注重矩阵的计算和处理，因此字符串在 MATLAB 中的重要性比在其他高级语言中略低一些，但 MATLAB 处理字符串的功能还是非常强大的，它提供了完善的处理字符串的函数，如对字符串进行比较、取子串等。同样，MATLAB 对字符串的操作也是建立在矩阵处理的基础上的，读者可以从以下的内容中仔细体会。

2.5.1 MATLAB 中的字符串符号

在 MATLAB 中，要建立一个字符串变量，可以写成 ***S***='字符串'，即用' '将输入的字符串括起来，注意不是" "，这与其他的一些高级语言不同。而要建立一个字符串矩阵，则输入如下。

```
SA=['string11'  'string12'  …
'string21'  'string22'  …
'stringn1'  'stringn2'  …]
```

与数组不同，字符串矩阵的每一行字符串的个数可以不同，但是每一行的所有字符串中字符的总个数必须相同，如果不满足这个条件，即使每行中字符串的个数相同，也会出错。事实上，MATLAB 将一行内的所有字符串都合并起来，构成一个字符串，单个字符串之间不加空格，这正是每行中输入的字符串的个数可以不相同的根本原因，如下面一段程序。

```
>> SA=['hello';'world';'我是李某某']
SA =
hello
world
我是李某某
```

利用这个特点，可以用[ ]将任意字符串连接起来。

将上例中 SA 的上下两行连接起来，操作如下。

```
>> [SA(1,:) SA(2,:) SA(3,:)]
ans =
helloworld我是李某某
```

MATLAB 将字符串当作行向量，每个元素对应一个字符；也就是说字符串存在一个行向量中，向量的每个元素对应一个字符。

```
>> size(s)
ans =
     1    11
```

例 2.24 用 whos 命令查看字符串属性。

```
>> whos
  Name        Size              Bytes  Class
  SA          2x16                 64  char
  ans         1x2                  16  double
  area        1x1                   8  double
  c           1x10                 20  char
  d           1x18                 36  char
  s           1x11                 22  char
>> class(s)
```

```
ans =
char
>> c='It''s a dog'            %字符串内为两个'，而不是"
c =
It's a dog
>> d='She said:"I am OK"'     %字符串内为两个"，而不是两个'
d =
She said:"I am OK"
```

MATLAB 在处理字符串矩阵时是把它当作数据矩阵来处理的，字符串中的每个字符都是矩阵的元素，这样字符串矩阵也应当满足数据矩阵的所有条件，即要求每行的元素个数必须相同，上下两行的字符总数必须相同。

字符串的标识方法和数值向量或矩阵的标识方法相同，也就是可以对元素进行提取或重新赋值的操作，如下面一段程序。

```
>> s1='My name is 李某某'
s1 =
My name is 李某某
>> s1(12)
ans =
李
>> s2=s1(end:-1:1)
s2 =
某某李 si eman yM
```

2.5.2 一般通用字符串操作

通用字符串操作包括字符串与 ASCII 码间的转换、字符串与数据间的转换、字符串大小写间的转换、字符串中空格的删除等，这些操作都是非常常用和基本的字符串操作。其他高级语言中的字符串操作一般都含有这些操作，因而可以称之为通用字符串操作。

1. 将整数数组转换为字符串

s=string(A)：其中 **A** 为正整数数组，这个函数的作用是将整数数组转换为字符串，字符串中字符的 ASCII 码即 **A** 中相应的元素值。

例 2.25 string()函数的用法。

```
>> a=[84 104 105 115 32 105 115 32 97 110 32 101 120 97 109 112 108 101]
a =
  Columns 1 through 9
    84   104   105   115    32   105   115    32    97
  Columns 10 through 18
   110    32   101   120    97   109   112   108   101
>> string(a)
ans =
This is an example
>> b=[1 2 3 4 5 6;81 72 58 124 112 114]
b =
     1     2     3     4     5     6
    81    72    58   124   112   114
>> string(b)
ans =
 ┐└┘─
QH:|pr
```

利用 string()函数可以将任意整数数组转换为相应的字符串。

2. 将 ASCII 码转换为字符串矩阵

char(A)：此函数将由正整数组成的矩阵 A 转换为字符串矩阵，矩阵 **A** 的元素的范围一般为 0～65535，超出这个范围的是没有定义的，但也可以显示出结果，只是系统会给出超出范围的警告。

s=char(C)：如果 **C** 是由字符串组成的单元矩阵，此函数将单元矩阵 **C** 转换为字符串矩阵，字符串矩阵的每行就是单元矩阵的每个元素，且用空格将每个字符串补齐，以保证字符串矩阵的合法性。也可以用 cellstr()函数将一个字符串矩阵转换为一个字符串单元矩阵。

s=char(s1,s2,s3,…)：此函数以各个字符串是 ***s***1,***s***2,***s***3,…为每行构成字符串矩阵 ***S***，并自动以适当的空格追加在较短的字符串的后面，使各行的字符串的字符个数相同，以构造合法的字符串矩阵。参数中的空字符串也会被空格填充为相同大小的空格字符串。

例 2.26 char()函数的用法。

```
>> s={'My' 'name' 'is' '李某某'}
s =
    'My'    'name'    'is'    '李某某'
>> k=char(s)
k =                 %k 的每行字符串都用空格补成长度相同的
My
name
is
李某某
>> cellstr(k)       %将字符串矩阵转换为单元矩阵
ans =
    'My'
    'name'
    'is'
    '李某某'
```

3. 将字符串转换成 ASCII 码

abs(S)：***S*** 为字符串，此函数返回 ***S*** 的每个字符的 ASCII 码，结果是一个整数矩阵，可以当作一般的矩阵处理。

例 2.27 abs()函数的用法。

```
>> b=abs(k)
b =
          77         121          32          32
         110          97         109         101
         105         115          32          32
       26446       26576       26576          32
```

4. 将字符串转换为相应的 ASCII 码

double(S)：此函数的作用与 abs(S)有相同之处，它是将符号矩阵或字符串转换为由双精度形式的浮点数组成的矩阵。在符号运算中，它是按双精度形式计算符号表达式的结果。

例 2.28 double()函数的用法。

```
>> double('ab')
ans =
    97    98
>> c=sym('1+2')
c =
3
>> double(c)
ans =
     3
```

5. 输出空格

blanks(n)函数用于输出 *n* 个空格。此函数在调整输出格式、输出多个空格时很有用，可以精确地输出需要的空格。它通常与 disp()函数一起使用，对输出格式进行调整。

例 2.29 blanks()函数的用法。

```
>> a=blanks(6);
>> size(a)
ans =
     1     6
>> b=['10 spaces' blanks(10) 'end']
```

```
b =
10 spaces          end
```

6. 将字符串进行大小写转换

upper(s)函数用于将字符串或字符串矩阵 **s** 中的所有的小写字母转换成大写字母，原有的大写字母保持不变。

lower(s)函数用于将字符串或字符串矩阵 **s** 中的所有的大写字母转换成小写字母，原有的小写字母保持不变。

例 2.30　upper()函数和 lower()函数的用法。

```
>> s=['hello';'WORLD'];
>> upper(s)
ans =
HELLO
WORLD
>> lower(s)
ans =
hello
world
```

7. 将字符串作为命令执行

a=eval('字符串表达式')：此函数返回由字符串表达式执行的结果。可以将各个不同部分放在“[]”内以形成一整条命令。这个函数在 M 文件中进行交互式执行命令时很有用。

例 2.31　利用 eval()函数依次对 a1 ~ a9 分别赋值 1 ~ 9。

```
>> for i=1:9
eval(['a' char(abs('0')+i) '=' char(abs('0')+i)])
end
a1 =
     1
a2 =
     2
a3 =
     3
a4 =
     4
a5 =
     5
a6 =
     6
a7 =
     7
a8 =
     8
a9 =
     9
```

2.5.3　字符串比较操作

字符串比较操作主要涉及对字符串按字母顺序进行比较以及对字符串进行匹配、查找、替换、提取子串等一系列的操作。这些是比较有用的操作，也可以归入调用命令部分，下面来详细讲解。

1. 比较两个字符串

strcmp('string1', 'string2')：将两个字符串进行比较，如果两个字符串相等，此函数返回逻辑“真”，否则返回逻辑“假”，即此函数只能判断两个字符串是否相等，而不能判断按字母顺序谁在谁前面。

strcmp(C1,C2)：如果 **C1** 和 **C2** 都是由字符串组成的大小相同的单元矩阵，则此函数返回一个与单元矩阵相同大小的逻辑矩阵。如果单元矩阵 **C1** 和 **C2** 相同位置上的字符串相同，则在逻辑矩阵的相应位置上输出 1，否则输出 0。**C1** 和 **C2** 其中之一或二者全部都可以为字符串或字符串矩阵，但返回的逻辑矩阵与单元矩阵大小相同。

例 2.32 利用 strcmp()函数对两个字符串进行比较。

```
>> strcmp('hello','hello')
ans =
     1
>> strcmp('hello','world')
ans =
     0
>> c1={'my' 'name';'is' 'lilei'}
c1 =
    'my'     'name'
    'is'     'lilei'
>> c2={'her' 'name';'is' 'lili'}
c2 =
    'her'     'name'
    'is'      'lili'
>> c3='NAME'
c3 =
NAME
>> c4 = ['my' 'name';'is' 'lili']
c4 =
myname
islili
>>  c5 = ['my' 'name';'is' 'lili']
c5 =
myname
islili
>> strcmp(c1,c2)
ans =
     0     1
     1     0
>> strcmp(c1,c3)
ans =
     0     0
     0     0
>> strcmp(c5,c4)
ans =
     1
```

前导或后导空格也会参与比较，比较函数对大小写敏感。

2. 比较字符串的前 n 个字符

strncmp('string1','string2',n)：如果两个字符串的前 n 个字符相同，则此函数返回逻辑“真”，否则返回逻辑“假”，比较函数对大小写敏感。

strncmp(C1,C2,n)：如果 $C1$ 和 $C2$ 为由字符串组成的大小相同的单元矩阵，则此函数将相同位置的字符串的前 n 个字符进行比较。如果相同就在相同位置输出 1，否则输出 0；如其中之一为字符串，则将单元矩阵中的所有字符串都与这个字符串进行比较，返回与单元矩阵大小相同的逻辑矩阵。

例 2.33 利用 strncmp()函数对两个字符串的前 n 个字符进行比较。

```
>> s1='Matlab';s2='MatLab';
>>  strncmp(s1,s2,3)
ans =
     1
>> strncmp(s1,s2,4)
ans =
     0
>> c1={'good' 'bad';'Matlab' 'Matlab'}
c1 =
    'good'      'bad'
    'Matlab'    'Matlab'
```

```
>> c2='MatLab'
c2 =
MatLab
>> strncmp(c1,c2,3)
ans =
     0     0
     1     1
>> strncmp(c1,c2,4)
ans =
     0     0
     0     0
```

3. 匹配字符串操作

strmatch('substr',S)：***S*** 可以是字符串矩阵或由字符串组成的单元矩阵，如果是单元矩阵，则必须是单列，函数返回以字符串 substr 开始的行的行号。字符串矩阵的查找速度要比单元矩阵的查找速度快。

例 2.34　利用 strmatch()函数对字符串进行匹配。

```
>> k=strmatch('good',strvcat('good','badgood','goodbad'))
k =
     1
     3
>> s={'yes';'noyes';'yesno'}
s =
    'yes'
    'noyes'
    'yesno'
>> strmatch('yes',s,'exact')
ans =
     1
```

4. 在字符串中查找子串

findstr('str1','str2')：此函数在长字符串中查找短字符串，并返回长字符串中短字符串开始的所有位置。子串和母串在括号中都既可在前也可在后，即 str1、str2 中任意一个都可作为子串或母串。

例 2.35　利用 findstr()函数在字符串中查找子串。

```
>> s='This is a good goose.'
s =
This is a good goose.
>> b=findstr(s,'oo')
b =
12    17
```

5. 字符串替换操作

strrep('str1','str2','str3')：此函数将字符串 str1 中的所有的字符串 str2 用字符串 str3 来代替。其中，str1、str2 和 str3 任何一个都可以为字符串组成的单元矩阵或矩阵，返回的结果与此单元矩阵或矩阵大小相同。如果两个或两个以上为单元矩阵或矩阵时，则它们的类型和大小必须相同（每行的字符个数是不同的）。

例 2.36　利用 strrep()函数对字符串进行替换操作。

```
>> strrep(s,'oo','ee')
ans =
This is a geed geese.
>> str1={'matlab' 'welcome';'you' 'me'}
str1 =
    'matlab'    'welcome'
    'you'       'me'
>> str2={'MatLab' 'lab';'good' 'software'}
str2 =
    'MatLab'    'lab'
    'good'      'software'
>> str3={'mat' 'come';'you' 'me'}
str3 =
    'mat'    'come'
```

```
    'you'     'me'
>> strrep(str1,str3,str2)
ans =
    'MatLablab'     'wellab'
    'good'          'software'
>> strrep(str1,'me','you')
ans =
    'matlab'     'welcoyou'
    'you'        'you'
>> strrep('MatLab',str2,'!!!')
ans =
    '!!!'        'MatLab'
    'MatLab'     'MatLab'
>> strrep('matlab','lab',str3)
ans =
    'matmat'     'matcome'
    'matyou'     'matme'
```

6. 得到指定的子串

strtok('string',d)：此函数返回由字符 d 作为分隔符的字符串 string 的第 1 部分，也就是说，返回字符串 string 中第 1 个字符 d 之前的所有字符。如果字符串中不含有字符 d，则返回整个字符串；如果 d 字符恰好为字符串 string 的第 1 个字符，则返回除第 1 个字符之外的所有字符。合法的 d 可以为任意字符或字符串，如果 d 为字符串，则将它的第 1 个字符作为分隔符。如果 string 中有前导空格，则前导空格将被忽略。

strtok('string')：此函数以默认的回车符（ASCII 为 13）、制表符（ASCII 为 9）、空格（ASCII 为 32）作为分隔符，前导空格将被忽略。

[token,rem]=strtok(…)：此函数不单返回查找结果 token，还返回剩余的字符串 rem，其中不包括分隔符，前导空格被忽略。其中 strtok(…)可以为 strtok('string')或 strtok('string',d)形式。

例 2.37 利用 strtok()函数得到指定的子串。

```
>> s='This is my good friend.'
s =
    This is my good friend.
>> strtok(s,'is')
ans =
    Th
>> strtok(s,'o')
ans =
    This is my g
>> strtok(s,'T')
ans =
    his is my good friend.
>> strtok(s,' ')
ans =
    This
>> strtok(s)
ans =
    This
>> [token,rem]=strtok(s,'m')
token =
    This is
rem =
    my good friend.
>> [token,rem]=strtok(s)
token =
    This
rem =
     is my good friend.
```

7. 判断字符串中的元素是否为字母

isletter(s)：*s* 可以是字符串或字符串矩阵，此函数返回与 *s* 维数相同的逻辑矩阵，如果 *s* 中的元素为字母，则在逻辑矩阵的相应位置上输出 1，否则输出 0。

例 2.38　利用 isletter()函数判断字符串中的元素是否为字母。

```
>> isletter(s)
ans =
  Columns 1 through 9
     1     1     1     1     0     1     1     0     1
  Columns 10 through 18
     1     0     1     1     1     1     0     1     1
  Columns 19 through 23
     1     1     1     1     0
```

8. 判断字符串中的元素是否为空格

isspace(s)：此函数与 isletter(s)函数用法相同，在为空格的逻辑矩阵的相应位置上输出 1，否则输出 0。

例 2.39　利用 isspace()函数判断字符串中的元素是否为空格。

```
>> isspace(s)
ans =
  Columns 1 through 9
     0     0     0     0     1     0     0     1     0
  Columns 10 through 18
     0     1     0     0     0     0     1     0     0
  Columns 19 through 23
     0     0     0     0     0
```

2.5.4　字符串与数值间的相互转换

MATLAB 主要是针对数据或矩阵运算的，因而在对字符串进行操作时必然会经常遇到字符串与数值之间相互转换的问题。将计算结果按照某种格式输出，或对图形对象进行标注和说明时就必须将数值转换为字符串。MATLAB 提供了将数值转换为字符串和将字符串转换为数值这两种功能的函数。

1. 将整数转换为字符串

int2str(A)：其中 **A** 可以为数或矩阵，当然也包括复数。如果 **A** 为数，则此函数将 **A** 转换为字符串；如果 **A** 为矩阵，则转换为字符串矩阵，每个数之间用空格隔开；如果 **A** 为复数或复数矩阵，则只将其实部进行转换，即 int2str(real(A))。real(A)为取矩阵 A 的实部，如果 **A** 中元素不为整数，则先取整，再进行转换。

例 2.40　利用 int2str()函数将整数转换为字符串。

```
>> A=[1.2 2.3 3.4;4.5 5.6 6.7]
A =
    1.2000    2.3000    3.4000
    4.5000    5.6000    6.7000
>> a=int2str(A)
a =
1  2  3
5  6  7
>> b=1234.5678;
>> int2str(b)
ans =
1235
>> c=7.2+8.9i;
>> int2str(c)
ans =
7
```

2. 将浮点数转换为字符串

num2str()：此函数将浮点数转换为字符串。这个函数在作图过程中用相应的计算结果对输出图形进行说明和标注时非常有用，可以用在 M 函数中，根据不同的图形对标注进行相应的更改。

num2str(A)：此函数将浮点数或数组 **A** 转换为字符串或字符串矩阵，如果为复数，则其实部和虚部都不能忽略。

num2str(A,N)：N 指定了转换的精度，即指定了字符串中每个数最多包含 N 位数。

num2str(A,format)：此函数用指定的格式化字符串 format 转换数或矩阵 **A**。关于格式化输出，格式化字符串的表示方法与 C 语言相同。

例 2.41 利用 num2str()函数将浮点数转换为字符串。

```
>> A=[123.4566666 789.25444444;-1.485962222 0.0000578426];
>> a=num2str(A)
a =
 123.4567       789.2544
-1.485962  5.78426e-005
>> B=[1.2345+1.2000i 2.54785+3.5000i;5.47854+6.2000i 9.12045+4.5000i];
>> b=num2str(B,3)
b =
1.23+1.2i            2.55+3.5i
5.48+6.2i            9.12+4.5i
>>  A=[123.4566666 789.25444444;-1.485962222 0.0000578426];
>> a=num2str(A, '%10.3g')
a =
  123        789
-1.49 5.78e-005
```

3. 将字符串转换为浮点数

str2num(S)：**S** 可以为字符串或字符串矩阵，**S** 必须是合法的数据形式或表达式。如果 **S** 为表达式，则此函数会给出计算所得的表达式的值，其功能与 feval()函数相同。**S** 中合法的字符可以包括数字 0~9，小数点“.”，正负号“+”“−”，表示 10 的乘方的“e”，表示复数虚部的“i”，以及各种数学符号，如*、/、sin、log 等。

例 2.42 利用 str2num()函数将字符串转换为浮点数。

```
>> str2num(a)
ans =
  123.0000  789.0000
   -1.4900    0.0001
>> str2num('sin(1+2)')
ans =
   0.1411
>> str2num('2*3;4/5-6')
ans =
    6.0000
   -5.2000
```

2.5.5 进制间的转换

数据在计算机中是以二进制数的形式存在的，而十六进制数在实际的表示中比二进制数要方便，因而除了十进制数之外，二进制数和十六进制数都是比较常用的两种数据。MATLAB 提供了二进制数、十进制数、十六进制数和字符串之间转换的函数，这些函数在将数据以二进制数或十六进制数形式进行格式化输出时是非常有用的。

1. 把十进制整数转换为十六进制字符串

dec2hex(A)：此函数将一个小于 2^{52} 的非负整数转换为十六进制字符串。

dec2hex(A,n)：此函数将一个小于 2^{52} 的非负整数 **A** 转换为 n 位十六进制字符串。如果实际转换为的十六进制字符串的位数小于 n，则其余位上为 0；如果实际转换为的十六进制字符串的位数大于 n，则忽略此限制。**A** 可以为由满足上述条件的整数组成的矩阵，返回结果为字符串矩阵。

例 2.43 利用 dec2hex()函数将十进制整数转换为十六进制字符串。

```
>> a=dec2hex(12345)
a =
```

```
3039
>> b=dec2hex(12345,10)
b =
0000003039
>> c=dec2hex(12345,1)
c =
3039
>> A=[12345,67];
>> d=dec2hex(A,1)
d =
3039
0043
```

2. 把十六进制字符串转换为十进制整数

hex2dec(S)：此函数将字符串或字符串矩阵表示的十六进制数转换为相应的十进制整数。

例 2.44 利用 hex2dec()函数将十六进制字符串转换为十进制整数。

```
>> hex2dec(d)
ans =
       12345
          67
```

3. 把十六进制字符串转换为浮点数

hex2num(S)：此函数将字符串表示的十六进制数转换为双精度浮点数。如果输入的字符串少于 16 个字符，函数会用 0 在其后面补足 16 个字符。S 可以为字符串矩阵。此函数也可以处理 NaN 和 Inf 等数。

例 2.45 利用 hex2num()函数将十六进制字符串转换为浮点数。

```
>> hex2num('e')
ans =
 -2.6816e+154
>> hex2num('e000000000000000')
ans =
 -2.6816e+154
>> hex2num(['e03';'21b'])
ans =
  1.0e+155 *
   -2.1452
    0.0000
>> hex2num('ffff')
ans =
   NaN
>> hex2num('fff')
ans =
  -Inf
```

4. 把十进制数转换为二进制字符串

dec2bin(A)：此函数将十进制数或矩阵 **A** 转换为其二进制字符串。**A** 本身或 **A** 的元素（**A** 是矩阵时）都必须是小于 2^{52} 的非负整数。

dec2bin(A,n)：此函数将十进制数或矩阵 **A** 转换为由 *n* 个字符组成的二进制字符串（**A** 对应的 *n* 位二进制数）。如果实际转换为的二进制数的位数小于 *n*，则其余位上为 0；如果实际转换为的二进制数的位数大于 *n*，则忽略此限制。

例 2.46 利用 dec2bin()函数将十进制数转换为二进制字符串。

```
>> A=[12 23;34 56];
>> dec2bin(A)
ans =
001100
100010
010111
111000
>> dec2bin(A,8)
ans =
```

```
00001100
00100010
00010111
00111000
```

2.6 数值数据类型

数值是 MATLAB 中数学运算的最基本对象之一。在 MATLAB 中，主要包括各种有无符号的整数型数据、双精度型数据及单精度型数据等。本节主要介绍这些数值数据类型。

2.6.1 整数

MATLAB 支持表 2-3 所示的各种整数类型，主要包括 8 位、16 位、32 位及 64 位的有符号和无符号类型的整数数据类型。由于在 MATLAB 中默认的数据是双精度型的数据，因此，在定义整数变量时，需要指定变量的数据类型。

表 2-3 MATLAB 中的整数类型

整数类型	说明
uint8	8 位无符号整数，数值范围为 0 ~ 255（$0\sim2^8-1$）
int8	8 位有符号整数，数值范围为−128 ~ 127（$-2^7\sim2^7-1$）
uint16	16 位无符号整数，数值范围为 0 ~ 65535（$0\sim2^{16}-1$）
int16	16 位有符号整数，数值范围为−32768 ~ 32767（$-2^{15}\sim2^{15}-1$）
uint32	32 位无符号整数，数值范围为 0 ~ 4294967295（$0\sim2^{32}-1$）
int32	32 位有符号整数，数值范围为−2147483648 ~ 2147483647（$-2^{31}\sim2^{31}-1$）
uint64	64 位无符号整数，数值范围为 0 ~ 18446744073709551615（$0\sim2^{64}-1$）
int64	64 位有符号整数，数值范围为 −9223372036854775808 ~ 9223372036854775807（$-2^{63}\sim2^{63}-1$）

需要说明的是，虽然表 2-3 中定义的整数数据类型不同，但是这些类型的数据具有相同的性质，例如下面的程序。

```
>> x1=int8(1:9)
x1 =
     1    2    3    4    5    6    7    8    9
>> x2=int8(randperm(9))
x2 =
     6    3    7    8    5    1    2    4    9
>> x1+x2
ans =
     7    5   10   12   10    7    9   12   18
>> x1-x2
ans =
    -5   -1   -4   -4    0    5    5    4    0
>> x1.*x2
ans =
     6    6   21   32   25    6   14   32   81
>> x1./x2
ans =
     0    1    0    1    1    6    4    2    1
```

每种类型的数据都可以通过函数 intmax()和 intmin()来查询此种数据的上下限。

例 2.47 利用 intmax()和 intmin()函数查询数据的上下限。

```
>> a=int16(50)
a =
```

```
       50
>> intmin('int16')
ans =
 -32768
>> intmax('int16')
ans =
  32767
>> class(a)
ans =
int16
```

以上代码显示出 MATLAB 中的整数定义方法及其默认的数据类型，同时通过 intmin()函数和 intmax()函数来获取整数的上下限。此外，class()函数可以获取所定义变量的数据类型，如下面的程序。

```
>> b=65
b =
   65
>> class(b)
ans =
double
```

上面的例子通过两种方式定义了两个 int8 类型的整数向量，这两个向量的元素之间进行加、减、乘、除运算。其中，randperm(9)函数随机生成 1~9 的随机向量。在进行乘、除运算时，在向量后加“.”表示两个向量之间进行元素间的乘、除运算。需要注意的是，在进行除法运算时，MATLAB 首先将向量中的整数元素作为双精度类型的数据进行运算，然后根据四舍五入的原则得到整数相除的结果。

在 MATLAB 的命令行窗口中输入如下内容。

```
>> x1
x1 =
    1    2    3    4    5    6    7    8    9
>> class(x1)
ans =
int8
>> x2=cast(x1,'uint16')
x2 =
      1      2      3      4      5      6      7      8      9
>> x1+x2
Error using  +
Integers can only be combined with integers of the same class, or scalar doubles.
>> x2+5
ans =
      6      7      8      9     10     11     12     13     14
>> class(ans)
ans =
uint16
```

从以上内容可以看出，不同类型的整数之间不能进行数学运算。但是，MATLAB 支持双精度标量和整数之间的数学运算，原因在于 MATLAB 是将双精度标量转化成整数再进行运算，如下面的程序。

```
>> x1=int8(randperm(9))
x1 =
    7    2    8    5    6    9    4    1    3
>> x1=x1+110
x1 =
  117  112  118  115  116  119  114  111  113
>> x2=cast(x1,'uint8')
x2 =
  117  112  118  115  116  119  114  111  113
>> x2-115
ans =
    2    0    3    0    1    4    0    0    0
```

在 MATLAB 的整数中，每种类型的整数都存在一定的数值范围，因此在数学运算过程中会产生结果溢出问题。当运算过程中产生结果溢出问题时，MATLAB 采用饱和处理问题的方式处理，即将运算结果设定为溢出方向的上下限数值。在进行混合数据运算时，MATLAB 仅支持双精度标量和整数之间进行运算。由于整数之间的运算关系，MATLAB 只支持同种类型的整数之间进行运算，因此，除 64 位的整数之外，整数的存储速度比双精度数据的存储速度要快得多。

2.6.2 浮点数

双精度类型（double）是 MATLAB 的默认数据类型。有时为节省存储空间，MATLAB 也支持单精度类型（single）的数据。单精度和双精度类型的数据的取值范围可以用函数 realmin()、realmax()得到。单精度类型浮点数的精度可以通过函数 eps()得到。

此外，需要注意的是对于单精度类型的数据变量，创建方法和整数的创建方法相同。而对于单精度数据和双精度数据之间的混合运算，运算结果为单精度的数据结果。

例 2.48 浮点数运算举例。

```
>> realmin('single')
ans =
  1.1755e-038
>> realmax('single')
ans =
  3.4028e+038
>> realmin('double')
ans =
  2.2251e-308
>> realmax('double')
ans =
  1.7977e+308
>> eps
ans =
  2.2204e-016
>> x1=single(1:9)
x1 =
     1     2     3     4     5     6    7     8     9
>> x2=ones(1,4,'single')
x2 =
     1     1     1     1
>> class(x1)
ans =
single
>> class(x2)
ans =
single
>> x3=rand(1,9)
x3 =
   0.7922  0.9595  0.6557  0.0357  0.8491  0.9340  0.6787  0.7577 0.7431
>> class(x3)
ans =
double
>> x4=x1+x3
x4 =
  Columns 1 through 3
    1.7922    2.9595    3.6557
  Columns 4 through 6
    4.0357    5.8491    6.9340
  Columns 7 through 9
    7.6787    8.7577    9.7431
>> class(x4)
ans =
single
```

2.6.3 整数和浮点数之间的操作函数

MATLAB 中提供了大量的数据操作函数，可以进行不同数据类型变量的创建或数据之间的转换处理。表 2-4 所示为其中的一部分数据操作函数，主要实现整数变量或数据与双精度类型变量或数据之间的转换操作。

表 2-4　　MATLAB 中常见的数据操作函数

函数	说明
double()	创建或转换为双精度数据
single()	创建或转换为单精度数据
int8()、int16()、int32()、int64()	创建或转换为有符号的整数
uint8()、uint16()、uint32()、uint64()	创建或转换为无符号的整数
isnumeric()	数据类型判断函数，如果为整数或浮点数，则返回 True
isinteger()	整数判断函数，如果为整数，则返回 True
isfloat()	浮点数判断函数，如果为单精度数据或双精度数据，则返回 True
isa(x,'type')	判断 *x* 是否为指定的 type 类型数据，如果是则返回 True
cast(x,'type')	将 *x* 转换为 type 类型的数据
intmax('type')	返回整数的最大数值
intmin('type')	返回整数的最小数值
realmax('type')	返回浮点数的最大数值
realmin('type')	返回浮点数的最小数值
eps('type')	返回 type 类型数据的 eps 数值（浮点数值，即精度）
eps('x')	返回 *x* 的 eps 数值

表 2-4 中，type 为 numeric、integer、float 及其他类型的数据类型。

2.6.4　复数

MATLAB 的一个比较强大的功能是能够直接在复数域上进行运算，而不用进行任何特殊的操作。而有些编程语言在定义复数的时候，需要进行特殊的处理。在 MATLAB 中，复数的书写方法和运算表达形式与数学中复数的书写方法和运算表达形式相同，复数单位可以通过 i 或 j 来表达。

在 MATLAB 中，可以使用命令来进行复数的极坐标形式和直角坐标形式之间的转换。通过欧拉恒等式，可以将复数的极坐标形式和直角坐标形式联系起来，即可表示为 $M\angle\theta = M\mathrm{e}^{\mathrm{i}\theta} = a + b\mathrm{i} = z$ 。在 MATLAB 中，利用系统所提供的内置转换命令，可以很方便地得到复数的一些基本数值。举例如下。

real(z)：计算复数的实部 $z=r\cos\theta$。

imag(z)：计算复数的虚部 $z=r\sin\theta$。

abs(z)：计算复数的模 $\sqrt{a^2+b^2}$ 。

angle(z)：以弧度为单位给出复数的相位角 $\arctan\dfrac{b}{a}$ 。

例 2.49　复数的基本运算举例。

```
>> z1=2+3i             %复数一般表达式
z1 =
   2.0000 + 3.0000i
>> z2=3*exp(i*pi/4)      %以极坐标形式表达复数
z2 =
   2.1213 + 2.1213i
>> z3=complex(1,2)       %通过函数定义复数
z3 =
   1.0000 + 2.0000i
>> z4=sqrt(-4)           %运算得到复数
```

```
z4 =
   0 + 2.0000i
>> z5=6+sin(1)i
 z5=6+sin(1)i
Error: Unexpected MATLAB expression.
>> z5=6+sin(1)*i                    %符号函数定义
z5 =
   6.0000 + 0.8415i
>> z=z1*z2/z3
z =
   3.8184 + 2.9698i
>> z=3+4i
z =
   3.0000 + 4.0000i
>> real_z=real(z)                   %实部
real_z =
     3
>> imag_z=imag(z)                   %虚部
imag_z =
     4
>> mag_z=abs(z)                     %模
mag_z =
     5
>> angle_z=angle(z)                 %相位角（弧度）
angle_z =
    0.9273
>> angle_z=angle(z)*180/pi          %相位角（角度）
angle_z =
   53.1301
```

下面举例介绍利用 roots()函数求解多项式复数根，其中涉及的输出函数会在后续章节详细介绍，此处暂不展开。

例 2.50　利用 MATLAB 求解复数的根，并将这些根用图形表达出来。

```
>> res=(-15)^(1/3)                %直接求解复数的根
res =
   1.2331 + 2.1358i
p=[1,0,0,0,0,0,25];               %构造多项式求解所有根
>> r=roots(p)
r =
  -1.4809 + 0.8550i
  -1.4809 - 0.8550i
  -0.0000 + 1.7100i
  -0.0000 - 1.7100i
   1.4809 + 0.8550i
   1.4809 - 0.8550i
>> t=0:pi/30:2*pi;
>> x=1.71*sin(t);
>> y=1.71*cos(t);
>> plot(x,y,'b'),grid on
>> plot(x,y,'b'),grid on
>> hold on
>> plot(r(4),'.','MarkerSize',30,'color','r')
>> plot(r([1,2,3,5,6]),'o','MarkerSize',15,'color','b')
>> axis([-3,3,-3,3]),axis square
>> hold off
```

为得到−25 的 6 次方根，通过构造多项式函数得到了所有根。最后，通过使用 MATLAB 提供的绘图函数表示得到的 5 个根，如图 2-1 所示。

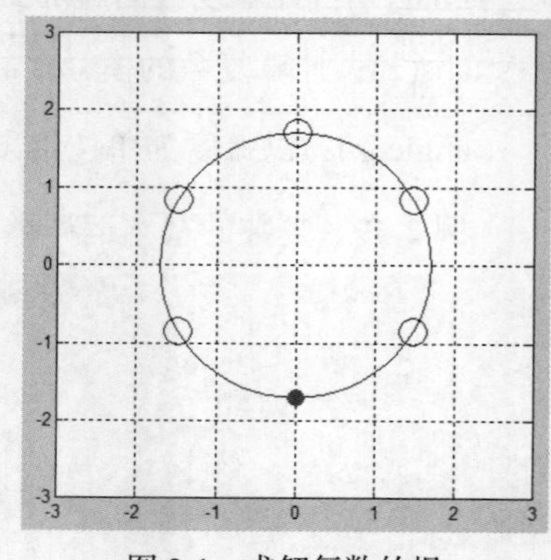

图 2-1　求解复数的根

2.7　函数的简明介绍

MATLAB 主要进行数学计算，因而各种数学函数在计算中都是必不可少的，这些数学函数和大多数的数学函数的书写形式相同。需要注意的是，在利用这些数学函数求解时，角度都用弧度来表示，表 2-5 ~ 表 2-7 所示为常用的一些数学函数。

表 2-5　三角函数

函数	说明	函数	说明
sin()	正弦函数	sinh()	双曲正弦函数
asin()	反正弦函数	asinh()	反双曲正弦函数
cos()	余弦函数	cosh()	双曲余弦函数
acos()	反余弦函数	acosh()	反双曲余弦函数
tan()	正切函数	tanh()	双曲正切函数
atan()	反正切函数	atanh()	反双曲正切函数
sec()	正割函数	sech()	双曲正割函数
asec()	反正割函数	asech()	反双曲正割函数
cot()	余切函数	coth()	双曲余切函数
acot()	反余切函数	acoth()	反双曲余切函数

表 2-6　其他常用计算函数

函数	说明	函数	说明
fix()	朝零方向取整	round()	四舍五入到最近的整数
floor()	朝负无穷方向取整	rem()	求两整数相除的余数
ceil()	朝正无穷方向取整	exp()	求指数
log()	自然对数	log10()	求以 10 为底的对数
sqrt()	求数值的平方根	abs()	求绝对值和复数的模
conj()	求复数的共轭	imag()	求复数的虚部
real()	求复数的实部		

表 2-7　常用矩阵函数

函数	说明	函数	说明
sqrtm()	求矩阵的平方根	expm()	求矩阵的指数
funm()	求按矩阵计算的函数值	logm()	求矩阵的对数

2.8　数组

数组是 MATLAB 进行计算和处理的核心内容之一，出于快速计算的需要，数组总是被看作存储和运算的基本单元，标量数据也被看作 1 × 1 的数组。因此，数组的创建、寻址和操作就显得非常重要。MATLAB 提供了各种数组的创建方法和操作方法，使得 MATLAB 的数值计算和操作更加灵活、方便。数组的创建和操作是 MATLAB 计算和操作的基础，针对不同维数的数组，MATLAB 提供了各种不同的数据创建方法，甚至可以通过创建低维数组来得到高维数组。

2.8.1 一维数组的创建

概括而言，创建一维数组时，可以采用以下几种方法。

- 直接输入法：此时，可以直接通过空格、逗号和分号来分隔数组元素，在数组中输入任意的元素，生成一维数组。
- 步长生成法：x=a:inc:b，在使用这种方法创建一维数组时，*a* 和 *b* 为一维向量数组的起始数值和终止数值，inc 为数组的间隔步长。如果 *a* 和 *b* 为整数，省略 inc 可以生成间隔为 1 的数组。根据 *a* 和 *b* 的大小不同，inc 可以采用正数，也可以采用负数来生成一维向量数组。
- 等间距线性生成法：x=linspace(a,b,n)，这种方法采用函数在 *a* 和 *b* 之间的区间内得到 *n* 个线性采样数据点。
- 等间距对数生成法：x=logspace(a,b,n)，采用这种方法时，在设定采样点总个数 *n* 的情况下，采用常用对数计算得到 *n* 个采样点数据值。

例 2.51 一维数组的创建。

```
>> x1=[0,pi,0.3*pi,1.5,2]      %直接输入法
x1 =
     0    3.1416    0.9425    1.5000    2.0000
>> x2=0:0.6:6      %步长生成法
x2 =
  Columns 1 through 8
   0    0.6000    1.2000    1.8000    2.4000    3.0000    3.6000    4.2000
  Columns 9 through 11
  4.8000    5.4000    6.0000
>> x3=linspace(1,6,7)       %等间距线性生成法
x3 =
    1.0000    1.8333    2.6667    3.5000    4.3333    5.1667    6.0000
>> x3=linspace(1,4,5)
x3 =
    1.0000    1.7500    2.5000    3.2500    4.0000
>> x4=logspace(1,4,5)       %等间距对数生成法
x4 =
  1.0e+004 *
    0.0010    0.0056    0.0316    0.1778    1.0000
```

当创建数组后，对单个元素的访问可以直接通过元素的索引来进行；如果访问数组内的一块数据，则可以通过冒号的方式进行；如果访问其中的部分数值，则可以通过构造访问序列或通过构造向量列表进行。在访问数组元素的过程中，访问的索引数组必须是正整数，否则，系统将会提示警告信息。

例 2.52 一维数组的访问。

```
>> x1(4)      %通过索引访问数组元素
ans =
    1.5000
>> x1(1:4)      %访问一块数据
ans =
     0    3.1416    0.9425    1.5000
>> x1(3:end)      %访问一块数据
ans =
    0.9425    1.5000    2.0000
>> x1(1:2:5)      %构造访问数组
ans =
     0    0.9425    2.0000
>> x1([1 5 3 4 2])      %直接构造访问数组
ans =
     0    2.0000    0.9425    1.5000    3.1416
>> x1(3,2)
Index exceeds matrix dimensions.
```

一维数组可以是一个行向量，也可以是一列多行的列向量。在定义的过程中，如果元素之间

通过“;”分隔，那么生成的向量是列向量；而通过空格或逗号分隔元素的则为行向量。当然列向量和行向量之间可以通过转置操作（“'”）来进行相互之间的转换。但需要注意的是，如果一维数组的元素是复数，那么经过转置操作后，得到的是复数的共轭转置结果，而采用点-共轭转置操作得到的转置数组，并不进行共轭操作。

例 2.53 一维复数数组的运算。

```
>> A=[1;2;3;4;5]
A =
     1
     2
     3
     4
     5
>> B=A'
B =
     1     2     3     4     5
>> C=linspace(1,6,5)'
C =
    1.0000
    2.2500
    3.5000
    4.7500
    6.0000
>> Z=A+C*i
Z =
   1.0000 + 1.0000i
   2.0000 + 2.2500i
   3.0000 + 3.5000i
   4.0000 + 4.7500i
   5.0000 + 6.0000i
>> Z1=Z'
Z1 =
  Columns 1 through 3
   1.0000 - 1.0000i   2.0000 - 2.2500i   3.0000 - 3.5000i
  Columns 4 through 5
   4.0000 - 4.7500i   5.0000 - 6.0000i
>> Z2=Z.'
Z2 =
  Columns 1 through 3
   1.0000 + 1.0000i   2.0000 + 2.2500i   3.0000 + 3.5000i
  Columns 4 through 5
   4.0000 + 4.7500i   5.0000 + 6.0000i
```

2.8.2 多维数组的创建

二维数组的创建方法和一维数组的创建方法不同，常用创建方法如下。

直接输入二维数组的元素来创建。此时，二维数组的行和列可以通过一维数组的创建方法来创建，不同行之间的数据可以通过分号进行分隔，同一行中的元素可以通过逗号或空格进行分隔。

例 2.54 二维数组的创建。

```
>> A=[1 2 3 4 5;linspace(0,6,5);1:2:9;4:8]
A =
    1.0000    2.0000    3.0000    4.0000    5.0000
         0    1.5000    3.0000    4.5000    6.0000
    1.0000    3.0000    5.0000    7.0000    9.0000
    4.0000    5.0000    6.0000    7.0000    8.0000
>> A=[1 2 3 4 5;linspace(0,6,5);1:2:9;4:9]
Error using vertcat
CAT arguments dimensions are not consistent.
>> B=[1 2 3
      4 5 6
      7 8 9]
```

```
B =
     1     2     3
     4     5     6
     7     8     9
```

在创建二维数组的过程中，需要严格保证所生成矩阵的行和列的数目相同。如果两者的数目不同，那么系统将会出现错误提示。此外，在直接生成矩阵的过程中，可以通过按 Enter 键来保证矩阵生成另一行元素。

对于多维数组，如在三维数组中存在行、列和页这三维，即三维数组中的第 3 维是页。在每一页中，存在行和列。在 MATLAB 中，可以创建更高维的多维数组，但实际上主要用到的还是三维数组。三维数组的创建方法有以下几种。

- 直接创建法。可以选择使用 MATLAB 提供的一些内置函数来创建三维数组，如 zeros()、ones()、rand()、randn()等。
- 通过直接索引的方法进行创建。
- 使用 MATLAB 的内置函数 reshape()和 repmat()将二维数组转换为三维数组。
- 使用 cat()函数将低维数组转换为高维数组。

例 2.55 三维数组的创建。

```
>> A=zeros(5,4,2)
A(:,:,1) =
     0     0     0     0
     0     0     0     0
     0     0     0     0
     0     0     0     0
     0     0     0     0
A(:,:,2) =
     0     0     0     0
     0     0     0     0
     0     0     0     0
     0     0     0     0
     0     0     0     0
>> B=zeros(3,3)                 %通过创建三维数组来扩展
B =
     0     0     0
     0     0     0
     0     0     0
>> B(:,:,2)=ones(3,3)           %向三维数组中添加三维数组来增加页
B(:,:,1) =
     0     0     0
     0     0     0
     0     0     0
B(:,:,2) =
     1     1     1
     1     1     1
     1     1     1
>> B(:,:,3)=5                   %通过标量扩展得到三维数组的另外一页
B(:,:,1) =
     0     0     0
     0     0     0
     0     0     0
B(:,:,2) =
     1     1     1
     1     1     1
     1     1     1
B(:,:,3) =
     5     5     5
     5     5     5
     5     5     5
>> C=reshape(B,3,9)             %得到三维数组
C =
```

```
     0     0     0     1     1     1     5     5     5
     0     0     0     1     1     1     5     5     5
     0     0     0     1     1     1     5     5     5
>> C=[B(:,:,1) B(:,:,2) B(:,:,3)]      %直接扩展得到三维数组
C =
     0     0     0     1     1     1     5     5     5
     0     0     0     1     1     1     5     5     5
     0     0     0     1     1     1     5     5     5
>> reshape(C,3,3,3)             %将得到的三维数组重新生成三维数组
ans(:,:,1) =
     0     0     0
     0     0     0
     0     0     0
ans(:,:,2) =
     1     1     1
     1     1     1
     1     1     1
ans(:,:,3) =
     5     5     5
     5     5     5
     5     5     5
>> A1=zeros(2)
A1 =
     0     0
     0     0
>> A2=ones(2)
A2 =
     1     1
     1     1
>> A3=repmat(2,2,2)
A3 =
     2     2
     2     2
>> A=cat(3,A1,A2,A3)            %在第 3 维上合并低维数组
A(:,:,1) =
     0     0
     0     0
A(:,:,2) =
     1     1
     1     1
A(:,:,3) =
     2     2
     2     2
>> A=cat(2,A1,A2,A3)            %在第 2 维上合并低维数组
A =
     0     0     1     1     2     2
     0     0     1     1     2     2
>> A=cat(1,A1,A2,A3)            %在第 1 维上合并低维数组
A =
     0     0
     0     0
     1     1
     1     1
     2     2
     2     2
```

通过以上内容可以看出，三维数组可以通过多种方法进行创建。在利用内置函数创建三维数组的过程中，关于这些内置函数的其他用法，读者可以通过 help 命令查找相应的帮助文件。

2.8.3 数组的运算

数组的运算包括数组和标量之间的运算，以及数组和数组之间的运算。对于数组和标量之间的运算，是数组的元素和标量之间直接进行数学运算，比较简单。对于数组和数组之间的运算，尤其是对于乘、除运算和乘方运算，如果采用点方式进行运算，则表明是数组的元素之间的运算；

而如果是直接进行乘、除、乘方运算，则是向量或矩阵之间的运算。两者的意义完全不同。

此外，还需要注意的是，对于向量的除法运算，左除“\”和右除“/”的意义不同。两者的除数和被除数是不同的。

例 2.56 数组的基本运算。

```
>> A=[1:3;4:6;7:9]
A =
     1     2     3
     4     5     6
     7     8     9
>> B=[1 1 1;2 2 2;3 3 3]
B =
     1     1     1
     2     2     2
     3     3     3
>> A.*B
ans =
     1     2     3
     8    10    12
    21    24    27
>> A./B
ans =
    1.0000    2.0000    3.0000
    2.0000    2.5000    3.0000
    2.3333    2.6667    3.0000
>> A.\B
ans =
    1.0000    0.5000    0.3333
    0.5000    0.4000    0.3333
    0.4286    0.3750    0.3333
>> A/B
Warning: Matrix is singular to working
precision.
ans =
   NaN   NaN   NaN
   NaN   NaN   NaN
   NaN   NaN   NaN
>> A\B
Warning: Matrix is close to singular or badly
scaled. Results may be inaccurate. RCOND =
1.541976e-018.
ans =
   -0.3333   -0.3333   -0.3333
    0.6667    0.6667    0.6667
         0         0         0
>> A.^2
ans =
     1     4     9
    16    25    36
    49    64    81
>> A^2
ans =
    30    36    42
    66    81    96
   102   126   150
```

对于矩阵的加、减运算以及其他点运算，都是针对矩阵的元素进行的。而对于乘、除、乘方运算则通过矩阵运算进行。关于更详细的数组和矩阵运算方面的内容，读者可以查阅矩阵运算方面的数学理论书籍。

2.8.4 常用的标准数组

MATLAB 中提供了一些函数，用来创建常用的标准数组。常用的标准数组包括全 0 数组、全

1 数组、单位矩阵、随机矩阵、对角矩阵以及元素为指定常数的数组等。MATLAB 中创建标准数组的函数如表 2-8 所示。

表 2-8　　MATLAB 中创建标准数组的函数

函数	说明	用法
eye()	创建单位矩阵	y=eye(n) y=eye(m,n) y=eye(size(A)) eye(m,n,classname) eye([m,n],classname)
ones()	创建全 1 数组	y=ones(n) y=ones(m,n) y=ones([m,n]) y=ones(m,n,p,…) y=ones([m,n,p,…]) y=ones(size(A)) y=ones(m,n,…,classname) y=ones([m,n,…],classname)
rand()	创建随机数组， 数组元素均匀分布	y=rand y=rand(m) y=rand(m,n) y=rand([m,n]) y=rand(m,n,p,…) y=rand([m,n,p,…]) y=rand(size(A)) rand(method,s) s=rand(method)
randn()	创建随机数组， 数组元素服从正态分布	y=randn y=randn(m) y=randn(m,n) y=randn([m,n]) y=randn(m,n,p,…) y=randn([m,n,p,…]) y=randn(size(A)) randn(method,s) s=randn(method)
zeros()	创建全 0 数组	y=zeros(n) y=zeros(m,n) y=zeros([m,n]) y=zeros(m,n,p,…) y=zeros([m,n,p,…]) y=zeros(size(A)) zeros(m,n,…,classname) zeros([m,n,…],classname)
diag()	提取矩阵对角元素， 或创建对角矩阵	y=diag(v,k) y=diag(y,k)

例 2.57　常用标准数组的创建。

```
>> A=eye(3)
A =
     1     0     067
     0     1     0
     0     0     1
>> B=randn(3)
B =
   -0.4336    2.7694    0.7254
    0.3426   -1.3499   -0.0631
```

```
    3.5784    3.0349    0.7147
>> C=1:5
C =
     1     2     3     4     5
>> diag(C,1)
ans =
     0     1     0     0     0     0
     0     0     2     0     0     0
     0     0     0     3     0     0
     0     0     0     0     4     0
     0     0     0     0     0     5
     0     0     0     0     0     0
>> diag(C,-2)
ans =
     0     0     0     0     0     0     0
     0     0     0     0     0     0     0
     1     0     0     0     0     0     0
     0     2     0     0     0     0     0
     0     0     3     0     0     0     0
     0     0     0     4     0     0     0
     0     0     0     0     5     0     0
```

2.8.5 低维数组的寻址和搜索

数组中包含多个元素，在对数组的单个元素或多个元素进行访问时，需要对数组进行寻址操作。MATLAB 提供了强大的功能函数，可以用于确定用户感兴趣的数组元素的索引，实现插入、提取和重排子数组。数组寻址如表 2-9 所示。

表 2-9 数组寻址

寻址方法	说明
A(r,c)	用定义的 **r** 和 **c** 向量来寻址 **A** 的子数组
A(r,:)	用 **r** 向量定义的行和对应于行的列得到 **A** 的子数组
A(:,c)	用 **c** 向量定义的列和对应于列的行得到 **A** 的子数组
A(:)	用列向量方式来依次寻址数组 **A** 的所有元素。如果 A(:)出现在等号的左侧，表明用等号右侧的元素来填充数组，而 **A** 的形状不发生变化
A(k)	用单一索引向量 **k** 来寻找 **A** 的子数组
A(x)	用逻辑数组 **x** 来寻找 **A** 的子数组，**x** 的维数和 **A** 的维数必须一致

例 2.58 数组寻址方法的使用。

```
>> A=[1 2 3;4 5 6;7 8 9]
A =
     1     2     3
     4     5     6
     7     8     9
>> A(2,2)=2          %设置二维数组的元素数值
A =
     1     2     3
     4     2     6
     7     8     9
>> A(:,3)=3          %改变二维数组的一列元素数值
A =
     1     2     3
     4     2     3
     7     8     3
>> B=A(3:-1:1,1:3)          %通过寻址方法创建新的二维数组
B =
     7     8     3
     4     2     3
```

```
     1     2     3
>> C=A([1 3],1:2)       %通过列向量创建二维数组
C =
     1     2
     7     8
>> D=A(:)       %通过提取 A 的各列元素延展成列向量
D =
     1
     4
     7
     2
     2
     8
     3
     3
     3
>> A(:,2)=[]       %通过空赋值语句删除数组元素
A =
     1     3
     4     3
     7     3
```

排序是数组操作的一个重要方面。MATLAB 提供了 sort()函数来进行排序。对于 sort()函数的具体使用方法，读者可以通过 help sort 语句加以查询。在进行一维数组排序时，默认的排序方式为升序排序。如果需要降序排序，则可以在 sort()函数的第 2 个参数处用 descend 代替。

例 2.59　一维数组的排序。

```
>>  A=randn(1,9)
A =
  Columns 1 through 7
    0.8229   -0.4887    0.8278   -1.0559    0.0414   -1.9709    1.2506
  Columns 8 through 9
   -1.6884    0.7757
>> [As,idx]=sort(A,'ascend')
As =
  Columns 1 through 4
   -2.4574   -1.2488   -0.8461    0.2478
  Columns 5 through 9
    0.3462    0.3627    1.0335    1.3073    1.7602
idx =
     2     6     9     1     4     3     7     5     8
```

在进行二维数组排序时，sort()函数只对数组的列进行排序。一般情况下，用户只关心对某一列的排序问题，此时可以通过一定的方式来进行重新排序。如果对行进行排序，则需要为 sort()函数提供第 2 个参数 2，如下面的程序。

```
>> A=randn(4,3)
A =
    0.2109   -0.7524    0.5744
   -0.4274   -0.6697   -0.6965
   -0.1321   -1.5276   -0.5026
    1.2908   -0.7053    0.0306
>> [As,idx]=sort(A)
As =
   -0.4274   -1.5276   -0.6965
   -0.1321   -0.7524   -0.5026
    0.2109   -0.7053    0.0306
    1.2908   -0.6697    0.5744
idx =
     2     3     2
     3     1     3
     1     4     4
     4     2     1
>> [tmp,idx]=sort(A(:,3))       %第 3 列进行排序
tmp =
```

```
   -0.6965
   -0.5026
    0.0306
    0.5744
idx =
     2
     3
     4
     1
>> As=A(idx,:)       %利用 idx 向量来重新排序
As =
   -0.4274   -0.6697   -0.6965
   -0.1321   -1.5276   -0.5026
    1.2908   -0.7053    0.0306
    0.2109   -0.7524    0.5744
>> As=sort(A,2)       %对行进行排序
As =
   -0.7524    0.2109    0.5744
   -0.6965   -0.6697   -0.4274
   -1.5276   -0.5026   -0.1321
   -0.7053    0.0306    1.2908
```

在 MATLAB 中，子数组搜索功能可以通过系统提供的 find()函数来实现，可以返回符合条件的数组的索引数值，对于二维数组可以返回两个索引数值。关于搜索的其他命令，用户可以用 help find 来查询。

例 2.60　数组搜索方法介绍。

```
>> A=-4:4
A =
    -4    -3    -2    -1     0     1     2     3     4
>> h=find(A>0)
h =
     6     7     8     9
>> B=[1 2 3;4 5 6;7 8 9]
B =
     1     2     3
     4     5     6
     7     8     9
>> [i,j]=find(B>5)
i =
     3
     3
     2
     3
j =
     1
     2
     3
     3
>> h=find(B>5)
h =
     3
     6
     8
     9
>> x=randperm(8)
x =
     2     5     3     4     1     6     7     8
>> find(x>5)
ans =
     6     7     8
>> find(x>5,1)
ans =
     6
>> find(x>5,2,'last')
ans =
     7     8
```

如果要搜索最大值或最小值，那么可以使用 max()或 min()函数来进行。如果搜索的是二维数组，那么这两个函数返回每一列的最大值或最小值，如下面的程序。

```
>> A=rand(4,4)
A =
    0.1761    0.8952    0.2469    0.8967
    0.4339    0.4594    0.0963    0.9151
    0.2068    0.7995    0.9865    0.3734
    0.1102    0.8554    0.2648    0.2686
>> [mx,rx]=max(A)         %搜索每一列的最大值
mx =
    0.4339    0.8952    0.9865    0.9151
rx =
     2     1     3     2
>> [mx,rx]=min(A)         %搜索每一列的最小值
mx =
    0.1102    0.4594    0.0963    0.2686
rx =
     4     2     2     4
```

2.8.6　低维数组的处理函数

低维数组的处理函数如表 2-10 所示。

表 2-10　低维数组的处理函数

函数	说明
fliplr()	以数组的垂直中线为对称轴，交换左右对称位置上的数组元素
flipud()	以数组的水平中线为对称轴，交换上下对称位置上的数组元素
rot90()	将数组逆时针旋转 90°
circshift()	循环移动数组的一行或一列
reshape()	结构变换函数，变换前后数组的元素个数相等
diag()	对角线元素选取函数
triu()	保留矩阵的上三角部分，构成上对角矩阵
tril()	保留矩阵的下三角部分，构成下对角矩阵
kron()	两个数组的 Kronecker 张量积，构成新的数组
repmat()	数组复制生成函数

例 2.61　低维数组处理函数介绍。

```
>> A=[1:4;5 6 7 8;9:12]
A =
     1     2     3     4
     5     6     7     8
     9    10    11    12
>> B=fliplr(A)        %左右对称变换
B =
     4     3     2     1
     8     7     6     5
    12    11    10     9
>> C=flipud(A)        %上下对称变换
C =
     9    10    11    12
     5     6     7     8
     1     2     3     4
>> D=rot90(A)        %旋转 90°
D =
     4     8    12
     3     7    11
     2     6    10
     1     5     9
>> circshift(A,1)         %循环移动第 1 行
```

```
ans =
     9    10    11    12
     1     2     3     4
     5     6     7     8
>> circshift(A,[0,1])          %循环移动第 1 列
ans =
     4     1     2     3
     8     5     6     7
    12     9    10    11
>> circshift(A,[-1,1])          %循环移动行和列
ans =
     8     5     6     7
    12     9    10    11
     4     1     2     3
>> diag(A,1)          %提取对角线元素
ans =
     2
     7
    12
>> tril(A)          %保留下三角矩阵
ans =
     1     0     0     0
     5     6     0     0
     9    10    11     0
>> tril(A,1)
ans =
     1     2     0     0
     5     6     7     0
     9    10    11    12
>> triu(A)          %保留上三角矩阵
ans =
     1     2     3     4
     0     6     7     8
     0     0    11    12
>> triu(A,2)
ans =
     0     0     3     4
     0     0     0     8
     0     0     0     0
```

在提取对角线元素和保留上、下三角矩阵时，所定义的第 2 个参数是以 $k=0$ 的起始对角线，向上三角方向移动时，k 的数值增大；而向下三角方向移动时，k 的数值减小。此外，对于非方阵的矩阵，以过第 1 个元素的方阵的对角线为对角线的起始位置。

例 2.62 举例说明 Kronecker 张量积。

```
>> A=[1 2;3 4]
A =
     1     2
     3     4
>> I=eye(3)
I =
     1     0     0
     0     1     0
     0     0     1
>> kron(A,I)
ans =
     1     0     0     2     0     0
     0     1     0     0     2     0
     0     0     1     0     0     2
     3     0     0     4     0     0
     0     3     0     0     4     0
     0     0     3     0     0     4
>> kron(I,A)
ans =
     1     2     0     0     0     0
     3     4     0     0     0     0
```

```
     0     0     1     2     0     0
     0     0     3     4     0     0
     0     0     0     0     1     2
     0     0     0     0     3     4
```

kron()函数执行的是 Kronecker 张量积运算，即将第 1 个参数数组的每一个元素和第 2 个参数数组的每一个元素相乘，形成一个分块矩阵。上面的例子同样也说明 Kronecker 张量积具有不可交换性。

2.8.7　高维数组的处理和运算

随着数组维数的增加，数组的运算和处理就会变得越来越困难，MATLAB 提供了一些函数，可以进行高维数组的处理和运算。此处对高维数组（主要介绍三维数组）的一些处理和运算函数进行介绍。高维数组的处理和运算函数如表 2-11 所示。

表 2-11　高维数组的处理和运算函数

函数	说明
squeeze()	用于消除数组中的“孤维”，即大小或等于 1 的维，从而起到降维的作用
sub2ind()	将下标转换为单一索引数值
ind2sub()	将数组的单一索引数值转换为数组的下标
flipdim(A,dim)	沿着数组的某个维翻转数组，dim 为 1，表示每一列进行逆序排列，dim 为 2，表示每一行进行逆序排列
shiftdim()	维数循环轮换移动
permute()	对多维数组进行广义共轭转置操作
ipermute()	取消转置操作
size()	获取数组的维数大小数值

例 2.63　举例说明高维数组的处理和操作。

```
>> A=[1:4;5:8;9:12]
A =
     1     2     3     4
     5     6     7     8
     9    10    11    12
>> B=reshape(A,[2 2 3])
B(:,:,1) =
     1     9
     5     2
B(:,:,2) =
     6     3
    10     7
B(:,:,3) =
    11     8
     4    12
>> C=cat(4,B(:,:,1),B(:,:,2),B(:,:,3))
C(:,:,1,1) =
     1     9
     5     2
C(:,:,1,2) =
     6     3
    10     7
C(:,:,1,3) =
    11     8
     4    12
>> D=squeeze(C)          %降维操作
D(:,:,1) =
     1     9
     5     2
D(:,:,2) =
     6     3
    10     7
```

```
D(:,:,3) =
    11     8
     4    12
>> sub2ind(size(D),1,2,3)        %索引转换
ans =
    11
>> [i,j,k]=ind2sub(size(D),11)
i =
     1
j =
     2
k =
     3
>> flipdim(D,1)        %按行进行翻转
ans(:,:,1) =
     5     2
     1     9
ans(:,:,2) =
    10     7
     6     3
ans(:,:,3) =
     4    12
    11     8
>> flipdim(D,2)        %按列进行翻转
ans(:,:,1) =
     9     1
     2     5
ans(:,:,2) =
     3     6
     7    10
ans(:,:,3) =
     8    11
    12     4
>> flipdim(D,3)        %按页进行翻转
ans(:,:,1) =
    11     8
     4    12
ans(:,:,2) =
     6     3
    10     7
ans(:,:,3) =
     1     9
     5     2
>> shiftdim(D,1)        %移动一维
ans(:,:,1) =
     1     6    11
     9     3     8
ans(:,:,2) =
     5    10     4
     2     7    12
>> E=permute(D,[3 2 1])
E(:,:,1) =
     1     9
     6     3
    11     8
E(:,:,2) =
     5     2
    10     7
     4    12
>> F=ipermute(E,[3 2 1])
F(:,:,1) =
     1     9
     5     2
F(:,:,2) =
     6     3
    10     7
F(:,:,3) =
```

```
    11     8
     4    12
```

2.9　单元数组和结构体

单元数组（cell array）和结构体（structure）都可以将不同类型的相关数据集成到一个单一的变量中，使得大量的相关数据的处理变得非常简单而且方便。但是，需要注意的是，单元数组和结构体只是承载其他类型数据的容器，大部分的数学运算则只是针对两者中具体的数据进行，而不是针对单元数组或结构体本身进行。

单元数组中的每一个单元都是通过数字来进行索引的，但用户需要加入一个单元或者从一个单元中提取数据时，需要给出单元数组中该单元的索引。结构体和单元数组十分相似，两者的主要区别在于结构体中的数据存储并不是由数字来表示的，而是通过结构体中的名称来表示的。

2.9.1　单元数组的创建和操作

单元数组中的单个元素称为单元（cell）。单元中的数据可以为任何数据类型，包括数值数组、字符、符号对象、其他单元数组或结构体等。不同单元中的数据的数据类型可以不同。从理论上来讲，可以创建任意维数的单元数组。大多数情况下，为了方便，创建简单的单元数组（如一维单元数组）。单元数组的创建方法分为两种：通过赋值语句直接创建；通过 cell()函数首先为单元数组分配内存空间，然后对每个单元进行赋值。如果工作空间内的某个变量名与所创建的单元数组同名，那么此时则不会对单元数组赋值。

直接通过赋值语句创建单元数组时，有两种方法可以采用，即按单元索引法和按内容索引法（其实就是将花括号“{}”放在等式的右边或左边的区别）。采用按单元索引法赋值时，用标准数组的赋值方法，赋值时赋给单元的数值通过花括号“{}”将单元内容括起来。采用按内容索引法赋值时，将花括号“{}”写在等号左边，即放在单元数组名称后。

例 2.64　举例说明两种赋值方法。

```
>> clear A       %采用按单元索引法赋值
>> A(1,1)={[1 2 3;4 5 6; 7 8 9]}
A =
    [3x3 double]
>> A(1,2)={1+2i}
A =
    [3x3 double]    [1.0000 + 2.0000i]
>> A(2,1)={'hello world'}
A =
     [3x3 double]    [1.0000 + 2.0000i]
    'hello world'                     []
>> A(2,2)={0:pi/3:pi}
A =
     [3x3 double]    [1.0000 + 2.0000i]
    'hello world'          [1x4 double]
>> clear B       %采用按内容索引法赋值
>> B{1,1}=[1 2 3;4 5 6;7 8 9]
B =
    [3x3 double]
>> B{1,2}=3+4i
B =
    [3x3 double]    [3.0000 + 4.0000i]
>> B{2,1}='hello world'
B =
     [3x3 double]    [3.0000 + 4.0000i]
    'hello world'                     []
```

```
>> B{2,2}=0:2:9
B =
     [3x3 double]     [3.0000 + 4.0000i]
'hello world'            [1x5 double]
>> A{2,2}
ans =
           0    1.0472    2.0944    3.1416
>> A(2,2)
ans =
    [1x4 double]
```

按单元索引法和按内容索引法是完全等效的，可以互换使用。通过上面的例子，我们可以看出“{}”用于访问单元的值，而“( )”用于标识单元（不用于访问单元的值）。具体理解“{}”和“( )”的区别可以在例 2.64 的代码的最后分别输入 A{2,2}和 A(2,2)，就会发现使用“{}”能显示完整的单元内容，而使用“( )”有时无法显示完整的单元内容。如果需要将单元数组的所有内容都显示出来，可以采用 celldisp()函数来强制显示单元数组的所有内容。

如下面的程序。

```
>> B{2,2}
ans =
     0     2     4     6     8
>> B(2,2)
ans =
    [1x5 double]
>> B{2,:}
ans =
hello world
ans =
     0     2     4     6     8
>> B(2,:)
ans =
    'hello world'    [1x5 double]
```

创建单元数组的另一种方法是使用 cell()函数。在创建时，可以采用 cell()函数生成空的单元数组，为单元数组分配内存，然后向单元数组中存储数据。存储数据时，可以采用按内容索引法或按单元索引法来进行赋值，如下面的程序。

```
>> C=cell(2,3)
C =
    []     []     []
    []     []     []
>> C{1,1}=randperm(5)
C =
    [1x5 double]     []     []
              []     []     []
>> C{1,2}='He is a student'
C =
    [1x5 double]    'He is a student'     []
              []                   []     []
>> C(2,3)={[1 2;3 4]}
C =
    [1x5 double]    'He is a student'               []
              []                   []     [2x2 double]
```

单元数组还可以通过扩展的方法来得到进一步的扩展。如利用方括号将多个单元数组组合在一起，从而形成维数更高的单元数组。如果想要获得单元数组的子集的内容，则可以利用数组索引的方法，将数组的子集提取出来并赋予新的单元数组。要删除单元数组中的某一部分内容，可以将这部分内容设置为空数组，即可删除，如下面的程序。

```
>> C=[A;B]
C =
     [3x3 double]     [1.0000 + 2.0000i]
```

```
    'hello world'           [1x4 double]
     [3x3 double]     [3.0000 + 4.0000i]
    'hello world'           [1x5 double]
>> E=C([1 4],:)
E =
     [3x3 double]     [1.0000 + 2.0000i]
    'hello world'           [1x5 double]
>> C(3,:)=[]
C =
     [3x3 double]     [1.0000 + 2.0000i]
    'hello world'           [1x4 double]
'hello world'           [1x5 double]
```

在单元数组的操作中，可以利用 reshape()函数来改变单元数组的结构。经过 reshape()函数对单元数组进行处理后，单元数组的内容并不增多或减少，即单元数组改变前后的总单元数目并不发生变化。

例 2.65　利用 repmat()函数复制单元数组。

```
>> A=cell(4,5);
>> size(A)      %计算单元数组 A 的大小
ans =
     4     5
>> B=reshape(A,5,4)        %改变结构后的单元数组
B =
    []    []    []    []
    []    []    []    []
    []    []    []    []
    []    []    []    []
    []    []    []    []
>> C=repmat(B,1,3)
C =
    []    []    []    []    []    []    []    []    []    []    []    []
    []    []    []    []    []    []    []    []    []    []    []    []
    []    []    []    []    []    []    []    []    []    []    []    []
    []    []    []    []    []    []    []    []    []    []    []    []
    []    []    []    []    []    []    []    []    []    []    []    []
```

2.9.2　单元数组处理函数

MATLAB 提供了单元数组处理函数，如表 2-12 所示。

表 2-12　单元数组处理函数

函数	说明
cell()	生成一个空的单元数组，然后向其中添加数据
celldisp()	显示单元数组所有单元的内容
iscell()	判断是否为单元数组
isa()	判断是否为单元数组的一个单元
deal()	将多个单元的数据取出来后赋予一个独立的单元数组变量
cellfun()	将一个指定的函数应用到一个单元数组的所有单元
num2cell()	从一个数组中提取指定元素，填充到单元数组
size()	获取数组的维数大小数值

例 2.66　举例说明单元数组处理函数的用法。

```
>> a=ones(3,4);
>> b=zeros(3,2);
>> c=(5:6)';
>> X={a b c}
X =
    [3x4 double]    [3x2 double]    [2x1 double]
>> celldisp(X)
X{1} =
     1     1     1     1
```

```
     1     1     1     1
     1     1     1     1
X{2} =
     0     0
     0     0
     0     0
X{3} =
     5
     6
>> [i,j,k]=deal(X{:})
i =
     1     1     1     1
     1     1     1     1
     1     1     1     1
j =
     0     0
     0     0
     0     0
k =
     5
     6
>> cellfun('isreal',X)
ans =
     1     1     1
>> a=randn(3,4)
a =
   -1.0866   -0.3416    0.1684   -0.5453
    0.9679    0.4884   -0.3924   -0.6330
   -0.5865   -0.7801   -0.0458   -1.6788
>> b=num2cell(a,1)
b =
  Columns 1 through 3
    [3x1 double]    [3x1 double]    [3x1 double]
  Column 4
    [3x1 double]
>> b=num2cell(a,1)
b =
    [3x1 double]    [3x1 double]    [3x1 double]    [3x1 double]
>> c=num2cell(a)
c =
    [-1.0866]    [-0.3416]    [ 0.1684]    [-0.5453]
    [ 0.9679]    [ 0.4884]    [-0.3924]    [-0.6330]
    [-0.5865]    [-0.7801]    [-0.0458]    [-1.6788]
```

2.9.3 结构体创建

结构体和单元数组非常相似，也是将不同类型的数据集中在一个单独的变量中，结构体通过字段（fields）来对元素进行索引，在访问时只需通过“.”来访问数据变量。结构体可以通过两种方法进行创建，即通过直接赋值方法创建或通过 struct()函数创建。

例 2.67 结构体创建函数的用法介绍。

```
>> circle.radius=4;
>> circle.center=[0 0];
>> circle.color='red';
>> circle.linestyle='--';
>> circle.linestyle='--'
circle =
       radius: 4
       center: [0 0]
        color: 'red'
    linestyle: '--'
>> circle(2).radius=5;
>> circle(2).center=[1 1];
>> circle(2).color='blue';
>> circle(2).linestyle='…'
```

```
circle =
1x2 struct array with fields:
    radius
    center
    color
    linestyle
>> circle(1).filled='yes'
circle =
1x2 struct array with fields:
    radius
    center
    color
    linestyle
    filled
>> circle.filled
ans =
yes
ans =
     []
>> data1={4,5,'sqrt(6)'};
>> data2={[0,0] [1,1] [4 5]};
>> data3={'--' '...' '-.-.'};
>> data4={'red' 'blue' 'yellow'};
>> data5={'yes' 'no' 'no'};
>> circle=struct('radius',data1,'center',data2,'linestyle',data3,'color',data4,'filled', data5)
circle =
1x3 struct array with fields:
    radius
    center
    linestyle
    color
    filled
```

2.9.4　结构体处理函数

结构体作为一种特殊的数组类型，具有和数值型数组和单元数组相同的处理方式。通过结构体处理函数，可以很方便地对结构体数据进行处理。MATLAB 提供了一些常用的结构体处理函数，如表 2-13 所示。

表 2-13　结构体处理函数

函数	说明
cat()	提取结构体数据后依次排序
deal()	提取多个元素的数值赋予不同的变量，或对结构体字段赋值
fieldnames()	返回结构体的字段名
isfield()	判断一个字段名是否为指定结构体中的字段名
class()	判断一个变量是否为结构体变量，输出类型名
isstruct()	和 class()一样，判断一个变量是否为结构体变量，输出逻辑值
rmfield()	删除结构体的字段
orderfields()	对结构体的字段进行排序

例 2.68　结构体处理函数的用法介绍。

```
>> circle
circle =
1x3 struct array with fields:
    radius
    center
    linestyle
    color
    filled
>> center=cat(1,circle.center)
center =
```

```
      0     0
      1     1
      4     5
>> [a1,a2,a3]=deal(circle.color)
a1 =
red
a2 =
blue
a3 =
yellow
>> [circle.radius]=deal(12,34,56)
circle =
1x3 struct array with fields:
    radius
    center
    linestyle
    color
    filled
>> circle.radius
ans =
    12
ans =
    34
ans =
    56
>> fieldnames(circle)
ans =
    'radius'
    'center'
    'linestyle'
    'color'
    'filled'
>> isfield(circle,'radius')
ans =
     1
>> orderfields(circle)
ans =
1x3 struct array with fields:
    center
    color
    filled
    linestyle
    radius
>> circle_new=rmfield(circle,'filled')
circle_new =
1x3 struct array with fields:
    radius
    center
    linestyle
    color
```

2.10 本章小结

本章介绍了 MATLAB 的数学运算符、关系运算符、逻辑运算符、字符串、数据类型、函数和数值等基础知识，在此基础上对 MATLAB 的数值变量和表达式，以及各种类型的数据进行了介绍。同时，对 MATLAB 中提供的其他类型的数据，如广泛使用的数组，也提供了相应的创建和处理操作方法。此外，对 MATLAB 所提供的比较复杂的数据，如单元数组和结构体也进行了介绍。对于字符串、关系运算符及逻辑运算符等都进行了详尽的介绍。通过本章的学习，读者可以对 MATLAB 的计算、数据类型和操作等有比较深刻的认识和了解。

第3章 矩阵及其运算

MATLAB 在矩阵分析和运算方面提供了强大的函数和命令功能。由于 MATLAB 中的所有数据都是以矩阵形式存在的，因此，MATLAB 的数值运算主要可以分为两类：一类是针对整个矩阵的数值运算，即矩阵运算；另一类则是针对矩阵中的元素进行的，可以称为矩阵元素的运算。本章主要包括常见矩阵的处理函数、矩阵分解、线性方程组求解、特征值、稀疏矩阵等内容。

3.1 矩阵的表示

本节介绍在 MATLAB 中如何表示矩阵，其中包括数值矩阵的生成、矩阵的标识、矩阵的修改、矩阵元素的数据变换等。

3.1.1 数值矩阵的生成

生成矩阵有多种方法，通常使用的有以下 4 种方法。

- 在命令行窗口中直接输入矩阵。
- 在 M 文件中生成矩阵。
- 从外部的数据文件中导入矩阵。
- 通过函数生成特殊矩阵。

下面分别介绍这 4 种方法。

1. 在命令行窗口中直接输入矩阵

在命令行窗口中直接输入矩阵是最简单、最常用的生成数值矩阵的方法之一。比较适合生成较小的简单矩阵，把矩阵的元素直接排列到方括号中，每行内的元素用空格或逗号分隔，行与行之间用分号分隔。

例 3.1 在命令行窗口中直接输入矩阵。

```
>> A=[1 1 1 1;2 2 2 2;3 3 3 3;4 4 4 4]
A =
     1     1     1     1
     2     2     2     2
     3     3     3     3
     4     4     4     4
```

这样，在 MATLAB 的工作空间中就生成了矩阵 **A**，以后则可以使用矩阵 **A**。

在输入矩阵的元素时，也可以分成几行输入，用按 Enter 键代替分号，即按照下列方式输入。

```
>> A=[1 1 1 1
      2 2 2 2
      3 3 3 3
      4 4 4 4]
```

```
A =
     1     1     1     1
     2     2     2     2
     3     3     3     3
     4     4     4     4
```

- 输入矩阵时要以“[ ]”作为其标识符号，矩阵的所有元素必须都在“[]”内。
- 矩阵的同行元素之间用空格或逗号分隔，行与行之间用分号或按 Enter 键分隔。
- 矩阵的大小不需要预先定义。
- 若“[ ]”中无元素，则表示为空矩阵。

此外，矩阵元素也可以是表达式，MATLAB 将自动计算结果。举例如下。

```
>> B=[12 7-sqrt(8) sin(2);23 5*3 abs(-9)]
B =
   12.0000    4.1716    0.9093
   23.0000   15.0000    9.0000
```

在 MATLAB 中，矩阵元素还可以是复数，生成复数矩阵的方法和上面介绍的方法相同。

例 3.2 复数矩阵的生成。

```
>> C=[1+2i 3 4*sqrt(5);6 7/8 9-2i]
C =
   1.0000 + 2.0000i   3.0000             8.9443
   6.0000             0.8750             9.0000 - 2.0000i
```

也可以分别生成实部矩阵和虚部矩阵，再合起来构成复数矩阵。举例如下。

```
>> R=[1 2 3;4 5 6];
>> I=[1.1 2.2 3.3;4.4 5.5 6.6];
>> ri=R+i*I
ri =
   1.0000 + 1.1000i   2.0000 + 2.2000i   3.0000 + 3.3000i
   4.0000 + 4.4000i   5.0000 + 5.5000i   6.0000 + 6.6000i
```

这里的 *i* 是单个数据，*i*****I*** 表示一个数与一个矩阵相乘。

2. 在 M 文件中生成矩阵

对于比较大且比较复杂的矩阵，可以为它专门建立一个 M 文件。下面通过一个简单的例子来说明如何利用 M 文件生成矩阵。

首先启动有关的文本编辑程序或MATLAB的M-file编辑器，并输入待建矩阵。M-file 编辑器如图 3-1 所示。

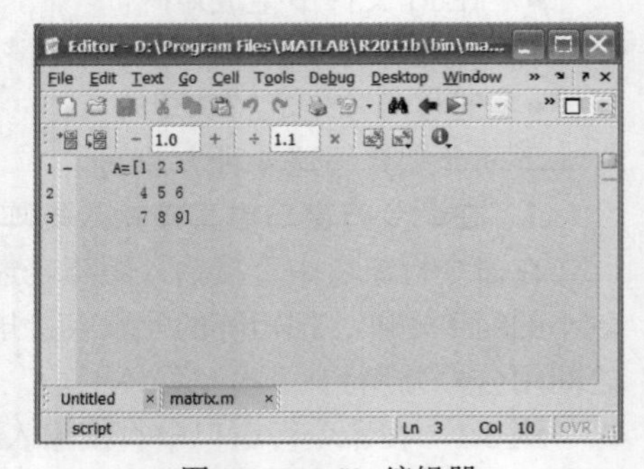

图 3-1 M-file 编辑器

再把输入的内容存盘（设文件名为 matrix.m）。

然后在 MATLAB 命令行窗口中输入 matrix，即运行该 M 文件，就会自动生成矩阵 A，如下所示。

```
>> matrix
A =
     1     2     3
     4     5     6
     7     8     9
```

3. 从外部的数据文件中导入矩阵

MATLAB 也允许用户调用在 MATLAB 环境之外定义的矩阵。可以利用任意的文本编辑器编辑所要使用的矩阵，矩阵元素之间以特定的分隔符分开，并按行列布置。

用户能够通过 load 命令将外部数据文件中的矩阵导入工作空间，外部数据文件的扩展名为.dat。

例 3.3　利用文本编辑器创建数据文件 test.dat，包含下列数据。

```
      1      2      3      4
      5      6      7      8
      9     10     11     12
>> load test.dat
>> test
test =
      1      2      3      4
      5      6      7      8
      9     10     11     12
```

4. 通过函数生成特殊矩阵

对于经常用到的一些特殊的矩阵，如单元阵、全 0 阵、全 1 阵、随机阵、魔方阵、对角阵等，MATLAB 提供了相应的函数来快速生成这些矩阵。用户可以灵活运用这些函数和矩阵修改的一些操作，方便地生成一些特殊格式的矩阵，如利用对角阵和矩阵的左右翻转函数，可以生成矩阵元素在从左下角到右上角的对角线上的特殊矩阵。常用的生成矩阵的函数如表 3-1 所示，利用这些函数可以生成一些特殊矩阵。

表 3-1　常用的生成矩阵的函数

函数	说明
eye(n) eye(m,n) eye(size(A))	生成 *n* 阶单元阵 生成 *m*×*n* 阶单元阵，对角线上的元素为 1，其余元素为 0 生成与矩阵 **A** 大小相同的单元阵
ones(n) ones(m,n) ones(n1,n2,n3,…) ones(size(A))	生成 *n*×*n* 阶的全 1 阵 生成 *m*×*n* 阶的全 1 阵 生成 *n1*×*n2*×*n3*×…阶的全 1 阵 生成与矩阵 **A** 大小相同的全 1 阵
zeros(n) zeros(m,n) zeros(n1,n2,n3,…) zeros (size(A))	生成 *n*×*n* 阶的全 0 阵 生成 *m*×*n* 阶的全 0 阵 生成 *n1*×*n2*×*n3*×…阶的全 0 阵 生成与矩阵 **A** 大小相同的全 0 阵
rand() rand(n) rand(m,n) rand(size(A))	返回在[0,1]区间上的随机数 生成 *n* 阶随机阵 生成 *m*×*n* 阶随机阵 生成与矩阵 **A** 大小相同的随机阵
magic()	生成一个方形矩阵，其中行、列和对角线上元素的和相等
diag()	根据向量生成对角矩阵

表 3-1 中的大部分函数会返回 double 型的矩阵。但是，可以用 ones()、zeros()和 eye()函数很容易地生成任何数值类型的基本数组。

例 3.4　常用的生成矩阵的函数介绍。

```
>> eye(3)
ans =
      1      0      0
      0      1      0
      0      0      1
>> A=rand(3,4);
>> B=eye(size(A))
B =
      1      0      0      0
      0      1      0      0
      0      0      1      0
>> ones(3,4)
ans =
```

```
     1     1     1     1
     1     1     1     1
     1     1     1     1
>> zeros(5,4,'uint16')
ans =
      0      0      0      0
      0      0      0      0
      0      0      0      0
      0      0      0      0
      0      0      0      0
>> rand(3,4)
ans =
    0.4854    0.4218    0.9595    0.8491
    0.8003    0.9157    0.6557    0.9340
    0.1419    0.7922    0.0357    0.6787
>> randn(3,4)
ans =
    1.0347    0.2939   -1.1471   -2.9443
    0.7269   -0.7873   -1.0689    1.4384
   -0.3034    0.8884   -0.8095    0.3252
>>magic(4)
ans =
    16     2     3    13
     5    11    10     8
     9     7     6    12
     4    14    15     1
```

上述最后一个矩阵每一行、每一列和每条主对角线上的数加起来都等于 34。

```
>> X=[31 56 27 -4 69];
>> Y=diag(X,-1)
Y =
     0     0     0     0     0     0
    31     0     0     0     0     0
     0    56     0     0     0     0
     0     0    27     0     0     0
     0     0     0    -4     0     0
     0     0     0     0    69     0
```

在 MATLAB 中，没有生成变量的必要，所有变量的存储空间都是在给变量赋值时自动分配的，然而频繁分配变量空间会大大降低语句的执行速度，因而应该尽量避免不必要的频繁的变量空间的分配。通常是先利用函数给变量分配好足够大小的空间，再对变量进行赋值。

3.1.2 矩阵的标识

矩阵元素的标识在对矩阵的单个或多个元素进行引用、赋值和修改中起着非常重要的作用，熟练掌握各种标识方式可以方便、灵活地对矩阵进行修改和引用。矩阵的标识主要有元素标识方式、向量标识方式和 0-1 向量标识方式，与 find()函数连用还有矩阵标识方式。

1. 元素标识方式 A(i,j)

整数 *i* 和 *j* 分别标识元素在矩阵 **A** 中的行数和列数。

例 3.5 元素标识方式。

```
>> A=[1 2 3;4 5 6;7 8 9];
>> A(2,3)
ans =
     6
```

2. 向量标识方式 A(vr,vc)

vr 和 vc 分别为含有矩阵 **A** 的行号和列号的单调向量，vr 和 vc 中如一个是“:”，则表示取全部行（vr 为“:”）或全部列（vc 为“:”）。向量中的元素必须合法，即不会超出矩阵的维数。如 **A**(1:3,[3 4 5])表示取矩阵 **A** 的第 1、2、3 行和第 3、4、5 列位置上的元素，**A**(:,[2 3])表示取矩

阵 **A** 的第 2 列和第 3 列的所有元素。

例 3.6 向量标识方式。

```
>> A(1,[1 3])
ans =
     1     3
>> A(:,[1 3])
ans =
     1     3
     4     6
     7     9
```

3. 0-1 向量标识方式 A(v1,v2),A(:,v2),A(v1:1)

v1 和 v2 是由元素 0 和 1 组成的长度分别等于矩阵 **A** 的行维和列维的向量，其中的元素如果取 1 则表示取此相应位置上的行或列，若为 0 则不取。v1 和 v2 都应该为逻辑向量，否则会出错。

例 3.7 0-1 向量标识方式。

```
>> l1=[0 1 0];
>> l2=[1 1 0];
>> l1=l1==1;
>> l2=l2==1;
>> A(l1,l2)
ans =
     4     5
>> A(l1,:)
ans =
     4     5     6
```

4. 矩阵标识方式 A(find(B))

矩阵 **B** 是与矩阵 **A** 大小相同的矩阵，如果 **B** 的元素为非零值，则取当前位置的元素，否则不取。

例 3.8 矩阵标识方式。

```
>> D=A;
>> D(find(eye(3)))=0
D =
     0     2     3
     4     0     6
     7     8     0
>> D(find(~D))=inf
D =
   Inf     2     3
     4   Inf     6
     7     8   Inf
```

3.1.3 矩阵的修改

矩阵的修改包括对矩阵进行扩充、矩阵元素的部分删除、矩阵元素的提取以及矩阵结构的变换等操作。这些操作在矩阵的构造和生成中具有非常重要的作用，灵活运用这些操作可以非常方便地生成所需的矩阵；对于矩阵元素较多的矩阵，避免了冗长的矩阵输入，节省了时间，并且不易出错。

1. 矩阵的扩充

矩阵的扩充一般使用“[ ]”，用小的矩阵来生成大的矩阵，在构造过程中要保证生成的矩阵的各行和各列的元素个数相同，否则会出错。

例 3.9 矩阵的扩充。

```
>> A=[1 1 1;1 1 1]
A =
     1     1     1
     1     1     1
>> B=zeros(1,3)
B =
     0     0     0
```

```
>> C=[inf inf inf]
C =
   Inf   Inf   Inf
>> D=[A;B;C]
D =
     1     1     1
     1     1     1
     0     0     0
   Inf   Inf   Inf
```

2. 矩阵元素的部分删除

在 MATLAB 中，可以通过将矩阵的某行或某列赋值为空值而直接删除该行或该列。若删除行或列的部分元素则会出错。

例 3.10 矩阵元素的部分删除。

```
>> D(:,2)=[]
D =
     1     1
     1     1
     0     0
   Inf   Inf
>> D(3,2)=[]
Subscripted assignment dimension mismatch.
```

3. 矩阵元素的提取

（1）diag(A,k)：提取矩阵 **A** 的第 k 对角线的元素组成列向量，若 k=0，则将提取主对角线的元素。

（2）diag(A)：提取矩阵 **A** 的主对角线的元素组成列向量。

（3）tril(A,k)：提取矩阵的下三角部分。

（4）triu(A,k)：提取矩阵的上三角部分。

例 3.11 矩阵元素的修改。

```
>>  B=ones(3)
B =
     1     1     1
     1     1     1
     1     1     1
>> tril(B,-1)
ans =
     0     0     0
     1     0     0
     1     1     0
>> triu(B,1)
ans =
     0     1     1
     0     0     1
     0     0     0
```

4. 矩阵结构的变换

（1）reshape(A,n1,n2,n3,…)：返回以矩阵 **A** 的元素作为元素的 $n1\times n2\times n3\times\ldots$维矩阵，**A** 的元素个数等于 prod(n1,n2,n3,…)。

（2）rot90(A)：将矩阵 **A** 逆时针旋转 90°。

rot90(A,k)：将矩阵 **A** 逆时针旋转 $k\times 90°$，k 为整数。

（3）fliplr(A)：将矩阵 **A** 左右翻转。

（4）flipud(A)：将矩阵 **A** 上下翻转。

例 3.12 矩阵结构的变换。

```
>> a=[1 1 1; 1 1 1;1 1 1]
a =
     1     1     1
     1     1     1
     1     1     1
```

```
>> reshape(a,1,9)
ans =
     1     1     1     1     1     1     1     1     1
>> b=[1 2 3 4;5 6 7 8]
b =
     1     2     3     4
     5     6     7     8
>> rot90(b)
ans =
     4     8
     3     7
     2     6
     1     5
>> rot90(b,2)
ans =
     8     7     6     5
     4     3     2     1
>> fliplr(b)
ans =
     4     3     2     1
     8     7     6     5
>> flipud(b)
ans =
     5     6     7     8
     1     2     3     4
```

3.1.4　矩阵元素的数据变换

1. 对由小数构成的矩阵 A 取整数

（1）floor(A)：表示将矩阵 **A** 中的元素按−∞方向取整，即取不足整数。

（2）ceil(A)：表示将矩阵 **A** 中的元素按+∞方向取整，即取过剩整数。

（3）round(A)：表示将矩阵 **A** 中的元素按最近的整数取整，即四舍五入取整。

（4）fix(A)：表示将矩阵 **A** 中的元素按离 0 近的方向取整。

例 3.13　矩阵取整函数的用法。

```
>> A=2*rand(3)
A =
    1.6294    1.8268    0.5570
    1.8116    1.2647    1.0938
    0.2540    0.1951    1.9150
>> B1=floor(A)
B1 =
     1     1     0
     1     1     1
     0     0     1
>> B2=ceil(A)
B2 =
     2     2     1
     2     2     2
     1     1     2
>> B3=round(A)
B3 =
     2     2     1
     2     1     1
     0     0     2
>> B4=fix(A)
B4 =
     1     1     0
     1     1     1
     0     0     1
```

2. 矩阵的有理数形式

[n,d]=rat(A)：表示将矩阵 **A** 表示为两个整数矩阵相除，即 **A**=*n*./*d*。

例 3.14 矩阵的有理数形式。

```
>> [n,d]=rat(A)
n =
        321         833         215
        125        2943        2613
         16         119         676
d =
        197         456         386
         69        2327        2389
         63         610         353
```

3. 矩阵元素的余数

B=rem(A,x)：表示矩阵 **A** 除以模数 x 后的余数。若 x=0，则定义 rem(A,0)=NaN；若 $x\neq 0$，则整数部分由 fix(A./x)表示，余数部分由 C=A-x.*fix(A./x)表示，允许模数 x 为小数。

例 3.15 矩阵元素的余数。

```
>> rem(A,2)
ans =
    1.6294    1.8268    0.5570
    1.8116    1.2647    1.0938
    0.2540    0.1951    1.9150
```

3.2 矩阵运算

本节利用 MATLAB 实现矩阵的各类运算，其中包括矩阵与常数的四则运算、矩阵的转置、方阵的行列式、矩阵的逆和伪逆、矩阵和向量的范数、矩阵的秩、矩阵的迹、矩阵的指数和对数运算。

3.2.1 矩阵与常数的四则运算

矩阵与常数的四则运算即指矩阵各元素与常数之间的四则运算。在矩阵与常数进行除法运算时，常数通常只能作为除数。

例 3.16 矩阵与常数的四则运算。

```
>> A=[1 1 1 1;2 2 2 2;3 3 3 3;4 4 4 4]
A =
     1     1     1     1
     2     2     2     2
     3     3     3     3
     4     4     4     4
>> 100+A
ans =
   101   101   101   101
   102   102   102   102
   103   103   103   103
   104   104   104   104
>> 100-A
ans =
    99    99    99    99
    98    98    98    98
    97    97    97    97
    96    96    96    96
>> 100*A
ans =
   100   100   100   100
   200   200   200   200
   300   300   300   300
   400   400   400   400
>> A/2
```

```
ans =
      0.5000    0.5000    0.5000    0.5000
      1.0000    1.0000    1.0000    1.0000
      1.5000    1.5000    1.5000    1.5000
      2.0000    2.0000    2.0000    2.0000
```

3.2.2　矩阵的转置

在 MATLAB 中进行矩阵的转置运算非常简单，就是运用运算符“'”，此运算符的运算级别比加、减、乘、除等运算符的运算级别要高。

例 3.17　矩阵的转置运算。

```
>> A'
ans =
      1     2     3     4
      1     2     3     4
      1     2     3     4
      1     2     3     4
```

如果一个矩阵与其转置矩阵相等，则称其为对称矩阵；如果一个矩阵与其转置矩阵相加的结果为零矩阵，则称其为反对称矩阵。在 MATLAB 中判断对称矩阵和反对称矩阵的方法非常简单，如果 isequal(A,A')返回 1，则矩阵 **A** 为对称矩阵；如果 isequal(A,-A')返回 1，则矩阵 **A** 为反对称矩阵，如下面的程序。

```
>> B=[1 2 3;2 2 2;3 2 4]
B =
      1     2     3
      2     2     2
      3     2     4
>> isequal(B,B')
ans =
      1
```

3.2.3　方阵的行列式

对于方阵的行列式，手工计算是非常烦琐的，尤其是对于高阶方阵。而在 MATLAB 中，利用 det(A)函数就可以非常简单地计算方阵的行列式的值。由线性代数的知识可以知道，如果方阵 **A** 的元素为整数，则计算结果也为整数。

例 3.18　方阵行列式的值。

```
>> A=[1 2 3;4 5 6;2 3 1]
A =
      1     2     3
      4     5     6
      2     3     1
>> det(A)
ans =
      9
```

注意

利用 det(X)=0 来检验方阵是否为奇异矩阵，并不是任何时候都有效，在某些情况下会判断错误。而利用 abs(det(X))<=tol 来判断矩阵的奇异性也并不可靠，因为误差 tol 是很难确定的，通常利用条件函数 cond(X)来判断是否为奇异矩阵或接近奇异的矩阵比较合理。

3.2.4　矩阵的逆和伪逆

对于方阵 **A**，如果为非奇异矩阵，则存在逆矩阵 inv(A)，使得 A*inv(A)=I。手工计算方阵的逆是非常烦琐的，而利用函数 inv(A)则会非常方便地求出方阵的逆。函数 inv(A)在求方阵的逆时采用高斯消元法。如果 **A** 不是方阵或 **A** 为奇异或接近奇异的矩阵，函数会给出警告信息，计算结果将都为 Inf。在不是采用电气与电子工程师学会（Institute of Electrical and Electronics Engineers，IEEE）算法的计算机上，上述情况将会出错。

例 3.19 矩阵的逆运算。

```
>> A=[1 2 3;2 3 6;5 8 1]
A =
     1     2     3
     2     3     6
     5     8     1
>> inv(A)
ans =
   -3.2143    1.5714    0.2143
    2.0000   -1.0000         0
    0.0714    0.1429   -0.0714
>> B=[0 0 0;0 2 0;0 0 0]
B =
     0     0     0
     0     2     0
     0     0     0
>> inv(B)
Warning: Matrix is singular to working precision.
ans =
   Inf   Inf   Inf
   Inf   Inf   Inf
   Inf   Inf   Inf
```

对于奇异矩阵或非方阵的矩阵，并不存在逆矩阵，但可以用函数 pinv(A)求其伪逆。其基本语法为 X=pinv(A)，X=pinv(A,tol)。函数返回一个与矩阵 **A'** 大小相同的矩阵 **X**，并且满足 **AXA**=**A**、**XAX**=**X**，且 **AX** 和 **XA** 都是埃尔米特（Hermitian）矩阵。计算方法是基于奇异值分解 svd(A)，并且任何小于公差的奇异值都被看作零，其默认的公差为 max(size(A))*norm(A)*EPS。如果 **A** 为非奇异矩阵，函数的计算结果与 inv(A)相同，但却会耗费大量的计算时间，相比较而言，inv(A)花费更少的时间。在其他情况下，pinv(A)具有 inv(A)的部分特性，但却不是与 inv(A)完全等同，如下面的程序。

```
>> pinv(A)
ans =
   -3.2143    1.5714    0.2143
    2.0000   -1.0000   -0.0000
    0.0714    0.1429   -0.0714
```

pinv(A)也可以用来求解线性方程 **AX**=**b**，**X** 可以由 pinv(A)*b 和 **A**、**b** 分别解得，其中 **A** 可以不是方阵，可以为奇异矩阵。

例 3.20 利用矩阵的逆运算求解线性方程。

```
>> pinv(A)
ans =
   -3.2143    1.5714    0.2143
    2.0000   -1.0000   -0.0000
    0.0714    0.1429   -0.0714
>> rank(A)
ans =
     3
>> b=[0.3;0.4;0.5]
b =
    0.3000
    0.4000
    0.5000
>> pinv(A)*b
ans =
   -0.2286
    0.2000
    0.0429
>> A\b
```

```
ans =
   -0.2286
    0.2000
    0.0429
```

3.2.5 矩阵和向量的范数

线性代数中，在对线性方程组进行直接求解时，由于实际的观测和测量误差以及计算过程中的舍入误差等的影响，所求得的数值解与精确解之间存在着一定的差异。为了了解所得解的精确程度，必须对解的误差进行评估，这就要用到范数。矩阵范数是矩阵元素的数量级大小的一种度量。在 MATLAB 中，利用函数 norm()来求矩阵和向量的范数。矩阵和向量的范数如表 3-2 所示。

表 3-2　矩阵和向量的范数

范数	说明
n=norm(A)	返回矩阵 **A** 的最大奇异值，即 max(svd(x))，所得的是矩阵的 2-范数，也称普范数
n=norm(A,1)	返回矩阵 **A** 的最大列之和，即 max(sum(abs(A)))，所得的是矩阵的 1-范数，也称为列范数
n=norm(A,2)	与 n=norm(A)相同
n=norm(A,inf)	返回矩阵 **A** 的最大行之和，即 max(sum(abs(A')))，所得的是矩阵的无穷大范数，也称为行范数
n=norm(A,'inf')	与 n=norm(A,inf)相同
n=norm(A,'fro')	返回 sqrt(sum(diag(A'*A)))，即矩阵的 F-范数
n=norm(v,p)	返回 sum(abs(v).^p)^(1/p)
n=norm(v)	得到 norm(v,2)
n=norm(v,inf)	得到 max(abs(v))
n=norm(v,-inf)	得到 min(abs(v))

例 3.21　矩阵和向量的范数运算。

```
>> norm(A)
ans =
    11.1792
>> norm(A,1)
ans =
    13
>> norm(A,2)
ans =
    11.1792
>> norm(A,inf)
ans =
    14
>> norm(A,'fro')
ans =
    12.3693
```

3.2.6 矩阵的秩

矩阵的秩用函数 rank()来求得，该函数返回矩阵的行向量或列向量的不相关个数。

rank()函数返回矩阵 **A** 的奇异值中比误差 tol 大的奇异值的个数，tol 的默认值为 max(size(A))*norm(A)*eps。rank(A,tol)将指定误差 tol。

在 MATLAB 中，计算矩阵的秩的算法是以奇异值分解为基础的，用奇异值分解的方法来求解矩阵的秩会非常耗时，但却是最有效的方法之一。

例 3.22　矩阵的求秩运算。

```
>> s=svd(A)
s =
   11.1792
    5.2886
```

```
    0.2368
>> tol=max(size(A))*s(1)*eps
tol =
    7.4469e-015
>> r=sum(s>tol)
r =
     3
>> B=[1 2 2;1 -1 1;2 3 4]
B =
     1     2     2
     1    -1     1
     2     3     4
>> rank(B)
ans =
     3
>> s=svd(B)
s =
    6.1760
    1.6875
    0.0959
```

从矩阵 B 的奇异值可以看出，矩阵 B 的秩为 3。

3.2.7 矩阵的迹

设 $\boldsymbol{A}$ 是 n 阶方阵，如果数 λ 和 n 维非零列向量 x 使关系式 $\boldsymbol{A}x=\lambda x$ 成立，那么这样的数 λ 称为矩阵 $\boldsymbol{A}$ 的特征值。

矩阵的迹就是指矩阵对角线元素的和，它等于矩阵的特征值之和。函数 trace(A)返回矩阵 $\boldsymbol{A}$ 的迹，它等价于 sum(diag(A))，这也是函数 trace()的定义式。

例 3.23 矩阵的迹运算。

```
>> trace(A)
ans =
     5
```

3.2.8 矩阵的指数和对数运算

矩阵的指数运算用 expm()函数来实现，expm(X)=V*diag(exp(diag(D)))/V（其中 $\boldsymbol{X}$ 为已知矩阵，[V,D]=eig(X)）。矩阵的对数运算用 logm()函数来实现，L=logm(A)，与矩阵的指数运算互为逆运算。

例 3.24 矩阵的指数和对数运算。

```
>> X=rand(4)
X =
    0.4218    0.6557    0.6787    0.6555
    0.9157    0.0357    0.7577    0.1712
    0.7922    0.8491    0.7431    0.7060
    0.9595    0.9340    0.3922    0.0318
>> Y=expm(X)
Y =
    3.8965    2.6271    2.8171    2.0082
    2.8209    2.7794    2.5435    1.4709
    3.8951    3.3361    4.4792    2.4607
    3.1593    2.6267    2.4720    2.4029
>> A=randn(4)
A =
   -1.0689    0.3252   -0.1022   -0.8649
   -0.8095   -0.7549   -0.2414   -0.0301
   -2.9443    1.3703    0.3192   -0.1649
    1.4384   -1.7115    0.3129    0.6277
>> B=logm(A)
B =
  -0.5379 + 1.0982i    0.6777 + 0.8374i    0.1754 + 0.0952i   -0.6422 + 0.5274i
```

```
   -0.2587 + 2.0370i    0.1904 + 1.5533i   -0.1976 + 0.1766i    0.4489 + 0.9783i
   -3.3002 + 0.3816i    2.6070 + 0.2910i   -0.2133 + 0.0331i   -1.5967 + 0.1833i
    2.5922 + 0.9516i   -1.8290 + 0.7256i    0.0274 + 0.0825i    1.1363 + 0.4570i
```

3.3　矩阵分解

矩阵分解是一个非常重要的概念，如求矩阵的特征值、特征向量及秩等重要参数时都会涉及矩阵分解。在实际工程中，在特定的场合要对矩阵进行特定形式的分解。在 MATLAB 中，有许多现成的公式可以利用，因而比较容易进行矩阵分解。本节主要介绍几种矩阵的分解形式。

3.3.1　Cholesky 分解

设 $\boldsymbol{M}$ 是 n 阶方阵，如果对任何非零向量 z，都有 $z^{\mathrm{T}}\boldsymbol{M}z>0$，其中 z^{T} 表示 z 的转置，就称 $\boldsymbol{M}$ 为正定矩阵。

R=chol(X)：此函数只使用矩阵 ***X*** 的对角线元素和上三角元素，而下三角元素被认为是上三角元素的转置，产生一个上三角矩阵 ***R*** 使得 ***R'R***=***X*** 必须为对称且是正定的，如果矩阵非正定，则会输出错误信息。

使用[R,p]=chol(X)不会输出任何错误信息，如果 ***X*** 是正定的，则 p=0，***R*** 与 chol(X)的结果相同；如果 ***X*** 不是正定的，则 p 是一个正整数，***R*** 是一个 q=p-1 阶的上三角矩阵，使得 R'R=X(l:q,l:q)。

例 3.25　矩阵的 Cholesky 分解。

```
>> X=pascal(4)
X =
      1      1      1      1
      1      2      3      4
      1      3      6     10
      1      4     10     20
>> R=chol(X)
R =
      1      1      1      1
      0      1      2      3
      0      0      1      3
      0      0      0      1
>> R'*R
ans =
      1      1      1      1
      1      2      3      4
      1      3      6     10
      1      4     10     20
```

对于此分解，读者可以自编函数加以实现。下面给出另一个函数来实现此操作。计算中采用的公式为 L(k,k)=sqrt[A(k,k)-(L(k,l)^2+L(k,2)^2+…+L(k,k-1)^2)]和 L(j,k)=[A(j,k)-(L(j,l)L(k,l))+(L(j,2)L(k,2))+…+(L(j,k-l)L(k,k-l))]/L(k,k)。下面给出部分程序的代码。

```
function y=llt(A)
if ~isequal(A,A')
    error('A must be symetrix');
    return;
end
n=length(A);
e=eig(A);
if ~all(e>0)
    error('A must be positive');
    return;
end
```

```
l(1,1)=sqrt(A(1,1));
l(2:n,1)=A(2:n,1)/l(1,1);
for i=2:n
    sum=0;
    for j=1:(i-1)
        sum=sum+l(i,j)^2;
    end
    l(i,j)=sqrt(A(i,i)-sum);
    for j=(i+1):n
        sum=0;
        for k=1:(i-1)
            sum=sum+l(j,k)*l(i,k);
        end
        l(j,i)=(A(j,i)-sum)/l(i,i);
    end
end
y=l';
```

3.3.2 LU 分解

矩阵的 LU 分解很重要，许多运算都是以 LU 分解为基础的，如方阵的求逆操作 inv()、行列式操作 det()，它也是求解线性方程组即除法运算的基础。LU 分解采用高斯消元法将矩阵分解为两个三角矩阵的乘积。由数值分析知识可知，非奇异矩阵 **A**($n\times n$)，如果其顺序主子式均不为零，则存在唯一的单位下三角矩阵 **L** 和上三角矩阵 **U**，从而使得 **A=L*U**。

[L,U]=lu(X)：此函数得到一个上三角矩阵 **U** 和一个准下三角矩阵 **L**（下三角矩阵的转置矩阵），使得 **X=LU**。

[LL,U,P]=lu(X)：此函数得到一个上三角矩阵 **U**、一个下三角矩阵 **LL** 和一个置换矩阵 **P**，使得 **LLU=PX**。可知，L=inv(P)LL。

设 **A** 是 n 阶矩阵，若 rank(A)=n，则称 **A** 为满秩矩阵。在矩阵中，若数值为 0 的元素数目远远多于非 0 元素的数目，并且非 0 元素分布没有规律时，则称该矩阵为稀疏矩阵。

Y=lu(X)中，如果 **X** 是满秩矩阵，将输出一个常式矩阵 **Y**；如果 **X** 是稀疏矩阵，产生的矩阵 **Y** 将包含严格的下三角矩阵 **L** 和上三角矩阵 **U**。在这两种情况下，都不会有置换矩阵 **P**。

例 3.26 矩阵的 LU 分解。

```
>> [L,U]=lu(X)
L =
    1.0000         0         0         0
    1.0000    0.3333    1.0000    1.0000
    1.0000    0.6667    1.0000         0
    1.0000    1.0000         0         0
U =
    1.0000    1.0000    1.0000    1.0000
         0    3.0000    9.0000   19.0000
         0         0   -1.0000   -3.6667
         0         0         0    0.3333
>> [LL,U,P]=lu(X)
LL =
    1.0000         0         0         0
    1.0000    1.0000         0         0
    1.0000    0.6667    1.0000         0
    1.0000    0.3333    1.0000    1.0000
U =
    1.0000    1.0000    1.0000    1.0000
         0    3.0000    9.0000   19.0000
         0         0   -1.0000   -3.6667
         0         0         0    0.3333
P =
     1     0     0     0
     0     0     0     1
```

```
     0      0      1      0
     0      1      0      0
>> Y=lu(X)
Y =
    1.0000    1.0000    1.0000    1.0000
    1.0000    3.0000    9.0000   19.0000
    1.0000    0.6667   -1.0000   -3.6667
    1.0000    0.3333    1.0000    0.3333
>> inv(p)*l1
ans =
    1.0000         0         0         0
    1.0000    0.3333    1.0000    1.0000
    1.0000    0.6667    1.0000         0
    1.0000    1.0000         0         0
```

在求矩阵 ***X*** 的行列式的值时，先对矩阵 ***A*** 进行 LU 分解，生成矩阵 ***L*** 和 ***U***，然后用 ***L*** 和 ***U*** 的对角线元素的乘积来计算矩阵 ***A*** 的行列式的值。在求解除法运算 ***x=A\b*** 时，也是先对矩阵 ***A*** 进行 LU 分解，然后分别求解 ***y=L\b*** 和 ***x=U\y***，从而得到 ***x***。

3.3.3　QR 分解

QR 分解即矩阵的正交三角分解，此分解适用于任意的矩阵，是非常重要的分解形式。它将矩阵分解为一个正交矩阵和一个上三角矩阵的乘积，即对于矩阵 ***A***($n\times n$)，如果 ***A*** 非奇异，则存在正交矩阵 ***Q*** 和上三角矩阵 ***R***，使得 ***A*** 满足关系式 ***A=Q*R***，并且当 ***R*** 的对角线元素都是正值时，QR 分解是唯一的。

[Q,R]=qr(X)：此函数得到一个与 ***X*** 同阶的上三角矩阵 ***R*** 和一个酉矩阵 ***Q***，使得 ***X=QR***。

[Q,R,E]=qr(X)：此函数得到一个置换矩阵 ***E***、一个对角线元素递减的上三角矩阵 ***R*** 和一个酉矩阵 ***Q***，使得 ***XE=QR***。选择置换矩阵 ***E*** 使得 abs(diag(R))递减。

[Q,R]=qr(X,0)：对矩阵 ***A*** 进行有选择的 QR 分解。当矩阵 ***A*** 为 $m\times n$ 阶并且 $m>n$ 时，那么只会产生具有前 n 列的正交矩阵 ***Q***。

例 3.27　矩阵的 QR 分解。

```
>> [Q,R]=qr(A)
Q =
   -0.1414   -0.1488    0.3154   -0.9265
   -0.4243   -0.8841   -0.0631    0.1853
   -0.8485    0.4202   -0.3183   -0.0463
   -0.2828    0.1401    0.8918    0.3243
R =
   -7.0711   -4.6669   -6.5054   -9.6167
         0   -2.2847   -1.5932   -1.3656
         0         0    2.6724   -1.0237
         0         0         0   -1.8993
>> [Q,R,E]=qr(X)
Q =
   -0.0440   -0.4766    0.8402   -0.2550
   -0.1759   -0.6682   -0.1753    0.7013
   -0.4398   -0.4323   -0.4618   -0.6376
   -0.8796    0.3736    0.2239    0.1913
R =
  -22.7376   -5.2336   -1.5393  -12.0065
         0   -1.6153   -1.2034   -1.3387
         0         0    0.4270   -0.2170
         0         0         0   -0.0638
E =
     0      0      1      0
     0      1      0      0
     0      0      0      1
     1      0      0      0
>> [Q,R]=qr(A,0)
```

```
Q =
    -0.1414   -0.1488    0.3154   -0.9265
    -0.4243   -0.8841   -0.0631    0.1853
    -0.8485    0.4202   -0.3183   -0.0463
    -0.2828    0.1401    0.8918    0.3243
R =
    -7.0711   -4.6669   -6.5054   -9.6167
          0   -2.2847   -1.5932   -1.3656
          0         0    2.6724   -1.0237
          0         0         0   -1.8993
```

3.3.4 Schur 分解

矩阵的复 Schur 形式是特征值在对角线上的上三角矩阵；赋值的实 Schur 形式是实特征值在对角线上，而复特征值以 2×2 的分块矩阵排列在对角线上。用函数 T=schur(A)求矩阵 ***A*** 的 Schur 形式时，如果 ***A*** 为实矩阵，函数返回 ***A*** 的实 Schur 形式，反之则返回 ***A*** 的复 Schur 形式，矩阵 ***A*** 必须为方阵。用函数 rsf2csf()可以将实 Schur 形式转换为复 Schur 形式。

T=schur(A)：此函数得到矩阵的 Schur 矩阵 ***T***。

[U,T]=schur(A)：此函数得到矩阵的 Schur 矩阵 ***T*** 和酉矩阵 ***U***，使得 ***A***=***U****T****U'***，***U'*U***=eye(size(A))。

例 3.28 矩阵的 Schur 分解。

```
>> [u,t]=schur(A)
u =
   -0.2538   -0.2152   -0.8369    0.4345
   -0.5956    0.7991    0.0167    0.0800
   -0.6869   -0.4561    0.0323   -0.5649
   -0.3302   -0.3273    0.5461    0.6969
t =
   12.6632    3.7546    0.1784   -6.1019
         0    1.6600    0.6796   -0.6512
         0         0   -1.2833   -1.3236
         0         0         0   -3.0399
>> [U,T]=rsf2csf(u,t)
U =
   -0.2538   -0.2152   -0.8369    0.4345
   -0.5956    0.7991    0.0167    0.0800
   -0.6869   -0.4561    0.0323   -0.5649
   -0.3302   -0.3273    0.5461    0.6969
T =
   12.6632    3.7546    0.1784   -6.1019
         0    1.6600    0.6796   -0.6512
         0         0   -1.2833   -1.3236
         0         0         0   -3.0399
```

3.3.5 奇异值分解

矩阵的奇异值分解用函数 svd()来求解。

s=svd(X)：得到矩阵 ***X*** 的奇异值组成的向量。

[U,S,V]=svd(X)：得到一个与 ***X*** 具有相同维数的矩阵 ***S***，其对角线元素为递减的非负值；同时得到酉矩阵 ***U*** 和 ***V***，使得 ***X***=***USV'***。

例 3.29 矩阵的奇异值分解。

```
>> A=[1 1 2 3;3 4 4 5;6 3 4 8;2 1 4 1]
A =
     1     1     2     3
     3     4     4     5
     6     3     4     8
     2     1     4     1
>> [U,S,V]=svd(A)
U =
```

```
    -0.2557   -0.0034    0.1715    0.9514
    -0.5444   -0.2315    0.7549   -0.2832
    -0.7555    0.4621   -0.4484   -0.1206
    -0.2597   -0.8561   -0.4469    0.0077
S =
    14.6370         0         0         0
          0    3.0632         0         0
          0         0    1.8406         0
          0         0         0    0.9937
V =
    -0.4742    0.1185   -0.6235   -0.6101
    -0.3388   -0.1302    0.7602   -0.5388
    -0.4611   -0.8188   -0.1186    0.3206
    -0.6691    0.5463    0.1387    0.4844
```

奇异值分解也是矩阵求解运算的基础，对矩阵 **A** 进行奇异值分解 s=svd(A)，得到的向量 **s** 的非零元素的个数就是矩阵 **A** 的秩，如下面的程序。

```
>> s=svd(A)
s =
   14.6370
    3.0632
    1.8406
    0.9937
>> rank(A)
ans =
     4
```

可见矩阵的秩为 4，用求秩运算 rank(A)可以验证这一结果。

3.3.6　特征值分解

在 MATLAB 中，可以利用 eig()和 eigs()两个函数来进行矩阵的特征值分解运算，其使用格式如下。

- E=eig(X)：生成由矩阵 **X** 的特征值所组成的一列向量。
- [V,D]=eig(X)：生成两个矩阵 **V** 和 **D**，其中 **V** 是以矩阵 **X** 的特征向量作为列向量组成的矩阵，**D** 是以矩阵 **X** 的特征值作为主对角线元素构成的对角矩阵，矩阵 **X** 的第 k 个特征值的特征向量是矩阵 **D** 的第 k 列列向量，即满足 **XV=VD**。
- [V,D]=eig(X,'nobalance')：预先不经过平衡处理，得到矩阵 **A** 的特征值和特征向量。对于一些特定的问题，将矩阵进行平衡处理可以提高所求的特征值和特征向量的精度，如果矩阵有的元素与圆整误差的数量级相接近时，平衡操作将会提高这些元素在矩阵中的作用，反而不会得到正确的结果。在这种情况下，可以用'nobalance'来计算。
- [V,D]=eig(X,Y)：得到矩阵 **X** 和 **Y** 的广义特征值矩阵 **D** 和广义右特征向量组成的矩阵 **V**。**D** 是以广义特征值为对角线元素的对角矩阵，矩阵 **V** 的第 k 列是矩阵 **D** 的第 k 个对角线元素的广义右特征向量，并满足 **XV=YVD**。各个特征向量的范数为 1。
- D=eigs(X,k,sigma)：计算稀疏矩阵 **X** 的 k 个由 sigma 指定的特征向量和特征值，读者可以通过 help 命令来查阅 sigma 的选项。

上面的矩阵都应该为方阵，如果在求广义特征值时，矩阵 **B** 可逆，那么可以转换为求 inv(B)A 的特征值与特征向量，即 inv(B)Ax=kx。如果矩阵 **A** 的特征值都不重复，则它是可以对角化的，并且其特征向量组成的矩阵也一定是满秩的。

例 3.30　矩阵的特征值分解。

```
>> X=magic(4)
X =
    16     2     3    13
     5    11    10     8
```

```
     9     7     6    12
     4    14    15     1
>> A=[1 1 0 1;0 2 3 6;4 7 3 1;0 0 8 9]
A =
     1     1     0     1
     0     2     3     6
     4     7     3     1
     0     0     8     9
>> E=eig(X)
E =
   34.0000
    8.9443
   -8.9443
    0.0000
>> [V,D]=eig(X)
V =
   -0.5000   -0.8236    0.3764   -0.2236
   -0.5000    0.4236    0.0236   -0.6708
   -0.5000    0.0236    0.4236    0.6708
   -0.5000    0.3764   -0.8236    0.2236
D =
   34.0000         0         0         0
         0    8.9443         0         0
         0         0   -8.9443         0
         0         0         0    0.0000
>> Z=X*V-V*D
Z =
  1.0e-013 *
   -0.0355    0.0089   -0.0755    0.0135
   -0.1421    0.0400         0    0.0005
   -0.0355    0.0144    0.0266   -0.0404
   -0.0711   -0.0133   -0.0266    0.0492
>> B=[11 4 6 3;5 2 17 9;3 4 2 8;0 21 6 7]
B =
    11     4     6     3
     5     2    17     9
     3     4     2     8
     0    21     6     7
>> [V,D]=eig(A,B)
V =
   -0.7246    0.1479    1.0000    0.1380
    0.7604   -0.2795   -0.3384   -0.2502
    0.6484   -0.8602   -0.5102    1.0000
    1.0000    1.0000    0.3395   -0.7778
D =
    0.5282         0         0         0
         0   -0.5255         0         0
         0         0    0.1317         0
         0         0         0   -0.2127
>> Z=A*V-B*V*D
Z =
  1.0e-014 *
    0.2887   -0.2776   -0.0222    0.2665
   -0.1776   -0.8438    0.1193    0.2665
    0.6217   -0.0888   -0.1166         0
   -0.8882   -0.7550    0.1998   -0.0555
```

3.3.7 黑森贝格（Hessenberg）分解

用函数 H=hess()可以求矩阵的 Hessenberg 形式 ***H***，***H*** 的第 1 子对角线以下的元素为零元素。如果矩阵 ***A*** 是对称的或是 Hermitian 矩阵，则 ***H*** 是对角三角阵，即 diag(A,-1)非零的上三角阵。***A*** 必须为方阵。

[P,H]=hess(A)：得到矩阵的 Hessenberg 形式 ***H*** 和一个酉矩阵 ***P***，使得 ***A***=***P********H********P***' 和 ***P***'****P***=eye(size(A))。

例 3.31　矩阵的 Hessenberg 分解。

```
>> [p,h]=hess(A)
p =
    1.0000         0         0         0
         0   -0.4286    0.7476   -0.5073
         0   -0.8571   -0.5140   -0.0334
         0   -0.2857    0.4205    0.8611
h =
    1.0000   -3.0000    0.9813    2.0093
   -7.0000   10.0000   -4.0919   -5.4671
         0   -3.0573    0.0721   -0.9953
         0         0   -2.4239   -1.0721
```

3.4　方程组求解

在科学研究和工程实践中，很多情况下都需要求解各种方程组。一般来说，方程组有线性和非线性两种，下面详细介绍它们的解法。

3.4.1　线性方程组的求解

对于一般的矩阵，可以采用直接法和迭代法两种方法求解线性方程组，而对于大型稀疏矩阵，采用直接法则耗时太多，此时迭代法是一种补充的选择。

1. 直接法

（1）使用“\”或“/”两种符号直接求解线性方程组。

在 MATLAB 中求解线性方程组的最简单的方法之一是矩阵除法，它只需使用“\”或“/”这两种符号就可以实现。

例 3.32　使用“\”或“/”求解线性方程组。

```
>> A=magic(5)
A =
    17    24     1     8    15
    23     5     7    14    16
     4     6    13    20    22
    10    12    19    21     3
    11    18    25     2     9
>> B=diag(ones(5))
B =
     1
     1
     1
     1
     1
>> A\B
ans =
    0.0154
    0.0154
    0.0154
    0.0154
    0.0154
```

（2）使用 LU 分解直接求解线性方程组。

在 MATLAB 中提供了 lu()函数来进行矩阵的 LU 分解，使用它用户可以很方便地求解线性方程组。其使用格式如下。

- [L,U]=lu(X)：产生一个上三角矩阵 $\boldsymbol{U}$ 和一个下三角矩阵 $\boldsymbol{L}$，值得注意的是 $\boldsymbol{X}$ 不一定为方阵。
- [L,U,P]=lu(X)：返回一个下三角矩阵 $\boldsymbol{L}$ 和一个上三角矩阵 $\boldsymbol{U}$，并返回一个置换矩阵 $\boldsymbol{P}$，使

得 ***P*** 满足 ***P*X=L*U***。

- 当 ***X*** 是非稀疏矩阵时，Y=lu(X)返回一般结果；当 ***X*** 是稀疏矩阵时，Y=lu(X)返回一个和上三角矩阵 ***U*** 镶嵌在一起的下三角矩阵 ***L***。在这两种情况下，交换矩阵 ***P*** 都将不存在。
- 对稀疏且非空的矩阵 ***X***，[L,U,P,Q]=lu(X)返回一个下三角矩阵 ***L*** 和一个上三角矩阵 ***U***，并返回一个置换矩阵 ***P*** 和一个记录矩阵 ***Q***，使得 ***P*X*Q=L*U***。

例 3.33 使用 LU 分解法求解线性方程组。

```
>> X=[4 9 7;2 6 8;1 5 3]
X =
     4     9     7
     2     6     8
     1     5     3
>> [L,U]=lu(X)
L =
    1.0000         0         0
    0.5000    0.5455    1.0000
    0.2500    1.0000         0
U =
    4.0000    9.0000    7.0000
         0    2.7500    1.2500
         0         0    3.8182
>> b=[1 2 3]'
b =
     1
     2
     3
>> Y=L\b
Y =
    1.0000
    2.7500
         0
>> y=U\Y
y =
    -2
     1
     0
```

2. 迭代法

迭代法主要有雅可比（Jacobi）迭代法、高斯-赛德尔（Gauss-Seidel）迭代法及逐次超松弛（Successive Over Relaxation，SOR）迭代法，它们各有特点，下面分别介绍。

（1）Jacobi 迭代法。

设 $Ax=b$，其中 A 为 N 阶方阵，b 为 N 阶列向量，且 A 非奇异，显然 A 可以分解为 $A=D-L-U$。此时，有 $x=D^{-1}*(L+U)*x+D^{-1}*b$，由此可以构造迭代算法 $x^{k-1}=B*x^k+f$，其中，$B=D^{-1}*(L+U)=I-D^{-1}*A$，$f=D^{-1}*b$。

用 Jacobi 迭代法编写 M 文件如下。

```
%该函数用 Jacobi 迭代法求解线性方程组;
%用户需要输入 3 个参数;
%设 A×y=b，用户输入矩阵 A 和 b;
%再输入一个初始向量 x0;
%使用格式为 y=jacobi(A,b,x0);
function y=jacobi(A,b,x0)
D=diag(diag(A));
U=triu(A,1);
L=tril(A,-1);
B=-D\(L+U);
f=D\b;
y=B*x0+f;
n=1;
```

```
while normy(y-x0)>=1.0e-6&n<=1000
    x0=y;
    y=B*x0+f;
    n=n+1;
end
fprintf('方程组的解');
fprintf('\n');
y
fprintf('迭代次数');
fprintf('\n');
n
```

例 3.34　用 Jacobi 迭代法求解线性方程组。

```
>> A=[9 2 5;-4 7 1;6 3 8]
A =
     9     2     5
    -4     7     1
     6     3     8
>> b=[15 22 7]'
b =
    15
    22
     7
>> x0=[0 0 0]'
x0 =
     0
     0
     0
>> y=jacobi(A,b,x0)
%方程组的解
y =
    1.9152
    4.5618
   -2.2721
%迭代次数
n =
    40
y =
    1.9152
    4.5618
   -2.2721
```

（2）Gauss-Seidel 迭代法。

设 $\boldsymbol{Ax}=\boldsymbol{b}$，其中 $\boldsymbol{A}$ 为 N 阶方阵，$\boldsymbol{b}$ 为 N 阶列向量，且 $\boldsymbol{A}$ 非奇异，显然 $\boldsymbol{A}$ 可以分解为 $\boldsymbol{A}=\boldsymbol{D}-\boldsymbol{L}-\boldsymbol{U}$。此时，有 $\boldsymbol{x}=(\boldsymbol{D}-\boldsymbol{L})^{-1}*\boldsymbol{U}*\boldsymbol{x}+(\boldsymbol{D}-\boldsymbol{L})^{-1}*\boldsymbol{b}$，由此可以构造迭代算法 $\boldsymbol{x}^{k-1}=\boldsymbol{G}*\boldsymbol{x}^{k}+\boldsymbol{f}$，其中，$\boldsymbol{G}=(\boldsymbol{D}-\boldsymbol{L})^{-1}*\boldsymbol{U}$，$\boldsymbol{f}=(\boldsymbol{D}-\boldsymbol{L})^{-1}*\boldsymbol{b}$。

用 Gauss-Seidel 迭代法编写 M 文件如下。

```
%该函数用 Gauss-Seidel 迭代法求解线性方程组；
%用户需要输入 3 个参数；
%设 A×y=b，用户输入矩阵 A 和 b；
%再输入一个初始向量 x0；
%使用格式为 y=gaussseidel(A,b,x0);
function y=gaussseidel(A,b,x0)
D=diag(diag(A));
U=triu(A,1);
L=tril(A,-1);
G=(D-L)\U;
f=(D-L)\b;
y=G*x0+f;
n=1;
while norm(y-x0)>=1.0e-6&n<=1000
    x0=y;
    y=G*x0+f;
    n=n+1;
end
```

```
fprintf('方程组的解');
fprintf('\n');
y
fprintf('迭代次数');
fprintf('\n');
n
```

例 3.35 用 Gauss-Seidel 迭代法求解线性方程组。

```
>> gaussseidel(A,b,x0)
%方程组的解
y =
    4.5805
    1.2058
    4.7625
%迭代次数
n =
    15
ans =
    4.5805
    1.2058
4.7625
```

比较以上的两种迭代法，可以看出 Gauss-Seidel 迭代法比 Jacobi 迭代法的收敛速度要更快一些，但是，在有些情况下，可能会出现使用 Jacobi 迭代法收敛而使用 Gauss-Seidel 迭代法不收敛的情况。

（3）SOR 迭代法。

由于 Jacobi 迭代法和 Gauss-Seidel 迭代法的收敛速度一般比较慢，于是又产生了一种新的方法，那就是 SOR 迭代法，其格式如下。

设 $\boldsymbol{Ax}=\boldsymbol{b}$，其中 $\boldsymbol{A}$ 为 N 阶方阵，$\boldsymbol{b}$ 为 N 阶列向量，且 $\boldsymbol{A}$ 非奇异，显然 $\boldsymbol{A}$ 可以分解为 $\boldsymbol{A}=\boldsymbol{D}-\boldsymbol{L}-\boldsymbol{U}$。由此可以构造迭代算法 $\boldsymbol{x}^{k+1}=w*\boldsymbol{L}*\boldsymbol{x}^{k}+w*(\boldsymbol{D}-w*\boldsymbol{L})^{-1}*\boldsymbol{b}$，其中，$w$ 为松弛因子，它的最佳取值范围为[1,2]。

用 SOR 迭代法编写 M 文件如下。

```
%该函数用 SOR 迭代法求解线性方程组;
%用户需要输入 3 个参数;
%设 A×y=b，用户输入矩阵 A 和 b;
%再输入一个初始向量 x0 和松弛因子 w;
%使用格式为 y=sor(A,b,w,x0);
function y=sor(A,b,w,x0)
D=diag(diag(A));
U=triu(A,1);
L=tril(A,-1);
lw=(D-w*L)\((1-w)*D+w*U);
f=(D-w*L)\b*w;
y=lw*x0+f;
n=1;
while norm(y-x0)>=1.0e-6&n<=1000
    x0=y;
    y=lw*x0+f;
    n=n+1;
end
fprintf('方程组的解');
fprintf('\n');
y
fprintf('迭代次数');
fprintf('\n');
n
```

例 3.36 用 SOR 迭代法求解线性方程组。

```
>> y=sor(A,b,1.3,x0)
%方程组的解
y =
    4.5805
    1.2058
```

```
     4.7625
%迭代次数
n =
     30
y =
     4.5805
     1.2058
     4.7625
>> y=sor(A,b,1.2,x0)
%方程组的解
y =
     4.5805
     1.2058
     4.7625
%迭代次数
n =
     19
y =
     4.5805
     1.2058
     4.7625
>> y=sor(A,b,1.1,x0)
%方程组的解
y =
     4.5805
     1.2058
     4.7625
%迭代次数
n =
     12
y =
     4.5805
     1.2058
     4.7625
```

从程序的运行结果可以看出，采用不同的 w 值，对收敛数会产生很大的影响。

3.4.2　非线性方程组的求解

对于非线性方程组的求解，一般可以采用迭代法、二分法和遍历法。由于最后一种方法效率不高，因此实际工作中很少使用。下面对用 fsolve()函数求解非线性方程组进行具体介绍。

在 MATLAB 中，使用 fsolve()函数来求解非线性方程 $f(x)=0$。其中 f 和 x 可以是向量或矩阵。其使用方法如下。

- x=fsolve(fun,x0)：以 x0 为初始矩阵来求解方程 fun，fun 接受输入量 x 并返回一个向量（或矩阵），使得 f=fun(x)。
- x=fsolve(fun,x0,options)：以 options 为选择参数的输入变量，详细内容用户可以查看 optimset 的帮助信息得知。
- x=fsolve(fun,x0,options,p1,p2,p3,…)：将问题定性参数 p1、p2 和 p3 等直接赋值给函数 fun(x,p1,p2,p3,…)。而当 options 为默认值时，将返回一个空矩阵。
- [x,feval]=fsolve(fun,x0,…)：返回客观方程在 x 处的值。
- [x,feval,exitflag]=fsolve(fun,x0,…)：返回一个描述 fsolve 的溢出情况的字符串 exitflag。

当 exitflag>0 时，fsolve 的解将收敛到 x；

当 exitflag=0 时，将取得方程的最大解数；

当 exitflag<0 时，fsolve 的解在 x 处不收敛。

- [x,feval,exitflag,output,jacobi]=fsolve(fun,x0,…)：返回函数 fun 在 x 处的雅可

比（Jacobian）解。

首先定义函数的 M 文件如下。

```
function f=feixianxing(x)
A=x(1);
B=x(2);
C=x(3);
f(1)=A^2+B+sin(C);
f(2)=A*B+C;
f(3)=cos(A)+B^2+2*C;
end
```

例 3.37　举例说明求解非线性方程组的方法。

```
>> x0=[1 1 1]
x0 =
     1     1     1
>> f=fsolve('feixianxing',x0)
f =
    0.5270    0.2309   -0.4113
```

3.4.3　非齐次线性方程组的通解

求非齐次线性方程组的通解通常分为以下几步。

（1）判断 ***AX=b*** 是否有解，若有解则进行下一步。

（2）求 ***AX=b*** 的一个特解。

（3）求 ***AX=0*** 的通解。

（4）***AX=b*** 的通解为 ***AX=0*** 的通解+***AX=b*** 的一个特解。

例 3.38　求下列方程组的通解。

$$\begin{cases} 4x_1+7x_2-2x_3-3x_4=3 \\ 8x_1-4x_2+6x_3+x_4=6 \\ 9x_1+2x_2-5x_3+3x_4=8 \end{cases}$$

M 文件代码如下。

```
A=[4 7 -2 3;8 -4 6 1;9 2 -5 3];
b=[3 6 8]';
B=[A,b];
n=4;
R_A=rank(A);
R_B=rank(B);
format rat
if R_A==R_B&R_A==n
    X=A\b
elseif R_A==R_B&R_A<n
    X=A\b
    C=null(A,'r')
else X='equition no solve'
end
```

运行结果如下。

```
>> Untitled2
X =
     241/293
     -25/293
     -45/293
       0
C =
    -157/586
     -80/293
       5/586
       1
```

3.5　矩阵秩与线性相关性

线性方程组解的个数可以通过方程组系数矩阵的秩来判断：

（1）若系数矩阵的秩 $r=n$（n 为方程组中未知变量的个数），则有唯一解；

（2）若系数矩阵的秩 $r<n$，则可能有无穷解。

3.5.1　矩阵和向量组的秩与线性相关性

矩阵 $\boldsymbol{A}$ 的秩是矩阵 $\boldsymbol{A}$ 中最高阶非零子式的阶数，向量组的秩通常通过该向量组构成的矩阵来计算。

k=rank(A,tol)：此函数返回矩阵 A 的行（或列）向量中线性无关的向量个数，tol 为给定误差。

例 3.39　求矩阵 **A**=[3 4 7 -3;2 -5 1 9;-2 4 0 8;6 3 -7 2]的秩，程序如下。

```
>> A=[3 4 7 -3;2 -5 1 9;-2 4 0 8;6 3 -7 2]
A =
     3     4     7    -3
     2    -5     1     9
    -2     4     0     8
     6     3    -7     2
>> rank(A)
ans =
     4
```

由于矩阵 **A** 的秩为 4，等于矩阵 **A** 的行数，因此矩阵 **A** 线性无关。

3.5.2　求行阶梯矩阵和向量组的基

行阶梯矩阵使用初等行变换，矩阵的初等行变换有 3 条规则。

（1）交换两行，即 $r_i \leftrightarrow r_j$（第 i、第 j 两行交换）。

（2）第 i 行的 K 倍，即 Kr_i。

（3）第 i 行的 K 倍加到第 j 行上，即 $r_j + Kr_i$。

通过这 3 条规则可以将矩阵化成行最简形，从而找出列向量组的一个最大无关组，MATLAB 将矩阵化成行最简形的函数是 rref()或 rrefmovie()。

R=rref(A)：用高斯-若尔当消元法和行主元法求 **A** 的行最简形矩阵 **R**。

[R,jb]=rref(A)：**jb** 是一个向量，其含义是 r=length(jb)为 **A** 的秩，**A**(:,jb)为 **A** 的列向量基，**jb** 中的元素表示基向量所在的列。

[R,jb]=rref(A,tol)：tol 为指定的精度。

rrefmovie(A)：给出每一步化简的过程。

例 3.40　求向量组 **a**1=[3,-1,2,6]，**a**2=[9,1,-5,4]，**a**3=[-6,8,0,3]，**a**4=[2,5,9,6]，**a**5=[8,1,4,-5]的一个最大无关组，程序如下。

```
>> a1=[3 -1 2 6]'
a1 =
     3
    -1
     2
     6
>> a2=[9 1 -5 4]'
a2 =
     9
     1
    -5
```

```
     4
>> a3=[-6 8 0 3]'
a3 =
    -6
     8
     0
     3
>> a4=[2 5 9 6]'
a4 =
     2
     5
     9
     6
>> a5=[8 1 4 -5]'
a5 =
     8
     1
     4
    -5
>> A=[a1 a2 a3 a4 a5]
A =
     3     9    -6     2     8
    -1     1     8     5     1
     2    -5     0     9     4
     6     4     3     6    -5
>> [R,jb]=rref(A)
R =
    1.0000         0         0         0   -2.0024
         0    1.0000         0         0    0.6289
         0         0    1.0000         0   -0.9782
         0         0         0    1.0000    1.2388
jb =
     1     2     3     4
>> A(:,jb)
ans =
     3     9    -6     2
    -1     1     8     5
     2    -5     0     9
     6     4     3     6
```

即 ***a***1, ***a***2, ***a***3, ***a***4 为向量组的一个基。

3.6 稀疏矩阵

当生成一个普通的矩阵时，MATLAB 会为矩阵中的每一个元素分配内存。如用函数 A=eye(10) 生成的矩阵中将有 100 个元素，其主对角线上的元素都为 1，其他的元素都为 0，也就是说，矩阵中有 90 个元素都为 0。而这个矩阵要求有 100 个元素，但是只有 10 个元素是非 0 的，这就是稀疏矩阵的一个简单例子。总之，稀疏矩阵就是指矩阵中绝大部分元素为 0 的矩阵。

对于这种情况 MATLAB 提供了一种更为高级的存储方式，即稀疏矩阵方法。在这个矩阵中，MATLAB 将不会存储矩阵中的 0 元素，而只对非 0 元素进行操作，这样就大大减少了计算机的存储空间和计算时间。下面将对稀疏矩阵进行介绍。

3.6.1 稀疏矩阵的生成

在 MATLAB 中，生成稀疏矩阵用特殊的函数来实现，这些函数有 speye()、spdiags()、sparse()、sprand()、spalloc()及 sprandn()等，各函数的具体用法读者可以在帮助系统中查得。下面介绍几种常用的生成稀疏矩阵的函数。

1. speye()函数

设 ***A*** 为单元矩阵，则 speye(size(A))生成和 ***A*** 维数相同的单位稀疏矩阵，而 speye(M,N)也生成单位稀疏矩阵，其维数与 *M* 和 *N* 中较小的那个数相同，speye(M)则生成 *M* 阶的单位稀疏矩阵。

例 3.41　单位稀疏矩阵的生成。

```
>> A=eye(10)
A =
     1     0     0     0     0     0     0     0     0     0
     0     1     0     0     0     0     0     0     0     0
     0     0     1     0     0     0     0     0     0     0
     0     0     0     1     0     0     0     0     0     0
     0     0     0     0     1     0     0     0     0     0
     0     0     0     0     0     1     0     0     0     0
     0     0     0     0     0     0     1     0     0     0
     0     0     0     0     0     0     0     1     0     0
     0     0     0     0     0     0     0     0     1     0
     0     0     0     0     0     0     0     0     0     1
>> speye(size(A))
ans =
   (1,1)        1
   (2,2)        1
   (3,3)        1
   (4,4)        1
   (5,5)        1
   (6,6)        1
   (7,7)        1
   (8,8)        1
   (9,9)        1
  (10,10)       1
>> speye(7,6)
ans =
   (1,1)        1
   (2,2)        1
   (3,3)        1
   (4,4)        1
   (5,5)        1
   (6,6)        1
>> speye(5)
ans =
   (1,1)        1
   (2,2)        1
   (3,3)        1
   (4,4)        1
   (5,5)        1
```

2. sprand()函数

该函数用于生成随机稀疏矩阵（其元素服从 0-1 分布）。

R=sprand(S)：生成与稀疏矩阵 ***S*** 结构相同的稀疏矩阵 ***R***，但是它的元素都是 0 ~ 1 的随机数。

R=sprand(M,N,D)：生成一个 *M*× *N* 的随机稀疏矩阵 ***R***，它的非零元素的个数近似为 *M*× *N*× *D*，注意 *D* 的值的范围为 0 ~ 1 且不宜过大。

例 3.42　生成一个随机稀疏矩阵（其元素服从 0-1 分布）。

```
>> X=[9 6 2 3 5 7 1 4]
X =
     9     6     2     3     5     7     1     4
>> S=diag(X)
S =
     9     0     0     0     0     0     0     0
     0     6     0     0     0     0     0     0
     0     0     2     0     0     0     0     0
     0     0     0     3     0     0     0     0
     0     0     0     0     5     0     0     0
```

```
     0      0      0      0      0      7      0      0
     0      0      0      0      0      0      1      0
     0      0      0      0      0      0      0      4
>> R=sprand(S)
R =
   (1,1)        0.8147
   (2,2)        0.9058
   (3,3)        0.1270
   (4,4)        0.9134
   (5,5)        0.6324
   (6,6)        0.0975
   (7,7)        0.2785
   (8,8)        0.5469
>> R=sprand(8,8,0.08)
R =
   (2,2)        0.7922
   (8,4)        0.9595
   (8,7)        0.6557
   (8,8)        0.0357
```

3.6.2 稀疏矩阵的应用

稀疏矩阵的运算规则与普通矩阵是一样的，在运算过程中，稀疏矩阵可以直接参与运算。

例 3.43 稀疏矩阵的运算。

```
>> A=[0 0 2;0 9 0;7 0 0]
A =
     0     0     2
     0     9     0
     7     0     0
>> B=sparse(A)
B =
   (3,1)        7
   (2,2)        9
   (1,3)        2
>> rand(3)*B
ans =
    1.9495    8.2204    1.6294
    3.8282    5.6912    1.8116
    6.7025    0.8779    0.2540
```

例 3.44 求下列三对角线性代数方程组的解。

$$\begin{bmatrix} 6 & 2 & 0 & 0 & 0 \\ 7 & 4 & 5 & 0 & 0 \\ 0 & 3 & 8 & 4 & 0 \\ 0 & 0 & 9 & 2 & 2 \\ 0 & 0 & 0 & 5 & 1 \end{bmatrix} \begin{bmatrix} x_1 \\ x_2 \\ x_3 \\ x_4 \\ x_5 \end{bmatrix} = \begin{bmatrix} 7 \\ 1 \\ 4 \\ 9 \\ 5 \end{bmatrix}$$

$\boldsymbol{A}$ 是一个 5×5 的方阵，求解程序如下。

```
>> B=[7 3 9 5 0;6 4 8 2 1;2 5 4 2 0]'
B =
     7     6     2
     3     4     5
     9     8     4
     5     2     2
     0     1     0
>> d=[-1 0 1]'
d =
    -1
     0
     1
>> A=spdiags(B,d,5,5)
```

```
A =
   (1,1)        6
   (2,1)        7
   (1,2)        5
   (2,2)        4
   (3,2)        3
   (2,3)        4
   (3,3)        8
   (4,3)        9
   (3,4)        2
   (4,4)        2
   (5,4)        5
   (5,5)        1
>> b=[7 1 4 9 5]'
b =
     7
     1
     4
     9
     5
>> x=(inv(A)*b)'
x =
    3.3934   -2.6721   -3.0164   18.0738  -85.3689
```

也可以采用完全存储方式来存储稀疏矩阵，结果如下。

```
>> A=full(A)
A =
     6     5     0     0     0
     7     4     4     0     0
     0     3     8     2     0
     0     0     9     2     0
     0     0     0     5     1
>> x=(inv(A)*b)'
x =
    3.3934   -2.6721   -3.0164   18.0738  -85.3689
```

3.6.3　稀疏矩阵与满矩阵的相互转换

在 MATLAB 中，用于将稀疏矩阵和满矩阵相互转换的函数有 sparse()、full()和 find()等，下面主要介绍这些函数的具体使用方法。

1. sparse()函数

S=sparse(X)：将满矩阵或者稀疏矩阵 X 转换为稀疏矩阵 S。

S=sparse(i,j,s,m,n,nzm)：生成 $m\times n$ 阶的稀疏矩阵 ***S***，向量 ***s*** 的元素分布在以向量 ***i*** 的对应值和向量 ***j*** 的对应值为坐标的位置上。nzm 为矩阵存储的非零元素的个数。

S=sparse(i,j,s,m,n)：生成 $m\times n$ 阶的稀疏矩阵 ***S***，向量 ***s*** 的元素分布在以向量 ***i*** 的对应值和向量 ***j*** 的对应值为坐标的位置上，其中 nzmax=length(s)。

S=sparse(i,j,s)：生成 $m\times n$ 阶的稀疏矩阵 ***S***，向量 ***s*** 的元素分布在以向量 ***i*** 的对应值和向量 ***j*** 的对应值为坐标的位置上，其中 m=max(i)、n=max(i)。

S=sparse(m,n)：就是 sparse([],[],[],m,n,0)的简化形式。

例 3.45　用 sparse()函数将满矩阵转换为稀疏矩阵。

```
>> i=[7 3 2 1 1 4 6 7];
>> j=[9 2 1 8 7 6 5 3];
>> s=[3 4 5 5 6 3 2 7];
>> S1=sparse(i,j,s,9,9,8)
S1 =
   (2,1)        5
   (3,2)        4
   (7,3)        7
```

```
   (6,5)        2
   (4,6)        3
   (1,7)        6
   (1,8)        5
   (7,9)        3
>> S1=sparse(i,j,s,10,10,8)
S1 =
   (2,1)        5
   (3,2)        4
   (7,3)        7
   (6,5)        2
   (4,6)        3
   (1,7)        6
   (1,8)        5
   (7,9)        3
>> S1=sparse(i,j,s,10,9)
S1 =
   (2,1)        5
   (3,2)        4
   (7,3)        7
   (6,5)        2
   (4,6)        3
   (1,7)        6
   (1,8)        5
   (7,9)        3
>> S1=sparse(i,j,s)
S1 =
   (2,1)        5
   (3,2)        4
   (7,3)        7
   (6,5)        2
   (4,6)        3
   (1,7)        6
   (1,8)        5
   (7,9)        3
```

2. full()函数

在 MATLAB 中，可以利用 full()函数将稀疏矩阵转换为满秩矩阵（简称满矩阵）。

S=full(X)：将稀疏矩阵 ***X*** 转换为满矩阵 ***S***。如果 ***X*** 本身是满矩阵，系统将不做任何操作。

例 3.46 full()函数的用法。

```
>> s(3,6)=4;
>> s(1,8)=7;
>> s(7,4)=1;
>> s(8,2)=9;
>> s(4,1)=2;
>> s(5,3)=6;
>> s(2,6)=3;
>> full(s)
>> format compact
>> full(s)
ans =
     0     0     0     0     0     0     0     7
     0     0     0     0     0     3     0     0
     0     0     0     0     0     4     0     0
     2     0     0     0     0     0     0     0
     0     0     6     0     0     0     0     0
     0     0     0     0     0     0     0     0
     0     0     0     1     0     0     0     0
     0     9     0     0     0     0     0     0
```

3. find()函数

I=find(X)：返回矩阵 ***X*** 的非零元素的位置。如 I=find(X>100)返回 ***X*** 中大于 100 的元素的位置。

[I,J]=find(X)：返回矩阵 ***X*** 中非零元素所在的行（***I***）和列（***J***）的具体数据。这种用法通常

用于稀疏矩阵。

[I,J,V]=find(X)：除了返回 *I* 和 *J* 以外还返回一个向量，这个向量中的数值为矩阵中非零元素的数值。

find(X)和 find(X~=0)会产生同样的 *I* 和 *J*，但是后者会生成一个包括所有非零元素位置的向量。

例 3.47　find()函数的用法。

```
>> S(21,56)=71;
>> S(63,19)=54;
>> S(320,248)=12;
>> I=find(S)
I =
        5823
       17621
       79360
>> [I,J]=find(S)
I =
    63
    21
   320
J =
    19
    56
   248
>> [I,J,V]=find(S)
I =
    63
    21
   320
J =
    19
    56
   248
V =
    54
    71
    12
```

3.7　本章小结

矩阵及其运算是 MATLAB 运算的基础之一。本章主要介绍了 MATLAB 中与矩阵运算相关的内容，还对矩阵的秩、矩阵分解、方程组求解及稀疏矩阵等与矩阵分析相关的内容进行了介绍。读者在学习这些内容的基础上，结合本章所给出的函数等可以处理大部分与矩阵相关的运算问题。

第 4 章 符号及其运算

第 3 章主要介绍了 MATLAB 在矩阵分析中的运用，此外，MATLAB 也提供了强大的符号运算功能，可以按照推理、解析的方法进行运算。MATLAB 的符号运算功能是建立在数学计算软件 Maple 的基础上的，在进行符号运算时，MATLAB 调用 Maple 软件进行运算，然后将结果返回到命令行窗口中。符号运算部分是本书的重要内容之一。需要注意的是，在符号运算的整个过程中，所有的运算均是以符号进行的，即使是以数字形式出现的量也是字符量。

4.1 字符型、符号型数据变量

在 MATLAB 的数据类型中，字符型与符号型是两种重要而又容易混淆的数据类型。符号运算工具箱中的一些命令，它们的参数的数据类型既可以是符号型，也可以是字符型；而还有很多命令，它们的参数的数据类型则必须是非符号型。鉴于符号型数据是符号运算的主要数据，因此在说明完两种数据类型变量的创建方法后，本章将只采用符号型数据作为以后所介绍命令的参数。

4.1.1 字符型数据变量的创建

在 MATLAB 的工作空间内，字符型数据变量和数值型变量一样是以矩阵的形式进行保存的。它的使用格式如下。

```
Var='expression'
```

例 4.1 字符型数据变量的创建。

```
>> China='China'
China =
China
>> X='a-b+c*d'
X =
a-b+c*d
>> Y='I am a student'
Y =
I am a student
>> Z='1+sin(2)/3'
Z =
1+sin(2)/3
```

此时可以检查一下 4 个字符型数据变量的大小，程序如下。

```
>> SChina=size(China)
SChina =
     1     5
>> SX=size(X)
```

```
SX =
     1     7
>> SY=size(Y)
SY =
     1    14
>> SZ=size(Z)
SZ =
     1    10
```

上例的结果充分说明了字符型数据变量是以矩阵的形式存储在 MATLAB 的工作空间内的。

4.1.2　符号型数据变量的创建

1. 使用 sym()函数定义符号变量

使用 sym()函数可以创建单个的符号变量，创建方法如下。

```
>> sqrt(3)
ans =
    1.7321
>> a=sqrt(sym(3))
a =
3^(1/2)
>> double(a)
ans =
    1.7321
>> sym(3)/sym(5)
ans =
3/5
>> 3/5+6/7
ans =
    1.4571
>> sym(3)/sym(5)+sym(6)/sym(7)
ans =
51/35
```

从以上内容可以看出符号变量与其他类型数据变量的区别。

2. 使用 syms()函数定义符号变量

syms()函数的功能比 sym()函数要更为强大，它可以一次创建任意多个符号变量。而且，syms()函数的使用格式也很简单，具体如下。

```
syms    var1 var2 var3 ……
```

如在 MATLAB 的命令行窗口输入如下命令。

```
>> syms China X Y Z
```

该命令执行后，命令行窗口并无任何反应，但这 4 个符号变量已存储在 MATLAB 的工作空间中了。此时可用 whos 命令检查存储在工作空间中的各种变量及其所属类型。结果如下。

```
>> whos
  Name        Size            Bytes  Class     Attributes
  China       1x1               112  sym
  SChina      1x2                16  double
  SX          1x2                16  double
  SY          1x2                16  double
  SZ          1x2                16  double
  X           1x1               112  sym
  Y           1x1               112  sym
  Z           1x1               112  sym
  a           1x1               112  sym
  ans         1x1               112  sym
```

4.1.3　符号变量的基本操作

1. 使用 findsym()函数寻找符号变量

该函数用于找出表达式中存在哪些符号变量，如给定由符号变量定义的符号表达式 f 和 g，

其中 $f=\mathrm{e}^x$、$g=\sin(ax+b)$。那么，使用 findsym(f)和 findsym(g)可以分别找出两个表达式中的符号变量，此外，对于任意表达式 $s(x)$，使用 findsym(s,n)可以找出表达式 s 中 n 个与 x 接近的变量。

例 4.2 findsym()函数的用法。

```
>> syms alpha a b x
>> findsym(alpha+a+b)
ans =
a,alpha,b
>> findsym(sin(alpha)*x+a/2+b*4)
ans =
a,alpha,b,x
>> findsym(sin(3)*4+x/2+b*4)
ans =
b,x
```

2. 任意精度的符号运算

MATLAB 提供了 digits()和 vpa()两个函数来实现任意精度的符号运算。

（1）digits()函数设定所用数值的精度。

- 单独使用 digits 命令：在命令行窗口中返回当前设定的数值精度。
- digits(D)：设置数值的精度为 D 位。其中 D 为一个整数，或者是一个表示数的字符型数据变量或符号变量。
- D=digits：在命令行窗口中返回当前设定的数值精度，其中 D 是一个整数。

如在 MATLAB 的命令行窗口输入如下命令。

```
>> digits
digits = 32
```

此时，由输出结果可以知道当前的数值精度为 32 位。

继续在命令行窗口中输入如下命令。

```
>> digits(100)
```

此时，命令行窗口没有任何反应，但是，系统内部已经将数值精度设定为 100 位。

继续在命令行窗口输入如下命令。

```
>> d=digits
d =
   100
```

可见，此时数值精度已经设定为 100 位了。

（2）vpa()函数进行可控精度运算。

- R=vpa(S)：显示符号表达式 S 在当前精度 D 下的值。其中 D 是使用 digits()函数设置的数值精度。
- vpa(S,D)：显示符号表达式 S 在精度 D 下的值，这里的 D 不是当前精度，而是临时使用 digits()函数设置的为 D 位的精度。

如在 MATLAB 的命令行窗口输入如下命令。

```
>> x=vpa(pi)
x =
3.1415926535897932384626433832795028841971693993751058209749445923078164062862089986280
34825342117068
>> s=vpa(hilb(2))
s =
[1.0,0.5]
[0.5,0.33333333333333333333333333333333333333333333333333333333333333333333333333333333
3333333333333333333]
>> s=vpa(hilb(2),5)
s =
[ 1.0,     0.5]
[ 0.5, 0.33333]
```

可见，此时系统是默认精度为 100 位，所显示的值都有 100 位小数，而第 3 条命令则将矩阵的精度定义为 5 位。

3. 数值型变量与符号型变量的转换

对于任意数值型变量 t，使用 sym()函数可以将其转换为 4 种形式的符号变量，分别为有理数形式 sym(t)或 sym(t,'r')、浮点数形式 sym(t,'f')、指数形式 sym(t,'e')和数值精度形式 sym(t,'d')。

例 4.3　数值型变量与符号型变量的转换。

```
>> t=0.01
t =
    0.0100
>> sym(t)
ans =
1/100
>> sym(t,'r')
ans =
1/100
>> sym(t,'f')
ans =
5764607523034235/576460752303423488
>> sym(t,'e')
ans =
eps/1067 + 1/100
>> sym(t,'d')
ans =
0.010000000000000000208166817117216
```

在 MATLAB 中默认的精度是 32 位，因此，上面的显示值的精度也是 32 位。此外，也可以使用上述方法将数值型矩阵转换为符号型矩阵。注意此时只能将其转换为有理数形式，如果用户想将其转换为其他 3 种形式，MATLAB 将给出错误提示。在命令行窗口输入如下命令。

```
>> A=hilb(5)
A =
    1.0000    0.5000    0.3333    0.2500    0.2000
    0.5000    0.3333    0.2500    0.2000    0.1667
    0.3333    0.2500    0.2000    0.1667    0.1429
    0.2500    0.2000    0.1667    0.1429    0.1250
    0.2000    0.1667    0.1429    0.1250    0.1111
>> A=sym(A)
A =
[   1, 1/2, 1/3, 1/4, 1/5]
[ 1/2, 1/3, 1/4, 1/5, 1/6]
[ 1/3, 1/4, 1/5, 1/6, 1/7]
[ 1/4, 1/5, 1/6, 1/7, 1/8]
[ 1/5, 1/6, 1/7, 1/8, 1/9]
>> A=sym(A,'d')
Error using sym>assumptions (line 2255)
Second argument d not recognized.
Error in sym>tomupad (line 2232)
    assumptions(S,x.s,a);
Error in sym (line 123)
            S.s = tomupad(x,a);
>> A=sym(A,'e')
Error using sym>assumptions (line 2255)
Second argument e not recognized.
Error in sym>tomupad (line 2232)
    assumptions(S,x.s,a);
Error in sym (line 123)
            S.s = tomupad(x,a);
>> A=sym(A,'f')
Error using sym>assumptions (line 2255)
Second argument f not recognized.
Error in sym>tomupad (line 2232)
    assumptions(S,x.s,a);
```

```
Error in sym (line 123)
            S.s = tomupad(x,a);
```

4.2　符号表达式与符号方程

创建符号表达式和符号方程的目的就是将表达式和方程赋值给一个变量，这个变量也就成了符号变量。而引入这个符号变量后，再引用相应的表达式和方程就方便了许多，不必再一个个重新输入了。

4.2.1　符号表达式的创建

经常使用的符号表达式的创建方法有两种，它们各有自己的优点和缺点，因此需要根据不同的使用场合进行选择。

1. 使用 sym()函数直接创建符号表达式

使用 sym()函数创建符号表达式有两种定义方法，一是使用 sym()函数将表达式中的每一个变量定义为符号变量，二是使用 sym()函数将整个表达式整体定义。但是，在使用第 2 种方法时，虽然也生成了与第 1 种方法相同的表达式，但是并没有将表达式中的变量也定义为符号变量。

使用 sym()函数直接创建符号表达式的方法不需要先进行任何说明，因此使用起来非常方便。但在此创建过程中，包含在表达式内的符号变量并未得到说明，也就不存储在工作空间中。下面举例说明如何创建符号表达式。

例 4.4　创建符号表达式。

```
>> a=sym('a');
>> b=sym('b');
>> c=sym('c');
>> x=sym('x');
>> g=a*x^2+b*x+c
g =
a*x^2 + b*x + c
```

由上例可以看出，符号表达式创建成功并被赋予了变量 g。也可以采用整体定义的方法，此时，将整个表达式用单引号括起来，再用 sym()函数加以定义，如在命令行窗口输入如下命令。

```
>> g=sym('a*x^2+b*x+c')
g =
a*x^2 + b*x + c
>> f=g^2-g*3+4
f =
(a*x^2 + b*x + c)^2 - 3*b*x - 3*a*x^2 - 3*c + 4
```

注意

使用 sym()函数的时候，由于在 sym()函数的参数格式中，表达式和方程都对空格敏感，因此不用随意添加空格，以免影响之后的运算结果。

2. 使用 syms()函数直接创建符号表达式

使用 syms()函数创建一个符号表达式之前，就将这个符号表达式所包含的全部符号变量创建完毕。在创建这个符号表达式时，只需按给其赋值时的格式输入即可。

例 4.5　使用 syms()函数创建符号表达式。

```
>> syms a b c x
>> g=sym('a*x^2+b*x+c')
g =
a*x^2 + b*x + c
>> f=g^2-g*3+4
f =
(a*x^2 + b*x + c)^2 - 3*b*x - 3*a*x^2 - 3*c + 4
```

4.2.2　符号方程的创建

符号方程与符号表达式的区别在于符号表达式是一个由数字和变量组成的代数式，而符号方程则是由函数和等号组成的等式。在 MATLAB 中，创建符号方程的方法与使用 sym()函数创建符号表达式的方法类似，但是不能采用直接生成法创建符号方程。

例 4.6　符号方程的创建。

```
>> equation=sym('a*x^2+b*x+c=0')
equation =
a*x^2 + b*x + c = 0
```

4.2.3　符号表达式的操作

用户可以对符号表达式进行各种操作，包括四则运算、合并同类项、因式分解和化简等。下面详细介绍具体用法。

1. 符号表达式的四则运算

符号表达式与通常的算数式一样，可以进行四则运算。

例 4.7　符号表达式的四则运算。

```
>> syms a b x y
>> fun1=sin(x)-cos(y)
fun1 =
sin(x) - cos(y)
>> fun2=a-b
fun2 =
a - b
>> fun1-fun2
ans =
b - a - cos(y) + sin(x)
>> fun1*fun2
ans =
-(a - b)*(cos(y) - sin(x))
```

2. 合并符号表达式的同类项

在 MATLAB 中，可以使用 collect()函数来合并符号表达式的同类项，其使用格式如下。

- collect(S,v)：将符号矩阵 *S* 中的所有同类项合并，并以 *v* 为符号变量输出。
- collect(S)：使用 findsym()函数规定的默认变量代替 collect(S,v)中的 *v*。

例 4.8　符号表达式的合并同类项运算。

```
>> collect(x^2*y-x*y+x^2-4*x)
ans =
(y + 1)*x^2 + (- y - 4)*x
>> f=-2/3*x*(x-1)+4/5*(x-1);
>> collect(f)
ans =
(22*x)/15 - (2*x^2)/3 - 4/5
```

3. 符号表达式的因式分解

在 MATLAB 中，可以使用 horner()函数进行符号表达式的因式分解，其使用格式如下。

horner(P)：将符号表达式 P 进行因式分解。

例 4.9　符号表达式的因式分解。

```
>> syms x
>> f1=2*x^3+4*x^2-15*x+33
f1 =
2*x^3 + 4*x^2 - 15*x + 33
>> horner(f1)
ans =
```

```
x*(x*(2*x + 4) - 15) + 33
>> f2=x^2-2*x+16
f2 =
x^2 - 2*x + 16
>> horner(f2)
ans =
x*(x - 2) + 16
```

4. 符号表达式的化简

在 MATLAB 中，可以使用 simplify()函数和 simple()函数进行符号表达式的化简。下面对它们的使用方法进行介绍。

（1）simplify()函数的使用。

simplify(S)：将符号表达式 S 中的每一个元素都进行化简，该函数的缺点是即使多次运用其进行化简也不一定能得到最简形式。

例 4.10 利用 simplify()函数对符号表达式进行化简。

```
>> syms x
>> f1=(1/x-3/x^2+5/x-9)^(1/2)
f1 =
(6/x - 3/x^2 - 9)^(1/2)
>> sf1=simplify(f1)
sf1 =
((6*x - 3)/x^2 - 9)^(1/2)
>> sf2=simplify(sf1)
sf2 =
((6*x - 3)/x^2 - 9)^(1/2)
>> simplify(sin(x)^2+cos(x)^2)
ans =
1
```

（2）simple()函数的使用。

用 simple()函数对符号表达式进行化简，该方法比使用 simplify()函数进行化简要简单，所得的结果也比较合理，其使用格式如下。

- simple(S)：使用多种代数式化简方法对符号表达式 S 进行化简，并返回其中最简单的结果。
- [R,how]=simple(S)：在返回最简单的结果的同时，返回一个描述化简方法的字符串 how。

例 4.11 利用 simple()函数对符号表达式进行化简。

```
>> f=2*cos(x)^2-sin(x)^2
f =
2*cos(x)^2 - sin(x)^2
>> simple(f)
simplify:
2 - 3*sin(x)^2
radsimp:
2*cos(x)^2 - sin(x)^2
simplify(100):
3*cos(x)^2 - 1
combine(sincos):
(3*cos(2*x))/2 + 1/2
combine(sinhcosh):
2*cos(x)^2 - sin(x)^2
combine(ln):
2*cos(x)^2 - sin(x)^2
factor:
2*cos(x)^2 - sin(x)^2
expand:
2*cos(x)^2 - sin(x)^2
combine:
2*cos(x)^2 - sin(x)^2
rewrite(exp):
2*(1/(2*exp(x*i)) + exp(x*i)/2)^2 - (i/(2*exp(x*i)) - (exp(x*i)*i)/2)^2
```

```
rewrite(sincos):
2*cos(x)^2 - sin(x)^2
rewrite(sinhcosh):
2*cosh(x*i)^2 + sinh(x*i)^2
rewrite(tan):
(2*(tan(x/2)^2 - 1)^2)/(tan(x/2)^2 + 1)^2 - (4*tan(x/2)^2)/(tan(x/2)^2 + 1)^2
mwcos2sin:
2 - 3*sin(x)^2
collect(x):
2*cos(x)^2 - sin(x)^2
ans =
2 - 3*sin(x)^2
```

下面再应用[R,how]=simple(S)对相同的表达式进行化简，如下面的程序。用户可以对比一下它们的区别。

```
>> [R,how]=simple(f)
R =
2 - 3*sin(x)^2
how =
simplify
```

5. 符号表达式的替换求值

使用 subs()函数可以将符号表达式中的字符型变量用数值型变量替换，其使用格式如下。

- subs(S)：将符号表达式 S 中的所有符号变量用调用函数中的值或 MATLAB 工作区间中的值替换。
- subs(S,new)：将符号表达式 S 中的自由符号变量用数值型变量或表达式 new 替换。如用户想求表达式 $f=2x^2+3x+1$ 当 $x=-1$ 时的值，可以使用 subs(f,-1)。
- subs(S,old,new)：将符号表达式 S 中的符号变量 old 用数值型变量或表达式 new 替换。

例 4.12　利用 subs()函数对符号表达式进行替换操作。

```
>> syms x y
>> f=x^2*y-4*x*sqrt(y)
f =
x^2*y - 4*x*y^(1/2)
>> subs(f,x,3)
ans =
9*y - 12*y^(1/2)
>> subs(f,y,3)
ans =
3*x^2 - 4*3^(1/2)*x
```

如果用户没有指定被替换的符号变量，那么 MATLAB 将按如下规则选择默认的替换变量：对于单个字母的变量，MATLAB 选择在字母表中与 x 最接近的字母对应的变量；如果有两个字母变量对应的字母在字母表中离 x 一样近，MATLAB 将选择字母表中靠后的那个字母对应的变量。因此，在上面的程序中，subs(f,x,3)与 subs(f,3)的返回值是相同的，用户可以使用 findsym()函数寻址默认的替换变量，如下面的程序。

```
>> syms x y
>> f=x+y
f =
x + y
>> findsym(f,1)
ans =
x
```

以上程序进行了单个变量的替换，使用 subs()函数可以进行多个变量的替换，如下所示。

```
>> subs(sin(x)+cos(y),{x,y},{sym('alpha'),2})
ans =
cos(2) + sin(alpha)
```

同时，也可以使用矩阵作为替换变量，用来替换符号表达式中的符号变量，如下所示。

```
>> syms x
>> subs(exp(y*x),'a',-magic(2))
ans =
[ exp(x*y), exp(x*y)]
[ exp(x*y), exp(x*y)]
>> subs(x*y,{x,y},{[-1 2;3 -4],[1 1;2 3]})
ans =
    -1     2
     6   -12
```

6. 反函数的运算

反函数运算是符号运算的重要内容，在 MATLAB 中，可以使用 finverse()函数实现对符号函数的反函数运算，其使用格式如下。

- g=finverse(f)：用于求函数 $f(x)$的反函数，其中 $f(x)$为符号表达式，x 为单变量，函数 g 是一个符号函数，且满足 $g(f(x))=x$。
- g=finverse(f,v)：所返回的符号函数表达式的自变量是 v，这里 v 是一个符号变量，且是表达式的向量变量；而 g 的表达式要求满足 $g(f(x))=v$。当 f 包括不止一个变量时最好使用此函数形式。

例 4.13 符号函数的反函数运算。

```
>> f=x^2-y
f =
x^2 - y
>> finverse(f)
Warning: Functional inverse is not unique.
> In D:\Program Files\MATLAB\R2020b\toolbox\symbolic\symbolic\symengine.p>symengine at 54
  In sym.finverse at 41
ans =
(x + y)^(1/2)
```

此时，由于用户没有指明自变量，MATLAB 将给出警告信息，并且以 x 为默认变量给出结果，如下面的程序。

```
>> syms x
>> f=x^2
f =
x^2
>> g=finverse(f)
Warning: Functional inverse is not unique.
> In D:\Program Files\MATLAB\R2020b\toolbox\symbolic\symbolic\symengine.p>symengine at 54
  In sym.finverse at 41
g =
x^(1/2)
```

可见，由于函数 $f=x^2$ 的反函数不唯一，MATLAB 将给出警告信息，并且以 x 默认为正值给出反函数。

我们可以验证使用 finverse()函数得到的结果的正确性，以及验证 $g(f(x))$是否等于 x，程序如下。

```
>> fg=simple(compose(g,f))
fg =
(x^2)^(1/2)
```

7. 复合函数的运算

在科学计算中，经常会遇到求解复合函数的情况，如函数 $z=f(y)$，而该函数的自变量 y 又是另外一个函数，即 $y=g(x)$，也就是 $z=f(g(x))$。此时，求 z 对 x 的函数的过程就是求解复合函数的过程。

在 MATLAB 中，提供了专门用于进行复合函数运算的函数 compose()，其使用格式如下。

- compose(f,g)：返回当 $z=f(y)$ 和 $y=g(x)$ 时的复合函数 $z=f(g(x))$。这里 x 是为 findsym()定义的 f 的符号变量，y 是为 findsym()定义的 g 的符号变量。
- compose(f,g,z)：返回当 $z=f(y)$ 和 $y=g(x)$ 时的复合函数 $z=f(g(x))$，返回的函数以 z

为自变量。这里 x 是为 findsym()定义的 f 的符号变量，y 是为 findsym()定义的 g 的符号变量。

- compose(f,g,x,z)：返回复合函数 $f(g(z))$，这里 x 是函数 f 的独立变量。也就是说，若 $f=\cos(x/t)$，那么 compose(f,g,x,z)将返回 $\cos(g(z)/t)$，而 compose(f,g,t,z)将返回 $\cos(x/g(z))$。
- compose(f,g,x,y,z)：返回 $f(g(z))$ 并使得 x 为函数 f 的独立变量，y 是函数 g 的独立变量。若 $f=\cos(x/t)$ 并且 $g=\sin(y/u)$，那么 compose(f,g,x,y,z)将返回 $\cos(\sin(z/u)/t)$，而 compose(f,g,x,u,z)将返回 $\cos(\sin(y/z)/t)$。

例 4.14　复合函数运算。

```
>> syms x y z t u
>> f=1/(x^2-1)
f =
1/(x^2 - 1)
>> g=sin(y)
g =
sin(y)
>> h=x^t
h =
x^t
>> p=exp(y/u)
p =
exp(y/u)
>> compose(f,g)
ans =
1/(sin(y)^2 - 1)
>> compose(f,g,t)
ans =
1/(sin(t)^2 - 1)
>> compose(h,g,t,z)
ans =
x^sin(z)
>> compose(h,p,x,y,z)
ans =
exp(z/u)^t
>> compose(h,p,t,u,z)
ans =
x^exp(y/z)
```

4.3　符号矩阵的创建等

在 MATLAB 中，符号矩阵的创建与数值矩阵创建的相关操作很相似，但是要用到符号定义函数 sym()，本节会介绍怎样使用该函数创建符号矩阵。

4.3.1　用 sym()函数直接创建符号矩阵

该方法简单、实用，用户在学习了前面章节的内容之后，就可以用与创建数值矩阵相同的方法直接创建符号矩阵。所创建的符号矩阵的元素可以是任何符号变量、符号表达式或符号方程；矩阵行之间以分号分断，各矩阵元素之间可以使用空格或逗号分隔；各符号表达式的长度可以不同；矩阵元素可以是任意的符号函数。

例 4.15　直接创建符号矩阵。

```
>> matrix1=sym('[5/x 2+sin(x) x-y;x/y,1+y,cos(y);x^2,2+3 6*y]')
matrix1 =
[ 5/x, sin(x) + 2,  x - y]
[ x/y,      y + 1, cos(y)]
[ x^2,          5,    6*y]
```

上面的程序中，使用了空格、逗号作为矩阵元素之间的分隔，且各符号表达式的长度既可以相同也可以不同。在实际应用中，为了格式规整与页面整洁，建议只采用一种分隔方法。

4.3.2 由数值矩阵转换为符号矩阵

由于数值型和符号型是 MATLAB 的两种不同数据类型，因此在 MATLAB 中，分属于这两种数据类型的变量之间不能直接运算，而是在 MATLAB 的工作空间内将数值型变量转换为符号型变量后进行计算。这个转换过程是在系统内部自动完成的，也可通过命令将数值型变量转换为符号型变量，并将这个新产生的符号型变量赋值给另一个变量，以利于后面的运算。

将数值矩阵 M 转换为符号矩阵 S 的命令如下。

```
s=sym(M)
```

例 4.16 将数值矩阵转换为符号矩阵。

```
>> M=[1 2 3 4;5 6 7 8;9 10 11 12]
M =
     1     2     3     4
     5     6     7     8
     9    10    11    12
>> S=sym(M)
S =
[ 1,  2,  3,  4]
[ 5,  6,  7,  8]
[ 9, 10, 11, 12]
```

不管原来数值矩阵 ***M*** 是以分数还是以浮点数形式赋值的，当它被转换为符号矩阵后，都将以最接近原数的精确有理数形式输出，如下面的程序。

```
>> M=[2/3 0.25 3.67;4^0.1 pi 7.23;sin(2) log(5) 1/9]
M =
    0.6667    0.2500    3.6700
    1.1487    3.1416    7.2300
    0.9093    1.6094    0.1111
>> S=sym(M)
S =
[                                       2/3,                        1/4, 367/100]
[5173277483525749/4503599627370496,                          pi, 723/100]
[4095111552621091/4503599627370496,7248263982714163/4503599627370496,   1/9]
```

4.3.3 利用矩阵元素的通式创建符号矩阵

如要创建一个如下形式的矩阵 ***M***。

```
M =
[      1/(a + 1),     1/(a^2 + 4),     1/(a^3 + 9),    1/(a^4 + 16)]
[   1/(a^5 + 25),    1/(a^6 + 36),    1/(a^7 + 49),    1/(a^8 + 64)]
[   1/(a^9 + 81),  1/(a^10 + 100), 1/(a^11 + 121), 1/(a^12 + 144)]
[ 1/(a^13 + 169),  1/(a^14 + 196), 1/(a^15 + 225), 1/(a^16 + 256)]
[ 1/(a^17 + 289),  1/(a^18 + 324), 1/(a^19 + 361), 1/(a^20 + 400)]
[ 1/(a^21 + 441),  1/(a^22 + 484), 1/(a^23 + 529), 1/(a^24 + 576)]
```

如果一项一项地输入，则会非常烦琐。而此矩阵 ***M*** 还是有些规律的，处于第 r 行第 c 列的元素如下。

```
M(r,c)=1/((4*r-4+c)^2+a^(4*r-4+c))
```

可以利用这个规律，创建一个函数来实现。

```
function M=symmat(row,column,f)
%symmat(row,column,f)是利用通式来创建符号矩阵
%symmat(row,column,f)中的参数 row、column 分别是待创建的符号矩阵的行数和列数，f 则为矩阵元素的通式
for R=1:row
    for C=1:column
        c=sym(C);
```

```
        r=sym(R);
        M(R,C)=subs(sym(f));
    end
end
```

在这个函数中，以“%”开头的内容是本函数的说明和帮助部分。通过这几行文字，可以知道该函数所涉及的参数及其含义，而且可以用 help 命令来单独查阅该函数的说明信息。

例 4.17　利用矩阵元素的通式创建符号矩阵。

```
>> syms x y c r
>> a=sin(c+(r-1)*2);
>> b=exp(r+(c-2)*3);
>> c=(c+(r-3)*4)*x+(r+(c-2)*5)*y;
>> A=symmat(3,3,a)
A =
[ sin(1), sin(2), sin(3)]
[ sin(3), sin(4), sin(5)]
[ sin(5), sin(6), sin(7)]
>> B=symmat(4,3,b)
B =
[ 1/exp(2), exp(1), exp(4)]
[ 1/exp(1), exp(2), exp(5)]
[        1, exp(3), exp(6)]
[   exp(1), exp(4), exp(7)]
>> C=symmat(5,5,c)
C =
[ - 7*x - 4*y,     y - 6*x,    6*y - 5*x,  11*y - 4*x,  16*y - 3*x]
[ - 3*x - 3*y,  2*y - 2*x,       7*y - x,        12*y,     x + 17*y]
[     x - 2*y,  2*x + 3*y,     3*x + 8*y,  4*x + 13*y,  5*x + 18*y]
[     5*x - y,  6*x + 4*y,     7*x + 9*y,  8*x + 14*y,  9*x + 19*y]
[         9*x, 10*x + 5*y, 11*x + 10*y, 12*x + 15*y, 13*x + 20*y]
```

由于在函数 symmat()中，采用了 M(R,C)=subs(sym(f))的方法，因此当 f 为字符参数时，symmat()函数同样可以给出正确答案，如下面的程序。

```
>> A=symmat(3,3,'sin(c+(r-1)*2)')
A =
[ sin(1), sin(2), sin(3)]
[ sin(3), sin(4), sin(5)]
[ sin(5), sin(6), sin(7)]
>> B=symmat(4,3,'exp(r+(c-2)*3)')
B =
[ 1/exp(2), exp(1), exp(4)]
[ 1/exp(1), exp(2), exp(5)]
[        1, exp(3), exp(6)]
[   exp(1), exp(4), exp(7)]
>> C=symmat(5,5,'(c+(r-3)*4)*x+(r+(c-2)*5)*y')
C =
[ - 7*x - 4*y,     y - 6*x,    6*y - 5*x,  11*y - 4*x,  16*y - 3*x]
[ - 3*x - 3*y,  2*y - 2*x,       7*y - x,        12*y,     x + 17*y]
[     x - 2*y,  2*x + 3*y,     3*x + 8*y,  4*x + 13*y,  5*x + 18*y]
[     5*x - y,  6*x + 4*y,     7*x + 9*y,  8*x + 14*y,  9*x + 19*y]
[         9*x, 10*x + 5*y, 11*x + 10*y, 12*x + 15*y, 13*x + 20*y]
```

4.3.4　符号矩阵和符号数组的运算

1. 符号矩阵的四则运算

- **A+B** 和 **A-B** 命令可以实现符号矩阵的加法和减法运算。若 **A** 与 **B** 为同型矩阵，**A+B**、**A-B** 分别对对应分量进行加和减；若 **A** 与 **B** 中至少有一个为标量，则把标量扩大为与另外一个同型的矩阵，再按对应的分量进行加和减。
- **A*B** 命令可以实现符号矩阵的乘法运算。**A*B** 为线性代数中定义的矩阵乘法。按乘法定义的要求必须有矩阵 **A** 的列数等于矩阵 **B** 的行数或者 **A** 与 **B** 中至少有一个为标量时，方可进行乘法运算，否则系统将提示出错信息。

- **A\B** 命令可以实现符号矩阵的左除运算。**X=A\B** 为 **A*X=B** 的解。需要指出的是，**A\B** 近似地等于 inv(A)*B。若 **X** 不存在或者不唯一，则提示警告信息。矩阵 **A** 可以是矩形矩阵（非正方形矩阵），但此时要求方程组必须是相容的。
- **A/B** 命令可以实现符号矩阵的右除运算。**X=A/B** 为 **X*A=B** 的解。需要指出的是，**B/A** 近似地等于 B*inv(A)。若 **X** 不存在或者不唯一，则提示警告信息。矩阵 **A** 可以是矩形矩阵，但此时要求方程组必须是相容的。

例 4.18 符号矩阵的四则运算。

```
>> a=sym('[2*x,1/x,x^2,sin(x)]')
a =
[ 2*x, 1/x, x^2, sin(x)]
>> b=sym('[x,y,y^2,y*2]')
b =
[ x, y, y^2, 2*y]
>> a+b
ans =
[ 3*x, y + 1/x, x^2 + y^2, 2*y + sin(x)]
>> a-b
ans =
[ x, 1/x - y, x^2 - y^2, sin(x) - 2*y]
>> a'*b
ans =
[    2*x*conj(x),     2*y*conj(x),     2*y^2*conj(x),          4*y*conj(x)]
[       x/conj(x),       y/conj(x),       y^2/conj(x),     (2*y)/conj(x)]
[    x*conj(x)^2,     y*conj(x)^2,     y^2*conj(x)^2,     2*y*conj(x)^2]
[ x*sin(conj(x)), y*sin(conj(x)), y^2*sin(conj(x)), 2*y*sin(conj(x))]
>> a\b
ans =
[ 1/2, y/(2*x), y^2/(2*x), y/x]
[   0,       0,         0,   0]
[   0,       0,         0,   0]
[   0,       0,         0,   0]
>> a/b
Warning: System is inconsistent. Solution does not exist.
ans =
Inf
```

由程序结果可见，由于 **a/b** 的结果不存在或者不唯一，所以系统提示警告信息，并将其值定为 Inf。

2. 符号数组的四则运算

- **A.*B** 命令可以实现符号数组的乘法运算，**A.*B** 为按参量 **A** 与 **B** 对应的分量进行相乘。**A** 与 **B** 必须为同型矩阵，或至少有一个为标量，即 $A_{n\times m}.*B_{n\times m}=(a_{ij})_{n\times m}.*(b_{ij})_{n\times m}=C_{n\times m}=(c_{ij})_{n\times m}$，则 $c_{ij}=\sum_{ij=1}^{k}a_{ij}*b_{ij}$，$i=1,2,\ldots,n,\ j=1,2,\ldots,m$。
- **A./B** 命令可以实现符号数组的右除运算，**A./B** 为按对应的分量进行相除。若 **A** 与 **B** 为同型矩阵，$A_{n\times m}./B_{n\times m}=(a_{ij})_{n\times m}./(b_{ij})_{n\times m}=C_{n\times m}=(c_{ij})_{n\times m}$，则 $c_{ij}=\sum_{ij=1}^{k}a_{ij}*b_{ij}$，$i=1,2,\ldots,n,\ j=1,2,\ldots,m$。若 **A** 与 **B** 中至少有一个为标量，则把标量扩大为与另外一个同型的矩阵，再按对应的分量进行操作。
- **A.\B** 命令可以实现符号数组的左除运算，**A.\B** 为按对应的分量进行相除。若 **A** 与 **B** 为同型矩阵，$A_{n\times m}.\backslash B_{n\times m}=(a_{ij})_{n\times m}.\backslash(b_{ij})_{n\times m}=C_{n\times m}=(c_{ij})_{n\times m}$，则 $c_{ij}=\sum_{ij=1}^{k}a_{ij}*b_{ij}$，$i=1,2,\ldots,n,\ j=1,2,\ldots,m$。若 **A** 与 **B** 中至少有一个为标量，则把标量扩大为与另外一个同型的矩阵，再按对应的分量进行操作。

例 4.19 符号数组的四则运算。

```
>> m=sym('[1,2,3;x,y,z;a,b,c]')
m =
[ 1, 2, 3]
[ x, y, z]
[ a, b, c]
>> n=sym('[1/x,x*2,x^2,x*y;a,b,c,d;1,2,3,4]')
n =
[ 1/x, 2*x, x^2, x*y]
[   a,   b,   c,   d]
[   1,   2,   3,   4]
>> m*n
ans =
[ 2*a + 1/x + 3,      2*b + 2*x + 6,      x^2 + 2*c + 9,     2*d + x*y + 12]
[    z + a*y + 1, 2*x^2 + 2*z + b*y,    x^3 + 3*z + c*y, y*x^2 + 4*z + d*y]
[ c + a*b + a/x, b^2 + 2*c + 2*a*x, a*x^2 + 3*c + b*c, 4*c + b*d + a*x*y]
```

3. 符号矩阵和符号数组的转置运算

● **A'**命令可以实现矩阵的 Hermitian 转置。若 **A** 为复数矩阵，则 **A'** 为复数矩阵的共轭转置，即若 $A=(a_{ij})=(x_{ij}+i*y_{ij})$，则 $A'=(a_{ij})=(\overline{a}_{ij})=(x_{ij}-i*y_{ij})$。

● **A.'**数组转置：**A.'**为真正的数组转置，其没有进行共轭转置。

例 4.20 符号矩阵和符号数组的转置运算。

```
>> syms w x y z a b c d
>> m=[1,2,3,4;w,x,y,z;a,b,c,d]
m =
[ 1, 2, 3, 4]
[ w, x, y, z]
[ a, b, c, d]
>> m'
ans =
[ 1, conj(w), conj(a)]
[ 2, conj(x), conj(b)]
[ 3, conj(y), conj(c)]
[ 4, conj(z), conj(d)]
>> m.'
ans =
[ 1, w, a]
[ 2, x, b]
[ 3, y, c]
[ 4, z, d]
```

以上所求为矩阵 **m** 的 Hermitian 转置矩阵，由于 w、x、y、z、a、b、c 和 d 都是符号变量，系统无法给出具体值，只能用 conj(x) 等值给出。后面的程序所求值为矩阵 **m** 的转置矩阵。

4. 符号矩阵和符号数组的幂运算

● **A^B** 命令可以实现符号矩阵的幂运算，计算矩阵 **A** 的整数 **B** 次方幂。若 **A** 为标量而 **B** 为方阵，**A^B** 用方阵 **B** 的特征值与特征向量计算数值。若 **A** 与 **B** 同时为矩阵，则返回一错误信息。

● **A.^B** 命令可以实现符号数组的幂运算，**A.^B** 为按 **A** 与 **B** 对应的分量进行幂计算。若 **A** 与 **B** 为同型矩阵，$A_{n\times m}.\hat{}\,B_{n\times m}=(a_{ij})_{n\times m}.\hat{}\,(b_{ij})_{n\times m}=C_{n\times m}=(c_{ij})_{n\times m}$，则 $c_{ij}=\sum_{ij=1}^{k}a_{ij}\hat{}\,b_{ij}$，$i=1,2,\ldots,n$，$j=1,2,\ldots,m$。若 **A** 与 **B** 中至少有一个为标量，则把标量扩大为与另外一个同型的矩阵，再按对应的分量进行操作。

例 4.21 符号矩阵和符号数组的幂运算。

```
>>  a=sym('[1/x,x,x^2,x^3;w,x,y,z;1,2,3,4]')
a =
[ 1/x, x, x^2, x^3]
```

```
[   w, x,   y,   z]
[   1, 2,   3,   4]
>>  b=sym('[5,3,6,7;h,i,j,k;8,4,6,2;3,4,6,8]')
b =
[ 5, 3, 6, 7]
[ h, i, j, k]
[ 8, 4, 6, 2]
[ 3, 4, 6, 8]
>> b^2
ans =
[              3*h + 94,            67 + 3*i,             3*j + 108,              3*k + 103]
[ h*(5 + i) + 8*j + 3*k, 3*h + 4*j + 4*k - 1, 6*h + j*(6 + i) + 6*k, 7*h + 2*j + k*(8 + i)]
[              4*h + 94,            56 + 4*i,              4*j + 96,               4*k + 84]
[              4*h + 87,            65 + 4*i,             4*j + 102,               4*k + 97]
>> a^2
Error using mupadmex
Error in MuPAD command: not a square matrix
[(Dom::Matrix(Dom::ExpressionField()))::_power]
Error in sym/mpower (line 207)
            B =
            mupadmex('symobj::mpower',A.s,p.s);
>> a.^2
ans =
[ 1/x^2, x^2, x^4, x^6]
[   w^2, x^2, y^2, z^2]
[     1,   4,   9,  16]
>> b.^2
ans =
[  25,   9,  36,  49]
[ h^2,  -1, j^2, k^2]
[  64,  16,  36,   4]
[   9,  16,  36,  64]
```

可见，由于矩阵 a 不是方阵，无法进行矩阵的幂运算，系统将提示出错信息。

5. 符号矩阵的求秩运算

在 MATLAB 中，可以使用 rank()函数求符号矩阵的秩，其使用格式如下。

- rank(A)：求出方阵 **A** 的线性不相关的独立行和列的个数。
- rank(A,tol)：求出 **A** 中比 tol 值大的值的个数，在 rank(A)中，默认 tol=max(size(A))*norm(A)*eps。

例 4.22 符号矩阵的求秩运算。

```
>> rank(a)
ans =
3
>> rank(b)
ans =
4
```

6. 符号矩阵的求逆和行列式运算

这两种运算都要求所给的矩阵为方阵，在 MATLAB 中，分别使用 inv()函数和 det()函数来实现这两种功能。

- inv()函数可以用于求方阵的逆，inv(X)的所求值就是方阵 X 的逆。当 X 奇异或范数很小时，系统将提示出错信息。
- det()函数可以用于求方阵的行列式，det(X)的所求值就是方阵 X 的行列式。

例 4.23 符号矩阵的求逆和行列式运算。

```
>> a=sym(hilb(5))
a =
[   1, 1/2, 1/3, 1/4, 1/5]
[ 1/2, 1/3, 1/4, 1/5, 1/6]
[ 1/3, 1/4, 1/5, 1/6, 1/7]
```

```
[ 1/4, 1/5, 1/6, 1/7, 1/8]
[ 1/5, 1/6, 1/7, 1/8, 1/9]
>> inv(a)
ans =
[    25,   -300,    1050,   -1400,    630]
[  -300,   4800,  -18900,   26880, -12600]
[  1050, -18900,   79380, -117600,  56700]
[ -1400,  26880, -117600,  179200, -88200]
[   630, -12600,   56700,  -88200,  44100]
>> det(a)
ans =
1/266716800000
>> b=sym('[1,x;1/x;x^2]')
b =
[   1, x]
[ 1/x, 0]
[ x^2, 0]
>> inv(b)
Error using mupadmex
Error in MuPAD command: Error: Expecting a square
matrix. [linalg::inverse]
Error in sym/inv (line 1528)
            X = mupadmex('symobj::inv',A.s);
```

此时，由于 b 是奇异矩阵，系统提示出错信息。

4.4　符号微积分

微积分是数学分析中十分重要的内容，是高等数学建立的基础和整个微分方程的基础内容。在 MATLAB 中，能够通过符号函数的计算实现微积分运算，本节主要介绍符号微积分的运算。

4.4.1　符号极限

极限在高等数学中占有非常重要的地位，是进行微积分运算的基础和出发点。当自变量趋近某个范围或数值时，函数表达式的数值即此时的极限。无穷逼近的思想也是符号极限中的求解思想之一，并且是函数微积分的基本思想之一。因此，要想学好微积分，就必须先了解极限的求法。在 MATLAB 中，可以使用 limit()函数来求符号极限。

- limit(*f*,x,a)：用于计算符号表达式当 $x \to a$ 时，$f=f(x)$ 的极限值。
- limit(*f*,a)：通过 findsym(x)确定 *f* 中的自变量，设为变量 *x*，再计算当 $x \to a$ 时 *f* 的极限值。
- limit(*f*)：通过 findsym(x)确定 *f* 中的自变量，设为变量 *x*，再计算当 $x \to 0$ 时 *f* 的极限值。
- limit(*f*,x,a,'right')或 limit(*f*,x,a,'left')：用于计算符号函数 *f* 的单侧极限：右极限 $x \to a_+$或左极限 $x \to a_-$。

例 4.24　符号极限的求法。

```
>> syms x y z w
>> limit(sin(x)/x)
ans =
1
>> limit((x-2)/(x^2-4),2)
ans =
1/4
>> limit((1+2/x)^2*x,x,inf)
ans =
Inf
>> limit(1/x,x,0,'right')
ans =
Inf
```

```
>> limit(1/x,x,0,'left')
ans =
-Inf
>> limit((sin(x+y)-sin(x))/y,y,0)
ans =
cos(x)
>> limit(w,x,inf,'left')
ans =
w
```

从上面的例子可以看出，通过 limit()函数既可以求解有限极限，也可以求解无限极限。当需要求解的极限通过数组形式表示时，系统将自动对每个元素求解极限。

4.4.2 符号微分和求导

在 MATLAB 中，可以使用 diff()函数来进行微分和求导运算，也可以使用 jacobian()函数实现对多元符号函数的求导，下面进行详细介绍。

1. diff()函数的使用

- diff(x)：根据由 findsym(x)返回的自变量 v，求表达式 x 的一阶导数。
- diff(x,n)：根据由 findsym(x)返回的自变量 v，求表达式 x 的 n 阶导数，n 必须为自然数。
- diff(x,'v')或 diff(S,sym('v'))：根据由 findsym(x)返回的自变量 v，计算 x 的一阶导数。
- diff(S,'v',n)：根据由 findsym(x)返回的自变量 v，计算 x 的 n 阶导数。

例 4.25 利用 diff()函数求符号微分。

```
>> sym x
>> diff(x^3-3*x^2+4*x-9)
ans =
3*x^2 - 6*x + 4
>> diff(cos(x^3),5)
ans =
1620*x^7*cos(x^3) - 360*x*cos(x^3) + 2160*x^4*sin(x^3) - 243*x^10*sin(x^3)
>> syms f t x
>> f=[4,t^2;t*sin(x),log(t)]
f =
[      4,    t^2]
[ t*sin(x),  log(t)]
>> diff(t)
ans =
1
>> diff(f)
ans =
[        0, 0]
[t*cos(x), 0]
>> diff(f,t,2)
ans =
[ 0,     2]
[ 0, -1/t^2]
>> diff(diff(f,x),t)
ans =
[      0, 0]
[cos(x), 0]
```

从上面的例子可以看出，当未指定自变量时，系统采用默认的自变量来求导数；当需要求解的对象为数组时，diff()函数将根据指定的自变量或默认自变量对每个元素求导数。

例 4.26 对含有多个自变量的函数中的某个变量求导。

```
>> syms x y f
>> f=x*y-x^2+cos(y)-sin(x)
f =
cos(y) - sin(x) + x*y - x^2
>> diff(f,y)
```

```
ans =
x - sin(y)
>> diff(f,x)
ans =
y - 2*x - cos(x)
>> diff(f,x,2)
ans =
sin(x) - 2
```

2. jacobian()函数的使用

jacobian(f,v)：用于计算数值或向量 **f** 对于向量 **v** 的 Jacobian 矩阵，所得结果的第 i 行第 j 列的数是 $\mathrm{d}f(i)/\mathrm{d}v(j)$。注意，当 f 是数值的时候，返回的是 f 的梯度。同时，注意 v 可以是数值，虽然此时 jacobian(f,v)等价于 diff(f,v)。

例 4.27　利用 jacobian()函数求符号微分。

```
>> syms x1 x2
>> f=[x1*exp(x2);x1-x2;sin(3*x1)*cos(4*x2)]
f =
           x1*exp(x2)
              x1 - x2
 cos(4*x2)*sin(3*x1)
>> v=[x1,x2]
v =
[ x1, x2]
>> jacobian(f,v)
ans =
[            exp(x2),           x1*exp(x2)]
[                  1,                  -1]
[ 3*cos(3*x1)*cos(4*x2), -4*sin(3*x1)*sin(4*x2)]
```

在进行 Jacobian 矩阵的求解过程中，需要将要求解的多元函数向量定义为列向量，将自变量定义为行向量。在求解之后，得到的表达式的形式一般都比较复杂，因此，可以通过符号表达式操作中的 simple()等函数进行化简。

4.4.3　符号积分

在高等数学的研究中，对于积分可以细分为不定积分、定积分、旁义积分和重积分等。这些积分的求解比微分的求解更难。符号积分指令简单，但积分运算时间可能会更长，给出的结果往往比较冗余，如果积分不能给出“闭”解时，积分程序运行结束系统将会提示警告信息。在 MATLAB 中，可以用 int()函数来实现符号积分运算，格式如下。

- int(S)：根据由 findsym(S)返回的自变量 v，求 S 的不定积分，其中 S 为符号矩阵或符号变量。如果 S 是一个常数，那么积分将针对 v。
- int(S,v)：对符号表达式 S 中指定的符号变量 v 计算不定积分。需要注意的是，表达式 R 只是函数 S 的一个原函数，后面没有带任意常数 C。
- int(S,a,b)：根据由 findsym(S)返回的自变量 v，对符号表达式 S 中指定的符号变量 v 计算从 a 到 b 的定积分。
- int(S,v,a,b)：对符号表达式 S 中指定的符号变量 v 计算从 a 到 b 的定积分。

例 4.28　利用 int()函数求符号积分。

```
>> syms x y z u t
>> A=[sin(x*t),cos(x*t);-cos(x*t),sin(x*t)]
A =
[  sin(t*x), cos(t*x)]
[ -cos(t*x), sin(t*x)]
>> int(1/(1-x^2))
ans =
log(x + 1)/2 - log(x - 1)/2
```

```
>> int(1/(1+x^2))
ans =
atan(x)
>> int(sin(z*u),z)
ans =
-cos(u*z)/u
>> int(besselj(1,x),x)
ans =
-besselj(0, x)
>> int(y*log(1+y),0,1)
ans =
1/4
>> int(4*x*t,x,2,sin(t))
ans =
- 6*t - 2*t*cos(t)^2
>> int([exp(t),exp(u*t)])
ans =
[ u*exp(t), exp(t*u)/t]
>> int(A,t)
ans =
[ -cos(t*x)/x,  sin(t*x)/x]
[ -sin(t*x)/x, -cos(t*x)/x]
```

从上面的例子可以看出，使用 int()函数对符号表达式或符号表达式数组求积分时，不但可以求解定积分，也可以求解不定积分；当求解对象为符号表达式数组时，将对数组的每个元素依次求积分。

4.5 符号积分变换

积分变换方法在自然科学和工程实践中有非常广泛的应用，如常见的傅里叶（Fourier）变换、拉普拉斯（Laplace）变换及 Z 变换在信号处理和动态特性研究中起着非常重要的作用。从数学上来讲，所谓积分变换，就是通过数学变换方法将复杂的计算转换为简单的计算。如通过积分变换，把一类函数 A 变换为另一类函数 B，函数 B 一般是含有参量 a 的积分 $\int_a^b f(t)k(t,a)\mathrm{d}t$。变换的结果是将函数 A 中的函数 $f(t)$ 变换为另一类函数 B 中的函数 $f(a)$。其中，$k(t,a)$ 为积分变换的核，而 $f(t)$ 和 $f(a)$ 分别称为原函数和象函数。

4.5.1 傅里叶变换及其逆变换

1. 傅里叶变换

在 MATLAB 中，可以使用 fourier()函数实现傅里叶变换，其使用格式如下。

- F=fourier(f)：将以 `x` 为默认独立变量，返回符号变量 `f` 的傅里叶变换。默认的返回值是关于 `w` 的一个函数。如果 `f=f(w)`，那么返回关于 `t` 的函数 `F=F(t)`。
- F=fourier(f,v)：将返回函数 `F`，该函数以符号变量 `v` 为自变量，代替默认符号变量 `w`：fourier(f, v) <=> F(v) = int(f(x) * exp(−i * v * u), x, −inf, inf)。
- fourier(f,u,v)：将返回函数 `f`，该函数以符号变量 `u` 为自变量，代替默认符号变量 `x`：fourier(f, u, v) <=> F(v) = int(f(x) * exp(−i * v * u), x, −inf, inf)。

例 4.29 傅里叶变换。

```
>> syms x y w z
>> fourier(1/x)
ans =
pi*(2*heaviside(-w) - 1)*i
>> fourier(exp(-y)*sym('Heaviside(t)',w))
>> fourier(exp(-y)*sym('Heaviside(t)'),w)
```

```
ans =
Heaviside(t)*transform::fourier(1/exp(y), y, -w)
>> fourier(diff(sym('F(x)')),x,w)
ans =
w*transform::fourier(F(x), x, -w)*i
```

从上面的例子可以看出，当未指定函数进行傅里叶变换的自变量时，将自动根据默认自变量进行求解；当被变换函数含有多个自变量时，可以指定需要变换的自变量；此外，还可以在变换命令中指定傅里叶变换后的自变量名。

2. 傅里叶变换的逆变换

在 MATLAB 中，可以使用 ifourier()函数实现傅里叶变换的逆变换，其使用格式如下。

- f=ifourier(F)：将以 w 为默认独立变量，返回符号变量 f 的傅里叶变换的逆变换。默认的返回值是关于自变量 x 的一个函数：$F = F(w) \Rightarrow f = f(x)$。如果 F=$F(x)$，那么返回关于 t 的函数 f=f(t)。
- f=ifourier(F,u)：将返回函数 f，该函数以符号 u 为自变量，代替默认符号变量 x：$\text{ifourier(F,u)} <=> f(u) = \dfrac{1}{2pi} * \text{int}(F(w) * \exp(-i * w * u), w, -\text{inf}, \text{inf})$。
- f=ifourier(F,v,u)：将返回函数 f，该函数以符号 v 为自变量，代替默认符号变量 w：$\text{ifourier(F, v, u)} <=> f(u) = \dfrac{1}{2pi} * \text{int}(F(v) * \exp(-i * u * v), x, -\text{inf}, \text{inf})$。

例 4.30　傅里叶变换的逆变换。

```
>> syms t u w x
>> ifourier(w*exp(-3*w)*sym('heaviside(w)'))
ans =
1/(2*pi*(x*i - 3)^2)
>>  ifourier(1/(1 + w^2),u)
ans =
((pi*heaviside(u))/exp(u) + pi*heaviside(-u)*exp(u))/(2*pi)
>>  ifourier(v/(1 + w^2),v,u)
ans =
-(dirac(u, 1)*i)/(w^2 + 1)
>>  ifourier(fourier(sym('f(x)'),x,w),w,x)
ans =
f(x)
```

4.5.2　拉普拉斯变换及其逆变换

1. 拉普拉斯变换

在 MATLAB 中，可以使用 laplace()函数实现拉普拉斯变换，其使用格式如下。

- L=laplace(F)：返回符号变量 F 的以 t 为独立变量的拉普拉斯变换 L。默认的返回值是关于 s 的函数。如果 F=F(s)，那么返回关于 t 的函数 L=L(t)。
- L=laplace(F,t)：返回的函数是关于 t 的函数 L，而不是默认的 s：$\text{laplace(F, t)} <=> \text{L(t)} = \text{int}(\text{F(x)} * \exp(-\text{t} * \text{x}), 0, \text{inf})$。
- L=laplace(F,w,z)：返回的函数是关于 z 的函数 L，而不是默认的 s：$\text{laplace(F, w, z)} <=> \text{L(z)} = \text{int}(\text{F(w)} * \exp(-\text{z} * \text{w}), 0, \text{inf})$。

例 4.31　拉普拉斯变换。

```
>> syms a s t w x
>> laplace(t^5)
ans =
120/s^6
>> laplace(exp(a*s))
ans =
-1/(a - t)
```

```
>>  laplace(sin(w*x),t)
ans =
w/(t^2 + w^2)
>>  laplace(cos(x*w),w,t)
ans =
t/(t^2 + x^2)
>> laplace(x^sym(3/2),t)
ans =
(3*pi^(1/2))/(4*t^(5/2))
>> laplace(diff(sym('F(t)')))
ans =
s*laplace(F(t), t, s) - F(0)
```

2. 拉普拉斯变换的逆变换

在 MATLAB 中，可以使用 ilaplace()函数实现拉普拉斯变换的逆变换，其使用格式如下。

- F=ilaplace(L)：返回符号变量 L 的以 t 为独立变量的拉普拉斯逆变换 F。默认的返回值是关于 s 的函数。如果 *L=L(t)*，那么返回关于 x 的函数 F=F(s)。
- F=ilaplace(L,y)：返回的函数是关于 y 的函数 F，而不是默认的 t：ilaplace(L, y) <=> F(y) = int(L(y) * exp(s * y), s, c − i * inf, c + i * inf) 。
- F=ilaplace(L,y,x)：返回的函数是关于 x 的函数 F，而不是默认的 t：ilaplace(L, y, x) <=> F(y) = int(L(y) * exp(x * y), y, c − i * inf, c + i * inf) 。

例 4.32　拉普拉斯变换的逆变换。

```
>> syms s t w x y
>> ilaplace(1/(s-1))
ans =
exp(t)
>> ilaplace(1/(t^2+1))
ans =
sin(x)
>> ilaplace(t^(-sym(5/2)),x)
ans =
(4*x^(3/2))/(3*pi^(1/2))
>> ilaplace(y/(y^2 + w^2),y,x)
ans =
cos(w*x)
>> ilaplace(sym('laplace(F(x),x,s)'),s,x)
ans =
F(x)
```

4.5.3　Z 变换及其逆变换

1. Z 变换

在 MATLAB 中，可以使用 ztrans()函数实现 Z 变换，其使用格式如下。

- F=ztrans(f)：返回符号变量 f 的以 n 为独立变量的 Z 变换 F。默认的返回值是关于 z 的函数：f=f(n)=>F=F(z)。f 的 Z 变换定义成 F(z)=symsum(f(n)/z^n,n,0,inf)。如果 f=F(z)，那么该命令将返回关于 w 的函数 F=F(w)。
- F=ztrans(f,w)：返回的函数是关于 w 的函数 F，而不是默认的 z：ztrans(f,w)<=>F(w)= symsum(f(n)/w^n,n,0,inf)。
- F=ztrans(f,k,w)：返回的函数是 f 关于 k 的 Z 变换函数：ztrans(f,k,w)<=>F(w)=symsum(f(k)/ w^k,k,0,inf)。

例 4.33　Z 变换函数。

```
>> syms n
>> f=n^4
f =
n^4
```

```
>> ztrans(f)
ans =
(z^4 + 11*z^3 + 11*z^2 + z)/(z - 1)^5
>> syms a z
>> g=a^z
g =
a^z
>> ztrans(g)
ans =
-w/(a - w)
>> syms a n w
>> f=sin(a*n)
f =
sin(a*n)
>> ztrans(f)
ans =
(z*sin(a))/(z^2 - 2*cos(a)*z + 1)
```

2. Z 变换的逆变换

在 MATLAB 中，可以使用 iztrans()函数实现 Z 变换的逆变换，其使用格式如下。

- f=iztrans(F)：返回符号变量 F 的以 z 为独立变量的 Z 变换的逆变换 f。默认的返回值是关于 n 的函数：$F=F(z)$=>$f=f(n)$。如果 $F=F(n)$，那么将返回关于 k 的函数 $f=f(k)$。
- f=iztrans(F,k)：返回的函数是关于 k 的函数 f，而不是默认的 n，这里 n 是符号变量。
- f=iztrans(F,w,k)：将 F 看成 w 的函数而不是默认的 symvar(F)，它返回的函数 f 是关于 k 的 Z 变换的逆变换函数：$F=F(w)$ 和 $f=f(k)$。

例 4.34　Z 变换的逆变换。

```
>> syms z
>> f=2*z/(z-2)^2
f =
(2*z)/(z - 2)^2
>> iztrans(f)
ans =
2^n + 2^n*(n - 1)
>> syms n
>> g=n*(n+1)/(n^2+2*n+1)
g =
(n*(n + 1))/(n^2 + 2*n + 1)
>> iztrans(g)
ans =
(-1)^k
>> syms z a k
>> f=z/(z-a)
f =
-z/(a - z)
>> iztrans(f,k)
ans =
piecewise([a = 0, kroneckerDelta(k, 0)], [a <> 0, a*(a^k/a - kroneckerDelta(k, 0)/a) +
kroneckerDelta(k, 0)])
>> simplify(iztrans(f,k))
ans =
piecewise([a = 0, kroneckerDelta(k, 0)], [a <> 0, a^k])
```

4.6　符号代数方程求解

代数方程是指未涉及微积分运算的方程，代数方程的运算相对比较简单。在 MATLAB 中，求解用符号表达式表示的代数方程可由函数 solve()实现，其调用格式如下。

- solve(s)：求解符号表达式 s 的代数方程，求解变量为默认变量。
- solve(s,v)：求解符号表达式 s 的代数方程，求解变量为 v。

- solve(s1,s2,…,sn,v1,v2,…,vn)：求解符号表达式 s1,s2,…,sn 组成的代数方程组，求解变量分别为 v1,v2,…,vn。

使用 solve()函数能求解一般的线性、非线性或超越代数方程。对于不存在符号解的代数方程组，若方程组中不包含符号参数，则 solve()函数会给出该方程组的数值解。

例 4.35 解方程：$\frac{1}{x-3}+a=\frac{1}{x+4}$。

程序如下。

```
>> x=solve(sym('1/(x-3)+a=1/(x+4)'))
x =
 -(a + 7*((a*(7*a - 4))/7)^(1/2))/(2*a)
 -(a - 7*((a*(7*a - 4))/7)^(1/2))/(2*a)
```

例 4.36 解方程组：$\begin{cases}3x-4y+5z=15\\-x+2y-3z=9\\x^2-4y^2=12\end{cases}$。

程序如下。

```
>> [x y z]=solve('3*x-4*y+5*z=15','-x+2*y-3*z=9','x^2-4*y^2=12')
x =
 (4*55^(1/2))/5 + 24
 24 - (4*55^(1/2))/5
y =
 (8*55^(1/2))/5 + 3
 3 - (8*55^(1/2))/5
z =
    (4*55^(1/2))/5 - 9
 - (4*55^(1/2))/5 - 9
```

4.7 符号微分方程求解

在数值计算中，对于微分方程的求解，边值类型的微分方程求解比初值类型的微分方程求解更为复杂一些，此时，可以使用 MATLAB 提供的符号微分方程求解方法来得到微分方程的结果，求解过程相对比较简单。但是，符号微分方程的求解也并非存在一般的通用解法，因此，在求解过程中，可以将该解法和数值解法相结合之后进行求解，互为补充。

在 MATLAB 中，用大写字母 D 表示导数。如 Dy 表示 y'，D2y 表示 y''，Dy(0)=5 表示 $y'(0)=5$。D3y+D2y+Dy-x+8=0 表示微分方程 $y'''+y''+y'-x+8=0$。符号常微分方程的求解可以通过函数 dsolve()来实现，其调用格式如下。

- dsolve(e,c,v)：该函数求解常微分方程 e 在初值条件 c 下的特解。参数 v 描述方程中的自变量，省略时按默认原则处理，若没有给出初值条件 c，则求方程的通解。
- dsolve(e1,…,en,c1,…,cn,v1,…,vn)：该函数求解常微分方程组 e1,…,en 在初值条件 c1,…,cn 下的特解，若不给出初值条件，则求方程组的通解，v1,…,vn 给出求解变量。若边界条件数少于方程的阶数，则返回的结果中会出现任意常数 C1,C2,…。

例 4.37 符号微分方程的求解。

```
>> dsolve('Dx=-a*x')
ans =
C2/exp(a*t)
>> x=dsolve('Dx=-a*x','x(0)=1','s')
x =
1/exp(a*s)
>> y=dsolve('(Dy)^2+y^2=1','y(0)=0')
```

```
y =
 cosh((pi*i)/2 + t*i)
 cosh((pi*i)/2 - t*i)
>> s=dsolve('Df=f+g','Dg=-f+g','f(0)=1','g(0)=2')
s =
    g: [1x1 sym]
    f: [1x1 sym]
>> w=dsolve('Dw=w^2*(1-w)')
w =
                                         0
                                         1
 1/(lambertw(0, -C23/exp(t + 1)) + 1)
>> y3=dsolve('Dx=4*x-2*y','Dy=2*x-y','t')
y3 =
    y: [1x1 sym]
    x: [1x1 sym]
>> [x y]=dsolve('Dx=4*x-2*y','Dy=2*x-y','t')
x =
C29/2 + 2*C30*exp(3*t)
y =
C29 + C30*exp(3*t)
```

dsolve()函数最多可以接受 12 个（包括方程组与定解条件个数）输入参数。若没有给定输出参数，则在命令行窗口显示解列表。若使用该函数得不到解析解，则返回警告信息，同时返回一个空的 sym 对象。这时，用户可以用命令 ode23 或 ode45 求解方程组的数值解。

4.8　图示化符号函数计算器

与其他的高级语言相比，MATLAB 语言的一个重要优点是简单易学，在符号运算方面，MATLAB 语言同样体现了这个特点。MATLAB 语言提供了图示化符号函数计算器，用户可以用它进行一些简单的符号运算和图形处理。虽然它的功能不是十分强大，但是由于它操作方便、使用简单，可视性和人机交互性都很强，因此深得用户喜欢。MATLAB 语言有两种符号函数计算器，一种是单变量符号函数计算器，另一种是泰勒级数逼近计算器。

4.8.1　单变量符号函数计算器

单变量符号函数计算器实际上是已经做好的一个图形用户界面（Graphical User Interface，GUI）。在命令行窗口中输入 funtool 命令后，系统弹出单变量符号函数计算器图形窗口，如图 4-1 所示。

输入 funtool 命令将生成 3 个图形窗口，Figure 1（显示图形窗口 1）用于显示函数 f 的图形；Figure 2（显示图形窗口 2）用于显示函数 g 的图形；Figure 3（控制窗口）为可视化的、可操作与显示一元函数的计算器图形窗口，在该图形窗口上有许多按钮，且可以显示两个由用户输入的函数的计算结果，如加、乘、微分等计算的结果。funtool 还有一个函数存储器，允许用户将函数存入，以便后续调用。在开始时，funtool 显示两个函数 $f(x)=x$ 与 $g(x)=1$ 在区间[$-2\pi,2\pi$]上的图形。同时在下面显示控制窗口，允许用户对函数 f、g 进行保存、更正、重新输入、联合与转换等操作。注意在任何情况下，这 3 个图形窗口中只能有一个处

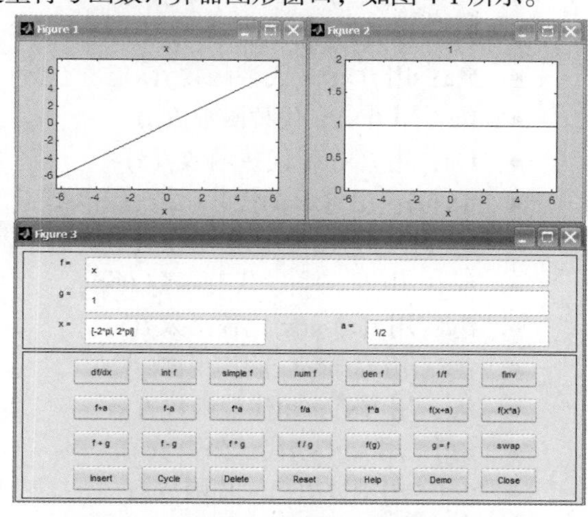

图 4-1　单变量符号函数计算器图形窗口

于激活状态。

1. 文本框的功能

控制窗口中一共有 4 个文本框，分别是“f=”“g=”“x=”“a=”。用户使用单变量符号函数计算器，就是在这 4 个文本框中输入相关的数据来进行操作。下面介绍一下控制窗口中的这 4 个文本框的功能。

- “f=”文本框显示代表函数 f 的符号表达式，它的默认值是 x，用户可以在该文本框输入其他有效的表达式来定义 f，再按 Enter 键即可在显示图形窗口 1 中绘制出图形。
- “g=”文本框显示代表函数 g 的符号表达式，它的默认值是 1，用户可以在该文本框输入其他有效的表达式来定义 g，再按 Enter 键即可在显示图形窗口 2 中绘制出图形。
- “x=”文本框显示用于函数 f 与 g 的绘制区间，它的默认值为[-2*pi，2*pi]。用户可以在该行输入其他的不同区间，再按 Enter 键即可改变显示图形窗口 1 与显示图形窗口 2 中的区间。
- “a=”文本框显示一个用于改变函数 f 的常量因子，它的默认值为 1/2。用户可以在该文本框输入不同的常数。

2. 控制按钮的功能

在控制窗口文本框的下方，是 4 行控制按钮，用户可以使用它们来进行对函数的一些计算操作，并获得一些帮助信息。

（1）计算操作按钮的功能。

前 3 行操作按钮用于对文本框中输入的函数进行各种操作，其中第 1 行的按钮用于对函数自身进行操作，第 2 行的按钮用于对函数 f 和常数 a 之间进行操作，第 3 行的按钮用于对函数 f 和函数 g 之间进行操作。它们的使用功能如下。

- df/dx：求函数 f 的导数。
- int f：求函数 f 的积分（没有常数的一个原函数），当函数 f 的原函数不能用初等函数表示时，操作可能失败。
- simple f：化简函数 f（若有可能）。
- num f：求函数 f 的分子。
- den f：求函数 f 的分母。
- 1/f：求函数 f 的倒数。
- finv：求函数 f 的反函数，若函数 f 的反函数不存在，则操作可能失败。
- f+a：用 $f(x)$+a 代替函数 $f(x)$。
- f-a：用 $f(x)$-a 代替函数 $f(x)$。
- f*a：用 $f(x)$*a 代替函数 $f(x)$。
- f/a：用 $f(x)$/a 代替函数 $f(x)$。
- f^a：用 $f(x)$^a 代替函数 $f(x)$。
- f(x+a)：用 $f(x+\mathrm{a})$代替函数 $f(x)$。
- f(x-a)：用 $f(x-\mathrm{a})$代替函数 $f(x)$。
- f+g：用 $f(x)+g(x)$代替函数 $f(x)$。
- f-g：用 $f(x)-g(x)$代替函数 $f(x)$。
- f*g：用 $f(x)*g(x)$代替函数 $f(x)$。
- f/g：用 $f(x)/g(x)$代替函数 $f(x)$。
- f(g)：用 $f(g(x))$代替函数 $f(x)$。
- g=f：用函数 $f(x)$代替函数 $g(x)$。
- swap：使函数 $f(x)$与 $g(x)$互换。

（2）系统操作按钮的功能。

第 4 行的操作按钮用于控制进行函数计算的各种操作，并提供各种在线帮助信息。它们的使用功能如下。

- Insert：将函数 $f(x)$保存到内存函数列表的最后。
- Cycle：用内存函数列表中的第二项代替函数 $f(x)$。
- Delete：从内存函数列表中删除函数 $f(x)$。
- Reset：重新设置计算器，使其为初始状态。
- Help：显示在线的关于计算器的帮助信息。
- Demo：运行该计算器的演示程序。
- Close：关闭计算器的 3 个窗口。

如将 f、g 两个函数的内容更改为 f=a*sin(2*x)*cos(x/3)、g=exp(-x/5)*sin(2*x)。

其中，变量 x 的取值范围为[-2*pi,2*pi]，常数 a 为 1/2。当输入这两个函数之后，显示图形窗口 1、2 同时可以显示这两个函数在取值范围内的图像，如图 4-2 所示。可以看出，通过单变量符号函数计算器可以很方便地对函数的性能进行简单的分析和操作。

在控制窗口中，可以对函数 f 进行一系列的操作，如求导（df/dx）、求积分（int f）、化简（simple f）、提取函数分子（num f）、提取函数表达式分母（den f）、求倒数（1/f）、取反（f inv）等。第 2 行的操作按钮涉及对函数 f 和常数 a 的加、减、乘、除等操作。第 3 行的操作按钮则涉及函数 f 和函数 g 的操作。在默认情况下，对函数的操作只涉及对 f 的操作，如果需要对函数 g 进行操作，则可以使用 swap 按钮，交换两个函数后进行分析。

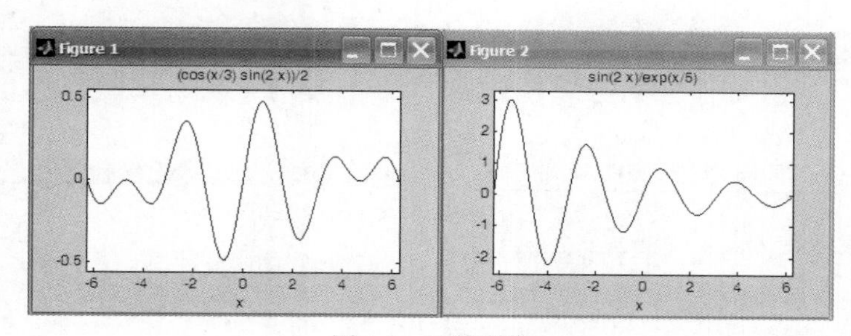

图 4-2　函数图像

控制窗口中最后一行按钮的功能和一般的计算功能相似。如果需要查看该控制窗口的代码，则可以单击“Help”按钮，选择查看代码超链接，既可以查看代码，也可以对函数代码做一些修改，帮助文件如图 4-3 所示。

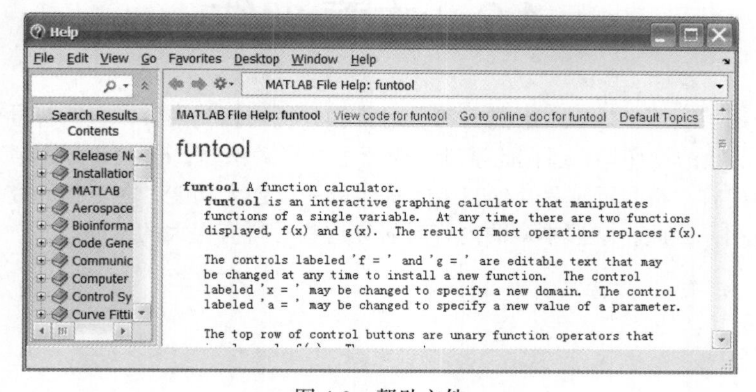

图 4-3　帮助文件

4.8.2 泰勒级数逼近计算器

泰勒级数分析是数学分析和工程分析中常见的一种分析方法，常常可以分析某一变化范围内的函数性态。通过 Taylor Tool 分析窗口，可以直观地观察泰勒级数逼近和原来的函数之间的偏差，以及两者之间的性态差异。和单变量符号函数计算器一样，也可以在命令行窗口直接输入 taylortool 命令后，由系统弹出分析窗口。分析窗口如图 4-4 所示。

在该分析窗口中，函数可以通过“f(x)”文本框输入，“N”文本框显示函数展开的阶数，“a”文本框显示函数的展开点位置，函数的展开范围可以通过右端的范围文本框输入。默认情况下的函数 x*cos(x)的泰勒级数展开后的函数性态和原函数之间的图形关系如图 4-4 所示，从中可以看出两者之间性态的直接差异。

Taylortool(f)在[-2*pi,2*pi]区间内绘制函数 f 从第 1 阶到第 N 阶的部分泰勒级数和。默认的 N 值为 7。

如求函数 $f(x)$=sin(x)*cos(x)在区间[-pi,pi]内的 10 阶泰勒级数。

用户在“f(x)”文本框中输入“sin(x)*cos(x)”，在“N=”文本框中输入“10”，在“<x<”文本框的左右两边输入“-2*pi”和“2*pi”。按 Enter 键确认后，即可得到图 4-5 所示的泰勒级数逼近图。

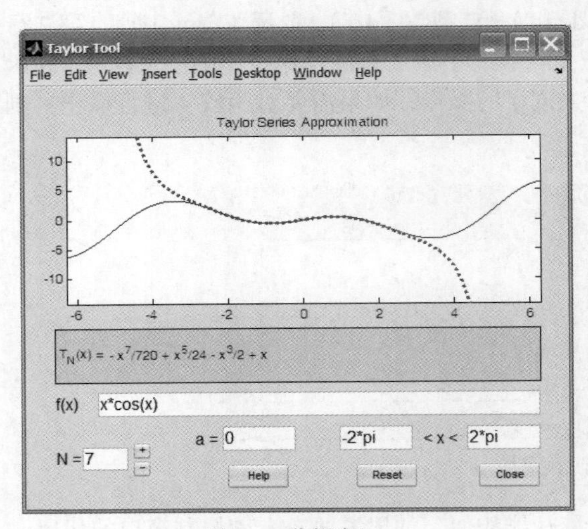

图 4-4 分析窗口

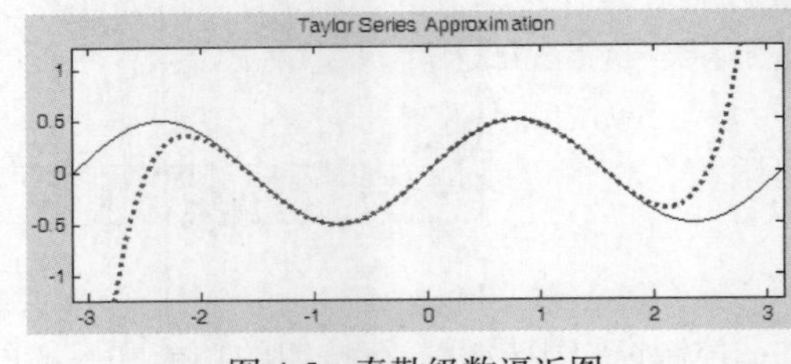

图 4-5 泰勒级数逼近图

4.9 本章小结

本章详细介绍了利用 MATLAB 进行符号运算和分析的相关内容，包括符号表达式、符号函数的表达、符号函数的操作等，还在此基础上介绍了符号微积分、符号积分变换、符号代数方程、符号微分方程等内容。符号运算是 MATLAB 提供的一个强大功能，在工程研究、基础学科的分析研究中非常有用，因此，掌握本章的内容对研究这些学科有很大的帮助。

第5章 微分和积分

微积分是大学数学中的重要内容，几乎是每一个理工科学生必修的课程，它是学习各个学科的基础，在科学研究和工程实践中都有着广泛的应用。在 MATLAB 中，提供了许多求解微积分的函数，同时，用户也可以自己编写函数来求解复杂的问题。

5.1 极限与导数

求极限、导数是高等数学中的基本运算。在 MATLAB 中，求极限、导数的基本函数分别是 limit()、diff()，它们的功能十分强大，是运算中使用很多的工具。

5.1.1 极限

从高等数学的概念我们了解到：在自变量的某个变化过程中，如果对应的函数值无限接近于某个确定的数，那么这个确定的数就叫作这一变化过程中的函数极限，而 MATLAB 提供的求极限的函数是 limit()，其调用格式如下。

- limit(f,x,a)：求符号函数 $f(x)$ 的极限值，即计算当变量 x 趋近于常数 a 时，$f(x)$ 函数的极限值，变量可以是其他符号。
- limit(f)：求当默认自变量 x 趋近于常数 0 时，符号函数 $f(x)$ 的极限值。
- limit(f,x,a,'right')或 limit(f,x,a,'left')：求符号函数 f 的极限值，right 表示变量 x 从右边趋近于 a，left 表示变量 x 从左边趋近于 a。

例 5.1 求函数的极限。

```
>> syms x y a
>> f=sin(x+3*y)
f =
sin(x + 3*y)
>> limit(f,2)
ans =
sin(3*y + 2)
>> limit(f,y)
ans =
sin(4*y)
>> limit(f)
ans =
sin(3*y)
```

5.1.2 导数

1. diff()函数的使用

有了极限的概念，那么理解导数与积分的概念就比较容易了。在高等数学中导数的定义是：

设函数 $y=f(x)$在点 x_0 的某个邻域内有定义，当自变量 x 在 x_0 处有增量 Δx，（$x_0+\Delta x$）也在该邻域内时，相应地函数取得增量 $\Delta y=f(x_0+\Delta x)-f(x_0)$：如果 Δy 与 Δx 之比当 $\Delta x\to 0$ 时极限存在，则称函数 $y=f(x)$在点 x_0 处可导，并称这个极限为函数 $y=f(x)$在点 x_0 处的导数。

在 MATLAB 中，求函数的导数用 diff()函数来完成，其使用格式如下。

```
diff(f)
```

例 5.2 求函数的导数。

```
>> syms x
>> f=log(x^3)
f =
log(x^3)
>> diff(f)
ans =
3/x
>> f=(x+exp(x)*sin(x))^(1/2)
f =
(x + exp(x)*sin(x))^(1/2)
>> diff(f)
ans =
(exp(x)*cos(x) + exp(x)*sin(x) + 1)/(2*(x + exp(x)*sin(x))^(1/2))
>> pretty(ans)
  exp(x) cos(x) + exp(x) sin(x) + 1
  ---------------------------------
                              1/2
       2 (x + exp(x) sin(x))
```

这个结果简洁、易懂。

用 diff()函数还可以求函数的高阶导数，其使用格式如下。

```
diff(f,n)
```

例 5.3 求函数的高阶导数。

```
>> f=exp(-2*x)*cos(3*x^(1/2))
f =
cos(3*x^(1/2))/exp(2*x)
>> diff(f,3)
ans =
(27*cos(3*x^(1/2)))/(2*x*exp(2*x)) - (8*cos(3*x^(1/2)))/exp(2*x) + (27*cos(3*x^(1/2)))/(8*x^2*
exp(2*x)) - (18*sin(3*x^(1/2)))/(x^(1/2)*exp(2*x)) - (9*sin(3*x^(1/2)))/(8*x^(3/2)*exp(2*x)) -
(9*sin(3*x^(1/2)))/(8*x^(5/2)*exp(2*x))
>> pretty(ans)
     27 #2          8 #2          27 #2
------------ - -------- + ------------- -
  2 x exp(2 x)    exp(2 x)       28 x  exp(2 x)

       18 #1             9 #1              9 #1
------------- - -------------- - ---------------
  1/2                  3/2                 5/2
  x    exp(2 x)    8 x    exp(2 x)    8 x    exp(2 x)
where

                         1/2
     #1 = sin(3 x    )
                         1/2
     #2 = cos(3 x    )
```

用 diff()函数还可以求多元函数的导数，其使用格式如下。

```
diff(f,'var',n)
```

例 5.4 求多元函数的导数。

```
>> syms x y z
>> f=x*sin(exp(y^(1/2)))/z
f =
```

```
    (x*sin(exp(y^(1/2))))/z
    >> diff(f,y,2)
    ans =
    (x*exp(y^(1/2))*cos(exp(y^(1/2))))/(4*y*z) - (x*exp(y^(1/2))*cos(exp(y^(1/2))))/(4*y^
(3/2)*z) - (x*exp(2*y^(1/2))*sin(exp(y^(1/2))))/(4*y*z)
    >> pretty(ans)
               1/2             1/2                1/2             1/2
      x exp(y    ) cos(exp(y    ))   x exp(y    ) cos(exp(y    ))
      --------------------------- - --------------------------- -
                4 y z                               3/2
                                                4 y    z
                 1/2             1/2
      x exp(2 y    ) sin(exp(y    ))
      ----------------------------
                    4 y z
```

此外，对抽象函数的求导是 MATLAB 十分特别的功能之一，操作十分简单，与其他函数求导的步骤一样，先说明函数的自变量，再说明函数的形式，最后用 diff()函数求导。同时与其他求导结果一样，对抽象函数求导也可以用 pretty()函数得到一个符合日常书写习惯的表达式。

例 5.5 对抽象函数求导。

```
    >> syms x y z
    >> g=sin(2*x+y^3+z^4)
    g =
    sin(y^3 + z^4 + 2*x)
    >> diff(g)
    ans =
    2*cos(y^3 + z^4 + 2*x)
    >> diff(g,y)
    ans =
    3*y^2*cos(y^3 + z^4 + 2*x)
    >> diff(g,z)
    ans =
    4*z^3*cos(y^3 + z^4 + 2*x)
```

2. gradient()函数

使用 gradient()函数求近似梯度，其使用格式如下。

- [fx,fy]=gradient(f)：返回矩阵 **f** 的函数梯度，fx 相当于 df/dx，即在 x 方向的差分值。fy 相当于 df/dy，即在 y 方向的差分值。各个方向的间隔设为 1。当 f 是一个向量时，df=gradient(f)返回一个一维向量。
- [fx,fy]=gradient(f,h)：使用 h 作为各个方向的间隔点，这里 h 是一个数值。
- [fx,fy]=gradient(f,hx,hy)：使用 hx、hy 作为指定间距，其中 f 为二维函数。而 **hx**、**hy** 可以是向量或者数值，但是当 **hx**、**hy** 是向量时，它们的维数必须和 f 的维数相匹配。
- [fx,fy,fz]=gradient(f)：返回一个 **f** 的一维梯度，其中 **f** 是一个三维向量，fz 相当于 df/dz，即在 z 方向的差分。
- [fx,fy,fz]=gradient(f,hx,hy,hz)：使用 hx、hy 及 hz 作为指定间距。
- [fx,fy,fz]=gradient(f,…)：在 f 为 N 维数组时做相似扩展。

例 5.6 求函数的梯度。

```
    >> clear
    >> t=[-pi:0.01:pi];
    >> x=sin(t);
    >> dx=gradient(x);
    >> subplot(2,1,1)
    >> plot(x)
    >> subplot(2,1,2)
    >> plot(dx)
```

所得相应的结果图像如图 5-1 所示。

```
>> x=[-1:0.1:1];
>> [x,y]=meshgrid(x);
>> z=x.^2+y.^2;
>> [Dx,Dy]=gradient(z);
>> subplot(2,1,1)
>> mesh(z)
>> subplot(2,1,2)
>> quiver(Dx,Dy)
```

绘出相应图像如图 5-2 所示。

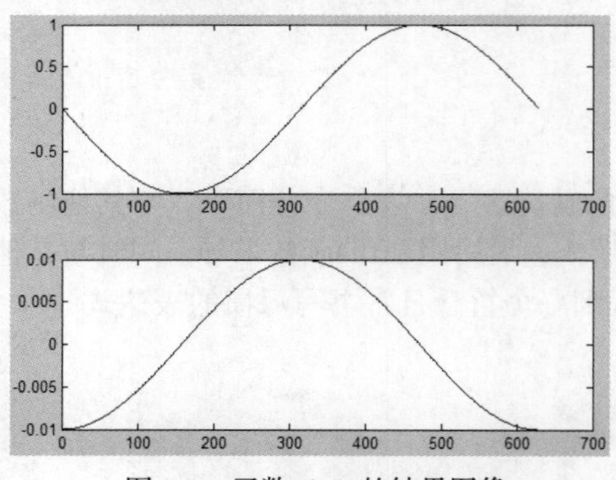

图 5-1 函数 sin(*t*)的结果图像

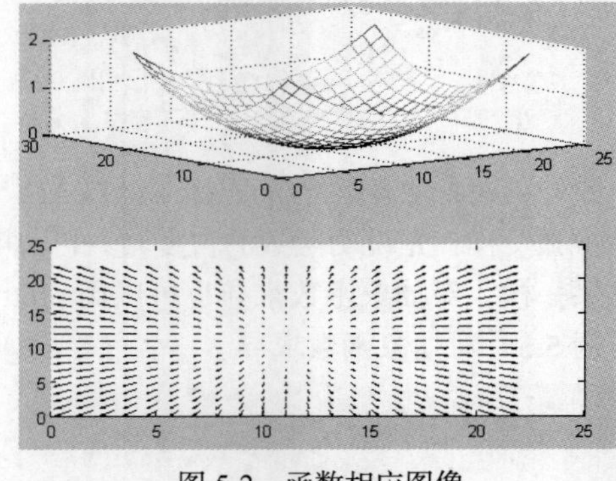

图 5-2 函数相应图像

3. jacobian()函数

在 MATLAB 中可以使用 jacobian()函数求多元函数的导数，使用格式如下。

jacobian(f,v)：计算向量 ***f*** 对向量 ***v*** 的 Jacobian 矩阵，所得结果的第 `i` 行、第 `j` 列的值为 df(i)/dv(j)。当 `f` 为数值时，所得值为 `f` 的梯度。`v` 也可以是数值，不过此时该函数相当于 diff(f,v)。

例 5.7 利用 jacobian()函数求多元函数的导数。

```
>> syms x y z
>> jacobian([x*y*z;y;;x+z],[x y z])
ans =
[ y*z, x*z, x*y]
[   0,   1,   0]
[   1,   0,   1]
>> syms u v
>> jacobian(u*exp(v),[u;v])
ans =
[ exp(v), u*exp(v)]
```

5.2 积分

求积分与求导数、求微分一样也是高等数学中最基本的运算之一。它的运算思路比较简单，就是求一条曲线、一个空间曲面体在一定坐标系下对应的面积或体积。在 MATLAB 中，int()是求数值和符号积分的基本函数，它的功能十分强大，是运算中使用很多的工具。

5.2.1 一元函数的积分

在科学研究和工程实践中，除了要进行微分运算外，有时候还要求曲线下的面积，此时就要用到积分方面的知识。从理论上来说，可以利用牛顿-莱布尼茨公式来求已知函数的积分，但是，工程实践中用到的函数往往十分复杂，采用理论上的方法很难找到原函数。在 MATLAB 中，提供了一些用于采用数值方法求解积分的函数，使用它们用户可以得到满意的精度，主要有 cumsum()、trapz()、quad()及 quadl()等，本节将对它们的使用方法予以介绍。

1. 矩形求积

在 MATLAB 中，采用矩形求积法求解积分由 cumsum()函数来实现，其使用格式如下。

- 对向量 $\boldsymbol{x}$，cumsum(x)返回一个向量，该向量的第 N 个元素是 $\boldsymbol{x}$ 的前 N 个元素的和。
- 对矩阵 $\boldsymbol{x}$，cumsum(x)返回一个和 $\boldsymbol{x}$ 同型的矩阵，该矩阵的列即对 $\boldsymbol{x}$ 的每一列的积累和。
- 对 N 维数组 $\boldsymbol{x}$，cumsum(x)从第 1 个非独立数组开始操作。
- 在 cumsum(x,DIM)中，参数 DIM 指明是从第 1 个非独立维开始操作。

例 5.8　利用 cumsum()函数求积分。

```
>> x1=[1 2 3 4 5 6 7 8 9]
x1 =
     1     2     3     4     5     6     7     8     9
>> cumsum(x1)
ans =
     1     3     6    10    15    21    28    36    45
>> x2=[1 2 3;4 5 6;7 8 9]
x2 =
     1     2     3
     4     5     6
     7     8     9
>> cumsum(x2)
ans =
     1     2     3
     5     7     9
    12    15    18
>> cumsum(x2,1)
ans =
     1     2     3
     5     7     9
    12    15    18
>> cumsum(x2,2)
ans =
     1     3     6
     4     9    15
     7    15    24
>> cumsum(x2,3)
ans =
     1     2     3
     4     5     6
     7     8     9
>> t=0:0.1:10;
>> x=sin(t);
>> y=cumsum(x)*0.1;
>> plot(t,x,'r-',t,y,'k*')
```

运行结果图像如图 5-3 所示。

从图 5-3 可以看出，求出的积分曲线和余弦曲线形状相同，这与理论计算的结果是相符合的。

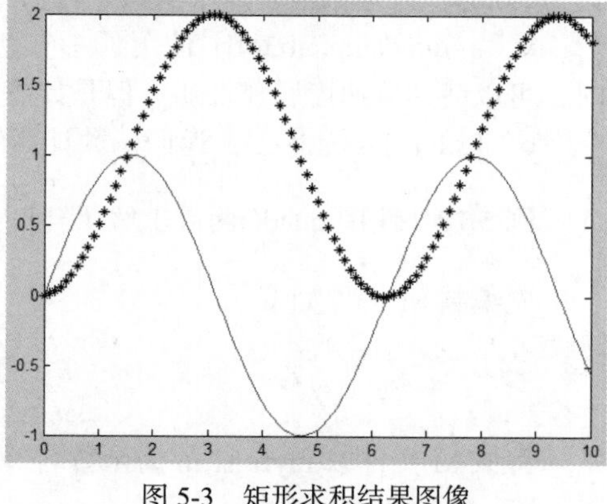

图 5-3　矩形求积结果图像

2. 梯形求积

在 MATLAB 中，采用梯形求积法求解积分由 trapz()函数来实现，其使用格式如下。

- z=trapz(y)：采用梯形求积法近似求解 y 的积分近似值。在间距不是 1 的时候，采用间距乘以 z 的方法求解。对向量 $\boldsymbol{y}$，trapz(y)返回 $\boldsymbol{y}$ 的积分；对矩阵 $\boldsymbol{y}$，trapz(y)返回一个行向量，该行向量的元素值为矩阵 $\boldsymbol{y}$ 对应的列向量的积分值；对 N 维列向量，trapz(y)从第 1 个非独立维开始操作。

- z=trapz(x,y)：使用梯形求积法求解 **y** 对 **x** 的积分值。其中 **x** 和 **y** 必须是具有相同长度的向量，或者 **x** 是一个列向量，而 **y** 的第 1 个非独立列的维数是 length(x)，本函数将沿此维开始操作。
- z=trapz(x,y,DIM)或 z=trapz(y,DIM)：求 **y** 的交叉维 DIM 的积分，其中 **x** 的长度必须等于 size(y,DIM)。

例 5.9 利用 trapz()函数求积分。

```
>> x1=[1 2 3 4 5 6 7 8 9]
x1 =
     1     2     3     4     5     6     7     8     9
>> y1=trapz(x1)
y1 =
    40
>> x2=[1 2 3;4 5 6;7 8 9]
x2 =
     1     2     3
     4     5     6
     7     8     9
>> trapz(x2)
ans =
     8    10    12
>> trapz(x2,1)
ans =
     8    10    12
>> trapz(x2,2)
ans =
     4
    10
    16
>> x3=[1 2 3]
x3 =
     1     2     3
>> trapz(x3,x2)
ans =
     8    10    12
```

从上面的例子可以看出，用 cumsum()函数对向量求积分时返回一个向量，对矩阵求积分时返回一个矩阵，用 trapz()函数对向量求积分时返回一个数值，对矩阵求积分时返回一个向量。这就是它们的不同之处。

3. 自适应法

在 MATLAB 中，使用自适应法求解积分是由 quad()函数来实现的，其使用格式如下。

- q=quad(fun,a,b)：使用辛普森（Simpson）法则的自适应法求函数 f 从 a 到 b 的相对误差为 1.e-6 的积分近似值，其中函数 y=fun(x) 必须接受向量 **x** 并返回向量 **f**。
- q=quad(fun,a,b,tol)：使用了一个绝对误差容度 tol 代替默认值 1.e-6。当 tol 的值比较大时，可以使计算速度明显加快。但是计算精度会有所下降。
- [q,fcnt]=quad(…)：返回函数计算的步数。

例 5.10 使用 quad()函数求解 $f=\int_0^1 \frac{x^2}{(1+\sin(x)+x^2)}\mathrm{d}x$ 的积分。

先编制 M 文件如下。

```
function f=myfun1(x)
f=x^2/(1+sin(x)+x^2);
end
```

将该 M 文件以 myfun1.m 为函数名保存。继续在命令行窗口中输入如下命令。

```
>> quad('myfun1',0,1)
ans =
0.1527
```

4. 高阶自适应法

在 MATLAB 中，quadl()函数采用自适应的牛顿–科茨（Newton-Cotes）法求解积分，其使用格式如下。

- q=quadl(fun,a,b)：使用高阶自适应法求解函数 `fun` 在积分区间[A,B]上积分为 1.e−3 的积分近似值。函数 `fun` 接受向量 $\boldsymbol{x}$ 并返回向量 $\boldsymbol{y}$。当积分超出递归限时，`q=Inf`。
- q=quadl(fun,a,b,tol)：使用高阶自适应法求解函数 `fun` 在积分区间[A,B]上的积分近似值。其中向量 `tol` 可以包含两个元素，即 OL=[rel_tol,abs_tol]，其中元素 `rel_tol` 为相对误差，元素 `abs_tol` 为绝对误差。
- 在 q=quadl (fun,a,b,tol,trace)中，当 `trace` 不为 0 时，将绘制出由点组成的图形。

例 5.11　使用 quadl()函数求解 $f=\int_0^3 \frac{x^2}{\mathrm{e}^{-x}}\mathrm{d}x$ 的积分。

先编写 M 文件如下。

```
function f=myfun2(x)
f=x.^2./exp(-x);
end
```

将该 M 文件以 myfun2.m 为函数名保存。继续在命令行窗口中输入如下命令。

```
>> quadl('myfun2',0,3)
ans =
   98.4277
>> quadl('myfun2',1,3,[1e-10,1e-11])
ans =
   97.7094
>> vpa(ans,10)
ans =
97.70940279
>> quadl('myfun2',1,3,1e-6,1)
      18     1.0000000000     1.00000000e+000     97.7094029629
ans =
   97.7094
```

5.2.2　二元函数和三元函数的数值积分

本节介绍一些关于二元函数和三元函数的积分知识。在 MATLAB 中可以使用 dblquad()函数来求解二元函数的积分。

1. 用 dblquad()函数求任意区域的积分

在 MATLAB 中，可以使用 dblquad()函数求矩形区域的积分，其使用格式如下。

- dblquad(fun,XMIN,XMAX,YMIN,YMAX)：调用函数 quad()在矩形区域[XMIN,XMAX, YMIN, YMAX]上计算二元函数 `fun(x,y)` 的二重积分。输入向量 $\boldsymbol{x}$、标量 $\boldsymbol{y}$，则 `fun(x,y)` 必须返回一个用于积分的向量。
- dblquad(fun,XMIN,XMAX,YMIN,YMAX,tol)：用指定的精度 `tol` 代替默认的精度 10^{-6}，再进行计算。
- dblquad(fun,XMIN,XMAX,YMIN,YMAX,tol,@quadl)：用指定的算法 quadl 代替默认算法 quad。quadl 的取值由@quadl 指定且 quad()与 quadl()有相同调用次序的函数句柄。
- dblquad(fun,XMIN,XMAX,YMIN,YMAX,tol,@quadl,p1,p2…)：将可选参数 `p1,p2`…传递给函数 `fun(x,y,p1,p2…)`。若 `tol` 和 `quadl` 都是空矩阵时，则使用默认精度和算法 `quad`。

例 5.12　使用 dblquad()函数在矩形区域上求函数 $f=y\times\sin(x)+x\times\cos(y)$ 的二重积分。

输入程序如下。

```
>> Q=dblquad(inline('y*sin(x)+x*cos(y)'),pi,2*pi,0,pi)
Q =
```

```
   -9.8696
>> Q=dblquad(inline('y*sin(x)+x*cos(y)'),pi,2*pi,0,pi,1e-10)
Q =
   -9.8696
>> vpa(Q,10)
ans =
-9.869604401
>> Q=dblquad(@integrnd1,pi,2*pi,0,pi)
Q =
   -9.8696
```

其中 integrnd1()函数的 M 文件如下。

```
function z=integrnd1(x,y)
z=y*sin(x)+x*cos(y);
end
```

例 5.13 使用 dblquad()函数在非矩形区域上求函数 $f=\sqrt{\max(1-(x^2+y^2),0)}$ 的二重积分。

输入程序如下。

```
>> Q=dblquad(inline('sqrt(max(1-(x.^2+y.^2),0))'),-1,1,-1,1)
Q =
    2.0944
```

2. 用 triplequad()函数求三元函数的积分

在 MATLAB 中，可以使用 triplequad()函数求三元函数的积分，其使用格式如下。

- triplequad(fun,XMAM,YMIN,YMAX,ZMIN,ZMAX)：求函数 `fun(x,y,z)` 在矩形区间[XMIN, XMAX,YMIN,YMAX,ZMIN,ZMAX]上的积分值。函数 `fun(x,y,z)` 必须接受向量 ***x*** 以及标量 ***y*** 和 ***z*** 并返回一个积分向量。
- triplequad(fun,XMAM,YMIN,YMAX,ZMIN,ZMAX,tol)：使用 `tol` 作为允许的误差值，取代默认值 1.e-6。
- triplequad(fun,XMAM,YMIN,YMAX,ZMIN,ZMAX,tol,@quadl)：使用指定的算法代替默认的算法 quad。
- triplequad(fun,XMAM,YMIN,YMAX,ZMIN,ZMAX,tol,ZMIN,ZMAX,@myquadf)：使用自定义的算法 myquad`f` 取代默认算法 quad。函数 myquadf()必须和 quad()与 quadl()两个函数有相同调用次序的函数句柄。
- triplequad(fun,XMAM,YMIN,YMAX,ZMIN,ZMAX,tol,@quadl , p1,p2,…)：将可选参数 *p1,p2,…* 传递给函数 fun(x,y,p1,p2,…)。若 `tol` 和 `quadl` 都是空矩阵时，则使用默认精度和算法 quad。

例 5.14 使用 triplequad()函数求三元函数 $f=y\times\sin(x)+z\times\cos(x)$ 的积分。

输入程序如下。

```
>> Q=triplequad(inline('y*sin(x)+z*cos(x)'),0,pi,0,1,-1,1)
Q =
    2.0000
>> Q=triplequad(inline('y*sin(x)+z*cos(x)'),0,pi,0,1,-1,1,1.e-9)
Q =
    2.0000
>> vpa(Q,10)
ans =
2.0
```

可见，ans=2.0 即本例的精确值。此外，用户还可以使用如下形式来求解积分值。

```
>> Q=triplequad(@integrnd,0,pi,0,1,-1,1)
Q =
    2.0000
```

其中 integrnd()函数的 M 文件如下。

```
function f=integrnd(x,y,z)
f=y*sin(x)+z*cos(x);
end
```

5.3 化简、提取与替换代入

化简、提取和替换代入是代数运算中常见的运算，能够简化后续的计算过程，本节介绍了化简、提取和替换代入的相关 MATLAB 函数。

5.3.1 化简

不管是使用 MATLAB 进行计算，还是用手在纸上演算，都会出现要将已知的式子代入新式和对初步计算的结果进行化简的情况。如果待算式子太复杂，那么无论是化简还是替换代入都容易出错。现在介绍一下 MATLAB 中的一个非常有特点的功能——化简。

1. pretty()函数

在说明 MATLAB 的化简功能前，首先介绍一下 MATLAB 中的将代数式转化为手写格式的格式转化函数 pretty()。

MATLAB 的功能虽然很强，但是它的计算过程并不直观，特别是乘和幂次运算，“*”和“^”在式子中使人看着觉得烦琐，而 pretty()函数则解决了这个问题。它的用法很简单，如 `A` 为待转化格式的代数式，`pretty(A)` 即可将 `A` 由计算机格式转化为手写格式，而且在转化过程中不会对 `A` 进行任何化简或展开。

例 5.15 将函数 $f=(x+y)(a+b^c)^z/(x+a)^2$ 和 $g=(a+b^c)^z/[(x+a)^{2x}+(a+b^c)^z]/y(x+a)^2$ 用 pretty()函数转化为手写格式，并判断两式是否相等。

输入程序如下。

```
>> syms x y z a b c
>> f=(x+y)*(a+b^c)^z/(x+a)^2;
>> g=(a+b^c)^z/(x+a)^2*x+(a+b^c)^z/(x+a)^2*y;
>> pretty(f)
                      c z
  (x + y) (a + b )
  -----------------
               2
       (a + x)
>> pretty(g)
             c z             c z
  x (a + b )     y (a + b )
  ----------- + -----------
           2              2
   (a + x)        (a + x)
>> f-g
ans =
((x + y)*(a + b^c)^z)/(a + x)^2 - (x*(a + b^c)^z)/(a + x)^2 - (y*(a + b^c)^z)/(a + x)^2
```

此次相减结果不为 0，再使用 pretty()函数观察一下。

```
>> pretty(ans)
                      c z            c z            c z
  (x + y) (a + b )     x (a + b )     y (a + b )
  ----------------- - ----------- - -----------
               2              2              2
       (a + x)         (a + x)        (a + x)
```

由此可见，`f-g` 的结果只是两式在形式上相减了一下，而完全没有进行化简。两式是否最终相等呢？MATLAB 中的化简功能正好可对其进行检验。

2. MATLAB 的化简函数

与在纸上化简的过程一样，MATLAB 的化简函数有多种，分别对应在纸上化简的不同方法。它们分别是降幂排列法、展开法、重叠法、因式分解法、一般化简法、不定化简法 6 种方法，下面一一介绍。

- 降幂排列法（collect）。

降幂排列法是各种化简方法中比较简单的一种，在 MATLAB 中由 collect()函数实现。它的用法很简单，格式如下。

```
collect(A)
```

如果要对非默认变量进行降幂排列，则要声明该变量的名称，格式如下。

```
collect(A,name_of_varible)
```

现举例说明其具体使用方法和过程。

例 5.16 化简以下两式。

（1）将 $t=(ax+3bx^4-3)^2+24a(cx^7+ax^3+c4x^2-b8x^{-1})^2-67a[(2+7x)^5-34ax+4c]$按 x 降幂排列。

（2）将 $tt=t+e^{3x}a^{-2}+e^{3x}x^{20}$ 按 a 降幂排列。

程序如下。

```
syms x a b c
t=(a*x+3*b*x^4-3)^2+24*a*(c*x^7+a*x^3+c*4*x^2-b*8*x^(-1))^2-67*a*((2+7*x)^5-34*a*x+c*4);
tt=t+exp(3*x)*a^(-2)+exp(3*x)*x^20*a;
anst=collect(t);
anstt=collect(t,a);
```

结果如下。

```
anst =
((24*a*c^2)*x^16 + (48*a^2*c)*x^12 + (192*a*c^2)*x^11 + (9*b^2)*x^10 + (24*a^3 - 384*b*c*a)*
x^8 + (6*a*b - 1126069*a + 192*a^2*c)*x^7 + (384*a*c^2 - 1608670*a - 18*b)*x^6 + (-919240*a)*
x^5 + (a^2 - 384*a^2*b - 262640*a)*x^4 + (2278*a^2 - 37526*a - 1536*a*b*c)*x^3 + (9 - 268*a*
c - 2144*a)*x^2 + 1536*a*b^2)/x^2
anstt =
(24*x^6)*a^3 + (2278*x + 48*x^3*(4*c*x^2 - (8*b)/x + c*x^7) + x^2)*a^2 + (24*(4*c*x^2 - (8*
b)/x + c*x^7)^2 - 268*c - 67*(7*x + 2)^5 + 2*x*(3*b*x^4 - 3))*a + (3*b*x^4 - 3)^2
```

- 展开法(expand)。

展开法是将代数式中所有的括号展开，将变量“解放”出来，但是得出的结果并不进行任何整理和幂次排列，只是将其凌乱地放在一起。现在，用展开法化简上例中的 t。

```
>> expand(t)
ans =
2278*a^2*x - 268*a*c - 37526*a*x - 262640*a*x^2 - 2144*a - 919240*a*x^3 - 1608670*a*x^4 -
1126069*a*x^5 - 18*b*x^4 + a^2*x^2 + 24*a^3*x^6 + 9*b^2*x^8 + (1536*a*b^2)/x^2 - 384*a^2*b*x^2 +
384*a*c^2*x^4 + 192*a^2*c*x^5 + 192*a*c^2*x^9 + 48*a^2*c*x^10 + 24*a*c^2*x^14 + 6*a*b*x^5 - 384*a*
b*c*x^6 - 1536*a*b*c*x + 9
```

上式对 a、b、c 也展开了括号，结果比用降幂排列法化简的结果长了许多。

- 重叠法(horner)。

重叠法是一种很特别的代数式的整理化简方法。该方法是将代数式尽量化简为 $ax(bx(cx(\ldots(zx+z')+y')\ldots)+b')+a'$的形式。在 MATLAB 中，将代数式 A 以重叠法化简的函数 horner()使用起来同样简单，格式如下。

```
horner(A)
```

下面举例说明化简过程。

例 5.17 用重叠法化简下面两式。

（1）$m=x^6y^7+(xy^3+9)^2+32y$。

（2）$n=x^4+4x^2-19x+25$。

程序如下。

```
>> syms x y
>> m=x^6*y^7+(x*y^3+9)^2+32*y;
```

```
>> n=x^4+4*x^2-19*x+25;
>> ansm=horner(m)
ansm =
32*y + x*(x*(x^4*y^7 + y^6) + 18*y^3) + 81
>> ansn=horner(n)
ansn =
x*(x*(x^2 + 4) - 19) + 25
```

- 因式分解法(factor)。

因式分解法是化简方法中较常用的一种方法，它的目的就是将代数式 A 化简为以 x 的一次项为单位的连成积的形式，在 MATLAB 中由 factor()函数实现，格式如下。

```
factor(A)
```

例 5.18　用因式分解法化简下面两式。

（1）$f=1982x^5+7654x^8-5281x^4+7389x^7-8725x^2-769+2416x-872x^3+7261x^5$。

（2）$g=x^{12}+x^8-25x^6+16x^4-4x^{10}+4x^8-32x^3+15x^2-9x+18$。

程序如下。

```
>> sym x
>> f=1982*x^5+7654*x^8-5281*x^4+7389*x^7-8725*x^2-769+2416*x-872*x^3+7261*x^5;
>> g=x^12+x^8-25*x^6+16*x^4-4*x^10+4*x^8-32*x^3+15*x^2-9*x+18;
>> ansf=factor(f)
ansf =
7654*x^8 + 7389*x^7 + 9243*x^5 - 5281*x^4 - 872*x^3 - 8725*x^2 + 2416*x - 769
>> ansg=factor(g)
ansg =
x^12 - 4*x^10 + 5*x^8 - 25*x^6 + 16*x^4 - 32*x^3 + 15*x^2 - 9*x + 18
```

- 一般化简法(simplify)。

在 MATLAB 中，一般化简是指将代数式在考虑了求和、积分、平方运算法则，三角函数、指数函数、对数函数、Bessel 函数、Hypergeometric 函数、Gamma 函数的运算性质，经计算机比较后转化为的一种相对简单的形式。此种转化只列出结果，用户并不知道这种形式是经何种变换得到的。但在普通的化简运算中，一般化简法倒不失为一种简便、快捷的化简方法。

它的使用格式如下。

```
simplify(A)
```

例 5.19　用一般化简法化简下面的式子。

```
>> syms x y z
a=x*(x*(x-8)+11)+6;
ansa=simplify(a)

ansa =

x*(x*(x - 8) + 11) + 6
```

- 不定化简法（simple）。

不定化简法综合了前面几种化简方法的优点，但是也略显“笨拙”。因为它不仅自动将前面每一种化简方法都试了一遍，而且还尝试了四五种转化方法，最后还一一将这些结果列了出来。列出的结果往往很多，用户可细细观察。

下面介绍一下 simple()函数中的几个转化计算。

```
combine(trip)
```

以三角函数的运算性质为主对代数式进行化简。

```
convert(exp)
```

将代数式尽量转化为由 sin(x)、cos(x)表示的式子。

```
convert(tan)
```

将代数式尽量转化为由 tan(x)表示的式子。simple()函数的使用格式如下。

```
simple(A)
```

例 5.20 将以下两式用不定化简法化简。

（1）$g=\sin^2x+\cos^2x$。

（2）$f=(x^2+2x+1)/(x+1)+x\cos x\tan x$。

程序如下：

```
>> syms x
g=sin(x)^2+cos(x)^2;
simple(g)
simplify:
radsimp:
cos(x)^2 + sin(x)^2
simplify(100):
1
combine(sincos):
1
combine(sinhcosh):
cos(x)^2 + sin(x)^2
combine(ln):
cos(x)^2 + sin(x)^2
factor:
cos(x)^2 + sin(x)^2
expand:
cos(x)^2 + sin(x)^2
combine:
cos(x)^2 + sin(x)^2
rewrite(exp):
((1/exp(x*i))/2 + exp(x*i)/2)^2 + (((1/exp(x*i))*i)/2 - (exp(x*i)*i)/2)^2
rewrite(sincos):
cos(x)^2 + sin(x)^2
rewrite(sinhcosh):
cosh(-x*i)^2 - sinh(-i*x)^2
rewrite(tan):
(tan(x/2)^2 - 1)^2/(tan(x/2)^2 + 1)^2 + (4*tan(x/2)^2)/(tan(x/2)^2 + 1)^2
mwcos2sin:
1
collect(x):
cos(x)^2 + sin(x)^2
ans =
1
simplify:
x + x*sin(x) + 1
radsimp:
(x^2 + 2*x + 1)/(x + 1) + x*cos(x)*tan(x)
simplify(100):
x + x*sin(x) + 1
combine(sincos):
(x^2 + 2*x + 1)/(x + 1) + x*cos(x)*tan(x)
combine(sinhcosh):
(x^2 + 2*x + 1)/(x + 1) + x*cos(x)*tan(x)
combine(ln):
(x^2 + 2*x + 1)/(x + 1) + x*cos(x)*tan(x)
factor:
x + x*cos(x)*tan(x) + 1
expand:
(2*x)/(x + 1) + 1/(x + 1) + x^2/(x + 1) + x*cos(x)*tan(x)
combine:
(x^2 + 2*x + 1)/(x + 1) + x*cos(x)*tan(x)
rewrite(exp):
(x^2 + 2*x + 1)/(x + 1) - (x*(1/(2*exp(x*i)) + exp(x*i)/2)*(exp(x*2*i)*i - i))/(exp(x*2*i) + 1)
rewrite(sincos):
(x^2 + 2*x + 1)/(x + 1) + x*sin(x)
```

```
rewrite(sinhcosh):
(x^2 + 2*x + 1)/(x + 1) - x*sinh(x*i)*i
rewrite(tan):
(x^2 + 2*x + 1)/(x + 1) - (x*tan(x)*(tan(x/2)^2 - 1))/(tan(x/2)^2 + 1)
mwcos2sin:
(x^2 + 2*x + 1)/(x + 1) + x*sin(x)
collect(x):
(cos(x)*tan(x) + 1)*x + 1
ans =
x + x*sin(x) + 1
```

5.3.2　提取和替换代入

在 MATLAB 中，提取和替换代入的函数分别是 subexpr()和 subs()。这两个函数各有优势，使用起来也都很方便，下面分别予以介绍。

1. 提取

在进行烦琐的数学运算时，经常会碰到类似这样的情况：在得到的方程的解中，有几个非常长的因子在解中出现很多遍，不管是在纸上还是在屏幕上，它不仅使式子过长变得难看，而且使得转抄或粘贴时非常容易出错。MATLAB 的 subexpr()函数可以解决这个问题。它能用一个语句完成筛选相同因子和整理式子的复杂工作。

在使用中，subexpr()函数可以带一个或者两个参数。它的完整使用格式如下。

```
[Y,SIGMA]=subexpr(X,SIGMA)
```

或

```
[Y,SIGMA]=subexpr(X,'SIGMA')
```

式子中各参数的含义如下。

X：待整理的代数式或代数式矩阵。

SIGMA：在整理过程中提取出的各种因子将以矩阵的格式保存在名为 SIGMA 的变量中。

Y：经提取各种因子后，整理完毕的代数式或其矩阵将被保存在 Y 矩阵中。

下面以解多项式为例，介绍 subexpr()函数的用法。

```
>> t=solve('a*x^3+b*x^2+c*x+d=0')
[r,s]=subexpr(t,'s')
t =
(((d/(2*a) + b^3/(27*a^3) - (b*c)/(6*a^2))^2 + (c/(3*a) - b^2/(9*a^2))^3)^(1/2) - b^3/(27*a^3) - d/(2*a) + (b*c)/(6*a^2))^(1/3) - b/(3*a) - (c/(3*a) - b^2/(9*a^2))/(((d/(2*a) + b^3/(27*a^3) - (b*c)/(6*a^2))^2 + (c/(3*a) - b^2/(9*a^2))^3)^(1/2) - b^3/(27*a^3) - d/(2*a) + (b*c)/(6*a^2))^(1/3)
(c/(3*a) - b^2/(9*a^2))/(2*(((d/(2*a) + b^3/(27*a^3) - (b*c)/(6*a^2))^2 + (c/(3*a) - b^2/(9*a^2))^3)^(1/2) - b^3/(27*a^3) - d/(2*a) + (b*c)/(6*a^2))^(1/3)) - b/(3*a) - (((d/(2*a) + b^3/(27*a^3) - (b*c)/(6*a^2))^2 + (c/(3*a) - b^2/(9*a^2))^3)^(1/2) - b^3/(27*a^3) - d/(2*a) + (b*c)/(6*a^2))^(1/3)/2 - (3^(1/2)*((c/(3*a) - b^2/(9*a^2))/(((d/(2*a) + b^3/(27*a^3) - (b*c)/(6*a^2))^2 + (c/(3*a) - b^2/(9*a^2))^3)^(1/2) - b^3/(27*a^3) - d/(2*a) + (b*c)/(6*a^2))^(1/3) + (((d/(2*a) + b^3/(27*a^3) - (b*c)/(6*a^2))^2 + (c/(3*a) - b^2/(9*a^2))^3)^(1/2) - b^3/(27*a^3) - d/(2*a) + (b*c)/(6*a^2))^(1/3))*i)/2
(c/(3*a) - b^2/(9*a^2))/(2*(((d/(2*a) + b^3/(27*a^3) - (b*c)/(6*a^2))^2 + (c/(3*a) - b^2/(9*a^2))^3)^(1/2) - b^3/(27*a^3) - d/(2*a) + (b*c)/(6*a^2))^(1/3)) - b/(3*a) - (((d/(2*a) + b^3/(27*a^3) - (b*c)/(6*a^2))^2 + (c/(3*a) - b^2/(9*a^2))^3)^(1/2) - b^3/(27*a^3) - d/(2*a) + (b*c)/(6*a^2))^(1/3)/2 + (3^(1/2)*((c/(3*a) - b^2/(9*a^2))/(((d/(2*a) + b^3/(27*a^3) - (b*c)/(6*a^2))^2 + (c/(3*a) - b^2/(9*a^2))^3)^(1/2) - b^3/(27*a^3) - d/(2*a) + (b*c)/(6*a^2))^(1/3) + (((d/(2*a) + b^3/(27*a^3) - (b*c)/(6*a^2))^2 + (c/(3*a) - b^2/(9*a^2))^3)^(1/2) - b^3/(27*a^3) - d/(2*a) + (b*c)/(6*a^2))^(1/3))*i)/2
r =
s^(1/3) - b/(3*a) - (c/(3*a) - b^2/(9*a^2))/s^(1/3)
(c/(3*a) - b^2/(9*a^2))/(2*s^(1/3)) - s^(1/3)/2 - b/(3*a) - (3^(1/2)*(s^(1/3) + (c/(3*a) - b^2/(9*a^2))/s^(1/3))*i)/2
(c/(3*a) - b^2/(9*a^2))/(2*s^(1/3)) - s^(1/3)/2 - b/(3*a) + (3^(1/2)*(s^(1/3) + (c/(3*a) - b^2/(9*a^2))/s^(1/3))*i)/2
```

```
s =
((d/(2*a) + b^3/(27*a^3) - (b*c)/(6*a^2))^2 + (c/(3*a) - b^2/(9*a^2))^3)^(1/2) - b^3/(27*a^3) - d/(2*a) + (b*c)/(6*a^2)
```

上例中，s 为代数式，可尝试将 a、b、c、d 之一、之二改为某一具体数字，再使用 subexpr() 函数观察 s 的变化。

subexpr()函数的使用格式如下。

```
Y=subexpr(X)
```

式中 X、Y 含义同前，此时 X 式中的相同因子将被保存在默认名为 SIGMA 的变量中。这个操作很简单，就不再举例了。

2. 替换代入

在 MATLAB 中，将一个代数式代入另一个代数式的函数为 subs()。它的用法比较灵活，而且适用范围广泛，其使用格式如下。

```
SS=subs(S,OLD,NEW)
```

式子中各参数的含义如下。

OLD：代数式 S 中的将要被替换的旧变量。

NEW：将要替换 OLD 的变量或代数式。

SS：替换后的新代数式。

例 5.21 将 $f=ax^2+bx+c$ 中的变量 x 分别替换为 y、$m+nt$。

```
>> syms x a b c y m n t
f=a*x^2+b*x+c;
ansf=subs(f,x,y)
ansff=subs(f,x,'m+nt')
ansf =
a*y^2 + b*y + c
ansff =
c + a*(m + nt)^2 + b*(m + nt)
```

另外，在使用 MATLAB 中的 subs()函数时，会发现系统按 SS=subs(S,OLD,NEW)的格式执行，却没有结果或是出现错误结果。很可能是因为 MATLAB 为了与以前的版本兼容，subs()函数的格式变为 SS=subs(S,NEW,OLD)。如果是这样，那就要按后面的格式进行计算了。

如果要替换的变量也是系统按独立变量规则确定的变量，则 subs()函数的使用格式可简化为 SS=subs(S,NEW)。因此，可以试试前面例子中两个 subs()函数中的参数 x 是不是均可以省略不写。

如果代数式 S 中的任意变量在使用 subs()函数前已经被赋值，则不管是数值型还是字符型，subs(S)都将其具体值代入相应变量，完成替换并进行相应运算，如下面的程序。

```
>> syms a b c x y
f=a*b+c/x*y;
a-'we';
b=1;
c=4;
x='aw';
y=5;
subs(f)
ans =
a + 20/aw
```

subs()函数不但可以进行单一变量的格式替换，还可以进行多个变量的同时替换和多个矩阵的同时替换。它们的替换格式完全相同，只是进行替换新变量时要分别用花括号“{}”括起来，如下面的程序。

```
subs(cos(a)^2+cos(b)^2.{a,b},{'alpha',2})
ans=cos(alpha)^2+cos(2)^2
>> subs(exp(x*y),'y',-magic(3))
ans =
```

```
  1.0e+258 *
  0.0000    2.5422
subs(x*y,{x,y},{[0 5 1;6 -7 3],[2 -3 5;8 -5 1]})
ans=
-15  5
48  35  3
```

现在，提取与替换代入部分就全部介绍完了，这一部分内容不多但很重要，此处掌握不精，到后面使用时就会“绕很大的弯子”，甚至无法完成一个很简单的题目。

5.4　级数求和

MATLAB 的级数求和函数功能非常强大。symsum()是 MATLAB 的符号运算工具箱（Symbolic Math Toolbox）中的主要级数求和函数。由于级数求和是高等数学中非常重要的一部分，下面介绍求和函数 symsum()的用法。

5.4.1　symsum(s)

s 为待求和的级数通项表达式。

symsum(s)的功能是求出 s 关于系统默认变量如 k 的由 0 到 $k-1$ 的有限项的和。如不能确定 s 的默认值，则可用 findsym(s)来查得。

例 5.22　试求 $s=ac^n$, $t=m^{2\sin(n)}$的 n 由 0 至 $n-1$ 的和。

输入程序如下。

```
syms a m n c
s=a*c^n;
t=m^2*sin(n);
anss=symsum(s);
anst=symsum(t);
```

结果如下。

```
anss =
piecewise([c = 1, a*n], [c <> 1, (a*c^n)/(c - 1)])
anst =
sum(m^2*sin(n), n)
```

5.4.2　symsum(s,v)

v 为求和变量。将由 v 等于 1 求和至 $v-1$。

当不确定自己所需的变量是否是系统的默认变量，或已知其不是默认变量时，需在 symsum()函数中加入对求和变量的说明，格式如下。

```
symsum(s,v)
```

如下面的程序。

```
syms a q n
s=a*q^n;
anss=symsum(s);
anst=symsum(s,n);
```

结果如下。

```
anss =
sum(a*q^n, q)
anst =
piecewise([q = 1, a*n], [q <> 1, (a*q^n)/(q - 1)])
```

结果 anss 说明，symsum(s)是以 q 为求和变量进行运算的，由于结果不能化简，所以系统给出了前面的答案。

5.4.3 symsum(s,v,a,b)

前面所介绍的，一直是由 0 到 n-1 的固定长度的级数求和，能不能任选一段进行求和或将求和一直继续到正无穷呢？可以。只要在命令后面补充上对求和起点和终点的说明就可以让 MATLAB 完成计算。使用格式如下。

```
symsum(s,v,a,b)
```

如下面的程序。

```
syms x y z a b c m n
f=a/x;
g=b/y^2;
h=c/z^3;
i=cos(a)/(2^a);
ansf1=symsum(f,x,1,10);
ansf2=symsum(f,x,1,inf);
ansg1=symsum(f,1,10);
ansg2=symsum(f,1,10);
ansh1=symsum(f,1,10);
ansh2=symsum(f,a,inf);
ansi1=symsum(f,a,1,inf);
ansi2=symsum(f,a,inf);
```

结果如下。

```
ansf1=
7381/2520*a
ansf2=
signum(a)*inf+a*eulergamma
ansg1=
1968329/1270080*b
ansg2=
1/6*b*pi^2
ansh1=
19164113947/16003008000*c
ansh2=
c*zeta(3)
ansi1=
(cos(1)-2)/(-5+4*cos(1))*cos(1)-(cos(1)^2-1)/(-5+4*cos(1))
ansi2=
2*(cos(1)-2)/(-5+4*cos(1))*cos(a)/(2^a)-2*(cos(1)^2-1)/(-5+4*cos(1))/sin(1)/(2^a)*sin(a)
```

5.5 泰勒、傅里叶级数展开

级数是一种重要的函数表示形式，很简单的通式相加往往能表达非常复杂的关系，所以反过来，如果把一些函数表达式展开为级数的形式则往往能展现出函数的许多特性。幂级数就是人们常用的一种展开方式，把函数用幂级数的方式展开就是泰勒展开的任务。

5.5.1 一元函数泰勒展开

泰勒展开是高等数学中会遇到的级数展开方面的知识，对它是否有深入的理解直接影响到对更深层数学知识的学习和领悟。“展开”的实质，就是要将自变量 x 表示成 x^n（n 的范围为由 0 到无穷）的和的形式。当理解了泰勒展开的原理后，对任意函数进行泰勒展开就成了一项“机械”的工作，完全可以交给计算机来完成。

taylor()是 MATLAB 中用来完成泰勒展开操作的函数。使用它可以完成各种复杂的泰勒展开运算，以下将详细加以介绍。

1. taylor(f)

f 为待展开的函数表达式。taylor(f)将求解出函数 f 关于其默认变量的麦克劳林型的 6 阶近似展开。

例 5.23　对以下两式进行泰勒展开。

（1）$f=a\times\sin(x)\times y^{x}+u\times\cos(v)$。

（2）$g=a/(1+x)+b/(1+y)$；

输入程序如下。

```
>> syms x y a b u v
>> f=a*sin(x)*y^x+u*cos(v);
>> g=a/(1+x)+b/(1+y);
>> ansf=taylor(f);
>> ansg=taylor(g);
```

结果如下。

```
ansf =
a*(log(y)^4/24 - log(y)^2/12 + 1/120)*x^5 - a*(log(y)/6 - log(y)^3/6)*x^4 + a*(log(y)^2/
2 - 1/6)*x^3 + a*log(y)*x^2 + a*x + u*cos(v)
ansg =
- a*x^5 + a*x^4 - a*x^3 + a*x^2 - a*x + a + b/(y + 1)
```

2. taylor(f, n)

taylor(f)只能用于求函数表达式 f 的 6 阶麦克劳林型泰勒展开式。如果求任意阶则要补加求阶参数 *n*，这样，求函数 f 的 100 阶泰勒展开式也没问题。

例 5.24　求函数 $f=\sin(x)+\exp(x)\times\tan(x)$和 $g=\exp(x)$的 10 阶泰勒展开式。

输入程序如下。

```
>> syms x f
>> f=sin(x)+exp(x)*tan(x);
>> taylor(f,10)
ans =
(1423*x^9)/25920 + (19*x^8)/240 + (19*x^7)/140 + (71*x^6)/360 + (7*x^5)/20 + x^4/2 + (2*x^
3)/3 + x^2 + 2*x
>> g=exp(x);
>> taylor(g,10)
ans =
x^9/362880 + x^8/40320 + x^7/5040 + x^6/720 + x^5/120 + x^4/24 + x^3/6 + x^2/2 + x + 1
```

3. taylor(f, v)

由于在实际计算中，变量名无所不有，特别是对于多元函数，在进行泰勒展开时一定要说明对象，否则结果就与所需不同，因此，对函数中非系统默认的自变量或多元函数中的变量进行泰勒展开时，一定要在函数中加入对变量名的说明。taylor(f, v)就是其使用格式，结果是关于 v 的麦克劳林型泰勒展开式。

例 5.25　求函数 $f=3\times x\times\sin(y)\times\tan(a)+\exp(a\times y)$的泰勒展开式。

输入程序如下。

```
>> syms x y a
>> f=3*x*sin(y)*tan(a)+exp(a*y);
>> taylor(f,a)
ans =
a*(y + 3*x*sin(y)) + a^3*(x*sin(y) + y^3/6) + a^5*((2*x*sin(y))/5 + y^5/120) + (a^2*y^2)/2 +
(a^4*y^4)/24 + 1
```

如果求 *f* 的关于 *a* 的 10 阶麦克劳林型的泰勒展开式，程序则如下。

```
>> taylor(f,a,10)
ans =
```

```
    a*(y + 3*x*sin(y)) + a^3*(x*sin(y) + y^3/6) + a^5*((2*x*sin(y))/5 + y^5/120) + a^7*((17*x*
sin(y))/105 + y^7/5040) + a^9*((62*x*sin(y))/945 + y^9/362880) + (a^2*y^2)/2 + (a^4*y^4)/24 +
(a^6*y^6)/720 + (a^8*y^8)/40320 + 1
```

4. taylor(f, a)

上面介绍的例子中，不管是对哪个变量进行的都只是在变量等于 0 时的展开，这就局限了泰勒展开的范围。`taylor(f, a)`的运算结果则是函数 *f* 在变量等于 *a* 处的泰勒展开结果。

例 5.26 求函数 f=sin(x)×y+exp(x)×b 在 x=4 和 x=a 处的泰勒展开式。

输入程序如下。

```
>> syms x y a b
>> f=sin(x)*y+exp(x)*b;
>> ans1=taylor(f,4)
ans1 =
(b/6 - y/6)*x^3 + (b*x^2)/2 + (b + y)*x + b
>> ans2=taylor(f,a)
ans2 =
b*exp(a) - (b*exp(a) + y*cos(a))*(a - x) + y*sin(a) - ((b*exp(a))/6 - (y*cos(a))/6)*(a -
x)^3 - ((b*exp(a))/120 + (y*cos(a))/120)*(a - x)^5 + ((b*exp(a))/2 - (y*sin(a))/2)*(a - x)^2 +
((b*exp(a))/24 + (y*sin(a))/24)*(a - x)^4
```

另外，MATLAB 提供了一个泰勒展开 GUI，如图 5-4 所示，用户在 MATLAB 命令行窗口输入 taylortool 即可得到。

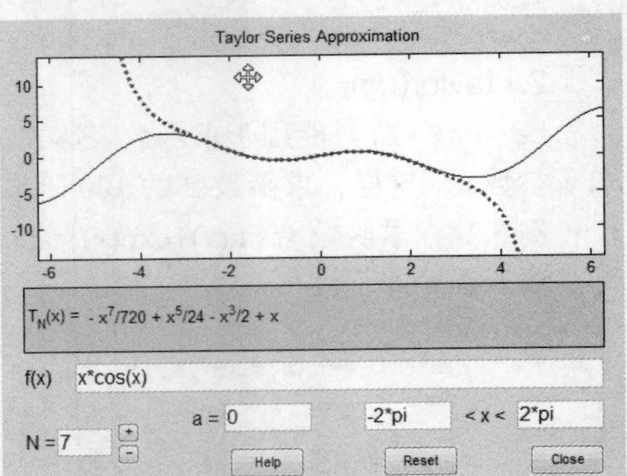

图 5-4 泰勒展开 GUI

5.5.2 多元函数的完全泰勒展开

在函数 taylor()中，所有操作均是对表达式的一个变量进行展开，而把其他变量当作常数。当函数不止含有一个变量时，函数 taylor()就无法处理。现在介绍一个能对 n 元函数进行完全泰勒展开的函数 mtaylor()。其格式如下。

```
mtaylor(f, v)
mtaylor(f, v, n)
mtaylor(f, v, n, w)
```

其中参数的具体含义如下。

f：待完全展开的代数表达式。

v：式中变量名列表格式为`[var1=p1, var2=p2, …, varn=pn]`

根据列表中的变量名和值，泰勒展开将在点`(p1, p2, …, pn)`处进行。当列表中的元素`vari`只有变量名时，系统将默认其值为 0。

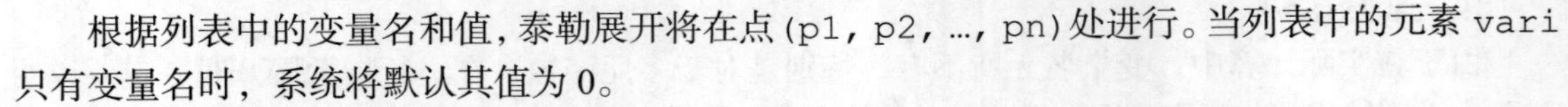

`n`：非负整数，用于设定展开阶数。

`w`：与变量名列表同维的正整数列表，用于设置相应变量在展开时的权重。

另外，函数 mtaylor()并不在 MATLAB 的符号运算工具箱的函数列表中，它是 MAPLE 符号运算函数库中的函数。因此调用该函数的方法不同之前，首先，要将函数 mtaylor()由 MAPLE 符号运算函数库读入工作空间，然后将用到专用于调用 MAPLE“引擎”的函数 maple()。因此，在 MATLAB 内使用完全泰勒展开函数 mtaylor()的格式如下。

```
maple('readlib(mtaylor)')
maple('mtaylor(f, v, n, w)')
```

例 5.27 在(x0,y0,z0)处将 F=sin(x×y×z)进行 2 阶完全泰勒展开。

在命令行窗口输入如下内容。

```
syms x0 y0 z0
maple('readlib(mtaylor)');
maple('mtaylor(sin(x*y*z),[x=x0,y=y0,z=z0],2)')
```

则显示结果如下。

```
ans =
sin(x0*y0*z0)+cos(x0*y0*z0)*y0*z0*(x-x0)+cos(x0*y0*z0)*x0*z0*(y-y0)+cos(x0*y0*z0)*x0*y0*(z-z0)
```

5.5.3　傅里叶级数展开

傅里叶级数展开在高等数学中很重要，它在工程计算和理论计算中都起着非常重要的作用。

在 MATLAB 中，目前还没有一个专门用于进行傅里叶级数展开的函数。不过，从其定义来看，用户完全可以利用 MATLAB 的符号运算功能，自己编写如下程序。

```
function(a0,an,bn)=mfourier(f)
syms n x
a0=int(f, -pi, pi)/pi;
an=int(f*cos(n*x), -pi, pi)/pi;
bn=int(f*sin(n*x), -pi, pi)/pi;
```

这个程序的使用很简单，只要将待展开的函数表达式赋给一个符号变量，然后用这个变量作为函数 mfourier()的参数即可。

例 5.28　求函数 $f=x^3+x^2+x$ 的傅里叶级数展开式。

输入程序如下。

```
>> syms x y z
>> f=x^3+x^2+x
>> [a0,an,bn]=mfourier(f)
a0 =
(2*pi^2)/3
an =
(2*(pi^2*n^2*sin(pi*n) - 2*sin(pi*n) + 2*pi*n*cos(pi*n)))/(pi*n^3)
bn =
(2*cos(pi*n)*((6*pi)/n^3 - pi^3/n) - 2*sin(pi*n)*(6/n^4 - (3*pi^2)/n^2) + (2*(sin(pi*n
) - pi*n*cos(pi*n)))/n^2)/pi
```

5.6　多重积分

多重积分的本质与普通积分一样，只是将沿一维的积分改为沿二维、三维乃至多维的积分。由于 MATLAB 目前还没有多重积分的函数，因此本节还是用一维积分函数 int()，结合对积分函数图像的观察，完成对多重积分的计算。

5.6.1　二重积分

在一个面上积分是二重积分的本质，只要能明确地将积分面表达出来并恰当转化成 int()函数中所需的积分形式，二重积分的结果也就得到了。在前面已经介绍了 int()函数的使用方法，现在的重点是根据画出的积分平面的外形，正确定出两组积分限。这里是用 ezplot()函数来画出积分平面的外形。具体用法如下例。

例 5.29　试求二重积分 $\iint\limits_D xy\mathrm{d}x\mathrm{d}y$，其中 D 是由抛物线 $x=y^2$ 和直线 $y=x-2$ 所围成的闭区域。

解：（1）首先求出交点，绘出积分区域 D，输出图形，曲线与交点如图 5-5 所示。同时求出其交点。

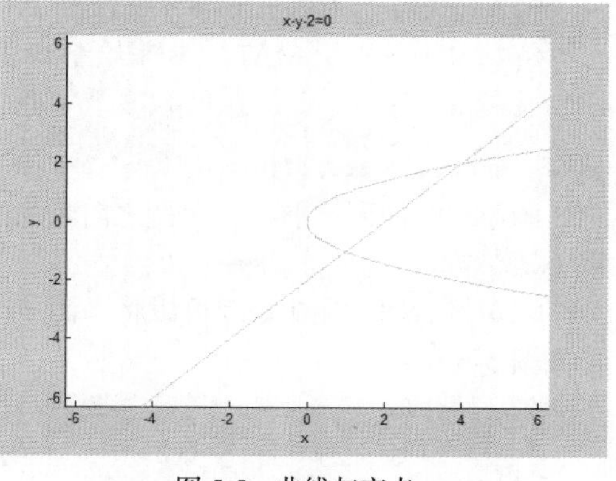

图 5-5　曲线与交点

在命令行窗口输入如下内容。

```
>> syms x y;
f1='x-y^2=0';
f2='x-y-2=0';
[x,y]=solve(f1,f2,x,y)
hold on
ezplot(f1);
ezplot(f2);
x =
  4
 1
y =
  2
 -1
```

（2）然后利用（1）中结果扩大积分区域，即 $R=\{(x,y)|0\leqslant x\leqslant 4,-1\leqslant y\leqslant 2\}$，在 R 上作辅助函数 $F(x,y)=\begin{cases}xy,(x,y)\in D\\0,(x,y)\in R-D\end{cases}$。

（3）对辅助函数 $F(x,y)$ 作在 R 上的积分 $\iint\limits_R F(x,y)\mathrm{d}x\mathrm{d}y$，输入程序并得到 $\iint\limits_D xy\mathrm{d}x\mathrm{d}y$ 的近似解。

```
>> vpa(dblquad(inline('x*y.*(y^2<=x).*(y+2>=x)'),0,4,-1,2),25)
ans =
5.581485164503249052359024
>> vpa(dblquad(inline('x*y.*(y^2<=x).*(y+2>=x)'),0,4,-1,2,1e-10),25)
ans =
5.581517161434134344233371
```

5.6.2 三重积分

三重积分的计算最终是转化成累次积分来完成的，因此只要能正确地得出各累次积分的积分限，便可在 MATLAB 中通过多次使用 int()函数来求得计算结果。但三重积分的积分域 Ω 是一个三维空间区域，当其形状较复杂时，要确定各累次积分的积分限会遇到一定困难，此时，可以借助 MATLAB 的三维绘图命令，先绘出 Ω 的三维立体图，然后执行命令 rotate3d on，便可拖动鼠标使 Ω 的图形在屏幕上进行任意的三维旋转，并且可用下述命令将 Ω 的图形向 3 个坐标平面进行投影。

view(0,0)：向 XOZ 平面投影。

view(90,0)：向 YOZ 平面投影。

view(0,90)：向 XOY 平面投影。

综合运用上述方法，一般应能正确得出各累次积分的积分限。

例 5.30 计算 $\iiint\limits_{\Omega} z\mathrm{d}v$，其中 Ω 是由圆锥曲面 $z^2=x^2+y^2$ 与平面 z=1 围成的闭区域。

解：（1）首先用 MATLAB 来绘制 Ω 的三维图形，画圆锥曲面的命令如下。

```
syms x y z
z=sqrt(x^2+y^2);
ezsurf(z,[-1.5,1.5])
```

画第二个曲面之前，为保持之前画的图形不会被清除，需要执行如下命令。

```
hold on
```

（2）然后用下述命令就可以将平面 z=1 与圆锥曲面的图形画在一个图形窗口内，Ω 的三维图形如图 5-6 所示。

```
 [x1,y1]=meshgrid(-1.5:1/4:1.5);
z1=ones(size(x1));
surf(x1,y1,z1)
```

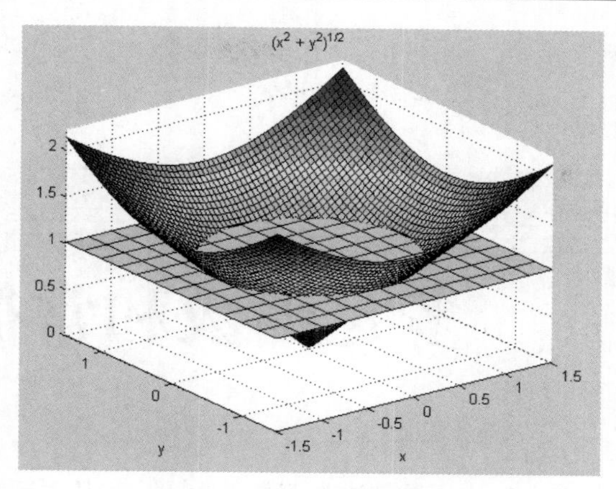

图 5-6 Ω 的三维图形

由图 5-6 很容易将原三重积分转化成累次积分。

$$\iiint_{\Omega} z\mathrm{d}v = \int_{-1}^{1}\mathrm{d}y\int_{-\sqrt{1-y^2}}^{\sqrt{1-y^2}}\mathrm{d}x\int_{\sqrt{x^2+y^2}}^{1} z\mathrm{d}z$$

于是可用下述命令求解此三重积分。

```
>> clear all
syms  x y z
f=z;
f1=int(f,z,sqrt(x^2+ y^2),1);
f2=int(f1,x,-sqrt(1- y^2), sqrt(1- y^2));
int(f2,y,-1,1)
ans =
pi/4
```

计算结果为 $\frac{\pi}{4}$。

5.7 本章小结

本章详细介绍了利用 MATLAB 求解微分与积分的方法，包括求解极限、导数与微分所用的函数，泰勒、傅里叶级数展开的方法，以及多重积分的求解方法。因此，掌握本章的内容对数学研究有很大的帮助。

第6章 多元函数和常微分方程

上一章学习了使用 MATLAB 中函数解决高等数学中的一些基本运算，比如微分、积分等。本章将讲述如何用 MATLAB 解决诸如多元函数的求导、求极值、求空间曲线的有向积分及求解常微分方程等更加深入的问题。

在本章的学习中，不仅要学习具体数学问题的解法，更要注意解决问题的思路，以便以后用 MATLAB 独立完成所遇到的新的问题。

6.1 多元函数的极限、微分及极值

多元函数微分法是对一元函数微分法的拓展，因此与一元函数微分法有很多的相似性，但同时其又有自己独特的运算法则和物理、几何性质。正因为一元函数微分法是多元函数微分法的基础，所以通常在高等数学中本部分内容也是按照多元函数的极限、导数、导数的意义和应用、中值定理这样的顺序安排的。在工程实践和科学研究中，多元函数微分法有着比一元函数微分法更加广泛的应用，所以掌握 MATLAB 在本部分内容中的应用有着更加现实的意义。

6.1.1 多元函数的极限

一般说来，沿不同趋向路线计算某一点的极限，不是每个多元函数都有相同的值，因为有的函数在有些点并不存在极限。鉴于多元函数的极限和趋向路线有着非常密切的关系，而对趋向路线的数学描述又是灵活多样的，因此，MATLAB 未能提供一个通用且功能强大的函数来求解多元函数的极限。但对于平时遇到的一般多元函数的极限问题，由于与趋向路线没有任何关系，因此只需要利用求极限函数即可完成。

MATLAB 提供了计算函数极限的函数，具体函数形式如下。

- 函数形式 1：`limit(f)`。
  功能：计算 $\lim\limits_{x\to 0} f(x)$，其中 f 是符号函数。
- 函数形式 2：`limit(f,x,a)`。
  功能：计算 $\lim\limits_{x\to a} f(x)$，其中 f 是符号函数。
- 函数形式 3：`limit(f,x,inf)`。
  功能：计算 $\lim\limits_{x\to \infty} f(x)$，其中 f 是符号函数。
- 函数形式 4：`limit(f,x,a,'right')`。
  功能：计算 $\lim\limits_{x\to a^+} f(x)$，其中 f 是符号函数。

- 函数形式 5：`limit(f,x,a,'left')`。
  功能：计算 $\lim\limits_{x\to a^-} f(x)$，其中 f 是符号函数。

在左右极限不相等或左右极限有一个不存在时，MATLAB 默认为求右极限。

例 6.1　求极限 $\lim\limits_{x\to 0}(1+4x)^{\frac{1}{x}}$ 与 $\lim\limits_{x\to 0}\dfrac{e^x-1}{x}$。

输入程序如下。

```
>>syms x
>>y1=(1+4*x)^(1/x);y2=(exp(x)-1)/x;
>>limit(y1)
ans =
exp(4)                    %得第一个的极限为 e⁴
>>limit(y2)
ans =
1                         %得第二个的极限为 1
```

例 6.2　求 $f=(x+y)/(\sin x+\cos y)$ 在点$(0,\pi)$处，$g=(x+yz+e^{\sin(xz)})/(x+y/z)$ 在点（1,1,1）处的极限值。

输入程序如下。

```
>> syms x y z
>> f =(x+y)/(sin(x)+cos(y));
>> g =(x+y*z+exp(sin(x*z)))/(x+y/z);
>> LIMIT1 =limit(f,0)
>> LIMITF =limit(LIMIT1,pi)
>> LIMITG =limit(limit(limit(g,1),1),1)
LIMIT1 =
        y/cos(y)
LIMITF =
-pi
LIMITG =
1/2*exp(sin(1))+1
```

6.1.2　多元函数求导

在多元函数微分学的导数部分中，分别有方向导数、偏导数及梯度 3 个概念。其中，方向导数和偏导数是梯度的基础，而梯度又是前面 2 个概念的总结和提高。当一个多元函数在某一点的梯度已知时，这个函数在此点的偏导数和方向导数也就可以求得。

1. 梯度

在 MATLAB 中，求解一个多元函数的梯度的函数为 jacobian()，其使用格式如下。

`jacobian(f)`：f为多元函数的表达式。

例 6.3　设 $f(x,y,z)=x^2+y^2+z^2$，求梯度 $\mathrm{grad}f(1,2,-1)$。

输入程序如下。

```
>>syms x,y,z;
>>syms x y z;
>>f =x^2+y^2+z^2;
>>gf =jacobian(f);                       %进行求梯度的计算
>>Gf =subs(subs(subs(gf,1),2),-1)        %在点 f(1, 2, -1)处的梯度值
Gf =
     2     4    -2
```

其中，函数 subs()计算给变量赋值后符号表达式的值，其使用格式如下。

```
subs(function, 'variable', n)
```

function 为符号表达式，是进行求值的对象；'variable'是表达式中需要用数值替换的变量；n 为用来替换的数值。

2. 偏导数

用 jacobian(f)函数求出多元函数 f 的梯度，它的第 1 分量、第 2 分量、第 3 分量分别是函数 f（x 方向、y 方向、z 方向）的偏导数。

3. 方向导数

方向导数显示了函数在某点沿着某个方向上的变化率，而模取的最大值的方向导数就是该点的梯度。函数在某点沿某个方向的方向导数等于在该点的梯度和沿该方向的单位向量的数量积，设某方向的单位向量为 $\boldsymbol{v}$，则方向导数如下。

```
jacobian(f)*v
```

例 6.4 求函数 $z = xe^y$ 在点 $M(1,0)$处沿着点 $M(1,0)$到点 $N(2,-1)$的方向导数。

输入程序如下。

```
>>syms x y;
>>z =x*exp(y);
>>v =[sqrt(2)/2,-sqrt(2)/2];
>>dxy =jacobian(z)                              %计算梯度
dxy =
    [exp(y), x*exp(y)]
    >> T =dot(dxy,v)                            %进行数量积计算
T =
1/2*exp(conj(y))*2^(1/2)-1/2*conj(x*exp(y))*2^(1/2)
>>subs(subs(T,'x',1),'y',0)
ans =
     0                                          %最后得到的方向导数
```

6.1.3 多元函数局部极值

为了保证对命令和程序说明的针对性，在介绍多元函数的局部极值的求解前，先介绍一下以下数学定义和公式。

多元函数的局部极值定义：设函数 f 在 $x_0 \in \mathrm{R}^n$ 的某个领域 U 中有定义，并且对于所有的 $x \in \mathrm{U}$ 都有 $f(x) \leqslant f(x_0)(f(x) \geqslant f(x_0))$，则称 f 在点 $x_0 \in \mathrm{R}^n$ 达到局部极大（极小）值，并称 x_0 为 f 的一个局部极值点。

多元函数的二阶泰勒公式：

$$f(x_1, x_2, \ldots x_n) - f\left(x_1^0, x_2^0, \ldots x_n^0\right) =$$

$$\frac{1}{2!}\left(x_1 - x_1^0, x_2 - x_2^0, \ldots x_n - x_n^0\right)\begin{bmatrix} \frac{\partial^2 f}{\partial x_1^2} & \frac{\partial^2 f}{\partial x_1 \partial x_2} & \cdots & \frac{\partial^2 f}{\partial x_1 \partial x_n} \\ \frac{\partial^2 f}{\partial x_2 \partial x_1} & \frac{\partial^2 f}{\partial x_2^2} & \cdots & \frac{\partial^2 f}{\partial x_2 \partial x_n} \\ \cdots & \cdots & \cdots & \cdots \\ \frac{\partial^2 f}{\partial x_n \partial x_1} & \frac{\partial^2 f}{\partial x_n \partial x_2} & \cdots & \frac{\partial^2 f}{\partial x_n^2} \end{bmatrix}\begin{bmatrix} x_1 - x_1^0 \\ x_2 - x_2^0 \\ \cdots \\ x_n - x_n^0 \end{bmatrix} + O\left(\sum_{i=1}^{n}\left(x_i - x_i^0\right)^2\right)$$

x_0 是 f 的局部极值点的必要条件是 $\mathrm{grad}f(x_0) = 0$。

在多元函数的二阶泰勒公式中的 $n \times n$ 阶的 f 的导数矩阵称为 Hessian 矩阵，利用矩阵正定和负定的充分条件可以得到以下结论：

当 $A > 0$，$AC - B^2 > 0$ 时，f 在点 $M_0(x_0, y_0)$ 取局部极小值；

当 $A<0$，$AC-B^2>0$ 时，f 在点 $M_0(x_0,y_0)$ 取局部极大值；

当 $AC-B^2<0$ 时，f 在点 $M_0(x_0,y_0)$ 不取局部极值，这时称 $M_0(x_0,y_0)$ 为 f 的鞍点；

当 $AC-B^2=0$ 时，需要进一步讨论。

由上可见，一般情况下求解多元函数 f 的步骤如下。

（1）由 $\text{grad}f=0$ 求解函数 f 的驻点。

（2）计算每个驻点的 A、B、C 值，以确定该点是否为极值点、是什么极值点及其具体数值。

以上就是求解多元函数的局部极值的原理和步骤，下面举例说明。

例 6.5　分析函数 $f(x,y)=x^3-y^3+3x^2+3y^2-9x$ 的极值情况。

输入程序如下。

```
>>syms x y X Y;
>>f =x^3-y^3+3*x^2+3*y^2-9*x;
>>F =jacobian(f);
>> [X,Y]=solve(F(1),x,F(2),y)
X =
  1
  -3
  1
  -3
Y =
  0
 0
 2
 2
>>Dxx =diff(F(1))
dxx =
6*x+6
>>Dyy =diff(F(2))
dyy =
-6*y+6
>>Dxy =diff(F(1),y)
dxy =
0
```

（1）我们可以看到总共有 4 个驻点：(−3,0)、(1,0)、(−3,2)、(1,2)。

（2）在第 1 个驻点(−3,0)处，A=12，B=0，C=6，$AC-B^2$=72<0，所以此处不是极值点。

（3）在第 2 个驻点(1,0)处，A=12，B=0，C=6，$AC-B^2$=72>0，所以此处是极值点，因为 A>0，所以是极小值点。

（4）在第 3 个驻点(−3,2)处，A=−12，B=0，$C=-6$，$AC-B^2$=72>0，所以此处是极值点，因为 A<0，所以是极大值点。

（5）在第 4 个驻点(1,2)处，A=12，B=0，C=−6，$AC-B^2$=−72<0，所以此处不是极值点。

6.1.4　条件极值

在实际应用中常见的是约束值，即条件极值。如考虑以下两个问题。

问题 1：$\min f(\mathrm{x,y,z})$ & $\max f(\mathrm{x,y,z})$

$G=g(\mathrm{x,y,z})=0$。

问题 2：$\min f(\mathrm{x,y,z})$ & $\max f(\mathrm{x,y,z})$

$G=g1(\mathrm{x,y,z})=0$

$G=g2(\mathrm{x,y,z})=0$。

问题 1 的几何意义是在曲面 $S\{(\mathrm{x,y,z})\}\{g(\mathrm{x,y,z})\}=0$ 上求函数 $f(x,y,z)$ 的最大（小）值。

问题 2 的几何意义是在由 $g1(\mathrm{x,y,z})=0$，$g2(\mathrm{x,y,z})=0$ 确定的曲面线 L 上，求函数 $f(x,y,z)$

的最大（小）值。

对上述问题，理论上可以由约束条件解出一个变量，如 $z=z(x,y)$，然后代入函数 $f(x,y,z)$，这样问题就由条件极值问题转化为两个变量的无条件的局部极值问题了，就可以用上面的方法求解了。但这样做会遇到非常烦琐的计算，因此，下面采用拉格朗日乘子方法，先引入若干乘子，再对条件极值问题进行求解。下面依次解决前面提出的两个问题。

对于问题 1，有如下定理可作为使用拉格朗日乘子方法的依据。

设 $M_0(x_0,y_0,z_0)$ 是问题 1 的一个解（满足条件 $G=g(x,y,z)=0$ 下的函数 $f(x,y,z)$ 在 $M_0(x_0,y_0,z_0)$ 点达到极值，又设 $\text{grad}g(M_0)\neq 0$，存在常数 lambda 使得：

$$\text{grad}f(M_0)=\text{lambda}\times\text{grad}g(M_0)$$

上式中包括以下 3 个方程：

$$\frac{\partial f(x_0,y_0,z_0)}{\partial x}-\lambda\frac{\partial g(x_0,y_0,z_0)}{\partial x}=0$$

$$\frac{\partial f(x_0,y_0,z_0)}{\partial y}-\lambda\frac{\partial g(x_0,y_0,z_0)}{\partial y}=0$$

$$\frac{\partial f(x_0,y_0,z_0)}{\partial z}-\lambda\frac{\partial g(x_0,y_0,z_0)}{\partial z}=0$$

再与约束方程 $g(x_0,y_0,z_0)=0$ 联合就可以解出 lambda、x_0、y_0、z_0。

例 6.6 求 $f(x,y)=yx+y^3/x$ 在曲线 $g(x,y)=xy+x^2/y$ 上的极值。

输入程序如下：

```
>>syms x y lambda
>>f =y*x+y^3/x;
>>g =x*y+x^2/y;
>>v =[x y];
>>F =jacobian(f,v);
>>G =jacobian(g,v);
>>A =F.'-lambda*G.';
>>A(3) =g;
>>[lambda x y]=solve(A(1),A(2),A(3))
>>f
>>fmin_max=subs(f)
lambda =
           -4
 -4
x =
1/3
1/3
y =
   1/3*i*3^(1/2)
  -1/3*i*3^(1/2)
f =
y*x+y^3/x
fmin_max =
              -2/9*i*3^(1/2)
               2/9*i*3^(1/2)
```

对于问题 2，有如下定理可作为使用拉格朗日乘子方法的依据。

设 $M_0(x_0,y_0,z_0)$ 是问题 2 的一个解（满足条件 $G=g1(x,y,z)=0$，$G=g2(x,y,z)=0$ 下的函数 $f(x,y,z)$ 在 $M_0(x_0,y_0,z_0)$ 点达到极值），又设在 $M_0(x_0,y_0,z_0)$ 点的两个梯度向量 $\text{grad}g1(M_0)$、$\text{grad}g2(M_0)$ 不共线，则存在两个常数 lambda1、lambda2 使得：

$$\text{grad}f(M_0)=\text{lambda1}\times\text{grad}g1(M_0)+\text{lambda2}\times\text{grad}g2(M_0)$$

同样，上式中包含以下 3 个方程：

$$\frac{\partial f(x_0,y_0,z_0)}{\partial x}-\lambda 1\frac{\partial g1(x_0,y_0,z_0)}{\partial x}-\lambda 2\frac{\partial g2(x_0,y_0,z_0)}{\partial x}=0$$

$$\frac{\partial f(x_0,y_0,z_0)}{\partial y}-\lambda 1\frac{\partial g1(x_0,y_0,z_0)}{\partial y}-\lambda 2\frac{\partial g2(x_0,y_0,z_0)}{\partial y}=0$$

$$\frac{\partial f(x_0,y_0,z_0)}{\partial z}-\lambda 1\frac{\partial g1(x_0,y_0,z_0)}{\partial z}-\lambda 2\frac{\partial g2(x_0,y_0,z_0)}{\partial z}=0$$

将以上 3 个方程再与两个约束方程联合，得到：

$$g1(x_0,y_0,z_0)=0$$

$$g2(x_0,y_0,z_0)=0$$

就可以解出 lambda1、lambda2、x_0、y_0、z_0。

例 6.7 试求 $f(x,y,z)=xyz$ 在两个平面 $x+y+z-40=0$ 与 $x+y-z=0$ 的交线上的最大值。

输入程序如下。

```
>>syms x y z lambda1 lambda2
>>f =x*y*z;
>>g1 =x+y+z-40;
>>g2 =x+y-z;
>>v =[x y z];
>>F =jacobian(f,v);
>>G1 =jacobian(g1,v);
>>G2 =jacobian(g2,v);
>>v =[x y z];
>>F =jacobian(f,v);
>>G1 =jacobian(g1,v);
>>G2 =jacobian(g2,v);
>>A =f.'-lambda1*G1.'-lambda2*G2.';
>>A(4)=g1;
>>A(5)=g2;
>> [lambda1 lambda2 x y z]=solve(A(1),A(2),A(3),A(4),A(5))
>>f
>>fmax =subs(f)
lambda1 =
-20*y^2+400*y
lambda2 =
0
x =
-y+20
y =
y
z =
20
f =
x*y*z
fmax =
20*(-y+20)*y
```

6.1.5 显式复合函数微分求导

1. 一元复合函数

在高等数学中，一元复合函数微分法的链式法则如下。

设 $y=f(u)$、$u=g(x)$、$u_0=g(x_0)$，如果 f 在 u_0 可微，g 在 x_0 可微，则复合函数 $y=f(g(x))$ 在点 x_0 可微，并且：

$$\left.\frac{\mathrm{d}y}{\mathrm{d}x}\right|_{x_0}=\left.\frac{\mathrm{d}y}{\mathrm{d}u}\right|_{u_0}\times\left.\frac{\mathrm{d}y}{\mathrm{d}x}\right|_{x_0}$$

因此，根据以上链式法则，应用 diff()函数可以求得一元复合函数的导数。

例 6.8 已知 $y=\sin u^2$，$u=x\tan x$。试求 x 对 y 的导数。

输入程序如下。

```
>>syms x u
>>u =x*tan(x);
>>y =sin(u^2);
>>diffyx =diff(y,x)
diffyx =
cos(x^2*tan(x)^2)*(2*x*tan(x)^2+2*x^2*tan(x)*(1+tan(x)^2))
```

2. 多元复合函数

多元复合函数的求导在方法上同一元复合函数一样，当只需求解函数的几个有限的变量的导数时，用 diff()函数同样奏效。

例 6.9 已知 $y_1=u_1u_2-u_1u_3$，$y_2=u_1u_3-u_2^2$，$u_1=x\cos y+(x+y)^2$，$u_2=x\sin y+xy$，$u_3=x^2-xy+y^2$。试求 y_1 关于 x，y_2 关于 y 的在点(0,1)处的导数。

输入程序如下。

```
>>syms u1 u2 u3 x y
>>u1 =x*cos(y)+(x+y)^2;
>>u2 =x*sin(y)+x*y;
>>u3 =x^2-x*y+y^2;
>>y1 =u1*u2-u1*u3;
>>y2 =u1*u3-u2*u2;
>>diffy1x =diff(y1,x)
>>diffy2y =diff(y2,y)
>>x =0;
>>y =1;
>>diffy1x =subs(diffy1x)
diffy1x =
(cos(y)+2*x+2*y)*(x*sin(y)+x*y)+(x*cos(y)+(x+y)^2)*(sin(y)+y)-(cos(y)+2*x+2*y)*(x^2-x*y+y^2)-
(x*cos(y)+(x+y)^2)*(2*x-y)
diffy2y =
(-x*sin(y)+2*x+2*y)*(x^2-x*y+y^2)+(x*cos(y)+(x+y)^2)*(-x+2*y)-2*(x*sin(y)+x*y)*(x*cos(y)+x)
diffy1x =
        0.3012
>>diffy2y =subs(diffy2y)
diffy2y =
        4
```

6.2 重积分

定积分解决的是一维连续量求和的问题，而解决多维连续量求和的问题时就会涉及重积分的运算了。重积分是建立在定积分的基础上的，它的基本思想是将重积分转化为定积分来进行计算，其中的关键是积分限确定，这也是重积分运算的难点所在。正是因为重积分从运算上来说仍是使用的定积分的方法，MATLAB 系统并没有提供专门的函数来处理重积分，所以在我们确定了积分限后仍是使用 int()函数来处理重积分问题。有些积分区间形状比较复杂，为了方便表达积分的上下限，常常把比较复杂的区间分割成若干个相对简单的区间，然后对不同的区间分别积分，最后把各个积分结果相加起来。

例 6.10 计算二重积分 $\iint_D \frac{x}{1+xy}\mathrm{d}x\mathrm{d}y, D=[0,2]\times[0,2]$。

输入程序如下。

```
>> syms x y;
>> f=x/(1+x*y);
```

```
>> Ax=int(f,x,0,2)
Ax =
(2*y-log(1+2*y))/y^2
>> Ay=int(Ax,y,0,2)
Ay =
5/2*log(5)-2
```

例 6.11　计算 $\iiint\limits_V z\mathrm{d}x\mathrm{d}y\mathrm{d}z$，$V$ 由曲面 $z=x^2+y^2$、$z=1$、$z=2$ 所围成。

例题分析：

我们把积分区间理解为由曲面 $z=x^2+y^2$ 和平面 $z=2$ 构成的立体 A_1 再减去由曲面 $z=x^2+y^2$ 和平面 $z=1$ 所围的立体 A_2，即 $V=A_1-A_2$。对于 $A1$ 我们可以先在 z 方向上积分，然后在 x、y 平面上进行二重积分 $\iint\limits_D \int_{x^2+y^2}^{2} z\mathrm{d}z\mathrm{d}x\mathrm{d}y$，$D$ 为圆 $x^2+y^2=2$ 所围成的平面区域；x、y 平面的二重积分我们又可以分成 y 的正半轴和 y 的负半轴两个完成相等的区域，这样三重积分就可以转化为 $4\int_0^{\sqrt{2}}\mathrm{d}x\int_0^{\sqrt{2-x^2}}\mathrm{d}y\int_{x^2+y^2}^{2}z\mathrm{d}z$，处理 A_2 和处理 A_1 的方法完全相同。

输入程序如下。

```
>> syms x y z
>> f=z;
>> A1=int(int(int(f,z,x^2+y^2,2),y,0,sqrt(2-x^2)),x,0,sqrt(2))
A1 =
2/3*pi
>> A2=int(int(int(f,z,x^2+y^2,1),y,0,sqrt(1-x^2)),x,0,1)
A2 =
1/12*pi
>> A1-A2
ans =
7/12*pi
```

6.3　曲线积分与曲面积分

积分实际上是求连续量作用的累积，当连续量定义在直线段上时，求累积的过程就是进行定积分；当连续量定义在平面区域上时，这个过程就是进行二重积分；当连续量定义在三维立体空间区域上时，这个过程就是进行三重积分。进一步来说，如果连续量是定义在空间曲线上或者空间曲面上，则这个求累积的过程就是进行曲线积分和曲面积分了。

曲线积分、曲面积分又分为两种类型，一种是定义域无向的积分，另一种是定义域有向的积分，有向的积分也就是指沿着坐标方向进行积分。

6.3.1　定义域无向的积分

例 6.12　曲线 L 是椭圆 $\dfrac{x^2}{a^2}+\dfrac{y^2}{b^2}=1$ 在第一象限部分的表示，计算曲线积分 $I=\int\limits_L xy\mathrm{d}s$。

例题分析：

用参数方程来解决问题，曲线的参数方程为 $x=a\cos\theta$、$y=b\sin\theta$，（$\theta\subseteq[0,\pi/2]$），则 $\dfrac{\mathrm{d}x}{\mathrm{d}\theta}=-a\sin\theta$、$\dfrac{\mathrm{d}y}{\mathrm{d}\theta}=b\cos\theta$，于是 $\mathrm{d}s=\sqrt{x^2+y^2}\mathrm{d}\theta$。

输入程序如下。

```
>> syms a b x y θ
>> x =a*cos(θ);y=b*sin(θ);
>> dx =diff(x,θ)
>> dy =diff(y,θ)
>> ds =sqrt(dx^2+dy^2)
>> f =x*y
>> I =int(f*ds,θ,0,pi/2)
dx =
-a*sin(θ)
dy =
b*cos(θ)
ds =
(a^2*sin(θ)^2+b^2*cos(θ)^2)^(1/2)
f =
a*cos(θ)*b*sin(θ)
I =
1/3*a*b*((a^2)^(1/2)*a^2-(b^2)^(1/2)*b^2)/(a^2-b^2)
```

例 6.13 积分曲面是球面 $x^2+y^2+z^2=1$，计算曲面积分 $I=\iint_S (x+y+z)\mathrm{d}S$。

例题分析：

由于积分曲面是球面，所以我们用球坐标来表示积分函数，则 $x=\cos\theta\sin\varphi$，$y=\sin\theta\sin\varphi$，$z=a\cos\varphi$。根据积分公式，如果 $x=x(u,v)$，$y=y(u,v)$，$z=z(u,v)$，$E=x_u^2+y_u^2+z_u^2$，$G=x_v^2+y_v^2+z_v^2$，$F=x_u x_v+y_u y_v+z_u z_v$，则有 $\mathrm{d}S=\sqrt{EG-F^2}\,\mathrm{d}u\mathrm{d}v$。

输入程序如下。

```
>> syms Q V x y z
>> x =cos(θ)*sin(φ);
>> y =sin(θ)*sin(φ);
>> z =cos(φ);
>> dxθ =diff(x,θ);dxφ=diff(x,φ);
>> dyθ =diff(y,θ);dyφ=diff(y,φ);
>> dzθ =diff(z,θ);dzφ=diff(z,φ);
>> E =dxθ^2+dyθ^2+dzθ^2
E =
sin(θ)^2*sin(φ)^2+cos(θ)^2*sin(φ)^2
>> G=dxφ^2+dyφ^2+dzφ^2
G =
cos(θ)^2*cos(φ)^2+sin(θ)^2*cos(φ)^2+sin(φ)^2
>> F=dxθ*dxφ+dyθ*dyφ+dzθ*dzφ
F =
0
>> dS=sqrt(E*G-F^2)
dS =
((sin(θ)^2*sin(φ)^2+cos(θ)^2*sin(φ)^2)*(cos(θ)^2*cos(φ)^2+sin(θ)^2*cos(φ)^2+sin(φ)^2))^(1/2)
>> dS=simplify(dS)
dS =
   (1-cos(φ)^2)^(1/2)
>> f =x+y+z
f =
cos(θ)*sin(φ)+sin(θ)*sin(φ)+cos(φ)
>> I =int(int(f*dS,θ,0,2*pi),φ,0,pi/2)
I =
pi
```

6.3.2 对坐标的曲面积分

例 6.14 积分曲面 S 是球面 $x^2+y^2+z^2=1$ 在第一象限部分的外侧的表示，计算曲面积分 $I=\iint_S xyz\mathrm{d}x\mathrm{d}y$。

例题分析：

根据对坐标的曲面积分公式 $\iint_{\Sigma} Q(x,y,z)\mathrm{d}x\mathrm{d}y = \iint_{Dxy} Q(x,y,z(x,y))\mathrm{d}x\mathrm{d}y$，可以很容易地把本题的曲面积分转化为二重积分，积分区域为 x、y 平面内的第一象限部分。

输入程序如下。

```
>> syms x y z
>> z =sqrt(1-x^2-y^2)
z =
(1-x^2-y^2)^(1/2)
>> f =x*y*z
f =
x*y*(1-x^2-y^2)^(1/2)
>> I =int(int(f,y,0,sqrt(1-x^2)),x,0,1)
I =
1/15
```

6.4　常微分方程和偏微分方程的求解

在科学研究和工程实践中，很多数学模型都是通过求解常微分方程构成的，很多基本方程本身就是微分方程。因此，求解常微分方程和偏微分方程非常重要，但是，大部分的微分方程目前还难以得到其解析解，人们只有利用计算机强大的计算功能来求其数值解，MATLAB 提供了求解这两种问题的强大功能，本节将对其进行详细介绍。

6.4.1　常微分方程的数值求解

在 MATLAB 中，提供了一些专门用来求解常微分方程的功能函数，主要有 ode23()、ode45()、ode113()、ode15s()、ode23s()、ode23t()及 ode23tb()等，详细介绍如下。

一些与上述功能函数配套的函数如下。

- ode solvers：ode23()、ode45()、ode113()、ode15s()、ode23s()、ode23t()及 ode23tb()。
- 参数选择函数：odeset()和 odeget()。
- 输出函数：odeplot()、odephas2()、odephas3()及 odeprint()。
- 结果评估函数 d()：eval()。
- ode 示例：rigidode()、ballode()及 orbitode()。

MATLAB 提供的这些 ode 函数主要是采用 Runge-Kutta 法求解常微分方程，但是，在用不同阶数的 Runge-Kutta 法求解常微分方程时，花费的时间不同，会产生不同精度的结果。表 6-1 所示就是对各个 ode 函数的简要介绍。

表 6-1　ode 函数的简要介绍

函数	说明	函数	说明
ode23()	用普通 2-3 阶法解 ode	ode23s()	用低阶法解刚性 ode
ode45()	用普通 4-5 阶法解 ode	ode23t()	用法解适度刚性 ode
ode15s()	用变阶法解刚性 ode	ode23tb()	用低阶法解刚性 ode
ode113()	用普通变阶法解 ode		

另外，odeset()函数用于创建和更改 solver 选项，而 odeget()函数用于读取 solver 的设置值。odeplot 函数用于输出 ode 的时间序列图；odephas2()函数用于输出 ode 的二维相平面图；odephas3()函数用

于输出 ode 的三维相平面图；odeprint()函数用于在命令行窗口输出结果。

1. 用普通 2-3 阶法解 ode

在 MATLAB 中，函数 ode23()使用普通 2-3 阶 Runge-Kutta 法求解常微分方程，其使用格式如下。

- `[T,Y]= ode23(odefun,tspan,Y0)`：返回一个列向量，其中 odefun 定义此微分方程的形式为 $y'=f(t,y)$，`tspan=[T0,TFINAL]`表示此微分方程的积分限是从 `T0` 到 `TFINAL`，当形如`tspan=[T0, T1,…,TFINAL]`时，它也可以是一些离散的点。
- `[T,Y]= ode23(odefun,tspan,Y0,OPTIONS)`：设置 `OPTIONS` 为积分参数，包括“`RelTol`”（相对误差）和“`AbsTol`”（绝对误差）等。详细内容可参见 odeset()函数的帮助信息。
- `[T,Y]=ode23(odefun,tspan,Y0,OPTIONS,P1,P2…)`：参数 `P1` 和 `P2` 等可传递给函数 `odefun`，其形式为 `odefun(T,Y ,P1,P2…)`。
- `[T,Y, TE,YE,IE]= ode23(odefun,tspan,Y0,OPTIONS)`：调用函数时，必须设置 `OPTIONS` 中的事件属性为 `on`，输出向量 `TE` 为列向量，代表自变量点，`YE` 的行为对应点上的解，`IE` 代表解的索引。

例 6.15 求解微分方程 $\begin{cases}\dfrac{\mathrm{d}y}{\mathrm{d}x}=-y+x^2+x\\ y(0)=1\end{cases}$ 的解，求解范围为[0,1]。

输入程序如下。

```
>> fun =inline('-y+x^2+x','x','y');
>> [x,y] =ode23(fun,[0,1],1);
>>x';
>>y';
>>plot(x,y,'o-')
>> x'
ans =
Columns 1 through 7
 0     0.0800    0.1800    0.2800    0.3800    0.4800    0.5800
Columns 8 through 12
 0.6800    0.7800    0.8800    0.9800    1.0000
>> y'
ans =
Columns 1 through 7
1.0000    0.9264    0.8524    0.7984    0.7644    0.7504    0.7564
Columns 8 through 12
    0.7824    0.8284    0.8944    0.9803    0.9999
```

用普通 2-3 阶法解 ode 所绘制的图形如图 6-1 所示。

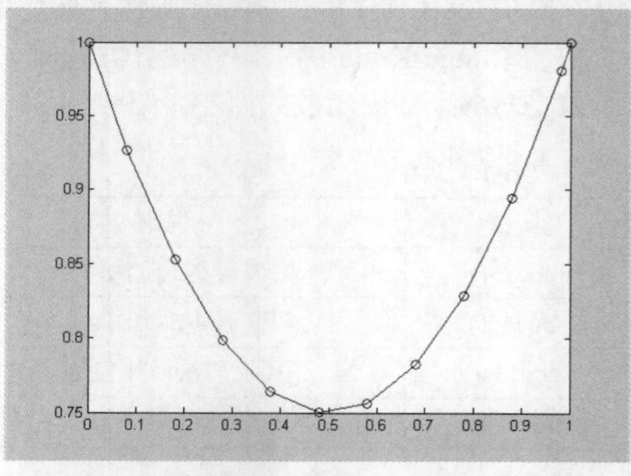

图 6-1 用普通 2-3 阶法解 ode 所绘制的图形

2. 用普通 4-5 阶法解 ode

在 MATLAB 中，函数 ode45()使用普通 4-5 阶 Runge-Kutta 法求解常微分方程，其使用格式如下。

- `[T,Y]=ode45(odefun,tspan,Y0)`：返回一个列向量，其中 `F` 定义此微分方程的形式为 $y'=f(t,y)$，`tspan=[ T0,TFINAL]`表示此微分方程的积分限是从 `T0` 到 `TFINAL`，当形如 `tspan=[ T0, T1,…,TFINAL]`时，它也可以是一些离散的点。

- `[T,Y]= ode45(odefun,tspan,Y0,OPTIONS)`：设置 OPTIONS 为积分参数，包括'RelTol'（相对误差）和'AbsTol'（绝对误差）等。详细内容可参见 odeset()函数的帮助信息。
- `[T,Y]=ode45(odefun,tspan,Y0,OPTIONS,P1,P2…)`：参数 P1 和 P2 等可传递给函数 odefun，其形式为 odefun(T,Y ,P1,P2…)。
- `[T,Y, TE,YE ,IE]= ode45(odefun,tspan,Y0,OPTIONS)`：调用函数时，必须设置 OPTIONS 中的事件属性为 on，输出向量 TE 为列向量，代表自变量点，YE 的行为对应点上的解，IE 代表解的索引。

例 6.16　求解范德波尔振荡器 Van der Pol 微分方程。

$$\frac{\mathrm{d}^2 y}{\mathrm{d}t^2}-\mu(1-y^2)\frac{\mathrm{d}y}{\mathrm{d}t}+y=0\text{，}\quad y(0)=1\text{，}\quad y'(0)=0\text{，}\quad \mu=7$$

先编写函数文件 verderpol.m。

```
function xprime=verderpol(t,x)
global mu
xprime=[x(2);mu*(1-x(1)^2)*x(2)-x(1)];
```

再编写命令文件 vdpl.m。

```
>> global mu;
>> mu =7;
>> y0 =[1;0]
y0 =
     1
     0
>> [t,x]=ode45('verderpol',[0,40],y0);
>> x1 =x(:,1);x2=x(:,2);
>> plot(t,x1)
```

用普通 4-5 阶法解 ode 所绘制的图形如图 6-2 所示。

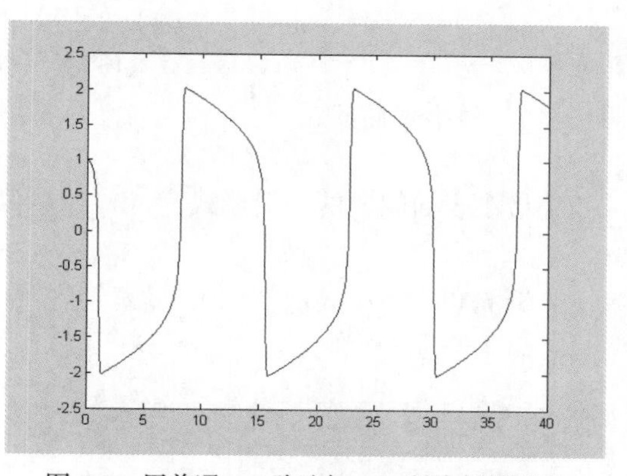

图 6-2　用普通 4-5 阶法解 ode 所绘制的图形

其他几个函数的使用方法和 ode23()函数与 ode45()函数大致相同，用户需要使用的时候，可以使用 MATLAB 的帮助系统进行详细了解。这些函数的特点如表 6-2 所示，用户可根据需要选择函数使用。不管使用何种函数，求解常微分方程都有如下基本步骤。

（1）根据问题所属学科中的规律、定律及公式，用微分方程与初始条件进行描述。如 $F\left(x,y,y',y^1,y^2,\dots y^n\right)=0$。

（2）运用数学中的变量替换 $y_n=y^{(n-1)}$，$y_{n-1}=y^{(n-2)}$，…，$y_2=y_1=y$，把高阶的方程写成一阶微分方程组 $y'=\begin{bmatrix}y_1'\\y_2'\\\vdots\\y_n'\end{bmatrix}=\begin{bmatrix}f_1(t,y)\\f_2(t,y)\\\vdots\\f_n(t,y)\end{bmatrix}$，$y_0=\begin{bmatrix}y_1(0)\\y_2(0)\\\vdots\\y_n(0)\end{bmatrix}=\begin{bmatrix}y_0\\y_1\\\vdots\\y_n\end{bmatrix}$。

（3）根据（1）和（2）的结果，编写能计算导数的 M 函数文件 odefile。

（4）将文件 odefile 和初始条件传递给 ode 函数中的一个，运行后就可以得到 ode 在指定时间区间上的解列向量 y。

表 6-2　　　　不同 ode 函数的特点

函数	ode 类型	特点	说明
ode23()	非刚性	一步算法；2-3 阶 Runge-Kutta 方程；累计截断误差达 $(\Delta x)^3$	适用于精度较低的算法
ode45()	非刚性	一步算法；4-5 阶 Runge-Kutta 方程；累计截断误差达 $(\Delta x)^3$	大部分场合的首选算法
ode113()	非刚性	多步法；Adams 算法；精度均可到 10^{-3}~10^{-6}	计算时间比 ode45()少
ode23t()	适度刚性	采用梯形算法	适度刚性情形
ode15s()	刚性	多步法；Gear's 反向数值积分；精度中等	当 ode45()失效时可使用
ode23s()	刚性	一步算法；2 阶 Rosebrock 算法；低精度	当精度较低时，计算时间比 ode15s()少
ode23tb()	刚性	梯形算法；低精度	当精度较低时，计算时间比 ode15s()少

6.4.2　偏微分方程的数值求解

偏微分方程的求解比常微分方程的求解更为复杂，MATLAB 中的 PDE Toolbox(Partial Differential Equation)是一个专门用于求解偏微分方程的工具箱。本节将介绍一些简单和经典的偏微分方程，并给出求解方法。

MATLAB 能解决的偏微分方程类型如下：

$$-\nabla\cdot(c\nabla u)+au=f, u=u(x,y),\ \ (x,y)\in G$$

$$\nabla\cdot(c\nabla u)=\frac{\partial}{\partial x}\left(c\frac{\partial u}{\partial x}\right)+\frac{\partial}{\partial y}\left(c\frac{\partial u}{\partial y}\right),\ f\in L_2(G)$$

$$c=c(x,y)\in C^1(\partial G),\ \ a\geqslant 0,\ \ a\in C^0(\partial G)$$

1. 最小表面问题

最小表面问题的一般形式为 $-div\left(\frac{1}{\sqrt{1+\text{grad}|u|^2}}\times\text{grad}(u)\right)=0$，其中边界条件为 $u=x2$。

例 6.17　最小表面的求解问题。

（1）问题的定义。

```
>> g ='circleg';
B ='circleb2';
C ='1./sqrt(1+ux.^2+uy.^2)';
>> a =0;
>> f =0;
>> rtol =1e-3;
>> pause % 按任意键继续
```

（2）初始化网格。

```
>> [p,e,t]=initmesh(g);
>> [p,e,t]=refinemesh(g,p,e,t);
```

（3）求解非线性问题。

```
>> u=pdenonlin(b,p,e,t,c,a,f,'tol',rtol);
```

（4）问题解得图形显示。

```
>> pdesurf(p,t,u);
```

最小表面问题的图形如图 6-3 所示。

2. 快速求解泊松方程

例 6.18　求解泊松方程 $-div(\text{grad}(u)) = 5x^2$，方程的求解域为带有狄利克雷条件的方形区域。

（1）问题的定义。

```
>> g ='squareg';
>> b ='squareb4';
>> c =1;
>> a =0;
>> f ='3*x.^2';
```

（2）网格划分。

```
>> n =16;
>>[p,e,t] =poimesh(g,n);
>> pdemesh(p,e,t);
>> axis equal
```

快速求解泊松方程的图形如图 6-4 所示。

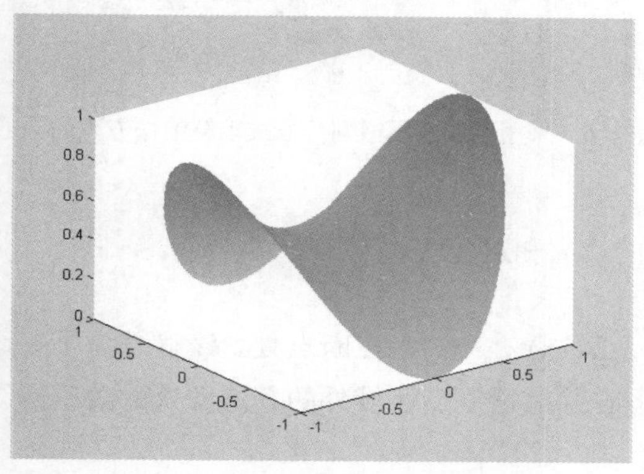

图 6-3　最小表面问题的图形

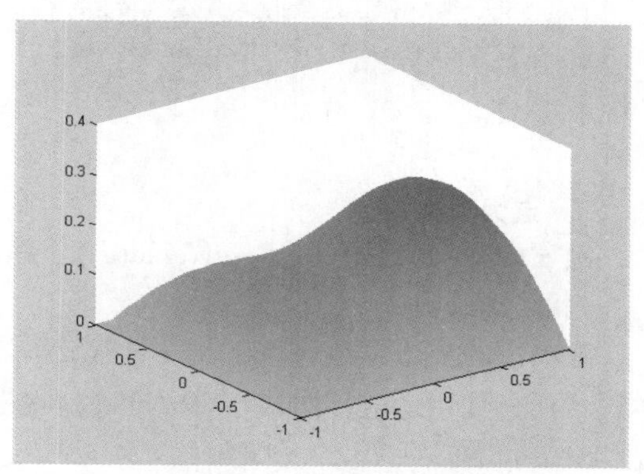

图 6-4　快速求解泊松方程的图形

（3）快速求解。

```
>> tm =cputime;
>> u =poisolv(b,p,e,t,f);
>> cputime-tm
ans =
      0.4219
```

（4）问题的解。

```
>> pdesurf(p,t,u)
```

下面采用更细的网格划分方式来求解泊松方程。

```
>> g ='squareg';
>>b ='squareb4';
>>c =1;
>>a =0;
>>f ='3*x.^2';
>>n =64;
>> [p,e,t] =poimesh(g,n);
>>pdemesh(p,e,t);
% 快速求解
>>tm =cputime;
>>u =poisolv(b,p,e,t,f);
>> cputime-tm
ans =
     0.2188
%将快速求解法与普通的方法对照
```

```
>> tm =cputime;
u1 =assempde(b,p,e,t,c,a,f);
>> cputime-tm
ans =
    0.2656
>> pdesurf(p,t,u)
```

65×65 的网格如图 6-5 所示，采用更细的网格划分方式求解泊松方程的图形如图 6-6 所示。

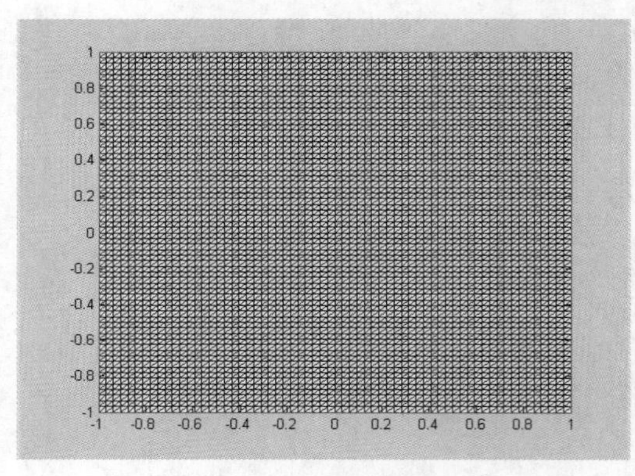

图 6-5　65×65 的网格

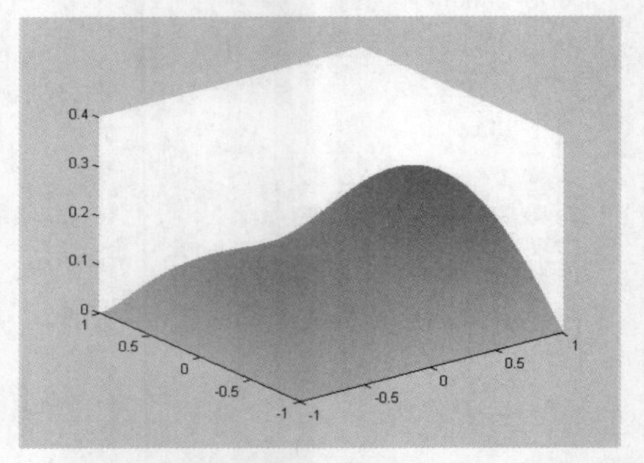

图 6-6　采用更细的网格划分方式求解泊松方程的图形

3. 点力和适应解

例 6.19　求解泊松方程 $-div(\text{grad}(u))=\nabla(x,y)$ 的点力和适应解。

例题分析：

在单位的零边界条件下，方程的精确解是 $u=-1/(2\pi)\times\log(r)$ 。在断点处，该解是为了一个单数，通过使用适应性网格，可以准确地得出方程在除靠近原点区域外的其他各处的精确解。

（1）问题的定义。

```
>> g ='circleg';                          %定义单位圆区域
>> b ='circleb1';                         %定义零边界条件
>> c =1;a=0;
>> f ='circlef';
```

（2）网格定义。

该程序片段返回一个小于指定误差范围的三角形。

```
>>[u,p,e,t]=adaptmesh(g,b,c,a,f,'tripick','circlepick','maxt',2000,'par',1e-3);
Number of triangles: 254
Number of triangles: 503
Number of triangles: 753
Number of triangles: 1005
Number of triangles: 1235
Number of triangles: 1505
Number of triangles: 1787
Number of triangles: 2091
Maximum number of triangles obtained.
```

（3）适应性网格。

```
>> pdemesh(p,e,t);axis equal
```

适应性网格如图 6-7 所示。

（4）问题的解。

```
>> pdeplot(p,e,t,'xydata',u,'zdata',u,'mesh','off');
>> pause%Strike any key to continue
```

精确解的图形如图 6-8 所示。

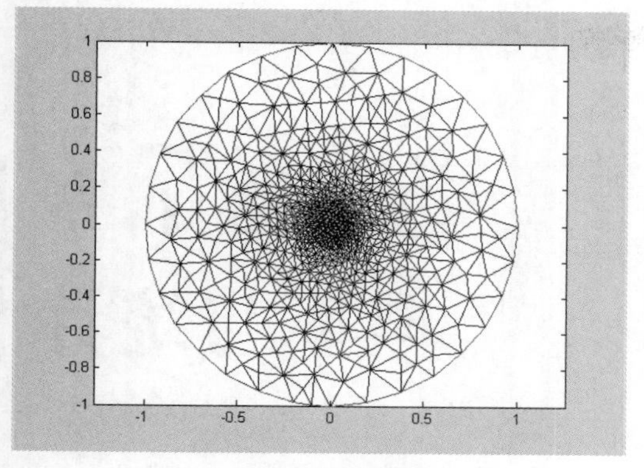

图 6-7　适应性网格

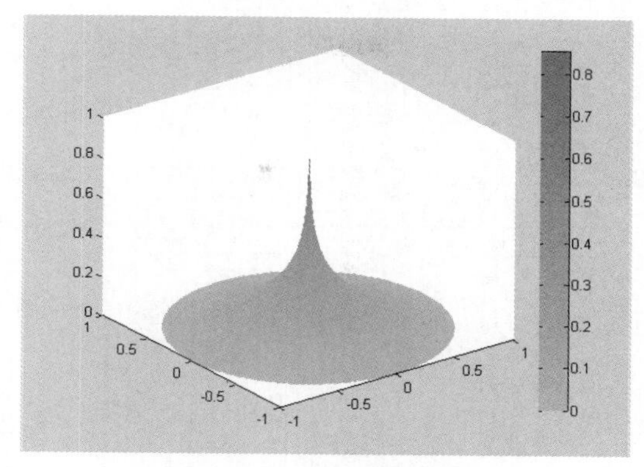

图 6-8　精确解的图形

（5）数值解和精确解的比较。

```
>> x =p(1,:)';
>> y =p(2,:)';
>> r =sqrt(x.^2+y.^2);
>> uu =-log(r)/2/pi;
>> pdeplot(p,e,t,'xydata',u-uu,'zdata',u-uu,'mesh','off');
>> pause%Strike any key to end
```

数值解和精确解比较所得的图形如图 6-9 所示。

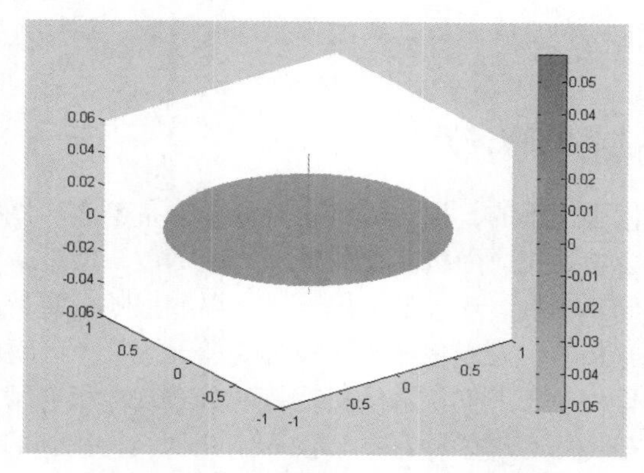

图 6-9　数值解和精确解比较所得的图形

6.5　本章小结

本章首先介绍了 MATLAB 在多元函数求导、积分、极限中的应用，在实际运算中，这部分内容也是应用得最多的，如求解函数的最值和有条件的函数的极值。同时，本章对求解方程组和常微分方程也列出常用的求解方法，而对于例题的求解，不仅要学会解决具体数学问题的方法，更重要的是理解解决实际问题的思路，把实际的问题转化为数学问题，列出方程组进行求解。

第7章 概率与统计

本章将详细介绍 MATLAB 在概率和统计中的应用。利用 MATLAB 本身自带的工具箱函数，与概率统计中的概率分布、样本描述、假设检验及多元统计分析等内容相结合，解决实际应用中存在的问题。最后介绍了根据实际需要建立相应的 M 文件，以解决更为复杂的问题。

7.1 概率密度函数

概率密度函数包括连续分布密度函数、离散分布密度函数、抽样分布密度函数，下面分别进行介绍。

7.1.1 连续分布密度函数

连续型随机变量的变化是连续的，根据随机变量概率分布函数和概率密度函数的定义。我们知道对概率分布函数求导会得到相应随机变量的概率密度函数，反过来对概率密度函数求定积分就会得到随机变量的概率分布函数。连续型随机变量和离散型随机变量不同，计算连续型随机变量在某个值的概率是没有意义的，人们一直关注随机变量落在某个区间上的概率。概率密度是描述随机分布的一个有力工具，对于人们认清随机变量的分布规律很有帮助。

连续型随机变量的分布规律有许多种，本节仅介绍几种经常用到的——正态分布、指数分布及均匀分布。

1. 正态分布

若连续型随机变量 X 的密度函数为：

$$f(x)=\frac{1}{\sigma\sqrt{2\pi}}\mathrm{e}^{-\frac{(x-\mu)^2}{2\sigma^2}}\quad(-\infty<x<+\infty,\sigma>0)$$

则称 X 为服从正态分布的随机变量，记作 $X\sim N(\mu,\sigma^2)$。

例 7.1 设随机变量 $\xi\sim N(0,1)$，计算 x，使 $P\{|\xi|>x\}<0.2$。

例题分析：随机变量服从标准的正态分布，密度函数图像关于 y 轴对称，所以有 $P\{\xi<-x_0\}=P\{\xi>x_0\}$。设 x_0 即所求的随机数，则有 $P\{\xi<-x_0\}=0.5(1-0.2)$。

程序如下。

```
>> P=0.5*(1-0.2);
>>mu=0;
>>sigma=1;
>>X0=-norminv(P,mu,sigma)
```

```
X0 =
0.2533
```

例 7.2　设随机变量 $\xi \sim N(3,0.7^2)$，求解概率 $P\{2.05 < \xi < 2.13\}$。

例题分析：将概率 $P\{2.05 < \xi < 2.13\}$ 表示为 $P\{\xi < 2.13\} - P\{\xi < 2.05\}$，使用函数 normcdf()进行计算。

程序如下。

```
>> mu=3;sigma=0.7
sigma =
    0.7000
>> mu=3;sigma=0.7;
>> x1=2.13;x2=2.05;
>> p=normcdf(x1,mu,sigma)-normcdf(x2,mu,sigma)
p =
    0.0196
>> x=0:0.01:4;
>> Px=normpdf(x,mu,sigma);
>> Py=normcdf(x,mu,sigma);
>> plot(x,Px,'+',x,Py,'*')
>> legend('normpdf','normcdf')
```

正态分布函数和密度函数图像如图 7-1 所示。

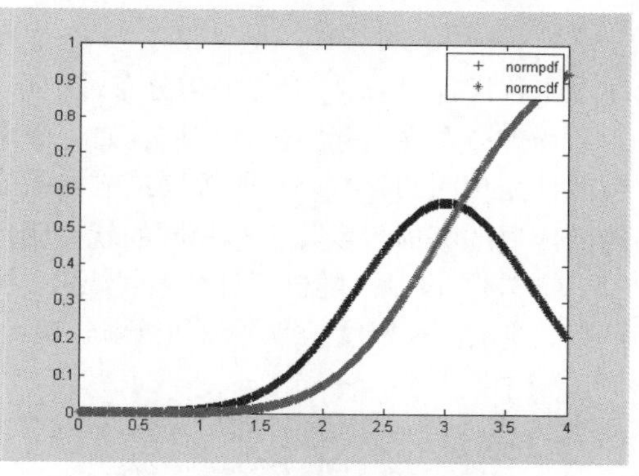

图 7-1　正态分布函数和密度函数图像

2. 指数分布

在实际应用中，等待某特定事件发生所需要的时间往往服从指数分布。如某些元件的使用寿命，某人打一个电话持续的时间，随机服务系统中的服务时间，动物的寿命等都常假定服从指数分布。

若连续型随机变量 X 的密度函数为：

$$f(x)=\begin{cases}\lambda e^{-\lambda x}, x>0,\ \ \lambda>0\\ 0,\ \ x\leqslant 0\end{cases}$$

则称 X 为服从参数为 λ 的指数分布的随机变量，记作 $X \sim E(\lambda)$。

例 7.3　设某电子元件厂生产的电子元件的使用寿命 $X(h)$ 符合指数分布 $X \sim E(\lambda)$，λ=4000，该厂规定使用寿命低于 350h 的元件可以退换，求被退换的元件占总元件的比例，并绘出指数分布的概率密度函数图像和概率分布函数图像。

例题分析：所求解的问题事实上就是求使用寿命这个随机变量小于 350 的概率，这样在已知随机变量服从指数分布且 $\lambda = 4000$ 的情况下问题就很好解决了。

程序如下。

```
>> lambda=4000;
>> expcdf(350,lambda)
ans =
    0.0838
>> x=1:4000;
>> Px=exppdf(x,lambda);
>> P=expcdf(x,lambda);
>> plot(x,Px);
>> title('exppdf')
>> figure,plot(x,P)
title('expcdf')
```

指数分布的概率密度函数图像如图 7-2 所示，指数分布的概率分布函数图像如图 7-3 所示。

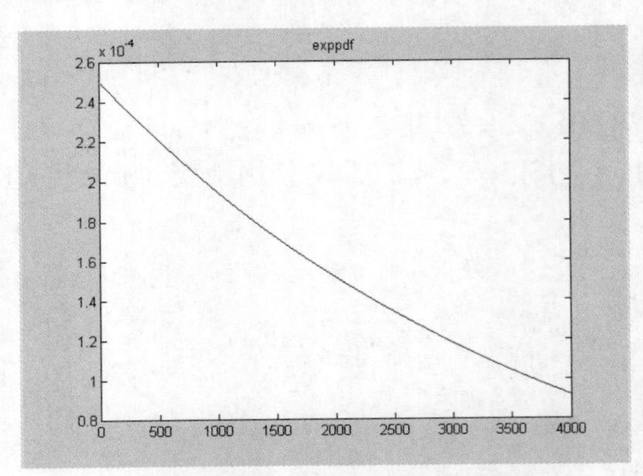

图 7-2 指数分布的概率密度函数图像

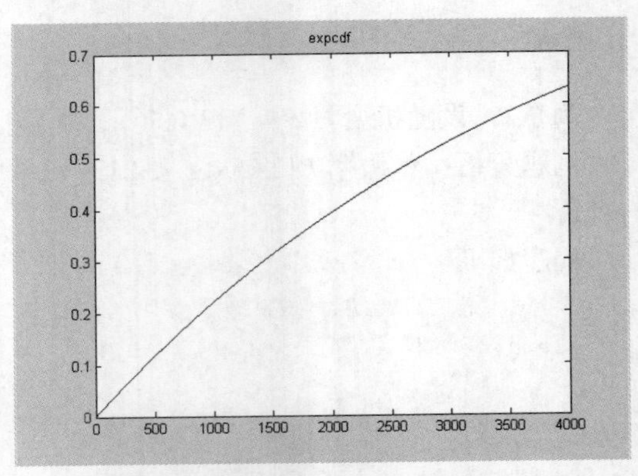

图 7-3 指数分布的概率分布函数图像

3. 均匀分布（连续）

若随机变量 X 的密度函数为：

$$f(x)=\begin{cases}\dfrac{1}{b-a}, & a\leqslant x\leqslant b\\ 0, & 其他\end{cases}$$

则称 X 服从 $[a,b]$ 上的均匀分布，记作 $X\sim U[a,b]$。

均匀分布在实际中经常使用，如一个半径为 R 的汽车轮胎，因为轮胎上的任一点接触地面的可能性是相同的，所以轮胎圆周接触地面的位置 X 是服从 $[0,2\pi R]$ 上的均匀分布，只要明白报废轮胎四周的磨损程度几乎是相同的就可明白均匀分布的含义了。

例 7.4 设某一随机变量在区间[1,8]上服从均匀分布，绘出概率密度函数图像和概率分布函数图像。

程序如下。

```
>> x=1:0.1:8;
>> Px=unifpdf(x,1,8);
>> P=unifcdf(x,1,8);
>> plot(x,Px,'+',x,P,'*')
>> legend('unifpdf','unifcdf')
>> axis([1,7,0,1.1])
```

均匀分布的概率密度函数和概率分布函数图像如图 7-4 所示。

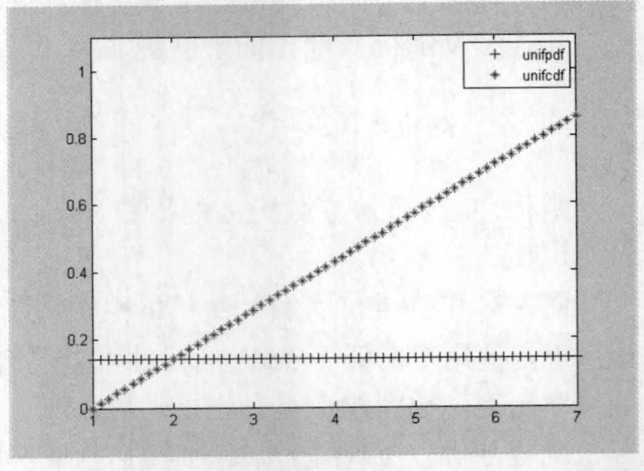

图 7-4 均匀分布的概率密度函数和概率分布函数图像

7.1.2 离散分布密度函数

离散型随机变量是一个一个离散的点值，常见的有几何分布、二项分布及泊松分布。这 3 种离散型随机变量的分布很有代表性，它们内部有着很深的联系。

MATLAB 提供的函数总的来说主要包括 3 种功能运算：计算相应分布的累积概率、概率、逆累积概率及产生相应分布的随机数。累积概率就是随机量落在区间[0,x]上的概率。逆累积概率计算就是给出了累积概率，计算此时随机变量的上界 x，随机数的产生则是给出一组或者一个符合某种分布的随机变量。

1. 几何分布

在伯努利实验中，每次试验成功的概率为 p，失败的概率为 $q=1-p$，$0<p<1$，设实验进行到第 ξ 次才成功，则 ξ 的分布列为：

$$P(\xi=k)=pq^{k-1},\ k=1,2,\ldots$$

例 7.5　设有 2000 件零件，其中优等品 700 件，随机抽取 150 件来检查，计算：

（1）其中不多于 40 件优等品的概率，绘出这 150 件零件中优等品的概率分布函数图像；

（2）根据（1）算得的概率 p，进行逆累积概率计算，把算得的结果和 40 进行比较；

（3）其中恰好有 40 件优等品的概率，绘出优等品的概率密度函数图像。

程序如下。

```
>>  P1=hygecdf(40,2000,700,150)
>> X=hygeinv(P1,2000,700,150)
>> P2=hygepdf(40,2000,700,150)
>> x=1:150;
>> Px1=hygecdf(x,2000,700,150);
>> Px2=hygepdf(x,2000,700,150);
>> stairs(x,Px1)
>> figure,stairs(x,Px2)
P1 =
    0.0151
X =
    40
P2 =
    0.0058
```

优等品的概率分布函数图像如图 7-5 所示，优等品的概率密度函数图像如图 7-6 所示。

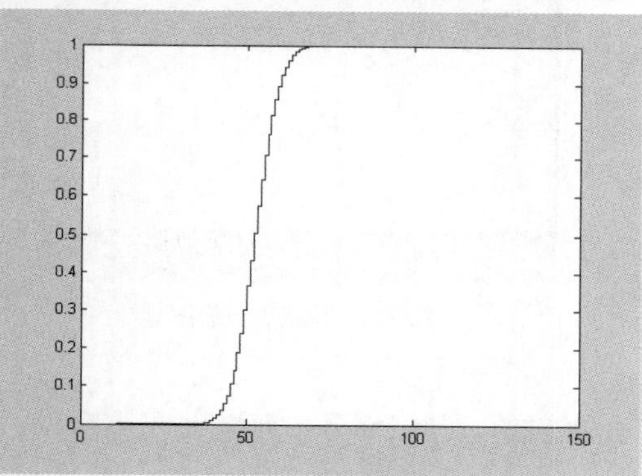

图 7-5　优等品的概率分布函数图像

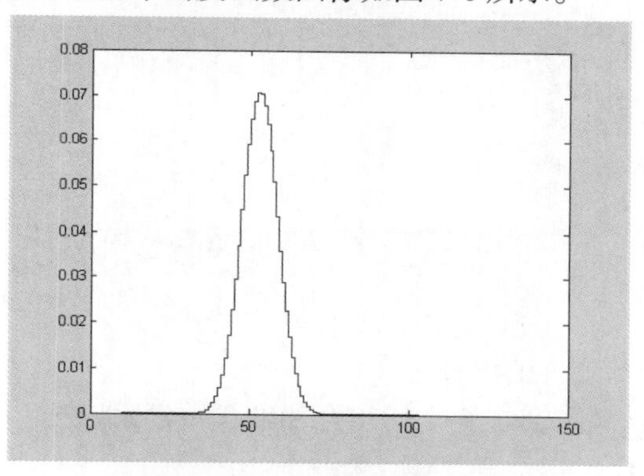

图 7-6　优等品的概率密度函数图像

2. 二项分布

如果随机变量 X 的分布列为：

$$p(X=k)=\binom{n}{k}p^k(1-p)^{n-k}\text{，}\quad k=0,1,\ldots,n$$

则该分布称为二项分布，记为 $X \sim b(n,p)$，当 n=1 时的二项分布又称为 0-1 分布，分布律如下。

X	0	1
P	$1-p$	p

例 7.6　设有一批零件，其中一级品的概率为 0.1，现在从中随机抽取 30 个，其中一级品的个数为随机变量。根据条件给出一个随机数，然后根据这个随机数计算一级品的概率的最大可能性估量值。

程序如下。

```
>> X=binornd(30,0.1)
X =
     3
>> [p,pci]=binofit(X,30)
p =
    0.1000
pci =
    0.0211    0.2653
```

例 7.7 某人向空中抛硬币 200 次，落下为正面的概率为 0.5。这 200 次中正面向上的次数为 x，试计算 $x=145$ 的概率和 $x\leqslant145$ 的概率，绘出随机数 x 的概率分布函数图像和概率密度函数图像。

程序如下。

```
>> P1=binopdf(145,200,0.5)
P1 =
  4.8031e-011
>> P2=binocdf(145,200,0.5)
P2 =
   1.0000
>> X=1:200;
>> P=binocdf(X,200,0.5);
>> Px=binopdf(X,200,0.5);
>> plot(X,P,'+')
>> figure,plot(X,Px,'*')
```

概率分布函数图像如图 7-7 所示，概率密度函数图像如图 7-8 所示。

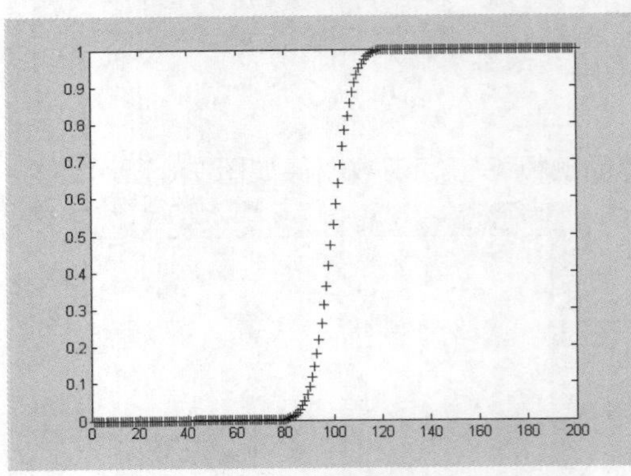

图 7-7 概率分布函数图像

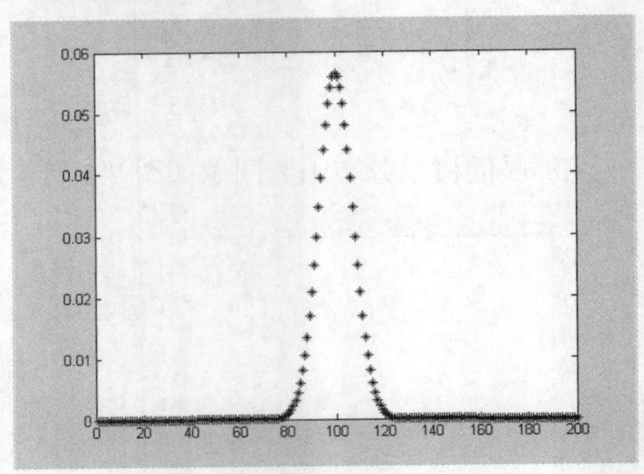

图 7-8 概率密度函数图像

3. 泊松分布

泊松分布是 1838 年由法国数学家泊松（Poisson）提出的，其概率分布列为：

$$P(X=k)=\frac{\lambda^k}{k!}\mathrm{e}^{-\lambda},\ k=0,1,2,\ldots,n,\ \lambda>0$$

记为 $X\sim P(\lambda)$。

例 7.8 设有一批产品，共 1500 个，其中有 30 个次品，随机抽取 100 个产品，求其中次品数 x 的概率密度分布。有两种抽取方法：不放回抽样，一次抽取 100 个；放回抽样，抽 100 次。

例题分析：

在不放回抽样的情况下 x 应服从超几何分布，在放回抽样的情况下 x 应服从二项分布。此时次品率按 30/1500=0.02 计算。同时次品率较小，$p=0.02$，所以 x 的分布又可以按泊松分布计算，此时分布参数 $\lambda=100\times0.02=2$。

程序如下。

```
>> x=0:20;
>> P1=hygepdf(x,1500,30,100);
>> P2=binopdf(x,100,0.02);
>> P3=poisspdf(x,2);
>> subplot(3,1,1)
>> plot(x,P1,'+')
>> title('hygepdf')
>> subplot(3,1,2)
>> plot(x,P2,'*')
>> title('binopdf')
>> subplot(3,1,3)
```

```
>> plot(x,P3,'.')
>> title('poisspdf')
```

3 种分布的对比如图 7-9 所示。

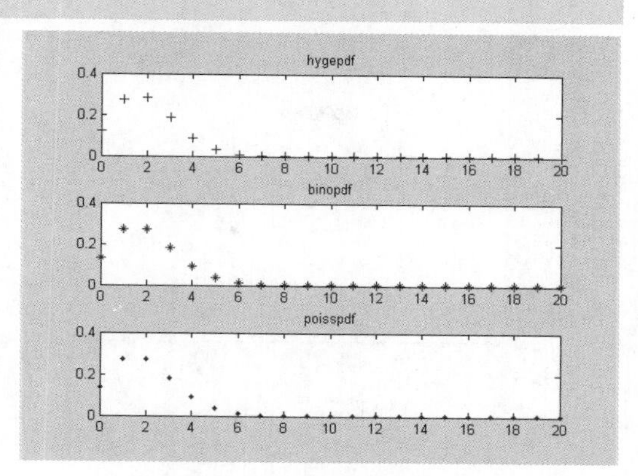

图 7-9　3 种分布的对比

7.1.3　抽样分布密度函数

1. χ^2分布

设随机变量 $X_1, X_2, \ldots X_n$ 相互独立，且同时服从正态分布 $N(0,1)$，则称随机变量 $\chi_n^2 = X_1^2 + X_2^2 + \ldots + X_n^2$ 服从自由度为 n 的 χ^2 分布，记作 $\chi_n^2 \sim \chi^2(n)$，亦称随机变量 χ_n^2 为 χ^2 变量。χ^2 分布如图 7-10（n=4）、图 7-11（n=10）所示。

程序如下。

```
x=0:0.1:20;
y=chi2pdf(x,4);
plot(x,y);
x=0:0.1:20;
y=chi2pdf(x,10);
plot(x,y);
```

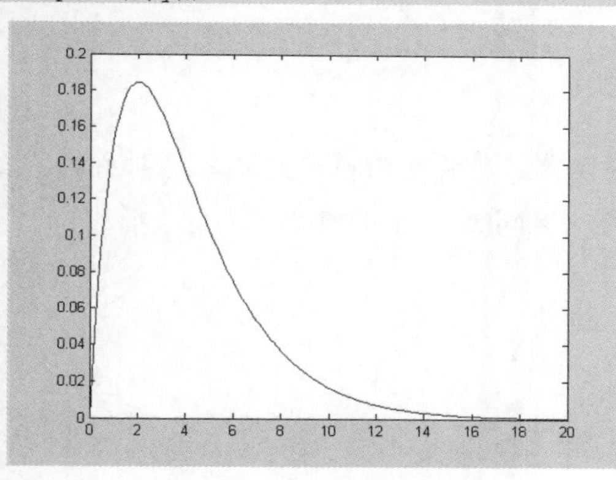
图 7-10　χ^2 分布（n=4）

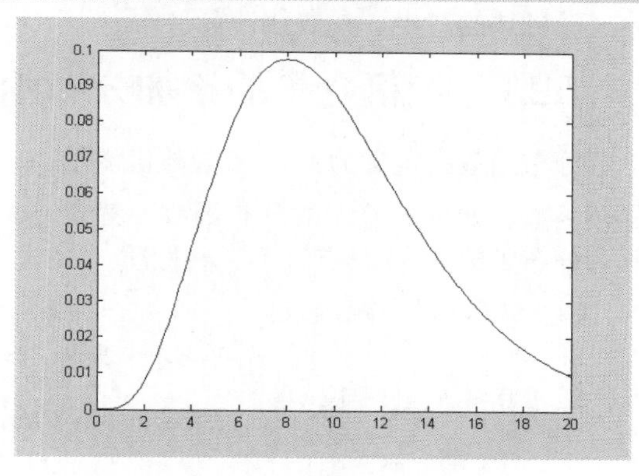
图 7-11　χ^2 分布（n=10）

2. F分布

设随机变量 $X \sim \chi^2(m)$，$Y \sim \chi^2(n)$，且 X 与 Y 相互独立，则称随机变量 $F = \dfrac{X/m}{Y/n}$ 服从自由度为 (m,n) 的 F 分布，记作 $F = F(m,n)$，F 分布如图 7-12 所示，即 $F = F(4,10)$。

程序如下。

```
>> x=0.01:0.1:8.01;
>> y=fpdf(x,4,10);
>> plot(x,y)
```

3. t分布

设随机变量 X~$N(0,1)$，$Y \sim \chi^2(n)$，且 X 与 Y 相互独立，则称随机变量 $T = \dfrac{X}{\sqrt{Y/n}}$ 服从自由度为 n 的 t 分布，记作 $T \sim t(n)$，t 分布如图 7-13 所示，即 $t(4)$。

程序如下。

```
>> x=-6:0.01:6;
>> y=tpdf(x,4);
>> plot(x,y)
```

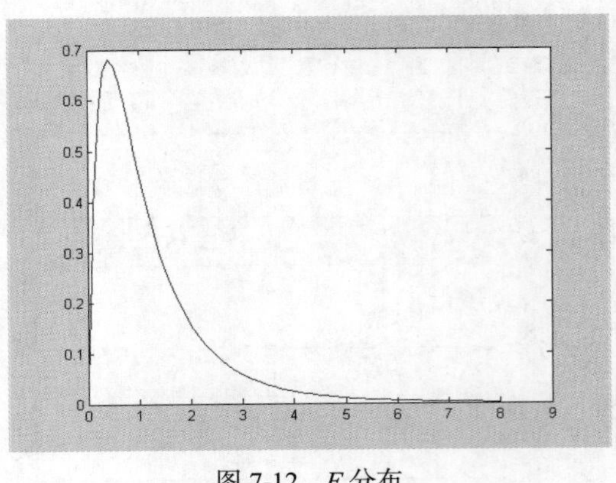

图 7-12　*F* 分布

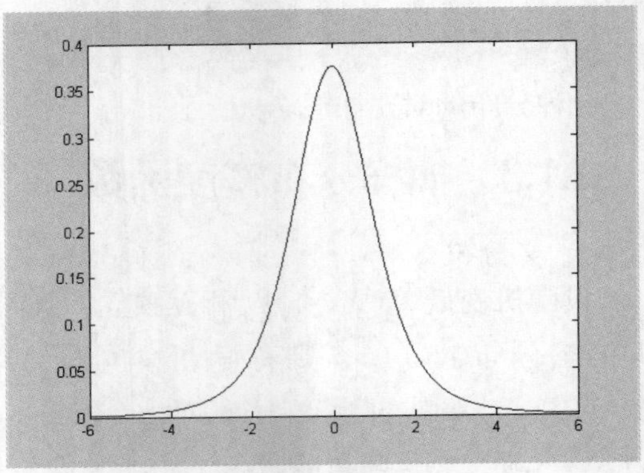

图 7-13　*t* 分布

7.2　概率分布

本节介绍与概率分布相关的内容，包括随机变量的累加分布函数、随机变量的逆累加分布函数、随机数的产生、参数估计等。

7.2.1　随机变量的累加分布函数

分布函数的定义为：若 X 为随机变量，x 为任意实数，则函数 $F(x)=p\{X\leqslant x\}$ 被称为 X 的分布函数。如果知道 X 的分布函数，就知道 X 落在任一区间(x_1,x_2)上的概率。

分布函数 $F(x)$ 具有以下一些性质。

（1）$F(x)$ 是不减函数。

（2）$0\leqslant F(x)\leqslant 1$，且$\begin{cases} F(-\infty)=\lim\limits_{x\to-\infty}F(x)=0 \\ F(\infty)=\lim\limits_{x\to\infty}F(x)=1 \end{cases}$。

（3）$F(x+0)=F(x)$，即 $F(x)$ 是右连续的。

常见的累加分布函数如表 7-1 所示。

表 7-1　　常见的累加分布函数

函数	对应的分布	数学意义	调用格式
betapdf()	β 分布	$p=F(x\|a,b)=\dfrac{1}{B(a,b)\int_0^x t^{a-1}(1-t)^{b-1}\mathrm{d}t}$	`P= betapdf(X,A,B)`
binopdf()	二项分布	$y=F(x\|n,p)=\sum_{i=0}^{x}\binom{n}{i}p^i q^{1-i}I_{(0,1,\ldots n)}(i)$	`Y= binopdf(X,N,P)`
chi2cdf()	卡方分布	$p=F(x\|\nu)=\int_0^x \dfrac{t^{(\nu-2)/2}\mathrm{e}^{-1/2}}{2^{\nu/2}\Gamma(\nu/2)}\mathrm{d}t$	`P= chi2cdf(X,V)`
expcdf()	指数分布	$p=F(x\|\mu)=\int_0^x \dfrac{1}{\mu}\mathrm{e}^{\frac{x}{\mu}}\mathrm{d}t=1-\mathrm{e}^{\frac{x}{\mu}}$	`P= expcdf (X,MU)`

续表

函数	对应的分布	数学意义	调用格式
gamcdf()	伽马分布	$p=F(x\|a,b)=\frac{1}{b^a\Gamma(a)}\int_0^x t^{a-1}e^{\frac{1}{b}}dt$	`P= gamcdf (X,A,B)`
geocdf()	几何分布	$y=F(x\|p)=\sum_{i=0}^{floor(x)} pq^i，q=1-p$	`Y= geocdf (X,P)`
hygecdf()	超几何分布	$p=F(x\|M,K,N)=\sum_{i=0}^{x}\frac{\binom{K}{i}\binom{M-K}{N-i}}{\binom{M}{N}}$	`P= hygecdf (X,M,K,N)`
normcdf()	对数正态分布	$p=F(x\|\mu,\sigma)=\frac{1}{x\sigma\sqrt{2\pi}}\int_0^x\frac{e^{\frac{-(x-\mu)^2}{2\sigma^2}}}{t}dt$	`P=normcdf(X,MU,SIGMA)`
nbincdf()	负二项分布	$p=F(x\|r,p)=\sum_{i=0}^{x}\binom{r+i+1}{i}p^r q^i I_{(0,1,\ldots)}(i)$	`Y= nbincdf(X,R,P)`
raylcdf()	瑞利分布	$y=F(x\|b)=\int_0^x\frac{1}{b^2}e^{\left(\frac{-t^2}{2b^2}\right)}dt$	`P=raylcdf(X,B)`
unidcdf()	离散均匀分布	$p=F(x\|N)=\frac{floor(x)}{N}I_{(1,\ldots,N)}(x)$	`P= unidcdf (X,N)`
unifcdf()	连续均匀分布	$p=F(x\|a,b)=\frac{x-a}{b-a}I_{[a,b]}(x)$	`P= unifcdf (X,A,B)`

下面以正态累加分布函数为例，介绍此类函数的用法。

用 normcdf()函数计算正态累加分布函数，调用格式如下。

- `P= normcdf (X,MU,SIGMA)`：计算服从参数为 `MU` 和 `SIGMA` 的正态累加分布函数在数据 `X` 中各值处的值。`X`、`MU` 及 `SIGMA` 可以是大小相同的向量、矩阵及多维数组。如果输入为标量，则扩展为维数与其他输入参数相同的常数数组。参数 `SIGMA` 必须为正值。
- `[P,PLO,PUP]= normcdf (X, MU, SIGMA, PCOV, alpha)`：当输入参数 `MU` 和 `SIGMA` 为估计量时生成 `P` 的置信边界。`PCOV` 为估计参数的协方差矩阵。`alpha` 指定 100%（`1-alpha`）置信边界，其默认值为 0.05。`PLO` 和 `PUP` 为与 `P` 大小相同的数组，包含置信边界的下界和上界。

正态累加分布函数为 normcdf()用下面的公式计算 `P` 的置信边界：

$$p=F(x|\mu,\sigma)=\frac{1}{\sigma\sqrt{2\pi}}e^{\frac{-(x-\mu)^2}{2\sigma^2}}dt$$

式中，p 为取自参数 μ 和 σ 的正态分布的单个观测量落在区间 $(-\infty,x)$ 上的概率。

例 7.9　求取自标准正态分布的单个观测量落在区间[−1,1]上的概率。

程序如下。

```
>> p=normcdf([-1,1]);
>> p(2)-p(1)
ans =
    0.6827
```

7.2.2 随机变量的逆累加分布函数

逆累加分布函数是累加分布函数的逆函数。利用逆累加分布函数，可以求得满足给定概率时随机变量对应的置信区间的最小值和最大值。

常见的逆累加分布函数如表 7-2 所示。

表 7-2 常见的逆累加分布函数

函数	对应的分布	调用格式
betainv()	β 分布	X= betainv (P,A,B)
binoinv()	二项分布	X=binoinv(Y,N,P)
chi2inv()	卡方分布	X= chi2inv(P,V)
expcdfinv()	指数分布	X= expcdfinv(P,MU)
finv()	F 分布	X= finv(P,V1,V2)
gaminv()	伽马分布	X= gaminv(P,A,B)
geoinv()	几何分布	X= geoinv(Y,P)
hygeinv()	超几何分布	X= hygeinv (P,M,K,N)
normcdf()	对数正态分布	X= normcdf (X, MU,BSIGMA)
nbininv()	负二项分布	Y=nbincdf(X,R,P)
ncfinv()	非中心 F 分布	P=ancfcdf(X,NU1,NU2,DELTA)
nctinv()	非中心 t 分布	P=nctcdf(X,ANU,DELTA)
ncx2inv()	非中心卡方分布	P=ncx2inv(X,V,DELTA)
norminv()	正态（高斯）分布	X=norminv(P,MU,SIGMA)
poissinv()	泊松分布	X=poissinv(P,LAMBDA)
raylinv()	瑞利分布	X=raylinv(P,B)
tinv()	学生氏 t 分布	X=tinv(P,V)
unidinv()	离散均匀分布	X=unidinv(P,N)
unifinv()	连续均匀分布	X= unifinv(X,A,B)
weibinv()	威布尔分布	X= weibinv(X, A,B)

下面以正态逆累加分布函数为例，介绍此类函数的用法。

用 norminv()函数计算正态累加分布函数的逆函数，调用格式如下。

- X=norminv(P, MU, SIGMA)：计算参数为 MU 和 SIGMA 的正态累加分布函数的逆函数在 P 中对应概率处的值。P、MU 及 SIGMA 可以是大小相同的向量、矩阵及多维数组。如果输入为标量，则扩展为维数与其他输入参数相同的常数数组。参数 SIGMA 必须为正值，P 值必须属于[0,1]区间。
- [X,XLO,XUP]= norminv (P, MU, SIGMA, PCOV, alpha)：当输入参数 MU 和 SIGMA 为估计量时，生成 X 的置信边界。PCOV 为估计参数的协方差矩阵。alpha 指定 100%（1-alpha）置信边界，其默认值为 0.05。XLO 和 XUP 为与 X 大小相同的数组，包含置信边界的下界和上界。

函数 norminv()用下面的公式计算 P 的置信边界：

$$\hat{\mu}+\hat{\sigma}q$$

式中，$\hat{\mu}$ 和 $\hat{\sigma}$ 为参数估计量，q 为标准正态分布的第 P 个分位数。这样计算的边界可以在估计大样本的 MU、SIGMA 及 PCOV 时近似地作为置信区间，但是对于更小的样本，其他计算方法可能更精确。

下面用正态累加分布函数的形式来定义正态逆函数：

$$x=F^{-1}\left(p|\mu,\sigma\right)=\left\{x:F\left(x|\mu,\sigma\right)=p\right\}$$

式中，$p=F\left(x|\mu,\sigma\right)=\frac{1}{\sigma\sqrt{2\pi}}\int_{-\infty}^{x}\mathrm{e}^{\frac{-(t-\mu)^2}{2\sigma^2}}\mathrm{d}t$，$x$ 为参数 μ 和 σ 的积分方程的解，概率 p 是预先

给定的。

例 7.10　求包含标准正态分布数据 95%的值的区间。

程序如下。

```
>> x=norminv([0.025 0.975],0,1)
x =
   -1.9600    1.9600
>> hxl=norminv([0.01 0.96],0,1)
hxl =
   -2.3263    1.7507
```

7.2.3　随机数的产生

从具有已知分布的总体中抽取简单子样，在蒙特卡罗方法中占有非常重要的地位。总体和子样的关系，属于一般和个别的关系，或者说属于共性和个性的关系。由具有已知分布的总体产生简单子样，就是由简单子样的若干个性近似地反映总体的共性。

随机数是实现由已知分布抽样的基本量，在由已知分布抽样的过程中，将随机数作为已知量，用适当的数学方法可以由已知量产生具有任意已知分布的简单子样。

1. 二项分布的随机数据的生成

函数 binornd()格式如下。

R=binornd(N,P)：*N*、*P* 为二项分布的两个参数，返回服从参数为 *N*、*P* 的二项分布的随机数，*N*、*P* 大小相同。

R=binornd(N,P,m)：*m* 指定随机数的个数，与 ***R*** 同维数。

R=binornd(N,P,m,n)：*m*、*n* 分别表示 ***R*** 的行数和列数。

程序如下。

```
>> R=binornd(10,0.5)
R =
     5
>> R=binornd(10,0.5,1)
R =
     4
>> R=binornd(10,0.5,[2,3])
R =
     8     3     6
     1     7     4
>> R=binornd(10,0.5,[1,10])
R =
     6     8     4     6     7     5     3     5     6     2
>> n=10:10:60;
>> r1=binornd(n,1./n)
r1 =
     1     0     1     1     0     1
>> r2=binornd(n,1./n,[1,6])
r2 =
     1     1     2     2     1     0
```

2. 正态分布的随机数据的生成

函数 normrnd()格式如下。

R=normrnd(MU,SIGMA)：返回平均值为 MU、标准差为 SIGMA，正态分布的随机数据，R 可以是向量或矩阵。

R=normrnd(MU,SIGMA,m)：*m* 指定随机数的个数

R=normrnd(MU,SIGMA,m,n)：*m*、*n* 分别表示 ***R*** 的行数和列数

程序如下。

```
>> R=normrnd(0,1,[1 5])                    %生成 5 个正态（0,1）随机数
R =
   -0.8323    0.2944   -1.3362    0.7143    1.6236
>> R=normrnd([1 2 3;4 5 6],0.1,2,3) %生成期望依次为[1,2,3;4,5,6],
%方差为 0.1 的 2x3 个正态随机数
R =
    0.9308    2.1254    2.8559
    4.0858    4.8406    6.0571
```

3. 常见分布的随机数据的生成函数

常见分布的随机数据的生成函数如表 7-3 所示。

表 7-3　常见分布的随机数据的生成函数

函数	调用格式	说明
geornd()	geornd(P,m,n)	生成参数为 P 的 m 行 n 列几何随机数
betarnd()	betarnd(A,B,m,n)	生成 m 行 n 列的参数为 A、B 的 Beta 随机数
normrnd()	normrnd(MU,SIGMA,m,n)	生成 m 行 n 列的 m × n 个正态随机数
binornd()	binornd(N,p,m,n)	生成 m 行 n 列的 m × n 个二项随机数
exprnd()	exprnd(MU,m,n)	生成期望为 MU 的指数随机数
hygernd()	hygernd(N,K,M,m,n)	生成参数为 N、K 的超几何分布随机数
lognrnd()	lognrnd(MU,SIGMA,m,n)	生成参数为 MU、SIGMA 的对数正态分布随机数
nbinrnd()	nbinrnd(R,P,m,n)	生成参数为 R、P 的负二项随机数
poissrnd()	poissrnd(Lambda,m,n)	生成参数为 Lambda 的泊松分布随机数
trnd()	trnd(V,m,n)	生成 V 个自由度的 t 分布的随机数
unidrnd()	unidrnd(N,m,n)	生成参数为 N 的均匀（离散的）随机数
weibrnd()	weibrnd(A,B,m,n)	生成参数为 A、B 的威布尔随机数
unifrnd()	unifrnd(A,B,m,n)	生成[A,B]上均匀分布的随机数

7.2.4　参数估计

参数估计（parameter estimation）是指根据从总体中抽取的样本估计总体分布中包含的未知参数的方法。人们常常需要根据手中的数据，分析或推断数据反映的本质规律，即根据样本数据选择统计量去推断总体的分布或数字特征等。参数估计是统计推断的一种基本形式，是数理统计学的一个重要分支，分为点估计和区间估计两部分。

1. 点估计

点估计是指在给定的总体和样本中，用某个统计量的值估计总体的某个未知参数，这种估计方法称为点估计。对于同一个未知参数，常有多种估计方法，估计方法的选择涉及估计量的评价标准。常从以下 3 个不同角度考虑。

（1）无偏性。

设总体 X 含有未知参数 θ，$X_1,X_2,\ldots,X_n$ 为来自总体的简单随机样本，又设 $\hat{\theta}=\hat{\theta}(X_1,X_2,\ldots,X_n)$ 为 θ 的一个估计量。若在给定范围内无论 θ 如何取值，总有 $E_\theta(\hat{\theta})=\theta$，则称 $\hat{\theta}$ 为 θ 的一个无偏估计量；若 $E_\theta(\hat{\theta})\neq\theta$，则称 $\hat{\theta}$ 为 θ 的一个有偏估计量。

无论是无偏估计还是有偏估计，都可以统一使用“均方误差”MSE 来评价：

$$MSE(\hat{\theta})=E_\theta(\hat{\theta}-\theta)^2=D_\theta(\hat{\theta})+[\theta-E_\theta(\hat{\theta})]^2$$

例 7.11　设总体 $X\sim\chi^2(n)$，$X_1,X_2,\ldots,X_{20}$ 为来自总体的简单随机样本，欲估计总体均值 μ（注意 n 未知），比较以下 3 个点估计量的好坏：$\hat{\mu}_1=101X_1-100X_2$，$\hat{\mu}_2=\frac{1}{2}(X_{(10)}+X_{(11)})$，$\hat{\mu}_3=\overline{X}$。

例题分析：

本例题给出了利用 MSE 评价点估计量的随机模拟方法。由于 $\chi^2(n)$ 的总体均值为 n，因此我们可以先取定一个固定值，如 $n=\mu_0=5$，然后在这个参数已知且固定的总体中抽取容量为 20 的样本，用样本值依照 3 种方法分别计算估计量，看看哪种方法误差大、哪种方法误差小。一次估计的比较一般不能说明问题，正如普通人射击可能命中 10 环，高手射击也可能命中 9 环。如果连续射击 10000 次，比较总环数，命中 10 环多者一定是高手。同理，如果抽取容量为 20 的样本 $N=10000$ 次，分别计算 $MSE(\hat{\mu}_i)\approx\frac{1}{N}\sum_{k=1}^{N}[\hat{\mu}_i(k)-\mu_0]^2$，值小者为好。

程序如下。

创建 ex21.m 文件，程序如下。

```
N=10000;  m=5;  n=20;
mse1=0; mse2=0; mse3=0;
for k=1:N
    x=chi2rnd(m,1,n);
    m1=101*x(1)-100*x(2);
    m2=median(x);
    m3=mean(x);
    mes1=mse1+(m1-m)^2;
    mes2=mse2+(m2-m)^2;
    mes3=mse3+(m3-m)^2;
end
mse1=mes1/N
mse2=mes2/N
mse3=mes3/N
```

在命令行窗口中输入如下内容。

```
>>ex21
```

结果如下。

```
mse1 =
   58.1581
mse2 =
  7.8351e-005
mse3 =
  9.4469e-006
```

可见第 1 个虽为无偏估计量，但 MSE 极大，表现很差。第 2 个虽为有偏估计，但表现与第 3 个相差不多，也是较好的估计量。另外，重复运行 ex21.m 文件，每次的结果是不同的，但优劣表现几乎是一致的。

（2）有效性。

对于无偏估计，在 $MSE(\hat{\theta})=D_\theta(\hat{\theta})+[\theta-E_\theta(\hat{\theta})]^2$ 中第 2 项为 0，故比较两个无偏估计量，只需比较各自的方差即可。称方差小的无偏估计量为有效的，当然这是相对两个无偏估计量而言的。

（3）相合性。

设 $\hat{\theta}_n=\hat{\theta}_n(X_1,X_2,\ldots,X_n)$ 为总体未知参数 θ 的估计量，如果对于任意给定的 $\varepsilon>0$，总有：

$$\lim_{n\to\infty}P(|\hat{\theta}_n-\theta|<\varepsilon)=1$$

则称 $\hat{\theta}_n$ 为 θ 的相合估计量。若 $P(\lim_{n\to\infty}|\hat{\theta}_n-\theta|=0)=1$，则称 $\hat{\theta}_n$ 为 θ 的强相合估计量。

相合估计的含义是样本容量越大，估计量越精确。

2. 区间估计

区间估计是指用两个估计量 $\hat{\theta}_1$ 与 $\hat{\theta}_2$ 估计未知参数 θ，使得随机区间 $(\hat{\theta}_1,\hat{\theta}_2)$ 能够包含未知参数的概率为指定的 $1-\alpha$。则：

$$P(\hat{\theta}_1 < \theta < \hat{\theta}_2) \geqslant 1-\alpha$$

称满足上述条件的区间 $(\hat{\theta}_1, \hat{\theta}_2)$ 为 θ 的置信区间，称 $1-\alpha$ 为置信水平。$\hat{\theta}_1$ 称为置信下限，$\hat{\theta}_2$ 称为置信上限。

（1）单正态总体均值的置信区间。

在方差 σ^2 已知的情况下，对于总体 $N(\mu, \sigma_0^2)$ 中的样本 $X_1, X_2, \ldots, X_n$，μ 的置信区间为：

$$(\bar{X} - \frac{\sigma_0}{\sqrt{n}} u_{\frac{\alpha}{2}}, \bar{X} + \frac{\sigma_0}{\sqrt{n}} u_{\frac{\alpha}{2}})$$

其中 $u_{\frac{\alpha}{2}}$ 可以用 `norminv(1-a /2)` 计算。

例 7.12 设 1.1、2.2、3.3、4.4、5.5 为来自正态总体 $N(\mu, 2.3^2)$ 的简单随机样本，求 μ 的置信水平为 95%的置信区间。

程序如下。

```
>>x=[1.1,2.2,3.3,4.4,5.5];
>>n=length(x);
>>m=mean(x);
>>c=2.3/sqrt(n);
>>d=c*norminv(0.975);
>>a=m-d;  b=m+d;
>> [a,b]
```

结果如下。

```
   1.2840    5.3160
```

在方差 σ^2 未知的情况下，对于总体 $N(\mu, \sigma^2)$ 中的样本 $X_1, X_2, \ldots, X_n, \mu$ 的置信区间为：

$$(\bar{X} - \frac{S}{\sqrt{n}} t_{\frac{\alpha}{2}}, \bar{X} + \frac{S}{\sqrt{n}} t_{\frac{\alpha}{2}})$$

其中，$t_{\frac{\alpha}{2}}$ 为自由度为 $n-1$ 的 t 分布临界值。

数据同上，继续利用 MATLAB 计算。

```
>>S=std(x);
>>dd=S*tinv(0.975,4)/sqrt(n);
>>aa=m-dd;
>>bb=m+dd;
>> [aa,bb]
```

结果如下。

```
  1.1404    5.4596
```

（2）单正态总体方差的置信区间。

由于 $W = \frac{1}{\sigma^2}\sum_{i=1}^{n}(X_i - \bar{X})^2 \sim \chi^2(n-1)$，查表求临界值 $c1$ 与 $c2$，使得 $P(c1 < W < c2) = 1-\alpha$，则 σ^2 的置信区间为：

$$(\frac{1}{c2}(n-1)S^2, \frac{1}{c1}(n-1)S^2)$$

其中查表可利用 chi2inv()函数。数据同上，以下求 σ^2 的置信区间。

程序如下。

```
>>c1=chi2inv(0.025,4);
>>c2=chi2inv(0.975,4);
>>T=(n-1)*var(x);
>>aaa=T/c2;
```

```
>>bbb=T/c1;
>> [aaa,bbb]
```

结果如下。

```
1.0859    24.9784
```

（3）两正态总体均值差的置信区间。

当方差已知时，设 $X_1,X_2,\ldots,X_m \sim N(\mu_1,\sigma_1^2)$ ，$Y_1,Y_2,\ldots,Y_n \sim N(\mu_2,\sigma_2^2)$ ，两样本独立，此时 $\mu_1-\mu_2$ 的置信区间为：

$$\left(\overline{X}-\overline{Y}-u_{\frac{\alpha}{2}}\sqrt{\frac{\sigma_1^2}{m}+\frac{\sigma_2^2}{n}},\ \overline{X}-\overline{Y}+u_{\frac{\alpha}{2}}\sqrt{\frac{\sigma_1^2}{m}+\frac{\sigma_2^2}{n}}\right)$$

这里我们已经知道 $u_{\frac{\alpha}{2}}$ 可用 `norminv(0.975)` 求得，利用 MATLAB 计算很容易。

当方差未知但相等时，此时 $\mu_1-\mu_2$ 的置信区间为：

$$\left(\overline{X}-\overline{Y}-t_{\frac{\alpha}{2}}C,\ \overline{X}-\overline{Y}+t_{\frac{\alpha}{2}}C\right)$$

其中，$C=\sqrt{\frac{1}{m}+\frac{1}{n}}\sqrt{\frac{(m-1)S_1^2+(n-1)S_2^2}{m+n-2}}$ ，而 $t_{\frac{\alpha}{2}}$ 依照自由度为 $m+n-2$ 计算。

（4）两正态总体方差比的置信区间。

查自由度为 $(m-1,\ n-1)$ 的 F 分布临界值表，使得：

$$P(c1<F<c2)=1-a$$

则 σ_1^2/σ_2^2 的置信区间为：

$$\left(\frac{S_1^2/S_2^2}{c2},\frac{S_1^2/S_2^2}{c1}\right)$$

例 7.13　设两台车床加工同一零件，各加工 8 件，长度的误差如下。

A：−0.12　−0.80　−0.05　−0.04　−0.01　0.05　0.07　0.21

B：−1.50　−0.80　−0.40　−0.10　0.20　0.61　0.82　1.24

求方差比的置信区间。

程序如下。

```
>>x=[-0.12,-0.80,-0.05,-0.04,-0.01,0.05,0.07,0.21];
>>y=[-1.50,-0.80,-0.40,-0.10,0.20,0.61, 0.82,1.24];
>>v1=var(x); v2=var(y);
>>c1=finv(0.025,7,7);
>>c2=finv(0.975,7,7);
>>a=(v1/v2)/c2;
>>b=(v1/v2)/c1;
>> [a,b]
```

结果如下。

```
0.0229    0.5720
```

方差比小于 1 的概率至少达到了 95%，说明车床 A 的精度明显更高。

7.3　样本描述

采集到大量的样本数据以后，常常需要用一些统计量来描述数据的集中程度和离散程度，并通过这些指标来对数据的总体特征进行归纳。

7.3.1 描述集中程度的统计量

描述样本数据集中程度的统计量有几何均值、调和均值、算术平均值、中值及截尾均值等。

1. 几何均值

样本数据 $x_1, x_2, x_3, \dots, x_n$ 的几何均值 m 可用下式定义：

$$m = \left[\prod_{i=1}^{n} x_i\right]^{\frac{1}{n}}$$

用 geomean()函数计算样本的几何均值，其调用格式如下。

- m=geomean(x)：计算样本的几何均值。对于矢量，geomean(x)为数据 $\boldsymbol{x}$ 中元素的几何均值。对于矩阵，geomean(x)为矢量，包含每列数据的几何均值。对于多维数组，geomean(x)沿 $\boldsymbol{x}$ 的第一个成对维进行计算。
- m=geomean(x,dim)：计算 $\boldsymbol{x}$ 的第 dim 维的几何均值。

例 7.14 样本均值大于或等于样本的几何均值。

程序如下。

```
>> x=exprnd(1,10,6);
>> geometric=geomean(x)
geometric =
    0.4597    0.2757    1.3137    0.5624    0.6720    0.5726
>> average=mean(x)
average =
    0.8905    0.4898    1.7324    0.9793    1.0372    0.7887
```

2. 调和均值

样本数据 $x_1, x_2, x_3, \dots, x_n$ 的调和均值 m 可用下式定义：

$$m = \frac{n}{\sum_{i=1}^{n} \frac{1}{x_i}}$$

用 harmmean()函数计算样本数据的调和均值，其调用格式如下。

- m=harmmean(x)：计算样本的调和均值。对于矢量，harmmean(x)为 $\boldsymbol{x}$ 中元素的调和均值。对于矩阵，harmmean(x)为包含每列元素调和均值的行矢量。对于多维数组，harmmean(x)沿 $\boldsymbol{x}$ 的第一个成对维进行计算。
- m=harmmean(x,dim)：计算 $\boldsymbol{x}$ 的第 dim 维的调和均值。

例 7.15 样本均值大于或等于样本的调和均值。

程序如下。

```
>> x=exprnd(1,10,6);
>> harmonic=harmmean(x)
harmonic =
    0.3343    0.4346    0.1019    0.0988    0.6021    0.5426
>> average=mean(x)
average =
0.6071    0.5834    0.5944    1.4545    0.7383    1.1056
```

3. 算术平均值

样本数据 $x_1, x_2, x_3, \dots, x_n$ 的算术平均值 $\overline{x}$ 可用下式定义：

$$\overline{x} = \frac{1}{n}\sum_{i=1}^{n} x_i$$

用 mean()函数计算矢量和矩阵中元素的均值，其调用格式如下。

- m=mean(x)：对于矢量，mean(x)为 ***x*** 中元素的均值。对于矩阵，mean(x)为包含 ***x*** 的每列元素均值的行矢量。
- m=mean(x,dim)：计算 ***x*** 的第 dim 维元素的均值。

例 7.16　下面的命令行生成 5 个包含 100 个服从标准正态分布的随机数的样本，然后计算每个样本的算术平均值。

程序如下。

```
>> x=normrnd(0,1,100,5);
>> xbar=mean(x)
xbar =
0.0912    -0.0050    -0.0577    0.1149    0.0679
```

4. 中值

所谓中值，是指在数据序列中其值的大小恰好在中间。如数据序列 9,−2,5,7,12 的中值为 7。如果数据为偶数个，则中值等于中间两项的平均值。

median()函数的调用格式如下。

- m=median(x)：返回矩阵 ***x*** 各列元素的中值赋予行向量 ***m***。若 ***x*** 为向量，则 *m* 为单变量。
- m=median(x,dim)：按数组 ***x*** 的第 dim 维方向的元素求其中值赋予向量 ***m***。若 dim=1，为按列操作；若 dim=2，为按行操作。若 ***x*** 为二维数组，则 ***m*** 为一个向量；若 ***x*** 为一维数组，则 *m* 为单变量。

例 7.17　对于二维数组 ***x***=[1 8 4 2;9 6 2 5;3 6 7 1]，试从不同维方向求出其中值。

程序如下。

```
>> x=[1 8 4 2;9 6 2 5;3 6 7 1];
>> y1=median(x)
y1 =
     3     6     4     2
>> y2=median(x,1)
y2 =
     3     6     4     2
>> y3=median(x,2)
y3 =
    3.0000
    5.5000
4.5000
```

5. 截尾均值

截尾均值是指对样本数据进行排序以后，去掉两端的部分极值，然后对剩下的数据求算术平均值，得到截尾均值。用 trimmean()函数计算截尾均值其调用格式如下。

- m=trimmean(x,percent)：剔除测量中最大和最小的数据以后，计算样本 ***x*** 的均值。如果 ***x*** 为矢量，则 *m* 为 ***x*** 中元素的截尾均值；如果 ***x*** 为多维数组，则 *m* 沿 ***x*** 中的第 1 个成对维进行计算。percent 为 0 ~ 100 的数。
- m=trimmean(x,percent,dim)：沿 ***x*** 的第 dim 维计算截尾均值。

截尾均值为对样本位置参数的稳健性估计。若数据中有异常值，截尾均值为数据中心的一个更有代表性的估计量。若所有数据取自服从同一分布的总体，则使用样本均值比使用截尾均值更有效。

例 7.18　下面用蒙特卡罗方法模拟正态数据的 10%截尾均值相对于样本均值的有效性。值小于 1，说明正态条件下截尾均值不如样本均值有效。

程序如下。

```
>> x=normrnd(0,1,100,100);
>> m=mean(x);
>> trim=trimmean(x,10);
```

```
>> sm=std(m);
>> strim=std(trim);
>> efficiency=(sm/strim).^2
efficiency =
    0.9673
```

7.3.2 描述离散程度的统计量

描述离散程度的统计量包括内四分极值、均值绝对差、极差、方差及标准差等。

1. 内四分极值

用 iqr()函数计算样本的内四分极值（Interquartile Range，IQR），其调用格式如下。

- y=iqr(x)：计算 ***x*** 的内四分极值。IQR 是对数据极差的稳健性估计。因为上下 25%的数据变化对其没有影响。对于多维数组，iqr()函数沿 ***x*** 的第 1 个成对维进行计算。
- y=iqr(x,dim)：计算 ***x*** 的第 dim 维元素的内四分极值。若数据中没有异常值，则用 IQR 衡量数的极差比用标准差更具代表性。当数据取自正态分布总体时，标准差比 IQR 有效。常用 IQR × 0.7413 代替标准差。

例 7.19 用蒙特卡罗方法模拟正态数据的 IQR 相对于样本标准差的有效性，结果仅为 0.4000，说明正态条件下 IQR 不如标准差有效。

程序如下。

```
>> x=normrnd(0,1,100,100);
>> s=std(x);
>> s_IQR=0.7413*iqr(x);
>> efficiency=(norm(s-1)./norm(s_IQR-1)).^2
efficiency =
0.4000
```

2. 均值绝对差

用 mad()函数计算数据样本的均值或中值绝对差（MAD），其调用格式如下。

- y=mad(x)：计算 ***x*** 中数据的均值绝对差。如果 ***x*** 为矢量，则 ***y*** 用 *mean(abs(x-mean(x)))* 计算；如果 ***x*** 为矩阵，则 ***y*** 为包含 ***x*** 中每列数据均值绝对差的行矢量；如果 ***x*** 为多维数组，则 mad 函数计算第 1 个成对维元素的均值绝对差。
- y=mad(x,0)：与 mad(x)相同，使用均值。
- y=mad(x,1)：基于中值计算 ***y***，即 median(abs(x-median(x)))。
- y=mad(x,flag,dim)：沿 ***x*** 的第 dim 维计算 MAD。

该函数将 NAN 视为缺失值并删除。当数据取自正态分布总体时，用均值绝对差进行数据范围估计的有效性比标准差要差一些。可以用标准差乘以 1.3 来估计均值绝对差。

例 7.20 说明正态条件下用标准差衡量数据范围比用均值绝对差更有效。

程序如下。

```
>> x=normrnd(0,1,100,100);
>> s=std(x);
>> s_MAD=1.3*mad(x);
>> efficiency=(norm(s-1)./norm(s_MAD-1)).^2
efficiency =
    0.7073
```

3. 极差

极差指的是样本中最小值与最大值之间的差值。用 range()函数计算样本的极差，其调用格式如下。

- y=range(x)：返回极差。对于矢量，range(x)为 ***x*** 中元素的极差。对于矩阵，range(x)为包含 ***x*** 中列中元素极差的行矢量。对于多维数组，range 函数沿 ***x*** 的第 1 个成对维进行计算。

- y=range(x,dim)：计算 **x** 的第 dim 维元素的极差。

用极差估计样本数据的范围具有计算简便的优点，缺点是异常值对极差的影响较大，因此极差是一个“不可靠”的估计量。

例 7.21 大样本标准正态分布随机数的极差近似为 6。下面首先生成 5 个包含 1000 个服从标准正态分布的随机数的样本，然后求极差。

程序如下。

```
>> rv=normrnd(0,1,1000,7);
>> near4=range(rv)
near4 =
    6.3199    5.8485    6.6472    6.6334    7.3721    6.0413    6.8046
```

4. 方差

用 var()函数计算样本的方差，其调用格式如下。

- y=var(x)：计算 **x** 中数据的方差。对于矢量，var(x)为 **x** 中元素的方差。对于矩阵，var(x)是包含 **x** 中每一列元素方差的行矢量，通过除以 $n-1$ 来达到标准化，其中 n 为样本大小。对于正态分布数据，var(x)为 σ^2 的最小方差无偏估计量。
- y=var(x,1)：通过除以 n 来达到标准化并生成样本数据的二阶矩。
- y=var(x,w)：使用权重矢量 **w** 计算方差。**w** 中元素的个数必须等于矩阵 **x** 的行数。对于矢量 **x**，**w** 和 **x** 必须在长度上匹配。**w** 的每个元素必须为正值。
- y=var(x,w,dim)：计算 **x** 的第 dim 维元素的方差。**w** 为 0 时，使用默认的 $n-1$ 进行标准化；**w** 为 1 时，使用 n 进行标准化。

令 ss 为 x 矢量中元素与其均值之间的离差平方和，则 var(x)=$ss/(n-1)$ 为 σ^2 的最小方差无偏估计量，var(x,1)=ss/n 为 σ^2 的最大似然估计量。

5. 标准差

样本数据 $x_1,x_2,\ldots,x_n$ 的标准差可用下式定义：

$$s=\left(\frac{1}{n-1}\sum_{i=1}^{n}(x_i-\overline{x})^2\right)^{\frac{1}{2}}$$

式中，样本均值为 $\overline{x}=\frac{1}{n}\sum x_i$。

用 std()函数计算样本的标准差，其调用格式如下。

- y=std(x)：计算 **x** 中数据样本的标准差。对于矢量 **x**，std(x)为 **x** 中元素的标准差。对于矩阵，std(x)为包含 **x** 中每一列元素标准差的行矢量。std(x)通过除以 $n-1$ 来达到标准化，其中 n 为样本大小。对于正态分布数据，标准差的平方是 σ^2 的最小方差无偏估计量。
- y=std(x,1)：用 n 对 **x** 进行标准化，结果 **y** 为样本关于其均值二阶矩的平方根。std(x,0)与 std(x)相同。
- y=std(x,flag,dim)：计算 **x** 的第 dim 维元素的标准差。flag 为 0 时，使用 $n-1$ 进行标准化；flag 为 1 时，使用 n 进行标准化。

例 7.22 下面首先生成 5 列服从标准正态分布的随机数，每列有 100 个数。每一列中，标准差 y 的期望值均为 1。

程序如下。

```
>> x=normrnd(0,1,100,5);
>> y=std(x)
```

```
y =
     0.9555    0.9544    0.9980    0.9154    1.0735
```

7.3.3 自助统计量

用 bootstat()函数计算数据重复取样的自助统计量，其调用格式如下。

- bootstat=bootstat(nboot,bootfun,d1,d2…)：从输入数据集 **d**1、**d**2 等中提取 nboot 个自助数据样本并传给 bootfun 函数进行分析。bootfun 是一个函数句柄。nboot 必须为正整数，并且每个输入数据集必须包含相同的行数 n，每个自助样本包含 n 行，它们随机取自对应的输入数据集 **d**1、**d**2 等。输出 bootstat 的每一行包括将 bootfun 函数应用于一个自助样本时生成的结果。如果 bootfun 函数返回多个输出参数，则只在 bootstat 中保存第 1 个。如果 bootfun 函数的第 1 个输出参数为矩阵，则将该矩阵重塑为行矢量，以便保存到 bootstat 中。

- [bootstat,bootsam]=bootstat(…)：返回一个 $n \times n$ 的自助编号导入矩阵 bootsam。bootsam 中的每一列包含从原始数据集中提取出来组成对应自助样本的值的编号。如果 **d**1、**d**2 等每个都包含了 16 个值，nboot=4，则 bootsam 是一个16×4 的矩阵。第 1 列包含从 **d**1、**d**2 等数据集中提取出来形成前 4 个自助样本的 16 个值的编号，第 2 列包含随后 4 个自助样本的 16 个值的编号，以此类推。

例 7.23 计算 15 个学生的法学院入学考试（Law School Admission Test，LSAT）的分数和法学院平均学分绩点（Grade Point Average，GPA）之间的关系。通过对这 15 个数据点进行重复采样，创建了 1000 个不同的数据集，然后找出每个数据集中这两个变量之间的相关关系。

程序如下。

```
>> load lawdata
>> [bootstat,bootsam]=bootstrp(1000,'corrcoef',lsat,gpa);
>> bootstat(1:5,:)
ans =
    1.0000    0.6558    0.6558    1.0000
    1.0000    0.6632    0.6632    1.0000
    1.0000    0.5741    0.5741    1.0000
    1.0000    0.9064    0.9064    1.0000
    1.0000    0.9465    0.9465    1.0000
>> bootsam(:,1:5)
ans =
    15     7     1     8     8
     4    15    12    11    14
    10    14     7     7    13
     8     7    14     5    10
    14    14     7     3    13
    12     1     7     3    10
     7     6    13    11     6
     1    13     8     5     5
    13     1     4     9     6
     7     3    11     3     9
    10     4    13    11    11
    12     3     1     6     5
    14    10    11    13    13
    12     5     6    13     9
     3     3    13     9     6
>> hist(bootstat(:,2))
```

生成直方图，直方图如图 7-14 所示。

该直方图显示了整个自助样本的相关系数的变化。样本最小值为正，表示 LSAT 的分数和 GPA 之间是相关的。

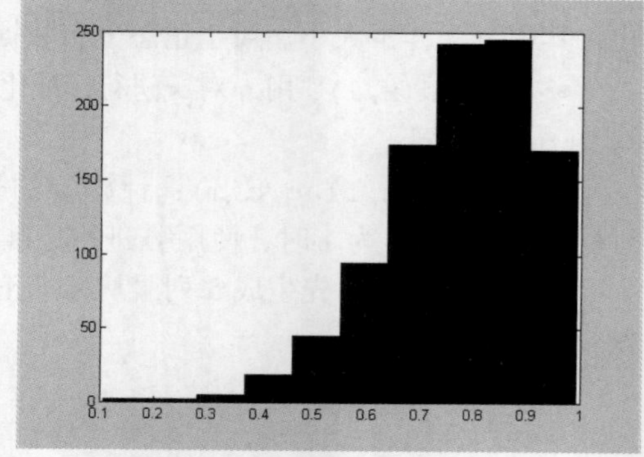

图 7-14 直方图

7.3.4 中心矩

k 阶中心矩可以用下式定义：

$$m_n = E(x-\mu)^k$$

$E(x)$ 为 x 的期望。

用 moment()函数计算所有阶次的中心矩，其调有格式如下。

- m=moment(X,order)：返回由正整数 order 指定阶次的 **X** 的中心矩。对于矢量，moment(X,order)函数返回 **X** 的元素的指定阶次的中心矩。对于矩阵，moment(X,order)函数返回每一列的指定阶次的中心矩。对于多维数组，moment 函数沿 **X** 的第 1 个成对维进行计算。
- m=moment(X,order,dim)：沿 **X** 的第 dim 维进行计算。一阶中心矩为 0，二阶中心距为用除数 n 得到的方差，其中 n 为矢量 **X** 的长度或是矩阵 **X** 的行数。

例 7.24　利用 moment()函数求解矩阵的中心矩。

程序如下。

```
>> x=randn([6 5])
x =
   -0.3999    1.1908   -1.0565   -2.1707    0.5913
    0.6900   -1.2025    1.4151   -0.0592   -0.6436
    0.8156   -0.0198   -0.8051   -1.0106    0.3803
    0.7119   -0.1567    0.5287    0.6145   -1.0091
    1.2902   -1.6041    0.2193    0.5077   -0.0195
    0.6686    0.2573   -0.9219    1.6924   -0.0482
>> m=moment(x,3)
m =
   -0.1324   -0.0204    0.3380   -0.6812   -0.0556
```

7.3.5 相关系数

用 corrcoef()函数计算样本数据的相关系数矩阵，其调用格式如下。

- R=corrcoef(X)：返回用输入矩阵 **X** 计算得到的相关系数矩阵 **R**，输入矩阵的行为观测量，列为变量。相关系数矩阵 **R** 中的第 i 行、j 列的元素与协方差矩阵 **C** 有关，$R(i,j)=\dfrac{C(i,j)}{\sqrt{C(i,i)C(j,j)}}$。
- R=corrcoef(x,y)：与 corrcoef([x,y])一样，**x** 和 **y** 为列矢量。
- [R,P]=corrcoef(…)：返回矩阵 **P**。**P** 的值用于检验没有相关性的假设。如果 **P**(i,j)较小，小于 0.05，则相关性 **R**(i,j)显著。
- [R,P,RLO,RUP]=corrcoef(…)：返回大小与 **R** 相同的矩阵 RLO 和 RUP，它们分别包含每个系数 95%置信区间的下界和上界。

例 7.25　生成 3 列随机数，使第 3 列与其他列有相关性。

程序如下。

```
>> x=randn(30,3);
>> x(:,3)=sum(x,2);
>> [r,p]=corrcoef(x)
>> [i,j]=find(p<0.05);
>> [i,j]
r =
    1.0000    0.1432    0.4175
    0.1432    1.0000    0.7738
    0.4175    0.7738    1.0000
p =
    1.0000    0.4502    0.0217
    0.4502    1.0000    0.0000
```

```
    0.0217    0.0000    1.0000
ans =
     3     1
     3     2
     1     3
     2     3
```

7.3.6 协方差矩阵

用 cov()函数计算协方差矩阵，其调用格式如下。

- C=cov(X)：对于单一矢量而言，cov(X)返回一个包含方差的标量。对于行为观测量，列为变量。对于矩阵，cov(X)为协方差矩阵。计算方差的函数 var(X)等价于 diag(cov(X))。计算标准差的函数 std(X)等价于 sqrt(diag(cov(X)))。
- C=cov(X,Y)：cov(X,Y)等价于 cov([X,Y])，其中 ***X***、***Y*** 为长度相等的列矢量。

cov()函数的算法如下。

```
[n,p]=size(X);
X=X-ones(n,1)*mean(X);
Y=X'*X/(n-1);
```

7.4 假设检验

假设检验是概率统计学中的重要概念，其中主要包括 3 种：单个样本的 t 检验、两个样本的 t 检测、Z 检验。

7.4.1 单个样本的 t 检验

t 检验是用小样本检验总体参数，特点是在均方差不知道的情况下，可以检验样本平均数的显著性。

对于单个正态总体并且方差未知的情况，用下面的统计量来检验其平均数的显著性（假设样本均值与总体均值相等，即 $\mu=\mu_0$）。

$$T=\sqrt{n}\frac{\overline{X}-\mu_0}{S}$$

式中，S 为样本的方差，$\overline{X}$ 为样本均值，μ_0 为总体均值，n 为样本大小。

当原假设成立时，上面的统计量应该服从自由度为 $n-1$ 的 t 分布。

用 ttest()函数进行样本均值的 t 检验，其调用格式如下。

- h=ttest(x)：零假设为 ***x*** 向量中的数据取自均值为 0 的分布，进行 t 检验。将检验结果返回到 h 中。结果为 0 表示不能在 5%的置信水平上拒绝零假设。结果为 1 表示可以拒绝零假设。假设数据取自方差未知的正态分布。
- h=ttest(x,m)：在 0.05 的显著性水平上进行 t 检验，以确定向量 ***x*** 中的数据是否取自均值为 m 的分布。
- h=ttest(x,y)：进行配对数据的 t 检验，零假设为向量 ***x*** 和 ***y*** 中的两个配对样本取自均值相同的分布。假设差值 ***x-y*** 服从方差未知的正态分布。***x*** 和 ***y*** 必须具有相同的长度。
- h=ttest(…, alpha)：在(100*alpha)%的显著性水平上进行检验。如当 alpha=0.01 时，若 h=1，则在 0.01 的显著性水平上拒绝零假设；若 h=0，则不能在该水平上拒绝零假设。
- h=ttest(…, alpha, tail)：允许指定进行单侧检验或双侧检验。tail 可以有下面 3 种取值。

'both'——均值不为 0（或 m），为默认设置，双侧检验。

'right'——均值大于 0（或 m），右侧检验。

'left'——均值小于 0（或 m），左侧检验。

● [h, p, ci, stats]= ttest(...)：返回结构 stats。它包括下面 3 个字段。

'tstat'——检验统计量的值。

'df'——检验的自由度。

'sd'——总体标准差的估计。对于配对样本的检验，此为 x-y 的标准差。

7.4.2 两个样本的 t 检验

进行两个独立正态总体下样本均值的比较时，根据方差齐与不齐两种情况，应用不同的统计量进行检验。

方差不齐时，检验统计量为：

$$T=\frac{\overline{X}-\overline{Y}}{\sqrt{\frac{S_X^2}{m}+\frac{S_Y^2}{n}}}$$

式中，$\overline{X}$ 和 $\overline{Y}$ 表示样本 1 和样本 2 的均值；S_X^2 和 S_Y^2 为样本 1 和样本 2 的方差；m 和 n 为样本 1 和样本 2 的数据个数。

方差齐时，检验统计量为：

$$T=\frac{\overline{X}-\overline{Y}}{S_W\sqrt{\frac{1}{m}+\frac{1}{n}}}$$

式中，S_W 为两个样本的标准差，它是样本 1 和样本 2 的方差的加权平均值的平方根：

$$S_W=\sqrt{\frac{(m-1)S_X^2+(n-1)S_Y^2}{m+n+1}}$$

当两个总体的均值差异不显著时，该统计量应服从自由度为 $m+n-2$ 的 t 分布。

用 ttest2()函数对两个样本的均值差异进行 t 检验，其调用格式如下。

● h=ttest2(x, y)：假设 **x** 和 **y** 为取自服从正态分布的两个样本，在它们的标准差未知但相等时检验它们的均值是否相等。当 h=1 时，可以在 0.05 的显著性水平上拒绝零假设。当 h=0 时，可以在该水平上接受零假设。

● [h, significance, ci]= ttest2(x, y, alpha)：给出显著性水平的控制参数 alpha。如当 alpha=0.01 时，若 h=1，则在 0.01 的显著性水平上拒绝零假设；若 h=0，则不能在该水平上拒绝零假设。

● [h, significance, ci, stats]= ttest2(x, y, alpha)：返回结构 stats。它包含下面 3 个字段。

'tstat'——检验统计量的值。

'df'——检验的自由度。

'sd'——方差相等时，为总体标准差合并估计（pooled estimate）；方差不等时，为包含总体标准差非合并估计（non pooled estimate）的矢量。

● [...]=ttest2(x, y, alpha, tail)：允许指定进行单侧检验或双侧检验。tail 可以有下面 3 种取值。

'both'——默认设置，指定备择假设 $\mu_X \neq \mu_Y$ 。

'right'——指定备择假设 $\mu_X > \mu_Y$。

'left'——指定备择假设 $\mu_X < \mu_Y$。

- h=ttest2(x, y, alpha, tail, 'unequal')：假设两个样本取自方差未知但可能不相等的正态分布总体，进行检验。该问题常被称为 Behrens-Fisher 问题。

例 7.26 下面分别给出作家马克·吐温（Mark Twain）的 8 篇小品文和斯诺德格拉斯（Snadgrass）的 10 篇小品文中的由 3 个字母组成的单词的比例。

马克·吐温	0.225	0.262	0.217	0.240	0.230	0.229	0.235	0.217		
斯诺特格拉斯	0.209	0.205	0.196	0.210	0.202	0.207	0.224	0.223	0.220	0.201

设两组数据分别来自正态分布总体，且总体方差相等，但参数均未知。两个样本相互独立，问两个作家所写的小品文中包含由 3 个字母组成的单词的比例是否有显著差异。零假设为两个作家对应的小品文中包含由 3 个字母组成的单词的比例没有显著差异。

程序如下。

```
>> x=[0.225 0.262 0.217 0.240 0.230 0.229 0.235 0.217];
>> y=[0.209 0.205 0.196 0.210 0.202 0.207 0.224 0.223 0.220 0.201];
>> [h,signnificance,ci]=ttest2(x,y)
h =
     1
signnificance =
    0.0013
ci =
    0.0101    0.0343
```

h=1，拒绝零假设，认为两个作家所写的小品文中包含由 3 个字母组成的单词的比例有显著差异。

7.4.3 *Z* 检验

Z 检验是指在方差已知的情况下检验单样本是否服从给定均值的正态分布。

用 ztest()函数在给定方差的条件下进行均值检验，其调用格式如下。

- h=ztest(x, m, sigma)：在 0.05 的显著性水平上进行 *Z* 检验，以确定服从正态分布的样本的均值是否为 m，标准差是否为 sigma。
- h=ztest(x, m, sigma, alpha)：给出显著性水平控制参数 alpha。如 alpha=0.01，则当 h=1 时，可以在 0.01 的显著性水平上拒绝零假设；当 h=0 时，则不能在该水平上拒绝零假设。
- [h, sig, ci, zval]= ztest(x, m, sigma, alpha, tail)：允许指定进行单侧或双侧检验。tail 参数可以有下面几种取值。

'both'——默认设置，指定备择假设 $\overline{x} \neq m$。

'right'——指定备择假设 $\overline{x} > m$。

'left'——指定备择假设 $\overline{x} < m$。

zval 是下面 *z* 统计量的值：

$$z = \frac{\overline{x} - m}{\sigma/\sqrt{n}}$$

式中，*n* 是样本中观测量的个数。

sig 为与 z 统计量相关的 p 值，是零假设为 x=m 时，z 的观测量大于或等于 *m* 的概率。ci 为均值真值的 1-alpha 置信区间。

例 7.27 某批矿砂的 5 个样品中的镍含量，经测定为（%）

3.25　3.27　3.24　3.26　3.24

设测定值总体服从正态分布，方差为 0.04，问在 0.01 的显著性水平上能否接受假设：这批矿砂的镍含量的均值为 3.25。

程序如下。

```
>> x=[3.25 3.27 3.24 3.26 3.24];
>> [h,sig,ci]=ztest(x,3.25,0.04,0.01)
h =
     0
sig =
    0.9110
ci =
    3.2059    3.2981
```

h=0，sig>0.01，所以接受零假设，认为在 0.01 的显著性水平上可以认为这批矿砂的镍含量的均值为 3.25。

7.5　多元统计分析

在日常生活和科学研究的过程中，往往会同时观测 n 个对象的 p 个属性，然后对这些数据进行整理分析，从而得出所期望的结论。多元统计分析就是处理这类问题的一个有力方法。

7.5.1　判别分析

在科学研究中，经常会遇到这样的问题：某研究对象以某种方式（如按先前的结果或经验）划分成若干类型，而每一类都是用一些指标如 $X=(X_1,X_2,\ldots,X_p)$ 来表示，即不同类型的 X 的观测量在某种意义上有一定的差异。当得到一个新样品（或个体）的关于指标 X 的观测量时，要判断该样品属于已知类型中的哪一个，这类问题通常称为判别分析。也就是说，判别分析是根据所研究个体的某些指标的观测量来推断该个体所属类型的一种统计方法。

（1）统计工具箱中实现线性判别分析的函数为 classify()。

其调用格式如下。

```
class = classify(sample, training, group)
```

其中，sample 指定数据的每一行到训练集 training 指定的一个类中；group 指定训练集中的每一行属于哪一个类；class 的每一个元素指定 sample 中对应元素的分类。

（2）统计工具箱中实现计算马氏距离的函数为 mahal()。

其调用格式如下。

```
d = mahal(Y,X)
```

其中，$\boldsymbol{X}$ 为样本至 $\boldsymbol{Y}$ 中每一个点（行）的马氏距离。

例 7.28　以 $\lg(1/EC_{50})$作为活性高低的界限，测定了 26 个含硫芳香族化合物对发光菌的毒性的数据。分别计算了这些化合物的 $\lg K_{ow}$、哈米特（Hammett）电荷效应常数 σ，并测定了水解速度常数 k。26 个化合物的结构参数与判别分析结果如表 7-4 所示。试根据活性类别（两类）、变量 $\lg K_{ow}$、σ、$\lg k$ 所取的数据，对 3 个未知活性同系物的活性进行判别。

表 7-4　　26 个化合物的结构参数与判别分析结果

化合物编号与类别		$\lg(1/EC_{50})$	σ	$\lg K_{ow}$	$\lg k$
1	第 I 类（低活性）	0.93	1.28	2.30	1.76
2		10.2	0.81	3.61	2.43
3		1.03	0.81	3.81	2.31
4		1.12	1.51	3.01	1.98
5		1.13	1.04	4.32	2.20
6		1.18	1.28	0.98	1.30
7		1.32	1.28	2.30	2.05

续表

化合物编号与类别		lg(1/EC_{50})	σ	lgK_{ow}	lg$k$
8	第 I 类（低活性）	1.37	1.23	0.98	1.09
9		1.41	1.04	4.32	2.12
10		1.43	1.51	1.89	1.17
11		1.45	0.81	2.29	1.48
12		1.51	1.04	3.00	1.40
13		1.51	1.48	0.95	0.57
14	第 II 类（高活性）	1.66	1.48	2.27	1.25
15		1.67	1.71	0.66	0.59
16		1.71	1.48	0.95	0.49
17		1.72	1.48	2.27	1.22
18		1.70	1.04	3.00	1.29
19		1.87	1.71	3.00	1.10
20		1.93	1.51	3.01	1.73
21		2.19	2.06	2.04	1.76
22		2.20	1.51	1.69	1.02
23		2.21	1.59	2.03	1.23
24		2.22	2.26	2.01	0.61
25		2.56	1.71	0.66	0.57
26		2.65	2.06	0.58	1.17
27	未知	1.33	0.81	2.29	1.71
28		1.72	1.59	3.35	1.46
29		1.55	1.71	3.00	1.17

程序代码如下。

```
>> clear all;
>>load mydata      %保存以上数据为 mydata.mat 文件
>>training = [x1 x2 x3 x4];
>>group = [1 1 1 1 1 1 1 1 1 1 1 1 1 2 2 2 2 2 2 2 2 2 2 2 2 2]';
>>sample = [1.33 0.81 2.29 1.71;1.72 1.59 3.35 1.46;1.55 1.71 3.00 1.17];
>> class = classify(sample, training, group)
class =
1  2  2
```

3 个未知活性同系物的活性类型分别属于低、高、高，与实际结果完全一样。

7.5.2 聚类分析

人类认识世界的一种重要方法是将世界上的事物进行分类，从中发现规律，进而改造世界。正因为这样，分类学早就成为人类认识世界的一门基础科学。由于事物的复杂性，单凭经验来分类是远远不够的，利用数学方法进行更科学的分类成为一种必然的趋势。随着计算机的普及，利用数学方法研究分类不仅非常必要，而且是完全可能的。因此，聚类分析作为多元统计分析的一个重要分支，发展非常迅速。

在分类学中，一般把某种性质比较相近的事物归为同一类，把性质不相近的事物归为不同的类。利用数学方法所进行的分类是建立在各个事物关于其性质变量的测量数据基础上的，即利用这些数据的内在联系和规律来进行分类。

统计工具箱实现了两类聚类方法，即系统聚类法和 K-均值聚类法。

1. 系统聚类法

系统聚类法是目前用得最多的一种聚类方法之一。它的基本思想是先将要分类的 n 个变量各自看作一类，然后计算各类之间的关系密切程度（相关系数或距离），并将关系最密切的两类归为一类，其余不变，即得到 n-1 个类，如此重复进行下去，每次归类都减少一类，直至最后 n 个变量都归为一类。这一归类过程可以用一张聚类图形象地表示出来，由聚类图可以明显看出分类过程。

用统计工具箱实现系统聚类法的基本步骤如下。

（1）计算数据集每对元素之间的距离，对应函数为 pdist()。

其调用格式如下。

```
y = pdist(X)
y = pdist(X, metric)
y = pdist(X, distfun)
y = pdist(X,'minkowski', p)
```

其中，$\boldsymbol{X}$ 是 $m \times n$ 的矩阵，表示 m 个大小为 n 的向量；metric 是计算距离的方法选项；distfun 是自定义的距离函数；p 是自定义距离函数的输入参数；$\boldsymbol{y}$ 返回大小为 $m(m-1)/2$ 的距离矩阵，距离的排列顺序为(1,2)，(1,3)，…，(1,m)，(2,1)，…，(2,m)，…，(m−1,m)，$\boldsymbol{y}$ 也称为相似矩阵。

metric 的取值如下。

metric = euclidean 时，表示欧氏距离（默认值）。

metric = seuclidean 时，表示标准的欧氏距离。

metric = mahalanbis 时，表示 mahalanbis 距离。

（2）对变量进行分类，构成一个系统聚类树，对应函数为 linkage()。

其调用格式如下。

```
Z = linkage (y)
Z = linkage (y, method)
```

其中，$\boldsymbol{y}$ 是距离向量；$\boldsymbol{Z}$ 为返回的系统聚类树；method 是采用的算法选项，其取值如下。

method = single 时，表示最短距离。

method = complete 时，表示最长距离。

method = average 时，表示平均距离。

method = centroid 时，表示中心距离。

（3）确定划分系统聚类树，得到不同的类，对应的函数为 cluster()。

其调用格式如下。

```
T = cluster(Z, 'cutoff', c)
T = cluster(Z, 'cutoff', c,'depth',d)
T = cluster(Z, 'cutoff', c, 'criterion',criterion)
T = cluster(Z, 'maxclust', n)
```

其中，$\boldsymbol{Z}$ 是系统聚类树，为 $(m-1)\times 3$ 的矩阵，c 是阈值；n 是类的最大数目；criterion 是聚类的准则；d 是聚类的选项；depth 是系统聚类树的水平数，并包含在不连续系数的计算中；cutoff 是一个临界值，它决定 cluster 函数怎样聚类。

例 7.29　利用系统聚类法对以下 5 个变量分类。

程序如下。

```
X=[1 2;2.5 4.5;2 2;4 1.5;4 2.5];
figure(1);
plot(X(:,1),X(:,2),'*');
grid on;axis([0 5 0 5]);
Y=pdist(X);
DisM=squareform(Y)
Z=linkage(Y)
figure(2);
dendrogram(Z);
T1=cluster(Z,2)
T2=cluster(Z,3)
T3=cluster(Z,5)
```

变量分类如图 7-15 所示。

各个变量之间的距离矩阵如下。

```
DisM =
         0    2.9155    1.0000    3.0414    3.0414
    2.9155         0    2.5495    3.3541    2.5000
    1.0000    2.5495         0    2.0616    2.0616
    3.0414    3.3541    2.0616         0    1.0000
    3.0414    2.5000    2.0616    1.0000         0
```

系统聚类树连接信息矩阵如下。

```
Z =
    4.0000    5.0000    1.0000
    1.0000    3.0000    1.0000
    6.0000    7.0000    2.0616
    2.0000    8.0000    2.5000
```

5 个变量在空间的位置如图 7-16 所示。

当阈值为 2 时的聚类结果如下。

```
T1 =
     2     1     2     2     2
```

5 个变量分为两类——{1,3,4,5},{2}。

当阈值为 3 时的聚类结果如下。

```
T2 =
     2     3     2     1     1
```

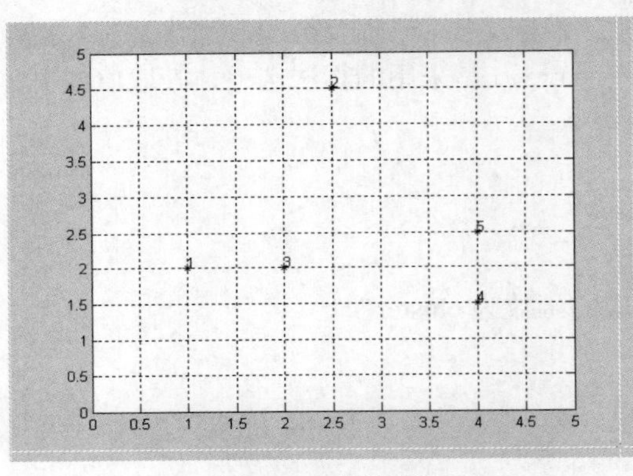

图 7-15　变量分类

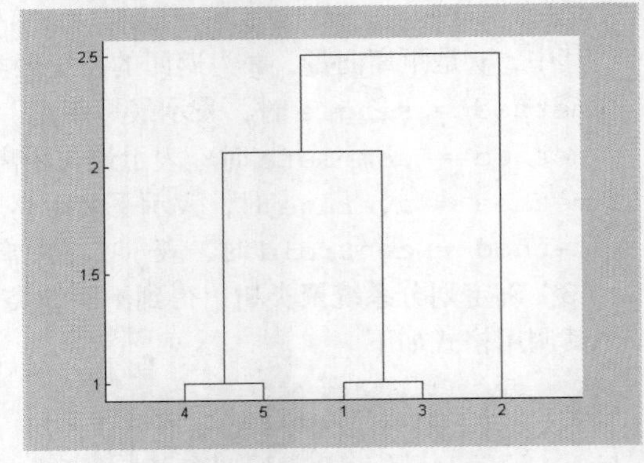

图 7-16　5 个变量在空间的位置

5 个变量分为 3 类——{1,3},{2},{4,5}。

当阈值为 5 时的聚类结果如下。

```
T3 =
     1     2     3     4     5
```

5 个变量分为 5 类——{1},{2},{3},{4},{5}。

2. K-均值聚类法

K-均值聚类法是一种简单、高效的聚类方法。假设有 n 个变量 $x_1,x_2,\ldots,x_n$，现将 n 个变量划分为 K 类，分别用 $X_1,X_2,\ldots,X_k$ 表示。令 N_i 是第 i 类 X_i 中的变量数目，m_i 是这些变量的均值，取距离为欧氏距离。实现 K-均值聚类法的步骤如下。

（1）随机选择 K 个样本作为初始聚类中心 $m_1, m_2, \ldots,m_k$。

（2）如果 $d(x_1,m_p)\leqslant d(x_j,m_i)$，$1\leqslant p\leqslant K$，$i=1,2,\ldots,k$，则 x_j 到第 p 类。

（3）重新计算每个聚类的中心：$m=\dfrac{1}{N}\sum\limits_{x\in x_i}x$，$i=1,2,\ldots,k$。

（4）重复步骤（2）和（3）直到 m_i 不再变化，$i=1,2,\ldots,k$。

统计工具箱中实现 K-均值聚类法的函数为 kmeans()。

其调用格式如下。

```
IDX = kmeans(X,k)
[IDX,C]= kmeans(X,k)
[IDX,C,sumd]= kmeans(X,k)
[IDX,C,sumd,D]= kmeans(X,k)
[…] = kmeans (…,param1, val1, param2, val2,…)
```

其中，***X*** 是 $n\times p$ 的数据矩阵；k 是类的数目；param1、val1 等是控制迭代算法的优化参数的名称和数值；IDX 返回 $n\times 1$ 的向量，包含了每个变量的类编号；***C*** 返回一个 $k\times p$ 的矩阵，表示 k 个类的中心位置；sumd 返回一个 $1\times k$ 的向量，表示每个类中所有点到聚类中心位置的距离；***D*** 返回一个 $n\times k$ 的矩阵，表示每一个点到每一个聚类中心的距离。

例 7.30　将一个四维数据分成不同的类。

程序代码如下。

```
>> seed=931316785;
>> rand('seed',seed);
>> randn('seed',seed);
>> load kmeansdata;
>> size(X);
>> k1=3;
>> idx3=kmeans(X,k1,'distance','city');
>> figure(1);
>> [silh3,h]=silhouette(X,idx3,'city');
>> xlabel('Silhouette 值');ylabel('聚类');
>> k2=4;
>> idx4=kmeans(X,k2,'dist','city','display','iter');
>> figure(2);
>> [silh4,h]=silhouette(X,idx4,'city');
>> xlabel('Silhouette 值');ylabel('聚类');
>> k3=5;
>> idx5=kmeans(X,k3,'dist','city','replicates',5);
>> figure(3);
>> [silh5,h]=silhouette(X,idx5,'city');
>> xlabel('Silhouette 值');ylabel('聚类');
```

运行程序，类数目为 3 时的聚类结果如图 7-17 所示。

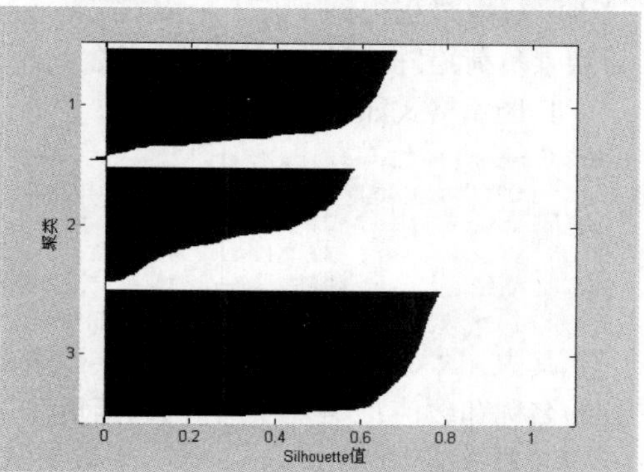

图 7-17　类数目为 3 时的聚类结果

由图 7-17 可以看出，第 3 类的大多数点具有较高的 Silhouette 值，这说明第 3 类与其他的类很好地区分开了。但是第 2 类的许多点的 Silhouette 值较低，这说明第 1 类和第 2 类没有很好地区分开。因此需要增加类的数目。

利用可选参数“display”显示算法的迭代信息如下。

```
   iter    phase        num         sum
     1        1         560     2897.56
     2        1          53     2736.67
     3        1          50     2476.78
     4        1         102     1779.68
     5        1           5      1771.1
     6        2           0      1771.1
6 iterations, total sum of distances = 1771.1
```

可见最优的类数目为 4，其聚类结果如图 7-18 所示

由图 7-18 可以看出，这 4 个类很好地被区分开。继续增加类的数目到 5，得到的聚类结果如图 7-19 所示。

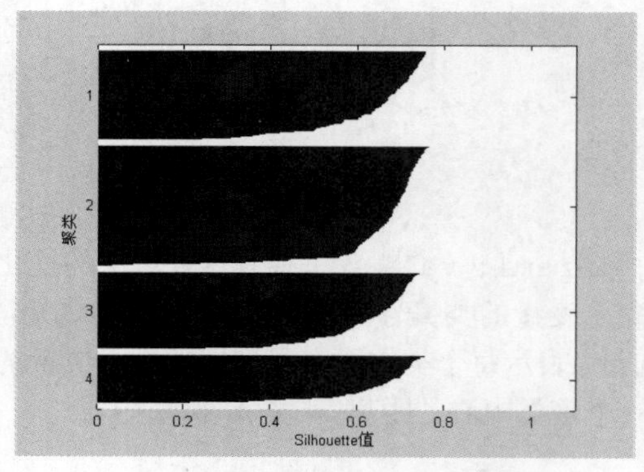

图 7-18 类数目为 4 时的聚类结果

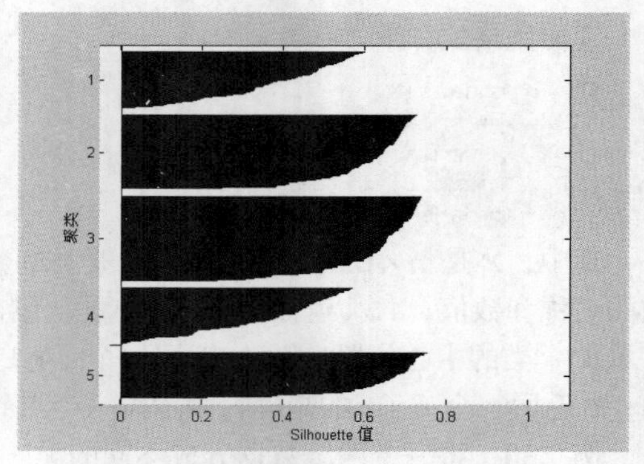

图 7-19 类数目为 5 时的聚类结果

7.5.3 因素分析

多元数据常常包含大量的测量变量，有时候这些变量是相互重叠的。也就是说，它们之间存在相关性。因素分析的概念是英、美等心理统计学者们最早提出的，因素分析法的目的就是从试验所得的 $m \times n$ 个数据样本中概括和提取较少量的关键因素，它们能反应和解释所得的大量观察事实，从而建立起简捷、基本的概念系统，揭示出事物之间最本质的联系。

因素分析的数学模型如下：

$$Y \times n = Pf + s$$

式中，$\boldsymbol{Y} = [y_1, y_2, \ldots, y_m]^{\mathrm{T}}$ 为可观测的 m 维随机向量；任一分量 $\boldsymbol{y}_i$ 是一个随机时间序列变量，记作 $\boldsymbol{y}_i = [y_{1i}, y_{2i}, \ldots, y_{ki}]^{\mathrm{T}}$；$\boldsymbol{y}_i$ 称为公共因素向量 $(K \leqslant i)$；$\boldsymbol{s} = (s_1, s_2, \ldots, s_m)^{\mathrm{T}}$；$\boldsymbol{s}$ 都是相互无关的随机向量，一般是不可观测的。

因素分析一般有两步：第一步是从信号的相关矩阵 $\boldsymbol{R}$ 中求解出无限多个 P 中的一个，确定因素数目，称为因素提取过程；第二步是经过旋转变换，找到最合适的 P，称为因素旋转过程。通过因素提取过程得到了若干个因素之后，因素的含义往往不明确，为了对因素做出解释，就需要对因素负荷矩阵的最大似然估计函数 factoran()。

其调用格式如下。

```
lambda = factoran(X,m)
[lambda, psi] = factoring(Exams')
[lambda, psi, T] = factoran(X,m)
[lambda, psi, T, stats] = factoran(X,m)
[lambda, psi, T, stats, F] = factoran(X,m)
[…] = factoran(…,param1, val1, param2, val2,…)
```

其中，$\boldsymbol{X}$ 是观测向量；m 是公共因素的数目；param1、val1 等是控制模型和输出的可选参数的名称和数值；lambda 返回因素负荷矩阵的估计量；psi 返回特殊因素负荷矩阵的估计量；T 返回因素负荷矩阵；stats 是一个数据结构，它包含了与假设检验有关的信息。

例 7.31 对 460 种不同食品的 5 项指标数据进行因素分析（其中，carbig 数据是 MATLAB 统计工具箱自带的）。

程序如下。

```
>> load carbig
>> X=[Acceleration Displacement Horsepower MPG Weight];
>> X=X(all(~isnan(X),2),:);
>> [Lambda,Psi,T,stats,F]=factoran(X,2,'scores','regression');
>> Lambda
>> inv(T*T)
>> Lambda*Lambda'+diag(Psi)
>> Lambda*inv(T)
```

公共因素负荷矩阵如下。

```
Lambda =
   -0.2432   -0.8500
    0.8773    0.3871
    0.7618    0.5930
   -0.7978   -0.2786
    0.9692    0.2129
```

因素相关矩阵如下。

```
ans =
    1.0000    0.0000
    0.0000    1.0000
```

5 项指标数据之间的相关矩阵如下。

```
ans =
    1.0000   -0.5424   -0.6893    0.4309   -0.4167
   -0.5424    1.0000    0.8979   -0.8078    0.9328
   -0.6893    0.8979    1.0000   -0.7730    0.8647
    0.4309   -0.8078   -0.7730    1.0000   -0.8326
   -0.4167    0.9328    0.8647   -0.8326    1.0000
```

未经旋转的符合矩阵如下。

```
ans =
   -0.5020    0.7277
    0.9550   -0.0865
    0.9113   -0.3185
   -0.8450    0.0091
    0.9865    0.1079
```

7.5.4 多元方差分析

与一元统计学中的方差分析类似，多元样本也可以进行方差分析。两者的区别在于，一元方差分析中要分析的指标是一元随机变量，而多元方差分析中要分析的指标是多元随机变量。

统计工具箱中实现单因素多元方差分析的函数为 manoval()。

其调用格式如下。

```
d = manoval(X,group)
d = manoval(X,group,alpha)
[d,p] = manoval(…)
```

其中，**X** 是一个是 $m \times n$ 的数值矩阵，每一行是对 n 个变量的一次观测。group 是组变量，一般是一个向量或字符串数组，每一组的观测量表示来自一个总体的一个样本。alpha 是显著性水平。d 返回包含每组均值的空间维数的估计量，如果 $d = 0$，则认为每一组均值是同一个 n 维的多元向量；如果 $d = 1$，则拒绝上述假设；如果 $d = 2$，则认为多元均值位于 n 维空间内的同一个平面上，而不是在同一条直线上。p 返回均值位于 0 维、1 维空间的假设检验值，如果 p 的第 i 个分量值接近于 0，则组均值位于 $i-1$ 维空间的假设不成立。

例 7.32 利用多元方差分析检验不同国家生产的汽车的 4 种性能指标的平均值是否存在差异。

程序如下。

```
>> load carbig                                         %装载 MATLAB 自带的数据
>> X=[MPG,Acceleration,Weight,Displacement];          %多元方差分析
>> group=Origin;                                       %分组变量
>> [d,p]=manoval(X,group)
```

结果如下。

```
d =
3
p =
0
0.0000
```

```
0.0075
0.1934
```

由于 4 种性能指标构成一组，因此组均值肯定在一个四维空间中。通过多元方差分析发现，实际上组均值位于三维子空间中，这说明 4 种性能指标的均值不尽相同。

7.6 回归分析

回归分析也是概率统计中的重要方法，包括一元回归分析和多元回归分析。下面介绍这两种回归分析的具体应用。

7.6.1 一元回归分析

1. 回归方程的计算

在高等数学中，研究函数两个变量的关系使用 $Y = f(x)$ ，它们是确定的关系，当自变量 x 确定后，Y 随之确定。现实中，两个变量 x 与 Y 经常有相关关系。

例 7.33 研究化肥用量与小麦产量之间的关系，试种 7 块地，每块一亩（约 666.67 平方米），得到实验数据（单位：kg）如下。

化肥用量 x ：15, 20, 25, 30, 35, 40, 45。

小麦产量 Y ：330, 345, 365, 405, 445, 490, 455。

绘出散点图，发现这些散点大致位于一条直线附近，x 与 Y 有近似关系式 $Y \approx b_0 + b_1 x$ ，误差 ε 可以认为是其他随机因素引起的，则：

$$Y = b_0 + b_1 x + \varepsilon$$

将上述模型称为一元线性回归模型，b_0 与 b_1 称为回归系数，直线为：

$$\hat{Y} = b_0 + b_1 x$$

称为回归直线，对于固定的 x 值，称 $\hat{Y} = b_0 + b_1 x$ 为回归值，$\varepsilon = Y - \hat{Y}$ 称为随机误差。将 b_0 与 b_1 看成可以选择的自变量，对于实验数据：

$$(x_1, y_1), (x_2, y_2), \ldots, (x_n, y_n)$$

考虑随机误差的平方和，则：

$$Q(b_0, b_1) = \sum_{i=1}^{n} (y_i - b_0 - b_1 x_i)^2$$

利用二元函数求极大值的方法，将 $Q(b_0, b_1)$ 对两个自变量分别求偏导数，为求驻点则解以下方程组：

$$\begin{cases} \dfrac{\partial Q}{\partial b_0} = -2\sum_{i=1}^{n} (y_i - b_0 - b_1 x_i) = 0 \\ \dfrac{\partial Q}{\partial b_1} = -2\sum_{i=1}^{n} (y_i - b_0 - b_1 x_i) x_i = 0 \end{cases}$$

易得：

$$\hat{b}_1 = \frac{\sum_{i=1}^{n} (x_i - \overline{x})(y_i - \overline{y})}{\sum_{i=1}^{n} (x_i - \overline{x})^2} = \frac{S_{xy}}{S_{xx}}, \quad \hat{b}_0 = \overline{y} - \hat{b}_1 \overline{x}$$

由此确定的值能够使得 Q 取极小值，从而确定回归方程 $\hat{Y}=\hat{b}_0+\hat{b}_1x$，这种确定回归方程的方法称为最小二乘法。以下利用 MATLAB 求例 7.33 的回归方程。

```
x=[15,   20,  25,  30,  35,  40,  45];
y=[330, 345, 365, 405, 445, 490, 455];
xx=x-mean(x);
yy=y-mean(y);
sxy=sum(xx.*yy);
sxx=sum(xx.^2);
b1=sxy/sxx
b0=mean(y)-b1*mean(x)
```

经计算，得到回归系数，回归方程为：

$$\hat{Y}=245.357+5.3214x$$

2. 回归方程的显著性检验

上面给出了回归方程的计算方法，从化肥用量与小麦产量的回归方程中可以看出，x 与 Y 有正相关关系，在一定范围内，化肥多则产量高。由于对于任意一组散点都能进行回归方程的计算，因此很可能 x 与 Y 客观上没有正（负）相关关系，但我们依然会计算出一个回归方程来。为此，我们进行如下的假设检验。

$$H_0:\ b_1=0\ ;\qquad H_1:\ b_1\neq 0\ 。$$

这样，当我们拒绝原假设的时候，就可以说 x 与 Y 确实有相关关系，回归方程是有意义的。

为了进行上述检验，必须保证随机误差 $\varepsilon\sim N(0,\sigma^2)$，其中方差有如下估计量：

$$\hat{\sigma}^2=\frac{1}{n-2}\sum_{i=1}^{n}(y_i-\hat{b}_0-\hat{b}_1x_i)^2$$

在前述 MATLAB 程序已经执行的基础上，继续例 7.33 的计算。

```
n=length(x);
yh=b0+b1*x;
s2=sum((y-yh).^2)/(n-2);
s1=sqrt(s2)
```

得到 $\hat{\sigma}^2=465.5367$，$\hat{\sigma}=21.5763$。

可以证明，当 H_0 成立时，检验统计量

$$T=\frac{\hat{b}_1}{\hat{\sigma}_{\hat{b}_1}}\sim t(n-2)$$

其中，$\hat{\sigma}_{\hat{b}_1}=\dfrac{\hat{\sigma}}{\sqrt{S_{xx}}}$。

取临界值 $t_{\frac{\alpha}{2}}$，当 $|T|>t_{\frac{\alpha}{2}}$ 时拒绝 H_0 成立，认为 x 与 Y 存在相关关系，回归方程有意义。

继续例 7.33 的计算。

```
sb1=s1/sqrt(sxx);
T=b1/sb1;
alpha=0.05;
t0=tinv(1-alpha/2,n-2);
Tt=[T,t0]
```

得到结果为 `T=6.5253>t0=2.5706`，因此拒绝 H_0 成立，认为 x 与 Y 存在相关关系，回归方程有意义。

以下对上述过程编制一个函数文件，求一元线性回归方程，连带进行显著性检验，其调用格式如下。

```
[b0,b1,H]=reg1(x,y,alpha)
```

其中 x、y 为实验数据，注意保证个数相等。alpha 是检验的显著性水平，常用值为 0.05。3 个输入变量必须赋值后才可调用此函数。3 个输出变量：b0 为回归常数，b1 为回归系数，H 为显著性检验判定值，H=1 表示回归方程显著、有意义，H=0 表示回归方程不显著、无意义。

```
function [b0,b1,H]=reg1(x,y,alpha)
m=length(x);
n=length(y);
if m~=n
disp('Be sure Nx=Ny>>>>>>>>>>>>>STOP');
else
[m,n]=size(x);
if m>n
    x=x';
end
[m,n]=size(y);
if m>n
    y=y';
end
xx=x-mean(x);
yy=y-mean(y);
sxy=sum(xx.*yy);
sxx=sum(xx.^2);
b1=sxy/sxx;
b0=mean(y)-b1*mean(x);
n=length(x);
yh=b0+b1*x;
s2=sum((y-yh).^2)/(n-2);
s1=sqrt(s2);
sb1=s1/sqrt(sxx);
T=b1/sb1;
t0=tinv(1-alpha/2,n-2);
H=0;
if T>t0
   H=1;
end
end
```

至此函数文件结束。

7.6.2 多元回归分析

1. 回归方程的计算

高等数学中有多元函数的概念，类似地变量 Y 可能与多个变量 $x_1,x_2,\ldots x_k$ 具有线性相关关系，即满足如下的多元线性模型：

$$Y = b_0 + b_1x_1 + b_2x_2 + \ldots + b_kx_k + \varepsilon\ ,\quad \varepsilon \sim N(0,\sigma^2)$$

其中 $x_1,x_2,\ldots,x_k$ 是可控变量，我们常常可以选择这些变量的值来做实验，其不是随机变量。Y 由于受到了随机误差的干扰，因此属于随机变量，即使 x 都确定，Y 也会有随机波动。样本容量为 n 的多元线性实验数据如表 7-5 所示。

表 7-5　　多元线性实验数据

实验序号	Y	x_1	x_2	…	x_k
1	y_1	…	x_{21}	…	x_{k1}
2	y_2	x_{12}	x_{22}	…	x_{k2}
⋮	⋮	⋮	⋮	⋮	⋮
n	y_n	x_{1n}	x_{2n}	…	x_{kn}

上述关系可用矩阵的形式表示为：

$$Y = XB + E$$

其中：

$$Y = \begin{pmatrix} y_1 \\ y_2 \\ \vdots \\ y_n \end{pmatrix}, \quad X = \begin{pmatrix} 1 & x_{11} & \dots & x_{k1} \\ 1 & x_{12} & \dots & x_{k2} \\ \vdots & \vdots & & \vdots \\ 1 & x_{1n} & \dots & x_{kn} \end{pmatrix}, \quad B = \begin{pmatrix} b_0 \\ b_1 \\ \vdots \\ b_k \end{pmatrix}, \quad E = \begin{pmatrix} \varepsilon_1 \\ \varepsilon_2 \\ \vdots \\ \varepsilon_n \end{pmatrix}$$

对此，仿照一元线性回归的方法，令误差平方和为：

$$Q = Q(b_0, b_1, \dots, b_k) = \sum_{j=1}^{n} (y_j - b_0 - b_1 x_{1j} - \dots - b_k x_{kj})^2$$

取得极小值，通过求偏导数，令每个偏导数为 0 解方程组，可得极小值点，即回归系数的最小二乘估计：

$$\hat{B} = (X^{\mathrm{T}} X)^{-1} X^{\mathrm{T}} Y$$

由此可以确定多元线性模型中的系数，得到多元线性回归方程：

$$\hat{Y} = \hat{b}_0 + \hat{b}_1 x_1 + \hat{b}_2 x_2 + \dots + \hat{b}_k x_k$$

由此计算出的数值：

$$\hat{y}_j = \hat{b}_0 + \hat{b}_1 x_{1j} + \hat{b}_2 x_{2j} + \dots + \hat{b}_k x_{kj}, \quad j = 1, 2, \dots, n$$

称为回归值。

2. 回归方程的显著性检验

（1）回归方程的显著性检验。

H_0： $b_1 = b_2 = \dots = b_k = 0$；　　　H_1： 至少有一个 $b_i \neq 0$。

记：

$$\overline{y} = \frac{1}{n} \sum_{j=1}^{n} y_j, \quad Q = \sum_{j=1}^{n} (y_j - \hat{y}_j)^2, \quad U = \sum_{j=1}^{n} (\hat{y}_j - \overline{y})^2$$

取检验统计量为：

$$F = \frac{U / k}{Q / (n-k-1)}$$

可以证明，H_0 成立时 $F \sim F(k, n-k-1)$，找临界值 F_α，使得 $\mathbf{P}(F > F_\alpha) = \alpha$。当 $F > F_\alpha$ 时拒绝 H_0，认为回归方程有意义。

（2）每个回归系数的显著性检验。

对于回归方程的显著性检验即使通过，也不能保证每个变量的系数都不为 0，或许有“滥竽充数”者，因此需要对 $i = 1, 2, \dots, k$ 逐个检验如下假设。

$$H_0: b_i = 0; \qquad H_1: b_i \neq 0。$$

记：

$$C = (X^{\mathrm{T}} X)^{-1}$$

这是一个 $k+1$ 阶的方阵，将其对角线元素记为 $c_{00}, c_{11}, c_{22}, \dots, c_{kk}$。

可以证明，当 H_0 成立时：

$$F = \frac{\hat{b}_i^2 / c_{ii}}{Q / (n-k-1)} \sim F(1, n-k-1)$$

对于给定的显著性水平 α ，$F > F_\alpha$ 时拒绝 H_0，认为 x_i 对 Y 有显著影响。也可计算 pi=1-fcdf (F,1,n-k-1)，此值小于 α 时拒绝 H_0，认为 x_i 对 Y 的影响越显著，由此可以排列各自变量的重要程度。

以下将回归方程的求解和显著性检验合并起来，以函数文件 regk.m 保存。

```
function [NBP,H]=regk(yx,alpha)
[n,K]=size(yx);
k=K-1;
P=zeros(K,1);
y=yx(:,1);
x=yx;
x(:,1)=ones(n,1);
B=inv(x'*x)*(x'*y);
my=mean(y);
yc=x*B;
yu=yc-my;
U=yu'*yu;
E=y-x*B;
Q=E'*E;
F=(U/k)/(Q/(n-k-1));
Fa=finv(1-alpha,k,n-k-1);
H=0;
if F>Fa
    H=1;
end
C=inv(x'*x);
for i=2:K
    G(i)=(B(i)^2/C(i,i))/(Q/(n-K));
    P(i)=1-fcdf(G(i),1,n-K);
end
BP=[B,P];
N=0:K-1;    N=N';
NBP=[N,BP];
[PP,I]=sort(P);
NBP=NBP(I,:);
```

例 7.34 某观测区域内连续 13 年观测某种害虫的成虫数 Y，发现与如下 4 个因素有关：x_1 为冬季积雪周数，x_2 为化雪日期（2 月 1 日记为 1），x_3 为 2 月平均气温（℃），x_4 为 3 月平均气温（℃）。试建立用 x_i 预测该种害虫成虫数的回归方程，并进行显著性检验。

Y	x_1	x_2	x_3	x_4
9.0000	10.0000	26.0000	0.2000	3.6000
17.0000	12.0000	26.0000	-1.4000	4.4000
34.0000	14.0000	40.0000	-0.8000	1.7000
42.0000	16.0000	32.0000	0.2000	1.4000
40.0000	19.0000	51.0000	-1.4000	0.9000
27.0000	16.0000	33.0000	0.2000	2.1000
4.0000	7.0000	26.0000	2.7000	2.7000
27.0000	7.0000	25.0000	1.0000	4.0000
13.0000	12.0000	17.0000	2.2000	3.7000
56.0000	11.0000	24.0000	-0.8000	3.0000
15.0000	12.0000	16.0000	-0.5000	4.9000
8.0000	7.0000	16.0000	2.0000	4.1000
20.0000	11.0000	15.0000	1.1000	4.7000

解：用鼠标选中上述数据方阵进行复制，在 MATLAB 命令行窗口中输入 `yx=[]`，将光标定位到方括号中间，进行粘贴，按 Enter 键执行。于是数据输入完毕。在上述 regk.m 文件已经保存的前提下，输入如下命令。

```
[NBP,H]=regk(yx,0.05)
```

得到如下结果。

```
NBP =
        0  138.0710         0
```

```
      3.0000  -11.1886    0.0204
      4.0000  -16.9790    0.0295
      2.0000   -1.6584    0.0805
      1.0000   -1.0088    0.4990
  H =
      1
```

上面的结果说明回归方程为：

$$\hat{Y}=138.0710-11.1886x_3-16.9790x_4-1.6584x_2-1.0088x_1$$

回归方程显著。依照影响的重要程度，x_3 和 x_4 显著，x_2 不显著，x_1 最不显著。

3. 逐步回归分析

上面的例子给出了回归方程，方程显著，但存在两个不显著的变量。逐步回归的思想是如果有不显著的变量，则删除最不显著的一个变量，看看剩余的变量是否显著；如果依然有不显著的变量则继续删除，直到剩余的变量全部显著为止。前面已经删除的变量还可继续引入，直到所有的变量都显著，并且再添加任意一个变量都不显著，到此结束。

先给出单纯删除变量的函数 regcut()，其中 yes 是输入变量，也是输出变量，为 $k+1$ 阶行向量，其中元素为 0 或者 1，第一个数 yes(1) 永远为 1，表示常数项不删除，其余表示各个自变量是否入选。cut 为输出变量，取值为 0 表示入选的自变量都显著，不能删除，取值为 1 表示删除一个变量完毕，用输出的 yes 记录删除了哪个变量。仅仅剩余一个变量时，返回 cut=0，表示就算不显著也不能删除了，最后根据逐步回归主程序判定是否保留。

```
function [cut,yes]=regcut(yes,yx,alpha)
% lenth(yes)=K=k+1,     (1,K),    yes(1)=1;
[n,K]=size(yx);
s=sum(yes);
if s<2.5
    cut=0;
else
    YX=[];
    for i=1:K
        if yes(i)>0
            YX=[YX,yx(:,i)];
        end
    end
    NBP=regk(YX,alpha);
    [j,t]=size(NBP);
    if NBP(j,3)<=alpha
        cut=0;
    else
        cut=1;
        ii=NBP(j,1);
        S=0; kk=2;
        while S<(ii-0.1)
            S=S+yes(kk);
            kk=kk+1;
        end
        kk=kk-1;
        yes(kk)=0;
    end
end
```

以下函数 regadd()有单纯添加变量的功能，输出变量 add 记录了添加变量的个数，yes 记录了添加哪些变量。add=0 表示无法添加任何变量。需要用到 regcut()，请依次保存。

```
function [add,yes]=regadd(yes,yx,alpha)
% lenth(yes)=K=k+1,     (1,K),    yes(1)=1;
[n,K]=size(yx);
s=sum(yes);
YES=yes;
```

```
add=0;
if s<K
   YX=[];
   for i=1:K
       if yes(i)>0
           YX=[YX,yx(:,i)];
       end
   end
   for j=2:K
       if yes(i)<0.5
           YES(i)=1;
           [cut,YES]=regcut(YES,yx,alpha);
           if cut<0.5
               add=add+1;
               yes(i)=1;
           else
               YES(i)=0;
           end
       end
   end
end
```

有了前面的基础，下面给出逐步回归的函数，其调用比较简单，返回的 NBP 有 3 列，分别记录了自变量原始标号、回归系数及显著性概率值 p，并依照 p 由小到大逐行排列，反映了各自变量的重要程度。

```
function [yes,NBP]=regstep(yx,alpha)
[n,K]=size(yx);
k=K-1;
yes=ones(1,K);
cut=1;
add=0;
while (cut+add)>0.5
    [cut,yes]=regcut(yes,yx,alpha);
    if cut<0.5
        [add,yes]=regadd(yes,yx,alpha);
    end
end
YX=[];
for i=1:K;
    if yes(i)>0.5
        YX=[YX,yx(:,i)];
    end
end
NBP=regk(YX,alpha);
[s,t]=size(NBP);
for i=2:s
    SS=0; k=2;
    while SS<NBP(i,1);
        SS=SS+yes(k);
        k=k+1;
    end
    NBP(i,1)=k-2;
End
```

7.7 本章小结

本章介绍了 MATLAB 在概率和统计中的应用，主要从概率分布、样本描述、假设检验及多元统计分析几方面阐述了与 MATLAB 相关的知识和利用 MATLAB 函数解决问题的实例。除了 MATLAB 本身的工具箱以外，我们还可以根据实际问题的需要，建立相应的 M 文件，以解决更复杂的问题。

第 8 章 拟合和插值

曲线拟合利用两个或多个变量的离散点，用平滑曲线来拟合它们之间的关系。MATLAB 提供了多种函数和工具来进行曲线拟合，还有曲线拟合工具箱。插值计算在数据拟合和数据平滑等方面应用普遍。MATLAB 提供了最近邻插值、线性插值、样条插值，以及一维、二维、三维数值插值等插值方法。

8.1 数据预处理

在曲线拟合之前必须对数据进行预处理，去除界外值、不定值及重复值，以减少人为误差、提高拟合精度。数据和处理的内容包括输入数据集、查看数据及数据的预处理。传输数据通过数据 GUI 来实现，查看数据通过曲线拟合工具的散点图来实现。

8.1.1 输入数据集合

在使用 MATLAB 曲线拟合工具箱对数据进行拟合之前，首先要输入数据。

1. 打开曲线拟合工具箱界面

曲线拟合工具箱界面是一个可视化的图形界面，具有强大的图形拟合功能，具体如下。

- 可视化地展示一个或多个数据集，并可以用散点图来展示。
- 用残差和置信区间可视化地估计拟合结果的好坏等。

在 MATLAB 的命令行窗口中输入 cftool 命令，打开曲线拟合工具箱界面，如图 8-1 所示。

曲线拟合工具箱界面主要有 5 个按钮，从左到右分别是“Data”“Fitting”“Exclude”“Ploting”“Analysis”，其功能如下。

- Data：可以输出、查看及平滑数据。
- Fitting：可以拟合数据、比较拟合曲线和数据集。
- Exclude：可以从拟合曲线中排除特殊的数据点。
- Ploting：在选定区间，单击该按钮，可以显示拟合曲线和数据集。
- Analysis：可以进行内插、外推、微分或积分拟合。

2. 输入数据集

在输入数据之前，数据变量必须存储在 MATLAB 的工作区间。可以通过 load 命令输入变量。单击曲线拟合工具箱界面中的“Data”按钮，打开“Data”窗口，如图 8-2 所示。

在图 8-2 所示的窗口中进行设置，可以输入数据。可以看出“Data”窗口包括两个选项卡，即“Data Sets”和“Smooth”。

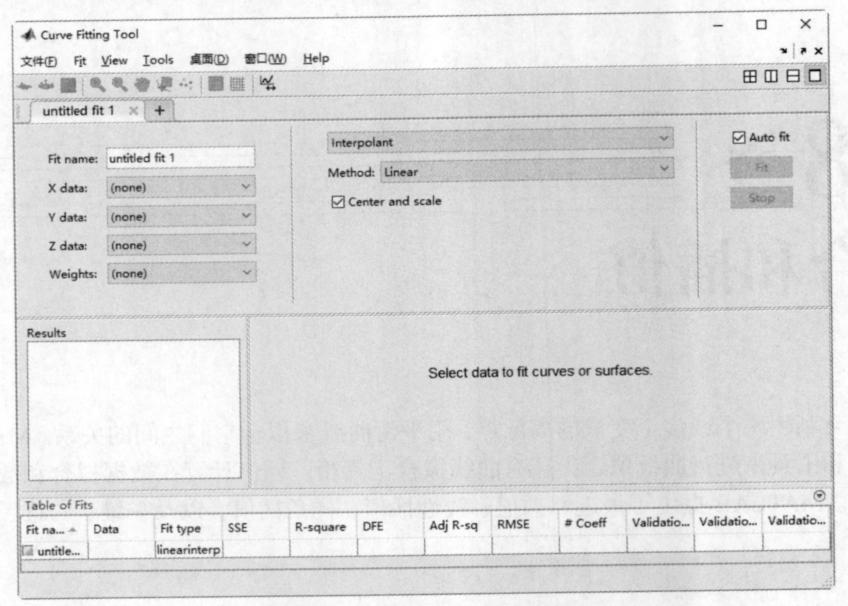

图 8-1 曲线拟合工具箱界面

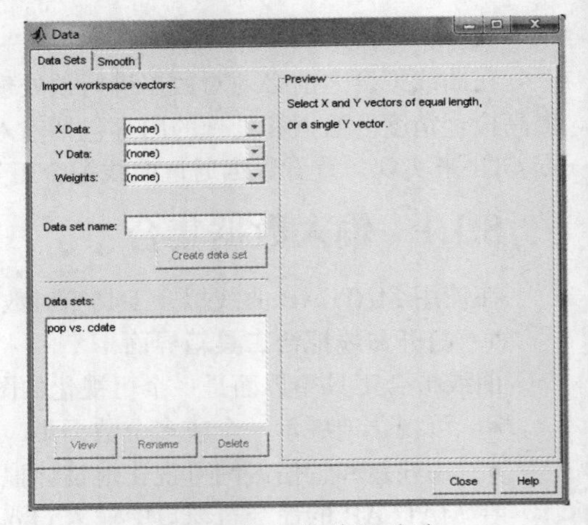

图 8-2 “Data”窗口（1）

在“Data Sets”选项卡中，各选项的功能如下。

“Import workspace vectors”选项组：把向量输入工作区。需要注意的是，变量必须具有相同的长度，无穷大的值和不定值被忽略。它包括以下 3 个选项。

- “X Data”：用于选择预测数据。
- “Y Data”：用于选择 X 的响应数据。
- “Weights”：用于选择权重，与响应数据相联系的向量，如果没有选择，则默认值为 1。

“Preview”选项组：对所选向量进行图形化预览。

“Data set name”：设置数据集的名称。工具箱可以随机产生唯一的文件名，用户可以在“Data set name”后面的文本框中输入名称，然后按 Enter 键，实现重命名。

“Data sets”选项组：选项以列表的形式显示所有拟合的数据集。当选择一个数据集时，可以对它进行如下操作。

- “View”：可以以图标形式和列表的形式查看数据集，可以选择方法排除异常值。
- “Rename”：重命名。
- “Delete”：删除数据组。

例 8.1 输入数据，使用 MATLAB 自带的文件 census。census 有两个：cdata 和 pop。其中，cdata 是一个年向量，包括 1790—1990 年，间隔为 10 年；pop 是对应年份的美国人口。在 MATLAB 的命令行窗口依次输入以下命令。

```
>> load census
>> cftool(cdate,pop)
```

census 数据的散点图如图 8-3 所示。

单击“Data”按钮，显示图 8-4 所示的窗口。

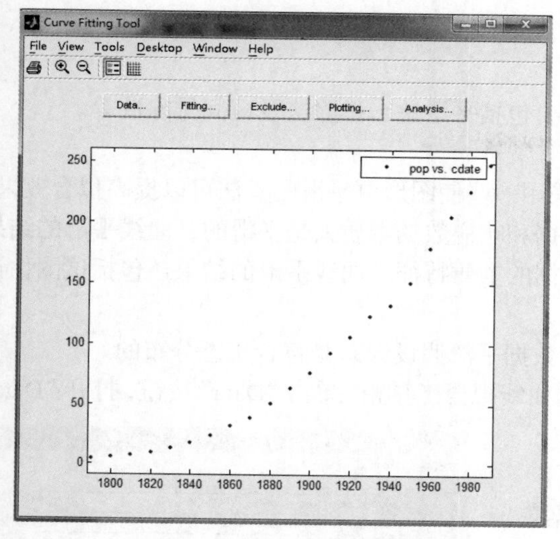

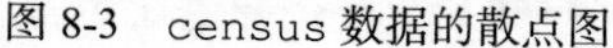
图 8-3　census 数据的散点图

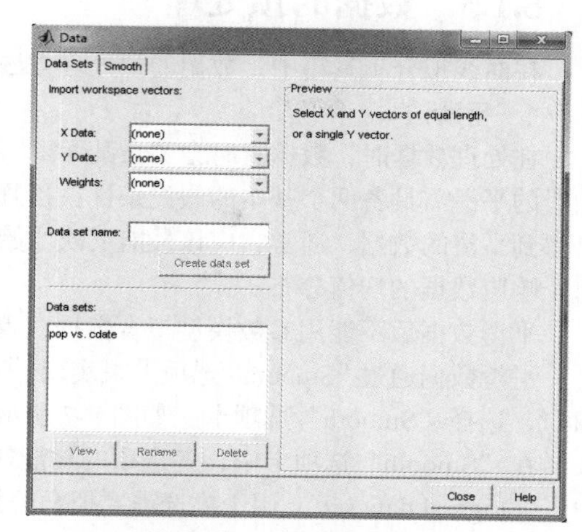

图 8-4 "Date" 窗口（2）

在 "X Data" 和 "Y Data" 两个下拉列表框中选择变量名后，将在 "Data" 窗口中显示散点图的预览效果，如图 8-5 所示。

当选择 "Data sets" 中的数据集时，单击 "View" 按钮，打开 "View Data Set" 窗口，如图 8-6 所示。

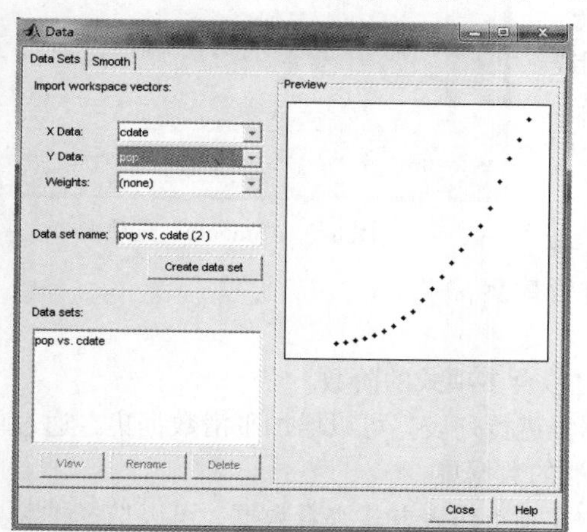

图 8-5　选择变量名后散点图的预览效果

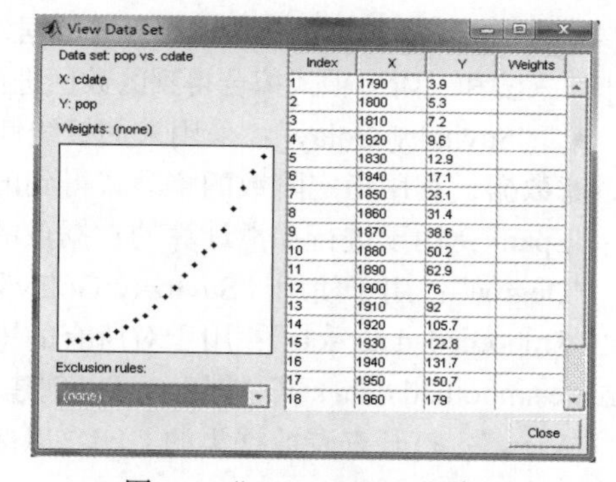

图 8-6 "View Data Set" 窗口

8.1.2　数据的查看

曲线拟合工具箱提供了两种查看数据的方式，即散点图方式和工作表方式。

1. 散点图方式

输入数据时系统会自动以散点图的方式显示数据的分布情况。以预测数据为 *Y* 坐标，以响应数据为 *X* 坐标绘制散点图。散点图具有强大的功能，通过它可以观测整个数据的分布趋势，然后可以根据该分布趋势考虑是否需要对数据进行预处理，以及采用什么样的拟合方式，这样有利于提高拟合的准确性。

曲线拟合工具箱提供了多种方法来编辑图形，包括利用 "Tools" 主菜单下的 legend 和 GUI 工具条。

2. 工作表方式

在 "View Data Set" 窗口中，数据以电子表格的形式输出。在数据量比较少的情况下，通过这种方式也可以看出一些数据的分布情况。在 "View Data Set" 窗口中，能结合散点图和工作表两种方式，可以更有效地分析数据。

8.1.3 数据的预处理

在曲线拟合工具箱中，数据的预处理方法主要包括平滑法、排除法及区间排除法等。

1. 平滑法

在处理数据时，数据有时会“杂乱无章”，采用一些使图形更平滑的算法可以提高拟合效果。曲线的平滑需具备两个基本的假设条件：预测数据和响应数据本质上是平滑的；曲线平滑的结果是得到平滑的数据，通常它应该最能反映原始数据的本质特征。曲线平滑的结果还包括试图估计每个响应数据的均值分布。

平滑数据后不能用参数模型拟合数据，因为数据平滑假设误差是符合正态分布的。

平滑数据通过“Smooth”选项卡来实现。打开曲线拟合工具箱，单击“Data”按钮，打开“Data”窗口，选择“Smooth”选项卡，如图 8-7 所示。

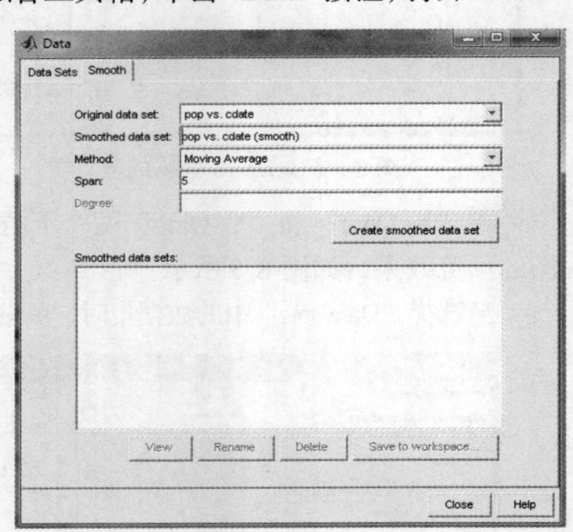

图 8-7 “Smooth”选项卡

在“Smooth”选项卡中，各选项的功能如下。

“Original data set”：用于挑选需要拟合的数据集。

“Smoothed data set”：设置平滑数据的名称。

“Method”：用于选择平滑数据的方法，每一个响应数据通过特殊的曲线平滑方法所计算的结果来取代。平滑数据的方法如下。

- “Moving Average”：用移动平均值进行替换。
- “Lowess”：局部加权散点图平滑数据，采用线性最小二乘法和一阶多项式拟合得到的数据进行替换。
- “Loess”：局部加权散点图平滑数据，采用线性最小二乘法和二阶多项式拟合得到的数据进行替换。
- “Savitzky-Golay”：采用未加权线性最小二乘法过滤数据，利用指定阶数的多项式得到的数据进行替换。

“Span”：用于进行平滑计算的数据点的数据。

“Degree”：用于使用“Savitzky-Golay”方法时拟合多项式的阶数。

“Smoothed data sets”：用于对所有的平滑数据集进行列表。可以增加平滑数据集，通过单击“Create smoothed data set”按钮，可以创建经过平滑的数据集。

“View”：打开查看数据集的 GUI，以散点图方式和工作表方式查看数据，可以选择排除异常值的方法。

“Rename”：重命名。

“Delete”：删除数据。

“Save to workspace”：保存数据集。

例 8.2 尝试用各种方法平滑数据，并以图形形式输出。

在 MATLAB 的命令行窗口输入以下代码。

```
>> x=[1 2 3 4 5 6 8];
>> y=[9 8 7 6 5 4 3];
>> plot(x,y);
>> cftool(x,y);
```

得到图 8-8 所示的数据拟合图形。

2. 排除法和区间排除法

曲线拟合工具箱提供了两种排除数据的方法：排除法和区间排除法。排除法是对数据中的异常值进行排除。区间排除法是以一定的区间去排除由于系统误差导致偏离正常值的异常值。

排除数据通过“Exclude”窗口来实现，在曲线拟合工具箱中单击“Exclude”按钮可以打开“Exclude”窗口，如图 8-9 所示。

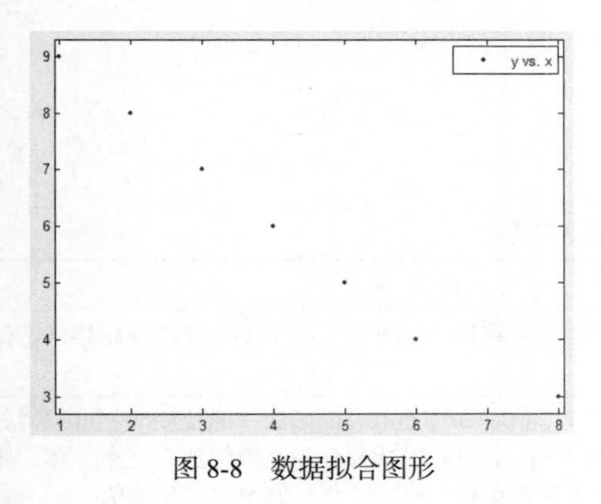

图 8-8　数据拟合图形

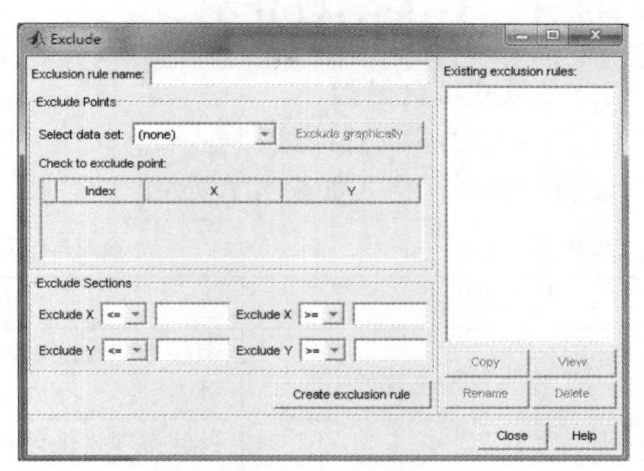

图 8-9　“Exclude”窗口

在“Exclude”窗口中，各选项的功能如下。

“Exclusion rule name”：指定分离规则的名称。

“Existing exclusion rules”选项组：列表产生的文件名，当用户选择一个文件名时，可以进行如下操作。

- “Copy”：复制分离规则的文件。
- “Rename”：重命名。
- “Delete”：删除一个文件。
- “View”：以图形的形式展示分离规则的文件。

“Select data set”：挑选需要操作的数据集。

“Exclude graphically”：允许用户以图形的形式排除异常值。

“Check to exclude point”：挑选个别的点进行排除，可以通过在数据表中打钩来选择要排除的数据。

“Exclude Sections”选项组：选定区域排除数据。

- “Exclude X”：选择预测数据 X 要排除的数据范围。
- “Exclude Y”：选择响应数据 Y 要排除的数据范围。

3. 其他数据的预处理方法

其他数据的预处理方法不便通过曲线拟合工具箱来实现，其主要包括两部分，即响应数据的转换和取出无穷大值、缺失值及异常值。

响应数据的转换一般包括对数转换、指数转换等，通过这些转换可以使非线性的模型线性化，便于曲线拟合。变量的转换一般在命令行窗口中实现，然后把转换后的数据输入曲线拟合工具箱，进行拟合。

尽管无穷大值、不定值在曲线拟合中可以忽略，但如果想把它们从数据集中删除，可以用 isinf()函数和 isnan()函数置换无穷大值和缺失值。

8.2　曲线拟合

曲线拟合是指推算出两组数据之间的一种函数关系，由此可描绘其变化曲线和估计非采集数据对应的变量信息。在数值分析中，曲线拟合就是用解析表达式逼近离散数据，即离散数据的公式化。在实践中，离散点组或数据往往是与各种物理问题和统计问题有关的多个观测量或实测量，它们是零散的，不但不便于处理，而且通常不能确切和充分地体现出其固有的规律，这种缺陷可由适当的解析表达式来弥补。

8.2.1 有关函数介绍

1. 多项式拟合函数

（1）polyfit()多项式曲线拟合。

该函数的调用格式如表 8-1 所示。

表 8-1 polyfit()函数的调用格式

调用格式	说明
`P=polyfit(x,y,n)`	用最小二乘法对数据进行拟合，返回 n 次多项式的系数，并用降序排列的向量表示，长度为 $n-1$
`[p,S]=polyfit(x,y,n)`	返回多项式系数向量 ***p*** 和矩阵 ***S***。***S*** 和 polyval()函数一起使用时，可以得到预测值的误差估计。若数据 y 的误差服从方差为常数的独立正态分布，则 polyval 函数将得出一个误差范围，其中包含至少 50%的预测值
`[p,S,mu]=polyfit(x,y,n)`	返回多项式的系数，mu 是一个二维向量

（2）polyval()多项式曲线拟合评价。

该函数的调用格式如表 8-2 所示。

表 8-2 polyval()函数的调用格式

调用格式	说明
`Y=polyval(p,x)`	返回 n 阶多项式在 ***x*** 处的值，***x*** 可以是一个矩阵或一个向量，向量 ***p*** 是 $n+1$ 个以降序排列的多项式的系数
`Y= polyval(p,x,[],mu)`	mu 是一个二维向量
`[y,delta]= polyval(p,x,S)`	产生置信区间 y±delta。如果误差结果服从标准正态分布，则实测数据落在区间 y±delta 的概率至少为 50%
`[y,delta]= polyval(p,x,S,mu)`	同上

例 8.3 对给定的数据进行多项式拟合。

```
>> x=[0 0.0385 0.0963 0.1925 0.2888 0.385]
>> y=[0.042 0.104 0.186 0.338 0.479 0.612];
>> [p,s]=polyfit(x,y,5);
>> [p,s,mu]=polyfit(x,y,5)
p =
    0.0193   -0.0110   -0.0430    0.0073    0.2449    0.2961
s =
        R: [6x6 double]
       df: 0
    normr: 1.2039e-016
mu =
    0.1669
    0.1499
```

通过结果可以知道，拟合多项式为：

$$p = 0.0193x^5 - 0.0110x^4 - 0.0430x^3 + 0.0073x^2 + 0.2449x + 0.2961$$

自由度为 0，标准差为 1.3257e−16。

例 8.4 计算多项式 $p = 3x^2 + 2x + 1$ 在 x=5、x=7、x=9 处的值。

```
>> p=[3 2 1];
>> polyval(p,[5,7,9])
ans =
    86   162   262
```

2. 其他函数

其他的拟合函数包括进行数据处理的函数、提供帮助信息的函数及设置模型的函数等，拟合函数及其功能如表 8-3 所示。读者要具体了解各函数的功能，可以参考帮助文档。

表 8-3　拟合函数及其功能

函数	功能
cfit()	产生拟合的目标
fit()	用库模型、自定义模型、平滑样条或内插方法来拟合数据
fitoptions()	产生或修改拟合选项
fittype()	产生目标的拟合形式
cflibhelp()	显示一些信息，包括库模型、三次样条及内插方法等
disp()	显示曲线拟合工具箱的信息
get()	返回拟合曲线的属性
set()	对于拟合曲线显示属性值
excludedata()	指定不参与拟合的数据
smooth()	平滑响应数据
confint()	计算拟合系数估计量的置信区间边界
differentiate()	对于拟合结果求微分
integrate()	对于拟合结果求积分
predint()	对于新的观测量计算预测区间的边界
cftool()	打开曲线拟合工具
datastates()	返回数据的描述统计量
feval()	估计拟合结果或拟合类型
polt()	画出数据点、拟合线、预测区间、异常值点及残差

8.2.2　曲线的参数拟合

具体进行曲线拟合时，首先需要利用“Data”窗口指定要分析的数据，然后在“Curve Fitting Tool”对话框中单击“Fitting”按钮，打开“Fitting”窗口，如图 8-10 所示。在该窗口中进行设置，可以实现曲线拟合。

“Fitting”窗口中包括两个面板：“Fit Editor”面板和“Table of Fits”面板。

“Fit Editor”面板用于选择拟合的文件名和数据集。选择排除数据的文件，比较数据拟合的各种方法，包括库函数、自定义的拟合模型及拟合参数的选择。“Table of Fits”面板同时列出所有的拟合结果。

例 8.5　用 3 次多项式和 5 次多项式拟合同一组数据，并比较两种拟合的效果。

在命令行窗口输入以下代码。

```
>> rand('state',0)
>> x=[1:0.1:3 9:0.1:10]';
>> c=[2.5 -0.5 1.3 -0.1];
>> y=c(1)+c(2)*x+c(3)*x.^2+c(4)*x.^3+(rand(size(x))-0.5);
>> cftool(x,y);
```

执行命令，打开曲线拟合工具箱，选择数据。

拟合结果如图 8-11 所示。

图 8-11 所示的 fit 1 曲线对应 3 次多项式的拟合结果，fit 5 曲线对应 5 次多项式的拟合结果。由图可知，3 次多项式的拟合效果最好。这一点从拟合结果的参数也可以看出。

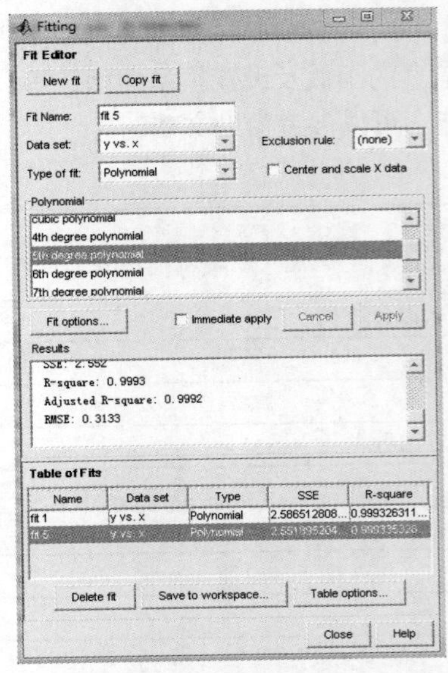

图 8-10 “Fitting”窗口

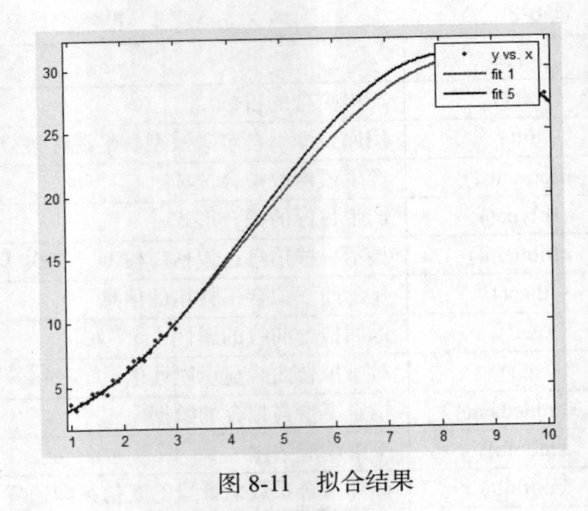

图 8-11 拟合结果

8.2.3 非参数拟合

有时候，我们对拟合参数的提取或解释不感兴趣，只想得到一个平滑的穿过各数据点的曲线，这种拟合曲线的形式被称为非参数拟合。非参数拟合的方法包括内插法和平滑样条（smoothing spline）内插法。内插方法如表 8-4 所示。

表 8-4 内插方法

方法	说明
linear	线性内插，在每一组数据之间用不同的线性多项式拟合
nearest neighbor	最近邻内插，内插点在最相邻的数据点之间
cubic spline	3 次样条内插，在每一组数据之间用不同的 3 次多项式拟合
shape-preserving	分段 3 次埃尔米特内插

平滑样条内插法是对“杂乱无章”的数据进行平滑处理，可以用平滑数据的方法来拟合，平滑的方法在数据预处理部分已经介绍，在此就不赘述。

例 8.6 用 3 次样条内插法和集中平滑样条内插法拟合同一组数据。

首先，载入数据，打开曲线拟合工具箱对话框。

```
>> rand('state',0);
>> x=(4*pi)*[0 1 rand(1,25)];
>> y=sin(x)+.2*(rand(size(x))-.5);
>> cftool(x,y);
```

然后用 3 次样条内插法进行拟合，3 次样条内插法的选择和拟合结果如图 8-12 所示。

下面用默认的平滑参数 P 和确定的平滑参数 0.5 分别进行平滑内插拟合，图 8-13 所示为默认条件下的设置界面和拟合结果。

图 8-14 所示为两种不同的方法对应的拟合曲线。

曲线的平滑级别通过图 8-13 中的“Smoothing Parameter”选项给定。默认的平滑参数与数据集有关，并在用户单击“Apply”按钮后由工具箱自动计算。对于本数据集，默认的平滑参数的值接近 1，表示平滑样条接近于 3 次样条，并且几乎正好穿过每个数据点。如果不想使用默认的拟合参数生成的平滑级别，可以自己指定一个 0 ~ 1 的值，它穿过所有的数据点。图 8-14 对平滑参数不同时的几个拟合结果进行了比较。其中，fit 1 曲线是 3 次样条内插拟合结果，fit 2 曲线是在默认的平滑参数下的平滑样条内插拟合结果。可以看出，fit 1 曲线的拟合效果要比 fit 2 曲线好。

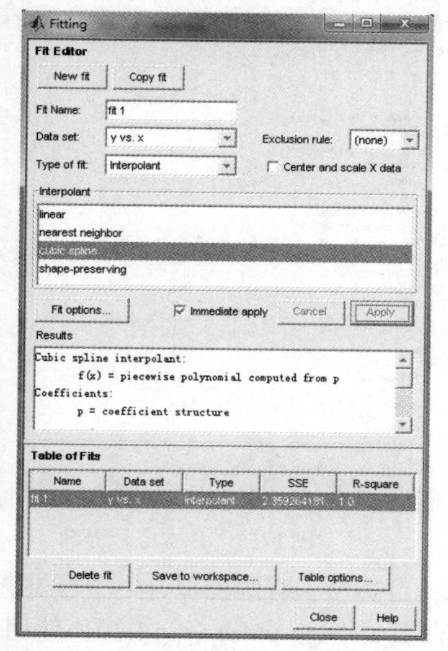

图 8-12　3 次样条内插法的选择和拟合结果

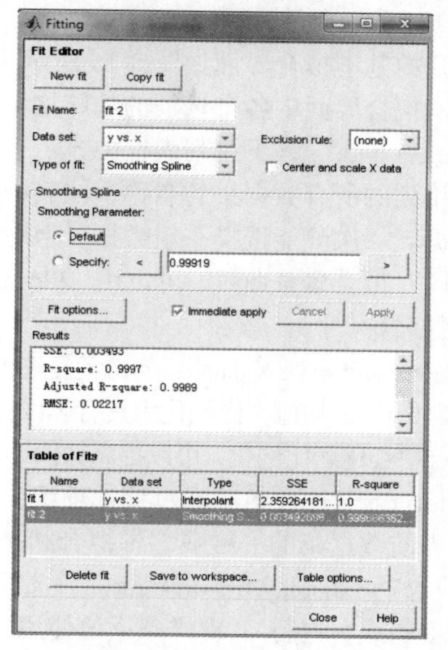

图 8-13　默认条件下的设置界面和拟合结果

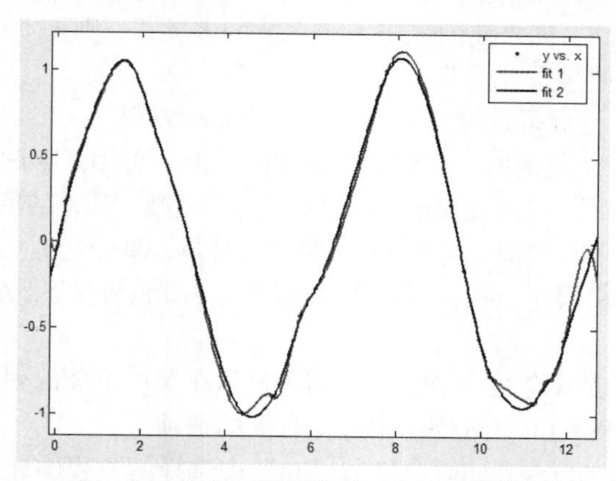

图 8-14　两种不同的方法对应的拟合曲线

8.2.4　基本拟合界面

MATLAB 支持用基本拟合界面进行曲线拟合。该拟合界面具有拟合快速、操作简便的优势。它具有如下功能。

- 使用样条插值、分段 3 次埃尔米特插值或者是 1 ~ 10 阶的多项式插值进行数据拟合。
- 利用一组数据可以同时绘制出多条拟合曲线。
- 可以绘制残差图。
- 可以检查拟合结果。
- 可以对拟合结果进行内插或外推。
- 用拟合结果和标准残差在图中进行注释。
- 可以将拟合和计算结果保存到 MATLAB 工作空间。

按照下面的步骤进行操作。

（1）用某些数据绘图。

（2）在图形窗口的“Tools”菜单中单击“Basic Fitting”选项。

（3）单击 → 按钮。

打开的基本拟合界面如图 8-15 所示。

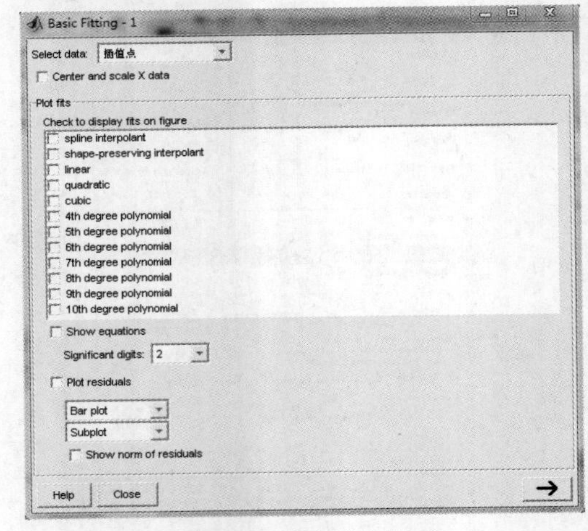

图 8-15　基本拟合界面

基本拟合界面中各个选项的功能如下。

“Select data”：该下拉列表框中显示了图形窗口中图形用到的所有数据集的名称，在其中选择要拟合的数据。一次只能选择一组数据，但对于一组数据可以同时拟合多条曲线。可以用“Plot Editor”改变数据的名称。

“Center and scale X data”：勾选此复选框后，数据中心化为具有 0 均值，比例化为具有单位标准差。对数据进行中心化和比例化，可以提高数值计算的精度。

“Plot fits”选项组：通过该选项组，可以用图形查看当前数据集的一种或多种拟合结果。

“Check to display fits on figure”：选择当前数据集的拟合类型。有两种拟合类型可供选择，即插值和多项式。进行 3 次样条插值使用 spline()函数，保形（shape-preserving）插值使用 pchip()函数，多项式拟合使用 polyfit()函数。可以选择任意多种拟合类型。如果数据有 N 个点，则应该使用至少 N 个系数的多项式。如果使用多于 N 个系数的多项式，则基本拟合界面会自动在计算中设置足够个数的 0 系数，使得系统是非待定的。

“Show equations”：勾选此复选框，在拟合图形上显示方程。

“Plot residuals”：勾选此复选框，显示拟合曲线的残差，可用条形图、散点图或线形图显示。

“Show norm of residuals”：勾选此复选框，显示残差的范数。残差的范数是表示拟合优度的一个统计量，值越小，表示拟合程度越高。用 norm()函数进行计算，即 `norm(V,2)`，其中 $\boldsymbol{V}$ 为残差矢量。

“Numerical results”：使用该面板，可以在不绘制拟合图的情况下观察对当前数据集进行单次拟合的数值结果。

“Fits”：选择拟合当前数据集的方程。拟合结果显示在菜单下面的列表框中。注意，在该菜单中选择方程并不影响在“Plot fits”选项组中选择有关的选项。

“Coefficients and norm of ressduals”：显示“Fit”中选择的方程的计算结果。

“Save to workspace”：打开一个对话框，使用它将拟合结果保存到工作空间变量中。

“Find Y=f(X)”：对当前的拟合结果进行内插或外推。

“Enter values”：输入一个 MATLAB 表达式，进行拟合计算。单击“Evaluate”按钮以后计算表达式，结果显示在有关的表格中。当前拟合结果显示在“Fit”菜单中。

“Save to workspace”：打开一个对话框，使用它将计算结果保存到工作空间变量中。

“Plot evaluated results”：选择此选项，计算结果显示到图中的数据点上。

例 8.7　通过拟合 MATLAB 自带的数据 `census.mat` 来演示基本拟合界面的功能。按照下面的步骤进行。

（1）在命令行窗口中输入下面的命令，在图形窗口中绘图。

```
>> load census
>> plot(cdate,pop,'ro')
```

（2）从“Tools”菜单中选择“Basic Fitting”选项的结果如图 8-16 所示。

（3）在基本拟合界面中做以下设置，如图 8-17 所示。

- 用 3 次多项式拟合数据。

- 在拟合图上显示方程。
- 将拟合残差作为条形图显示，并将残差的图形作为子图显示。
- 显示残差的范数。

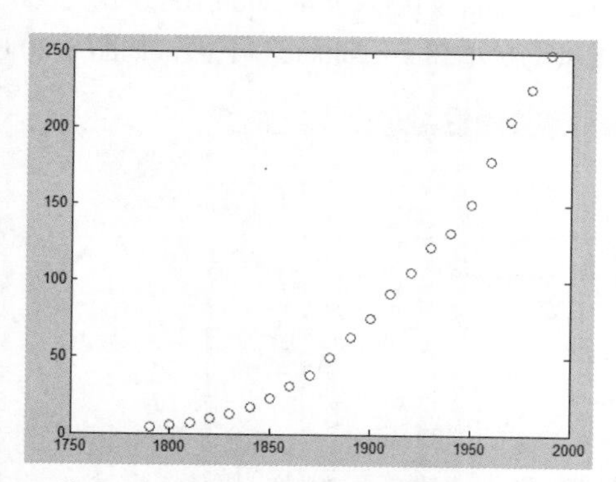

图 8-16 从“Tools”菜单中选择“Basic Fitting”选项的结果

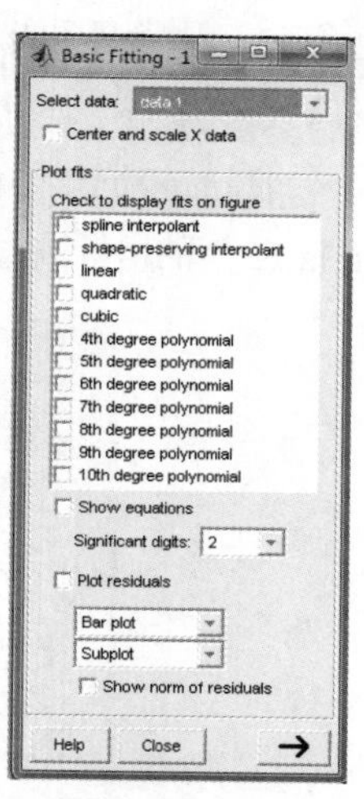

图 8-17 进行选项设置

利用“Plot fits”选项组可以可视化地观察当前数据集的多个拟合图形。为了进行比较，通过勾选合适的复选框来拟合 census 数据的其他方程。如果在某个方程生成的结果在数值上不精确，MATLAB 会显示警告信息。此时应勾选“Center and scale X data”复选框来改进数值精度。

图例显示了数据集和方程的名称。如果图例覆盖了图形的一部分，可以通过单击和拖曳操作将其移到其他地方。添加和删除数据集或拟合线时图例会自动更新，拟合线用默认的线型和颜色显示。可以用绘图编辑器改变任何默认的图形设置。但是，如果紧接着进行另一次拟合，会取消所做的任何改变。要保留这些改变，必须等到数据拟合过程结束。

通过单击 → 按钮，可以检查拟合系数和残差范数。

利用“Fit”菜单，可以在没有拟和图的情况下观察当前数据集的数值拟合结果。为了进行对比，可以通过选择某些方程来显示其他拟合结果，如图 8-18 所示。

单击“Save to workspace”按钮，打开“Save Fit to Workspace”对话框，如图 8-19 所示。进行设置，可以将拟合结果保存到 MATLAB 工作空间中。

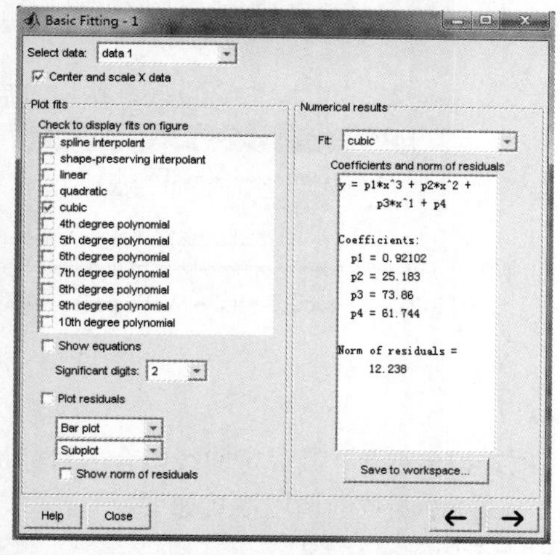

图 8-18 通过选择某些方程来显示其他拟合结果

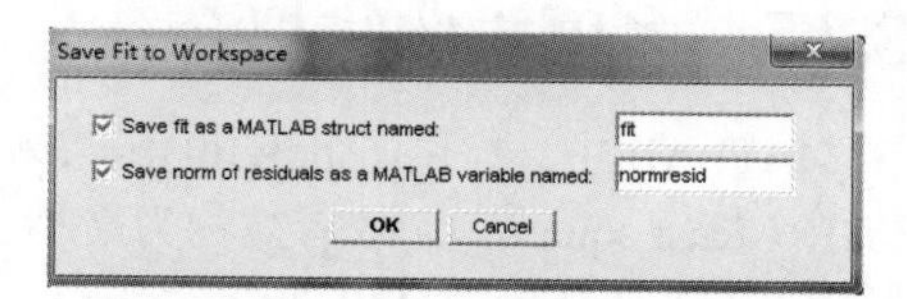

图 8-19 “Save Fit to Workspace”对话框

拟合结构如下。

```
fit1
fit1=
type:'polynomial degree 3'
coeff:[3.8555e-006 -0.0153 17.7815 -4.8519e+003]
```

再次单击 → 按钮，可以指定一个包含 X 值的矢量，计算这些位置上的拟合值。将该矢量输入"Evaluate"按钮前面的文本框中，然后单击"Evaluate"按钮。如输入矢量 2000:10:2050，2000 年—2050 年的人口按照 10 年的增量进行估计。X 值和对应值 f(X)显示在"Evaluate"下面，如图 8-20 所示。

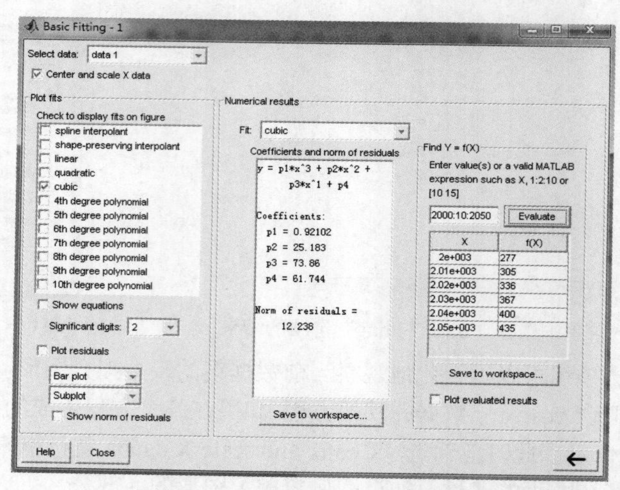

图 8-20　显示 X 值和对应的拟合值

勾选"Plot evaluated results"复选框，显示当前图形中对应当前数据的计算值，拟合结果如图 8-21 所示。

可以通过单击"Save to workspace"按钮打开"Save Results to Workspace"对话框，如图 8-22 所示。利用该对话框将计算值保存到 MATLAB 工作空间中。

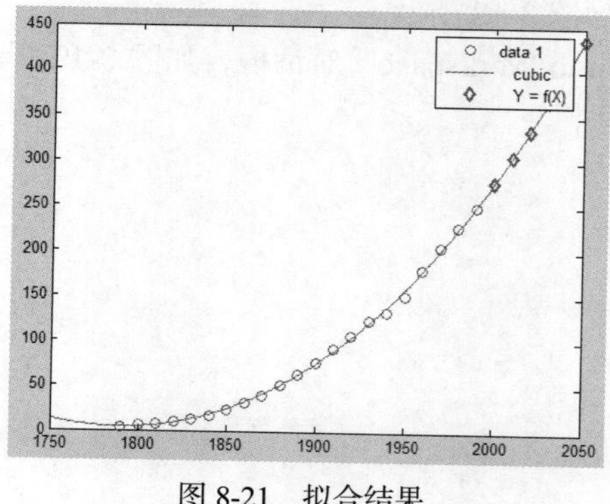

图 8-21　拟合结果

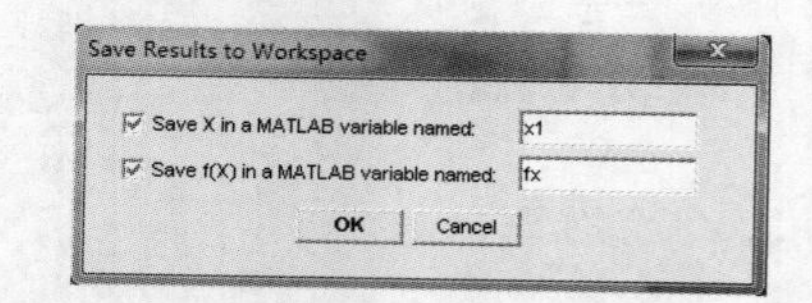

图 8-22　"Save Results to Workspace"对话框

8.2.5　多项式曲线拟合

在 MATLAB 中，提供了 polyfit()函数来计算多项式拟合系数，其设定曲线拟合的目标是实现最小方差（least squares），或者被称为最小二乘法，polyfit()函数的调用格式如下。

```
[p,S,mu]= polyfit(x,y,n)
[y,delta]=polyval(p,x,S,mu)
```

其中，x 和 y 表示的是已知测量数据，n 是多项式拟合的阶数。同时参数 μ 满足等式 $\hat{x}=\frac{x-\mu_1}{\mu_2}$，其中 $\mu_1=means(x)$，$\mu_2=std(x)$，而且 $\mu=[\mu_1,\mu_2]$。

通过上面的命令，最后可以得到的拟合曲线多项式为：

$$y=p_1x^n+p_2x^{n-1}+\ldots+p_nx+p_{n+1}$$

由于实现最小方差这一标准是比较常见的拟合要求，这里就不详细讲解了，感兴趣的读者可以查看对应的数学书籍，或者查看 polyfit()函数对应的 M 文件中的程序代码。

例 8.8　使用 polyfit()函数进行多项式的数值拟合，并分析曲线拟合的误差情况。

程序如下。

```
x=(0:0.1:5)';
y=erf(x);
[p,s]=polyfit(x,y,6);
[yp,delta]=polyval(p,x,s);
plot(x,y,'+',x,yp,'g-',x,yp+2*delta,'r:',…x,yp-2*delta,'r:'),grid on
axis([0 5 0 1.4]);
Title('Polynomial curve fitting')
legend('Original','Fitting')
```

8.3　数值插值

在数值计算、工程计算及实验研究中，经常有这样一种情况：用户已经掌握了一些数据，但还需要一些与之相关的数据，而这些数据不得不依靠数学手段来得到。就是对已经掌握的数据加以利用，用数学手段来获取与自己需要的数据接近的数据，而一个重要的手段就是进行数据的插值和拟合，从而得到连续曲线中间的点的数据。

8.3.1　一维数值插值

通过 interp1()函数可以进行一维数值插值，其调用格式如下。

```
YI= interp1(X,Y,XI)
YI= interp1(X,Y,XI,'method')
```

其中 ***X***、***Y*** 为原始的已知数据，***XI*** 为要进行插值的点，返回值是与插值点对应的插值结果。`YI= interp1(X,Y,XI)`是采用默认的插值方法，即线性插值，如果要指定插值方法，则可用`YI= interp1(X,Y,XI,'method')`来指定，MATLAB 提供了以下 4 种插值方法。

- `nearest`：邻近插值。
- `linear`：线性插值。
- `spline`：立方样条插值。
- `cublic`：立方插值。

对以上 4 种插值方法，要求解 ***X*** 向量的值是单调变化的，但不要求 ***X*** 的各个值间隔均匀。当 ***X*** 的各个值间隔均匀时，可以让插值速度更高，方法是在插值方法字符串前加上“*”，即 `method` 字符串改成`*nearest`、`*linear`、`*spline` 或`*cublic`。

执行以下命令可以进行一维数值插值。

```
>> x=0:pi/2:2*pi
x =
        0    1.5708    3.1416    4.7124    6.2832
>> y=sin(x)
y =
        0    1.0000    0.0000   -1.0000   -0.0000
```

```
>> xi=0:pi/10:2*pi
xi =
  Columns 1 through 11
         0    0.3142    0.6283    0.9425    1.2566    1.5708    1.8850    2.1991
2.5133    2.8274    3.1416
  Columns 12 through 21
    3.4558    3.7699    4.0841    4.3982    4.7124    5.0265    5.3407    5.6549
5.9690    6.2832
>> yi=interp1(x,y,xi,'*nearest')
yi =
  Columns 1 through 11
         0         0         0    1.0000    1.0000    1.0000    1.0000    1.0000
0.0000    0.0000    0.0000
  Columns 12 through 21
    0.0000    0.0000   -1.0000   -1.0000   -1.0000   -1.0000   -1.0000   -0.0000
-0.0000   -0.0000
>> subplot(2,2,1)
>> plot(x,y,'ro',xi,yi,'k+')
>> yi=interp1(x,y,xi,'*linear')
yi =
  Columns 1 through 11
         0    0.2000    0.4000    0.6000    0.8000    1.0000    0.8000    0.6000
0.4000    0.2000    0.0000
  Columns 12 through 21
   -0.2000   -0.4000   -0.6000   -0.8000   -1.0000   -0.8000   -0.6000   -0.4000
-0.2000   -0.0000
>> subplot(2,2,2)
>>  plot(x,y,'ro',xi,yi,'k+')
>> yi=interp1(x,y,xi,'*spline')
yi =
  Columns 1 through 11
         0    0.4560    0.7680    0.9520    1.0240    1.0000    0.8960    0.7280
0.5120    0.2640    0.0000
  Columns 12 through 21
   -0.2640   -0.5120   -0.7280   -0.8960   -1.0000   -1.0240   -0.9520   -0.7680
-0.4560   -0.0000
>> subplot(2,2,3)
>> plot(x,y,'ro',xi,yi,'k+')
>> yi=interp1(x,y,xi,'*cublic')
yi =
  Columns 1 through 11
         0    0.3600    0.6400    0.8400    0.9600    1.0000    0.9280    0.7440
0.4960    0.2320    0.0000
  Columns 12 through 21
   -0.2320   -0.4960   -0.7440   -0.9280   -1.0000   -0.9600   -0.8400   -0.6400
-0.3600   -0.0000
>> subplot(2,2,4)
>>  plot(x,y,'ro',xi,yi,'k+')
```

插值结果如图 8-23 所示。

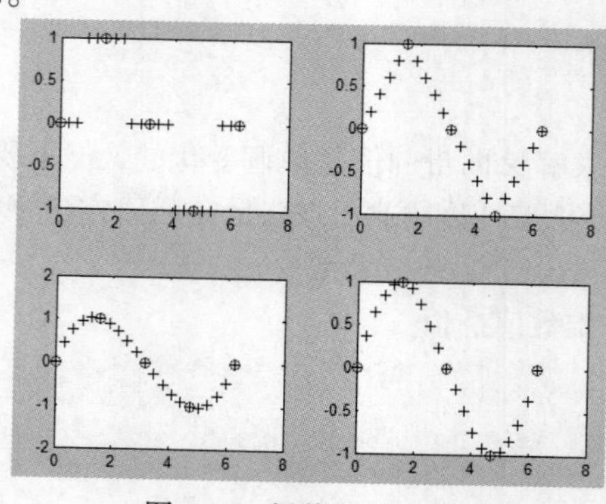

图 8-23　插值结果（1）

8.3.2　二维数值插值

通过 interp2()函数可以进行二维数值插值，其调用格式如下。

```
ZI=interp2(X,Y,Z,XI,YI)
ZI=interp2(X,Y,Z,XI,YI,'method')
```

其中 ***X***、***Y***、***Z*** 为原始的已知数据，***XI***、***YI*** 为要进行插值的点，返回值是与插值点对应的插值结果。`ZI=interp2(X,Y,Z,XI,YI)`是采用默认的插值方法，即线性插值，如果要指定插值方法，则可用 `ZI=interp2(X,Y,Z,XI,YI,'method')`来指定，MATLAB 提供了以下 4 种插值方法。

- `nearest`：邻近插值。
- `linear`：线性插值。
- `spline`：立方样条插值。
- `cublic`：立方插值。

对以上 4 种插值方法，要求解 ***X***、***Y*** 向量的值是单调变化的，且它们的数据成网格状结构，但不要求 ***X***、***Y*** 的各个值间隔均匀。当 ***X***、***Y*** 的各个值间隔均匀时，可以让插值速度更高，方法是在插值方法字符串前加上“*”，即 method 字符串改成`*nearest`、`*linear`、`*spline` 或`*cublic`。

执行以下命令可以进行二维数值插值。

```
>> [x,y,z]=peaks(3)
x =
    -3     0     3
    -3     0     3
    -3     0     3
y =
    -3    -3    -3
     0     0     0
     3     3     3
z =
    0.0001   -0.2450   -0.0000
   -0.0365    0.9810    0.0331
    0.0000    0.2999    0.0000
>> [xi,yi]=meshgrid(-3:1:3,-3:1:3)
xi =
    -3    -2    -1     0     1     2     3
    -3    -2    -1     0     1     2     3
    -3    -2    -1     0     1     2     3
    -3    -2    -1     0     1     2     3
    -3    -2    -1     0     1     2     3
    -3    -2    -1     0     1     2     3
    -3    -2    -1     0     1     2     3
yi =
    -3    -3    -3    -3    -3    -3    -3
    -2    -2    -2    -2    -2    -2    -2
    -1    -1    -1    -1    -1    -1    -1
     0     0     0     0     0     0     0
     1     1     1     1     1     1     1
     2     2     2     2     2     2     2
     3     3     3     3     3     3     3
>> zi=interp2(x,y,z,xi,yi,'nearest')
zi =
    0.0001    0.0001   -0.2450   -0.2450   -0.2450   -0.0000   -0.0000
    0.0001    0.0001   -0.2450   -0.2450   -0.2450   -0.0000   -0.0000
   -0.0365   -0.0365    0.9810    0.9810    0.9810    0.0331    0.0331
   -0.0365   -0.0365    0.9810    0.9810    0.9810    0.0331    0.0331
   -0.0365   -0.0365    0.9810    0.9810    0.9810    0.0331    0.0331
    0.0000    0.0000    0.2999    0.2999    0.2999    0.0000    0.0000
    0.0000    0.0000    0.2999    0.2999    0.2999    0.0000    0.0000
>> subplot(2,2,1)
```

```
>> mesh(xi,yi,zi)
>> zi=interp2(x,y,z,xi,yi,'linear')
zi =
    0.0001   -0.0816   -0.1633   -0.2450   -0.1633   -0.0817   -0.0000
   -0.0121    0.0465    0.1051    0.1637    0.1128    0.0619    0.0110
   -0.0243    0.1746    0.3735    0.5724    0.3889    0.2055    0.0221
   -0.0365    0.3027    0.6418    0.9810    0.6650    0.3491    0.0331
   -0.0243    0.2351    0.4945    0.7540    0.5100    0.2661    0.0221
   -0.0121    0.1675    0.3472    0.5269    0.3550    0.1830    0.0111
    0.0000    0.1000    0.1999    0.2999    0.1999    0.1000    0.0000

>> subplot(2,2,2)
>> mesh(xi,yi,zi)
>> zi=interp2(x,y,z,xi,yi,'spline')
zi =
    0.0001   -0.1360   -0.2177   -0.2450   -0.2177   -0.1361   -0.0000
   -0.0202    0.1954    0.3273    0.3756    0.3402    0.2211    0.0184
   -0.0324    0.4144    0.6866    0.7843    0.7073    0.4557    0.0294
   -0.0365    0.5210    0.8602    0.9810    0.8834    0.5675    0.0331
   -0.0325    0.5153    0.8481    0.9659    0.8687    0.5566    0.0295
   -0.0203    0.3971    0.6502    0.7388    0.6631    0.4229    0.0184
    0.0000    0.1666    0.2666    0.2999    0.2666    0.1666    0.0000
>> subplot(2,2,3)
>> mesh(xi,yi,zi)
>> zi=interp2(x,y,z,xi,yi,'cublic')
zi =
    0.0001   -0.1360   -0.2177   -0.2450   -0.2177   -0.1361   -0.0000
   -0.0202    0.1954    0.3273    0.3756    0.3402    0.2211    0.0184
   -0.0324    0.4144    0.6866    0.7843    0.7073    0.4557    0.0294
   -0.0365    0.5210    0.8602    0.9810    0.8834    0.5675    0.0331
   -0.0325    0.5153    0.8481    0.9659    0.8687    0.5566    0.0295
   -0.0203    0.3971    0.6502    0.7388    0.6631    0.4229    0.0184
    0.0000    0.1666    0.2666    0.2999    0.2666    0.1666    0.0000
>> subplot(2,2,4)
>> mesh(xi,yi,zi)
```

插值结果如图 8-24 所示。

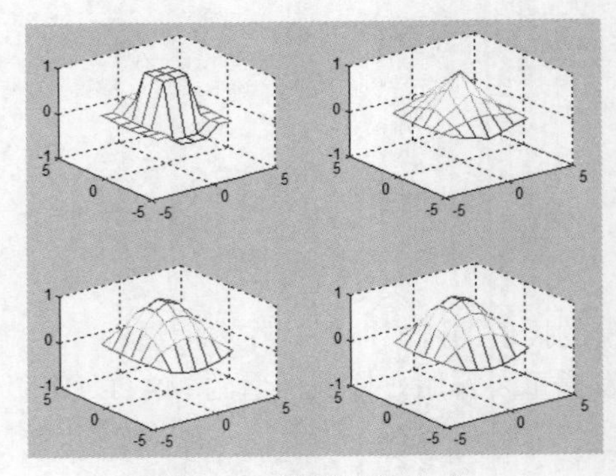

图 8-24　插值结果（2）

8.3.3　三维数值插值

通过 interp3()函数可以进行三维数值插值，其调用格式如下。

```
VI=interp3(X,Y,Z,V,XI,YI,ZI,method)
```

其中，***X***、***Y***、***Z***、***V*** 是具有相同大小的三维数组，[X,Y,Z]为三维数据网格，***V*** 是数据网格上的函数值；***XI***、***YI***、***ZI*** 是具有相同大小的三维数组，返回值 ***VI*** 是三维插值网格[XI,YI,ZI]上的函数值估计；method 是字符串，表示不同的插值方法，主要有以下 4 种。

- nearest：邻近插值。
- linear：线性插值。
- spline：立方样条插值。
- cublic：立方插值。

三维数据网格由函数 ndgrid()生成，其调用格式如下。

```
[X1,X2,X3,…]=ndgrid(x1,x2,x3,…)
```

例 8.9　三维数值插值示例。

根据 $R(x,y,z)=z\mathrm{e}^{-x^2-2y^2-3z^2}(-3\leqslant x\leqslant 3,-2\leqslant y\leqslant 2,-1\leqslant z\leqslant 1)$ 的采样数据点[X,Y,Z,R]（采样间隔为 0.1），由三维数值插值函数求插值网格[XI,YI,ZI,RI]（采样间隔为 0.02）上的函数值。

对 R（x,y,z）采样得到数据点[X,Y,Z,R]，并显示切片图。在 MATLAB 命令行窗口中输入以下代码。

```
x=-3:0.1:3;
y=-2:0.1:2;
z=-1:0.1:1;
[X,Y,Z]=ndgrid(x,y,z)
R=Z.*exp(-X.^2-2*Y.^2-3*Z.^3);
slice(Y,X,Z,R,[-1,0,1],[-0.5 0.5],-1);
```

插值结果如图 8-25 所示。

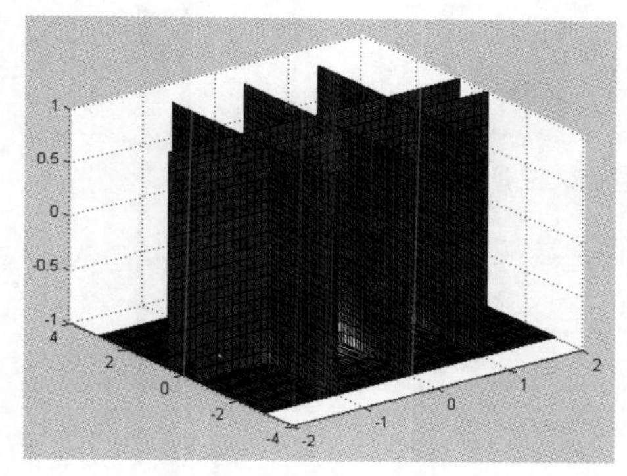

图 8-25　插值结果（3）

8.3.4　样条插值

样条插值可以得到更光滑的插值曲线或曲面，在数值逼近、常微分方程与偏微分方程的数值求解及科学与工程计算中可发挥重要作用。样条插值的 MATLAB 命令如下。

```
yy=spline(x,y,xx)    %根据样点数据（x,y）进行 3 次样条插值运算
yy=spline(x,y)       %根据样点数据（x,y）进行逐段多项式插值运算
```

例 8.10　利用样条插值模拟函数 y=exp(−|x|)。

编制如下程序。

```
>> x=-5:1:5;
>> y=exp(-abs(x));
>> N=length(x);
>> X=linspace(-5,5,11*N);
>> Y=spline(x,y,X);
>> plot(x,y,'*')
>> hold on
>> plot(X,Y,'r--')
>> X1=X;
```

```
>> Y1=exp(-abs(X1));
>> plot(X1,Y1)
>> legend('插值点','样条插值','解析解')
```

插值结果如图 8-26 所示。

例 8.11 分别用线性插值和样条插值拟合空间曲线 $\begin{cases} x=\cos t \\ y=\sin t \\ z=t^2 \end{cases}$ 。

编制程序如下。

```
t=linspace(0,2*pi,9);
x=cos(t);
y=sin(t);
z=t.^2;
t1=linspace(0,2*pi,36);
x1=interp1(t,x,t1);
y1=interp1(t,y,t1);
z1=interp1(t,z,t1);
t2=t1;
x2=spline(t,x,t2);
y2=spline(t,y,t2);
z2=spline(t,z,t2);
plot3(x,y,z,'r*');
hold on
plot3(x1,y1,z1,'m-.')
plot3(x2,y2,z2,'b-')
box on
legend('插值点','线性插值','样条插值')
view(-50,26)
```

两种插值的拟合结果如图 8-27 所示。

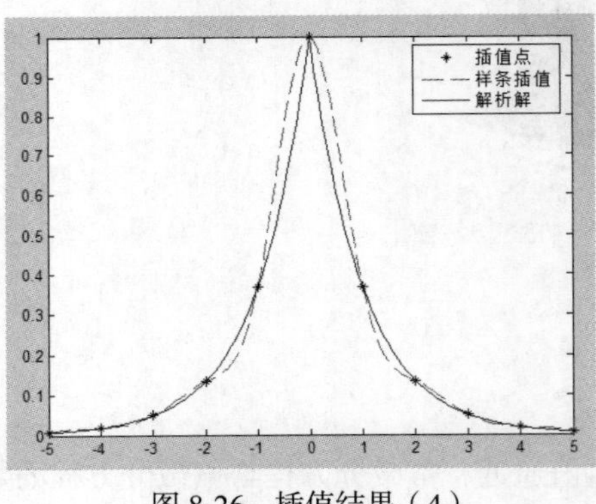

图 8-26 插值结果（4）

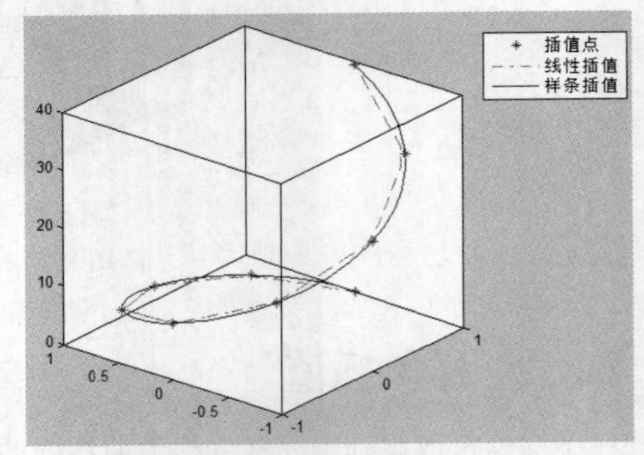

图 8-27 两种插值的拟合结果

8.4 本章小结

本章主要介绍了利用 MATLAB 提供的函数和工具箱进行数据预处理、曲线拟合及数值插值等内容。用户可以通过不同的方式测得一些采样点数据，利用曲线拟合工具箱的函数对这些数据进行分析和处理，可以从不规则的事物中找到其内在的规律，从而可以指导实践。

第 9 章 优化问题

在科学研究、经济管理及工程实践中，人们往往需要从许多方案中选择一个最佳的方案，在数学上，人们把这样的问题统称为优化问题。优化问题的求解需要掌握大量的专业知识。MATLAB 提供了一些专用的函数用于优化问题的求解，使用它们用户只需要掌握优化问题的基本概念，而不必拘泥于具体的细节，就可以轻松地求解优化问题。本章将介绍利用 MATLAB 实现几类常见的最优化计算的方法，包括线性规划问题、非线性规划问题、最小二乘最优化问题及非线性方程（组）求解等问题。

9.1 优化工具箱

优化工具箱（Optimization Toolbox）涉及函数的最小化或最大化问题，也就是函数极值问题。MATLAB 的优化工具箱由一些对普通非线性函数求解最小化或最大化极值的函数和解决诸如线性规划等标准矩阵问题的函数组成。在控制理论中，最优化常常是要求的重点。当系统实现最优化之后，不但效率提高了，稳定性也随之提高，使用该工具箱可以在线性或非线性的函数中找到最优解。

9.1.1 优化工具箱的简介

MATLAB 中配套使用的优化工具箱的版本是 3.0，该版本较以前的版本有很大的改进。优化工具箱提供了针对通用问题或者大规模优化问题处理的算法，支持线性规划、二次规划、非线性最小二乘、非线性方程组求解等功能。主要新特性包括：

- 支持二进制整数规划问题求解；
- 针对中等规模问题有实现无约束优化算法的函数 fminunc()；
- 增加使用单纯形法的线性规划函数 linprog()。

9.1.2 优化工具箱中的函数

优化工具箱中的函数包括以下几类，如表 9-1 ~ 表 9-4 所示。

表 9-1 最小化函数

函数	说明
fminsearch()	无约束非线性最小化
fminbnd()	有边界的标量非线性最小化
fmincon()	有约束的非线性最小化
linprog()	线性规划
quadprog()	二次规划

续表

函数	说明
fgoalattain()	多目标规划
fminimax()	最小最大化
fseminf()	半无限问题

表 9-2　　最小二乘函数

函数	说明
\	线性最小二乘
lsqnonlin()	非线性最小二乘
lsqnonneg()	非负线性最小二乘
lsqlin()	有约束线性最小二乘
lsqcurvefit()	非线性曲线拟合

表 9-3　　方程求解函数

函数	说明
\	线性方程求解
fzero()	标量非线性方程求解
fsolve()	非线性方程求解

表 9-4　　演示函数

函数	说明
tutdemo()	教程演示
optdemo()	演示过程菜单
officeassign()	求解整数规划
goaldemo()	目标达到举例
dfildemo()	过滤器设计的有限精度
molecule()	用无约束非线性最小化进行分子组成求解
circustent()	马戏团帐篷问题——二次规划问题
optdeblur()	用有边界线性最小二乘法进行图形处理

9.1.3　options()函数

对于优化控制，MATLAB 提供了 18 个参数，这些参数的具体意义如下。

`options(1)`：参数显示控制（默认值为 0）。等于 1 时显示一些结果。

`options(2)`：优化点 `x` 的精度控制（默认值为 1e-4）。

`options(3)`：优化函数 `F` 的精度控制（默认值为 1e-4）。

`options(4)`：违反约束的结束标准（默认值为 1e-6）。

`options(5)`：算法选择，不常用。

`options(6)`：优化程序方法选择，为 0 则采用 BFCG 算法，为 1 则采用 DFP 算法。

`options(7)`：线性插值算法选择，为 0 则采用混合插值算法，为 1 则采用立方插值算法。

`options(8)`：函数值显示（目标——达到问题中的 Lambda）。

`options(9)`：若需要检测用户提供的梯度，则设为 1。

`options(10)`：函数和约束估值的个数。

`options(11)`：函数梯度估值的个数。

options(12)：约束估值的个数。

options(13)：等约束条件的个数。

options(14)：函数估值的最大次数（默认值是 100×变量个数）。

options(15)：用于达到问题中的特殊目标。

options(16)：优化过程中变量的最小有限差分梯度值。

options(17)：优化过程中变量的最大有限差分梯度值。

options(18)：步长设置（默认值为 1 或更小）。

9.2　无约束最优化问题

无约束最优化问题指的是从一个问题的所有可能的备选方案中，选择出依某种指标来说是最优的解决方案。本节主要介绍单变量最优化和无约束非线性规划问题。

9.2.1　单变量最优化

单变量最优化讨论只有一个变量时的最小化问题，即一维搜索问题。一维搜索在某些情况下可以直接用于求解实际问题，但大多数情况下它是作为多变量最优化方法的基础，因为进行多变量最优化要用到一维搜索算法。该问题的数学模型为：

$$\min f(x), x_1 < x < x_2$$

式中 x, x_1, x_2 为标量，$f(x)$ 为函数，返回标量。

该问题的搜索过程可用下式表达：

$$x_{k+1} = x_k + \alpha * d$$

式中 x_k 为本次的迭代值，d 为搜索方向，α 为搜索方向上的步长参数，所以一维搜索就是要利用本次迭代的信息构造下次迭代的条件。

求解单变量最优化问题的方法有很多种。其根据目标函数是否需要求导，可以分为两类，即直接法和间接法。直接法不需要用到目标函数的导数，而间接法则需要用到目标函数的导数。

1. 直接法

常用的直接法主要有消去法和多项式近似法两种。

（1）消去法。

该方法利用单峰函数具有的消去性质进行反复迭代，逐渐消去不包含极小点的区间，缩小搜索区间，直到搜索区间缩小到给定的允许精度为止。一种典型的消去法为黄金分割搜索（golden section search）法。黄金分割搜索法的基本思想是在单峰区间内适当插入两点，将区间分为 3 段，然后通过比较这两个点函数值的大小来确定是删去最左段还是删去最右段，或是同时删去左、右两段保留中间段。重复该过程使区间无限缩小。插入点的位置应在区间的黄金分割点及其对称点上，所以该方法称为黄金分割搜索法。该方法的优点是算法简单、效率较高、稳定性好。

（2）多项式近似法。

该方法适用于目标函数比较复杂的情况。此时寻找一个与目标函数近似的函数来代替目标函数，并用近似函数的极小点作为原函数极小点的近似。常用的近似函数为二次多项式和三次多项式。

二次插值涉及形如下式的二次函数数据拟合问题：

$$m_q(\alpha) = a\alpha^2 + b\alpha + c$$

其中步长极值为

$$\alpha^* = \frac{-b}{2a}$$

然后只要利用 3 个梯度或函数方程组就可以确定系数 a 和 b，从而可以确定α^*。得到该值以后，进行搜索区间的收缩。在缩短的新区间中，重新安排 3 个点求出下一次的近似极小点α^*，如此迭代下去，直到满足终止准则为止。其迭代公式为：

$$x_{k+1} = \frac{1}{2}\frac{\beta_{23}f(x_1)+\beta_{31}f(x_2)+\beta_{12}f(x_3)}{\gamma_{23}f(x_1)+\gamma_{31}f(x_2)+\gamma_{12}f(x_3)}$$

式中：

$$\beta_{ij} = x_i^2 - x_j^2$$
$$\gamma_{ij} = x_i - x_j$$

二次插值法的计算速度比黄金分割搜索法的速度高，但是对于一些强烈扭曲或可能多峰的函数，该方法的收敛速度会变得很低，甚至会收敛失败。

2. 间接法

利用间接法需要计算目标函数的导数，间接法的优点是计算速度很高。常见的间接法包括牛顿切线法、对分法、割线法及三次插值法等。优化工具箱中用得较多的是三次插值法。

三次插值法的基本思想与二次插值法的一致，它是用 4 个已知点构造一个三次多项式 P 3(x)，用它逼近函数 $f(x)$，以 P 3(x)的极小点作为函数 $f(x)$的近似极小点。一般来讲，三次插值法比二次插值法的收敛速度要高一些，但每次迭代需要计算两个导数值。

三次插值法的迭代公式为：

$$x_{k+1} = x_2 - (x_2 - x_1)\frac{\nabla f(x_2)+\beta_2-\beta_1}{\nabla f(x_2)-\nabla f(x_1)+2\beta_2}$$

式中：

$$\beta_1 = \nabla f(x_1)+\nabla f(x_2) - 3\frac{f(x_1)-f(x_2)}{x_1-x_2}$$

$$\beta_2 = (\beta_1^2 - \nabla f(x_1)\nabla f(x_2))^{\frac{1}{2}}$$

如果函数的导数容易求得，一般来说首先考虑使用三次插值法，因为它具有较高的效率。对于只需要计算函数值的方法，二次插值法是一个很好的方法，它的收敛速度较高，当极小点所在区间较小时尤其如此。黄金分割搜索法则是一种十分好用的方法，并且计算简单。优化工具箱中用得较多的方法是二次插值法，三次插值法，二次、三次混合插值法及黄金分割搜索法。

下面主要介绍 fminbnd()函数，利用该函数可以找到固定区间内单变量函数最小值，其调用格式如下。

- `x= fminbnd (fun,x1,x2)`：返回区间`[x1,x2]`上 `fun` 参数描述的标量函数的最小值 `x`。
- `x= fminbnd (fun,x1,x2,options)`：`options` 参数指定的优化参数进行最小化。
- `x= fminbnd (fun,x1,x2,options,p1,p2,…)`：提供另外的参数 `p1`、`p2` 等，传递给目标函数 `fun`。如果没有设置 `options` 选项，则令 `options=[ ]`。
- `[x,fval]=fminbnd(…)`：返回解 `x` 处目标函数的值。
- `[x,fval,exitflag]=fminbnd(…)`：返回 `exitflag` 值描述 `fminbnd` 函数的退出条件。
- `[x,fval,exitflag,output]=fminbnd(…)`：返回包含优化信息的结构输出。

与 fminbnd()函数相关的细节内容包含在 `fun`、`options`、`exitflag` 及 `output` 等参数中，如表 9-5 所示。

表 9-5　　参数说明

参数	说明
fun	需要最小化的目标函数。fun 函数需要输入标量参数 x，返回 x 处的目标函数标量值 f。可以将 fun 函数指定为命令行，如 x=fminbnd(inline(sin(x*x)'x0)。同样，fun 参数可以是一个包含函数名的字符串。对应的函数可以是 M 文件、内部函数或 MEX 文件。若 fun='ymfun'，则 M 文件函数 myfun.m 必须有下面的形式：unctionf=myfun(x)，计算 x 处的函数值
options	优化参数选项，可以用 optimset()函数设置或改变这些参数的值。 options 参数有以下几个选项： Display：显示的水平，选择'off'，不显示输出；选择'iter'，显示每一步迭代过程的输出；选择'final'，显示最终结果。 MaxFunEvals：函数评价的最大允许次数。 MaxIter：最大允许次数。 ToIX：x 处的终止容限
exitfIag	描述退出条件：大于 0 表示目标函数收敛于解 x 处，等于 0 表示已经达到函数评价或迭代的最大次数，小于 0 表示目标函数不收敛
output	该函数包含下列优化信息：output.iterations，即迭代次数；output.algoritons，即所采用的算法；output.funcCount，即函数评价次数

- 目标函数必须是连续的；
- fminbnd()函数可能只给出局部最优解；
- 当问题的解位于区间边界上时，fminbnd()函数的收敛速度很低。此时，fmincon()函数的计算速度更高，计算精度更高；
- fminbnd()函数只适用于实数变量。

例 9.1　对边长为 3m 的正方形铁板，在 4 个角处剪去相等的正方形以制成方形无盖水槽，问如何剪去 4 个角能使水槽的容积最大？

假设剪去的正方形的边长为 x，则水槽的容积为：

$$f(x)=(3-2x)^2x$$

现在要求在区间(0, 1.5)上确定一个 x，使 $f(x)$最大化。因为优化工具箱中要求目标函数最小化，所以需要对目标函数进行转换，即要求"$-f(x)$"最小化。

首先编写 M 文件 op9_1.m。

```
function f=op9_1(x)
f=-(3-2*x).^2*x;
```

然后调用 fminbnd()函数，得到问题的解。

```
>> x=fminbnd(@op9_1,0,1.5)
x =  0.5000
```

即剪掉的正方形的边长为 0.5m 时水槽的容积最大。

水槽的最大容积计算如下。

```
>> y=op9_1(x)
y = -2.0000
```

所以水槽的最大容积为 $2m^3$。

9.2.2　无约束非线性规划问题

无约束非线性规划问题在实际应用中也比较常见，如工程中常见的参数反演问题。另外，许多有约束最优化问题可以转化为无约束最优化问题进行求解。求解无约束最优化问题的方法主要有两类，即直接搜索法（direct search method）和梯度法（gradient method）。直接搜索法适用于目标函数高度非线性，没有导数或导数很难计算的情况。由于实际工作中很多问题都是非线性的，因此直接搜索法不失为一种有效的解决方法。常用的直接搜索法为单纯形法，此外还有 Hooke-Jeeves 搜索法、PaveII 共轭方向法等，其缺点是收敛速度低。在函数的导数可求的情况下，梯度法是一种更好的方法。该方法利用函数的梯度（一阶导数）和 Hess 矩阵（二阶导数）构造算法，可以获得更高的收敛速度。函数 $f(x)$ 的负梯度方向 $-\nabla f(x)$ 即反映了函数的最大下降方向。当搜索方向为负梯度方向时称为最速下降法。当需要最小化的函数有一狭长的谷形值域时，该方法的效率很低，如 Rosenbrock 函数：

$$f(x)=100(x_1-x_2^2)^2+(1-x_1)^2$$

它的最小值解为 $x=[1,1]$，最小值为 $f(x)=0$。

常见的梯度法有最速下降法、牛顿法、Marquart 法、共轭梯度法及拟牛顿法（Quasi-Newton method）等。在这些方法中，用得最多的是拟牛顿法，这些方法在每次迭代过程中建立曲率信息，构成下式的二次模型问题：

$$\max_X \frac{1}{2}X^{\mathrm{T}}\boldsymbol{H}X+C^{\mathrm{T}}X+b$$

式中，Hess 矩阵 $\boldsymbol{H}$ 为一正定对称矩阵，C 为常数向量，b 为常数。对 x 求偏导数可以获得问题的最优解：

$$\nabla f(x^*)=\boldsymbol{H}x^*+C=0$$

解 x^* 可得：

$$x^*=-\boldsymbol{H}^{-1}C$$

拟牛顿法包括两个阶段，即确定搜索方向阶段和一维搜索阶段。

1. Hess 矩阵的更新

牛顿法由于需要多次计算 Hess 矩阵，因此计算量很大。而拟牛顿法则通过构建一个 Hess 矩阵的近似矩阵来避开这个问题。在优化工具箱中，通过将 options 参数 HessUpdate 设置为 BFGS 或 DFP 来决定搜索方向。当 Hess 矩阵 $\boldsymbol{H}$ 始终保持正定时，搜索方向就总是保持为下降方向。构建 Hess 矩阵的方法很多。对于求解一般问题，Broyden, Fletcher,GoIdfarb 和 Shanno 的方法（简称 BFGS 法）是最有效的。BFGS 法的计算公式为：

$$H_{k+1}=H_k+\frac{q_k q_k^{\mathrm{T}}}{q_k^{\mathrm{T}}S_k}-\frac{H_k^{\mathrm{T}}S_k^{\mathrm{T}}S_k H_k}{S_k^{\mathrm{T}}H_k S_k}$$

式中：

$$S_k=x_{k+1}-x_k$$
$$q_k=\nabla f(x_{k+1})-\nabla f(x_k)$$

作为初值，H_0 可以设为任意对称正定矩阵。

2. 一维搜索

优化工具箱中有两套方案可进行一维搜索。当梯度值可以直接得到时，用三次插值法进行一维搜索，当梯度值不能直接得到时，采用二次、三次混合插值法。

（1）fminunc()函数介绍。

用该函数求多变量无约束函数的最小值。多变量无约束函数的数学模型为：

$$\min_x f(x)$$

式中，x 为向量，$f(x)$为函数，返回标量。

fminunc()函数给定初值，求多变量标量函数的最小值。常用于无约束非线性最优化问题。其调用格式如下。

- x=fminunc(fun,x0)：给定初值 x0，求 fun 函数的局部极小点 x。x0 可以是标量、向量或矩阵。
- x=fminunc(fun,x0,options)：用 options 参数中指定的优化参数进行最小化。
- x=fminunc(fun,x0,options,P1,P2,…)：将问题参数 P1、P2 等直接传递给目标函数 fun，将 options 参数设置为空矩阵，作为 options 参数的默认值。
- [x,fval]=fminunc(…)：将解 x 处目标函数的值返回到 fval 参数中。
- [x,fval,exitflag]=fminunc(…)：返回 exitflag 值，描述函数的输出条件。
- [x,fval,exitflag,output]=fminunc(…)：返回包含优化信息的结构输出。
- [x,fval,exitflag,output,grad]=fminunc(…)：将解 x 处 fun 函数的梯度值返回到 grad 参数中。
- [x,fval,exitflag,output,grad,hessian]=fminunc(…)：将解 x 处目标函数的 Hessian 矩阵信息返回到 hessian 参数中。

表 9-6 所示为输入/输出变量说明。

表 9-6 输入/输出变量说明

变量	说明
fun	为目标函数，即需要最小化的目标函数。fun 函数需要输入标量参数 x，返回 x 处的目标函数标量值 f。可以将 fun 函数指定为命令行，如 x=fminbnd(inline('sin(x*x)',x0) 同样，fun 参数可以是一个包含函数名的字符串。对应的函数可以是 M 文件、内部函数或 MEX 文件。若 fun=myfun，则 M 文件函数 myfun.m 必须有下面的形式： function f=myfun(x) f=…：计算 x 处的函数值 若 fun 函数的梯度可以算得，且 options.GradObj 设为 on（用下式设定），则 fun 函数必须返回解 x 处的梯度向量 g 到第 2 个输出变量中去。注意，当被调用的函数 fun 只需要一个输出变量时（如算法只需要目标函数的值而不需要其梯度值时），可以通过核对 nargout 的值来避免计算梯度值。 function[f,g]=myfun(x) f=…：计算 x 处的函数值 if nargout>1：调用 fun 函数并要求有两个输出变量 g=…计算 x 处的梯度值 end 若 Hess 矩阵也可以求得，并且 options.Hessian 设为 on，则： options=optimset(Hessian,on) 则 fun 函数必须返回解 x 处的 Hess 对称矩阵 H 到第 3 个输出变量中去。注意，当被调用的 fun 函数只需要一个或两个输出变量时（如算法只需要目标函数的值 f 和梯度值 g 而不需要 Hess 矩阵 H 时），可以通过核对 nargout 的值以避免计算 Hess 矩阵。 function[f,g,H]=myfun(x) f=…：计算 x 处的函数值 if nargout>1：调用 fun 函数并要求有两个输出变量 g=…：计算 x 处的梯度值 if nargout>2 H=…：计算 x 处的 Hess 矩阵

续表

变量	说明
options	优化参数选项。可以通过 optimset()函数设置或改变这些参数。其中有的参数适用于所有的优化算法，有的则只适用于大型问题，另外一些则只适用于中型问题。 首先描述适用于大型问题的选项。这仅仅是一个参考，因为使用大型问题算法有一些条件。对于 fminunc()函数来说，必须提供梯度信息。 LargeSeale 当设为 on 时使用大型问题算法，若设为 off 则使用中型问题算法。 适用于大型和中型问题算法的参数： Diagnostics 输出最小化函数的诊断信息 Display 显示水平。选择 off，不显示输出；选择 iter，显示每一步迭代过程的输出；选择 final，显示最终结果。输出最小化函数的诊断信息。 GradObj：用户定义的目标函数的梯度。对于大型问题此参数是必选的，对于中型问题则是可选项。 MaxFunEvals：函数评价的最大次数。 MaxIter：最大允许迭代次数。 TolFun：函数值的终止容限。 TolX：x 处的终止容限。 只用于大型算法的参数： Hessian：用户定义的目标函数的 Hess 矩阵。 HessPattem：用于有限差分的 Hess 矩阵的稀疏形式。若不方便求 fun 函数的稀疏 Hess 矩阵 H，可以用梯度的有限差分获得的 H 的稀疏结构（如非零值的位置等）得到近似的 Hess 矩阵 H。若连矩阵的稀疏结构都不知道，则可以将 HessPattem 设为密集矩阵，在每一次迭代过程中，都将进行密集矩阵的有限差分近似（这是默认设置）。这将非常麻烦，所以花一些力气得到 Hess 矩阵的稀疏结构还是值得的。 MaxPCGIter PCG：迭代的最大次数。 PrecondBandWidth PCG 前处理得上带宽，默认时为 0。对于有些问题，增加带宽可以减少迭代次数。 TolPCG PCG：迭代的终止容限。 TypicalX：典型 x 值。 只适用于中型算法的参数： DerivativeCheck：对用户提供的导数和有限差分求出的导数进行对比。 DiffMaxChange：变量有限差分梯度的最大变化。 DiffMinChange：变量有限差分梯度的最小变化。 LinSearchType：一维搜索算法的选择。
exitflag	描述退出条件： 大于 0　表示目标函数收敛于解 x 处。 等于 0　表示已经达到函数评价或迭代的最大次数。 小于 0　目标函数不收敛。
output	该函数包含下列优化信息： output.iterations：迭代次数。 output.algorithm：所采用的算法。 output.funcCount：函数评价次数。 output.cgiterations：PCG 迭代次数（只适用于大型问题）。 output.stepsize：最终步长的大小（只适用于中型问题）。 output.firstorderopt：一阶优化的度量；解 x 处梯度的范数

对规模不同的优化问题，fminunc()函数使用不同的优化算法。

① 大型优化算法。

若用户在 fun 函数中提供梯度信息，则默认情况下函数将选择大型优化算法。该算法是基于内部映射牛顿法的子空间置信域法。计算过程中的每一次迭代都涉及用 PCG 法求解大型线性系统得到的近似解。

② 中型优化算法。

此时 fminunc()函数的参数 options.LargeScale 设置为 off。该算法采用的是基于二次、三次混合插值法和一维搜索算法的 BFCG 拟牛顿法。该法通过 BFGS 公式来更新 Hess 矩阵。通过将 HessUpdate 参数设置为 dfp，可以用 DFP 公式求得 Hess 矩阵逆的近似。通过将 HessUpdate 参数设置为 steepdesc，可以用最速下降法来更新 Hess 矩阵。但一般不建议使用最速下降法。

当 options.LineSearchType 设置为 quadcubic 时，默认一维搜索算法为二次、三次混合插值法。将 options.LineSearchType 设置为 cubicpoly 时，将采用三次插值法。第 2 种方法需要的目标函数计算次数更少，但梯度的计算次数更多。这样，如果提供了梯度信息，或者能较容易地算到，则三次插值法是更佳的选择。

- 对于求解平方和问题，fminunc()函数不是最好的选择，用 lsqnonlin()函数效果更佳。
- 使用大型优化算法时，必须通过将 options.GradObj 设置为 on 来提供梯度信息，否则将给出警告消息。
- 目标函数必须是连续的。fminunc()函数有时会给出局部最优解。
- fminunc()函数只对实数进行优化，即 x 必须为实数，而且 f(x)必须返回实数。当 x 为复数时，必须将它分解为实部和虚部。
- 在使用大型优化算法时，用户必须在 fun 函数中提供梯度（options 参数中 GradObj 属性必须设置为 on）。
- 目前，若在 fun 函数中提供了解析梯度，则 options 参数 DerivativeCheck 不能用于大型优化算法以比较解析梯度和有限差分梯度。通过将 options 参数的 MaxIter 属性设置为 0 以用中型优化算法核对导数。然后重新用大型优化算法求解问题。

例 9.2 将下列函数最小化。

```
f(x)=3*x1^2+2*x1*x2+x2^2
```

首先创建 M 文件 myfun.m。

```
function f=myfun(x)
f=3*x(1)^2+2*x(1)*x(2)+x(2)^2;      % 目标函数
```

然后调用 fminunc()函数求[1，1]附近 myfun()函数的最小值。

```
>> x0=[1,1];
>> [x,fval]=fminunc(@myfun,x0)
Warning: Gradient must be provided for trust-region method;
   using line-search method instead.
In C:\MATLAB6p5\toolbox\optim\fminunc.m at line 211
Optimization terminated successfully:
Search direction less than 2*options.TolX
x =
  1.0e-006 *
    0.2541   -0.2029
fval =
  1.3173e-013
```

经过迭代以后，返回解 x 和 x 处的函数值 fval。

如果使用 fminsearch()函数则有与上面不同的结果。

```
>> x0=[1,1];
>> [x,fval2] = fminsearch(@myfun,x0)
x =
  1.0e-004 *
   -0.0675    0.1715
fval2 =
  1.9920e-010
```

下面用提供的梯度 g 使函数最小化，修改 M 文件如下。

```
function [f,g]=myfun2(x)
  f=3*x(1)^2+2*x(1)*x(2)+x(2)^2;     % 目标函数
  if nargout>1
      g(1)=6*x(1)+2*x(2);
      g(2)=2*x(1)+2*x(2);
  end
```

下面通过将优化选项结构 options.GradObj 设置为 on 来得到梯度值。

```
>> clear
>> options=optimset('GradObj','on');
>> x0=[1,1];
>> [x,fva2]=fminunc(@myfun2,x0,options)
Optimization terminated successfully:
 First-order optimality less than OPTIONS.TolFun, and no negative/zero curvature detected
x =
  1.0e-015 *
    0.1110   -0.8882
fva2 =
  6.2862e-031
```

经过数次迭代以后，返回解 x 和 x 处的函数值 fval2。

（2）fminsearch()函数介绍。

利用 fminsearch()函数求解多变量无约束函数的最小值，其调用格式如下。

- fminsearch 求解多变量无约束函数的最小值。该函数常用于无约束非线性最优化问题。
- x=fminsearch(fun,x0)：初值为 x0，求 fun 函数的局部极小点 x。x0 可以是标量、向量或矩阵。
- x=fminsearch(fun,x0,options)：用 options 参数指定的优化参数进行最小化。
- x=fminsearch(fun,x0,options,p1,p2…)：将问题参数 p1、p2 等直接传递给目标函数 fun，将 options 参数设置为空矩阵，作为 options 参数的默认值。
- [x,fval]=fminsearch(…)：将 x 处的目标函数返回到 fval 参数中。
- [x,fval,exitflag]=fminsearch(…)：返回 exitflag 值，描述函数的退出条件。
- [x,fval,exitflag,output]=fminsearch(…)：返回包含优化信息的输出参数 output。

fminsearch()函数使用单纯形法进行计算。

对于求解二次以上的问题，fminsearch()函数比 fminunc()函数有效。但是，当问题为高度非线性时，fminsearch()函数更具有稳健性。应用 fminsearch()函数可能会得到局部最优解。fminsearch()函数只对实数进行最小化，即 x 必须由实数组成，f(x) 函数必须返回实数。如果 x 为复数，则必须将它分为实部和虚部两部分。另外，fminsearch()函数不适合用于求解平方和问题，用 lsqnonlin()函数更好一些。

例 9.3 使一维函数 $f(x)=\sin(x)+3$ 最小化。

首先创建 M 文件 myfun3.m。

```
function f=myfun3(x)
  f=sin(x)+3;     % 目标函数
```

然后调用 fminsearch()函数求 2 附近函数的最小值。

```
>> x=fminsearch(@myfun3,2)
x =
    4.7124
```

使用以下命令使该函数最小化。

```
>> f=inline('sin(x)+3');
>> x=fminsearch(f,2)
x =
    4.7124
```

9.3　有约束最优化问题

对于有约束最优化问题，通常要将该问题转换为更简单的子问题，这些子问题可以求解并作为迭代过程的基础。早期的方法通常是通过构造惩罚函数等来将有约束最优化问题转换为无约束最优化问题。

9.3.1　线性规划问题

线性规划问题的求解方法主要是单纯形法，该方法由丹齐格（Dantzig）于 1947 年提出，以后经过多次改进。单纯形法是一种迭代算法，它从所有基本可行解的一个较小部分中通过迭代过程选出最优解。其迭代过程的一般描述如下。

将线性规划问题转换为典范形式，从而可以得到一个初始基本可行解 $x^{(0)}$（初始顶点），将它作为迭代过程的出发点，其目标值为 $z(x^{(0)})$。

寻找一个基本可行解 $x^{(1)}$，使$z(x^{(1)}) \leqslant z(x^{(0)})$。方法是通过消去法将产生 $x^{(0)}$ 的典范形式转换为产生 $x^{(1)}$ 的典范形式。

继续寻找较好的基本可行解，使目标函数不断改进，当某个基本可行解再也不能被其他基本可行解改进时，它就是所求的最优解。

用 linprog()函数求解线性规划问题。

该函数的调用格式如下。

- `x=linprog(f,A,b,Aeq,beq)`：求解问题 `min f*x`，约束条件为 `A*x<=b`。
- `x=linprog(f,A,b,Aeq,beq,lb,ub)`：求解上面的问题，但增加等式约束，即 `Aeq*x=beq`。若没有不等式存在，则令 `A=[]`、`b=[]`。
- `x=linprog(f,A,b,Aeq,beq,lb,ub,x0)`：设置初值为 `x0`，只适用于中型问题，默认情况下，算法将忽略初值。
- `x=linprog(f,A,b,Aeq,beq,lb,ub,x0,options)`：用 `options` 指定的优化参数进行最小化。
- `[x,fval]=linprog(…)`：返回解 `x` 处的目标函数值 `fval`。
- `[x,fval,exitflag]=linprog(…)`：返回 `exitflag` 值，描述函数计算的退出条件。
- `[x,fval, exitflag,output]=linprog(…)`：返回包含优化信息的输出变量 `output`。
- `[x,fval, exitflag,output,lambda]=linprog(…)`：`lambda` 参数是解 `x` 处的拉格朗日乘子。

例 9.4　根据限制条件 $x_1 - x_2 + x_3 \leqslant 20$、$3x_1 + 2x_2 + 4x_3 \leqslant 42$、$3x_1 + 2x_2 \leqslant 30$，其中 $x_1 \geqslant 0$、$x_2 \geqslant 0$、$x_3 \geqslant 0$，使方程 $f(x) = -5x_1 - 4x_2 - 6x_3$ 最小化。

首先，输入方程系数和限制条件。

```
>> f=[-5;-4;-6];
A=[1 -1 1;3 2 4;3 2 0];
b=[20;42;30];
lb=zeros(3,1);
[x,fval,exitflag,output,lambda]=linprog(f,A,b,[],[],lb);
x
Optimization terminated.
x =
    0.0000
   15.0000
```

```
    3.0000
>> lambda.ineqlin
ans =
    0.0000
    1.5000
    0.5000
>> lambda.lower
ans =
    1.0000
    0.0000
0.0000
```

9.3.2 有约束非线性最优化问题

有约束条件下的优化问题比无约束条件下的优化问题要复杂得多，种类也比较多。对不同类型的优化问题，MATLAB 提供了不同的优化方法，此处对非线性条件下的优化方法 fmincon()内置函数进行介绍。fmincon()函数主要用于以下约束条件的优化：

$$\min_{x} f(x)$$
$$sub: c(x) \leqslant 0$$
$$ceq(x) = 0$$
$$Ax \leqslant b$$
$$Ax = beq$$
$$lb \leqslant x \leqslant ub$$

该函数的常用调用格式如下。

```
[x,fval,exitflag,output,lambda]=fmincon(fun,x0,A,b,Aeq,beq,lb,ub,nonlcon,options)
```

这些参数的意义如下。

在输入参数中，fun 表示优化函数，x0 为优化的初值，参数 A、b 为满足线性关系式 $Ax \leqslant b$ 的系数矩阵和结果矩阵；参数 Aeq、beq 是满足线性等式 $Ax = beq$ 的系数矩阵和结果矩阵；参数 lb 和 ub 是 x 的取值范围；参数 nonlcon 表示满足非线性关系式 $ceq(x) = 0$ 的优化情况，参数 options 为优化的属性设置。

在输出参数中，exitflag 表示程序退出优化运算的类型，取值为−2、−1、0、1、2、3、4、5，对应退出类型用户可以通过 help 命令来查询；output 参数中包含多种关于优化的信息，如 iterations、funcCount、algorithm、cgiterations、stepsize、fistorderopt 等；参数 lambda 表示的是 lower、upper、ubineqlin、eqlin、ineqnonlin、eqnonlin 等，分别表示优化问题的各种约束条件下的 lagrange 参数数值。

例 9.5 求解在约束条件 $x_1 + 2x_2 + 2x_3 \leqslant 72$、$x_2 \leqslant 5$、$x_3 \leqslant 12$ 下，函数 $f(x) = -x_1x_2x_3$ 最小值的最优解及其数值。

先编写 M 文件。

```
function f=optfun(x)
f=-x(1)*x(2)*x(3);
```

然后调用优化程序。

```
>> x0=[1,1,1]
A=[1 2 2;0 1 0;0 0 1];
b=[72;5;10]
[x,fval,exitflag,output,lambda]=fmincon(@optfun,x0,A,b)
```

运行结果如下。

```
x0 =
     1     1     1
```

```
b =
    72
     5
    10
Warning: Large-scale (trust region) method does not currently solve this type of problem,
 switching to medium-scale (line search).
> In fmincon at 260
Optimization terminated: first-order optimality measure less
 than options.TolFun and maximum constraint violation is less
 than options.TolCon.
Active inequalities (to within options.TolCon = 1e-006):
  lower      upper     ineqlin   ineqnonlin
                          1
                          2
                          3
x =
   42.0000    5.0000   10.0000
fval =
 -2.1000e+003
exitflag =
     1
output =
       iterations: 5
        funcCount: 29
         stepsize: 1
        algorithm: 'medium-scale: SQP, Quasi-Newton, line-search'
    firstorderopt: 0
     cgiterations: []
          message: [1x144 char]
lambda =
         lower: [3x1 double]
         upper: [3x1 double]
         eqlin: [0x1 double]
      eqnonlin: [0x1 double]
       ineqlin: [3x1 double]
    ineqnonlin: [0x1 double]
```

9.4　二次规划

二次规划问题简称 QP 问题，其标准形式如下：

$$\mathrm{Min}q(x)=\frac{1}{2}*x^{\mathrm{T}}*G*x+q^{\mathrm{T}}x$$

$$\text{Sub.to}\quad A_1*x=b_1$$

$$A_2*x_2\geqslant b_2$$

其中$x\in R_n$，$\boldsymbol{G}\in R_{n\times n}$是一个对称矩阵，$q\in R_n$，下标 1 表示等式约束，下标 2 表示不等式约束。

若 $\boldsymbol{G}$ 正定，则问题转换为凸二次规划问题，它有唯一的全局解。在实际中遇到的绝大多数问题都是这类问题。

在 MATLAB 中使用 qp()函数求解二次规划问题，其使用格式如下。

- `X=qp(H,f,A,b)`：解决如下形式的二次规划问题。

① $Min0.5*x'Hx+f'x$。

② Subject to:Ax≤b。

- `X=qp(H,f,A,b,VLB,VUB)`：定义了设计变量的上下边界，使所得解 `X` 在`[VLB,VUB]`范围内。
- `X=qp(H,f,A,b,VLB,VUB,X0)`：设置初值为 `X0`。

- X=qp(H,f,A,b,VLB,VUB,X0,N)：指出由 A 和 b 定义的约束条件中前 N 个为等式约束。
- X=qp(H,f,A,b,VLB,VUB,X0,N,DISPLAY)：依靠参数 DISPLAY 来控制警告信息显示，当 DISPLAY=-1 时，系统将不再显示警告信息。
- [x,LAMBDA]=qp(H,f,A,b)：将返回一组拉格朗日积 LAMBDA。
- [x,LAMBDA,HOW]=qp(H,f,A,b)：将返回字符串 HOW 来指明最终迭代的错误条。

当所有问题的解没有边界或是为虚假值时，qp()函数将提示警告信息。

例 9.6 使用 qp()函数求解二次规划问题。

$$\mathrm{Min}\, f(x) = 3x_1^{\,2} + 3x_2^{\,2} - 6x_1 + 4$$

$$\begin{aligned} \text{Sub.to} \quad & x_1 + x_2 \leqslant 20 \\ & 2x_1 + 3x_2 \leqslant 35 \\ & x_1, x_2 \geqslant 0 \end{aligned}$$

首先将目标函数变为如下标准形式：

$$f(x) = \frac{1}{2}(x_1, x_2)\begin{bmatrix} 6,0 \\ 0,6 \end{bmatrix}\begin{pmatrix} x_1 \\ x_2 \end{pmatrix} - (4,0)\begin{pmatrix} x_1 \\ x_2 \end{pmatrix} + 4$$

值得注意的是，其中的常数项与规划计算无关。

在命令行窗口中编写程序如下。

```
>> h=[6,0;0,6]
h =
     6     0
     0     6
>> c=[-4,0]
c =
    -4     0
>> a=[1,1;2,3]
a =
     1     1
     2     3
>> b=[20,30]
b =
    20    30
>> x=qp(h,c,a,b,zeros(2,1))
x=
0.6667
    0
```

9.5 多目标规划

多目标规划是指在一组约束条件下，对多个不同目标函数进行优化。它的一般形式为：

$$\mathrm{Min}[f_1(x), f_2(x), \dots, f_m(x)]$$

$$\begin{aligned} \text{Sub.to} \quad & g_i(x) \leqslant 0 \\ & j=1,2,3\dots,p \end{aligned}$$

其中 $x = (x_1, x_2, \dots, x_n)$ 。

在同一约束条件下，当目标函数处于冲突状态时，不存在最优解 x，可以使所有目标函数同时达到最优。此时，使用有效解，即如果不存在 $x \in S$ ，使 $f_i(x) \geqslant f_i(x^*)$ ，i=1,2,3…,m，则称 x^* 为有效解。

在 MATLAB 中，多目标规划问题的标准形式为：

$$\underset{x,\gamma}{\mathrm{Minimize}}\,\gamma$$

$$\text{Sub.to} \quad \begin{gathered} F(x) - weight \cdot \gamma \leqslant goal \\ C(x) \leqslant 0 \\ Ceq(x) = 0 \\ A \cdot x \leqslant b \\ Aeq \cdot x = beq \\ lb \leqslant x \leqslant ub \end{gathered}$$

其中 $\boldsymbol{x}$、$\boldsymbol{b}$、$\boldsymbol{beq}$、$\boldsymbol{lb}$ 及 $\boldsymbol{ub}$ 是向量；$\boldsymbol{A}$、$\boldsymbol{Aeq}$ 为矩阵；$C(x)$、$Ceq(x)$及 $F(x)$是返回向量的函数；$C(x)$、$Ceq(x)$及 $F(x)$可以是非线性函数；$\boldsymbol{weight}$ 为权值系数向量，用于控制对应的目标函数与用户定义的目标函数值的接近程度；$\boldsymbol{goal}$ 为用户设计的与目标函数相应的目标函数值向量；γ 为一个松弛因子标量；$F(x)$为多目标规划中的目标函数向量。

在 MATLAB 中，使用 fgoalattain()函数来求解多目标规划问题，其使用格式如下。

- `X=fgoalattain(fun,X0,GOAL,WEIGHT)`：通过改变 `X` 的值来逐步求得最佳值，通过 `WEIGHT` 来确定目标的权重。可以求解如下非线性问题：`Min{LAMBDA:F(x)-WEIGHT.*LAMBDA<=GOAL}`。函数 `fun` 接收向量 `X` 并且返回 `F` 在 `X` 处的数量，`X0` 可能为数量、向量或矩阵。
- `X=fgoalattain(fun,X0,GOAL,WEIGHT,A,B)`：求解在不等式 `A*X<=B` 条件下的多目标规划问题。
- `X=fgoalattain(fun,X0,GOAL,WEIGHT,A,B,Aeq,Beq)`：求解在线性等式 `Aeq*x=Beq` 下的多目标规划问题。
- `X=fgoalattain(fun,X0,GOAL,WEIGHT,A,B,Aeq,Beq,LB,UB)`：`LB` 和 `UB` 分别为解 `X` 的下界与上界。即有 `LB<=X<=UB`，当没有边界条件存在时，将赋予 `UB(i)=Inf`。
- `X=fgoalattain(fun,X0,GOAL,WEIGHT,A,B,Aeq,Beq,LB,UB,nonlcon)`：给目标函数加以函数 `nonlcon` 定义的结束。函数 `nonlcon` 将返回向量 `C` 和 `Ceq`，分别代表非线性不等式和等式。当使用 feval()函数调用时，即输入`[C,Ceq]=feval(nonlcon,X)`时，`fgoalattain` 将优化 `C(x)<=0` 和 `Ceq(x)=0` 之类的问题。
- `X=fgoalattain(fun,X0,GOAL,WEIGHT,A,B,Aeq,Beq,LB,UB,nonlcon,OPTIONS,P1,P2,…)`：将依靠问题的参数 `P1` 和 `P2` 等直接传递给函数 `fun` 和 `nonlcon`：`feval(fun,X,P1,P2,…)`和 `feval(nonlcon,X,P1,P2,…)`。传递空矩阵给 `A`、`B`、`Aeq`、`Beq`、`LB`、`UB`、`nonlcon` 及 `OPTIONS` 来使用默认值。
- `[X,FVAL]=fgoalattain(fun,X0,…)`：返回目标函数 `fun` 在 `X` 处的值。
- `[X,FVAL,ATTAINFACTOR,EXITFLAG]=fgoalattain(fun,X0,…)`：返回的字符串 `EXITFLAG` 为终止迭代的错误条件，`EXITFLAG>0` 表示函数收敛于解 `X`；`EXITFLAG=0` 表示超过函数估值或迭代的最大次数；`EXITFLAG<0` 表示函数不收敛于解 `X`。

例 9.7　求解下面的多目标规划问题。

设如下线性系统：

$$\begin{gathered} \dot{x} = \boldsymbol{A}x + \boldsymbol{B}u \\ y = \boldsymbol{C}x \end{gathered}$$

其中 $\boldsymbol{A} = \begin{bmatrix} -0.5 & 0 & 0 \\ 0 & -2 & 10 \\ 0 & 1 & -2 \end{bmatrix}$，$\boldsymbol{B} = \begin{bmatrix} 1 & 0 \\ -2 & 2 \\ 0 & 1 \end{bmatrix}$，$\boldsymbol{C} = \begin{bmatrix} 1 & 0 & 0 \\ 0 & 0 & 1 \end{bmatrix}$。

要求设计输出反馈控制器 $\boldsymbol{K}$，使闭环系统为：

$$\begin{gathered} \dot{x} = (\boldsymbol{A} + \boldsymbol{BKC})x + \boldsymbol{B}u \\ y = \boldsymbol{C}x \end{gathered}$$

在复平面实轴上点[−5,−3,−1]的左侧有极点，并要求 $-4 \leqslant \boldsymbol{K}_{ij} \leqslant 4\ (i, j=1, 2)$。

解：上述问题就是要求解矩阵 $\boldsymbol{K}$，使矩阵（$\boldsymbol{A}+\boldsymbol{BKC}$）的极点为[−5,−3,−1]，这是一个多目标规划问题。

先建立目标函数文件，保存为 eigfun.m 文件。

```
functionF=eigfun(K,A,B,C)
F=sort(eig(A+B*K*C));      %估计目标函数值
```

然后，输入参数并调用优化程序。

```
A=[-0.5 0 0;0 -2 10;0 1 -2];
B=[1 0;-2 2;0 1];
C=[1 0 0;0 0 1];
K0=[-1 -1;-1 -1];
goal=[-5 -3 -1];
weight=abs(goal)
lb=-4*ones(size(K0));
ub=4*ones(size(K0));
options=optimset('Display','iter');
[K,fval,attainfactor]=fgoalattain(@eigfun,K0,goal,weight,[],[],[],[],lb,ub,[],options,A,B,C)
```

结果如下。

```
weight =
     5     3     1
                   Attainment                       Directional
 Iter   F-count      factor        Step-size        derivative     Procedure
    0      6        1.88521
    1     13          1.061             1              1.03
    2     20         0.4211             1            -0.679
    3     27       -0.06352             1            -0.523      Hessian modified
    4     34        -0.1571             1            -0.053      Hessian modified twice
    5     41        -0.3489             1            -0.133
    6     48        -0.3643             1          -0.00768      Hessian modified
    7     55        -0.3645             1        -4.25e-005      Hessian modified
    8     62        -0.3674             1          -0.00303      Hessian modified twice
    9     69        -0.3806             1           -0.0213      Hessian modified
   10     76        -0.3862             1           0.00266
   11     83        -0.3863             1        -2.73e-005      Hessian modified twice
   12     90        -0.3863             1        -7.72e-014      Hessian modified twice
Optimization terminated: Search direction less than 2*options.TolX
 and maximum constraint violation is less than options.TolCon.
Active inequalities (to within options.TolCon = 1e-006):
  lower      upper     ineqlin   ineqnonlin
    1                                1
    2                                2
    4
K =
   -4.0000   -0.2564
   -4.0000   -4.0000
fval =
   -6.9313
   -4.1588
   -1.4099
attainfactor =
   -0.3863
```

9.6 最小二乘最优化问题

最小二乘法是求解最优化问题的一种重要方法，它使用简单，所得到的结果能够很好地满足要求，根据约束条件和是否线性的不同，它又可以分为以下 4 种情况，即非线性数据（曲线）拟合、非负线性最小二乘问题、有约束线性最小二乘问题及非线性最小二乘问题。

9.6.1 非线性数据（曲线）拟合

非线性数据（曲线）拟合是已知输入向量 xdata 和输出向量 ydata，并且知道输入与输出的函数关系为 ydata=F(x, xdata)，但不知道系数向量 ***x***。进行曲线拟合，求 x 使得下式成立：

$$\underset{x}{\text{Min}}\frac{1}{2}\|F(x,xdata)-ydata\|_2^2=\frac{1}{2}\sum_i(F(x,xdata_i)-ydata_i)^2$$

在 MATLAB 中，使用函数 curvefit()解决这类问题，其调用格式如下。

- x = lsqcurvefit(fun,x0,xdata,ydata)。
- x = lsqcurvefit(fun,x0,xdata,ydata,lb,ub)。
- x = lsqcurvefit(fun,x0,xdata,ydata,lb,ub,options) [x,resnorm] = lsqcurvefit(…) [x,resnorm,residual] = lsqcurvefit(…)。
- [x,resnorm,residual,exitflag] = lsqcurvefit(…)。
- [x,resnorm,residual,exitflag,output] = lsqcurvefit(…)。
- [x,resnorm,residual,exitflag,output,lambda] = lsqcurvefit(…)。
- [x,resnorm,residual,exitflag,output,lambda,jacobian] =lsqcurvefit(…)。

参数说明：

x0 为初始解向量，xdata、ydata 为满足关系 ydata=F(x, xdata)的数据；

lb、ub 为解向量的下界和上界，即 lb≤x≤ub，若没有指定界，则 lb=[ ]、ub=[ ]；options 为指定的优化参数；

fun 为拟合函数，其定义方式为 x = lsqcurvefit(@myfun,x0,xdata,ydata)，其中 myfun 已定义为 function F = myfun(x,xdata)，F = …计算 x 处拟合函数值 fun 的用法与前面相同；

resnorm=sum ((fun(x,xdata)-ydata).^2)，即在 x 处残差的平方和；

residual=fun(x,xdata)-ydata，即在 x 处的残差；

exitflag 为终止迭代的条件；

output 为输出的优化信息；

lambda 为解 x 处的拉格朗日乘子；

jacobian 为解 x 处拟合函数 fun 的 Jacobian 矩阵。

例 9.8 求解如下最小二乘非线性拟合问题。

已知输入向量 ***xdata*** 和输出向量 ***ydata***，且长度都是 n，拟合函数为：

$$ydata(i)=x(1)\cdot xdata(i)^2+x(2)\cdot\sin(xdata(i))+x(3)xdata(i)^3$$

即目标函数为 $\underset{x}{\text{Min}}\frac{1}{2}\sum_{i=1}^{n}(F(x,xdata_i)-ydata_i)^2$

其中 $F(x,xdata)=x(1)\cdot xdata^2+x(2)\cdot\sin(xdata)+x(3)xdata^3$，初始解向量为 ***x***0=[0.3, 0.4, 0.1]。

解：先建立拟合函数文件，并保存为 myfun.m 文件。

```
function F = myfun(x,xdata)
F = x(1)*xdata.^2 + x(2)*sin(xdata) + x(3)*xdata.^3;
```

然后给出 ***xdata*** 和 ***ydata*** 的数据。

```
>>xdata = [3.6 7.7 9.3 4.1 8.6 2.8 1.3 7.9 10.0 5.4];
>>ydata = [16.5 150.6 263.1 24.7 208.5 9.9 2.7 163.9 325.0 54.3];
>>x0 = [10, 10, 10]; %初始估计量
>>[x,resnorm] = lsqcurvefit(@myfunc,x0,xdata,ydata)
```

结果如下。

```
Optimization terminated successfully:
Relative function value changing by less than OPTIONS.TolFun
x =
0.2269 0.3385 0.3021
resnorm =
6.2950
```

9.6.2 非负线性最小二乘问题

非负线性最小二乘的标准形式为：

$$\min_{x}\frac{1}{2}\|Cx-d\|_2^2$$
$$\text{Sub.to}\quad x\geqslant 0$$

其中矩阵 ***C*** 和向量 ***d*** 为目标函数的系数，向量 ***x*** 为非负独立变量。

在 MATLAB 中，用函数 lsqnonneg()求解这类问题，其调用格式如下。

- `x = lsqnonneg(C,d)`：C 为实矩阵，d 为实向量。
- `x = lsqnonneg(C,d,x0)`：x0 为初值且大于 0。
- `x = lsqnonneg(C,d,x0,options)`：options 为指定优化参数。
- `[x,resnorm] = lsqnonneg(…)`：`resnorm=norm (C*x-d)^2`。
- `[x,resnorm,residual] = lsqnonneg(…)`：`residual=C*x-d`。
- `[x,resnorm,residual,exitflag] = lsqnonneg(…)`。
- `[x,resnorm,residual,exitflag,output] = lsqnonneg(…)`。
- `[x,resnorm,residual,exitflag,output,lambda] = lsqnonneg(…)`。

例 9.9 一个最小二乘问题的无约束与非负约束解法的比较。

先输入数据。

```
>>C = [ 0.0372 0.2869; 0.6861 0.7071; 0.6233 0.6245; 0.6344 0.6170];
>>d = [0.8587; 0.1781; 0.0747; 0.8405];
>> [C\d, lsqnonneg(C,d)]
5
ans =
-2.5627 0
3.1108 0.6929
```

9.6.3 有约束线性最小二乘问题

有约束线性最小二乘的标准形式为：

$$\min_{x}\frac{1}{2}\|Cx-d\|_2^2$$
$$\text{Sub.to}\quad A\cdot x\leqslant b$$
$$Aeq\cdot x=beq$$
$$lb\leqslant x\leqslant ub$$

其中 ***C***、***A***、***Aeq*** 为矩阵；***d***、***b***、***beq***、***lb***、***ub***、***x*** 为向量。

在 MATLAB 中，有约束线性最小二乘问题用函数 lsqlin()来求解，其调用格式如下。

- `x = lsqlin(C,d,A,b)`：求在约束条件 A·x≤b 下，方程 Cx = d 的最小二乘解 x。
- `x = lsqlin(C,d,A,b,Aeq,beq)`：Aeq、beq 满足等式约束 Aeq·x = beq，若没有不等式约束，则设 A=[ ]、b=[ ]。
- `x = lsqlin(C,d,A,b,Aeq,beq,lb,ub)`：lb、ub 满足 lb≤x≤ub，若没有等式约

束，则 Aeq=[ ]、beq=[ ]。

- x = lsqlin(C,d,A,b,Aeq,beq,lb,ub,x0)：x0 为初始解向量，若 x 没有界，则 lb=[ ]、ub=[ ]。
- x = lsqlin(C,d,A,b,Aeq,beq,lb,ub,x0,options)：options 为指定优化参数。
- [x,resnorm] = lsqlin(…)：resnorm=norm(C*x-d)^2，即 2-范数。
- [x,resnorm,residual] = lsqlin(…)：residual=C*x-d，即残差。
- [x,resnorm,residual,exitflag] = lsqlin(…)：exitflag 为终止迭代的条件。
- [x,resnorm,residual,exitflag,output] = lsqlin(…)：output 表示输出优化信息。
- [x,resnorm,residual,exitflag,output,lambda] = lsqlin(…)：lambda 为解 x 的拉格朗日乘子。

例 9.10 求解下面系统的最小二乘解。

系统：Cx=d。

约束：$A \cdot x \leqslant b$；lb≤x≤ub。

先输入系统系数和 x 的上、下界。

```
C = [0.9501 0.7620 0.6153 0.4057;
0.2311 0.4564 0.7919 0.9354;
0.6068 0.0185 0.9218 0.9169;
0.4859 0.8214 0.7382 0.4102;
0.8912 0.4447 0.1762 0.8936];
d = [ 0.0578; 0.3528; 0.8131; 0.0098; 0.1388];
A =[ 0.2027 0.2721 0.7467 0.4659;
0.1987 0.1988 0.4450 0.4186;
0.6037 0.0152 0.9318 0.8462];
b =[ 0.5251; 0.2026; 0.6721];
lb = -0.1*ones(4,1);
ub = 2*ones(4,1);
```

然后调用最小二乘命令。

```
[x,resnorm,residual,exitflag,output,lambda] = lsqlin(C,d,A,b,[ ],[ ],lb,ub);
```

结果如下。

```
x =
2
-0.1000
-0.1000
0.2152
0.3502
resnorm =
0.1672
residual =
0.0455
0.0764
-0.3562
0.1620
0.0784
exitflag =
1 %说明解 x 是收敛的
output =
iterations: 4
algorithm: 'medium-scale: active-set'
firstorderopt: []
cgiterations: []
lambda =
lower: [4x1 double]
upper: [4x1 double]
```

```
eqlin: [0x1 double]
ineqlin: [3x1 double]
```

通过 lambda.ineqlin 可查看非线性不等式约束是否有效。

9.6.4 非线性最小二乘问题

非线性最小二乘（非线性数据拟合）的标准形式为：

$$\min_{x} f(x) = f_1(x)^2 + f_2(x)^2 + \ldots + f_m(x)^2 + L$$

其中 L 为常数。

在 MATLAB 中，用函数 lsqnonlin()解决这类问题，其调用格式如下。

- x = lsqnonlin(fun,x0)：x0 为初始解向量；fun 为 fi(x)，i=1,2,…,m,fun 返回向量值 F，而不是平方和值，平方和值隐含在算法中，fun 的定义与前面相同。
- x = lsqnonlin(fun,x0,lb,ub)：lb、ub 定义 x 的下界和上界，即 lb≤x≤ub。
- x = lsqnonlin(fun,x0,lb,ub,options)：options 为指定优化参数，若 x 没有界，则 lb=[ ]、ub=[ ]。
- [x,resnorm] = lsqnonlin(…)：resnorm=sum(fun(x).^2)，即解 x 处的目标函数值。
- [x,resnorm,residual] = lsqnonlin(…)：residual=fun(x)，即解 x 处 fun 的值。
- [x,resnorm,residual,exitflag] = lsqnonlin(…)：exitflag 表示为终止迭代条件。
- [x,resnorm,residual,exitflag,output] = lsqnonlin(…)：output 表示输出优化信息。
- [x,resnorm,residual,exitflag,output,lambda] = lsqnonlin(…)：lambda 为拉格朗日乘子。
- [x,resnorm,residual,exitflag,output,lambda,jacobian] =lsqnonlin(…)：fun 在解 x 处的 Jacobian 矩阵。

例 9.11 求下面非线性最小二乘问题 $\sum_{k=1}^{k=10}(2+2k-e^{kx_1}-e^{kx_2})^2$，初始解向量为 $\boldsymbol{x}0$=[0.3,0.4]。

解：先建立函数文件，并保存为 myfune.m 文件，由于 lsqnonlin()中的 fun 为向量形式而不是平方和形式，因此，myfune()函数应由 $f_i(x)$ 建立：

$$f_k(x) = 2 + 2k - e^{kx_1} - e^{kx_2},\quad k=1,2,3,\ldots,10$$

```
function F = myfune(x)
k = 1:10;
F = 2 + 2*k-exp(k*x(1))-exp(k*x(2));
```

然后调用优化程序。

```
x0 = [0.3 0.4]
[x,resnorm] = lsqnonlin(@myfune,x0)
```

结果如下。

```
Optimization terminated successfully:
Norm of the current step is less than OPTIONS.TolX
x =
0.2578   0.2578
resnorm =     %求目标函数值
124.3622
```

9.7　非线性方程（组）求解

本节介绍使用 MATLAB 的 fzero()函数和 fsolve()函数分别求解非线性方程和非线性方程组的解。

9.7.1　非线性方程的解

非线性方程的标准形式为 f(x)=0。

在 MATLAB 中，用函数 fzero()求解非线性方程，其调用格式如下。

- x=fzero(fun,x0)：用 fun 定义表达式 $f(x)$，x_0 为初始解。
- x=fzero(fun,x0,options)。
- [x,fval]=fzero(…)。
- fval=f(x)。
- [x,fval,exitflag]=fzero(…)。
- [x,fval,exitflag,output]=fzero(…)。

该函数采用数值解求方程 f(x)=0 的根。将求得自 x_0 开始的函数 fun 的一个零点。其中 fun 通常是文件 fun.m 的名字，也可以是字符串。

例 9.12　求 $x^3-2x-5=0$ 的根。

程序如下。

```
>> fun='x^3-2*x-5';
z=fzero(fun,2)
```

结果如下。

```
z =
    2.0946
```

9.7.2　非线性方程组的解

非线性方程组的标准形式为 F(x)=0。

其中 x 为向量，F(x)为函数向量。

在 MATLAB 中，用函数 fsolve()求解非线性方程组，其调用格式如下。

- x=fsolve(fun,x0)：用 fun 定义向量函数，其定义方式为先定义方程函数 function F=myfun(x)。

其中 F=[表达式 1;表达式 2;…表达式 m;]；保存为 myfun.m 文件。

- x=fsolve(@myfun,x0)：x0 为初始估计量。
- x=fsolve(fun,x0,options)。
- [x,fval]=fsolve (…)；fval=F(x)，即函数值向量。
- [x,fval,exitflag]=fsolve (…)。
- [x,fval,exitflag,output]=fsolve (…)。
- [x,fval,exitflag,output,jacobian]=fsolve (…)：jacobian 为解 x 处的 Jacobian 矩阵。

该函数用最小二乘法求得自 x0 开始的非线性方程组 fun 的一个零点。其中 fun 是文件 fun.m 的名字；options 为参数向量，通过该向量可设定控制参数。

例 9.13 求下列方程的根：

$$\begin{cases} 2x_1 - x_2 = \mathrm{e}^{-x_1} \\ -x_1 + 2x_2 = \mathrm{e}^{-x_2} \end{cases}$$

化为标准形式为：

$$\begin{cases} 2x_1 - x_2 - \mathrm{e}^{-x_1} = 0 \\ -x_1 + 2x_2 - \mathrm{e}^{-x_2} = 0 \end{cases}$$

设初始点为 $x_0 = [-5, -5]$。

先建立方程函数文件，并保存为 myfunt.m 文件。

```
function F=myfunt(x)
F=[2*x(1)-x(2)-exp(-x(1));-x(1)+2*x(2)-exp(-x(2))];
```

然后调用优化程序。

```
>> x0=[-5;-5];                               %初始点
>> options=optimset('Display','iter');       %显示输出信息
>> [x,fval]=fsolve(@myfunt,x0,options)
```

结果如下。

```
                                        Norm of      First-order   Trust-region
 Iteration  Func-count      f(x)          step        optimality    radius
     0          3         47071.2                     2.29e+004           1
     1          6         12003.4              1      5.75e+003           1
     2          9         3147.02              1      1.47e+003           1
     3         12         854.452              1            388           1
     4         15         239.527              1            107           1
     5         18         67.0412              1           30.8           1
     6         21         16.7042              1           9.05           1
     7         24         2.42788              1           2.26           1
     8         27        0.032658       0.759511          0.206         2.5
     9         30     7.03149e-006      0.111927        0.00294         2.5
    10         33     3.29525e-013    0.00169132      6.36e-007         2.5
Optimization terminated: first-order optimality is less than options.TolFun.
x =
    0.5671
    0.5671
fval =
  1.0e-006 *
   -0.4059
   -0.4059
```

例 9.14 求矩阵 $\boldsymbol{x}$ 使其满足方程 $\boldsymbol{x} \cdot \boldsymbol{x} \cdot \boldsymbol{x} = \begin{bmatrix} 1 & 2 \\ 3 & 4 \end{bmatrix}$，并设初始解向量为 $\boldsymbol{x} = [1,1;1,1]$。

先编写 M 文件。

```
function F=myfun(x)
F=x*x*x-[1,2;3,4];
```

然后调用优化程序。

```
>> x0=ones(2,2);
>> options=optimset('Display','off');
>> [x,fval,exitflag]=fsolve(@myfunf,x0,options)
```

结果如下。

```
x =
   -0.1291    0.8602
    1.2903    1.1612
fval =
  1.0e-009 *
   -0.1619    0.0775
```

```
    0.1159    -0.0470
exitflag =
     1
```

例 9.15　求下列方程的根：

$$\begin{cases} \sin x + y^2 + \log z - 7 = 0 \\ 3x + 2y - z^3 + 1 = 0 \\ x + y + z - 5 = 0 \end{cases}$$

先建立方程函数文件，并保存为 xyz.m 文件。

```
function q=xyz(p)
x=p(1);
y=p(2);
z=p(3);
q=zeros(3,1);
q(1)=sin(x)+y^2+log(z)-7;
q(2)=3*x+2*y-z^3+1;
q(3)=x+y+z-5;
```

下面指定初始点 x0，并求解。

```
>> x0=[1,1,1];
>> x=fsolve('xyz',x0)
x =
    0.6331    2.3934    1.9735
```

9.8　本章小结

MATLAB 提供了一些专用的函数用于优化问题的求解，本章简要介绍了优化问题的基本概念，读者不必拘泥于具体的细节，使用优化工具箱可以轻松地求解优化问题。本章还介绍了利用 MATLAB 实现几类常见的最优化计算的方法，包括无约束最优化问题、有约束最优化问题、二次规划、多目标规划、最小二乘最优化问题及非线性方程（组）求解。

第10章 图形绘制

MATLAB 不仅具有强大的数值运算功能，还有强大的绘图功能，能够将数据方便地以二维、三维乃至四维的图形进行可视化，并且能够设置图形的颜色、线型、视觉角度等。应用 MATLAB，除了能绘制一般的曲线图、条形图、散点图等统计图形之外，还能绘制流线图、三维矢量图等工程实用图形。由于系统采用面向对象的技术和丰富的矩阵运算，所以在图形处理方面既方便又高效。本章介绍了 MATLAB 绘图的基本命令、基本操作以及二维和三维图形的绘制。

10.1 基本绘图命令

本节介绍 MATLAB 中的相关绘图知识，其中包括图形窗口简介、基本绘图操作、图形注释及相关特殊函数的应用。

10.1.1 图形窗口简介

在 MATLAB 自动生成的图形窗口上，图形窗口和命令行窗口是相互独立的。图形窗口的属性由系统和 MATLAB 共同控制。当 MATLAB 中没有图形窗口时，将新建一个图形窗口作为输出窗口；当 MATLAB 中已经存在一个或多个图形窗口时，MATLAB 一般指定最后一个图形窗口作为当前图形命令的输出窗口。不同的图形结果分别在不同的图形窗口中输出。

1. 图形窗口的创建和设置

用户如果想在 MATLAB 中建立一个图形窗口，如图 10-1 所示，那么在命令行窗口输入 `figure` 即可实现。每执行一次 `figure` 就产生一个图形窗口。可以同时产生若干个图形窗口，MATLAB 会自动给这些窗口的名字添加序号（1，2，…）以形成区别。

图 10-1 图形窗口

在 MATLAB 中创建图形窗口的函数是 figure()，其调用格式如下。

- `figure`：创建一个图形窗口。
- `figure(n)`：如果 *n* 句柄对应的窗口对象已经存在，则该函数使该图形窗口成为当前窗口；如果不存在，则新建一个句柄值为 *n* 的窗口对象。
- `g= figure(...)`：返回图形窗口对象的句柄。

创建一个图形对象时，MATLAB 将自动选择该图形对象的属性值。用户可以利用两种方法来对图形对象进行控制：一种是使用属性编辑器，另一种是使用 get()、set()函数。使用 get()函数可以获得当前图形对象的属性。如果用户需要修改图形对象的某项属性，可以通过 set()函数来实现。通常使用 gcf()函数获得当前图形对象的句柄以作为 get()、set()函数的输入参量。下面将分别介绍这两种控制图形对象的方法。

（1）使用属性编辑器：在图形窗口的菜单中选择“查看”→“属性编辑器”，激活属性编辑器，如果想要关闭属性编辑器，只需再选择“查看”→“属性编辑器”即可。如果想要设置更多的属性，可选择属性编辑器左下角的“更多属性”选项来设置更多的属性要求。

（2）MATLAB 中的 get()函数用于返回图形窗口的属性，其调用格式如下。

- `g=get(n)`：返回句柄为 *n* 的图形窗口的所有属性值。
- `g=get(n,'PropertyName')`：返回 `PropertyName` 的属性值。
- `g=get(0,'Factory')`和 `g=get(0,'Factory ObjectType PropertyName')`：返回图形窗口属性的出厂设置。第 1 个指令是返回图形窗口的所有属性值，第 2 个指令是返回图形窗口的特定属性值。
- `g=get(n,'Default')`和 `g=get(0,'Default ObjectType PropertyName')`：返回图形窗口的默认属性设置，二者的区别同上。

（3）MATLAB 中的 set()函数用于设置图形窗口的属性，其调用格式如下。

`set(h,'PropertyName',PropertyValue,…)`：该函数设置由 `h` 指定的对象的属性名 `PropertyName` 的属性值为 `PropertyValue`。`h` 是句柄向量，这种情况下将设置所有对象的属性值。

注意

- 在命令行窗口中运行绘图指令后，将自动创建一个名为 Figure 1 的图形窗口。这个图形窗口被当作当前窗口，所有的绘图指令在该图形窗口中执行，后续绘图指令生成的图形将会覆盖原图形或者叠加在原图形上。
- 使用 subplot()函数时，各个绘图区域以“从左到右、先上后下”的原则来编号。MATLAB 允许每个绘图区域以不同的坐标系单独绘制图形。

例 10.1　举例说明图形窗口的创建、查看与设置，输入程序如下。

```
>> figure
>> x=0:pi/20:4*pi;
>> y=cos(x);
>> plot(x,y,'k-+')
```

属性设置前的图形如图 10-2 所示。

```
>> get(findobj('Type','line'),'color')
```

运行结果如下。

```
ans =
     0     0     0
>> set(findobj('Type','line'),'Color','r')
>> set(findobj('Type','line'),'linestyle',':')
```

属性设置后的图形如图 10-3 所示。

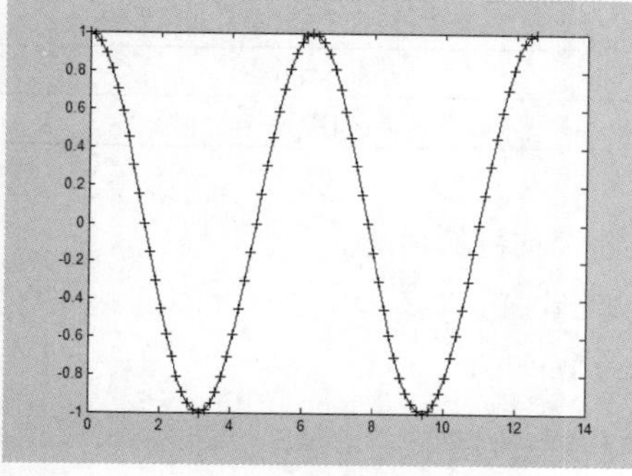

图 10-2　属性设置前的图形

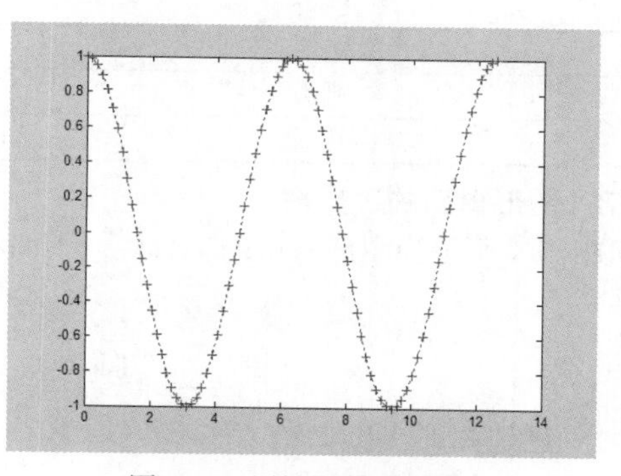

图 10-3　属性设置后的图形

2. 图形窗口的菜单栏

图形窗口菜单栏包括文件、编辑、查看、插入、工具、桌面、窗口、帮助等菜单，下面简要介绍文件、编辑、插入菜单的功能。

（1）“文件”菜单：该菜单里包括新建、保存、打开等命令。其主要功能如表 10-1 所示。

表 10-1 “文件”菜单功能

选项	功能
生成代码	生成 M 文件，该命令可以将当前图形窗口中的图形自动转化为 M 文件
导入数据	用于数据导入
保存工作区	用于将图形窗口中的数据存储为二进制文件，以供其他的编程语言使用
预设	用于设置图形窗口的风格
导出设置	可以设置颜色、字体、大小等。可以将图形以多种格式导出，如.efm、.bmp、.jpg、.pdf 等

（2）“编辑”菜单功能如表 10-2 所示。

表 10-2 “编辑”菜单功能

选项	功能
复制图窗	复制绘制出来的图形，可以粘贴到 Word 文档里
复制选项	将图形粘贴到剪贴板
图窗属性	图形窗口属性设置
坐标轴属性	坐标轴属性设置，包括标题、坐标轴标记、范围等
当前对象属性	设置当前对象属性
颜色图	设置图形的颜色表

（3）“插入”菜单功能如表 10-3 所示。

表 10-3 “插入”菜单功能

选项	功能
X 标签	插入 x 轴
标题	插入标题
图例	添加图例
颜色栏	添加颜色条
线	插入直线
灯光	亮度控制
箭头	插入箭头
文本箭头	插入文本箭头
双箭头	插入双箭头
文本框	插入文本框
矩形	插入矩形
椭圆	插入椭圆
坐标系	添加坐标系

3. 图形窗口的工具栏

图 10-4 所示为图形窗口的工具栏，下面将详细介绍工具栏的功能。

图 10-4 图形窗口的工具栏

：新建图形窗口。

：打开图形文件。

：旋转三维图形。

：去点。

：保存图形文件。

：打印图形。

：进入编辑模式。

：放大和缩小图形窗口中的图形。

：移动图形。

：设置绘图颜色。

：选择要显示的坐标轴的名称。

：插入颜色条。

：插入图例。

：打开绘图工具。

10.1.2　基本绘图操作

MATLAB 的基本绘图函数包括 line()函数、plot()函数和 polar()函数等，line()函数是直角坐标系中的简单绘图函数，plot()函数是直角坐标系中的常用绘图函数，而 polar()函数是极坐标中的绘图函数。

对于一个完整的图形，通常会涉及图形的生成、坐标轴名称、图形的标题、图形中曲线的注释、图形中曲线的线型及颜色等方面。下面将为读者分别讲解以上几个方面的内容。

在 MATLAB 中绘制曲线的基本函数有很多，表 10-4 列出了常用的基本绘图函数。

表 10-4　常用的基本绘图函数

函数	说明
line()	将数组中的各点用线段连接起来
plot()	建立向量或矩阵的图形
polar()	绘制极坐标图形
semilogx()	*x* 轴用对数标度、*y* 轴用线性标度绘制图形
semilogy()	*y* 轴用对数标度、*x* 轴用线性标度绘制图形
plotyy()	在图的左右两侧分别建立纵坐标轴

MATLAB 中最常用的二维曲线的绘图函数之一是 plot()。使用该函数将创建一个图形窗口，并画出坐标面上的一条二维曲线，其调用格式如下。

- `plot(y)`：输出向量 ***y*** 对应元素 *m*（*m* 为横坐标）的图形。
- `plot(x,y,'str')`：用`'str'`指定的方式，输出以 *x* 为横坐标、*y* 为纵坐标的图形。在指定方式 `str` 中，用户可以规定绘制曲线的线型、数据点型、颜色等。
- `plot(x1,y1,'str1',x2,y2,'str2',…)`：在一幅图中，用`'str1'`指定的方式，输出以 *x1* 为横坐标、*y1* 为纵坐标的图形；用`'str2'`指定的方式，输出以 *x2* 为横坐标、*y2* 为纵坐标的图形。`str` 为 MATLAB 中的一些绘图选项，用于确定所绘曲线的线型、颜色和数据点标记符号，它们可以组合使用。选项的具体功能如表 10-5 所示。

表 10-5　选项的具体功能

选项	功能	选项	功能
y	黄色	.	点
k	黑色	o	圆
w	白色	+	加号
b	蓝色	*	星号
g	绿色	-	实线
r	红色	:	点线
c	亮青色	-.	点虚线
m	锰紫色	--	虚线

例 10.2　用 plot()函数绘图的实例：在`[0,2pi]`的范围内同时绘制两条曲线 `y1=sinx` 和 `y2=cosx`，并设置两条曲线的线型和颜色。

```
>> x=0:0.05*pi:2*pi;                    %按步长赋值生成 x 数组
>> y1=sin(x); y2=cos(x);                %生成正弦、余弦函数数组 y1、y2
>> plot(x,y1,'y*',x,y2,'c+')            %在图形窗口中绘制出正弦、余弦曲线
```

正弦、余弦曲线如图 10-5 所示。

在 MATLAB 中有时需要一个窗口能够显示多个图形的效果，这就需要用函数 subplot()进行多重子图窗口的创建，其调用格式如下。

a=subplot(m,n,i)：此函数将当前窗口分割成 $m\times n$ 个子图窗口，并将第 i 个子图窗口作为当前视图，返回值 a 为当前视图的句柄值。其中每个子图窗口都完全等同于一个完整的图形窗口，可在其中完成所有图形操作。这些图形按行编号，即位于第 a 行、b 列处是第 $(a-1)n+b$ 个子图窗口。

例 10.3 用 subplot()函数创建多重子图窗口，在命令行窗口输入程序如下。

```
x=(-pi:0.01:pi);
h1=subplot(2,2,1)
y1=sin(x);
plot(x,y1)
h2=subplot(2,2,2)
y2=cos(x)
plot(x,y2)
x=(-pi/2+0.1:0.01:pi/2-0.1);
h3=subplot(2,2,3)
y3=tan(x);
plot(x,y3)
h4=subplot(2,2,4)
x=(0.1:0.01:pi-0.1);
y4=1./tan(x);
plot(x,y4)
```

则显示结果如图 10-6 所示。

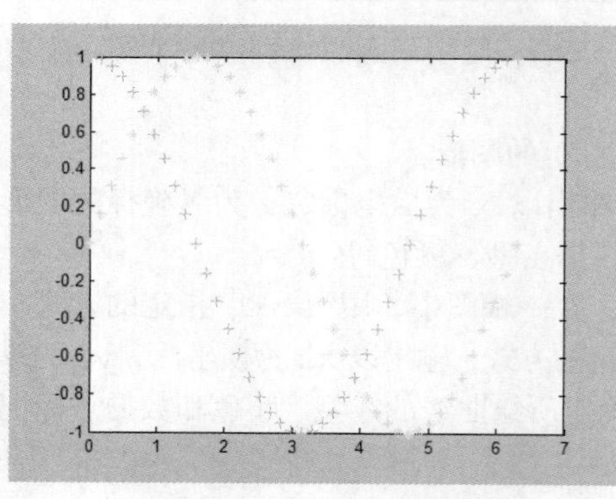

图 10-5　正弦、余弦曲线

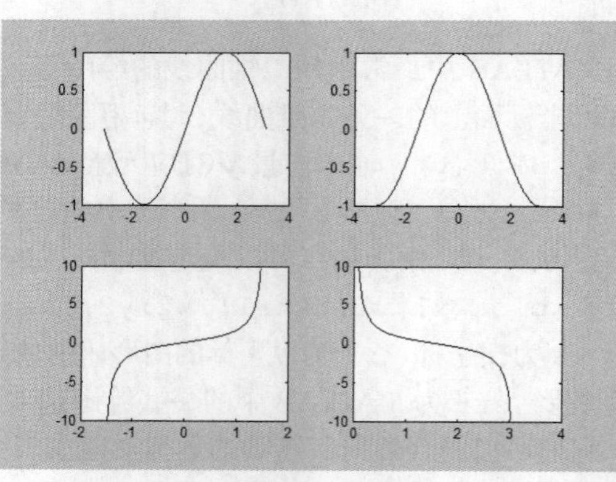

图 10-6　显示结果

10.1.3　图形注释

1. 坐标轴注释

给坐标轴添加注释，需要用到函数 xlabel()、ylabel()和 zlabel()。以 xlabel()为例，其调用格式如下。

xlabel('text','property1',propertyvalue1,…)：text 为要添加的标注文本，property1 指该文本的属性，propertyvalue1 为相应的属性值。该函数把文本按照设置的格式添加到 x 轴的下方。

2. 标题注释

给图形添加标题的函数是 title()，其调用格式如下。

title ('text','property1',propertyvalue1,…)：其调用格式与给坐标轴添加注释的函数的格式类似，区别是 title()函数把文本添加到了图形的上方。title()函数要写到 plot()函数

之后，否则不起作用。

3. 添加图例

除了给图形添加标题等，还可以用 legend()函数给图形添加图例，它用文本确认每一个数据集，为图形添加图例便于用户进行图形的观察和分析，其调用格式如下。

legend(str1 ,postion ,…)：在指定位置建立图例，并用字符串 str1 等作为标注。参数 postion 是图例在图上位置的指定符，其取值为 0（自动最佳位置）、1（右上角）、2（左上角）、3（左下角）、4（右下角）和−1（图右侧）。

只要指定标注字符串，该函数就会按顺序把字符串添加到相应的曲线线型之后。在 MATLAB 中能够对图例进行调整：单击鼠标左键选择图例拖动，就可以移动图例到需要的位置；双击图例中的某个字符串，就可以对该字符串进行编辑。legend off 指令能从当前图形中清除图例。

例 10.4 练习添加注释、标题及图例，输入程序如下。

```
>> x=0:0.05*pi:2*pi;
>> plot(x,sin(x),'r+',x,cos(x),'b:');
>> xlabel('x'),ylabel('y');
>> title('sinandcos');
>> legend('sin','cos')
```

添加注释、标题及图例的结果如图 10-7 所示。

4. 添加文本字符串

在 MATLAB 中除了在坐标轴上能够添加注释外，还可以用 text()函数在图形窗口的任意位置添加文本字符串，其调用格式如下。

text(x,y,'str')：*x* 值和 *y* 值用于指定添加字符串的位置，str 是需要添加的字符串。该字符串中可以添加由“\”引导的特征字符串来表示特殊符号。

例 10.5 练习用 text()函数添加文本字符串，输入程序如下。

```
>> x=0:0.05*pi:2*pi;
>> plot(x,sin(x));
>> text(1.2,sin(1.2),'y=sin(1.2)');
>> text(4,sin(4),'y=sin(4)')
```

添加文本字符串的结果如图 10-8 所示。

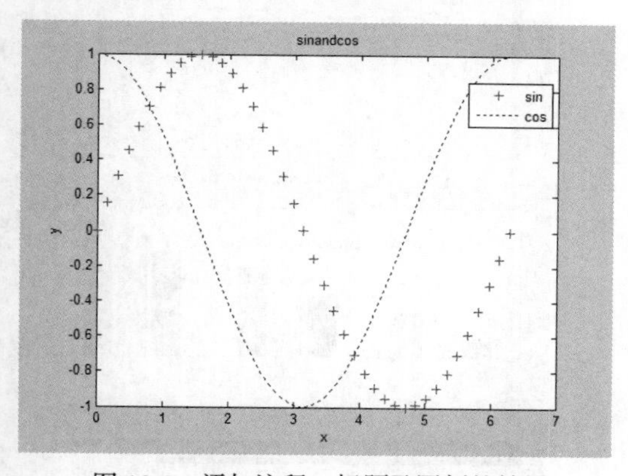

图 10-7 添加注释、标题及图例的结果

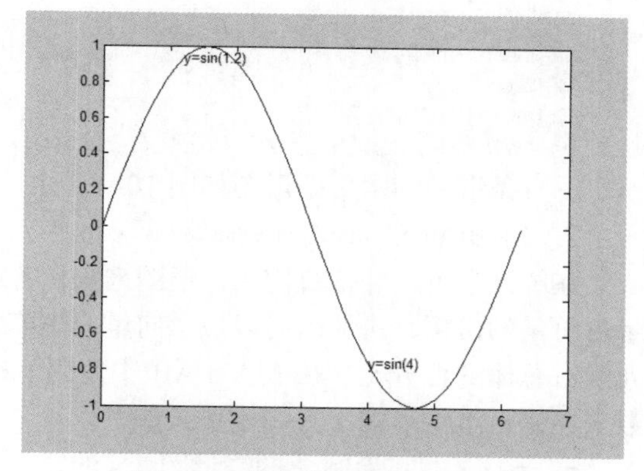

图 10-8 添加文本字符串的结果

MATLAB 还提供了一个使用鼠标交互式添加文本的函数 gtext()，其调用格式如下。

gtext ('str','propertyname','propertyvalue',…)：str 可以是一个字符串，也可以是一个字符串数组。调用该函数后，图形窗口中的鼠标指针会变成十字形，通过移动鼠标来控制鼠标指针的定位。移动到合适的位置后单击鼠标或者按键盘上的任意键都会在鼠标指针位置显示指定的文本。

10.1.4 特殊函数

在二维统计分析时常需要用不同的图形来表示统计结果，如条形图、阶梯图、杆图和填充图等。这时 plot()函数绘制的图形不能满足这些要求，MATLAB 就提供了绘制特殊图形的函数，如表 10-6 所示。

表 10-6 绘制特殊图形的函数

函数	说明	函数	说明
bar()	条形图	stairs()	阶梯图
comet()	彗星轨迹图	stem()	离散杆图
errorbar()	误差条形图	fill()	实心图
fplot()	较精确的函数图形	feather()	羽毛图
polar()	极坐标图	compass()	箭型图
hist()	直方图	quiver()	向量场图
rose()	极坐标直方图	pie()	饼形图

1. 条形图

在 MATLAB 中使用 bar()和 barh()来绘制条形图，两者的区别是 bar()函数用于绘制垂直的条形图，而 barh()函数用于绘制水平的条形图。bar()函数的调用格式如下。

- `bar(y)`：对 y 绘制条形图，横坐标表示矩阵的行数，纵坐标表示矩阵元素值的大小。
- `bar(x,y)`：在指定的纵坐标 x 上以水平方向画出 y，其中 x 为严格单增的向量。若 $\boldsymbol{y}$ 为矩阵，则 bar()函数把矩阵分解成几个行向量，在指定的纵坐标处分别画出。
- `bar(…,width)`：指定每个条形图的相对宽度。条形图的默认宽度为 0.8。
- `bar(…,'style')`：指定条形的排列类型。`style` 的取值为 `group` 和 `stack`。其中 `group` 表示若 $\boldsymbol{y}$ 为 $n\times m$ 阶的矩阵，则 bar()函数显示 n 组，每组有 m 个水平条形的条形图。`stack` 表示将矩阵 $\boldsymbol{y}$ 的每一个行向量显示在一个条形图中，条形的高度为该行向量中的分量和。其中同一条形图中的每个分量用不同的颜色显示出来，从而可以显示每个分量在向量中的分布。
- `h=bar(…)`：返回一个图形对象句柄的向量。

例 10.6 使用 bar()函数和 barh()函数的实例，输入程序如下。

```
>> y=[1 2 3;4 5 6;7 8 9];
>> subplot(2,1,1)
>> bar(y)
>> subplot(2,1,2)
>> barh(y)
```

垂直条形图和水平条形图如图 10-9 所示。

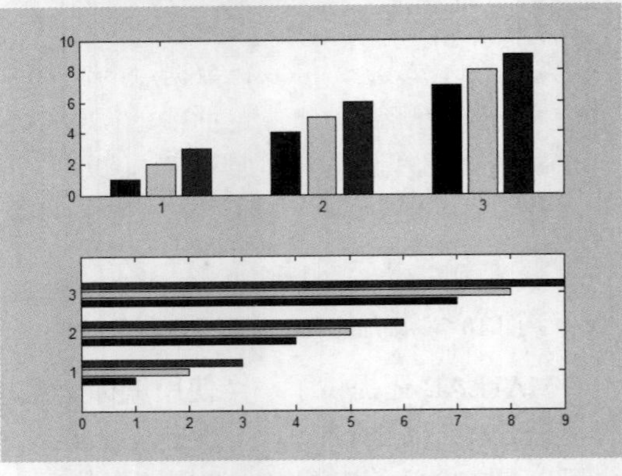

图 10-9 垂直条形图和水平条形图

2. 饼形图

在统计学中，经常要使用饼形图来表示各统计量占总量的份额，饼形图可以显示向量或矩阵中的元素占总体的百分比。在 MATLAB 中使用 pie()函数来绘制二维饼形图，其调用格式如下。

- `pie(x)`：绘制 x 的饼形图，x 的每个元素占有一个扇形。在绘制时，如果 x 的元素之和大于 1，则按照每个元素所占的百分比绘制；如果元素之和小于 1，则按照每个元素的值绘制，绘制出一个不完整的饼形图。
- `pie(x,explode)`：参数 `explode` 设置相应的扇形偏离整体图形，用来突出显示。`explode` 必须与 x 具有相同的维数。`explode` 和 x 的分量对应，若其中有分量不为 0，则 x 中的对应分量将分离出饼形图。

例 10.7　绘制饼形图的实例，输入程序如下。

```
>> x=[2 4 0.5 0.15 6];
>> explode=[0 0 0 0 1];    %突出显示第 4 个元素
>> pie(x,explode)
```

绘制的饼形图如图 10-10 所示。

3. 极坐标图

在 MATLAB 中利用 polar()函数绘制极坐标图。该函数接受极坐标形式的函数 `rho=f(θ)`，其调用格式如下。

- `polar(theta,rho)`：用极角 `theta` 和极径 `rho` 绘制极坐标图。其中极角为从 x 轴到半径向量的角度大小，极径为半径向量的长度。
- `polar(theta,rho,LineSpec)`：使用 `LineSpec` 指定极坐标图中线条的颜色、类型与记号类型。
- `polar(AX,…)`：在句柄值为 `AX` 的坐标轴中绘制极坐标图。
- `h=polar(…)`：返回组成极坐标的图形对象的句柄值向量。

例 10.8　绘制 $\sin(2\theta)\times\cos(2\theta)$的极坐标图，输入程序如下。

```
>> theta=[0:0.05*pi:2*pi];
>> rho=sin(2*θ).*cos(2*θ);
>> polar(theta,rho)
```

绘制的极坐标图如图 10-11 所示。

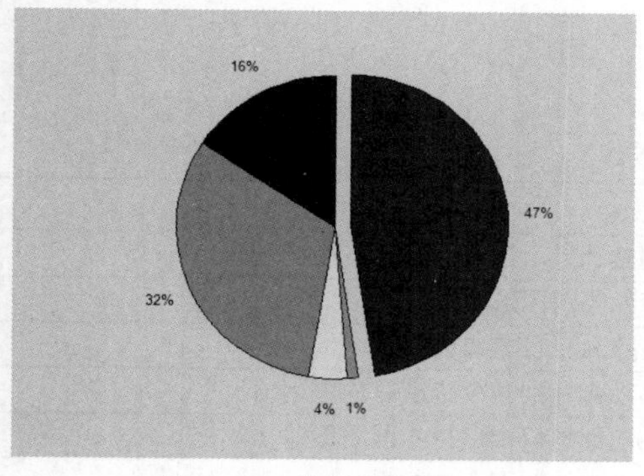

图 10-10　绘制的饼形图

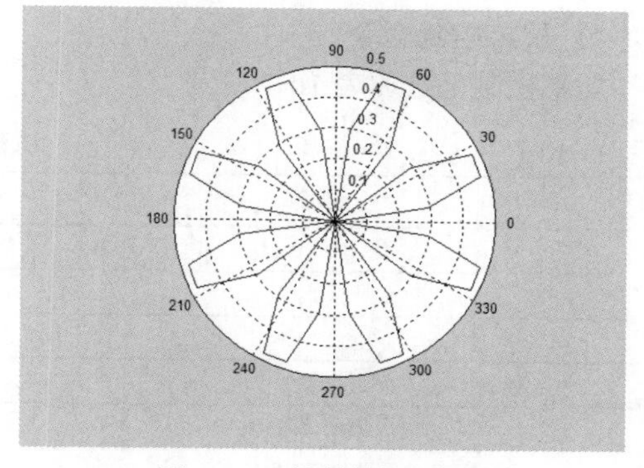

图 10-11　绘制的极坐标图

4. 误差条形图

在一条曲线上，可以在数据点的位置包括误差线，方便用户观察此处误差的变化范围。可以通过 errorbar()函数来绘制沿曲线的误差条形图。其中，误差条的长度是数据的置信水平或沿曲线的偏差情况，其调用格式如下。

- `errorbar(x,y,e,s)`：绘制向量 $\boldsymbol{y}$ 对 x 的误差条形图。误差条对称地分布在 *yi* 的上方和下方，长度为 *ei*。
- `errorbar(x,y,l,u,s)`：绘制向量 $\boldsymbol{y}$ 对 x 的误差条形图。误差条分布在 *yi* 上方的长度为 *ui*，分布在 *yi* 下方的长度为 *li*。字符串 `s` 设置颜色和线型。

例 10.9　绘制误差条形图，输入程序如下。

```
>> x=0:pi/10:pi;
>> y=exp(x).*sin(x);
>> e=std(y)*ones(size(x));
>> errorbar(x,y,e)
```

误差条形图如图 10-12 所示。

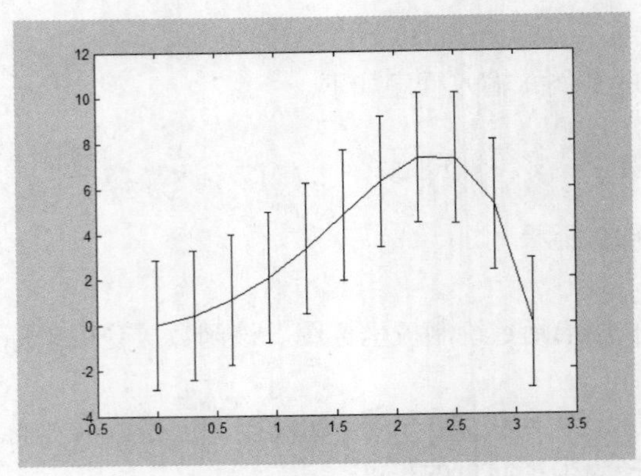

图 10-12　误差条形图

10.2　二维绘图

前面已经为读者简单介绍了绘制二维图形最基本的函数和基本的绘图操作命令，为了使读者更全面地掌握二维绘图方法，下面将进一步介绍二维绘图命令等。

10.2.1　二维绘图命令

1. 屏幕控制命令

屏幕控制函数如表 10-7 所示。

表 10-7　　屏幕控制函数

函数	说明
figure(n)	创建和显示当前序号为 n 的图形窗口
clf()	清除当前图形窗口的图形
clc()	清除命令行窗口的命令
home()	移动光标到命令行窗口的左上角
hold()	在图形窗口中保持当前图形
subplot()	建立和控制多个坐标系
grid()	给图形加上网格线

说明　hold on 命令保持当前图形并加入另一个图形；hold off 命令释放当前图形窗口（默认状态）；ishold 命令可以查看当前图形的 hold 状态，如果当前图形处于 hold on 状态，则返回 1，否则返回 0。

subplot(m,n,p)：将图形窗口分割成 m 行 n 列，并设置 p 所指定的子窗口为当前窗口。子窗口按行由左至右、由上至下进行编号。subplot 设置图形窗口为默认模式，即单窗口模式，等价于 subplot (1,1,1)。

grid 表示是否画网格线的双向切换命令，grid on 为画网格线，grid off 为不画网格线。

例 10.10　屏幕控制命令实例，输入程序如下。

```
>> x=linspace(0,2*pi,100);
>> y=sin(x);z=cos(x);
>> plot(x,y);
>> hold on;
>> ishold;
```

```
>> plot(x,z,'r*:');
>> hold off;
>> ishold
>> grid on;
>> title('examples')
```

屏幕控制命令效果如图 10-13 所示。

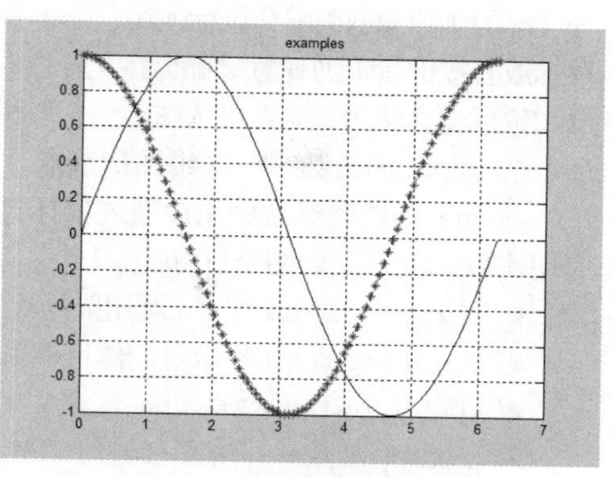

图 10-13　屏幕控制命令效果

2. **坐标控制命令**

通过对坐标轴的设置，可以使所绘制的曲线在合理范围内表现出来，达到最好的效果。在绘制图形时，可以通过对坐标轴的设置来改变图形的显示效果。在对图形坐标轴的设置中，主要包括坐标轴的取向、范围、刻度及宽高比等参数。表 10-8 所示为坐标轴的属性设置参数。

表 10-8　坐标轴的属性设置参数

参数	说明
axis([xmin xmax ymin ymax])	设定坐标系的最大值和最小值
axis auto	将当前图形的坐标系恢复为默认设置
axis tight	将坐标轴的范围设定为被绘制的数据的范围
axis square	将当前图形的坐标系设置为方形
axis equal	将当前图形的坐标轴设成相等
axis off	关闭坐标系
axis on	显示坐标系
box	坐标形式在封闭式和开启式之间切换

例 10.11　坐标控制命令实例，输入程序如下。

```
>> x=0:pi/50:2*pi;
>>plot(x,sin(x),'-.b*');
>>hold on
>>plot(x,sin(x-pi/2),'--mo')
>>plot(x,sin(x-pi),':g')
>>hold off
>>set(gca,'xtick',[pi/2,pi,pi*3/2,2*pi],'ytick',[-2,-1,0,1,2])
>> grid on
>> box off
```

坐标控制命令效果如图 10-14 所示。

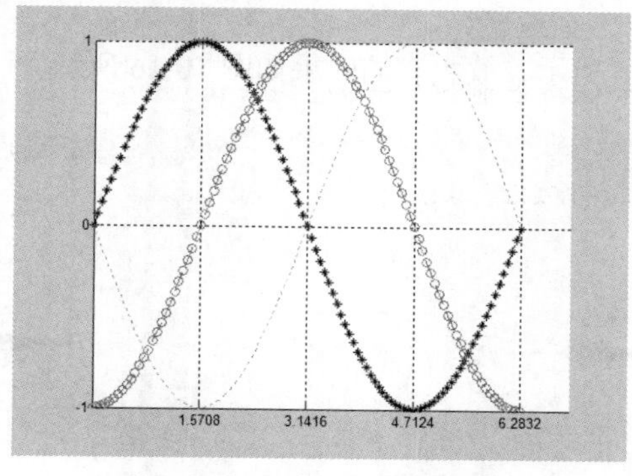

图 10-14　坐标控制命令效果

10.2.2　交互式绘图操作

交互式绘图能够帮助用户实现一些绘图功能，能直接从曲线上获取需要的数据结果。如交互式添加文本的函数 gtext()配合鼠标使用，通过移动鼠标来控制鼠标指针的定位，移动到合适的位置后单击鼠标或者按键盘上的任意键都会在光标位置显示指定的文本。除此之外，ginput()、zoom()等函数也可以和鼠标配合使用，能直接从图形上获取相关的图形信息。另外 ginput()函数只用于二维图形的选点。

1. ginput()函数——二维图形选点

ginput()函数能够帮助用户通过鼠标直接获取二维平面图形上任意一点的坐标值。ginput()函数应用比较广泛，其调用格式如下。

- `[x,y]=ginput(n)`：利用鼠标从二维图形上截取 n 个数据点的坐标，按 Enter 键则结束选点。
- `[x,y]=ginput`：取点的数目不受限制，结果都保存在数组`[x,y]`中，按 Enter 键则结束选点。
- `[x,y,button]=ginput(…)`：返回值 `button` 记录每个点的相关信息。

2. zoom()函数——对图形进行缩放

在用 ginput()函数进行选点时常常配合 zoom()函数一起使用。zoom()函数是用于缩放二维图形的，其默认的缩放规律为单击鼠标左键将图形放大或者圈定一定的区域对图形进行放大，单击鼠标右键对图形进行缩小操作。其调用格式如下。

- `zoom on`：打开交互式放大功能。当一个图形处于交互式放大状态时，有两种方法来放大图形。用鼠标单击坐标轴内的任意一点，可使图形放大一倍，这个操作可进行多次，直到显示为最大为止；在坐标轴内单击鼠标右键，可使图形缩小 1/2。
- `zoom off`：关闭交互式放大功能。
- `zoom out`：恢复坐标轴的设置。
- `zoom reset`：将当前的坐标轴设置为初始值。
- `zoom`：用于切换放大的状态。
- `zoom xon`：只对 x 轴进行放大。
- `zoom yon`：只对 y 轴进行放大。
- `zoon (factor)`：用放大系数 `factor` 进行放大或缩小，而不影响交互式放大状态。若 `factor>1`，系统将放大 `factor` 倍；若 `0<factor<1`，系统将缩小为原来的 `1/factor`。
- `zoom(fig,option)`：指定对窗口中的 `fig` 的图形进行放大，其参数 `option` 为 `on`、`off`、`xon`、`reset` 等。

例 10.12 绘制箭型图，并对其进行放大操作，输入程序如下。

```
>> x=magic(30).*randn(30);
>> compass(x)
>> zoom on
```

放大前的效果如图 10-15 所示，放大后的效果如图 10-16 所示。

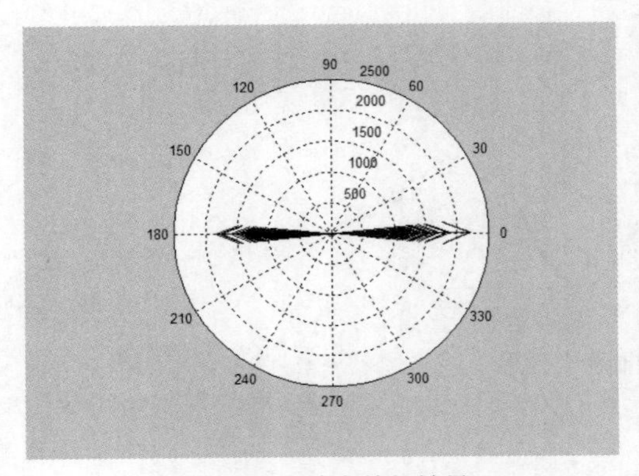

图 10-15　放大前的效果

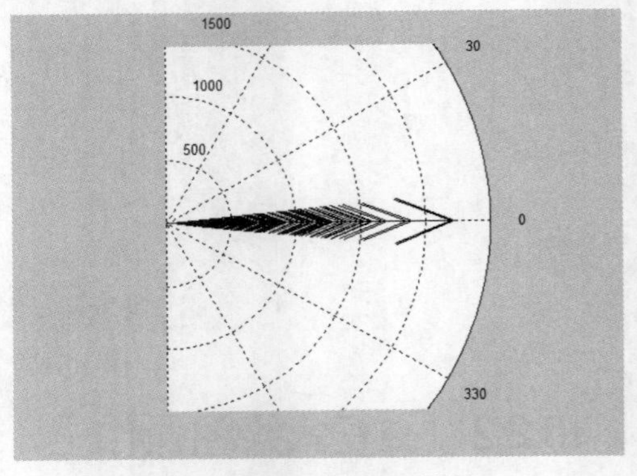

图 10-16　放大后的效果

10.3　三维绘图

对于三维图形，除了需要像二维图形那样编辑线型、颜色外，还需要编辑三维图形的视角、光照等。这些内容都是三维图形的特殊编辑工作，是二维图形所没有的。

10.3.1　三维绘图函数

1. 三维绘图函数 plot3()

plot3()函数将绘制二维图形的函数 plot()的特性扩展到三维空间图形。函数格式除了包括第 3 维的信息（如 z 方向）之外，其他与二维函数 plot()相同，其调用格式如下。

- plot3(x,y,z)：当 x、y、z 是相同的向量时，则绘制以 x、y、z 元素为坐标的三维曲线；当 x、y、z 是同型矩阵时，则绘制以 x、y、z 元素为坐标的三维曲线，且曲线的条数等于矩阵的列数。
- plot3(x,y,z, 's')：s 是指定绘制三维曲线的线型、数据点型及颜色的字符串，省略 s 时，将自动选择线型、数据点型及颜色。s 的选项如表 10-5 所示。

例 10.13　使用 plot3()函数绘制三维螺旋曲线图，输入程序如下。

```
>> t=0:pi/50:10*pi;
>> plot3(sin(t),cos(t),t,'g*')
>> grid
```

三维螺旋曲线图如图 10-17 所示。

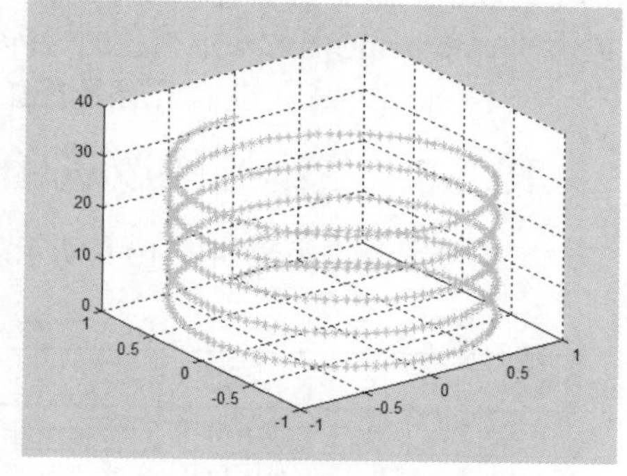

图 10-17　三维螺旋曲线图

2. 绘制空间曲面

三维空间曲面是在某一区间内完整的曲面，而不是单条曲线。三维网格图是将邻近的网格顶点(X, Y)对应曲面上的点(X, Y, Z)用线条连接起来形成的。可以利用 mesh()函数和 surf()函数绘制三维网格图和曲面图。其中 mesh(X,Y,Z)是绘制网格曲面，surf(X,Y,Z)是绘制光滑曲面。它们的调用格式如下。

- mesh(x,y,z,c)：绘制由 x、y、z 指定的参数曲面。x 和 y 必须为向量。若 x 和 y 的长度为 m 和 n，则 z 必须为 m×n 的矩阵。c 是颜色映射数组，决定图形的颜色。
- mesh(z)和 mesh(x,y,z)：绘制三维网格图。当只有参数 z 时，以 z 矩阵的行下标作为 x 坐标轴，以 z 矩阵的列下标作为 y 坐标轴；x 和 y 分别为 x 和 y 坐标轴的自变量。当有 x、y、z 参数时，绘制出由坐标(x, y, z)确定的三维网格图形。
- surf (x,y,z,c)：完整地画出由 c 指定用色的曲面图。在完整的调用格式中，4 个输入量必须是维数相同的矩阵。它们要求 x 和 y 是自变量“格点”矩阵；z 是格点上的函数矩阵；c 是指定各点用色的矩阵，可以为默认设置。默认情况下，默认着色矩阵是 z，即 c = z。

例 10.14　画出由函数 $z = x\mathrm{e} - (x^2 + y^2)$ 形成的三维网格图，输入程序如下。

```
>> x=linspace(-2, 2, 20);        % 在 x 轴上取 20 点
>> y=linspace(-2, 2, 20);        %在 y 轴上取 20 点
>> [xx,yy]=meshgrid(x, y);       % xx 和 yy 都是 21×21 的矩阵
>> zz=xx.*exp(-xx.^2-yy.^2);     % 计算函数值，zz 也是 21×21 的矩阵
>> mesh(xx, yy, zz);             % 画出三维网格图
```

三维网格图如图 10-18 所示。

例 10.15　利用 surf()函数把上一例题改为三维曲面图，输入程序如下。

```
>> x=linspace(-2, 2, 20);        % 在 x 轴上取 20 点
>> y=linspace(-2, 2, 20);        %在 y 轴上取 20 点
>> [xx,yy]=meshgrid(x, y);      % xx 和 yy 都是 21×21 的矩阵
>> zz=xx.*exp(-xx.^2-yy.^2);    % 计算函数值，zz 也是 21×21 的矩阵
>> surf (xx, yy, zz);            % 画出三维曲面图
```

三维曲面图如图 10-19 所示。

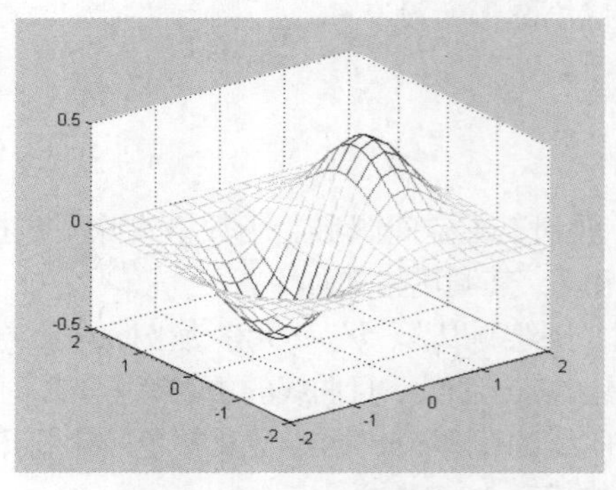

图 10-18　三维网格图

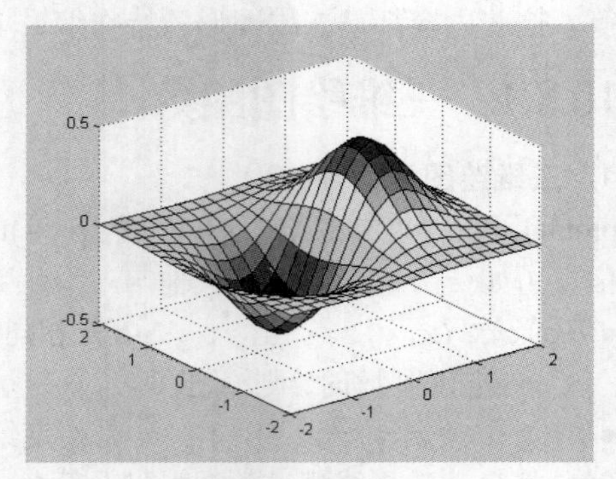

图 10-19　三维曲面图

3. 色图

色图是 MATLAB 系统引入的概念。在 MATLAB 中，每个图形窗口只能有一个色图。色图是 $m\times3$ 的数值矩阵，它的每一行是 RGB 三元组。色图矩阵可以人为地生成，也可以调用 MATLAB 提供的 colormap()函数来定义色图矩阵，其调用格式如下。

colormap(m)：设置当前图形窗口的着色色图为 m。

10.3.2　三维绘图改进函数

三维绘图改进函数如表 10-9 所示。

表 10-9　三维绘图改进函数

函数	说明
meshc()	同时画出网状图与等高线
surfc()	同时画出曲面图与等高线
meshz()	用于再加上一个参考平面
pcolor(z)	以矩阵 z 的下标为横、纵坐标绘制伪彩图
pcolor(x,y,z)	以向量 x、y 为横、纵坐标绘制伪彩图
surfl()	用于绘制带光照模式的三维曲面图
waterfall()	用于绘制类似瀑布流水形状的网线图

下面用一个实例来介绍几个改进函数的具体用法。

例 10.16　绘制下面函数的图形。

$$z=3(1-x)^2\mathrm{e}^{-x^2-(y+1)^2}-10(x/5-x^3-y^5)\mathrm{e}^{-x^2-y^2}-\frac{1}{3}\mathrm{e}^{-(x+1)^2-y^2}$$

在命令行窗口输入如下程序。

```
>> peaks
z =  3*(1-x).^2.*exp(-(x.^2) - (y+1).^2) ...
   - 10*(x/5 - x.^3 - y.^5).*exp(-x.^2-y.^2) ...
   - 1/3*exp(-(x+1).^2 - y.^2)
```

函数的曲面图如图 10-20 所示。

下面再对这个函数进行改进，在命令行窗口继续输入如下程序。

```
[x,y,z]=peaks;
meshz(x,y,z);
```

用 meshz()函数改进后的效果如图 10-21 所示。

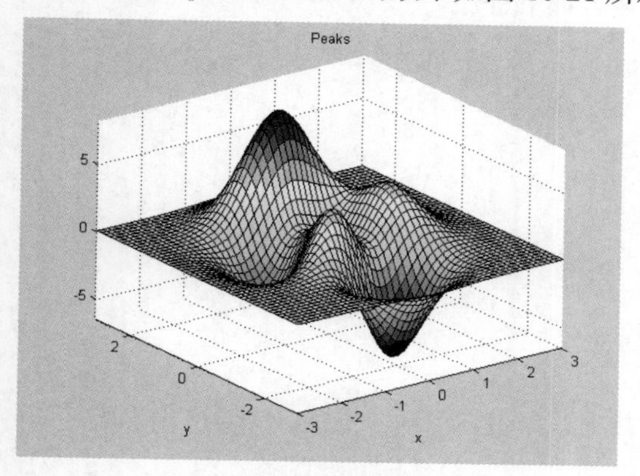

图 10-20 函数的曲面图

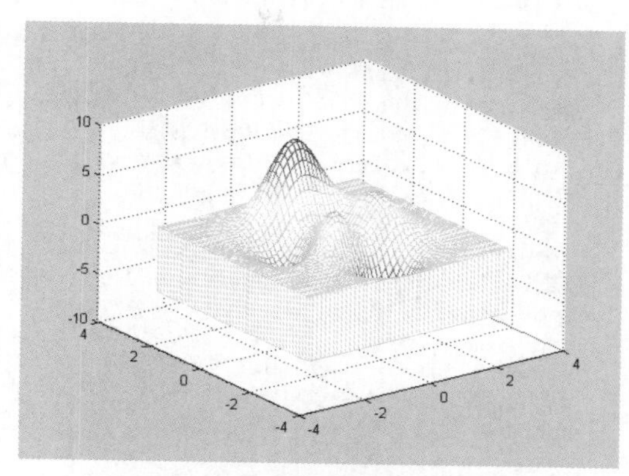

图 10-21 用 meshz()函数改进后的效果

在命令行窗口继续输入如下程序。

```
[x,y,z]=peaks;
waterfall(x,y,z);
```

用 waterfall()函数改进后的效果如图 10-22 所示。

在命令行窗口继续输入如下程序。

```
[x,y,z]=peaks;
meshc(x,y,z);
surfc(x,y,z);
```

用 meshc()函数和 surfc()函数改进后的效果如图 10-23 所示。

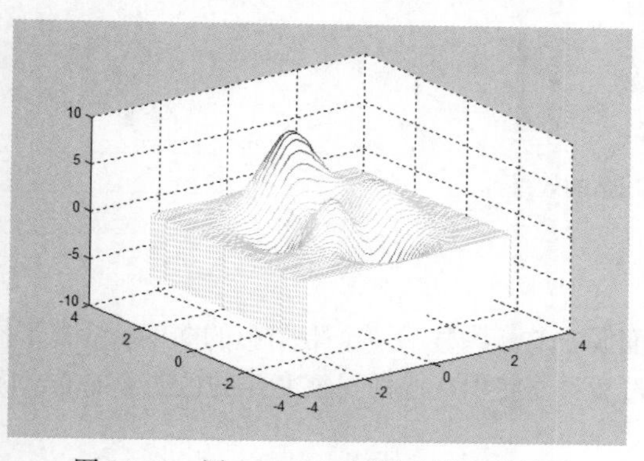

图 10-22 用 waterfall()函数改进后的效果

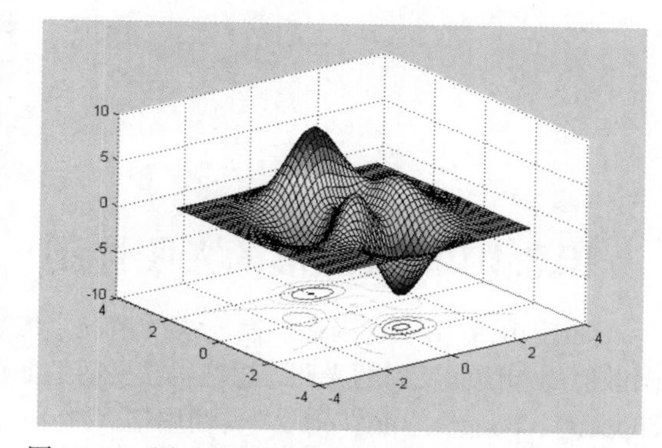

图 10-23 用 meshc()函数和 surfc()函数改进后的效果

10.3.3 三维图形的可视效果控制

三维图形从不同的角度观察会有不同的效果，MATLAB 针对这种情况设置了三维图形观察点和视觉的控制函数 view()，其调用格式如下。

- `view(AZ,EL)` 和 `view([AZ,EL])`：通过方位角 `AZ` 和俯视角 `EL` 设置观察图形的视点。
- `view([X Y Z])`：通过直角坐标系设置视点。
- `[AZ,EL] = view`：返回当前的方位角 `AZ` 和俯视角 `EL`。
- `view(T)`：用一个 4×4 的转置矩阵 ***T*** 来设置视角。
- `T=view`：返回当前的 4×4 的转置矩阵。

- view(2)：设置默认的二维视角 AZ = 0，EL = 90。
- view(3)：设置默认的三维视角 AZ = -37.5，EL = 30。

例 10.17 绘制不同视角图形，在命令行窗口输入如下程序。

```
>> p=peaks;    %peaks() 为系统提供的多峰函数
subplot(2,2,1);
mesh(peaks,p);
view(-37.5,30);   %指定子图 1 的视点
title('azimuth=-37.5,elevation=30');
subplot(2,2,2);
mesh(peaks,p);
view(-17,60);    %指定子图 2 的视点
title('azimuth=-17,elevation=60');
subplot(2,2,3);
mesh(peaks,p);
view(-90,0);     %指定子图 3 的视点
title('azimuth=-90,elevation=0');
subplot(2,2,4);
mesh(peaks,p);
view(-7,-10);     %指定子图 4 的视点
title('azimuth=-7,elevation=10')
```

不同视角的效果如图 10-24 所示。

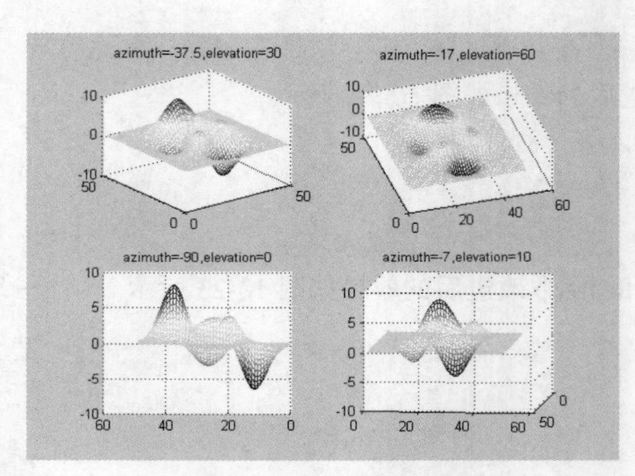

图 10-24 不同视角的效果

10.3.4 三维图形的光照控制

surfl()函数用于绘制在控制光线的情况下的表面图。该函数显示一个带阴影的曲面，结合了周围散射的和镜面反射的光照。想获得较平滑的颜色过渡，要使用有线性强度变化的色图（如 gray()、copper()、bone()、pink()等），其调用格式如下。

- surfl(X',Y',Z')：参数 *X*、*Y*、*Z* 确定的点定义了参数曲面的"里面"和"外面"，该格式是曲面的"里面"有光照模式。
- surfl(Z)：以向量 **Z** 的元素生成一个三维的带阴影的曲面，其中阴影模式中的光源的方位、光照系数为默认值。
- surfl(…,'light')：用一个 MATLAB 光照对象（light object）生成一个带颜色、带光照的曲面，这与用默认光照模式产生的效果不同。
- surfl(…,'cdata')：改变曲面颜色数据（color data），使曲面成为可反光的曲面。
- surfl(…,s)：指定光源与曲面之间的方位 **s**，其中 **s** 为二维向量[azimuth,elevation]或者三维向量[sx,sy,sz]。默认光源方位为从当前视角开始，逆时针转 45° 的位置。
- surfl(X,Y,Z,s,k)：指定反射常系数 *k*，其中 *k* 为定义环境光（ambient light）系数

(0<=ka<=1)、漫反射(diffuse reflection)系数(0<=kd<=1)、镜面反射(specular reflection)系数(0<=ks<=1)及镜面反射亮度(以像素为单位)等的四维向量[ka,kd,ks,shine]，默认值为k=[0.55,0.6,0.4,10]。

例 10.18　光照控制实例，在命令行窗口输入如下程序。

```
x= -1.5:0.2:1.5;y=-1:0.2:1;
[X,Y]=meshgrid(x,y);
Z=sqrt(4-X.^2/9-Y.^2/4);
view(45,45)
subplot(2,2,1);surfl(X,Y,Z, [0,45],[.1  .6  .4  10]);
shading interp
subplot(2,2,2);surfl(X,Y,Z, [20,45],[.3  .6  .4  10]);
shading interp
subplot(2,2,3);surfl(X,Y,Z, [40,45],[.6  .6  .4  10]);
shading interp
subplot(2,2,4);surfl(X,Y,Z, [60,45],[.9  .6  .4  10]);
shading interp
```

光照控制效果如图 10-25 所示。

MATLAB 提供了灯光设置的函数，其调用格式如下。

light('Color',选项 1,'Style',选项 2,'Position',选项 3)。

例 10.19　灯光设置实例，在命令行窗口输入如下程序。

```
>> [x,y,z]=sphere(20);
subplot(1,2,1);
surf(x,y,z);axis equal;
light('Posi',[0,1,1]);
shading interp;
hold on;
plot3(0,1,1,'p');text(0,1,1,' light');
subplot(1,2,2);
surf(x,y,z);axis equal;
light('Posi',[1,0,1]);
shading interp;
hold on;
plot3(1,0,1,'p');text(1,0,1,' light');
```

灯光设置效果如图 10-26 所示。

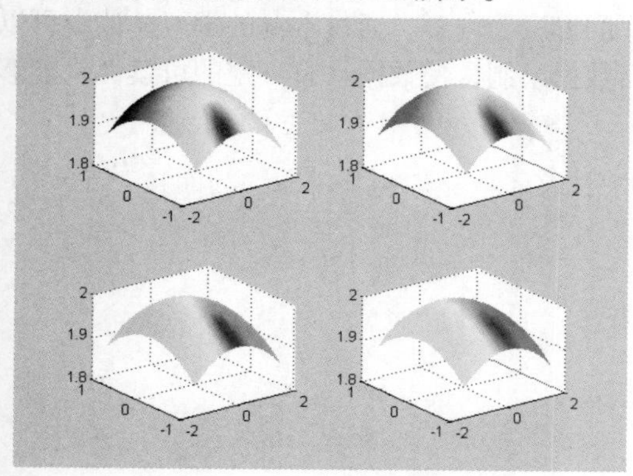

图 10-25　光照控制效果

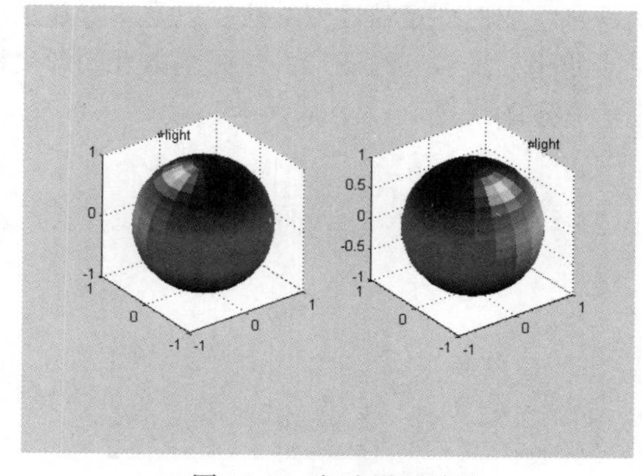

图 10-26　灯光设置效果

10.3.5　柱面和球面的表达

(1)绘制柱面的 cylinder()函数：[X,Y,Z]=cylinder(r,n)表示生成半径为 r，高度为 1 的矩阵 ***X***、***Y***、***Z***。利用这 3 个矩阵可以绘制出半径为 r、高度为 1 的圆柱体，圆柱体的圆周有指定的 n 个距离相同的点。

（2）绘制球面的 sphere()函数：`[X,Y,Z]=sphere(n)`表示生成 3 个阶数为$(n+1)\times(n+1)$的矩阵 ***X***、***Y***、***Z***，利用这 3 个矩阵可以绘制出圆心位于原点，半径为 1 的单位球体。

例 10.20 画出一个半径变化的柱面，在命令行窗口输入如下程序。

```
t=0:pi/10:2*pi;
[X,Y,Z]=cylinder(2+cos(t),30);
surf(X,Y,Z)
```

柱面效果如图 10-27 所示。

例 10.21 绘制由 100 个面组成的球面，在命令行窗口输入如下程序。

```
[X,Y,Z]=sphere(10);
surf(X,Y,Z)
```

球面效果如图 10-28 所示。

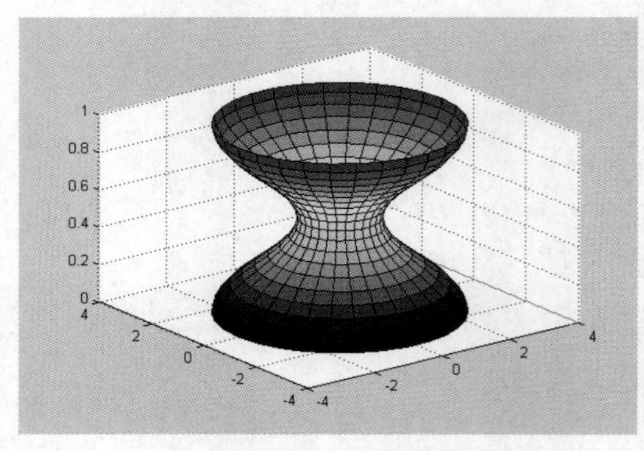

图 10-27 柱面效果

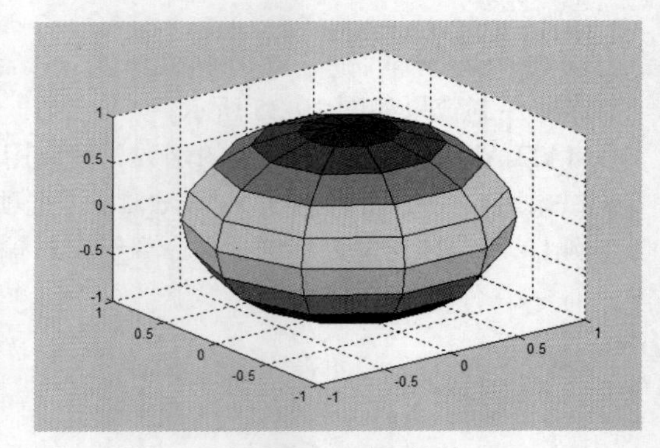

图 10-28 球面效果

10.4 本章小结

本章详细介绍了使用 MATLAB 进行图形绘制的相关内容，包括二维图形的绘制、三维图形的绘制、图形外观的设置方法，以及图形显示和操作的方法等内容。通过本章的学习，读者可以灵活使用二维、三维图形的绘图函数及图形属性进行数据绘制，使数据具有一定的可读性，能够表达一定的信息。

第11章 高级图形处理

MATLAB 为用户提供了大量的高级图形例程。利用这些例程，用户可方便地实现数据的可视化，如在直角坐标系中绘制直线、条形图及柱状图等，甚至可以在 MATLAB 中完成动画的制作。另外，用户还可以控制图形的颜色和阴影、坐标轴的标注及图形显示的外观。在 MATLAB 中，一些高级命令实际上就是这些例程的封装，可以自动地控制图形特征，如视点控制、颜色使用及光照控制等。本章所介绍的主要内容包括图形对象和图形的高级控制等。

11.1 图形对象

图形对象（figure object）：可以确定图形的整体或部分属性的各层界面。各层次图形对象是相互关联的，低层次的图形对象的实现必须建立在它所在层次之上各层次图形对象完备的基础上。

每一个图形都是由不同的图形对象组成的。图形对象是 MATLAB 提供给用户的一种用于创建计算机图形的面向对象的图形系统，该系统提供给用户创建线、字、网格、面及 GUI 的多种绘图指令。前面所介绍的各种“高级”指令都是以图形对象为基础生成的，所以图形对象也称为低层图形。低层指令的调用，没有高层指令那样简明清晰、通俗易懂，但是低层指令可以直接对图形的基本要素进行操作的特点决定了用户可以使绘制的图形更加个性化、更加具有表现力。图形对象是图形系统中最基本、最底层的单元之一，每个图形对象都可以被独立地操作。

图形对象的类型（type of figure object）如下。

（1）根屏幕（root screen）：在层次的最顶层是根对象，相当于计算机屏幕，根对象只有一个，且不能被建立，但可以设置根属性以控制图形的显示。

（2）图形窗口（figure window）：独立于根屏幕的显示图形窗口，是根对象的子对象，而所有其他图形对象都是图形窗口的子对象。所有的绘图函数（如 plot()和 surf()等）都能自动建立一个图形窗口。

（3）轴（axis）：轴对象在图形窗口中定义一个区域，并确定该区域中子对象的方向；轴对象是图形窗口的子对象，又是图像、灯光、线、块、表面及文字的父对象。

（4）控件（uicontrol）：用于接口控制的按钮、列表框、滑条等，可以联合使用构成控制面板和对话框。

（5）菜单（uimenu）：当用户选择一个独立的菜单项时执行回调程序。

11.1.1 通用函数

表 11-1 所示为图形处理的通用函数，按类别分为基本图形和图形操作函数、图形注释函数、坐标系控制函数、其他重要函数。

表 11-1　图形处理的通用函数

函数	说明
plot()	建立向量或矩阵的图形
loglog()	设置图形对象的特性
semilogx()、semilogy()	x 轴用对数标度，y 轴用线性标度绘制图形/ y 轴用对数标度，x 轴用线性标度绘制图形
polar()	绘制极坐标图形
plotyy()	在图的左右两侧分别建立坐标轴
close()	关闭图形窗口
clf()	清除当前图形窗口
gcf()	获得当前图形窗口的句柄
refresh()	重绘当前图形
plot3()	绘制出三维图形
text()	在当前坐标系中建立文本对象
gtext()	利用鼠标在二维图形上放置文本
xlabel()、ylabel()、zlabel()	在图形中添加 x、y、z 轴的标记
legend()	给每个坐标系加上图例说明
subplot()	建立和控制多个坐标系
hold()	在图形窗口中保持当前图形
grid()	给图形加上网格线
axes()	建立坐标系图形对象
axis()	控制坐标轴刻度
box()	控制坐标系边框
get()	获得图形对象的特性
set()	设置图形对象的特性
rotate()	沿着指定方向旋转对象
colormap()	设置和获取当前图形的颜色板

例 11.1　绘制出[−π,π]范围内的正弦和余弦曲线。

在命令行窗口输入如下程序。

```
>>x=[-pi:pi/20:pi]; y1=sin(x); y2=cos(x);
figure(1)                                    %打开图形窗口
subplot(2,2,1),plot(x,y1)                    %在左上角绘制出正弦曲线
grid on,title('sin(x)')                      %加上网格线和标题
subplot(2,2,2),plot(x,y2,'r:')               %在右上角绘制出余弦曲线(点线)
grid on,title('cos(x)')
subplot(2,2,3),plot(x,y1,'-',x,y2,'--')      %在左下角绘制出正弦、余弦曲线
grid on,title('sin(x) and cos(x)')
subplot(2,2,4),plot(x,y1,'-',x,y1,'ko')      %在右下角绘制出正弦曲线
grid on,title('sin(x)')
```

正弦和余弦曲线如图 11-1 所示。

例 11.2　在极坐标系中绘制极坐标曲线，格式如下。

```
polar(theta, rho)
polar(theta, rho, LineSpec)
```

使用 polar()函数可在极坐标系中绘制出曲线，并可加上极坐标网格线，其中 theta 表示极坐标角度，rho 表示半径，LineSpec 可指定曲线的线型、颜色和标记。

在命令行窗口输入如下程序。

```
>>t=0:.01:2*pi;
>>figure(1)
>>polar(t,sin(2*t).*cos(2*t), '--r')
```

在极坐标系中绘制的极坐标曲线如图 11-2 所示。

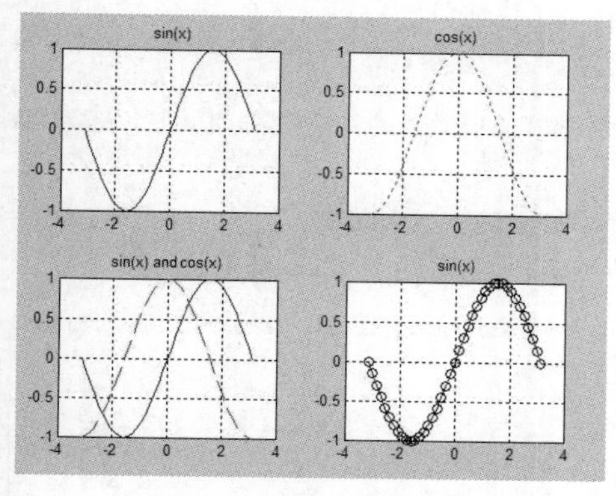

图 11-1 正弦和余弦曲线

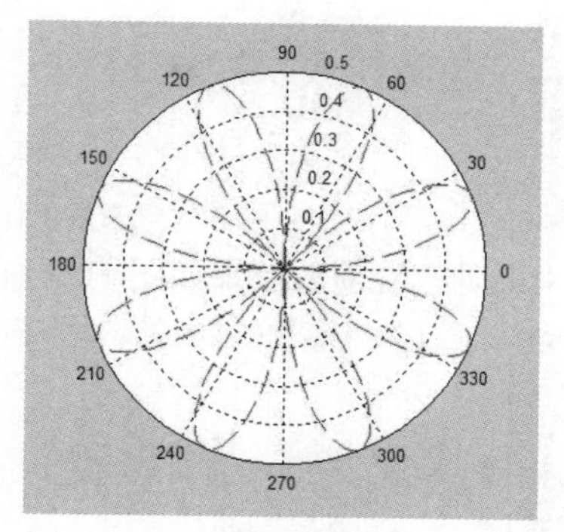

图 11-2 在极坐标系中绘制的极坐标曲线

11.1.2 根对象

图形对象的基本要素以根屏幕为先导。根（root），指图形对象的根，对应于计算机的整个屏幕，根只有一个，其他所有图形对象都是根的“后代”。当 MATLAB 启动时，根对象便自动生成。根对象的属性则是其他所有 MATLAB 窗口的默认属性。

在 MATLAB 中最高层次的图形对象是根对象，我们可以通过它对整个计算机屏幕进行控制。当 MATLAB 启动时，根对象会被自动创建，它一直存在到 MATLAB 关闭。与根对象相关的属性是应用于所用 MATLAB 窗口的默认属性。在根对象下，有多个图形窗口，或只有图形。每一个图形在用于显示图形数据的计算机屏幕上都有一个独立的窗口，每一个图形都有它独立的属性。与图形相关的属性有颜色、图片底色、纸张大小、纸张排列方向和指针类型等。

11.1.3 轴对象

轴对象是图形窗口对象的子对象，坐标轴对象是图形窗口中实际绘图的区域。一个图形窗口中可以有多个轴。每一个轴又包含线、面、方、块、字、像、光等图形对象，在句柄图形对象的结构中，它是十分重要的一部分。轴对象的属性众多，其主要功能为控制图形各方面信息的显示。控制坐标轴的 axis()函数的多种调用格式如下。

`axis(xmin xmax ymin ymax)`：指定二维图形 x 和 y 轴的刻度范围。

`axis auto`：设置坐标轴为自动刻度（默认值）。

`axis manual`（或 `axis(axis)`）：保持刻度不随数据的大小变化而变化。

`axis tight`：以数据的大小为坐标轴的范围。

`axis ij`：设置坐标轴的原点在左上角，`i` 为纵坐标，`j` 为横坐标。

`axis xy`：使坐标轴回到直角坐标系。

`axis equal`：使坐标轴刻度增量相同。

`axis square`：使各坐标轴长度相同，但刻度增量未必相同。

`axis normal`：自动调节轴与数据的比例，使其他设置失效。

`axis off`：使坐标轴隐藏。

`axis on`：显现坐标轴。

二维图形的坐标轴范围在默认状态下是根据数据的大小自动设置的，如欲改变，可利用 `axis(xmin xmax ymin ymax)`函数来定义。

例 11.3　定义坐标轴范围对观察图形的影响。

在命令行窗口输入如下程序。

```
>> x=0:0.01:pi/2;
figure(1)
plot(x,tan(x),'-y*o')   %ymax=tan(1.57)，而其他数据都很小，结果将使图形难以用于进行观察和判断
figure(2)
plot(x,tan(x),'-bo')
axis([0, pi/2,0,5])      %对坐标轴的范围进行控制就可得到较满意的绘图结果
```

坐标轴改变前的效果如图 11-3 所示，坐标轴改变后的效果如图 11-4 所示。

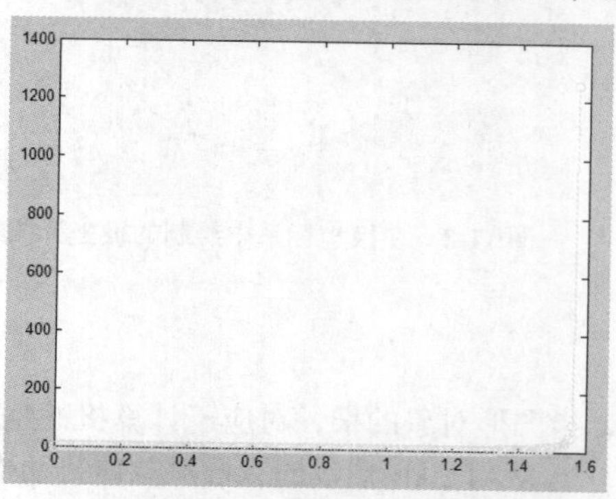

图 11-3　坐标轴改变前的效果

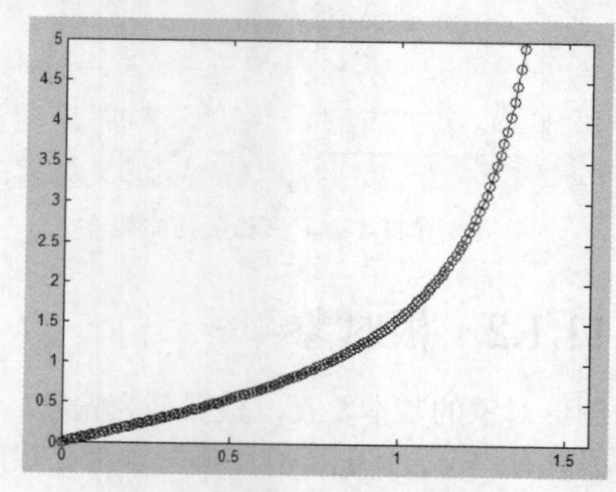

图 11-4　坐标轴改变后的效果

11.1.4　用户控制对象

uicontrol 是 user interface control（用户界面控制）的缩写。在各计算机平台上，窗口系统都采用控制框和菜单，让用户进行某些操作或者设置选项或属性。控制框是图形对象，如图标、文本框和滚动条，它和菜单一起使用以建立图形用户界面，称为窗口系统和计算机窗口管理器。MATLAB 的控制框又称 uicontrol，与使用窗口管理器所用的函数十分相似。它们是图形对象，可以放置在 MATLAB 的图形窗口中的任何位置并用鼠标激活。MATLAB 的 uicontrol 包括按钮、滑条、文本框及弹出式菜单。uicontrol 由函数 uicontrol()生成。

1. 控制对象的创建

和创建菜单对象类似，同样有两种方式用于创建控制对象：一是基于函数的编程方式，二是基于 GUI 的方式。

（1）基于函数的编程方式。

使用控制对象函数 uicontrol()是创建控制对象的基本方法，其调用格式如下。

- `h=uicontrol('PropertyName1',value1,'PropertyName2',value2,…)`：在当前图形窗口创建一个用户界面控制对象，并返回一个句柄值。
- `h=uicontrol(hfig,…)`：在特定的图形窗口创建一个用户界面控制对象。其中，`h` 为待制作的用户界面控制对象的句柄，`hfig` 为其父对象句柄，当 `hfig` 为默认设置时，系统将在当前图形界面上添加用户界面控制对象。

（2）基于 GUI 的方式。

打开 GUI 设计工具集窗口，窗口的左侧便是各种类型的控制对象按钮栏。单击要添加的控制对象对应的按钮，在图形窗口中拖动鼠标“画出”所需要的位置和大小即可。

2. 控制对象的属性

MATLAB 提供了 11 种控制对象，每一种控制对象对应于不同的特定目的。下面介绍这些控制对象的特征和其能实现的功能。

- 坐标轴：设置坐标轴控制对象。
- 框架：该组件为一个封闭的、可见的图形窗口区域。框架使 GUI 中相关的控制组件能易于被用户理解。框架没有相关的回调程序。只有控制组件能在框架中显示。框架不是透明的，因此用户定义的组件的先后顺序决定了组件是否被框架遮住或可见。属性 Stacking order 决定了控制组件的显示顺序：第一个定义的组件最先显示，后面定义的组件则覆盖已经存在的组件。若用户要用框架包围一些组件，则必须首先定义框架。
- 校验框：当单击检验框时，会执行某一操作。该组件对于向用户提供多个独立的选择很有用。要激活某一校验框，只需用鼠标单击该组件即可，且选中的状态会在组件上显示出来。
- 可编辑文本框：允许用户输入与修改文本文字的区域。当用户想把文字作为输入内容时，可使用该组件。若某一可编辑文本框有焦点，则单击文本框的菜单栏不会执行任何操作。因此，在单击菜单栏后，语句 `get(edit_handle,'string')` 并没有返回当前可编辑文本框中的内容。因为系统必须执行回调函数来改变属性 `string` 的值，即使屏幕上显示的文字已经改变。
- 列表框：显示一些项目的列表（用命令 `string` 设置），且允许用户选择一个或多个项目。属性 Min 与 Max 控制选择的模式。属性 Value 显示可选择的项目与包含字符串列表中项目的索引，对于选择了多个项目的则用向量表示。在任何能改变属性 Value 值的、鼠标松开的操作之后，MATLAB 将马上执行列表框的回调函数。因此，用户有必要增加“Done”按钮，用于推迟当要多次选择项目时的操作。在执行列表框回调函数 Callback 属性之前，列表框中项目的选择有单击或双击之分，对应于将图形窗口属性 SelectionType 设置为 normal 或 open。
- 弹出菜单：当组件被按下时，打开且显示一个选择列表（用命令 `string` 设置）。当没有打开选择列表时，该组件显示当前的选择项。该组件对于用户想给其他用户提供一系列的互斥的选择项，又不想占用太多的区域来说较为有用。
- 普通按钮：当该组件被按下时，将执行某一操作。要激活某一普通按钮，只需单击该按钮。
- 单选按钮：该组件与校验框类似，但它包含几个互斥的而且相关的选项（如在任意时刻，只能选择一个状态）。要激活某一单选按钮，只需在该组件上单击即可。被选中的组件同时显示出来。
- 滑条：该组件允许用户通过移动某一范围之内的滑条来输入指定的数值。用户要移动滑条，只需单击滑条并按住鼠标不放，且在滑条方向上移动鼠标；或者是在滑槽内单击鼠标；或者是单击滑条上的箭头。当松开鼠标后，滑条所在位置将与指定的数值对应。用户可以设置滑条的最大值、最小值与当前值等。
- 静态文本框：显示文本行。静态文本经常作为其他控制对象的标签，以提供其他用户的相关信息，或者是显示某一滑条的数值。其他用户不能交互地改变静态文本，因此对于静态文本，没有相关的回调函数。
- 触发按钮：当该组件被单击且显示出其状态（on 或者 off）时，控制是否执行回调函数。

例 11.4　实现一个滑条，用于设置视点方位角。本例用了 3 个文本框，分别指示滑条的最大值、最小值和当前值。

在命令行窗口输入如下程序。

```
    fig=meshgrid(1:50);
    mesh(fig)
    vw=get(gca,'View');
    Hc_az=uicontrol(gcf, 'Style', 'slider', 'Position', [10 5 140 20], 'Min', -90, 'Max',90,
'Value', vw(1), 'CallBack', ['set(Hc_cur,"String",num2str(get(Hc_az,"Value")))','set(gca,
"View", [get(Hc_az,"Value") , vw(2)])']);
    Hc_min=uicontrol(gcf,'Style','text','Position',[10 25 40 20],'String',[num2str(get(Hc_az,
'Min' )),num2str(get(Hc_az, 'Min'))]);
    Hc_max=uicontrol(gcf, 'Style', 'text', 'Position', [110 25 40 20], 'String', num2str(get
(Hc_az,'Max')));
```

```
    Hc_cur=uicontrol(gcf, 'Style', 'text', 'Position', [60 25 40 20], 'String' , num2str(get
(Hc_az,'Value')));
    Axis off
```

控制对象实例如图 11-5 所示。

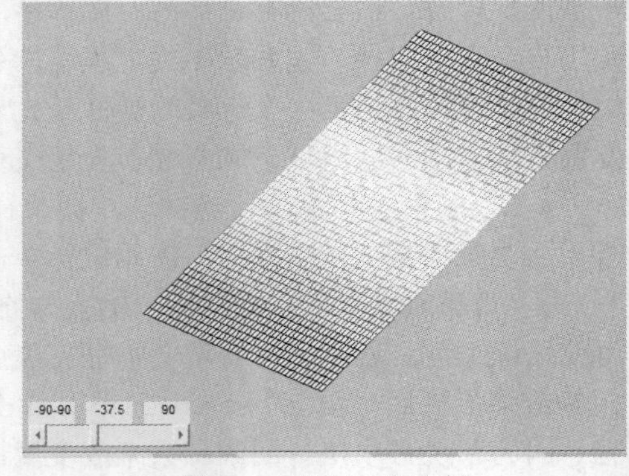

图 11-5　控制对象实例

11.1.5　用户菜单对象

MATLAB 的用户菜单对象是用户图形窗口的子对象，所以菜单设计总在某一个图形窗口中进行。MATLAB 的图形窗口有自己的菜单栏。为了建立自己的菜单系统，用户可以先将图形窗口的 MenuBar 属性设置为 none，以取消图形窗口的菜单，再建立自己的菜单。

1. 建立用户菜单

用户菜单包括一级菜单（菜单条）和二级菜单，有时还可以继续建立子菜单，每一级菜单又包括若干菜单项。建立用户菜单可使用 uimenu()函数。因调用方法不同，该函数可以用于建立一级菜单项和子菜单项。uimenu()函数的调用格式如下。

- `handle=uimenu('PropertyName',PropertyValue…)`：在 MATLAB 的当前活动窗口建立菜单对象；如果不存在当前活动窗口，MATLAB 将自动打开一个图形窗口，并将该窗口作为其菜单对象。
- `handle= uimenu (parent,'PropertyName',PropertyValue…)`：在指定的窗口中建立菜单对象。

这两种调用格式的区别在于：建立一级菜单项时，要给出图形窗口的句柄值。如果省略了句柄值，MATLAB 就在当前活动窗口中建立此一级菜单项。如果此时不存在当前活动窗口，MATLAB 将自动打开一个图形窗口，并将该窗口作为其菜单对象。在建立子菜单项时，必须指定一级菜单项对应的句柄值。

快捷菜单是用鼠标右键单击对象时弹出的菜单。快捷菜单的位置是不固定的，而且总是附加在某个图形对象上。在 MATLAB 中用 uicontextmenu()函数创建快捷菜单，其调用格式如下。

`handle= uicontextmenu (parent,'PropertyName',PropertyValue…)`：用于为快捷菜单设置属性名及属性值。

2. 菜单对象常用属性

菜单对象属性是进行菜单编程的过程中值得注意的一个重要方面。在 MATLAB 中，可以通过 get()函数获取菜单对象的属性值，通过 set()函数设置菜单对象的属性值。

菜单对象具有 `Children`、`Parent`、`Tag`、`Type`、`UserData`、`Visible` 等公共属性，除公共属性外，还有一些常用的特殊属性。

- `Accelerator` 属性（定义快捷键）：该属性用于定义菜单项的快捷键。其取值可以是任意字母，如取字母 a，则表示定义快捷键为 Ctrl+a。
- `Label` 属性：是在菜单项上显示标注文本。可以在相应字符的前面加上“&”为 `Label` 属性定义快捷键，以便使用快捷键 Alt+字符来打开相应的菜单项。
- `Callback` 属性：用来设置菜单项的回调程序，其内容可以是 MATLAB 的函数、命令和可执行的表达式，用户也可调用自己编写的函数。
- `Checked` 属性：用于设置是否在菜单项前添加选中标记，设置为“on”表示添加，设置为“off”表示不添加。
- `Enable` 属性：该属性用于设置菜单项是否有效。当属性值设置为“`off`”时，菜单项的标签为灰色，不可选；当属性设置为“`on`”时，菜单项可选。

● Tag 属性：该属性用于标识菜单项名称。

● Position 属性：该属性用于定义一级菜单项在菜单条上的相对位置或子菜单项在菜单条内的相对位置。其取值为数值，默认值为 9。

● BeingDeleted 属性：该属性用于删除菜单项。当取值为“on”时，可删除菜单中的任意一项；当取值为“off”时，则不进行删除操作。

● Clipping 属性：该属性用于将菜单项进行剪裁。

● CreatFcn 属性：该属性用于定义一个菜单对象创建阶段执行的回调程序，取值为一个字符串或函数句柄。

● Separator 属性：用于设置是否在菜单项前添加分隔线，设置为“on”表示添加，设置为“off”表示不添加。

● Type 属性：该属性用于标识图形对象的类，其取值为字符串。

● BusyAction 属性：该属性决定回调程序的中断方式，其取值为 Cancel 或 Queue。如果回调程序正在执行，而用户在已经定义了回调程序的对象上触发了一个事件，新事件的回调程序将依据 BusyAction 的值来决定是否中断正在执行的回调程序。

● HitTset 属性：该属性决定是否将鼠标指针选取对象作为当前对象。当设置为“on”时，表示能够将鼠标指针选取对象作为当前对象；当设置为“off”时，CurrentObject 属性将返回空矩阵。

● UserDat 属性：该属性用于保存与菜单对象有关的信息或数据，其取值为矩阵，默认值为[]。

例 11.5　制作一个带有 4 个子菜单项的顶层菜单项，该顶层菜单项分为两个功能区，每个功能区的两个菜单项是相互独立的，因此采用使能属性处理。当图形窗口的坐标轴隐藏时，整个坐标轴的分隔控制功能区不可见。

在 M 文件编辑器中输入以下程序。

```
%caidan.m
clf
h_menu=uimenu('label','Option');                  %产生顶层菜单项 Option
h_sub1=uimenu(h_menu,'label','Axis on');%产生 Axis on 菜单项，由默认设置而使能
h_sub2=uimenu(h_menu,'label','Axis off',...
   'enable','off');                                  %产生 Axis off 菜单项，但失能
h_sub3=uimenu(h_menu,'label','Grid on',...
'separator','on','visible','off');          %产生与上方分隔的 Grid on 菜单项，但不可见
h_sub4=uimenu(h_menu,'label','Grid off',...
   'visible','off');                               %产生 Grid off 菜单项，但不可见
set(h_sub1,'callback',[...                       %选中 Axis on 菜单项后，产生回调操作
   'Axis on,',...                                     %画坐标
   'set(h_sub1,''enable'',''off''),',...%Axis on 菜单项失能
   'set(h_sub2,''enable'',''on''),',... %Axis off 菜单项使能
   'set(h_sub3,''visible'',''on''),',...%Grid on 菜单项可见
   'set(h_sub4,''visible'',''on''),']);  %Grid off 菜单项可见
set(h_sub2,'callback',[...                        %选中 Axis off 菜单项后，产生回调操作
   'axis off,',...                                     %使坐标隐藏
   'set(h_sub1,''enable'',''on''),',...      %Axis on 菜单项使能
   'set(h_sub2,''enable'',''off''),',...     %Axis off 菜单项失能
   'set(h_sub3,''visible'',''off''),',...  %Grid on 菜单项不可见
   'set(h_sub4,''visible'',''off''),']);   %Grid off 菜单项不可见
set(h_sub3,'callback',[...                          %选中 Grid on 菜单项后，产生回调操作
 'grid on,',...                                          %画坐标分格线
 'set(h_sub3,''enable'',''off''),',...          %Grid on 菜单项失能
 'set(h_sub4,''enable'',''on''),']);            %Grid off 菜单项使能
set(h_sub4,'callback',[...                          %选中 Grid off 菜单项，产生回调操作
 'grid off,',...                                         %消除坐标分格线
 'set(h_sub3,''enable'',''on''),',...          %Grid on 菜单项使能
 'set(h_sub4,''enable'',''off''),']);          %Grid off 菜单项失能
```

运行该程序后，菜单对象实例如图 11-6 所示。

图 11-6　菜单对象实例（1）

选中“Option：Axis on”后，菜单对象实例如图 11-7 所示。

选中“Option：Grid on”后，菜单对象实例如图 11-8 所示。

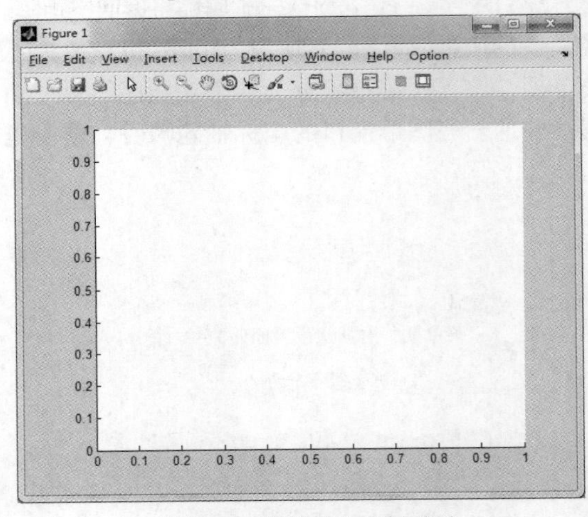

图 11-7　菜单对象实例（2）

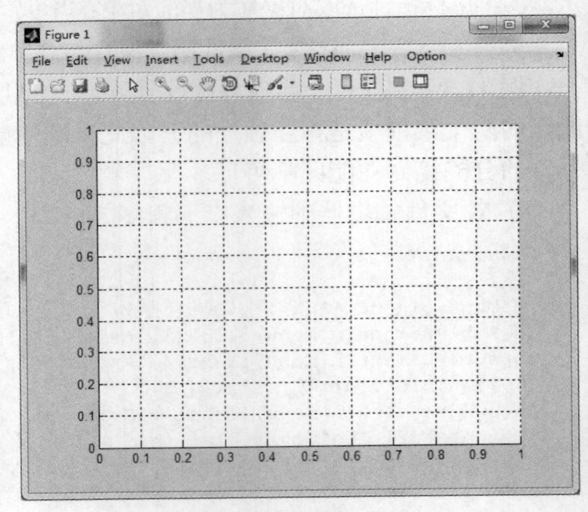

图 11-8　菜单对象实例（3）

11.2　图形的高级控制

本节介绍图形的高级控制相关内容，主要包括视点控制和图形的旋转、颜色的使用及光照控制等内容。

11.2.1　视点控制和图形的旋转

1．视点控制

日常生活中从不同的视点观察物体所看到的图形是不同的，同样用户从不同的角度绘制的三维图形的形状也是不一样的。视点位置可由方位角和仰角表示，方位角又称旋转角，它是视点位置在 *XY* 平面上的投影与 X 轴形成的角度，其中正值表示逆时针方向，负值表示顺时针方向。俯仰角又称视角，它是 XY 平面的上仰角或下仰角，正值表示视点在 XY 平面上方，负值表示视点在

XY 平面下方。

为了使图形的效果更逼真，有时需要从不同的角度观看图形。方位角和俯仰角是指视点相对于坐标原点而言的角度，可以通过 view()函数指定：既可以通过视点的位置指定，又可以通过设置方位角和俯仰角的大小指定。view()函数的调用格式如下。

- view(az,el)、view([az,el])：指定方位角和俯仰角的大小。
- view([x,y,z])：指定视点的位置。
- view(2)：选择二维默认值，即 az = 0、el = 90。
- view(3)：选择三维默认值，即 az = -37.5、el = 30。
- view(T)：通过变换矩阵 T 设置视图，T 是一个 4×4 的矩阵，如通过 viewmtx()函数生成的透视矩阵。
- [az,el] = view：返回当前的方位角和俯仰角。
- T = view：返回当前的变换矩阵。

调用格式中，az 是方位角（azimuth），el 是俯视角（elevation），它们的单位是“度”（°）。vx、vy 是视点的直角坐标。若绘制三维图形时不使用 view()函数，那么 MATLAB 将使用默认的视点设置，即 az=-37.5、el=30。当 az=0、el=90 时，图形将以平面直角坐标来表现。

MATLAB 图形窗口支持交互式调节视点。为获得最佳视觉效果，用户可先通过鼠标操作调节视点，然后使用 view()函数把相应的视点加以固定。

例 11.6　以不同视点绘制多峰函数曲面。

```
subplot(2,2,1);mesh(peaks);
view(-37.5,30);              %指定子图 1 的视点
title('azimuth=-37.5,elevation=30')
 subplot(2,2,2);mesh(peaks);
view(0,90);                 %指定子图 2 的视点
 title('azimuth=0,elevation=90')
 subplot(2,2,3);mesh(peaks);
 view(90,0);                 %指定子图 3 的视点
 title('azimuth=90,elevation=0')
 subplot(2,2,4);mesh(peaks);
 view(-7,-10);                %指定子图 4 的视点
 title('azimuth=-7,elevation=-10')
```

不同视点效果如图 11-9 所示。

2. 图形的旋转

图形旋转的相关函数的 rotate(h,direction,alpha,orgin)。其中 h 表示被旋转的对象；direction 表示方向轴，可用球坐标[theta,phi]或直角坐标[x,y,z]表示；alpha 表示按右手法则旋转的角度；orgin 表示原点坐标。

例 11.7　图形的旋转的实例。

在命令行窗口输入如下程序。

```
>> shg;clf;                              % 图形窗口置前，清除
[X,Y]=meshgrid([-3:.2:3]);          % 取格点坐标
Z=4*X.*exp(-X.^2-Y.^2);              % 计算函数值
G=gradient(Z);                           % 近似梯度
subplot(1,2,1),surf(X,Y,Z,G)     % 对子图 1 画曲面
subplot(1,2,2),h=surf(X,Y,Z,G);% 对子图 2 画曲面
rotate(h,[-2,-2,0],30,[2,2,0]),colormap(cool) % 旋转
```

旋转图形效果如图 11-10 所示。

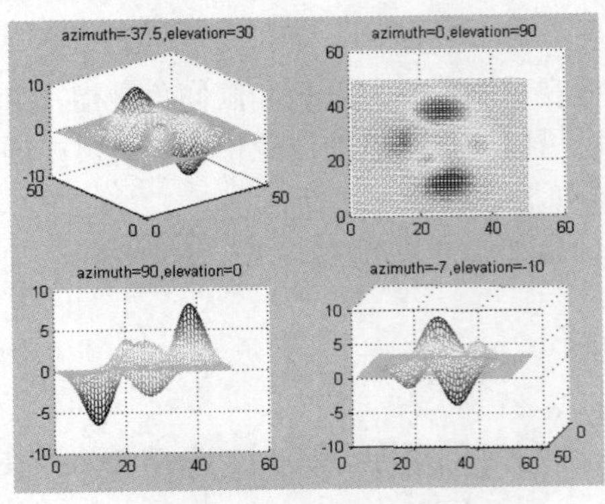

图 11-9　不同视点效果

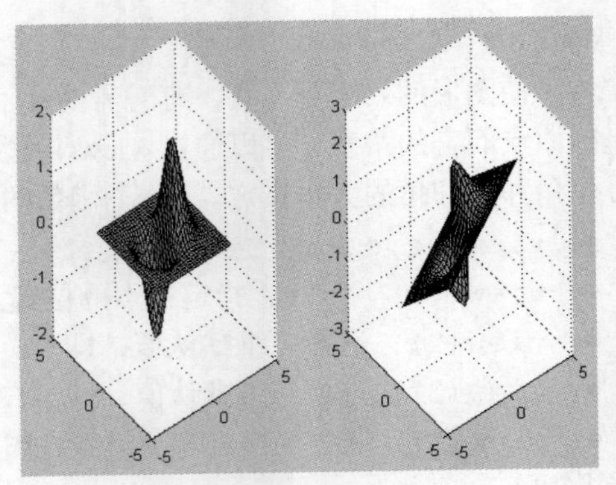

图 11-10　旋转图形效果

11.2.2　颜色的使用

1. 颜色的向量表示

MATLAB 提供了许多在二维和三维空间内显示可视信息的工具。如正弦函数的曲线图就比一堆数据更能直观地提供信息。这种用图表来表示数据的技术叫作数据可视化。MATLAB 不仅是一个强大的计算工具，而且在以直观的方式可视地表示数据方面也很有特色。

但是很多时候，一个简单的二维或三维图形不能一次显示出全部信息。这时，颜色可以对图形提供一个附加的维数。前面章节中讨论的许多绘图函数都可以接受一个可用的颜色参量来增加这一附加的维数。

MATLAB 用一个叫作颜色映象的数据结构来代表颜色值。颜色映象定义为一个有 3 列和若干行的矩阵。利用 0 ~ 1 的数，矩阵的每一行都代表了一种色彩。任一行的数都指定了一个 RGB 值，即红、绿、蓝 3 种颜色的强度，形成一种特定的颜色。一些有代表性的 RGB 值如表 11-2 所示。

表 11-2　一些有代表性的 RGB 值

原色			调得颜色
红（R）	绿（G）	蓝（B）	
1	1	1	白色（white）
0.5	0.5	0.5	灰色（gray）
0	0	0	黑色（black）
1	0	0	红色（red）
0	1	0	绿色（green）
0	0	1	蓝色（blue）
1	1	0	黄色（yellow）
1	0	1	洋红色（magenta）
0	1	1	青色（cyan）
0.5	0	0	暗红色（dark red）
1	0.62	0.4	红铜色（copper）
0.49	1	0.83	碧绿色（aquamarine）

2. 色图

色图是 MATLAB 系统引入的概念。在 MATLAB 中，每个图形窗口只能有一个色图。色图是 $m\times 3$ 的数值矩阵，它的每一行是 RGB 三元组。色图矩阵可以人为生成，也可以调用 MATLAB 提供的 colormap()函数来定义。色图名称及其创建函数如表 11-3 所示。

表 11-3　　色图名称及其创建函数

色图名称	创建函数
蓝色调灰度色图	bone()
青红浓淡色图	cool()
线性纯铜色图	copper()
红白蓝黑交错色图	flag()
线性灰度色图	gray()
黑红黄白色图	hot()
饱和色图	hsv()
一种色图的变种	jet()
粉红色图	pink()
光谱色图	prism()

colormap(M)：将矩阵 M 作为当前图形窗口所用的颜色映象。如 colormap(cool)装入了一个有 64 个输入项的 cool 颜色映象。colormap default 装入了默认的颜色映象（hsv）。

接受颜色参量的绘图函数中的颜色参量通常采用以下 3 种形式之一。

（1）字符串，如'r'代表红色。

（2）3 个输入的行向量。它代表一种颜色的 RGB 值，如[.25 .50 .75]。

（3）矩阵。如果颜色参量是一个矩阵，则其元素进行了调整，并把它们用作当前颜色映象的下标。

按默认情况，上面所列的各个颜色映象产生一个 64×3 的矩阵，指定了 64 种颜色的 RGB 的描述。这些函数都接受一个参量来指定所产生矩阵的行数。如 hot(m)产生一个 m×3 的矩阵，它包含的 RGB 颜色值的范围为黑到红、橘红和黄，再到白。

大多数计算机在一个 8 位的硬件查色表中一次可以显示 256 种颜色，当然有些计算机的显卡可以同时显示更多的颜色。这就意味着在不同的图中，一般一次可以用 3 或 4 个 64×3 的颜色映象。如果使用了更多的颜色映象输入项，计算机必须经常在它的硬件查色表中调出输入项。如在画 MATLAB 图形时背景图案发生了变化，就是发生了这种情况。所以，除非计算机有一次显示更多种颜色的显卡，否则最好任何一次所用的颜色映象输入项数都小于 256。

3. 颜色的显示

可以通过多种途径来显示颜色映象。其中一种方法是观察颜色映象矩阵的元素。如在命令行窗口输入 hot(8)，结果如下。

```
    0.3333         0         0
    0.6667         0         0
    1.0000         0         0
    1.0000    0.3333         0
    1.0000    0.6667         0
    1.0000    1.0000         0
    1.0000    1.0000    0.5000
    1.0000    1.0000    1.0000
```

上面的数据显示出第 1 行是 1/3 红色，而最后一行是白色。另外，函数 pcolor()也可以用于显示颜色映象。

例 11.8　pcolor()函数的应用实例。

在命令行窗口输入如下程序。

```
n=20;
colormap(jet(n))
pcolor([1:n+1;1:n+1]')
 title(' Using Pcolor to Display a Color Map')
```

颜色显示图如图 11-11 所示。

在 MATLAB 中，colorbar()函数的主要功能是显示指定颜色刻度的颜色标条。colorbar()函数能用于更新最近生成的颜色标条。如果当前坐标轴系统中没有任何颜色标条，则在图形的右侧显示一个垂直的颜色标条。其调用格式如下。

- colorbar('horiz')：在当前的图形下面显示一个水平的颜色标条。
- colorbar('vert')：在当前的图形右侧显示一个垂直的颜色标条。

对于无参量的 colorbar()函数，如果当前没有颜色标条就会增加一个垂直的颜色标条，或者更新现有的颜色标条。

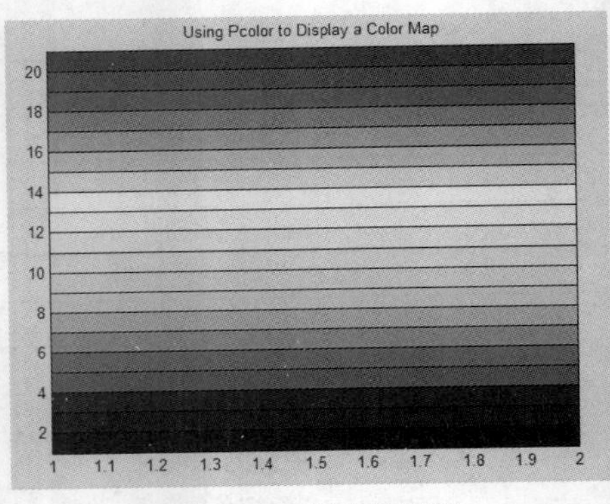

图 11-11　颜色显示图

例 11.9　colorbar()函数的用法练习。

```
z=peaks(40);
subplot(2,2,1);
surf(z);
caxis([-2 2]);
colorbar;
z=peaks(40);
subplot(2,2,2);
surf(z);
caxis([-2 2]);
colorbar('vert');
z=peaks(40);
subplot(2,2,3);
surf(z);
caxis([-2 2]);
colorbar;
z=peaks(40);
subplot(2,2,4);
surf(z);
caxis([-2 2]);
colorbar('vert');
```

垂直颜色标条效果如图 11-12 所示。

若要显示水平的颜色标条则程序修改如下。

```
z=peaks(40);
subplot(2,2,1);
surf(z);
caxis([-2 2]);
colorbar horiz;
z=peaks(40);
subplot(2,2,2);
surf(z);
caxis([-2 2]);
colorbar horiz
z=peaks(40);
subplot(2,2,3);
surf(z);
caxis([-2 2]);
colorbar horiz;
z=peaks(40);
subplot(2,2,4);
surf(z);
caxis([-2 2]);
colorbar horiz
```

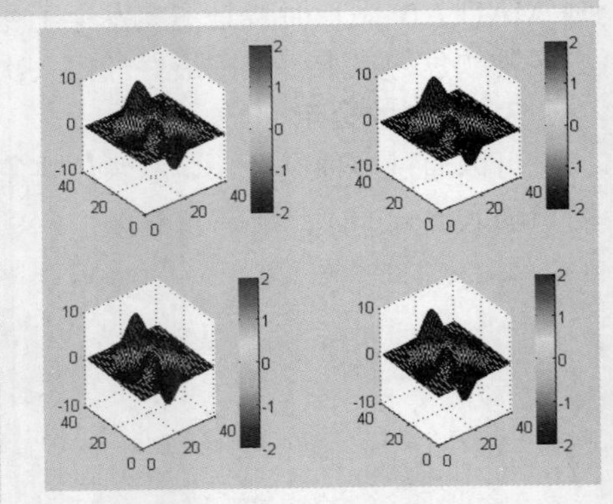
图 11-12　垂直颜色标条效果

水平颜色标条效果如图 11-13 所示。

4. 颜色的建立

颜色映象就是指矩阵，意味着用户可以像操作其他数组那样对其进行操作。函数 brighten()就是利用这一点通过调整一个给定的颜色映象来增强或减弱暗色的强度。brighten(n)（0<n<=1）为使当前颜色映象变亮；而brighten(n)（-1<=n<0）则为使当前颜色映象变暗；brighten(n)后加一个brighten(-n)为使颜色映象恢复为原来的状态。newmap=brighten(n)创建一个比当前颜色映象更暗或者更亮的新的颜色映象，而并不改变当前的颜色映象。newmap=brighten(cmap,n)对指定的颜色映象创建一个已调整过的式样，而不影响当前的颜色映象或指定的颜色映象。

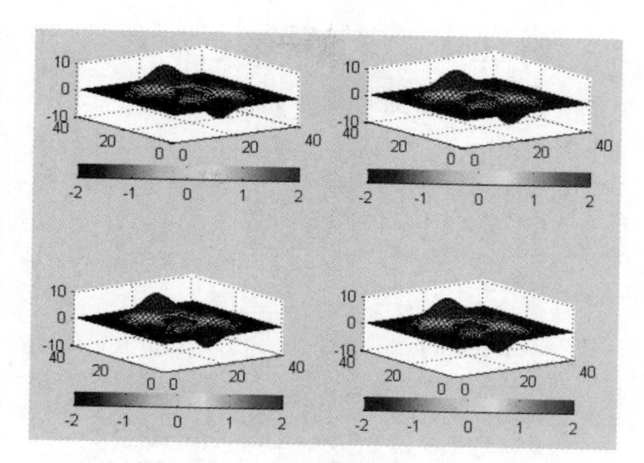

图 11-13　水平颜色标条效果

用户可以通过生成 $m \times 3$ 的矩阵 mymap 来建立自己的颜色映象，并用 colormap(mymap)来安装它。颜色映象矩阵的每一个值的范围都必须为 0 ~ 1。如果想要用大于或小于 3 列的矩阵或者包含比 0 小比 1 大的任意值，函数 colormap()会提示错误信息然后退出。

通常，颜色映象进行过调节，把数据从最小扩展到最大，也就是说整个颜色映象都用于绘图。函数 caxis()代表颜色轴，因为颜色增加了另一个维数，它允许对数据范围的一个子集使用整个颜色映象或者对数据的整个集合只使用当前颜色映象的一部分。

[cmin,cmax]=caxis：返回映射到颜色映象中最先和最后输入项的最小和最大的数据。它们通常被设成数据的最小值和最大值。如函数 mesh(peaks)会画出函数 peaks()对应的网格图，并把颜色轴 caxis 设为[−6.5466, 8.0752]。这些值之间的数据点，使用从颜色映象中经插值得到的颜色。

caxis([cmin,cmax])：对 cmin 和 cmax 范围内的数据使用整个颜色映象。比 cmax 大的数据点用与 cmax 值相关的颜色绘图，比 cmin 小的数据点用与 cmin 值相关的颜色绘图。如果 cmin 小于 min(data)和/或 cmax 大于 max(data)，那么与 cmin 和/或 cmax 点相关的颜色将永远用不到。也就是说，只用到和数据相关的那一部分颜色映象。caxis('auto')用于设置 cmin 和 cmax 的默认值。

例 11.10　利用颜色轴设置颜色的实例。

在命令行窗口输入如下程序。

```
>> [X,Y,Z] = sphere;
C = Z;surf(X,Y,Z,C)
caxis([-1 3])
```

利用颜色轴设置的图形颜色如图 11-14 所示。

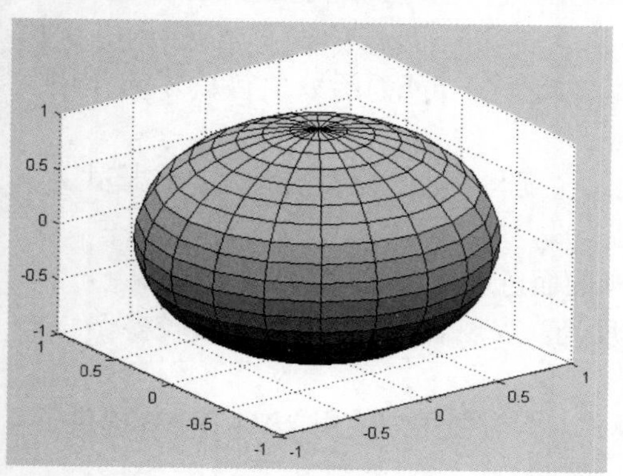

图 11-14　利用颜色轴设置的图形颜色

5. 三维表面图的着色

三维表面图实际上就是在网格图的每一个网格片上涂上颜色。surf()函数用默认的着色方式对网格片着色。除此之外，还可以用 shading 命令来改变着色方式。

shading faceted 命令：将每个网格片用与其高度对应的颜色进行着色，但网格线仍保留，其颜色是黑色。这是系统默认的着色方式。

shading flat 命令：将每个网格片用同一种颜色进行着色，且网格线也用相应的颜色着色，从而使得图形表面显得更加光滑。

shading interp 命令：在网格片内进行颜色插值处理，得出的图形的表面显得最光滑。

例 11.11 3 种图形着色方式的效果展示。

在命令行窗口输入如下程序。

```
>> [x,y,z]=sphere(30);
colormap(flag);
subplot(1,3,1);
surf(x,y,z);
axis equal
subplot(1,3,2);
surf(x,y,z);shading flat;
axis equal
subplot(1,3,3);
surf(x,y,z);shading interp;
axis equal
```

着色方式的展示效果如图 11-15 所示。

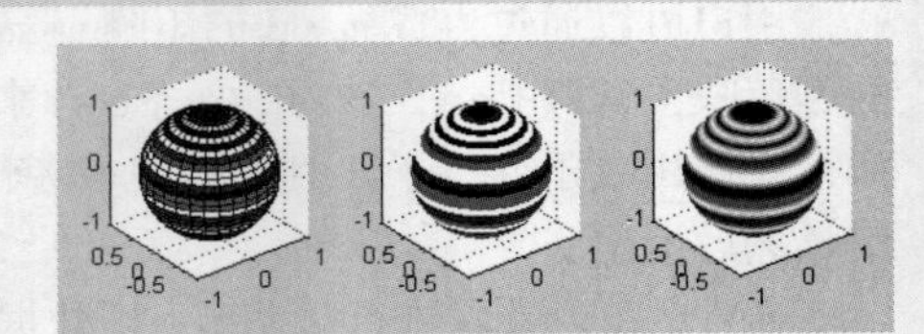

图 11-15 着色方式的展示效果

11.2.3 光照控制

光照控制通过模拟自然光照条件（如阳光）下的光亮和阴影为场景添加真实性。MATLAB 中用于控制光照的函数如表 11-4 所示。

表 11-4 控制光照的函数

函数	说明
camlight()	创建或移动光源，位置为与摄像机之间的相对位置
lightangle()	在球面坐标系中创建或放置光源
light()	创建光照对象
lighting()	选择照明方案
material()	设置反射系数属性

- light('color',option1,'style',option2,'position',option3)：灯光设置。在使用该函数前，图形采用的是强度各处相等的漫射光。一旦该函数被执行，虽然光源本身并不出现，但图形上“轴”“面”等子对象所有与光有关的属性（如背景光、边缘光）都被激活。

① option1：可采用 RGB 三元组或相应的色彩字符，如[1 0 0]或'r'都代表红光。

② option2：有两个取值：'infinite'和'local'。前者表示无穷远光，后者表示近光。

③ option3：总为直角坐标的三元组形式。对于远光，它表示光线穿过该点射向原点；对于近光，它表示光源所在位置。

- lighting options：设置照明模式。该函数只有在 light()函数执行后才起作用。options 有以下 4 种取值。

① flat：射入光均匀洒落在图形对象的每个面上，主要与 facted 配合使用。该模式为默认模式。

② gouraund：先对顶点颜色插补，再对顶点勾画的面色进行插补。用于曲面表现。

③ phong：对顶点处法线插值，再计算各像素的反光。表现效果最好，但用时较多。

④ none：使所有光源关闭。

- material options：使用预定义表面反射模式。为方便用户使用，MATLAB 提供了 4 种预定义表面反射模式。options 有以下 3 种取值。

① shiny：使对象比较明亮。镜反射份额较大，反射光颜色仅取决于光源颜色。

② dull：使对象比较暗淡。漫反射份额较大，没有镜面亮点，反射光颜色仅取决于光源颜色。

③ metal：使对象带有金属光泽。镜反射份额较大，背景光和漫射光份额较小。反射光源和图形表面两者的颜色。该模式为默认模式。

例 11.12　light()函数的应用实例。

实例 1，在命令行窗口中输入如下程序。

```
[x,y,z]=peaks;
surf(x,y,z);
shading interp;
light('Color',[1 0 1],'Style','local','Position',[-4,-4,10])  %此命令表示在点[-4,-4,10]处有一处品红色光源
```

应用 light()函数效果如图 11-16 所示。

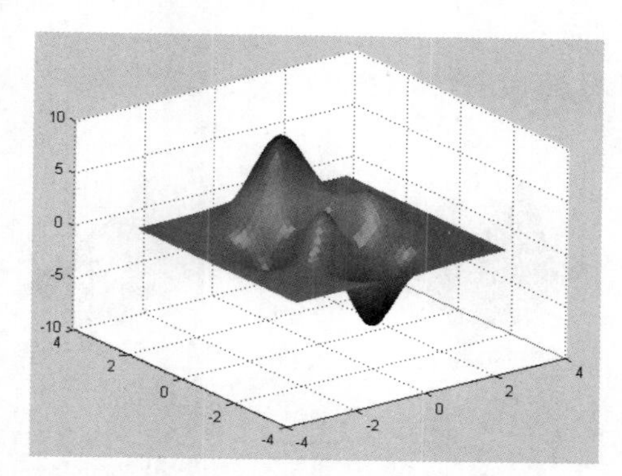

图 11-16　应用 light()函数效果（1）

实例 2，在命令行窗口中输入如下程序。

```
clf;
[X,Y,Z]=sphere(40);
colormap(jet)
subplot(1,2,1);surf(X,Y,Z);shading interp
light ('position',[0 -10 1.5],'style','infinite')
lighting  phong
material shiny
subplot(1,2,2);surf(X,Y,Z,-Z);shading flat
light;lighting flat
light('position',[-1,-1,-2],'color','y')
light('position',[-1,0.5,1],'style','local','color','w')
```

应用 light()函数效果如图 11-17 所示。

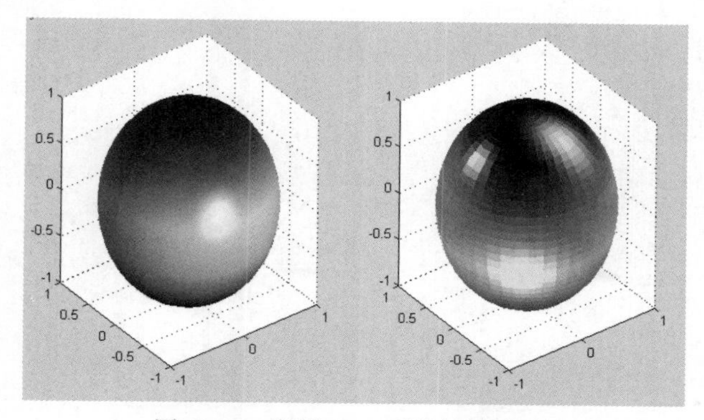

图 11-17　应用 light()函数效果（2）

例 11.13　material()函数的应用实例。

在命令行窗口输入如下程序。

```
>> [x,y,z]=peaks(20);
subplot(1,2,1);
surf(x,y,z)
shading interp;
material([0.2,0.3,0.6,10,0.4]);
light('color','r','position',[0 1 0],'style','local')
lighting phong
subplot(1,2,2);
surf(x,y,z)
shading flat;
material shiny;
light('color','w','position',[-1 0.5 1],'style','local')
lighting flat
```

镜反射效果如图 11-18 所示。

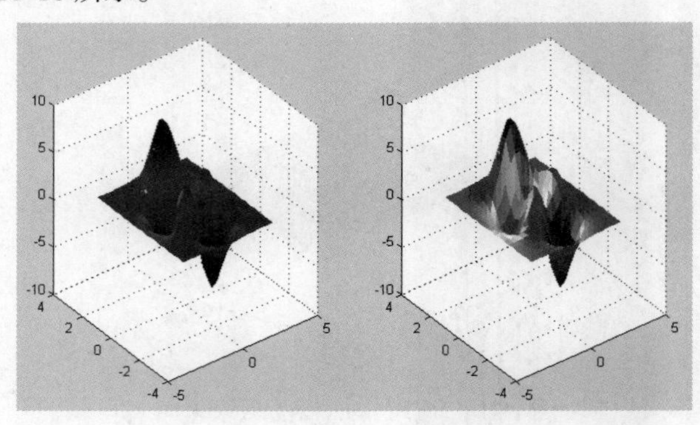

图 11-18 镜反射效果

11.3 本章小结

本章介绍 MATLAB 的高级图形处理，主要包括图形对象和图形的高级控制等。利用相关函数，用户可以方便地实现数据的可视化操作，如在直角坐标系中绘制直线、条形图及柱状图等，甚至可以在 MATLAB 中完成动画的制作。

第 12 章 MATLAB 编程基础

MATLAB 作为一种广泛应用于科学计算的工具软件，不仅具有强大的数值计算功能和丰富的绘图功能，而且还可以与 C、Fortran 等高级语言一样用于进行程序设计。利用 MATLAB 的程序控制功能，将相关 MATLAB 命令编成程序存储在一个文件（M 文件）中，然后在命令行窗口中运行该文件，MATLAB 就会自动依次执行文件中的命令，直到全部命令执行完毕。MATLAB 还提供丰富的函数库，并可以进行程序设计，编写扩展名为.m 的 M 文件，实现各种程序设计功能。

12.1 M 文件和 P 文件

MATLAB 作为一种应用广泛的科学计算软件，不仅可以通过直接交互的指令和操作方式进行强大的数值计算、绘图等，还可以像 C、C++等高级程序语言一样，根据自己的语法规则来进行程序设计。编写的程序文件以.m 作为扩展名，称为 M 文件。

M 文件由以下 4 个部分组成，包括函数定义行、帮助信息行、帮助文件文本和函数体。函数体功能的实现用于实际计算和对输出变量进行赋值等。

通过编写 M 文件，用户可以像编写批处理命令一样，将多个 MATLAB 命令集中在一个文件中，既能方便地进行调用，又便于修改；用户还可以根据自身的情况，编写用于解决特定问题的 M 文件，这样就实现了结构化程序设计，并降低了代码重用率。实际上，MATLAB 自带的许多函数就是 M 函数文件。MATLAB 提供的编辑器可以使用户方便地进行 M 文件的编写。

M 文件有两种形式：M 函数文件和 M 脚本文件。它们都是由 MATLAB 语句或命令组成的文件。两种文件的扩展名都是.m。要注意的是 M 文件的文件名一定要以字母开头，而且最好不要与内置函数重名。

P 文件是对应 M 文件的一种预解析版本。因为当第 1 次执行 M 文件时，MATLAB 需要将其解析一次，即第 1 次执行后的已解析内容会放入内存供第 2 次执行时使用，即第 2 次执行时无须再解析，这无形中减少了执行时间。所以我们就预先进行解析，那么以后再使用该 M 文件时，便会直接执行对应的已解析版本，即 P 文件。如 MATLAB 的当前目录（current directory）有 test.m 文件，进行预解析后，则有 test.p 文件。

因为 P 文件的调用优先级比 M 文件要高，所以当调用 test 文件时，会进行优先选择而调用 test.p。

12.1.1 M 函数文件

函数文件是 M 文件的其中一种类型，它也是由 MATLAB 语句构成的文本文件，并以.m 为扩展名。MATLAB 的函数文件必须以关键字 function 引导，其调有格式如下。

```
function [返回参数 1,返回参数 2,…]=函数名(输入参数 1,输入参数 2,…)
```

需要特别注意函数文件具有如下特点。

- 函数名由用户自定义，与变量的命名规则相同。
- 保存的文件名必须与定义的函数名一致。
- 用户可通过返回参数和输入参数来实现函数参数的传递，但返回参数和输入参数并不是必需的。返回参数如果多于 1 个，则应用“[ ]”将它们括起来，否则可以省略“[ ]”；输入参数列表必须用“()”括起来，即使只有一个输入参数。
- 注释语句的每行语句都应该用“%”引导，“%”后面的内容不执行。用户可通过 help 命令显示出注释语句的内容，用作函数使用前的信息参考。
- 如果函数较复杂，则规范的参数个数检测是必要的。如果输入或返回参数格式不正确，则应该给出相应的提示。函数中输入和返回参数的实际个数分别由 MATLAB 的内部保留变量 nargin 和 nargout 给出，只要运行了该函数，MATLAB 将自动生成这两个变量，因此用户编程时可直接应用。
- 与一般高级语言不同的是，函数文件末尾处不需要使用 end 命令（循环控制和条件转移结构中的除外）。

例 12.1 使用 M 函数文件计算向量的平均值。

打开 M 文件编辑器，输入以下内容，并将其保存为 my.m 文件。

```
function y=my(x)
%MY Mean of vector elements.
%MY(X),where X is a vector,is the mean of vector
%elements.Nonvector input results in an error.
[i,j]=size(x);
If (~(i==1) | (j==1)) | (i==1&j==1)
error('Input must be a vector')     %错误信息
end
y=sum(x)/length(x);                    %实际计算
```

上例中，真正进行计算的只是最后一行命令，除此命令以外的其他命令会对不合适的输入变量进行判断，并给出错误信息。将以上的 my.m 保存到 MATLAB 当前目录下，我们就可以在命令行窗口或其他的 M 文件中对其进行调用，如下列程序。

```
>> z=1:59;
>> A=my(z)
A =
    30
```

12.1.2 M 脚本文件

M 脚本文件是指由 MATLAB 语句构成的文本文件，以 .m 为扩展名。运行命令文件的效果等价于在 MATLAB 命令行窗口中按顺序逐条输入并运行文件中的命令，命令文件类似于 DOS 下的批处理文件。命令文件运行过程中所产生的变量保留在 MATLAB 的工作空间中，命令文件也可以访问 MATLAB 当前工作空间的变量，其他命令文件和函数可以共享这些变量。因此，命令文件常用于主程序的设计。

M 脚本文件和 M 函数文件的区别在于从脚本文件没有函数定义行，且一般没有注释信息，当然也可以添加注释信息，即以“%”开头的内容。它们在使用方法、变量存在周期方面也存在差异，M 脚本文件和 M 函数文件的区别如表 12-1 所示。

表 12-1　　M 脚本文件和 M 函数文件的区别

比较项目	M 脚本文件	M 函数文件
输入/输出参数	不接收输入参数，也不返回输出参数	接收输入参数，可以返回输出参数
变量情况	处理工作空间中的变量	默认内部变量为局部变量，工作空间不能访问
适用情况	常用于需多次执行的一系列命令	常用于需多次执行且需要输入/输出参数的命令集合，常作为 MATLAB 应用程序的扩展编程使用

M 脚本文件和 M 函数文件适用于不同的情况，有时需要把 M 脚本文件转换为 M 函数文件。转换方法实际上非常简单，只需要在 M 脚本文件前面添加必要的函数定义行和注释信息即可。

例 12.2　已知长方体的长 `a = 7`、宽 `b = 6`、高 `h = 5`。编写命令文件求该长方体的表面积和体积。

首先在 MATLAB 的命令行窗口中输入长方体参数。

```
a=7;b=6;h=5;
```

然后新建一个文本文件，在该文本编辑窗口中输入求表面积和体积的命令，如图 12-1 所示。选择“主页”→“文件”→“保存”，以文件名 chang.m 保存在默认的当前工作目录中。

最后在 MATLAB 工作窗口中输入 `chang`，就能得到图 12-2 所示的结果。

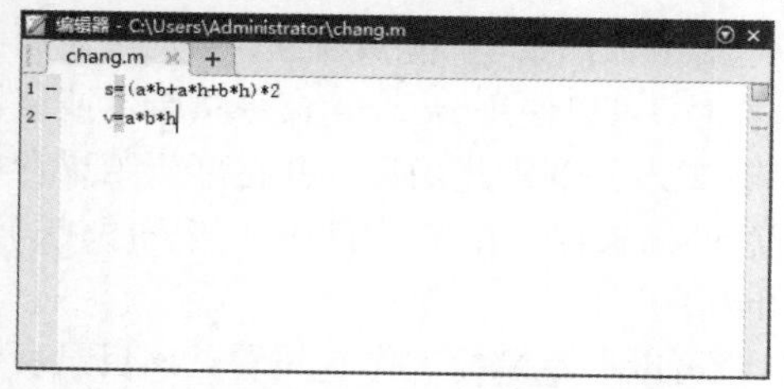

图 12-1　输入命令的文本编辑窗口

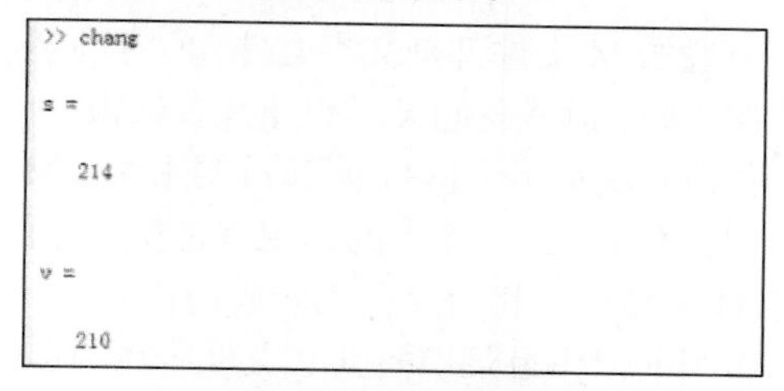

图 12-2　命令文件执行结果

可见，命令文件在执行过程中，已经成功访问了 MATLAB 工作空间的变量和数据（长方体的长、宽、高参数 `a`、`b`、`h`），并将执行的结果数据（长方体的表面积和体积 `s`、`v`）保存在 MATLAB 的工作空间中，工作空间中的其他命令文件和函数可以共享这些变量。

用户在应用命令文件时，可能希望将自己的文件保存在自定义的工作目录中，而不是保存在 MATLAB 默认的工作目录“安装路径\MATLAB\work”中。这时必须更改 MATLAB 的工作目录或添加 MATLAB 的搜索目录，否则执行命令文件时系统将无法找到该命令文件，从而会出错。

例 12.3　利用 M 函数文件求解上例中长方体的表面积和体积。

首先新建一个文本文件，在该文本编辑窗口中输入求表面积和体积的命令，显示结果如图 12-3 所示。

将该文件以文件名 chang1.m 保存在默认的当前工作目录中。最后在 MATLAB 的命令行窗口中调用该 M 函数文件，得到图 12-4 所示的结果。

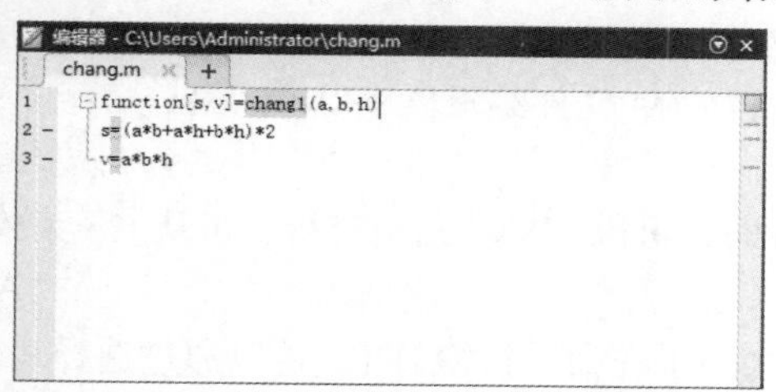

图 12-3　显示结果

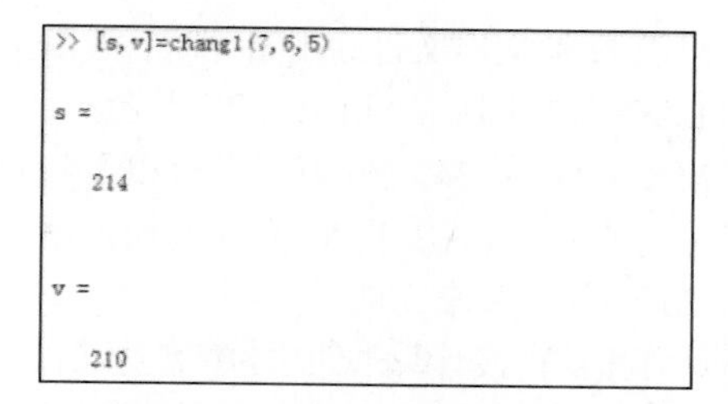

图 12-4　调用 M 函数文件的结果

12.1.3　M 文件的规则和属性

M 文件必须遵循以下特定规则。

- 函数名和文件名要相同。如函数 `a` 要保存在名为 a.m 的文件中。
- MATLAB 第 1 次执行一个 M 函数文件时，它会打开相应的文本文件并将命令编辑成存储器的内部表示。如果函数包含了对其他 M 函数文件的引用，则它们也将被编译到存储器。普通的 M 脚本文件不被编译，即便它是从 M 函数文件中调用的；打开 M 脚本文件，调用一次就逐行进行注释。
- 第 1 行为帮助行，名为 `H1` 行，可用 `lookfor` 命令搜索。在 M 函数文件中，从第 1 行到第 1 个非注释行为止的注释行是帮助文件。当用户需要帮助时，返回该文本。

- 函数可以有 0 个或多个输入变量，也可以有 0 个或多个输出变量。
- 函数可以按少于 M 函数文件中所规定的输入/输出变量进行调用，但不能按多于 M 函数文件中所规定的输入/输出变量进行调用。如果变量数目多于 M 函数文件中 `function` 语句一开始所规定的数目，则调用时自动返回错误提示。
- 当调用一个函数时，所用的输入/输出变量的数目在函数内是规定好的。函数工作空间变量 `nargin` 包含输入变量的个数，函数工作空间变量 `nargout` 包含输出变量的个数。

12.1.4 P 文件及其操作

一般的 M 文件都是文本文件，所有的 MATLAB 原始程序代码都能被看到，当别人使用我们的程序代码，但是我们又不想让其看到程序代码的内容时，可以使用 `pcode` 命令将脚本或函数转成伪代码（pseudocode）。函数被调用时，MATLAB 会载入并剖析此函数，并将剖析结果存放在内存内，而 `pcode` 命令的作用就是将程序代码剖析后的结果存储在 P 文件中。当程序代码涉及很多 M 文件时，将程序代码转成伪代码，可以节省剖析的时间。

将当前工作目录切换到 P 文件所在的目录，然后就可以在左侧的工作空间看见该目录所包含的 P 文件了。

- `pcode FunName`：在当前目录上生成 FunName.p 文件。
- `pcode FunName-inplace`：在 FunName.m 文件所在的目录上生成 FunName.p 文件。
- `inmen`：列出内存中的所有 P 文件名。
- `clear FunName`：清除内存中的 FunName.p 文件。
- `clear function`：清除内存中的所有 P 文件。

P 文件较之原码文件有两大优点：一是运行速度快，对于“规模较大”的问题其效果尤为显著；二是由于 P 文件是二进制文件，难于阅读，因此用户常借助其为自己的程序加密。

12.2 M 文件编辑器

M 文件是文本文件，在储存时，需以文本模式存储，也可以用各种文本编辑器对其进行修改。MATLAB 在 Windows 和 macOS 平台上，提供了内置的 M 文件编辑器（M-file editor）。

MATLAB 的 M 文件编辑器有以下特点。

- 用 MATLAB 的 M 文件编辑器编写 M 文件时，可以直接转到指定行，可从 Go 菜单中选择“Go To”命令来完成。
- 可以直接计算 M 文件中表达式的值，结果会显示在命令行窗口中。可以通过选择表达式，然后在 Text 菜单中选择“Evalueate Selection”命令来实现上述效果。
- 可以根据 MATLAB 的语法自动缩排，以增加 M 文件的可读性。选择文本后单击鼠标右键，在弹出的快捷菜单中执行“Text”→“Smart Indent”命令可实现上述功能。

12.2.1 运行 M 文件编辑器

MATLAB 编程有两种工作方式：一种称为行命令方式，就是在工作窗口中一行一行地输入程序，计算机每次对一行命令做出反应，因此也称为交互式的指令行操作方式；另一种工作方式为 M 文件编程工作方式。编写和修改 M 文件要用到文本编辑窗口。

在 MATLAB 的 Command 窗口中不太方便进行程序编辑，因为每按一次 Enter 键，系统就会立即执行输入的命令。我们通常在 MATLAB 的 Editor/Debugger 窗口（文本编辑窗口）编辑较大的程序，以便在写完一段程序后再执行程序。M 文件的编写在 MATLAB 环境下必须通过 M 文件编辑器进行。在默认情况下，M 文件编辑器不随 MATLAB 的启动而启动，它只有在用户编写 M 文件时才启动。M 文件编辑器不仅可以编辑 M 文件，还可以对 M 文件进行交互式调试；不仅可以处理扩展名为.m 的文件，还可以读取和编辑其他 ASCII 文件。

打开一个空白的文本编辑窗口，如图 12-5 所示。

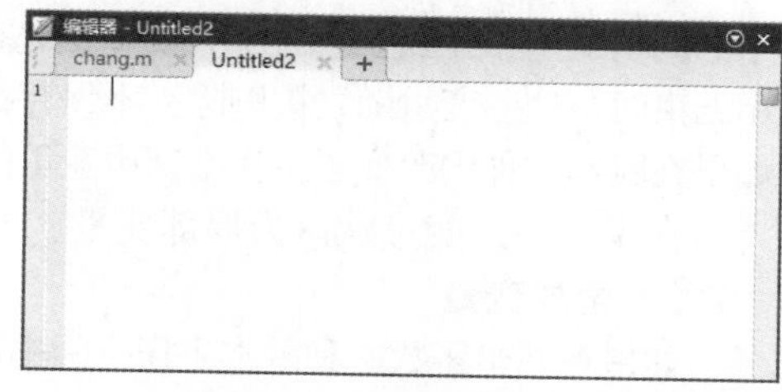

图 12-5　文本编辑窗口

另外从 File 菜单中选择“New\M-File”也可以打开一个空白的文本编辑窗口。在 MATLAB 的命令行窗口输入 `edit` 命令，此时系统也会启动 MATLAB 的 Editor/Debugger 文本编辑窗口，我们可以在这个窗口中编辑文本命令。选择“Open”，则是在文本编辑窗口里打开一个已存在的 MATLAB 文件（扩展名为.m）。在这个窗口中，用户可以编辑并保存所编写的程序，要想运行编写的该程序可以把编写好的程序复制到 Command Window 中去执行，也可以直接单击该窗口菜单 Debug 中的“Run”。该窗口的菜单和工具栏提供了编辑和调试程序所需要的各种工具。

M 文件编辑器的运行有以下 3 种方法。

- 菜单操作：从 MATLAB 主窗口的 File 菜单中选择“New”，再选择“Script”命令，将出现 MATLAB 文本编辑窗口。
- 命令操作：在 MATLAB 的命令行窗口中输入命令 `edit`，启动 MATLAB 的 M 文件编辑器后，输入 M 文件的内容并存盘。
- 按钮操作：单击 MATLAB 主窗口工具栏上的“ ”按钮，启动 MATLAB 的 M 文件编辑器后，输入 M 文件的内容并存盘。

12.2.2　设置 M 文件编辑器的属性

用户还可以在 MATLAB 的命令行窗口里定义具有某种特定功能的函数，然后把它保存为 M 文件，在以后的编程中如果需要用到这种功能就可以调用这个函数。事实上 MATLAB 许多工具箱里的命令和函数都是通过这种方法定义的，这样 MATLAB 的工具箱就具有了非常强大的扩展性，用户可以编写自己常用的具有某些功能的命令和函数，并把它们加入工具箱。系统在执行编辑的程序时，是逐条、逐句地解释执行，遇到有语法上、逻辑上或系统上的错误时，则会立即显示出相关的错误信息，而不再继续执行。下面是 M 文件编辑器的工具栏中各个按钮的功能，如图 12-6 所示。

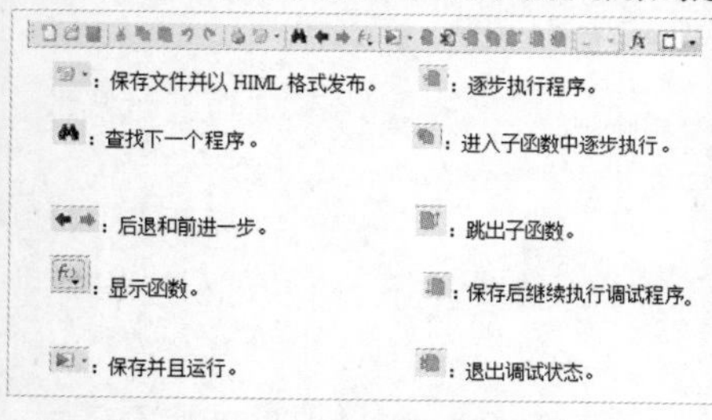

图 12-6　M 文件编辑器的工具栏

12.3　MATLAB 编程的构件

本节介绍 MATLAB 编程中的相关构件，主要包括变量、变量的检测和传递、运算关系和运算符号、关键字、指令行及常见函数。

12.3.1　变量

MATLAB 将每个变量都保存在一块内存空间中，这个空间称为工作空间。主工作空间包括所有通过命令行窗口创建的变量和脚本文件运行生成的变量。变量是任何程序设计语言的基本元素之一。根据变量作用的工作空间分类，变量可分为 3 种类型：局部变量（local variable）、全局变量（global variable）和永久变量（persistent variable）。

1. 局部变量

通常，每个 M 文件中定义的函数，都有自己的局部变量，一个函数的局部变量与另外一个函数中的同名变量相互独立。函数中的局部变量与基本工作空间中的同名变量也是相互独立的。当函数调用结束时，这些变量随之被删除，不保存在内存中。然而脚本文件是没有独立的工作空间的，所以，如果在脚本文件中改变了工作空间中变量的值，那么脚本文件调用结束后，该变量的值则会发生改变。

在函数中，变量默认为局部变量。

2. 全局变量

如果在几个函数中和基本工作空间中都声明了一个特殊的变量名作为全局变量，则在这几个函数和基本工作空间中都可以访问全局变量。局部变量是存在于函数空间内部的中间变量，产生于该函数的运行过程中，其影响范围也仅限于该函数本身。全局变量是在不同的工作空间中可以被共享的变量。如果某个函数的执行使全局变量的内容发生了变化，那么其他的函数空间和基本工作空间中的同名变量也就会随之变化。只有把与全局变量相关的所有工作空间都删除，全局变量才能被删除。

对于每个希望共享全局变量的函数或 MATLAB 的基本工作空间，用户都必须逐个用 `global` 对具体变量加以专门定义，其调用格式如下。

```
global var1 var2
```

如果一个 M 文件中包含的子函数需要访问全局变量，则需要在子函数中声明该变量；如果需要在命令行窗口中访问该变量，则需要在命令行窗口中声明该变量。

需要注意的是，在 MATLAB 中，变量名的定义需要区分大小写。

例 12.4 全局变量的使用。

输入如下程序。

```
function y=myprogram(x)
global T
T=T*2;
y=exp(T)*sin(x);
```

然后在命令行窗口中声明全局变量，再赋值调用。

```
>> global T
>> T=0.3
T=
    0.3000
>> myprogram(pi/2)
ans=
  1.8221
>> exp(T)*sin(pi/2)
ans=
  1.8221
>>T=0.6000
```

通过例 12.4 可见，用 `global` 将 `T` 声明为全局变量后，函数内部对 `T` 的修改也会直接作用到 MATLAB 的工作空间中。函数 myprogram()调用一次后，`T` 的值从 0.3000 变为 0.6000。

3. 永久变量

除了局部变量和全局变量外，MATLAB 中还有一种变量，即永久变量。永久变量的调用格式如下。

```
persistent var1 var2
```

永久变量的特点如下。

- 只能在函数文件内部定义。
- 只有该变量从属的函数才能访问该变量。

● 当函数执行结束时，该变量的值保存在内存中；当该函数再次被调用时，可以再次利用这些变量。

12.3.2 变量的检测和传递

在编写程序的时候，参数传递一直是一个非常重要的内容。MATLAB 提供多种函数来实现变量的检测与传递，如 nargin()和 nargout()函数可以用于检测输入/输出变量的个数，varargin()和 varargout()函数可以用于实现可变长度变量的输入/输出等。

1. 输入/输出参数检测函数

主要的输入/输出参数检测函数如表 12-2 所示。

表 12-2　主要的输入/输出参数检测函数

函数	说明
nargin()	在函数体内，用于获取实际输入参数
nargout()	在函数体内，用于获取实际输出参数
nargin('fun')	获取'fun'指定函数的标准输入参数数目
nargout('fun')	获取'fun'指定函数的标准输出参数数目
inputname(n)	在函数体内使用，给出第 *n* 个输入参数的实际调用变量名

在函数体内使用 nargin()、nargout()的目的是与程序流控制命令配合，对于不同数目的输入/输出参数数目，函数会完成不同的任务。

例 12.5　函数输入/输出变量的检测实例。

输入如下程序。

```
function [y1,y2]=mytest(x1,x2)
if nargin==1
  y1=x1;
  if nargout==2
    y2=x1
  end
else
  if nargout==1
    y1=x1+x2;
  else
    y1=x1;
    y2=x2;
  end
end
```

当只有 1 个输入参数和 1 个输出参数时，把 x1 赋值给 y1；当有 1 个输入参数和 2 个输出参数时，把 x1 赋值给 y1 和 y2；当有 2 个输入参数和 1 个输出参数时，把 x1+x2 的计算结果赋值给 y1；当有 2 个输入参数和 2 个输出参数时，把 x1 赋值给 y1、x2 赋值给 y2。

2. varargin()和 varargout()

varargin()和 varargout()函数用于实现可变长度变量的输入/输出，其调用格式如下。

● `function [y1,y2]=example(a,b,varargin)`：表示函数 example()可以接受多于或等于 2 个的输入参数，返回 2 个输出参数，2 个必选的输入参数是 a 和 b，其他更多的输入参数被封装在 varargin 中。

● `function [y1,y2,varargout]=example(x,y)`：表示函数 example()接受 2 个输入参数 x 和 y，返回多于或等于 2 个的输出参数，前 2 个输出参数为 y1 和 y2，其他更多的输出参数封装在 varargout 中。

例 12.6 varargout()函数的使用，输入如下程序。

```
function [s,varargout]=mysize(x)
n=max(nargout,1)-1;
s=size(x);
for k=1:n
varargout(k)={s(k)};      %为可变长度输出变量赋值
end
```

函数中使用了可变长度的变量输出，可以返回一个矩阵的大小和每一维的长度。

```
>> [s,i,j]=mysize(rand(8,9))
s =
        8    9
i =
 8
j =
 9
```

12.3.3 运算关系和运算符号

MATLAB 的运算符可分为 3 种：算术运算符、关系运算符和逻辑运算符。

1. 算术运算符

算术运算执行数值运算，如加、减、乘、除、求幂等。算术运算符如表 12-3 所示。

表 12-3 算术运算符

运算符	说明	运算符	说明
+	加法	-	减法
*	矩阵乘法	.*	乘，点乘，即数组乘法
/	右除	./	数组右除
\	左除	.\	数组左除
^	乘方	.^	数组乘方
‘	复共轭转置	.’	转置

例 12.7 矩阵的乘、除，输入如下程序。

```
%定义矩阵 A 和矩阵 B
>> A=round(rand(3)*10)
A =
          10     10      1
           2      5      4
10      8      9
>> B=magic(3)
B=
              8     1     6
              3     5     7
              4     9     2
>> A*B      %矩阵的乘法
ans =
   114     69    132
    47     63     55
   140    131    134
>> A/B      %矩阵的右除
ans =
    0.8417   -1.0333    1.5917
   -0.0889    0.5778    0.2444
    0.8083    0.4333    0.5583
>> A\B      %矩阵的左除
ans =
   -0.0063   -0.2595   -1.3481
    0.8354    0.2532    1.9494
   -0.2911    1.0633   -0.0127
```

2. 关系运算符

在 MATLAB 中，可以对参与量进行关系运算，其运算结果是表示"真"或"假"的值，即 1 或 0。MATLAB 提供了 6 种关系运算符，如表 12-4 所示。

表 12-4 关系运算符

运算符	说明	运算符	说明
<	小于	>=	大于或等于
<=	小于或等于	>	大于
==	等于	~=	不等于

它们的含义不难理解，但要注意部分运算符的书写方法与数学中的不等式符号不尽相同。

关系运算的运算法则如下。

- 当两个比较量是标量时，直接比较两数的大小。若关系成立，关系表达式结果为 1，否则为 0。
- 当参与比较的量是两个维数相同的数组时，比较是对两个数组相同位置的元素按标量关系运算规则逐个进行，并给出元素比较结果。最终的关系运算的结果是一个维数与原数组相同的矩阵，它的元素由 0 或 1 组成。
- 当参与比较的一个是标量，而另一个是数组时，则把标量与数组的每一个元素按标量关系运算规则逐个比较，并给出元素比较结果。最终的关系运算的结果是一个维数与原数组相同的矩阵，它的元素由 0 或 1 组成。

例 12.8 产生 5 阶随机方阵 ***A***，其元素为[10,70]区间的随机整数，然后判断 ***A*** 的元素是否能被 3 整除。

首先，生成 5 阶随机方阵 ***A***。输入如下程序。

```
A=fix((70-10+1)*rand(5)+10)
>> A=fix((70-10+1)*rand(5)+10)
A =
      26    40    55    68    61
      51    68    25    43    25
      49    30    40    18    59
      19    45    52    19    24
      17    23    64    25    66
```

其次，判断 ***A*** 的元素是否可以被 3 整除。

```
P=rem(A,3)==0
>> P=rem(A,3)==0
P =
       0     0     0     0     0
       1     0     0     0     0
       0     1     0     1     0
       0     1     0     0     1
       0     0     0     0     1
```

其中，`rem(A,3)`是矩阵 ***A*** 的每个元素除以 3 的余数矩阵。此时，0 被扩展为与 ***A*** 同维数的零矩阵，***P*** 是进行等于（==）比较的结果矩阵。

3. 逻辑运算符

MATLAB 提供了 3 种逻辑运算符："&"表示逻辑运算"与"，"|"表示逻辑运算"或"，"~"表示逻辑运算"非"。

逻辑运算的运算法则如下。

- 在逻辑运算中，确认非零元素为真，用 1 表示；确认零元素为假，用 0 表示。
- 设参与逻辑运算的是两个标量 *a* 和 *b*，那么有如下内容。

`a&b`：*a*、*b* 全为非零时，运算结果为 1，否则为 0。

`a|b`：*a*、*b* 中只要有一个非零，运算结果为 1。

~a：当 a 是 0 时，运算结果为 1；当 a 非零时，运算结果为 0。

- 若参与逻辑运算的是两个同维数组，那么运算将对数组相同位置上的元素按标量规则逐个进行。最终运算结果是一个与原数组同维的矩阵，其元素由 1 或 0 组成。
- 若参与逻辑运算的一个是标量，一个是数组，那么运算将在标量与数组中的每个元素之间按标量规则逐个进行。最终运算结果是一个与数组同维的矩阵，其元素由 1 或 0 组成。
- “~”是单目运算符，也服从数组运算规则。
- 在算术、关系及逻辑运算中，算术运算的优先级最高，逻辑运算的优先级最低。

例 12.9 向量的逻辑运算。

```
>> A=[2 0 3 4 0 5];
B=[5 6 7 0 0 1];
>> A&B     %两个向量进行与运算，对应元素都不为 0 时则返回 1
ans =
     1     0     1     0     0     1
>>  A|B     %两个向量进行或运算，对应元素有一个不为 0 时则返回 1
ans =
     1     1     1     1     0     1
>> ~A      %一个向量进行非运算，对应元素非零时则返回 0
ans =
     0     1     0     0     1     0
```

例 12.10 数组的逻辑运算。

```
>> A=[0 1 2 4;5 0 0 8];
>> B=[3 7 0 2;6 5 0 1];
>> A&B     %数组 A 与 B 进行与运算
ans =
     0     1     0     1
     1     0     0     1
>> A|B     %数组 A 与 B 进行或运算
ans =
     1     1     1     1
     1     1     0     1
>> A&2     %数组 A 与标量 2 进行与运算
ans =
     0     1     1     1
     1     0     0     1
```

逻辑运算和关系运算经常搭配进行。另外有 3 个很重要的逻辑运算函数 xor()、all()、any()；函数 xor()用于求两个运算之间的异或逻辑关系，对应的两个元素中仅有一个为非零时返回 1。

```
>> C=xor(A,B)     %数组异或逻辑关系
C =
     1     0     1     0
     0     1     0     0
```

异或逻辑运算相当于下面的运算表达式。

```
>> C=~(A&B)&(A|B)
C =
     1     0     1     0
     0     1     0     0
```

函数 all()以列向量数组为参数，如果参数为矢量，则当矢量中元素全部为非零时返回 1，否则返回 0；如果参数为矩阵，则当各列元素都为非零时返回 1，否则返回 0。

例 12.11 数组逻辑运算函数的使用，输入如下程序。

```
>> A=[0 1 2 4;5 0 0 8];
>> all(A)     %数组 A 中第 4 列所有元素都为非零
ans =
     0     0     0     1
>> C=[1 2 0 0];
>> all(C)
```

```
ans =
     0
```

函数 any()与函数 all()一样都是以列向量数组为参数，当数组中各列有任一元素为非零时返回 1，否则返回 0。

```
>> any(A)      %以数组 A 作为参数，其中前 4 列中含有非零元素，因此都返回 1
ans =
     1     1     1     1
>> any(A(1,:))      %以数组 A 的第 1 列作为参数，其中含有非零元素，因此返回 1
ans =
     1
```

函数 find()可以根据逻辑表达式找出满足条件的索引。函数 find()找出满足条件的索引后，可以将其赋值给一个矢量，这个矢量可以用于任意大小或形状的数组。

例 12.12　用函数 find()找出数组中大于 8 的元素并赋值，输入如下程序。

```
>> A=magic(3)
A =
     8     1     6
     3     5     7
     4     9     2
>> i=find(A>8)      %找出数组 A 中大于 8 的元素，索引赋值给 i
i =
     6
>> A(i)=100      %用 100 为所有大于 8 的元素赋值
A =
     8     1     6
     3     5     7
     4   100     2
```

如果要获得满足条件的行索引和列索引，可以使用如下的表达式。

```
>> [i,j]=find(A>8)
i =
     3
j =
     2
```

12.3.4　常见函数

MATLAB 提供了两个演算函数来提高计算的灵活性：一个是函数 eval()，它具有对字符串表达式进行计算的能力；另一个是句柄演算函数 feval()，它具有对函数句柄进行操作的能力。

1. eval()函数

eval()函数的调用格式如下。

```
y=eval('s')              %执行 s 指定的计算
[y1,y2,…]=eval('s')     %执行对 s 代表的函数文件的调用，并输出计算结果
```

例 12.13　eval()函数的使用，输入如下程序。

```
>>a=solve('x^2+4*x-9=0')      %求方程的根
a =
 -2+13^(1/2)
 -2-13^(1/2)
>> eval('a')                   %执行 a 指定的计算
```

其显示结果如下。

```
a =
 -2+13^(1/2)
 -2-13^(1/2)
```

直观的、带小数的数据，可以通过 eval(a)得到。

```
>> eval(a)
ans =
    1.6056
```

```
   -5.6056
%计算合成串
s={'sin','cos','tan'};
for k=1:3
t=pi*k/12;
y(1,k)=eval([s{k},'(',num2str(t),')',]);
end
```

在命令行窗口中显示如下运行结果。

```
>> y
y =
    0.2588    0.8660    1.0000
```

注意

eval()函数的输入参数必须是字符串，构成字符串的 s，可以是 MATLAB 任何合法的命令、表达式、语句或 M 文件名；第 2 种调用格式中的 s 只能是（包括输入参数在内的）M 函数文件名。

2. feval()函数

feval()函数的调用格式如下。

```
[y1,y2,…]=feval(FH,arg1,arg2,…)     %（新格式）执行函数句柄 FH 指定的计算
[y1,y2,…]=feval(FIL,arg1,arg2,…)    %执行内联函数 FIL 指定的计算
```

其中，FH 是函数句柄，它用@或 str2func 专门创建；第 2 种调用格式仅对内联函数对象使用。2 种调用格式中的 arg1、arg2……是传给函数的参数，它们的含义和排列次序均应与被计算函数的输入参数的含义和次序一致。feval()函数与函数句柄配套使用，而 eval()函数与字符串配套使用。MATLAB 中的泛函命令，如 fzero、ode45、ezplot 等都借助于 feval()函数构成。

例 12.14　feval()函数的使用，输入如下程序。

```
>> rand('seed',1);
>> A=rand(2,2);
>> Heig=@eig;
>> d=feval(Heig,A)
d =
    0.7568
   -0.1488
```

函数句柄只能被 feval()函数使用，而不能被 eval()函数使用。

12.3.5 其他构件

除了以上 MATLAB 构件，还包括关键字和指令行。

1. 关键字

关键字即 MATLAB 中用于编程使用的若干词汇，如 for、while、if、return 等。在 MATLAB 命令行窗口中运行 iskeyword 指令，或在帮助窗口的搜索栏中输入 keyword，可获得全部关键字。

2. 指令行

指令由数字、变量、运算符、标点符号、关键字、函数等各种基本构件按 MATLAB 的规则组成。在 MATLAB 中，执行计算、实现一个应用目的，都是靠运行一条指令、多条指令或许多条指令构成的 M 文件实现的。

在帮助窗口的搜索栏中，输入“Basic Command Syntax”，可获得相关在线帮助。

12.4 数据流结构

和各种常见的高级语言一样，MATLAB 也提供了多种经典的程序结构控制语句。一般来讲，

决定程序结构的语句可分为顺序语句、循环语句和分支语句 3 种。每种语句有各自的流控制机制，相互配合使用可以实现功能强大的程序。

12.4.1　顺序结构

顺序结构是最简单的程序结构之一，顺序语句就是依次顺序执行程序的各条语句。用户编写好程序后，系统将依次顺序执行程序的各条语句。顺序结构程序比较容易编写，但是，由于它不包含其他的控制语句，程序结构比较单一，因此实现的功能比较有限。

例 12.15　顺序结构实例。绘制以 a 为横轴、b 为纵轴的图形。

在 M 文件编辑器中新建包含如下内容的 M 文件，保存并执行。

```
a=[15 20 25 30 35]        %定义变量 a
b=[100.1 101.5 102.9 105.0 107.1]   %定义变量 b
figure(1)               %以 a 为横轴、b 为纵轴作图
plot(a,b)
hold on
plot(a,b,'r*')        %用红色'*'画出相关的点
```

用 plot()函数绘制的二维图形如图 12-7 所示。

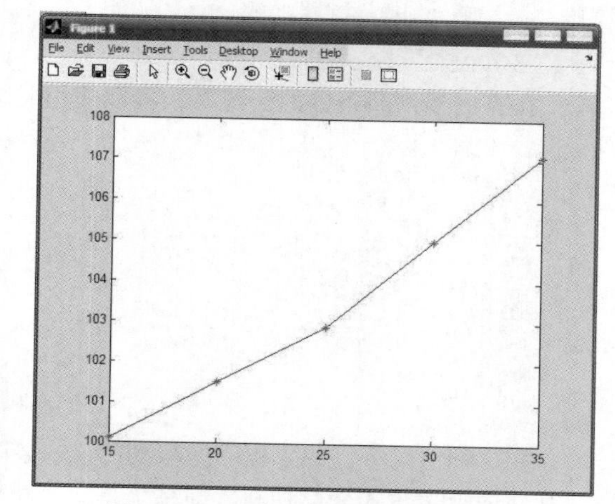

图 12-7　用 plot()函数绘制的二维图形

12.4.2　if 和 switch 选择结构

1. if 语句

在编写程序时，往往要根据一定的条件进行一定的判断，此时需要使用判断语句进行流控制。if 语句通过检验逻辑表达式的真假，判断是否运行后面的语句组。执行 if 语句需要计算逻辑表达式的结果，如果值为 1，说明逻辑表达式为真；如果值为 0，说明逻辑表达式为假。需要注意的是，当逻辑表达式使用矩阵时，要求矩阵的元素必须都不为 0 逻辑表达式才为真。

if 语句的语法结构包括以下 3 种。

（1）if…end。

```
if 逻辑表达式
    执行语句
end
```

这是最简单的判断语句之一。当逻辑表达式为真时，执行 if 与 end 之间的执行语句；当逻辑表达式为假时，则跳过执行语句，然后执行 end 后面的程序。

（2）if…else…end。

```
if 逻辑表达式
执行语句 1
else
    执行语句 2
end
```

如果逻辑表达式为真，则执行语句 1，否则执行语句 2。

例 12.16　if…else…end 语句的使用，输入如下程序。

```
if a>b
    disp('a is bigger than b')     %若 a>b 则执行此语句
    y=a;                        %若 a>b 则执行此语句
else
    disp('a is not bigger than b') %若 a<=b 则执行此语句
```

```
    y=b;                        %若 a<=b 则执行此语句
end
```

当输入 a=3、b=4 时，其运行结果如下。

```
a =
     3
b =
     4
a is not bigger than b
```

（3）if...elseif...end。

在有更多判断条件的情况下，可以使用此结构。

```
if 逻辑表达式 1
    执行语句 1
elseif 逻辑表达式 2
    执行语句 2
elseif 逻辑表达式 3
    执行语句 3
elseif ...
...
else
  执行语句
end
```

在这种情况下，如果程序运行到的某一逻辑表达式为真，则执行相应的语句，此时系统不再对其他逻辑表达式进行判断，即系统将直接跳转到 end。另外，最后的 else 可有可无。

需要注意的是，如果 elseif 被分开误写成 else if，那么系统会认为这是一个嵌套的 if 语句，所以最后需要有多个 end 关键字相匹配。

例 12.17 使用 if 语句计算 x=6 时的表达式 $y(x)=\begin{cases}2x+1, x<0\\3x-2, 0\leqslant x\leqslant 4\\4x-3, x>4\end{cases}$ 的值。

在 M 文件编辑器中新建包含如下内容的 M 文件，保存并执行。

```
x=6
if x<0
    y=2*x+1;     %若 x<0 则执行此语句
elseif x>=0&x<=4
    y=3*x-2;     %若 0≤x≤4 则执行此语句
else
    y=4*x-3;     %若 x>4 则执行此语句
end
y
```

命令行窗口中的输出结果如下所示。

```
x =
     6
y =
    21
```

此程序也可以用 if...end 语句表达。

```
if x<0
    y=2*x+1
end
if x>=0&x<=4
    y=3*x-2
end
if x>4
    y=4*x-3
end
y
```

2. **switch 语句**

在 MATLAB 中，除了上面介绍的 if 分支语句外，还提供了另外一种分支语句，那就是 switch 分支语句。switch 语句是将表达式的值依次和提供的检测值范围比较，如果比较结果都不同，则取下一个检测值范围进行比较；如果比较结果包含相同的检测值，则执行相应的语句组，然后跳出结构。

switch 语句的语法结构如下。

```
switch 表达式
    case 条件语句 1
        执行语句组 1
    case 条件语句 2
执行语句组 2
...
    case 条件语句 n
        执行语句组 n
otherwise
        执行语句组
end
```

其中，otherwise 表示除 *n* 种情况之外的情况，它可以省略。

需要说明的是，switch 指令后面的表达式可以是一个标量，也可以是一个字符串。当它是一个标量时，需要判断表达式的值==检测值 *i* 是否成立；当它是一个字符串时，MATLAB 将调用函数 strcmp()来实现比较。case 指令后面的检测值可以是标量、字符串或元胞数组。当检测值是一个元胞数组时，系统将表达式的值与元胞数组中的所有元素比较，当某个元素和表达式的值相等时，则执行相应 case 指令后面的语句组。

例 12.18　使用 switch 语句判断用键盘输入的值并给出相应提示。

在 M 文件编辑器中新建包含如下内容的 M 文件，保存并执行。

```
num=input('请输入一个数')                    %提示用户输入一个数
switch num
    case -1
        disp('I am a student')
    case 0
        disp('I am a teacher')
    case 1
        disp('I want to be a teacher')
    otherwise
        disp('You want to be a teacher')     %如果不是以上数值，执行此语句
end
```

保存并执行 M 文件后，提示输入数，当输入的数为 5 时，命令行窗口中的输出结果如下。

```
请输入一个数 5
num =
     5
You want to be a teacher
```

12.4.3 for 和 while 循环结构

在实际的工程问题中，可能会遇到很多有规律的重复运算或者操作，如果在某些程序中需要反复执行某些语句，就可以使用循环语句对其进行控制。在 MATLAB 中，提供了两种循环方式，即 for 循环和 while 循环。

1. **for 循环**

for 循环的特点在于，它的循环判断条件同时会对循环次数进行判断。也就是说，for 循环次数是预先设定好的。

for 循环的语法结构如下。

```
for 循环变量=表达式 1：表达式 2：表达式 3
循环体
end
```

需要说明的是，循环体的执行次数是由表达式的值决定的，表达式 1 的值是循环变量的起点，表达式 2 的值是循环变量的步长（步长的默认值是 1），表达式 3 的值是循环变量按步长方向增加不允许超过的界限。

循环结构可以嵌套使用。

例 12.19 在 M 文件中使用 for 循环语句创建一个 3×3 的矩阵。其中，矩阵中的每一个元素的值与其对应的行数和列数有如下关系：$a=\frac{1}{i+j+1}$。其中，a 为矩阵中的任意一个元素，i 为这个元素所对应的行数，j 为这个元素所对应的列数。

在 M 文件编辑器中新建包含如下内容的 M 文件。

```
for i=1:3                        %外循环开始
    for j=1:3                    %内循环开始
        a(i,j)=1/(i+j+1);        %循环体，赋值语句
    end                          %内循环结束
end                              %外循环结束
```

在编写完上述代码后，将此 M 文件命名为 xh.m 并保存在 MATLAB 的搜索路径内，然后在命令行窗口中运行上述代码，得到如下的结果。

```
a =
    0.3333    0.2500    0.2000
    0.2500    0.2000    0.1667
    0.2000    0.1667    0.1429
```

注意

如果矩阵 **A** 本身不存在 $m×n$ 个元素，则缺少的元素会被系统自动添加上去。此外，不可以通过在 for 循环结构的内部对循环变量重新赋值来终止循环的执行。可以通过专门的 break 语句来完成。有关 break 语句的具体使用方法，会在后文中向读者详细介绍。

2. while 循环

与 for 循环不同，while 循环的判断控制是逻辑判断语句，因此，它的循环次数并不确定。while 循环的语法结构如下。

```
while 表达式
    执行语句
end
```

在这个循环中，只要表达式的值不为假，程序就会一直运行下去。通常在执行语句中要有使表达式的值改变的语句。

注意

当程序设计出了问题时，如表达式的值总是为真时，程序就容易陷入死循环。因此在使用 while 循环时，一定要在执行语句中设置使表达式的值为假的情况，以避免出现死循环。

例 12.20 while 循环的使用，输入如下程序。

```
i=1;
while i<8            %i<8 时进行循环
    x(i)=i^2;        %循环体内的计算
    i=i+1;           %表达式的改变
end
```

在命令行窗口中运行以上命令，可以得到如下结果。

```
>> x
x =
     1     4     9    16    25    36    49
>> i
i =
     8
```

当 i=8 时，不满足 while 语句小于 8 的循环条件，因此循环结束。

例 12.21　在 M 文件中使用循环体语句创建一个 4×4 的矩阵。其中，矩阵中的每一个元素的值与其对应的行数和列数有如下关系：$a=|i-j|$。其中，a 为矩阵中的任意一个元素，i 为这个元素所对应的行数，j 为这个元素所对应的列数。

```
for i=1:1:5                        %行数循环，从 1 到 5
    j=5;
    while j>0                      %列数循环，从 5 到 1
        a(i,j)=i-j;                %矩阵中第 i 行、第 j 列的元素 a 的值为 (i-j)
        if a(i,j)<0
            a(i,j)=-a(i,j);        %当 a(i,j)为负数时，取其相反数
        end
        j=j-1;
    end
end
```

运行此文件，得到如下结果。

```
>> a
a =
     0     1     2     3     4
     1     0     1     2     3
     2     1     0     1     2
     3     2     1     0     1
     4     3     2     1     0
```

12.4.4　try...catch 容错结构

在程序设计中，有时候会遇到不能确定某段代码是否会出现执行错误的情况。因此，为了保证程序在所有的条件下都能够正常执行，我们有必要在程序中添加错误检测语句。MATLAB 提供了 try...catch 结构来捕获和处理错误。

try...catch 结构的语法格式如下。

```
try
  statement
  ...
  statement
catch
  statement
...
  statement
end
```

程序执行时，首先执行 try 后面的代码，如果 try 和 catch 之间的代码执行时没有发生错误，则程序通过，不执行 catch 和 end 之间的部分，而继续执行 end 后面的代码。一旦 try 和 catch 之间的代码执行时发生错误，则立刻转而执行 catch 和 end 之间的部分，然后才继续执行 end 后面的代码。

MATLAB 提供了 lasterr()函数，可以用于获取出错信息。

例 12.22　对 3×3 的魔方阵进行援引，当行数超出魔方阵的最大行数时，将改为对最后一行进行援引，并显示出错的原因。

```
n=i;                           %n 为行数，其值 i 是提示用户输入的
A=magic(3);
try
    A_n=A(n,:)                 %取 A 的第 n 行元素
catch
    A_end=A(end,:)             %如果取 A(n,:)出错，则改为取 A 的最后一行
    disp(lasterr)              %显示出错的原因
end
```

当 i=2 时，程序执行 try 和 catch 之间的代码，其运行结果如下。

```
n =
     2
A_n =
     3     5     7
```

当 i=4 时，程序执行 catch 和 end 之间的代码，其运行结果如下。

```
n =
     4
A_end =
     4     9     2
Attempted to access A(4,:); index out of bounds because size(A)=[3,3].
```

12.4.5 其他数据流结构

前面我们已经介绍了 MATLAB 的一些常用的流程控制结构，用户可以使用这些语句进行一些比较复杂的程序设计。但是在程序中还会经常出现一些特殊情况，如提前终止循环、跳出子程序、显示出错信息等情况。因此，除了上面介绍的这些控制语句外，还需要其他的控制流语句配合来处理这些情况。在 MATLAB 中，能处理这些情况的函数有 continue()、break()、return()、echo()、error()等。在此，我们只介绍 echo 命令，其他函数在 12.5 节中详细介绍。

通常在运行 M 文件时，执行的语句是不显示在命令行窗口中的。但在特殊情况下，如需要查看程序运行的中间变量，以及调试和演示程序时需要将每条语句都显示出来，MATLAB 提供 echo 命令来实现这样的操作。对于 M 函数文件和 M 脚本文件，echo 命令的调用格式稍有不同。

对于 M 函数文件，echo 命令的调用格式如下。

- echo file on：显示文件名为 file 的 M 文件的执行语句。
- echo file off：不显示文件名为 file 的 M 文件的执行语句。
- echo file：在上述两种情况之间进行切换，用户只要输入 echo 命令，就可以将现有的状态切换成其对立的状态。
- echo on all：显示其后所有 M 文件的执行语句。
- echo off all：不显示其后所有 M 文件的执行语句。

对于脚本文件，echo 命令的调用格式如下。

- echo on：显示其后所有的执行语句。
- echo off：不显示其后所有的执行语句。
- echo：在上述两种情况之间进行切换。

例 12.23 使用 echo 命令显示执行语句，输入如下程序。

```
echo on
x1=rand(3);
y1=cos(x1);
echo off
x2=rand(3)
y2=sin(x1)
```

保存并执行后，命令行窗口中输出结果如下。

```
x1=rand(3);
y1=cos(x1);
echo off
x2 =
    0.1190    0.3404    0.7513
    0.4984    0.5853    0.2551
    0.9597    0.2238    0.5060
y2 =
    0.4704    0.6514    0.6286
    0.4310    0.6851    0.6092
    0.6022    0.2725    0.1619
```

12.5　控制函数

本节介绍 MATLAB 编程中的相关控制函数，包括 continue()函数、break()函数、return()函数、pause()函数、input()函数、keyboard()函数、error()函数及 warning()函数。

12.5.1　continue()和 break()函数

1. continue()函数

在 MATLAB 中，continue()函数的作用就是结束本次循环，即跳过本次循环中尚未执行的语句，进行下一次是否执行循环的判断。

例 12.24　使用 continue()函数读取数据，遇到大于 9 的数显示其位置（−1 表示全不大于 9）。

```
num=20;
a=10*rand(1,num)      %生成一个具有 20 个元素并且值都大于 1 的随机向量
address=-1;
n=0;
while n<num         %当 n<20 时进行循环
    n=n+1;
    if a(n)<=9
        continue;     %当 a 的元素≤9 时，就不执行后面的语句，而返回 while 继续
    end
    address=n
end
```

命令行窗口中的输出结果如下。

```
  Columns 1 through 15
    4.3874    3.8156    7.6552    7.9520    1.8687    4.8976    4.4559  6.4631    7.0936
7.5469    2.7603    6.7970    6.5510    1.6261    1.1900
  Columns 16 through 20
    4.9836    9.5974    3.4039    5.8527    2.2381
address =
    17
```

2. break()函数

break()函数的作用是终止本次循环，跳出最内层的循环，也就是说不必等到循环结束，而是根据条件来退出循环。它的用法和 continue()类似，常常和 if 语句联合使用来强制终止循环，但 break()和 continue()函数的不同之处是 break 语句将终止整个循环；continue 语句将终止本次循环，并进入下一次循环。

同样，我们还是以例题为模板，来实现 break 语句的功能。

例 12.25　使用 break()函数读取矩阵数据，遇到大于 5 的数退出循环并显示退出时的位置（−1 表示全不大于 5）。

```
a=10*rand(5)                      %生成 5 个大于 1 的随机数
size_a=size(a);                   %生成 5×5 的随机矩阵
for i=1:size_a(1)                 %外循环，从行数 i=1 开始执行
    address(i)=-1;
    for j=1:size_a(2)             %内循环，从列数 j=1 开始执行
        if a(i,j)>5               %判断矩阵元素是否大于 5
            address(i)=j;         %遇到大于 5 的数，将列数 j 的值赋给地址
            break;                %终止循环，输出地址值
        end
    end
end
address
```

命令行窗口中的输出结果如下。

```
a =
    8.6869    4.3141    1.3607    8.5303    0.7597
    0.8444    9.1065    8.6929    6.2206    2.3992
    3.9978    1.8185    5.7970    3.5095    1.2332
    2.5987    2.6380    5.4986    5.1325    1.8391
    8.0007    1.4554    1.4495    4.0181    2.3995
address =
     1     2     3     3     1
```

12.5.2 return()和 pause()函数

1. return()函数

return()函数可以使正在执行的函数正常退出，返回调用它的函数，并且继续执行该函数。return 语句经常被用于函数的末尾以正常结束函数的运行，当然也可以在某一个条件满足时强行退出该函数。

例 12.26 return()函数调用实例。

首先创建一个函数文件，若输入不是空矩阵，则返回该参数的余弦值。

```
function a=my_return(A)     %my_return 用来演示 return()函数的使用
if isempty(A)
    disp('输入为空矩阵');
    return
else
    a=cos(A);
end
```

将上述内容保存到当前目录下，然后可以进行调用计算，命令行窗口中的输出结果如下。

```
>> my_return([])
```

输入为空矩阵。

```
>> my_return(pi/3)
ans =
    0.5000
```

在本例中，输入 my_return([])时，执行的是 disp('输入为空矩阵')命令，然后调用 return()函数，直接退出函数 my_return()，并不执行 return 后面的命令。

2. pause()函数

pause()函数用于暂时中止运行程序。当程序运行到此函数时，程序暂时中止，然后等待用户按任意键继续运行。pause()函数在程序调试的过程中和用户需要查询中间结果时经常用到，其调用格式如下。

- pause：暂时中止程序运行，等待用户按任意键继续。
- pause(n)：使程序暂时中止 *n*s，*n* 为非负实数。
- pause on：允许后续的 pause 命令暂时中止程序的运行。
- pause off：使后续的 pause 或 pause(n)命令变为无效。

例 12.27 使用 pause()函数，查看绘图结果，输入如下程序。

```
t=0:0.001*pi:2*pi;
y=exp(cos(t));
a=plot(t,y,'Ydatasource','y');
for k=1:1:10
    y=exp(cos(t.*k));
    refreshdata(a,'caller')
    drawnow;
    pause(0.3)
end
```

本例中所绘制的图形在程序运行过程中是不断变化的，其最终的图形结果如图 12-8 所示。

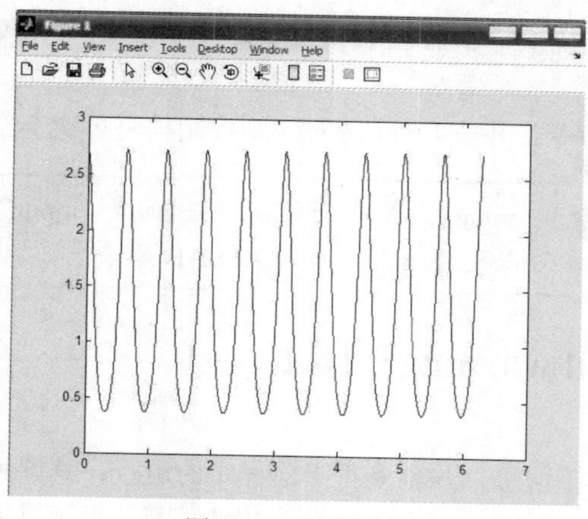

图 12-8　图形结果

12.5.3　input()和 keyboard()函数

1. input()函数

input()函数的作用是提示用户在程序运行过程中向系统中输入参数，并且通过按 Enter 键接收输入值并送到工作空间，其调用格式如下。

- user_v=input('message')：显示 message，等待用户输入，将用户输入的数值、字符串和元胞数组等赋给变量 user_v。
- user_v=input('message','s')：将用户输入的数值、字符串和元胞数组等作为字符串赋给变量 user_v。

例 12.28　使用 input()函数进行猜字谜小游戏设计。系统产生一个 0~10 的整数，用户有 3 次机会，猜错给出提示，猜对退出程序。

```
disp('GAME START!')                                  %开始游戏
x=fix(10*rand);                                        %生成一个 0~10 的随机数
for n=1:3                                            %循环语句，用户有 3 次机会
    a=input('please enter your number:');
    if a<x                                           %所猜的数偏小
        disp('your number is lower');
    elseif a>x                                         %所猜的数偏大
        disp('your number is higher');
    else
        disp('great!');                                  %猜对了
        return                                        %猜对后退出程序
    end
end
disp('GAME OVER!')                                   %若 3 次都没有猜对，提示用户游戏结束
```

命令行窗口中的输出结果如下。

```
GAME START!
please enter your number:5
your number is higher
please enter your number:2
your number is higher
please enter your number:1
your number is higher
GAME OVER!
```

本例的输出结果显示，猜了 3 次都没有猜对，此时显示“GAME OVER!”。

2. keyboard()函数

keyboard()函数的作用是停止程序的运行，并把控制权交给键盘。通常 keyboard()函数用于程

序的调试和变量的修改。系统执行 keyboard()函数时，显示提示符，等待用户输入，显示如下。

```
K>>
```

当用户输入 return 命令，并按 Enter 键时，则控制权将再次交给程序。

注意

keyboard()函数和 input()函数功能类似，不同的是，input()函数只允许输入变量的值，而 keyboard()函数却可以允许输入多行 MATLAB 命令。

12.5.4 error()和 warning()函数

1. error()函数

error()函数用于显示出错信息，并且终止当前程序的运行，其调用格式如下。

error('message')：其中“message”为出错信息，此函数终止程序的执行。

如使用 error()函数显示出错信息，输入如下程序。

```
b=inf;
if isinf(b)
    error('b is a infinity number');
    disp('display again');
end
```

命令行窗口中的输出结果如下。

```
??? Error using ==> Untitled at 3
b is a infinity number
```

可以看出，命令行窗口中没有显示“display again”的信息。本例表明，执行 error 语句后，程序将终止运行。

2. warning()函数

warning()函数的作用是显示警告信息，常用于必要的错误提示，其调用格式如下。

warning('message')：其中“message”表示显示的是警告信息。

如使用 warning()函数显示警告信息，输入如下程序。

```
b=inf;
if isinf(b)
    warning('b is a infinity number');
    disp('display again');
end
```

命令行窗口中的输出结果如下。

```
Warning: b is a infinity number
> In Untitled at 3
display again
```

命令行窗口中显示了“display again”的信息。本例表明，执行 warning 语句后，程序仍继续执行。

12.6 本章小结

本章详细介绍了 MATLAB 编程的基础知识，内容包括 M 文件和 P 文件、M 文件编辑器、MATLAB 编程构件、数据流结构和控制命令。通过学习本章内容，读者可以像使用 C 语言等常见语言编程一样，在 MATLAB 中进行相关编程，这一功能大大增强了 MATLAB 的应用扩展性。

第13章 MATLAB 高级编程

通过前面几章的学习，读者可以体会到 MATLAB 语言与其他语言相比的巨大优势，它不仅具有强大的数值计算、科学计算及绘图等功能，更具有出色的程序设计功能。用户可以在命令行窗口中直接输入命令，从而以一种交互的方式来调用函数命令或者编写程序。但是，这种命令输入方式适用于命令比较简单、程序代码不是特别复杂、用户输入比较方便，同时处理的问题步骤比较少的情况。作为一门高级程序语言，MATLAB 语言可以在控制流下进行程序设计。

本章将为读者重点介绍 MATLAB 的函数类型、变量的传递和交换及 M 文件的调试方法，希望读者能尽快熟悉 MATLAB 的编程功能。

13.1 MATLAB 函数

在 MATLAB 中创建和调用函数的方法有两种，一是在命令行窗口输入代码，二是编写 M 函数文件。根据创建方法、调试方法及功能的不同，函数分为多种类型，包括主函数、子函数及嵌套函数等。在下面的内容中，将依次为读者介绍这些函数。

13.1.1 主函数

每一个 M 文件第一行定义的函数就是 M 文件主函数，在前面的章节中所引用的函数事实上都是主函数。一个 M 文件只能包含一个主函数，通常习惯上将 M 文件名和 M 文件主函数名设为一致。M 文件主函数的说法是针对其内部嵌套函数和子函数而言的。一个 M 文件中，除了一个主函数外，还可以编写多个嵌套函数或子函数，以便在实现主函数功能时进行调用。一般来说，在命令行窗口中或是其他的 M 文件中只能调用主函数，调用的时候就是直接调用其函数名。

例 13.1 创建一个函数 my()，它的 M 文件 my.m 实现求平均值的功能。

输入程序如下。

```
function y=my(x)
%MY Mean of vector elements.
%MY(X),where X is a vector,is the mean of vector
%elements.Nonvector input results in an error.
[i,j]=size(x);
If (~(i==1) | (j==1))  | (i==1&j==1)
error('Input must be a vector')       %错误信息
end
y=sum(x)/length(x);                    %实际计算
```

此例中，主函数运用了 if…end 分支结构。

13.1.2 子函数

与其他的高级语言一样，在 MATLAB 中也可以很方便地定义子函数，用来扩充函数的功能。在 MATLAB 中，一个 M 文件中只包含一个主函数，但是可以包含多个子函数，在 M 文件第一行定义的函数为主函数，而在函数体内定义的其他函数都被视为子函数。子函数只能被主函数或同一主函数下的其他子函数所使用。

例 13.2 主函数和子函数调用实例。

打开 M 文件编辑器，编写程序代码。保存文件，起名为 my_subf.m，如图 13-1 所示。M 文件中包含 3 个函数声明行，对应 3 个函数，即一个主函数 “my_subf” 和两个子函数 “subf1”、“subf2”。两个子函数并列地实现各自的功能，供主函数调用。

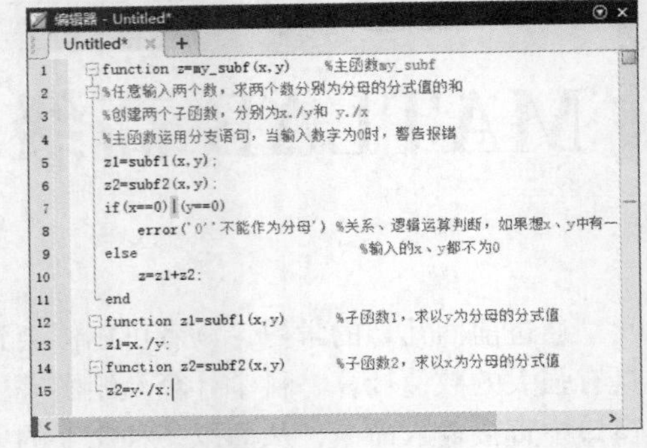

图 13-1 M 文件 my_subf.m

输入程序如下。

```
function z=my_subf(x,y)     %主函数 my_subf
%任意输入两个数，求两个数分别为分母的分式值的和
%创建两个子函数，分别为 x./y 和 y./x
%主函数运用分支语句，当输入数字为 0 时，警告报错
z1=subf1(x,y);
z2=subf2(x,y);
if(x==0)|(y==0)
    error('0''不能作为分母') %关系、逻辑运算判断，如果想 x、y 中有一个为 0，则报错
                           %输入的 x、y 都不为 0
else
    z=z1+z2;
end
function z1=subf1(x,y)          %子函数 1，求以 y 为分母的分式值
z1=x./y;
function z2=subf2(x,y)          %子函数 2，求以 x 为分母的分式值
z2=y./x;
```

在命令行窗口调用 M 文件，输入不同的参数，执行程序得到的结果不同。

```
>> my_subf(6,7)
ans =
    2.0238
>> my_subf(6,0)
??? Error using ==> my_subf at 5
0 不能作为分母
>> my_subf(0,0)
??? Error using ==> my_subf at 5
0 不能作为分母
```

13.1.3 嵌套函数

MATLAB 中 M 文件有两种类型，即 M 脚本文件和 M 函数文件。M 脚本文件是将可执行程序语句放入 M 文件中，就像在命令行窗口那样，按其语句顺序和逻辑关系执行，可以理解为按一般的顺序执行程序语句。M 函数文件一般是声明一个函数，方便以后操作中的调用。下面就 M 函数文件中函数嵌套的使用进行简单分析。

对于 M 函数文件，一个 M 函数文件只能定义一个主函数，即第一句 function 所定义的函数，而且整个 M 函数文件在外部使用时表现出来的也只有这一个函数。如果需要多个函数嵌套，则与其定义顺序无关。下面结合一个简单的例子来分析。

例 13.3 嵌套函数应用实例。

```
function y=average(x)     %声明一个函数，y=average(x)，这个函数是取 x 的平均值，返回值是 y
y=mymean(x);              %使用函数 mymean()，此处该函数并没有定义算法，而是在后面对其进行描述
```

```
function a=mymean(v)      %定义函数 mymean()，对于上级函数来说，此处为定义子函数，进行函数嵌套
%a=mean(v);               %此处为了简便，使用内部求均值函数 mean()，当然也可以自己编写，如下句
a=sum(v)/length(v);       %对 v 求和并除以总长度可得其平均值
```

我们设一个向量 **z**=[9,8,7,6,5,4,3,2,1]，然后求其平均值，在命令行窗口输入如下内容。

```
>> z=[9 8 7 6 5 4 3 2 1]
z =
     9     8     7     6     5     4     3     2     1
>> average(z)
ans =
     5
```

这里相当于将 **z** 分别赋给 x 和 v，由子函数得出返回值 a，a 和 y 是等价的，外部可输出返回值。若去掉 y=mymean(x) 这一句，则主函数外部无返回值输出，如图 13-2 所示。

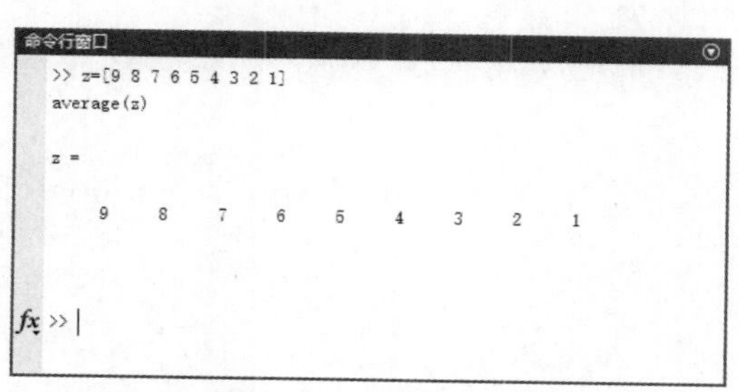

图 13-2　无返回值输出

13.2　字符串操作

在编写 MATLAB 程序的过程中，有一些辅助函数有着特殊的意义。如辅助函数中的执行函数、容错函数及时间控制函数等对程序的调试和优化具有特别重要的意义。在 12 章中，我们简单介绍了 eval()函数和 feval()函数，本章我们将详细介绍这两个函数并介绍一下函数 inline()。

13.2.1　eval()函数

eval()函数是一个典型的执行函数，它主要用于处理 MATLAB 中字符串调用的问题，其调用格式如下。

- eval(s)：该函数主要用于计算表达式 s 的值，s 为任意有效的 MATLAB 表达式。
- [a1,a2,…]=eval(function(b1,b2…))：该函数主要用于计算具有参数 b1,b2,…的函数 function()并返回 a1、a2 等参数。

可以通过下面的例题来对上述函数的使用方法有一些具体的了解。

例 13.4　计算“表达式”串，产生向量值。

```
t=pi;
cem='[t*2, sin(t/2),cos(t)]';
y=eval(cem)
```

其运行结果如下。

```
y =
    6.2832    1.0000   -1.0000
```

例 13.5　计算“语句”串，创建变量。

```
t=pi;
eval('theta=t/4,y=sin(theta)');     %计算“语句”串的值
who
```

其运行结果如下。

```
theta =
    0.7854
y =
    0.7071
Your variables are:
t          theta      y
```

例 13.6 计算“替代”串。

```
A=fix(10*rand(2,1))       %生成一个 2 行 1 列的整数随机矩阵 A
B=fix(10*rand(1,3))       %生成一个 1 行 3 列的整数随机矩阵 B
c=eval('B*A','A*B')       %用表达式 A*B 的值代替表达式 B*A 的值
errmessage=lasterr
```

其运行结果如下。

```
A =
     1
     9
B =
     9     4     8
c =
     9     4     8
    81    36    72
errmessage =
Error using ==> mtimes
Inner matrix dimensions must agree.
```

例 13.7 计算“合成”串。

```
CEM={' sin ','cos ','tan'};
for k=1:3
    theta=pi*k/12;
    y(1,k)=eval([CEM{1},'(',num2str(theta),')']);     %计算“合成”串的值
end
y
```

其运行结果如下。

```
y =
    0.2588    0.5000    0.7071
```

例 13.8 下面这段代码主要用于产生 3 个魔方阵并将其命名为 ***M***1、***M***2、***M***3。

```
for n=1:3       %循环体，n 从 1 依次循环到 3
                    %生成一个名为 magic_str 的字符串变量
            %参数'M'是将每一个字符变量都以 M 作为名字的第一个字符，如 M1、M2、M3 中的 M
            %参数 int2str(n)是将整数 n 转换成字符，如 M1、M2、M3 中的 1、2、3
            %参数'=magic(n)'则是生成相应的魔方阵，矩阵的阶数由输入参数 n 来决定
    magic_str=['M',int2str(n),'=magic(n)'];
            %调用名为 magic_str 的字符串变量
    eval(magic_str)
end
```

其运行结果如下。

```
M1 =
     1
M2 =
     1     3
     4     2
M3 =
     8     1     6
     3     5     7
     4     9     2
```

13.2.2 feval()函数

在实际的工程应用过程中，可能需要将一个函数的字符串名传递给一个函数进行计算。在这

种情况下，用户可以通过 feval()函数来实现这种功能。

feval()函数的调用格式如下。

- `feval(f,x1,x2,…,xn)`：该函数主要用于计算函数 *f* 中关于 *x*1，*x*2，…，*xn* 的值。其中 *f* 为函数名或者是函数句柄的名称。
- `[y1, y2,…,yn]=feval(f,x1,x2,…,xn)`：该函数主要用于计算函数表达式 *f* 中关于 *x*1，*x*2，…，*xn* 的值，并返回表达式计算的结果 *y*1，*y*2，…，*yn*。

可以通过下面的例题对 feval()函数有一些更具体、直观的了解。

例 13.9　feval()函数和 eval()函数的运行区别。

```
x=pi/4;
Ve=eval('1+sin(x)')        %计算表达式 1+sin(x)的值
Ve =
    1.7071
Vf=feval('1+sin(x)',x)
```

用 feval()函数计算的结果如下。

```
??? Error using ==> feval
Invalid function name '1+sin(x)'.
```

可见，feval()函数中的`'f'`绝对不能是表达式。

例 13.10　用实例说明 feval()函数和 eval()函数的调用区别。

```
randn('seed',1);
A=rand(2,2);
[ue,de,ve]=eval('svd(A)');     %eval()函数调用的是表达式 svd(A)
disp('Results by eval');
disp([ue,de,ve]);
disp(blanks(1))
[uf,df,vf]=feval('svd',A);      %feval()函数调用的是函数 svd
disp('Results by feval');
disp([uf,df,vf])
```

其运行结果如下。

```
Results by eval
   -0.6438   -0.7652    1.3061         0   -0.8571   -0.5151
   -0.7652    0.6438         0    0.6059   -0.5151    0.8571
Results by feval
   -0.6438   -0.7652    1.3061         0   -0.8571   -0.5151
   -0.7652    0.6438         0    0.6059   -0.5151    0.8571
```

函数句柄只能被 feval()函数使用，而不能被 eval()函数使用。feval()函数的 *f* 只接受函数名。本例的两种方法以后者为好。

13.2.3　inline()函数

创建内联函数可以使用 inline()函数实现，其调用格式如下。

`inline('str',arg1,arg2,…)`：创建内联函数。`'str'`必须是不带赋值号的字符串；`arg1`、`arg2` 是函数的输入变量。

与 inline()函数有关的常用函数如表 13-1 所示。

表 13-1　　与 inline()函数有关的常用函数

函数	说明
char(inline_fun)	查看内联函数的内容
class(inline_fun)	查看内联函数的类型
argnames(inline_fun)	返回包含 inline()函数的输入变量名的元胞数组
formula(inline_fun)	返回 inline()函数使用的计算公式
vectorize(inline_fun)	使内联函数适用于数组运算

例 13.11 创建内联函数 $f=3\times\sin(x)\times e^{-x}$。

```
f=inline('3*sin(x)*exp(-x)','x')        %创建内联函数
```

其运行结果如下。

```
f =
     Inline function:
     f(x) = 3*sin(x)*exp(-x)
```

在命令行窗口中分别输入如下命令，查看其显示结果。

```
>> char(f)                              %查看内联函数的内容
ans =
3*sin(x)*exp(-x)
>> argnames(f)                          %变量名
ans =
    'x'
>> formula(f)                           %计算公式
ans =
3*sin(x)*exp(-x)
>> y=f(0.5)                             %调用函数 f
y =
    0.8724
```

例 13.12 在例 13.11 的基础上，使内联函数适用于数组运算。

```
>> y=vectorize(f)                       %使内联函数 f 转换为适用于数组运算
y =
     Inline function:
     y(x) = 3.*sin(x).*exp(-x)
>> x=0:1:10;
>> z=y(x)
z =
          0    0.9287    0.3692    0.0211   -0.0416   -0.0194   -0.0021    0.0018    0.0010
0.0002   -0.0001
```

内联函数还可以直接使用 feval()函数执行，其调用格式如下。

`[y1, y2,…]=feval(inline_fun,arg1, arg2,…)`：执行内联函数。y1 和 y2 为输出参数，arg1 和 arg2 是函数的输入变量。

例 13.13 在例 13.12 的基础上，执行内联函数。

在命令行窗口中输入如下命令。

```
>> x=0:1:10;
>> z=feval(y,x)
```

其运行结果如下所示。

```
z =
          0    0.9287    0.3692    0.0211   -0.0416   -0.0194   -0.0021    0.0018    0.0010
0.0002   -0.0001
```

13.3 变量传递和交换

与其他语言一样，MATLAB 中的变量有输入变量、输出变量及函数内部使用的变量。

输入变量相当于函数的入口数据，也是一个函数操作的主要对象。函数的输入变量为局部变量，函数对输入变量的一切操作和修改如果不依靠输出变量的话，将不会影响工作中这个变量的值。在 MATLAB 中可以有任意数量的输入和输出变量，这些变量的特性和规则如下所示。

- 函数形式的 M 文件可以没有输入和输出变量。
- 函数可以用比 M 文件中的函数定义行所规定的输入和输出变量更少的变量进行调用，但

是不能用比其更多的变量进行调用。

- 在一次调用中所用到的输入和输出变量的个数可以分别通过 nargin()函数和 nargout()函数来确定。因为 nargin 和 nargout 不是变量，而是函数名，所以用户不能对它们重新进行赋值。
- 当一个函数被调用时，输入变量并没有被复制到函数的工作区中，但它们的值在这个函数中可读。需要注意的是，如果输入变量的任何值改变了，那么这个输入变量就被复制到函数工作区中。另外，对输入变量和输出变量使用相同的变量名会使得 MATLAB 立刻将输入变量的值复制到工作区中。
- 如果一个函数声明了一个或者多个输出变量，但用户在使用时又不想要输出参数，则只要不把输出变量赋值给任何变量即可，或者在函数调用结束之前删除这些变量。
- 通过在函数声明行中将 varargout 作为最后的输出变量，函数可以接受任意个数的变量形式的输出参数。varargout 也是一个预定义单元数组，这个单元数组的第 i 个单元就是从 varargout 的出现开始算起的第 i 个变量。
- nargchk()函数和 nargoutch()函数分别提供了有效的输入和输出变量个数的简单错误校验，因为如果函数调用的输入和输出变量的个数多于函数定义的变量的个数，函数就会自动返回一个错误信息。因此，虽然这些函数的作用有限，但是在一个函数定义声明了任意个数的输入变量和输出变量时十分有用。

13.3.1 输入和输出变量检测函数

MATLAB 与其他编程语言的不同在于，MATLAB 中的数据处理更加有效。因为 MATLAB 提供了强大的变量检测和限权使用函数，使得变量从定义到引用等多方面都变得更加高效、方便。

MATLAB 提供了多种函数，用于变量检测、传递以及可变长度输入和输出变量。函数的调用格式如下。

- nargin()：获取函数体内实际输入变量的个数。
- nargout()：获取函数体内实际输出变量的个数。
- nargin('fun')：获取'fun'指定函数的标准输入变量个数。
- nargout('fun')：获取'fun'指定函数的标准输出变量个数。
- inputname(n)：获取函数体内第 n 个输入变量的实际调用变量名。

例 13.14 函数输入和输出变量的检测实例。

在 M 文件编辑器中编写函数文件 my_num.m。使用 if 语句，当实际的变量个数不等于 3 的时候，系统报错，并停止程序的运行。同样，输出变量个数不满足“等于 2”的要求，系统也会警告报错。只有输入和输出变量都符合标准的个数，系统才执行函数体部分。

```
function [y1,y2,y3]=my_num(x1,x2,x3)
if nargin~=3
    errordlg('输入变量个数不符！')
elseif nargout~=2
    warning('输出变量个数不符！')
else
    ...    %函数体省略
end
```

在 MATLAB 的命令行窗口调用函数 my_num()，输入 my_num(1)，其结果如图 13-3 所示。

```
>> my_num(1)
```

返回 MATLAB 的命令行窗口，输入 nargout('my_num')，检测函数文件 my_num.m 标准的输出变量的个数，检测结果如图 13-4 所示。

变量检测函数不可以进行赋值，且一般都与控制语句配合使用，根据输入和输出变量个数不同，促使函数执行不同的命令。

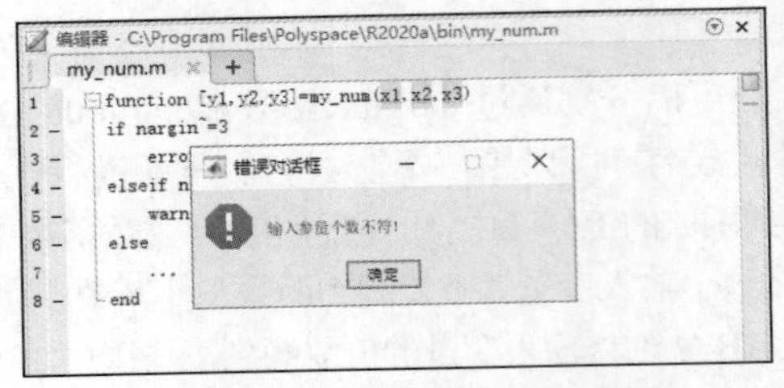

图 13-3　输入 my_num(1)的结果

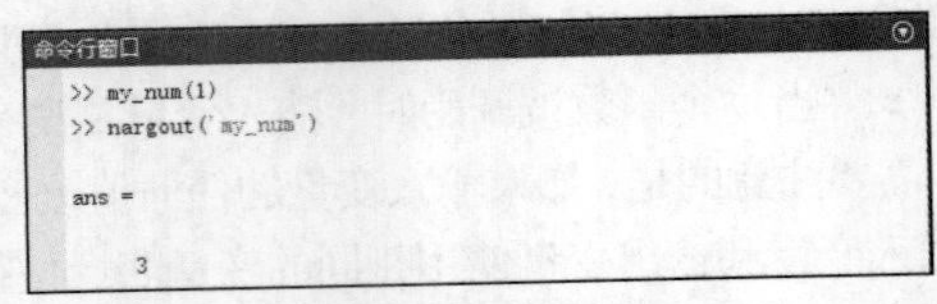

图 13-4　检测结果

13.3.2　“可变长度”输入和输出变量

varargin()和 varargout()函数用于实现可变长度变量的输入和输出。MATLAB 将所有的输入参数“打包”成一个元胞数组，而输出参数需要用户自己编写代码“打包”成元胞数组，以便将输出参数传递给调用者。

使用 varargout()函数返回可选的参数值有下面两种定义形式。

```
fuction varargout=my_fun(vin1,vin2,…)
fuction [vout1,vout2,…, varargout]= my_fun(vin1,vin2,…)
```

用第一种定义形式定义函数，其函数体内创建了 varargout 元胞数组。此元胞数组的元素及其顺序决定了函数被调用时，MATLAB 如何为可选的返回值赋值。在这种情况下，varargout 是函数定义行中等号左边唯一的变量，MATLAB 将 varargout{1}赋值给第一个返回参数，将 varargout{2}赋值给第二个返回参数，依次执行下去。

用第二种定义形式定义函数，除了 varargout，函数定义行中还有其他返回参数。此时，MATLAB 先为调用函数时最左边的返回参数赋值，然后按照顺序为 varargout 数组赋值。

例 13.15　可变长度的参数传递。

```
function y=mytest(varargin)
temp=0;
for i=1:length(varargin)
    temp=temp+mean(varargin{i}(:));
end
y=temp/length(varargin);
```

函数 mytest()以 varargin 为输入参数，从而可以接受可变长度的输入参数。函数实现部分首先计算了各个输入参数（可能是标量、一维数组或二维数组）的均值，然后计算这些均值的值。

在命令行窗口中输入以下命令并运行，其结果如下所示。

```
>>  mytest(4)
ans =
    4
>>  mytest(4,[1 3])
ans =
    3
>>  mytest(4,[1 3],[1 23;23 1],rand(4))
ans =
   4.6524
```

对于 mytest(4,[1 3],[1 23;23 1],rand(4))这句函数调用，在函数变量区，varargin 首先被赋值为一个元胞数组(4,[1 3],[1 23;23 1],rand(4))，即 varargin 有 1 行、4 列个元胞，各个元胞中分别存储了一个标量数值，一维行数组，2 行、2 列的二维数组及四维随机数组。在函数实现部分，首先创建中间变量 temp，并初始化赋值为 0，然后计算每一个元胞中所有数据的均值并将结果累加到 temp 上，最后通过 y=temp/length(varargin)计算这些均值的值。

13.3.3　全局变量、局部变量及永久变量

MATLAB 将每个变量都保存在一块内存空间中，这个空间称为工作空间。主工作空间包括所有通过命令行窗口创建的变量和脚本文件运行生成的变量。变量是任何程序设计语言的基本元素之一。根据变量作用的工作空间分类，变量可分为 3 种类型：局部变量、全局变量及永久变量。

1. 局部变量

在 MATLAB 中，每一个函数有其独立的局部变量，这些临时定义的变量不被加载到 MATLAB 的工作空间中，与其他函数或是 MATLAB 基本工作空间中的变量互不影响。除非特别定义了全局变量和永久变量，否则当函数调用结束时，所有局部变量将全部被删除。脚本文件没有独立的工作空间，与其调用系统共用一个工作空间。当 MATLAB 的命令行窗口调用脚本文件时，共用 MATLAB 基本工作空间；而当在函数中调用脚本文件时，则使用函数空间存储变量。所以当脚本文件使用工作空间中已经存在的变量时，将改变变量的值。

2. 全局变量

在 MATLAB 中，函数内部定义的变量都是局部变量，它们不被加载到工作空间中。在某些特定的情况下，用户需要使用全局变量，这就需要使用 global()函数来进行定义，而且要在任何使用该全局变量的函数中都加以定义，即使是在命令行窗口中也不例外，其调用格式如下。

```
global var
```

例 13.16　局部变量和全局变量的使用实例。

新建脚本文件，起名为 my_GV.m，在其中定义全局变量 GV，调用 disp()函数输出全局变量和局部变量 v 的值。

```
global GV
disp(GV);
disp(v);
```

新建函数文件 GV.m，在其中定义全局变量 GV，调用 disp()函数输出全局变量。

```
function GV
global GV
disp(GV);
```

返回 MATLAB 的命令行窗口，在其中定义全局变量，同时给全局变量和局部变量赋值。

```
>> global GV
>> GV=2;
>> v=3;
```

运行脚本文件 my_GV.m。脚本文件中全局变量 GV 已被赋值为 2，且由于脚本文件与 MATLAB 共享工作空间，因此局部变量也已被赋值为 3。

```
>> my_GV
   2
   3
```

运行函数文件 GV.m。函数文件中全局变量 GV 也已被赋值为 2，但由于函数有其独立的工作空间，因此局部变量 v 不被赋值，并不是 MATLAB 工作空间中定义的同一个变量。

```
>> GV
GV =
     2
```

在脚本文件中为变量 GV 和变量 v 分别重新赋值为 8 和 5，如图 13-5 所示，并运行脚本文件。

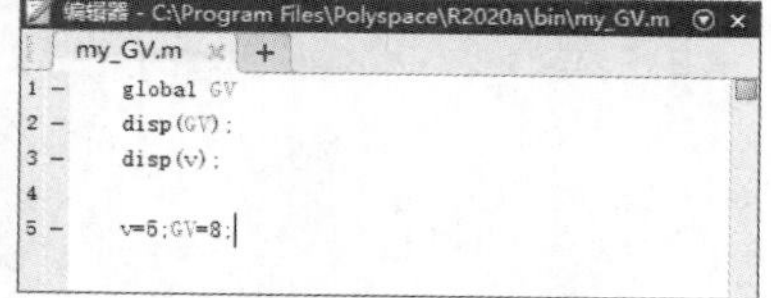

图 13-5　在脚本文件中修改 GV 和 v 的值

再次调用函数文件，变量 GV 的值改变，但是变量 v 同样没有赋值。

```
>> GV
GV =
     8
```

在命令行窗口中查询变量 v 的值，其结果显示如下。

```
>> v
v =
     5
```

此时可以发现变量 v 的值随着脚本文件中变量赋值的改变而改变。

3. 永久变量

除了通过全局变量共享数据外，函数文件还可以通过声明一个变量 persistent 来对两数重复使用和递归调用的变量的访问进行限制。

```
persistent var
```

当用户结束函数调用时，函数中定义的永久变量不被删除，并且可以保留原来的值。当用户使用 clear 指令时，文件中调用的所有永久变量被删除。

注意

永久变量只在函数文件中被声明调用，用户如需调用永久变量，必须首先声明，且声明位置一般在函数开头。

13.3.4 跨空间计算和赋值

在 MATLAB 函数运行中，避免不了在多个子函数中应用同一组数值的情况，并且当这些数值的变化对引用它的函数产生相应的影响时，就会要求系统能够跨空间传递变量。MATLAB 提供了可跨空间传递变量的函数，使用全局变量和输入/输出参数可以实现不同工作空间之间的变量传递，下面的函数可以实现跨空间计算表达式的值，其调用格式如下。

- evalin(w,exp)：跨空间计算表达式的值，w 的值可以取“base”或者“caller”。base 表示 MATLAB 的基本工作空间，caller 表示主函数的工作空间。
- [a1,a2,…]= evalin(w, exp)：可以跨工作空间计算表达式的值，同时将结果赋值给定义好的输出变量。使用 evalin 的输出参数列表比 evalin(w,'[a1,a2,…]'=function(var)') 在表达式里面使用输出参数更加方便。
- evalin(w,str,catch_ expr)：先执行表达式 exp，当表达式出现错误时，则执行 catch_expr。

其中，可以在方括号内使用连接子串或者变量来构造表达式，如下所示。

```
exp=[str1,int2str(var),str2,...]
```

例 13.17 跨空间计算表达式 a*exp(i*t) 的值。

```
function y1=evalinmy(a,s)
t=(0:a)/a*2*pi;
y1=subevalinmy(4,s);
%------------ subfunction -------------
function y2=subevalinmy(a,s)
t=(0:a)/a*2*pi;ss= 'a*exp(i*t)' ;
switch s
case { 'base' , 'caller' }
y2=evalin(s,ss);
case 'self'
y2=eval(ss);
end
```

在 MATLAB 的命令行窗口中输入如下程序。

```
>> a=35;
t=(0:a)/a*2*pi;
sss={'base','caller','self'};
for k=1:3
y0=evalinmy(5,sss{k});
subplot(1,3,k)
plot(real(y0),imag(y0),'r','LineWidth',3),axis square image
end
```

得到的结果如图 13-6 所示。

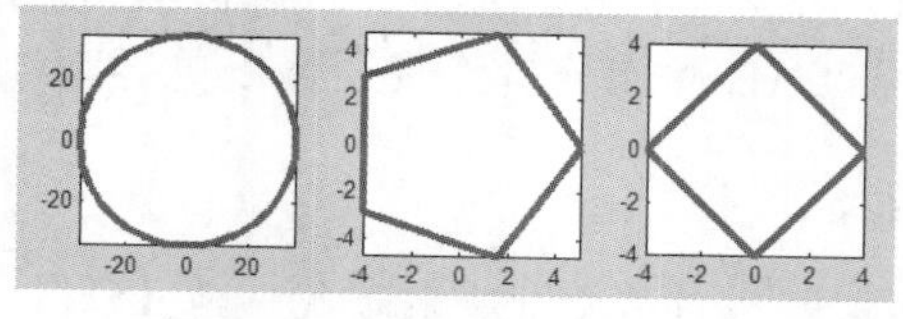

图 13-6 得到的结果

evalin()函数不能递归使用。

实现不同工作空间之间变量传递的方法是使用跨空间赋值函数 assignin()，其调用格式如下。

assignin(w,'var',v)：将值 v 赋值给工作空间 w 中的变量 var，当 var 不存在时，就在工作空间 w 中创建此变量。w 同样可以取值为“base”或者“caller”。

例 13.18 编写文件名为 assigninmy.m 的 M 文件，并输入如下程序。

```
function y=assigninmy(x)           %定义函数 assigninmy()
y=sqrt(x);
t=x^2;
assignin( 'base' , 'yy' ,t)        %跨空间赋值
```

保存该 M 文件到当前路径中，在 MATLAB 的命令行窗口中运行以下程序。

```
>> x=9;
y=assigninmy(x);                              %执行函数 assigninmy()
disp([blanks(5),'x',blanks(5),'y',blanks(4),'yy']) ;%显示数据
disp([x,y,yy])
```

运行结果如下。

```
     x     y    yy
     9     3    81
```

例 13.19 assignin()函数应用实例。

给出一个图像显示函数，要求创建一个对话框，输入图像名称和色图名称。函数 assignin()用于将用户输入的值赋给基本工作空间中的变量 imfile 和 camp。

程序如下。

```
prompt={'Enter the image name:','Enter the colormap name:'};
title='Image display';
lines=1;
d={'our image','han'};
answer=inputdlg(prompt,title,lines,d);
assignin('base','imfile',answer{1});
assignin('base','camp',answer{2});
```

跨空间赋值结果如图 13-7 所示。

图 13-7 跨空间赋值结果

13.4 M 文件的调试和剖析

和其他编程语言一样，当使用 MATLAB 编写 M 文件时，遇到错误是在所难免的，因此程序

调试的重要性毋庸置疑。MATLAB 的程序调试功能很强大，掌握程序调试的方法和技巧，对提高工作效率来说是很重要的。

一般来讲，程序代码的错误主要分为语法错误和逻辑错误两种。语法错误通常包括变量名和函数名错写、标点符号漏写等。对于这种错误，MATLAB 会在编译运行时发现，并给出错误信息。而逻辑错误的情况相对复杂，处理起来也比较困难。此时就需要使用工具来帮助完成程序的调试和优化。

MATLAB 程序是能够完成指定功能的代码集合，完成指定功能当然是程序的重要目标之一，但往往这还不是最重要的目标。在资源有限的条件下，决定程序质量的标准是程序的性能，还有程序界面等。此外，利用 MATLAB 性能分析工具还可以更客观地度量程序的性能。

13.4.1 直接调试法

对于一般的错误，我们可以通过直接调试法来调试。经过分析，将重点怀疑语句或者命令行句末的分号去掉，使得运算结果显示在命令行窗口，为调试提供依据。在有疑问的语句附近，添加显示某些关键变量的值的语句，通过查看这些关键变量的值来确定出错位置。

单独调试一个函数：将第一行的函数声明用“%”进行注释，并定义输入变量，以脚本方式执行 M 文件。在适当地方添加输出变量值的语句。

在程序的适当位置添加 keyboard()函数，当 MATLAB 执行到相应程序代码时，会暂停执行，同时在命令行窗口显示“K>>”提示符，用户可以查看或者修改变量值。在提示符后面输入 return()函数之后，系统会返回程序代码中，继续执行原文件。

利用 echo()函数，使执行程序时在命令行窗口逐行显示正在执行的命令，从而查看是否与程序的设计思路一致。

用户还可以使用一些相关的辅助函数，用于查询调试过程中的相关信息，调试辅助函数如表 13-2 所示。

表 13-2 调试辅助函数

函数	说明
disp()	显示特定的数值、字符串等信息
sprintf 或 fprintf()	以指定格式显示信息
whos()	列出工作空间中的所有变量
size()	显示变量的维数
keyboard()	中断程序执行，等待用户输入信息
return()	执行 keyboard()函数之后返回正常执行流程
warning()	显示指定的警告消息
error()	显示指定的错误消息
lasterr()	返回最近产生的错误消息
lasterror()	返回最近产生的错误消息和相关信息
lastwarn()	返回最近产生的警告消息

表 13-2 中，disp()、sprintf()、fprintf()、whos()、size()通常用于中间结果的显示；keyboard()允许用户在线地改变某个变量的值，以测试某段代码的正确性；warning()、error()允许用户自定义错误和警告信息，通常用于设置函数调用的前置条件和后置条件，由此可以更好地封装子函数；lasterr()、lasterror()、lastwarn()允许用户查询程序执行产生的错误消息和警告消息。

13.4.2 工具调试法

对于简单的 MATLAB 程序中出现的语法错误，可以采用直接调试法，即直接运行该 M 文件，

MATLAB 将直接找出语法错误的类型和出错的地方，用户可根据 MATLAB 的反馈信息对语法错误进行修改。当 M 文件很大或 M 文件中含有复杂的嵌套内容时，则需要使用 MATLAB 调试器来对程序进行调试，即使用 MATLAB 提供的大量调试函数和与之相对应的图形化工具。

MATLAB 提供了大量的调试函数供用户使用，这些函数可以通过 help 命令获得，在 MATLAB 命令行窗口输入如下命令。

```
>> help debug
```

用户便可获得这些函数，这些函数都有一个特点，就是以“db”开头，MATLAB 主要调试函数如表 13-3 所示。

表 13-3　MATLAB 主要调试函数

函数	说明
dbstop()	设置断点
dbclear()	清除断点
dbcont()	恢复执行
dbdown()	下移本地工作空间内容
dbmex()	使 MEX 文件调试有效
dbstack()	列出函数调用关系
dbstatus()	列出所有断点
dbstep()	单步或多步执行
dbtype()	列出 M 文件
dbup()	上移本地工作空间内容
dbquit()	退出调试模式

1. 以命令行为主的调试

（1）设置断点。

设置断点的函数 dbstop()的调用格式如下。

- dbstop in mfile：在文件名为 mfile 的 M 文件的第一个可执行语句前设置断点，此时用户可以应用各种调试工具查看工作空间的变量，或公布任何有效的 MATLAB 函数。
- dbstop in mfile at lineno：在文件名为 mfile 的 M 文件的第 lineno 行设置断点。
- dbstop in mfile at subfun：当程序执行到子程序 subfun 时，暂时中止执行，并设置断点。
- dbstop if error：遇到错误时，终止 M 文件运行，并停在错误行（不包括 try...catch 语句中检测到的错误，不能在错误后重新开始运行）。
- dbstop if all error：与 dbstop if error 相同。但是它遇到任何类型错误均停止（包括 try...catch 语句中检测到的错误）。
- dbstop if warning：遇到运行警告时，终止 M 文件运行，但其程序可恢复运行。
- dbstop if caught error：当 try...catch 检测到运行时间错误时，停止 M 文件运行，但可恢复运行。
- dbstop if naninf 或 dbstop if infnan：运行任何 M 文件遇到无穷值（Inf）或非数值（NaN）时，就会终止 M 文件运行。

（2）清除断点。

清除断点的函数 dbclear()的调用格式如下。

- dbclear all：清除所有 M 文件中的所有断点。
- dbclear all in mfile：清除文件名为 mfile 的文件中的所有断点。
- dbclear in mfile：清除文件名为 mfile 的文件中第一个可执行语句前的断点。
- dbclear in mfile at lineno：清除文件名为 mfile 的文件中行号为 lineno 语句前的断点。
- dbclear in mfile at subfun：清除文件名为 mfile 的文件中子函数 subfun 语句前的断点。
- dbclear if error/warning/naninf/infnan：清除 error、warning、naninf、infnan 命令设置的暂停设置。

（3）恢复执行。

恢复执行的函数 dbcont()的调用格式如下。

dbcount：从断点处恢复程序的执行，直到下一个断点或错误后返回 MATLAB 基本工作空间。

（4）调用堆栈。

调用堆栈函数 dbstack()的调用格式如下。

dbstack：显示行数和函数调用的 M 文件的文件名，它们是根据运行的先后次序列出的。最近执行的函数紧随调用它的函数优先列出。

（5）列出所有断点。

列出所有断点的函数 dbstatus()的调用格式如下。

- dbstatus：列出所有有效断点。
- s=dbstatus(…)：返回值以 M×I 的结构体形式返回断点信息。

其中字段：

① name——函数名；

② line——断点行向量；

③ expression_r——与 line 中相对应的断点条件字符串；

④ cond——条件字符串，如 error、caughterror、warning 或 naninf；

⑤ identifier——当条件字符串是 error、caughterror、warning 或 naninf 时，该字段是 MATLAB 的信息指示字符串；

- dbstatus mfile：列出指定 M 文件中所有断点设置，mfile 必须为 M 函数文件或有效路径。

（6）执行一行或多行语句。

执行一行或多行语句的函数 dbstep()的调用格式如下。

- dbstep：执行下一行可执行语句。
- dbstep nlines：执行下 nlines 行可执行语句。
- dbstep in：执行下一行可执行语句，如果有子函数，则其进入执行。
- dbstep out：执行函数剩余部分，执行完停止。

4 种调用格式都返回调试模式，如果遇到断点，则中止程序执行。

（7）列出文件内容。

列出文件内容的函数 dbtype()的调用格式如下。

- dbtype mfile：列出 mfile 文件的内容，并在每行语句前加上标号以方便设置断点。
- dbtype mfile start end：列出 mfile 文件中指定行号范围的部分。

在 UNIX 和 VMS 调试模式下，并不实现 MATLAB 的调试器，此时必须使用 dbtype()函数来显示源程序代码。

（8）切换工作空间。

切换工作空间的函数 dbdown()和 dhup()的调用格式如下。

- dbdown：遇到断点时，将当前工作空间切换到被调用的 M 文件的空间。
- dbup：将当前工作空间切换到被调用的 M 文件的空间。

（9）退出调试模式。

退出调试模式的函数 dbquit()的调用格式如下。

dbquit：立刻结束调试器并返回基本工作空间，所有断点仍然有效。

除了命令行调试以外，在 MATLAB 中，这些调试函数都有相应的图形化调试工具，使得程序的调试更加方便、快捷。这些图形化调试工具在 MATLAB 编译器的“Debug”和“Breakpoints”菜单中，以方便调试使用。

2. 使用图形调试

调试器包含了一系列图标，如表 13-4 所示。

表 13-4　调试图标

图标	MATLAB 对应的命令	说明
	dbstop/dbclear	设立和清除断点
	dbclear all	清除所有文件中的断点
	dbstep	执行下一行程序代码
	dbstep in	进入函数程序代码
	dbstep out	将函数执行完毕，然后暂停
	dbquit	跳出调试模式

下面以例 13.2 为例，介绍 MATLAB 的调试过程和“Debug”菜单下各主要子项的含义。

- 前进：在调试模式下，执行 M 文件的当前行，对应的快捷键是 F10。
- 运行节：在调试模式下，执行 M 文件的当前行，如果 M 文件当前行调用了另一个函数，那么进入该函数内部，对应的快捷键是 F11。

注意，以上调试项，除了运行节，都需要首先在 M 文件中设置断点，然后运行到断点位置后才可启用。

- 设置/清除：在光标所在行开头设置或清除断点。
- 设置条件：在光标所在行开头设置或修改条件断点，选择此子项，会打开条件断点设置对话框，如图 13-8 所示。

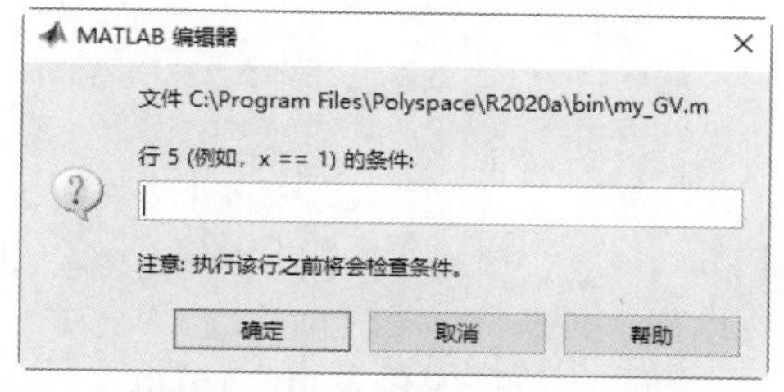

图 13-8　条件断点设置对话框

- 启用/禁用：将当前行的断点设置为有效或无效。
- 全部清除：清除所有 M 文件中的断点。
- 出现错误时暂停/出现警告时暂停：设置出现某种运行错误或警告时，停止程序运行。

通常调试时先单击“运行”按钮，运行一遍 M 文件，针对系统给出的具体的出错信息，在适当的地方设置断点或条件断点。

当再次运行到断点位置时，会看到图 13-9 所示的结果。

此时 MATLAB 把运行控制权交给键盘，命令行窗口出现“K>>”提示符，如图 13-10 所示。

此时可以在命令行窗口查询 M 文件运行过程中的所有变量，包括函数运行时的中间变量。运行到断点位置后，用户可以选择 `Step/Step Into/Step Out` 等调试运行方式，逐行运行并适时查询变量取值，从而逐渐找到错误并将其排除。

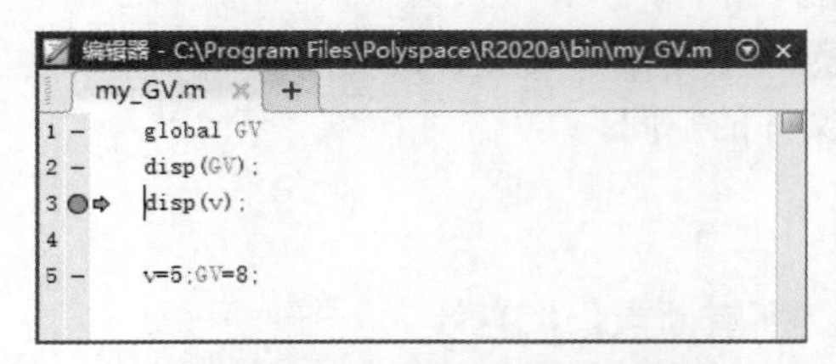

图 13-9　设置断点后运行到断点所在位置

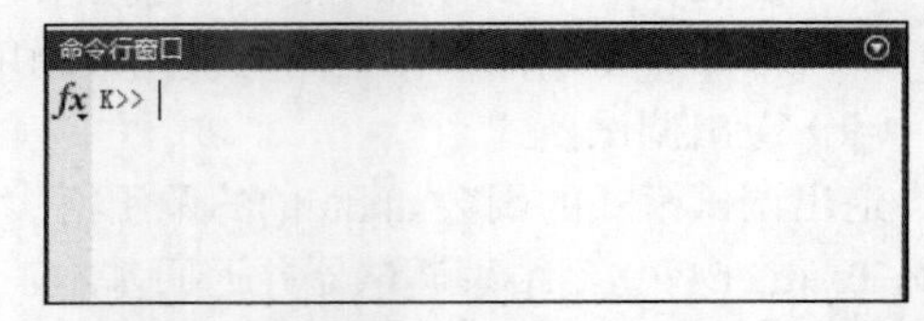

图 13-10　命令行窗口出现“k>>”提示符

13.4.3　应用实例

例 13.20　使用直接调试法来调试程序。

新建 M 文件编辑器，输入以下程序。

```
function f=my_ball(K,ki)
% my_ball.m 演示蓝色小球沿着一条封闭螺线运动的实时动画
%K 表示蓝色球运动的循环数
%ki 指定拍摄照片的瞬间
%f 表示存储拍摄的照片数据，可用 image（f.data）观察
t1=(0:1000)/1000*10*pi;
x1=cos(t1);y1=sin(t1);z1=-t1;
t2=(0:10)/10;
x2=x1(end)*(1-t2);y2=y1(end)*(1-t2);z2=z1(end)*ones(size(x2));
t3=t2;
z3=(1-t3)*z1(end);x3=zeros(size(z3));y3=x3;
t4=t2;
x4=t4;y4=zeros(size(x4));z4=y4;
x=[x1 x2 x3 x4];y=[y1 y2 y3 y4];z=[z1 z2 z3 z4];
plot3(x,y,z,'y','linewidth',2),axis off    %绘制曲线
h=line('Color',[0.17 0 1],'Marker','.','MarkerSize',40,'EraseMode','xor');     %定义线色、
点型、点的大小（40）、擦除方式（xor）
%使小球运动
n=length(x);i=1;j=1;
while 1                           %无限循环
    set(h,'xdata',x(i),'ydata',y(i),'zdata',z(i));
    drawnow;                      %刷新
    pause(0.001)                  %控制球速
    i=i+1;
    if nargin==2&nargout==1       %仅当输入参量为 2、输出参量为 1 时，才拍摄照片
        if (i==ki&j==1);f=getframe(gcf);end     %拍摄 i=ki 时的照片
    end
    if i>n
        i=1;j=j+1;
        if j>K;break;end
    end
end
```

将以上程序保存为 my_ball.m 文件，然后在命令行窗口输入如下命令。

```
>> my_ball(1,300)
```

程序运行的结果如图 13-11 所示。当程序执行完后，最终结果如图 13-12 所示。

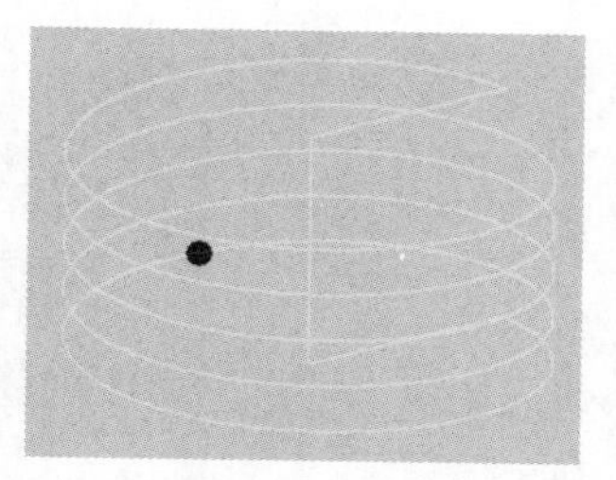

图 13-11　程序运行的结果

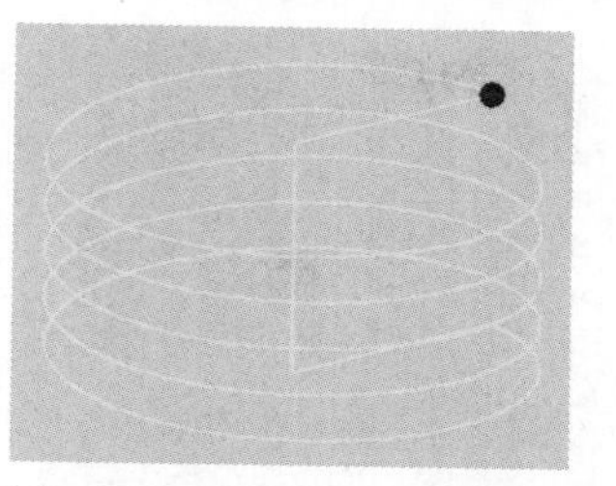

图 13-12　程序运行的最终结果

以上程序没有语法和逻辑错误，接下来演示如何直接调试程序。

显示封闭螺线的坐标数值。打开保存的 my_ball.m 文件，然后将程序修改一下，在绘制曲线命令上方添加如下命令。

```
data=[x',y',z']      %显示封闭曲线的坐标数值
```

返回命令行窗口，输入如下命令，得到的结果如下所示。

```
>> my_ball(1,300)
data =
    1.0000         0         0
    0.9995    0.0314   -0.0314
    0.9980    0.0628   -0.0628
    0.9956    0.0941   -0.0942
    0.9921    0.1253   -0.1257
    0.9877    0.1564   -0.1571
    0.9823    0.1874   -0.1885
    0.9759    0.2181   -0.2199
    0.9686    0.2487   -0.2513
    0.9603    0.2790   -0.2827
    0.9511    0.3090   -0.3142
    0.9409    0.3387   -0.3456
  ..............................%省略部分数据
         0         0  -15.7080
         0         0  -12.5664
         0         0   -9.4248
         0         0   -6.2832
         0         0   -3.1416
         0         0         0
         0         0         0
    0.1000         0         0
    0.2000         0         0
    0.3000         0         0
    0.4000         0         0
    0.5000         0         0
    0.6000         0         0
    0.7000         0         0
    0.8000         0         0
    0.9000         0         0
    1.0000         0         0
```

从以上程序结果可以看出，当在程序中添加一个简单的语句“data=[x',y',z']”后，就可以在程序中查看封闭曲线的所有坐标数值。如果程序结果中封闭曲线不正常，则可以从以上数据中查看数值出现的问题。

显示小球位置的坐标数值。打开保存的 my_ball.m 文件，然后将程序修改一下，在“while”循环内的“drawnow”语句上方添加如下命令。

```
b=[x(i),y(i),z(i)]
```

返回命令行窗口，输入如下命令，得到的结果如下所示。

```
>> my_ball(1,300)
b =
```

```
    1     0     0
b =
   0.9995    0.0314   -0.0314
b =
   0.9980    0.0628   -0.0628
b =
   0.9956    0.0941   -0.0942
b =
   0.9921    0.1253   -0.1257
b =
   0.6000         0         0
b =
   0.7000         0         0
b =
   0.8000         0         0
b =
   0.9000         0         0
b =
    1     0     0
```

在以上步骤中，分别使用简单程序查看关键程序数据，如果在程序运行过程中出现问题，则可以从以上程序数值中查看出现的相应的问题。

13.5 本章小结

本章在上一章的基础上继续介绍 MATLAB 编程，重点介绍 MATLAB 中有关编程的常用函数、字符串操作、变量的传递和交换以及调试 M 文件的相关操作。

第 14 章 MATLAB 句柄图形系统

前面已经介绍了运用 MATLAB 的绘图函数和图形窗口绘制用户需要的二维、三维图形等，但是 MATLAB 的“高级”绘图函数往往不能使用户对图形绘制了解得很透彻，如果用户需要通过了解“低级”绘图函数和图形对象属性开发函数，来对高级绘图函数的形成原理进行深入理解，并绘制出更加个性化的图形，就需要用到本章介绍的句柄绘图知识。本章所介绍的主要内容包括句柄图形的各对象、对象属性以及设置和获取对象的属性等。

14.1 句柄图形基础

一幅图形、图像中的每一个组成部分都是一个对象，每一个对象都有一系列的句柄与它相关，而每一个对象又可以按照需要改变属性。这就是句柄图形的概念。

句柄图形是 MATLAB 对图形底层所有元素的总称。用户对于句柄图形的操作会直接影响到构成图形的基本元素，如图形中的点、线等。通过句柄对图形对象的属性进行设置，用户可以获取有关的属性值，从而能够更加自主地绘制各种图形。如用户想要画一条天蓝色的线，而不是 plot() 函数中所定义的、可供用户使用的任何一种颜色，就可以通过句柄图形的方式实现。MATLAB 的句柄绘图可以对图形各基本对象进行更为细致的修饰，可以产生更为复杂的图形，而且可以为动态图形的制作奠定基础。

14.1.1 图形对象概述

图形对象是 MATLAB 中用来显示数据和创建 GUI 的基本绘图元素，对象的每个实例都对应唯一的标识符（identifier），此标识符称为对象的句柄，句柄由系统设定，用户不能改变。用户可以利用句柄轻松地设置现有图形的各项特征，即设置对象属性。

由低级绘图函数生成的对象称为句柄图形对象，即数据可视和界面制作的基本绘图要素。MATLAB 的图形对象包括计算机屏幕、图形窗口、坐标轴、用户菜单、用户控件、曲线、曲面、文字、图像、光源、区域块及方块等。系统将每一个对象按树型结构组织起来。每个具体图形不必包含所有对象，但每个图形必须具备根屏幕和图形窗口。

图形对象的基本要素以根屏幕为先导，所有的图形对象都按照“父子”（从属）关系和“兄弟”（平行）关系的方式组成层次结构。MATLAB 图形对象的体系结构如图 14-1 所示。

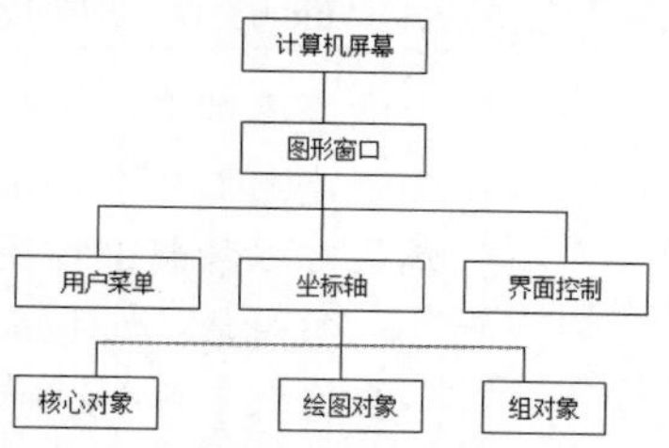

图 14-1　MATLAB 图形对象的体系结构

根：图形对象的根，对应于计算机屏幕，根只有一个，其他所有图形对象都是根的“后代”。用户是不能创建根对象的，当启动 MATLAB 时根对象已经存在，用户可以通过设置 root 的属性值改变图形的显示效果。

图形窗口：根的“子代”，窗口的数目不限，所有图形窗口都是根屏幕的子代，除根之外，其他对象则是图形窗口的后代。

界面控制：图形窗口的子代，创建用户界面控制对象，使得用户可使用鼠标在图形上做功能选择，并返回句柄。

用户菜单：图形窗口的子代，创建用户界面菜单对象。

坐标轴：图形窗口的子代，创建轴对象，并返回句柄，线、面、字对象的“父辈”。图 14-2 是以具体实例介绍各个轴的子代。坐标轴有 3 种子对象：核心对象、绘图对象及组对象，对坐标轴及其 3 种子对象的操作即构成低层绘图操作，也就是对图形句柄的操作。

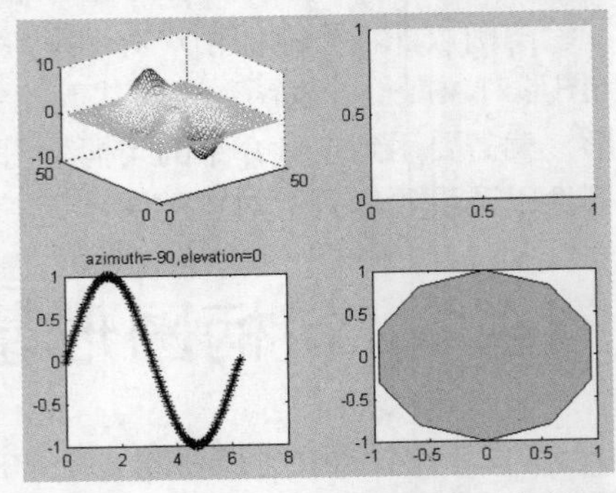

图 14-2　MATLAB 图形对象的实例

核心对象：包含曲线、曲面、文本、图像、区域块、方块及光源，用于一般图形绘制函数和较为特殊的核心对象。虽然这些函数不会显示，但是其将影响一些对象的属性设置，核心对象的绘制函数如表 14-1 所示。

表 14-1　核心对象的绘制函数

函数	说明
axes()	创建图形的坐标轴
line()	创建由直线线段构成的线条
patch()	将矩阵的每列数据构成多边形的一个面，创建一个块
rectangular()	矩阵或椭圆形的二维填充图，创建方块对象
text()	对图形中的图像添加文本
surface()	对图形表面进行设置
image()	MATLAB 中的图像
light()	位于坐标轴中，影响曲面或曲片的有方向的光源

绘图对象：一些可以用高级绘图方式绘制图形的函数都可以返回对应的句柄值，从而创建图形对象。MATLAB 中有些图形对象是由核心对象组成的，所以通过核心对象的属性可以控制这些图形对象的相关属性。

组对象：允许用户将轴对象的子对象设置为一个组，以便设置整个组内的对象属性。一旦选取了一个组对象，则其中的所有组对象都将被选取。MATLAB 中的组对象有两种：hggroup 和 hgtransform。其中 hggroup 是在用户创建一个组对象，并控制组对象的可见性或可选择性来作为一个独立对象时使用；hgtransform 是在组对象的某些特性需要转换时使用。

根可包含一个或多个图形窗口，每一个图形窗口可包含一组或多组坐标轴。所有其他的对象都是坐标轴的子对象，并且在这些坐标轴上显示。所有创建对象的函数当父对象或对象不存在时，都会创建它们。如没有图形窗口，`plot(rand(size([1:10])))`函数会以默认属性创建一个新的图形窗口和一组坐标轴，然后在这组坐标轴内画线。

14.1.2　图形对象句柄

MATLAB 在创建每一个图形对象时，都为该对象分配唯一的一个值，称为图形对象句柄。句柄是图形对象的唯一标识符，不同对象的句柄不可能重复。

所有能创建图形对象的 MATLAB 函数都可给出所创建图形对象的句柄。计算机屏幕作为根对象由系统自动建立，其句柄值为 0；而图形窗口对象的句柄值为一个正整数，并显示在该窗口的标题栏；其他图形对象的句柄值为双精度浮点数。MATLAB 提供了若干个函数用于获取已有图形对象的句柄，如 figure()、line()、text()、surface()、axes()（xlabel()、ylabel()、zlabel()、title()），较为常用的函数如表 14-2 所示。

表 14-2　获取图形对象句柄的函数

函数	说明
gcf()	获取当前图形对象的句柄
gco()	获取当前对象的句柄
gca()	获取当前坐标轴对象的句柄
gcbf()	获取当前正在执行调用的图形对象的句柄
gcbo()	获取当前正在执行调用的对象的句柄
findobj()	按照指定的属性来获取图形对象的句柄

`Hf_fig=figure` 用于创建一个新的图形，并把创建的图形的句柄值返回给变量 `Hf_fig`。用高级绘图函数（plot()、mesh()、surf()等）创建图形，都会返回一个列向量用于保存所创建的每个内核对象的句柄值。如通过 `h0=plot(…)` 创建图形时，将会返回 plot()函数创建的所有曲线的句柄值；而 `Hs=surf(…)` 则返回一个表面对象的句柄值。用高级绘图函数创建图形，还会返回所创建对象的属性值，如通过 `h0_wfall=waterfall(peaks(10))` 创建函数时，系统将返回包含 10 个线列的句柄值。

例 14.1　绘制曲线并查看有关对象的句柄。

在命令行窗口输入如下程序。

```
>> x=0:0.01:2*pi;
y=sin(x);
h0=plot(x,y,'b:')                    %曲线对象句柄
h0 =
  174.0016
>> h1=gcf                  %图形窗口句柄
h1 =
     1
>> h2=gca                  %坐标轴句柄
h2 =
  173.0011
```

图形对象的句柄由系统自动分配，每次分配的值不一定相同（多次运行例 14.1 的程序以便比较）。在获取对象的句柄后，可以通过句柄来设置或获取对象的属性。

图形对象的句柄的特点是句柄图形中的所有图形操作都是针对图形对象而言的，利用低级绘图函数，通过对对象属性的设置与操作实现绘图，并且能够随意改变 MATLAB 生成图形的方式；

句柄图形充分体现了面向对象的程序设计，允许设置图形的许多特性，但是这些特性不能通过使用高级绘图函数来实现。在高层绘图中，对图形对象的描述一般是默认设置的，或者是由高级绘图函数自动设置的，因此对用户来说几乎是不透明的。

14.1.3 图形对象属性

图形对象的属性既包括对象的一般信息，也包括特殊类型对象独有的信息。在创建图形对象的同时，用户可以根据自己的需要来设置相应图形对象的属性，通过设定或者修改这些属性来修改图形显示的方式。

对象属性包括对象的类型、颜色、父对象及子对象等内容。用户不但可以查询当前任意对象的属性值，而且还可以设定大多数属性的取值。用户设定的属性值仅仅对特定的对象实例起作用，不会影响到不同对象的不同实例的属性。如果想要修改以后创建的对象的属性值，可以设置属性的默认值，这样修改后就可以影响以后创建的所有对象。

有些属性是所有图形对象都具备的，对象常用的公共属性有 Children 属性、Parent 属性、Tag 属性、Type 属性、UserData 属性、Visible 属性、ButtonDownFcn 属性、CreateFcn 属性、DeleteFcn 属性。

1. 属性名和属性值

对象属性包括属性名和属性值。MATLAB 给每种句柄的每一个属性规定了一个名字，称为属性名，而属性名的取值称为属性值。所有对象都由属性来定义它们的特征，可以通过设定这些属性值来修改图形显示的方式。在 MATLAB 系统中识别属性时是不区分大小写的，而且每一个属性名都是唯一的，因此，用户需要用足够多的字符来识别每一个属性名。此外，属性值要用单引号括起来。如 LineStyle 是曲线对象的一个属性名，它的值决定着线型，取值可以是'-' 、':'、'-.'、'--'或'none'。

2. 属性的操作

在建立一个对象时，一般都是使用一组默认的属性值。这个值可以通过两种方式进行改变。第一种方式是通过“{ 属性名，属性值 }”建立对象生成函数。第二种方式是在对象建立起来之后利用相关函数即下面将为读者介绍的 get()函数和 set()函数来改变其属性。

无论是通过高级指令创建的对象还是通过低级指令创建的对象，都可以用 get()函数获取一个对象的属性值，用 set()函数来设置图形对象的某一属性值。如果该属性值有一个取值范围，则这两个函数还能够将该属性所有可能的取值列举出来。

利用 get()函数获取对象的属性值，其调用格式如下。

V=get(句柄,属性名)：其中 V 是返回的属性值。如果在调用 get()函数时省略属性名，则将返回句柄所有的属性值。如 p=get(Hf_1, 'position')返回具有句柄 Hf_1 图形窗口的位置向量。

还可以利用两种方法来设置图形对象属性。

（1）创建图形对象时设置属性，其指令如下。

- h_gc=GraphicCommand(…,'PropertyName',PropertyValue)：利用属性对设置对象属性。
- h_gc=GraphicCommand(…,PropertyStructure)：通过属性单元组来定义对象属性。

（2）利用 set()函数设置属性，其调用格式如下。

- set(句柄,属性名 1,属性值 1,属性名 2,属性值 2,…)：其中句柄用于指明要操作的图形对象。如果在调用 set()函数时省略全部属性名和属性值，则将显示出句柄所有的允许属性。如 set(Hl_a, 'color', 'r')将具有句柄 Hl_a 的对象的颜色设置成红色。
- set(H,a)：通过单元数组设置句柄指向的图形对象的属性。
- set(H,pn,pv, …)：设置句柄 H 的属性值，pn 和 pv 分别为图形对象的单元数组和数值。

通过 set()函数设置图形对象属性的命令格式比较多，用户可以通过帮助命令来查询其他的命令格式。

例 14.2　利用 get()函数获取属性值实例。

在命令行窗口输入如下程序。

```
>> x=0:0.01:2*pi;
>> h=plot(x,sin(x));
>> set(h,'color','g','linestyle',':','marker','P');
>> get(h,'marker')
ans =
pentagram
```

例 14.3　利用 set()函数设置属性值实例。

在命令行窗口输入如下程序。

```
>> t = 0:0.01:2*pi;
>> y = exp(-t/5).*sin(t);
>> h = plot(t, y);                    % h 为曲线的句柄
>> set(h,'Linewidth',2);              % 将曲线宽度改成 2
>> set(h,'Marker','*');               %将曲线的线标改成星号
>> set(h,'MarkerSize',10);            % 将线标的大小改成 10
```

设置属性值后的图形如图 14-3 所示。

想要获取图 14-3 所示图形的某些属性值，则继续在命令行窗口输入如下程序。

```
>> get(h,'LineWidth')             %取得曲线宽度
>>get(h,'Color')                  %取得曲线颜色
>>get(0,'screensize')             %取得屏幕的尺寸
```

结果如下。

```
ans =
     2
ans =
     0     0     1
ans =
           1           1        1366         768
```

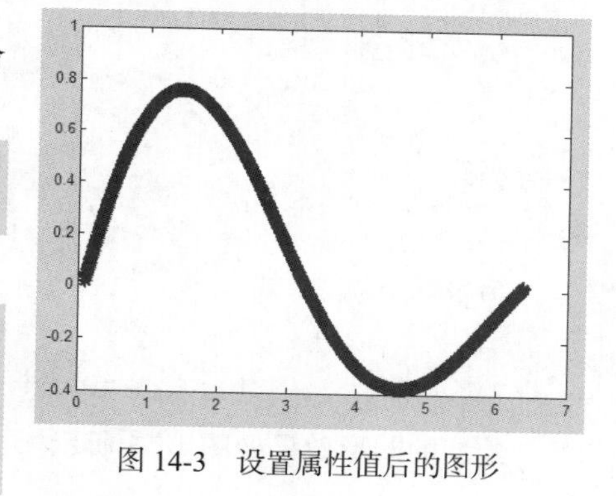

图 14-3　设置属性值后的图形

3. 对象的公共属性

不同的图形对象有不同的属性，但下列属性是所有图形对象所共有的。

Chidren 属性：该属性的取值是当前对象所有子对象的句柄组成的一个向量。

Parent 属性：该属性的取值是当前对象父对象的句柄，图形窗口对象的 Parent 属性值总是 0。

Tag 属性：该属性的取值是字符串，它相当于给对象定义了一个标识符。定义了 Tag 属性后，在任何程序中都可以通过 findobj()函数获取该标识符所对应图形的句柄。下面通过一个实例来演示它的用法。

例 14.4　在命令行窗口运行下列程序。

在命令行窗口输入如下程序。

```
>> x=0:0.01:2*pi;
h=plot(x,cos(x))
set(h,'tag','flag1')
hf=findobj(0,'tag','flag1')
```

结果如下。

```
h =
  174.0051
hf =
  174.0051
```

利用 findobj()函数调出的图形如图 14-4 所示。

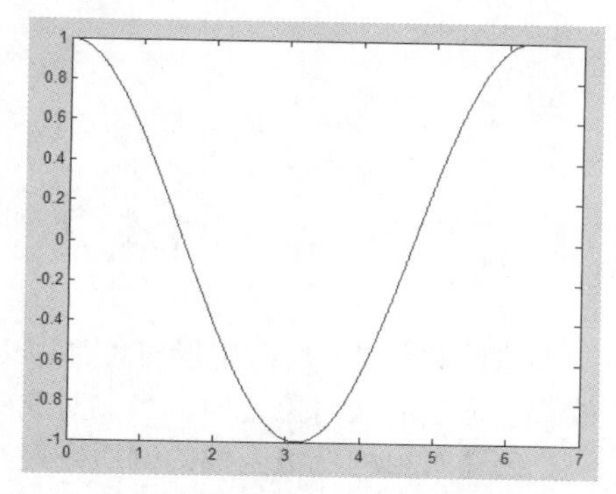

图 14-4　利用 findobj()函数调出的图形

Type 属性：表示对象的类型，该属性是不可改变的。

UserData 属性：该属性的默认取值是空矩阵，在程序设计中，可以使用 set()函数将较重要的数据放在该属性里，在需要的时候，使用 get()函数将其取出来，以达到传递数据的作用。

Visible 属性：该属性的取值是 on（默认值）或 off。当它的值为 off 时，可以用来隐藏图形窗口的动态变化过程，如窗口大小的变化、颜色的变化等。

ButtonDownFcn 属性：该属性的取值是一个字符串，一般是某个 M 文件的文件名或一小段 MATLAB 程序。其是当鼠标指针位于对象之上，用户单击鼠标时执行的字符串。

CreateFcn 属性：该属性的取值为字符串，其为某个 M 文件的文件名或程序，当创建该对象时，就自动执行该 M 文件或程序。

DeleteFcn 属性：该属性的取值为字符串，其为某个 M 文件的文件名或程序，当取消该对象时，就自动执行该 M 文件或程序。

例 14.5 在同一坐标下绘制蓝、绿两条不同的曲线，获得绿色曲线的句柄，并对其进行设置。

在命令行窗口输入如下程序。

```
>> x=0:0.01:2*pi;
y=sin(x);
z=cos(x);
plot(x,y, 'b',x,z,'g');                   %绘制两条不同的曲线
h1=get(gca,'children')                    %获取两条曲线的句柄向量 h1
for k=1:size(h1)
    if get(h1(k),'color')==[0 1 0]         %[0 1 0]代表绿色
        h1g=h1(k);
    end
end
pause                                     %便于观察设置前后的效果
set(h1g,'linestyle',':','marker','p');
```

结果如下。

```
h1 =
  175.0076
  174.0081
```

绘制的图形效果如图 14-5 所示。

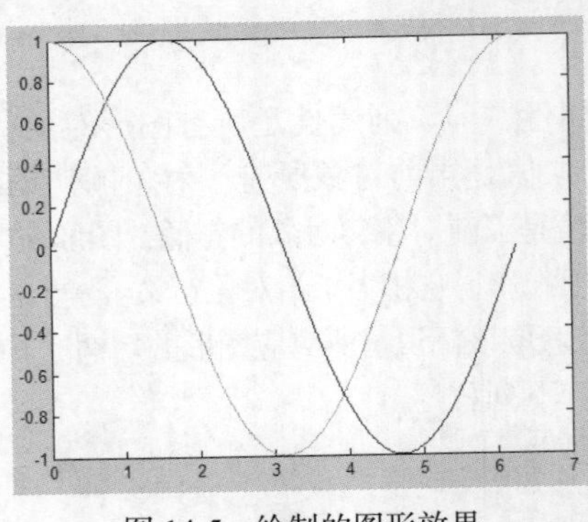

图 14-5　绘制的图形效果

14.2　图形对象的创建

除根对象外，所有图形对象都可以由与之同名的低级函数创建，如 line()函数。所创建的对象放置于适当的父对象之中，当父对象不存在时，MATLAB 会自动创建它。

创建对象的低级函数的调用格式类似，关键要了解对象的属性及其取值。前面已介绍了各对象的公共属性，下面介绍图形窗口和坐标轴的创建方法及其他图形对象的创建方法。

14.2.1　创建图形窗口对象

MATLAB 图形窗口对象是用于显示 MATLAB 中图形输出的窗口，所以图形窗口对象的属性可以决定输出窗口的多种特征。在 MATLAB 中可以通过 figure()函数创建多个图形窗口对象来放置和显示各种句柄图形对象，其调用格式如下。

- h0=figure(属性名 1,属性值 1,属性名 2,属性值 2,…)：按指定的属性创建图形窗口。
- 不带参数的 figure()函数可以创建一个新的图形窗口，并将其设为当前图形窗口，MATLAB 一般返回一个整数作为该图形窗口的句柄。figure()函数不带参数时，按 MATLAB 默认的属性值创建图形窗口。
- figure(h)：创建句柄为 h 的图形窗口。若句柄是已经存在的某图形窗口的句柄，则使该图形窗口成为当前图形窗口，并在此图形窗口输出；若句柄是不存在的图形窗口的句柄，则使用该句柄创建一个新的图形窗口，在新的图形窗口输出。
- 也可以用 figure(n)，（n=1,2,…）来建立多个图形窗口。

要关闭图形窗口，使用 close()函数，其调用格式如下。

- close(窗口句柄)：用来关闭指定的窗口。
- close all：可以关闭所有的图形窗口，clf 命令则是清除当前图形窗口的内容，但不关闭图形窗口。

例 14.6　创建图形窗口对象实例。

在命令行窗口输入如下程序。

```
>> x=0:pi/50:2*pi;
h=plot(x,sin(x));
set(h,'color', 'b','linestyle',':','marker','P');
h1=figure
h2=figure
close(h2)
```

结果如下。

```
h1 =
     2
h2 =
     3
```

用 figure()函数创建的图形窗口如图 14-6 所示。

MATLAB 为每个图形窗口提供了很多属性，除了公共属性外，图形窗口还有许多独有的属性，这些属性及其取值控制着图形窗口对象。下面列举了几个常用的图形窗口属性。

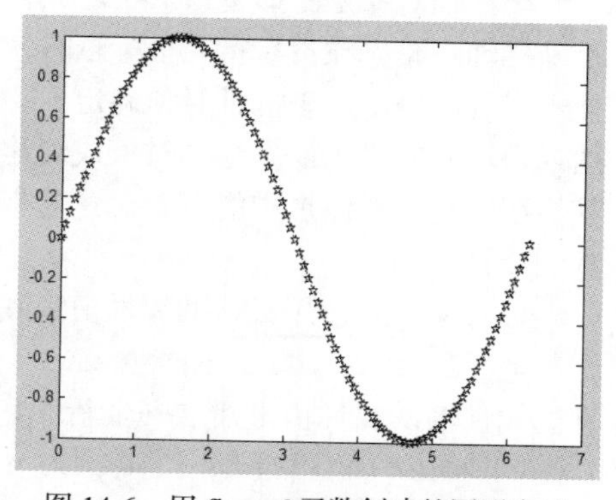

图 14-6　用 figure()函数创建的图形窗口

- MenuBar 属性：该属性的取值可以是 figure（默认值）或 none，用于控制图形窗口是否应该具有菜单条。如果它的属性值为 none，则表示该图形窗口没有菜单条。如果属性值为 figure，则该窗口将保持图形窗口默认的菜单条。
- Name 属性：该属性的取值为字符串，为图形的标题，它的默认值为空。标题形式为 figure 1：标题。
- NumberTitle 属性：取值为 on（默认值）或 off。决定图形窗口中是否以 Figure n 为标题的前缀。
- Resize 属性：取值为 on（默认值）或 off。决定在图形窗口建立后是否可利用鼠标改变该窗口的大小。

- 对键盘和鼠标响应的属性：WindowButtonDownFcn（按鼠标的响应）、KeyPressFcn（按键盘键的响应）、WindowButtonMotionFcn（移动鼠标的响应）及 WindowButtonUpFcn（释放鼠标的响应），其属性值为一个 M 文件或程序片段，对键盘和鼠标操作的反应。
- Position 属性：该属性决定图形窗口在屏幕上的大小和位置，位置属性的默认设置是图形窗口的大小是屏幕大小的 1/4，且位于屏幕上方的中间位置。在 MATLAB 中，图形窗口的位置属性是一个矢量：[left bottom width height]。其中，left 和 bottom 确定图形窗口左下角的位置，而 width 和 height 分别确定图形窗口的宽和高，它们的单位由 Units 属性决定。
- Units 属性：该属性的取值为下列字符串的一种：pixel（像素，为默认值）、normalized（相对单位）、inches（英寸）、centimeters（厘米）、points（磅）。
- NextPlot 属性：取值为 new、add（默认值）、replace、replacechildren，设定在图形窗口上添加对象的方式。

例 14.7　建立一个图形窗口，满足下列要求。

（1）标题名称为“新建图形窗口”，并且该图形窗口没有菜单条。

（2）窗口左下角的位置为屏幕宽和高的 1/2 处，宽度和高度分别为 300 像素和 350 像素，背景颜色为绿色。

（3）释放鼠标显示正弦曲线。

在命令行窗口输入如下程序。

```
x=0:0.01:2*pi;
y=sin(x);
figure('Menubar', 'none', 'Name', '新建图形窗口', 'position',[0.5 0.5 300 350],'NumberTitle', 'off',
'color', 'g', 'WindowButtonUpFcn', 'h=plot(x,y) ') ;
```

单击鼠标后结果如下。

```
h =
    1.0162
```

新建图形窗口如图 14-7 所示。

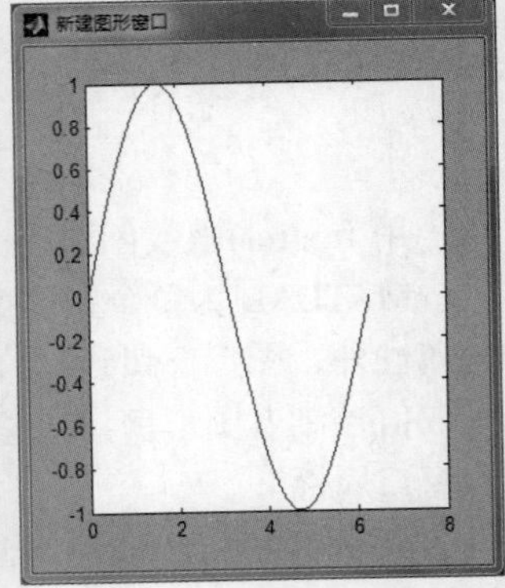

图 14-7　新建图形窗口

14.2.2　创建坐标轴对象

坐标轴对象是图形窗口的子对象，一个图形窗口中可以定义多个坐标轴对象，在没有指明坐标轴时，所有的图形、图像都是在当前坐标轴中输出。坐标轴对象确定了图形窗口的坐标系统，所有绘图函数都会使用当前坐标轴对象或创建一个新的坐标轴对象，确定其绘图数据点在图形中的位置。建立坐标轴对象使用 axes()函数，其调用格式如下。

- axes：使用默认的属性值来建立一个新的 axes 对象。
- axes(…,'PropertyName',PropertyValue)：使用指定的属性名的属性值来建立一个新的 axes 对象。
- axes(h)：打开一个句柄为 h 的新的 axes 窗口。
- h=axes(…)：返回坐标轴的句柄属性值向量。

MATLAB 为每个坐标轴对象提供了很多属性。除公共属性外，其他常用属性如下。

- Box 属性：该属性的取值是 on 或 off（默认值），决定坐标轴是否带边框。
- Units 属性：确定坐标轴窗口使用的长度单位，取值分别为 pixel、normalized（默认值）、inches、centimeters、points。

● Position 属性：该属性的取值是一个由 4 个元素构成的向量，其形式为[n1,n2,n3,n4]。这个向量决定坐标轴矩形区域在图形窗口中的位置，矩形的左下角相对于图形窗口左下角的坐标为(n1,n2)，矩形的宽和高分别为 n3 和 n4。它们的单位由 Units 属性决定。

● GridLineStyle 属性：取值可以是'-'、':'（默认值）、'-.'、'--'或'none'，定义了网格线的类型。

● Title 属性：该属性的取值是坐标轴标题文字对象的句柄，可以通过该属性对坐标轴标题文字对象进行操作。

● XLabel、YLabel、ZLabel 属性：取值分别是 *x*、*y*、*z* 轴说明文字对象的句柄，操作与 Title 属性相同。

● XLim、YLim、ZLim 属性：取值都是包含两个元素的向量，分别定义了 3 个坐标轴的上下限，默认值为[0,1]。

● XScale、YScale、ZScale 属性：取值都是 linear（默认值）或 log，其定义了各坐标刻度的类型。

● View 属性：该属性的取值是包含两个元素的数值向量，定义了视点方向。

当使用高级绘图函数 subplot()来绘制多个子图时，通过等分的方法为每个子图产生轴对象。此时，可以产生多个子图的轴位框，每个轴位框的大小可以改变，但各个轴位框不能重叠。否则，后建的轴位框会把前面创建的轴位框删除。利用 axes()函数可以在不影响图形窗口上其他坐标轴的前提下建立一个新的坐标轴，从而实现图形窗口的任意分割。

例 14.8　利用坐标轴对象实现图形窗口的任意分割。

在命令行窗口输入如下程序。

```
x=0:pi/10:2*pi
y=sin(x);
axes('position',[0.1,0.2,0.2,0.3]);
plot(x,y);
grid on
set(gca,'gridlinestyle', ':');
axes('position',[0.4,0.6,0.5,0.4]);
t=0:pi/100:20*pi;
plot3(sin(t),cos(t),t)
grid
axes('position',[0.45, 0.1,0.3,0.4]);
x=linspace(-2, 2, 20);
y=linspace(-2, 2, 20);
[xx,yy]=meshgrid(x, y);
zz=xx.*exp(-xx.^2-yy.^2);
mesh(xx, yy, zz);
```

坐标轴分割图形窗口效果如图 14-8 所示。

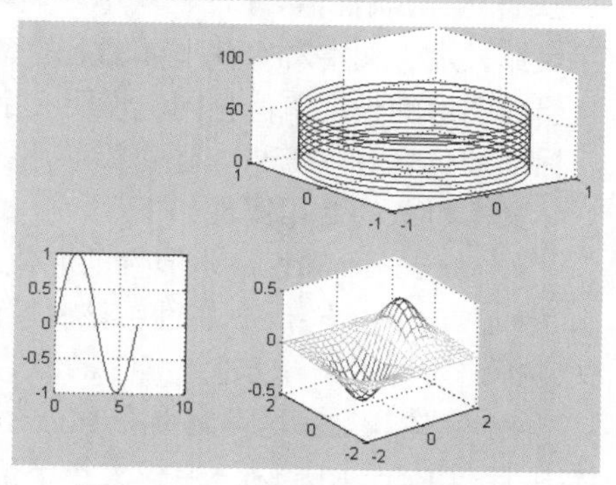

图 14-8　坐标轴分割图形窗口效果

14.2.3　创建曲线对象

曲线对象是坐标轴的子对象，它既可以定义在二维坐标系中，也可以定义在三维坐标系中。建立曲线对象使用 line()函数，其调用格式如下。

● h=line(…)：返回每一条线的线对象对应的句柄向量。

● line(X,Y,Z,'PropertyName',PropertyValue)：画出由参数 X、Y、Z 确定的线条，并且对应指定了某种属性的属性值，其他没有指定的属性均是默认值。

● line('PropertyName1',PropertyValue1,'PropertyName2',PropertyValue2…)：对属性用相应的输入参数来设置，并画出线条。这是 line()函数的低级使用形式。

line()函数用于在当前坐标轴中生成一个线对象，可以指定线的颜色、宽度、类型及标记符号等其他特性。曲线的属性名和功能如表 14-3 所示。

表 14-3 曲线的属性名和功能

属性名	功能
XData	定义线条的 x 轴坐标参量
Linestyle	定义线条的类型为-、--、:、none
Marker	定义数据点标记符号，默认值为 none
Markeredgecolor	定义标记颜色或可填充标记的边界颜色
Markerfacecolor	定义封闭形标记的填充颜色
Clipping	定义坐标轴矩形区域是否可剪辑
Visible	定义线条是否可见
Color	定义线条的颜色
Markersize	定义标记大小

例 14.9 绘制曲线实例。

在命令行窗口输入如下程序。

```
t=0:pi/20:pi;
x=cos(t);
y=sin(t);
z=t;
figh=figure('position',[30,100,600,400]);
axes('gridlinestyle','-.','xlim',[-1,1],'ylim',[-1,1],'zlim',[0,pi],'view',[-45,60]);
hl1=line('xdata',x,'ydata',y,'zdata',z,'linewidth',5,'color','g');
grid on
```

曲线绘制效果如图 14-9 所示。

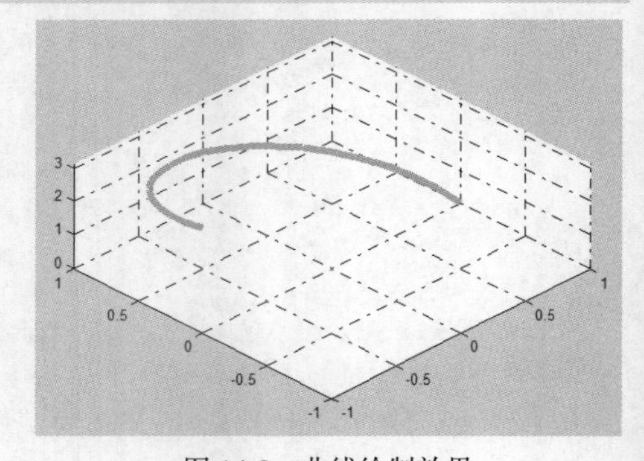

图 14-9 曲线绘制效果

14.2.4 创建文字对象

在 MATLAB 的图形对象中往往会针对一定的需要对图像加以注释，使用 text()函数可以根据指定位置和属性值添加文字说明，并保存句柄，其调用格式如下。

h=text(x,y,z,'说明文字'属性名 1,属性值 1,属性名 2,属性值 2,…)：其中，*x*、*y*、*z* 为双精度浮点数，定义文本对象在坐标轴上的位置，长度单位与当前图形的长度单位相同。说明文字中除了可以使用标准的 ASCII 字符外，还可以使用拉泰赫（LaTeX）格式的控制字符。

文本对象的常用属性如下。

● String 属性：该属性的取值是字符串或字符串矩阵，它记录着文字标注的内容。

● Interpreter 属性：该属性的取值是 latex（默认值）、tex 或 none，该属性控制对文字标注内容的解释方式，即 LaTeX 方式、TeX 方式或 ASCII 方式。

● 字体属性：这类属性有 FontName（字体名称）、FontWeight（字形）、FontSize（字体大小）、FontUnits（字体大小单位）、FontAngle（字体角度）等。FontName 属性的取值是系统支持的一种字体名或 FixedWidth；FontSize 属性定义文本对象的大小，其单位由 FontUnits 属性决定，默认值为 10 磅；FontWeight 属性的取值可以是 normal（默认值）、

bold、light 或 demi；FontAngle 的取值可以是 normal（默认值）、italic 或 oblique。

- Rotation 属性：该属性的取值是数值量，默认值为 0。它定义文本对象的旋转角度，取正值时表示以逆时针方向旋转，取负值时表示以顺时针方向旋转。
- BackgroundColor 和 EdgeColor 属性：设置文本对象的背景颜色和边框线的颜色，其取值为 none（默认值）或 ColorSpec。
- HorizontalAlignment 属性：该属性控制文本与指定点的相对位置，其取值为 left（默认值）、center 或 right。

例 14.10　绘制图形后，利用 text()函数标出每个转折点的坐标。

在命令行窗口输入如下程序。

```
>> x=0:1:10;
y=rand(size(x));
hold on
 for k=1:length(x);
text(x(k)+0.1,y(k),num2str(k));
       text(x(k)+0.2,y(k),',');
       text(x(k)+0.3,y(k),num2str(y(k),'%.2f'));
end
p=plot(x,y,x,y,'*')
hold off
```

标出转折点坐标的效果如图 14-10 所示。

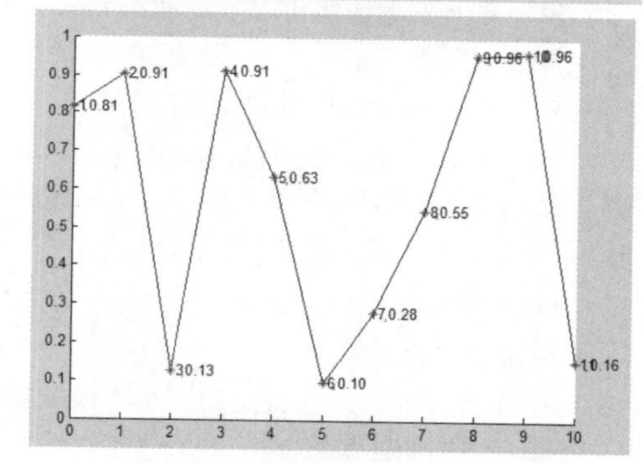

图 14-10　标出转折点坐标的效果

14.2.5　创建曲面对象

曲面对象也是坐标轴的子对象，它定义在三维坐标系中，而坐标系可以在任何视点下。创建曲面对象使用 surface()函数，其调用格式如下。

- surface(Z)：画出由矩阵 ***Z*** 所定义的曲面，其中 ***Z*** 是定义在一个几何矩形区域网格线中的单值函数。
- surface(Z,C)：画出颜色由矩阵 ***C*** 指定且曲面由 ***Z*** 所指定的空间区间。
- surface(X,Y,Z)：使用颜色 ***C***=***Z***，因此，该颜色能适当反映曲面在 x-y 平面上的高度。
- surface(X,Y,Z,C)：曲面由参数 *X*、*Y*、*Z* 指定，颜色由 ***C*** 指定。
- h= surface(…)：返回建立 surface 对象的句柄值。

每个曲面对象都具有很多属性。除公共属性外，其他常用属性如下。

- EdgeColor 属性：取值是代表某颜色的字符或 RGB 值，还可以是 flat、interp 或 none，默认值为黑色。定义曲面网格线的颜色或着色方式。
- FaceColor 属性：取值与 EdgeColor 属性的相似，默认值为 flat。定义曲面网格片的颜色或着色方式。
- LineStyle 属性：定义曲面网格线的类型。
- LineWidth 属性：定义曲面网格线的线宽，默认值为 0.5 磅。

例 14.11　利用曲面对象绘制三维曲面 $z=x^3+y^3$。

在命令行窗口输入如下程序。

```
[x,y]=meshgrid([-3:.5:3]);
z=x.^3+y.^3;
fh=figure('Position',[350 275 400 300],'Color', 'y');
ah=axes('Color',[0,0,0.8]);
```

```
h=surface('XData',x,'YData',y,'ZData',z,'FaceColor',...
get(ah,'Color')+0.1,'EdgeColor', 'y','Marker','o');
view(45,15)
```

绘制的三维曲面图如图 14-11 所示。

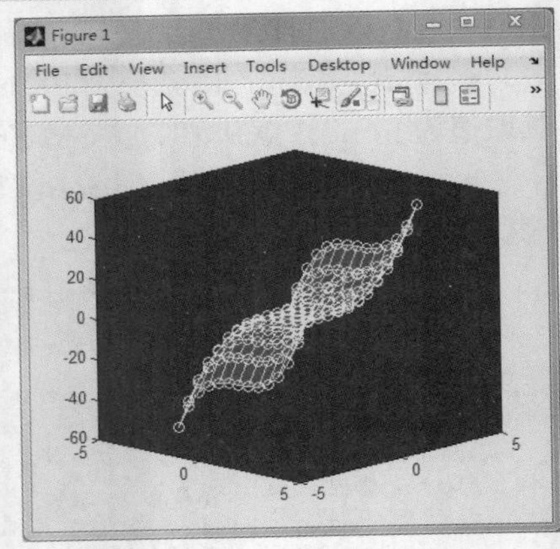

图 14-11 绘制的三维曲面图

14.2.6 核心图形对象

1. 补片对象

补片对象是由一个或多个多边形构成。补片对象特别适合用于为现实世界中的事物建立模型。补片对象可以用 fill()、fill3()、contours()及 patch()函数创建。在 MATLAB 中，创建补片对象的低级函数是 patch()函数，通过定义多边形的顶点和多边形的填充颜色来实现，其调用格式如下。

- patch(x,y,z,color)：**x**、**y**、**z** 是向量或矩阵，定义多边形的顶点。若 **x**、**y**、**z** 为 $m \times n$ 的矩阵，则每一行的元素构成一个多边形。color 指定填充颜色，若 f 为标量，补片对象用单色填充各多边形；若 **f** 为向量，补片对象用不同颜色填充各多边形。每个多边形用不同颜色填充，则可以产生立体效果。
- patch(属性名 1,属性值 1,属性名 2,属性值 2,…)：以指定属性的方式创建补片对象。

补片对象的其他常用属性如下。

- Vertices 和 Faces 属性：其取值都是一个 $m \times n$ 的矩阵。Vertices 属性定义各个顶点，每行是一个顶点的坐标。Faces 属性定义图形由 m 个多边形构成，每个多边形有 n 个顶点，其每行的元素是顶点的序号（对应 Vertices 矩阵的行号）。
- FaceVertexCData 属性：当使用 Faces 和 Vertices 属性创建补片对象时，该属性用于指定补片颜色。
- FaceColor 属性：设置补片对象的填充样式，其取值为 RGB 三元组、none、flat 及 interp（线性渐变）。
- XData、Ydata、ZData 属性：其取值都是向量或矩阵，分别定义各顶点的 x、y、z 坐标。若它们为矩阵，则每一列代表一个多边形。

例 14.12 用 patch()函数绘制一个长方体。

在命令行窗口输入如下程序。

```
k=3;                    % k 为长宽比
X=[0 1 1 0;1 1 1 1;1 0 0 1;0 0 0 0;1 0 0 1;0 1 1 0]';              %X、Y、Z 的每行分别表示各面的 4 个
点的 x、y、z 坐标
Y=k*[0 0 0 0;0 1 1 0;1 1 1 1;1 0 0 1;0 0 1 1;0 0 1 1]';
Z=[0 0 1 1;0 0 1 1;0 0 1 1;0 0 1 1;0 0 0 0;1 1 1 1]';
%生成和 X 大小相同的颜色矩阵
tcolor=rand(size(X,1),size(X,2));
patch(X,Y,Z,tcolor,'FaceColor','interp');
view(-37.5,35),
```

长方体效果如图 14-12 所示。

2. 矩形对象

在 MATLAB 中，矩形、椭圆以及二者之间的过渡图形（如圆角矩形）都称为矩形对象。创建矩形对象的低级函数是 rectangle()，其调用格式如下。

- rectangle(…,'Curvature',[x,y])：指定矩阵边的曲率，可以使矩阵对象从矩形到椭圆不断变化，水平曲率 x 为矩形宽度的分数，是沿着矩形的顶部和底部的边进行弯曲。竖直

曲率 y 为矩形高度的分数，是沿着矩形的左面和右面的边进行弯曲。x 和 y 的取值范围为 0（无曲率）到 1（最大曲率）。值为[0,0]绘制一个直角矩形，值为[1,1]时可绘制一个椭圆。如果仅仅指定曲率的一个值，那么水平曲率和竖直曲率都有相同的值。

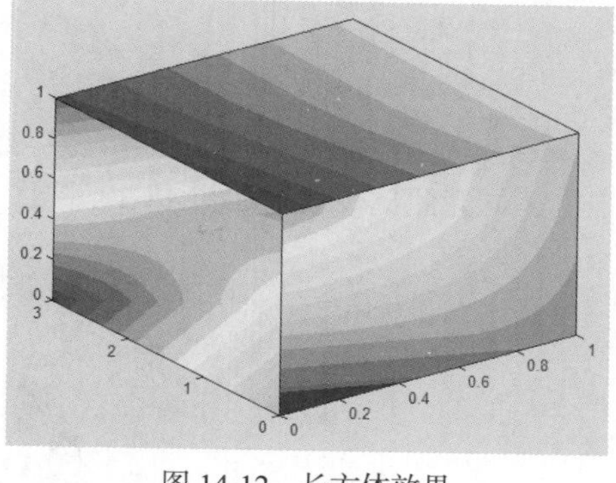

图 14-12　长方体效果

- `h = rectangle(…)`：返回创建矩形对象的句柄。

除公共属性外，矩形对象的其他常用属性如下。

- `Position` 属性：与坐标轴的 `Position` 属性基本相同，相对坐标轴原点定义矩形的位置。
- `Curvature` 属性：定义矩形边的曲率。
- `LineStyle` 属性：定义线型。
- `LineWidth` 属性：定义线宽，默认值为 0.5 磅。
- `EdgeColor` 属性：定义边框线的颜色。

例 14.13　用 rectangle()函数绘制图形实例。

在命令行窗口输入如下程序。

```
rectangle('position',[1,1,5,5],'curvature',[1,1],'edgecolor','r','facecolor','g');
```

用 rectangle()函数绘制图形的效果如图 14-13 所示。

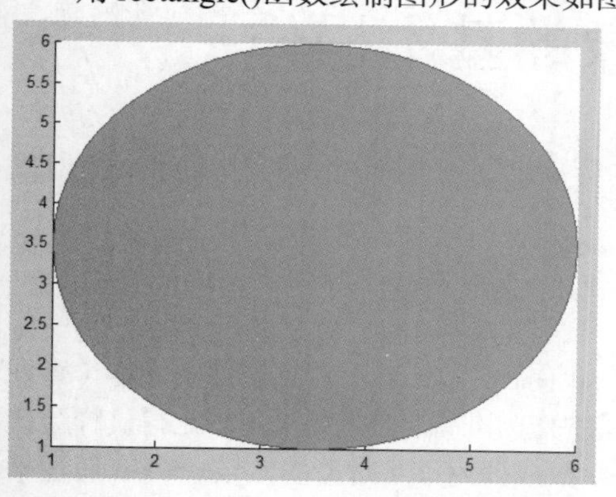

图 14-13　用 rectangle()函数绘制图形的效果

程序说明如下。

- `'position',[1,1,5,5]`表示从(1,1)点开始高为 5、宽为 5。
- `'curvature',[1,1]`表示 x、y 方向上的曲率都为 1，即圆弧。
- `'edgecolor','r'`表示边框颜色是红色。
- `'facecolor','g'`表示内部填充颜色为绿色。

3. 发光对象

发光对象定义光源，这些光源会影响坐标轴中所有 `patch` 对象和 `surface` 对象的显示效果。MATLAB 提供 light()函数创建发光对象，其调用格式如下。

`light(属性名 1,属性值 1,属性名 2,属性值 2,…)`。

发光对象有如下 3 个重要属性。

- `Color` 属性：设置光的颜色。
- `Style` 属性：设置发光对象是否在无穷远处，其取值为 `infinite`（默认值）或 `local`。
- `Position` 属性：该属性的取值是数值向量，用于设置发光对象与坐标轴原点的距离。发光对象的位置与 `Style` 属性有关，若 `Style` 属性的值为 `local`，则设置的是光源的实际位置；若 `Style` 属性的值为 `infinite`，则设置的是光线射过来的方向。

例 14.14　绘制相同的图形，设置不同的光照进行对比。

在命令行窗口输入如下程序。

```
>> [x,y,z]=sphere(10);
subplot(1,2,1)
surf(x,y,z)
shading interp
light
title('默认光照')
```

```
subplot(1,2,2)
surf(x,y,z)
 shading interp
light('color','y','position',[0 1 0],'style','local')
title('右侧光照')
```

不同光照比较效果如图 14-14 所示。

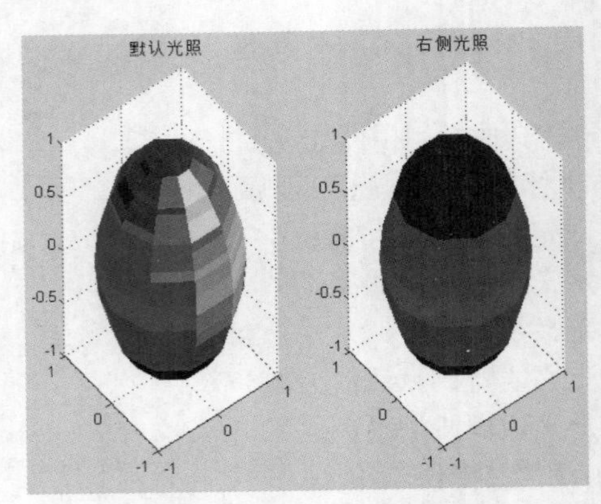

图 14-14　不同光照比较效果

14.3　句柄图形对象的基本操作

本节介绍句柄图形对象的基本操作，包含 3 部分内容：设置、查询图形对象属性，设置对象的默认属性操作，高层绘图对象操作。

14.3.1　设置、查询图形对象属性

前面已经介绍了如何对对象属性进行设置和查询，如果需要做到对于对象属性的操作（查询或设置），则必须在对象创建之初就将其句柄保存在变量中作为准备；但是如果用户觉得这样会比较烦琐，或者偶尔忘记了保存，则还可以调用 findobj()函数或罗列其父对象的 Children 属性来获取现有对象的句柄。

MATLAB 提供 findobj()函数，用于通过对属性值的搜索来查询对象句柄。使用 findobj()函数可以快速形成一个结构层次的截面并获得具有指定属性值的对象句柄，如果用户没有指定起始对象，那么系统默认 findobj()函数从 Root 对象开始，搜索与用户指定属性名和属性值相符的所有对象，其调用格式如下。

- h=findobj('propertyname',propertyvalue,…)：在所有的对象层中查找符合指定属性值的对象，返回句柄值 h。
- h=findobj(ObjectHandle,'propertyname',propertyvalue,…)：查找范围限制在句柄“ObjectHandle”指定的对象及其子对象中。
- h=findobj(ObjectHandle,'flat','propertyname',propertyvalue,…)：查找范围限制在句柄“ObjectHandle”指定的对象中，但不包括其子对象。
- h=findobj：返回根对象和所有子对象的句柄值。
- h=findobj(ObjectHandle)：返回“ObjectHandle”指定的对象和其所有子对象的句柄值。

例 14.15　创建一个图形对象，并查找图形对象的句柄值。

在命令行窗口输入如下程序。

```
>> mesh(peaks(30));                    %创建山峰的网格图
text(25,25,3,'\lightarrowpeak')        %给图形对象加上文本，图形对象中包括坐标轴、线条及文本标注
h=findobj(gcf)                         %求当前图形窗口的句柄
```

创建的图形对象如图 14-15 所示，结果如下。

```
h =
    1.0000
  173.0013
  175.0013
  174.0018
```

程序说明如下。

- 句柄中的元素排列顺序决定于各个对象在整个对象层次结构中的位置。
- `h(1)= 1.0000` 为图形对象的句柄。
- `h(2)= 173.0013` 为图的下一级子对象坐标轴的句柄。
- `h(3)= 175.0013` 为坐标轴的下一级子对象线条的句柄。
- `h(4)= 174.0018` 为坐标轴的下一级子对象文本的句柄。

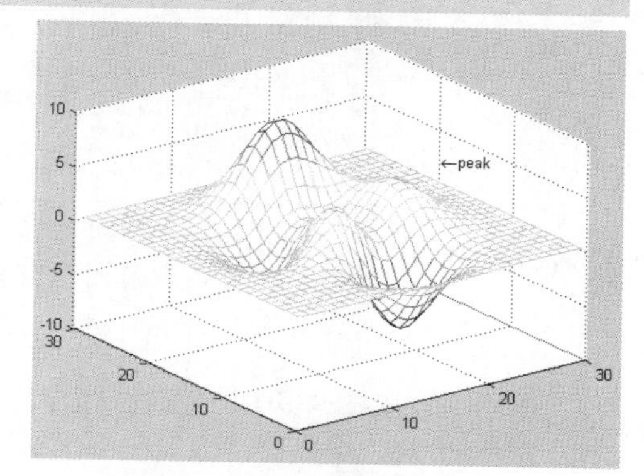

图 14-15　创建山峰网格图

14.3.2　设置对象的默认属性操作

实际上，MATLAB 中的所有对象都有系统内建的默认属性值，即出厂设置值。当然，用户也可以自行定义任何一个 MATLAB 对象的默认属性值。在 MATLAB 中，创建图形对象时都会使用系统提供的默认属性值。默认属性值是系统所提供的对象的属性值，可以通过 get()和 set()函数来获取和设置。但默认的属性设置只对当前的图形对象有效；在新创建对象时，系统仍然使用默认的属性进行设置，也就是说默认值的设置仅仅对那些设置完成后新创建的对象有效，对已存在的图形对象无效。

如果用户需要进行默认设置，那么需要在设置之前查询或创建一个以 `default` 开头，然后是对象类型，最后是对象属性的字符串的属性变量。如果用户不希望系统在创建对象时采用默认属性值，则可以通过使用句柄图形工具对它们进行设置。当每次都需要改变同一属性时，MATLAB 系统还允许用户设置自己的默认属性值。

同时，MATLAB 还提供了用于取消、覆盖及查询用户自定义的默认属性，分别为 `remove`、`factory` 及 `default`。如果用户改变了一个对象的默认属性，那么可以使用 `remove` 属性来取消此次改动，将对象的属性重新设置为原来的默认属性值；`factory` 属性是返回 MATLAB 的出厂设置值；`default` 则“强迫”MATLAB 沿着对象层次向上搜索，直至找到所需要的默认属性值。

例 14.16　利用 get()函数查看图形对象的所有系统默认属性。

在命令行窗口输入如下程序。

```
>> get(0,'factory')
```

则显示结果如下。

```
ans =
factoryFigureAlphamap: [1x64 double]
factoryFigureBusyAction: 'queue'
factoryFigureButtonDownFcn: ''
```

```
factoryFigureClipping: 'on'
factoryFigureCloseRequestFcn: 'closereq'
factoryFigureColor: [0 0 0]
factoryFigureColormap: [64x3 double]
factoryFigureCreateFcn: ''
factoryFigureDeleteFcn: ''
factoryFigureDockControls: 'on'
factoryFigureFileName: ''
factoryFigureHandleVisibility: 'on'
factoryFigureHitTest: 'on'
factoryFigureIntegerHandle: 'on'
factoryFigureInterruptible: 'on'
factoryFigureInvertHardcopy: 'on'
……………………
factoryRootSelectionHighlight: 'on'
factoryRootShowHiddenHandles: 'off'
factoryRootTag: ''
factoryRootUserData: []
factoryRootVisible: 'on'
```

系统默认的属性一般标志为 factoryPropertyName，后面显示的就是默认属性值。如果想要了解在当前图形窗口指定 line 对象的 LineWidth 的属性值是否为 2 个点宽，可以在命令行窗口输入 set(gcf,'DefaultLineWidth',2)。

plot()函数在显示多个图形时将循环使用由坐标轴的 ColorOrder 属性定义的颜色。如果用户为坐标轴的 LineStyleOrder 属性定义多个默认属性值，那么 MATLAB 将在每一次颜色循环后改变线的宽度。下面将用一个实例来介绍修改默认属性值。

例 14.17 修改默认属性值实例。

```
>> h=surface(peaks(30))
h =
    0.0032
>> view(3)
>> set(gcf,'DefaultSurfaceMarker','*');          %修改默认设置
>> set(h,'Marker','default');
```

修改默认属性值前的效果如图 14-16 所示，修改默认属性值后的效果如图 14-17 所示。

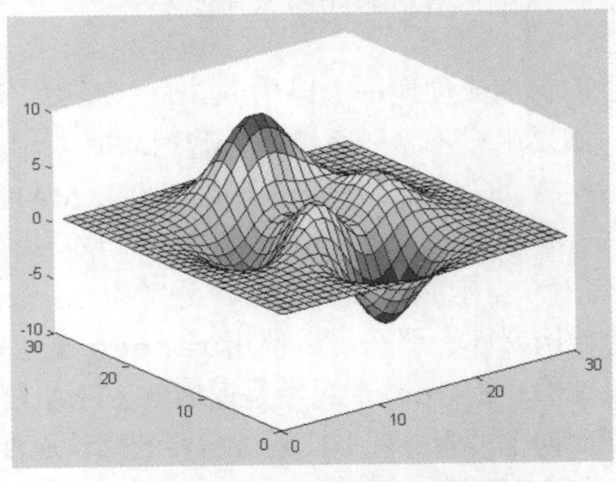

图 14-16 修改默认属性值前的效果

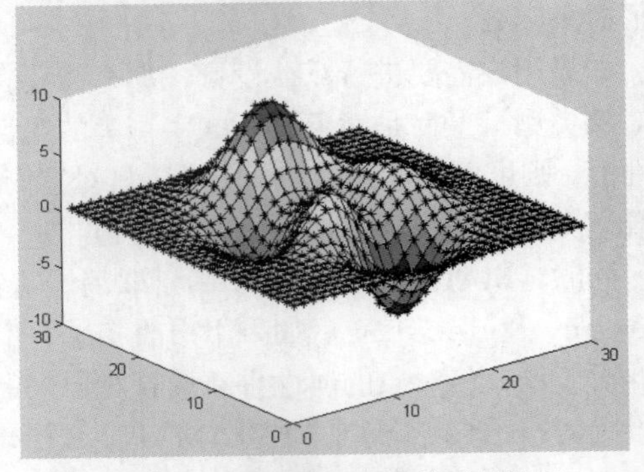

图 14-17 修改默认属性值后的效果

如果想要将设置的默认属性值还原，那么可利用 remove()函数进行还原，其调用格式如下。

set(0,'DefaultLineMarkerSize','remove')。

例 14.18 默认属性值还原的实例。

在命令行窗口输入如下程序。

```
set(0,'DefaultLineMarkerSize',20);     %设置根对象下所有线条的MarkerSize 默认属性值
get(0,'DefaultLineMarkerSize')         %设置完成后使用 get() 函数获取设置的默认属性值
```

```
ans =
    20
set(0,'DefaultLineMarkerSize','remove')        %还原设置的默认属性值
get(0,'DefaultLineMarkerSize')                 %已还原为默认值 6
ans =
     6
```

14.3.3　高级绘图对象操作

与低级绘图函数相比，高级绘图函数提供了更为灵活的绘图方式。高级绘图函数主要包括两个函数：Nextplot()函数和 Newplot()函数。下面介绍这两个函数的使用方法。

1. Nextplot()函数介绍

在 MATLAB 中，使用底层命令来创建线、面、块等子对象时，需要设置如何绘制 figure 和 axes 的 Nextplot 属性问题。

设置 figure 对象的绘制属性时，Nextplot()函数的属性设置如下。

- Add：在当前状态下，允许添加子对象，对应的高级命令为 hold on。
- Replacechildren：表示在当前状态下清除所有的子对象，对应的高层命令为 clf。
- Replace：表示清除所有的子对象，重新设置为默认值，对应的高层命令为 clf reset。

设置 axes 对象的绘制属性时，Nextplot()函数的属性设置如下。

- Add：在当前状态下，允许添加子对象，对应的高层命令为 hold on。
- Replacechildren：表示在当前状态下清除所有的子对象，对应的高层命令为 cla。
- Replace：表示清除所有的子对象，重新设置为默认值，对应的高层命令为 cla reset。

2. Newplot()函数介绍

为了方便用户开发图形文件，提供了专门的绘图函数 Newplot()，该函数自动对当前的图形、坐标轴对象的 Nextplot 属性进行检查，并完成下一个设置。

检查和设置 figure 对象的 Nextplot 属性。

- 如果检查到 Nextplot 属性为 Replacechildren，表示清除所有的子对象。
- 如果检查到 Nextplot 属性为 Replace，表示清除图形中的所有子对象，并将图形的对象属性设置为系统的默认属性。
- 如果检查到 Nextplot 属性为 Add，表示保留当前图形窗口中的所有子对象并保持所有属性不变。

检查和设置 axes 对象的 Nextplot 属性。

- 如果检查到 Nextplot 属性为 Replacechildren，表示清除坐标轴中的所有子对象。
- 如果检查到 Nextplot 属性为 Replace，表示清除坐标轴中的所有子对象，并将坐标轴的对象属性设置为系统的默认属性。
- 如果检查到 Nextplot 属性为 Add，表示保留当前坐标轴窗口中的所有子对象并保持坐标轴所有属性不变。

高级绘图函数如 mesh()、surf()等都是通过 surface()函数延展出来的，因此，在执行这些函数时，都会执行 surface()函数。下面通过一个实例来介绍是如何利用低级绘图函数完成高级图形绘制的。

例 14.19　使用 surface()函数实现高级图形绘图。

在命令行窗口输入如下程序。

```
>> t=0:pi/10:2*pi;
[X,Y,Z]=cylinder(2+cos(t),30);
>> fcolor=get(gca,'color');
>>h=surface(X,Y,Z,'facecolor',fcolor,'edgecolor','flat','facelighting','none','edge
lighting','flat');
```

```
>> view(3)
>> grid on
```

使用 surface()函数绘制的图形如图 14-18 所示。

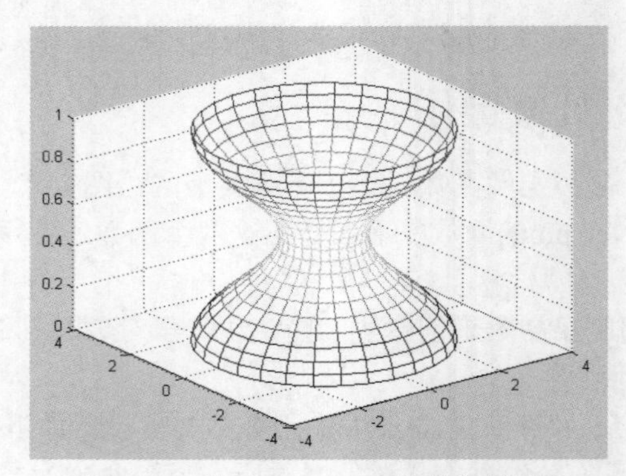

图 14-18 使用 surface()函数绘制的图形

继续在命令行窗口输入如下程序。

```
>> set(h,'facecolor','flat','linestyle','--','edgecolor',[0.5 0.5 0.5])      %改变 facecolor 的
设置属性或轴背景颜色不为 none
>> set(h,'facecolor','interp','meshstyle','column') %将 meshstyle 设置为单线
```

改变属性后得到的图形如图 14-19 所示。

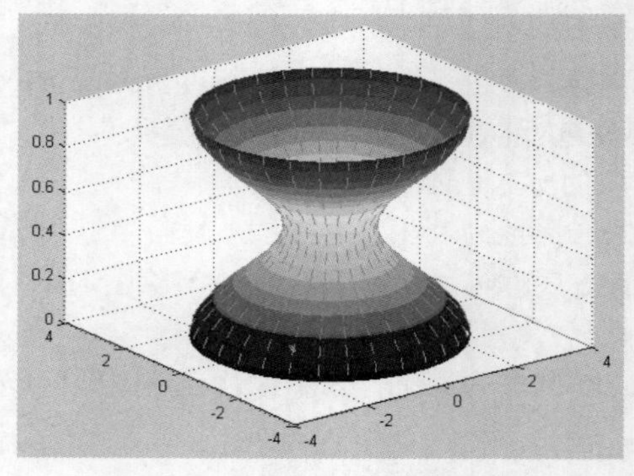

图 14-19 改变属性后得到的图形

14.4 本章小结

本章主要介绍了 MATLAB 句柄图形的内容，包括图形对象的体系结构、图形对象的创建、图形对象的设置以及高级绘图对象操作等。这些内容涉及 MATLAB 提供的低级绘图函数，不仅是使用高级绘图函数的基础，也是进行底层图形开发的基础，充分利用句柄图形函数可以绘制更为细致和复杂的图形。

第 15 章 GUI 设计

MATLAB 不但可以创建 M 文件那样的以命令行方式运行的程序，还可以创建 GUI 程序。提供 GUI 可以使用户方便地使用应用程序，用户不需要了解应用程序是怎样执行的，只需要了解 GUI 组件的使用方法。GUI 能让用户定制用户与 MATLAB 的交互方式，也就是说命令行窗口不是与 MATLAB 交互的唯一方式。本章主要介绍 GUI 设计过程（其中包括设计的一般步骤和原则）、使用 GUIDE 创建 GUI 及用 M 文件创建 GUI。

15.1 GUI 设计过程

图形用户界面（Graphical User Interfaces，GUI）是指由窗口、图标、菜单及文本说明等图形对象构成的用户界面。用户以某种方式（如使用鼠标或按键）选择或激活这些对象，使计算机产生某种动作或变化，如实现计算、绘图等。在 MATLAB 中设计 GUI 的方法有两种：使用可视化的界面环境和通过编写程序。

GUI 是一种包含多种对象的图形窗口，为 GUI 开发提供的一个方便、高效的集成开发环境是图形用户界面开发环境（Graphical User Interface Development Environment，GUIDE）。GUIDE 主要是一个界面设计工具集，MATLAB 将所有 GUI 支持的控件都集成在这个环境中。GUIDE 将设计好的 GUI 保存在一个 FIG 文件中，同时生成 M 文件框架。

15.1.1 设计的一般步骤和原则

1. 设计的一般步骤

- 分析界面所要实现的主要功能，明确设计任务。
- 绘制界面草图，注意应从用户的角度来考虑界面布局。
- 利用 GUI 设计工具制作静态界面。
- 编写界面动态功能程序。

2. 设计的原则

- 简单性：设计界面时，应力求简洁、直观、清晰地体现出界面的功能和特征。窗口数目应尽量少，以尽量避免在不同窗口间来回切换；多采用图形少用数值；不要出现可有可无的功能。
- 一致性：一指设计的界面风格要尽量一致；二指新设计的界面要与其他已有的界面风格一致。一般习惯图形区在界面左侧，控制区在界面右侧。
- 习常性：设计界面时，应尽量使用人们所熟悉的标志和符号，便于用户使用。
- 排列分组：将各界面对象按照功能排列分组能让用户使用更加轻松。如设计者不能将“复制”和“粘贴”功能放在“工具”菜单项，而是应该放在“编辑”菜单项。

● 安全性：用户对界面的操作应该是尽可能可逆的，在用户做出“危险操作”时，系统应当给出警告信息。

● 其他考虑因素：除了以上静态性能之外，还应注意界面的动态性能，即界面对用户操作的响应要迅速、连续，对持续时间较长的运算要给出等待时间提示，并允许用户中断运算。

15.1.2 GUI 设计的基本方式

在 MATLAB 中，GUI 的设计方式有以下两种。

（1）通过使用 MATLAB 提供的 GUI 开发环境——GUIDE 来创建 GUI。这个开发环境与 VB、VC 类似，只要设计者直接通过鼠标把需要的对象拖曳到目的位置，就完成了 GUI 的布局设计，除此之外，此种方法在对 M 文件保管方面也比较人性化，其允许设计者在需要修改设计时，快速地找到相对应的内容。

（2）程序编辑创建 GUI。即通过 uicontrol()、uimen()、unicontextmenu()等函数编写 M 文件来创建 GUI，此方式的优点在于 GUI 的菜单创建齐全，不会产生额外的 FIG 文件，程序代码的可移植性和通用性强，用户可以直接复制代码到 M 文件或者 GUIDE 的 M 文件中，在 GUIDE 的 Opening Function 中使用，节省开发项目的时间。如果使用此种方式，设计者需要特别注意 GUI 对象位置的配置。下面以一个简单的 GUI 入门向导实例，让读者对 GUI 有大概的了解。

例 15.1 按照下面的步骤进行操作。

（1）打开 MATLAB 的图形用户界面，选择“File”→“New”→“GUI”命令，打开 GUI 的设计工具。

（2）选择“GUI with Axes and Menu”，单击“OK”得到图 15-1 所示结果。

（3）通过拖曳窗口的右下角，可以调整窗口的大小。单击工具栏最后面的绿色箭头按钮，在保存之后即可得到运行结果，如图 15-2 所示。

（4）在下拉列表框中选择不同的内容，单击“Update”，可以画出不同的图案。如选择下拉列表框中的“bar(1:.5:10)”，再单击“Update”就会显示图 15-3 所示的条形图。

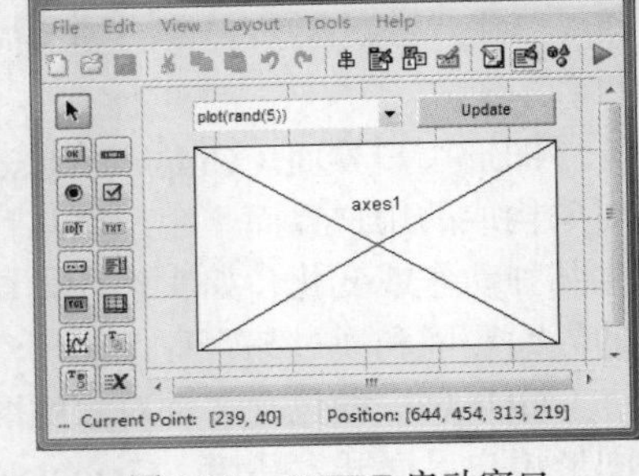

图 15-1 GUIDE 启动窗口

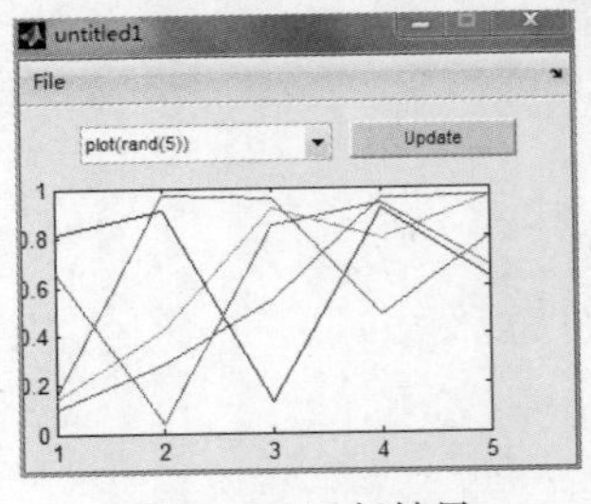

图 15-2 运行结果

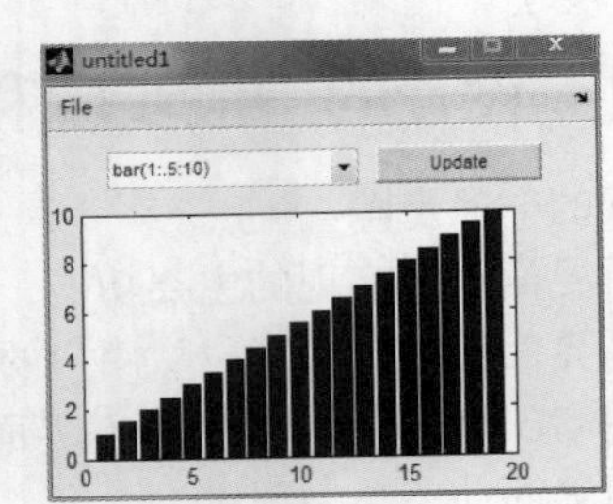

图 15-3 条形图

15.2 使用 GUIDE 创建 GUI

GUIDE 是 MATLAB 提供的用来开发 GUI 的专用环境。GUIDE 主要是一个界面设计工具集，MATLAB 将所有 GUI 的控件都集成在这个环境中并提供界面外观、属性及行为响应方式的设置方法。GUIDE 将用户设计好的 GUI 界面保存在一个 FIG 文件中，同时还自动生成一个包含 GUI 初始化和组件界面布局控制代码的 M 文件。这个 M 文件为实现回调函数（当用户激活 GUI 某一个组件时执行的函数）提供了一个参考框架，这样既简化了 GUI 应用程序的创建工作，用户又可以直接使用这个框架来编写自己的函数代码。

15.2.1　GUIDE 概述

使用 GUIDE 进行设计是一种更简便、快捷的创建 GUI 的方法。在 GUIDE 下，MATLAB 用户只需要通过简单的鼠标拖曳等操作，就可以设计自己的 GUI，因此这也是一般用户实现 GUI 编程的首选方法。

15.2.2　启动 GUIDE

打开 GUI 设计工具的方法有以下 3 种。

（1）打开 MATLAB 的图形用户界面选择“File”→“New”→“GUI”命令，就会显示图 15-4 所示的 GUIDE 启动窗口。

（2）单击工具栏的按钮。

（3）在命令行窗口输入以下命令。

```
guide             %打开空白设计工作台
guide  H          %打开文件名为 H 的用户界面
```

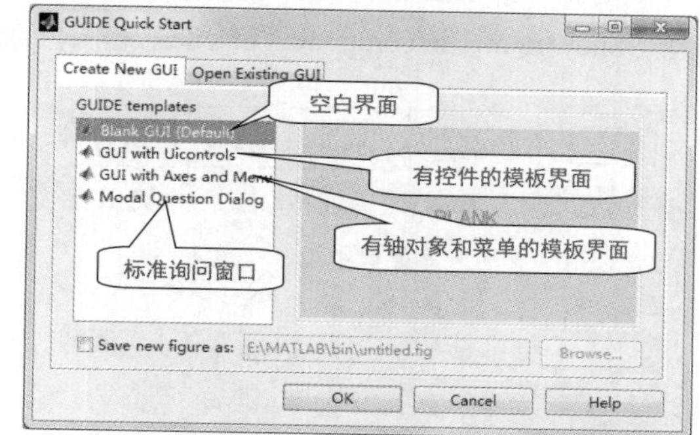

图 15-4　GUIDE 启动窗口

在 guide 命令作用下，待打开的文件名不区分字母的大小写。

打开的 GUIDE 启动窗口提供“Create New GUI”和“Open Existing GUI”选项卡。在“Create New GUI”选项卡中可以选择空白界面、包含有控件的模板界面、包含有轴对象和菜单的模板界面、标准询问窗口等选项。其中选项对应的后 3 个界面可以当作初次使用 GUIDE 的参考，它是 GUIDE 中提供的模版，用户可以参考其创建 GUI。在 GUI 设计模板中选中一个界面，然后单击“OK”按钮，就会显示 GUI 设计窗口。选择不同的 GUI 设计模式时，GUI 设计窗口中显示的结果是不一样的。

在“Create New GUI”选项卡中选择“Blank GUI (Default)”，然后单击“OK”按钮，就会出现图 15-5 所示的空白的 GUI 设计窗口。在这个界面下用户可以通过单击和拖曳鼠标的方式轻松创建自己的 GUI 程序界面。

“Open Existing GUI”选项卡如图 15-6 所示，可通过单击“Browse”按钮选定需打开的文件并将其打开，主窗口则显示最近打开的界面文件的列表。

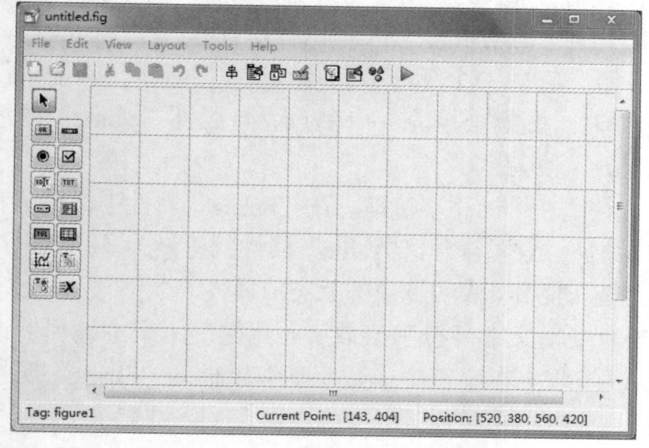

图 15-5　空白的 GUI 设计窗口

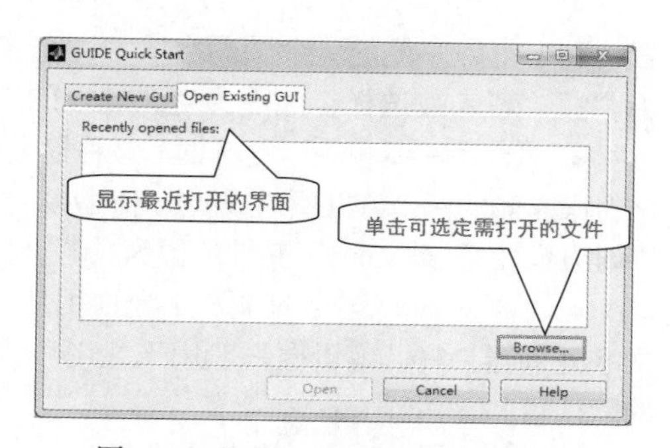

图 15-6　“Open Existing GUI”选项卡

15.2.3 GUI 设计窗口简介

GUI 设计窗口如图 15-7 所示，由菜单栏、工具栏、控件工具栏以及图形对象设计区等部分组成。GUI 设计窗口的菜单栏有 File、Edit、View、Layout、Tools 及 Help 6 个菜单，使用其中的命令可以完成 GUI 的设计操作。

（1）对象栏。

要想了解 GUI 设计窗口中左边对象图标的含义，可以通过选择“File”→“Preferences”，然后选择“Show names in component palette”选项，单击“OK”就可显示对象图标的名称，如图 15-8 所示。

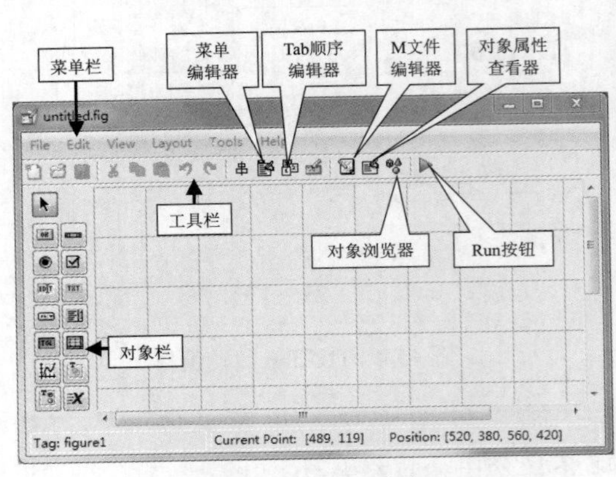

图 15-7　GUI 设计窗口

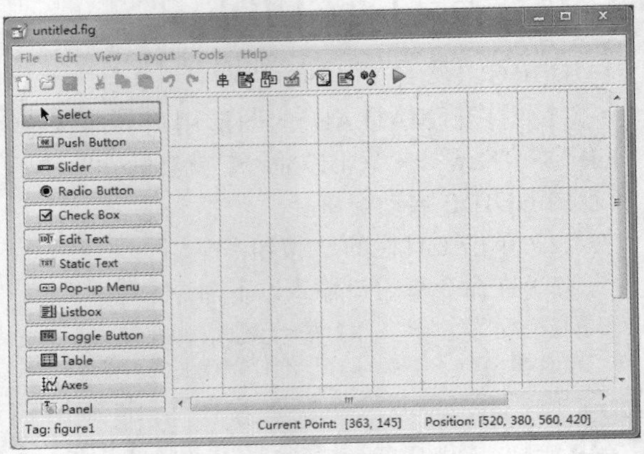

图 15-8　显示对象图标的名称

在空白的 GUI 设计窗口中 GUIDE 提供了用户界面控件和界面设计工具集来实现用户界面的创建工作，用户界面控件分布在 GUI 设计窗口的左侧，下面我们对各控件的功能加以介绍。

- Push Button：按钮，是小的矩形面，在其上面标有说明该按钮功能的文本。将鼠标指针移至按钮处，单击鼠标，按钮被按下后随即自动弹起，并执行回调程序。按钮的“Style”属性的默认值是“pushbotton”。
- Slider：滑动条，又称滚动条，包括 3 个部分，分别是滑动槽，表示取值范围；滑动槽内的滑块，代表滑动条的当前值；以及在滑动条两端的箭头，用于改变滑动条的值。滑动条一般用于从一定的范围中取值。改变滑动条的值有 3 种方式，一种是将鼠标指针移至滑块上，单击鼠标并拖曳鼠标，将滑块移至期望位置后放开鼠标；另一种是当鼠标指针处于滑动槽中但不在滑块上时，单击鼠标，滑块沿该方向移动一定距离，距离的大小在属性“SliderStep”中设置，默认情况下等于整个范围的 10%；第 3 种方式是在滑动条的某一端的箭头上单击，滑块沿着箭头的方向移动一定的距离，距离的大小在属性“SliderStep”中设置，默认情况下为整个范围的 1%。滑动条的“Style”属性的默认值是“slider”。
- Radio Button：单选按钮，又称无线按钮，它由一个标注字符串（在“String”属性中设置）和字符串左侧的一个圆圈组成。当它被选择时，圆圈被填充一个黑点，且属性“Value”的值为“1”；若未被选择，圆圈为空，属性的“Value”值为“0”。
- Check Box：复选框，又称检查框，它由一个标注字符串（在“String”属性中设置）和字符串左侧的一个方框所组成。选中时在方框内添加“√”符号，“Value”属性的值设为“1”；未选中时方框变空，“Value”属性的值为“0”。复选框一般用于表明选项的状态或属性。
- Edit Text：编辑框，允许用户动态地编辑文本字符串或数字，就像使用文本编辑器或文字处理器一样。编辑框一般用于让用户输入或修改文本字符串或数字。编辑框的“String”属性的默认值是“Edit Text”。
- Static Text：静态文本框，静态文本框用于显示文本字符串，该字符串内容由属性

"string"确定。静态文本框之所以被称为"静态"，是因为文本不能被动态地修改，而只能通过改变"String"属性来更改。静态文本框一般用于显示标记、提示信息及当前值。静态文本框的"Style"属性的默认值是"text"。

- Pop-up Menu：弹出式菜单，向用户提供互斥的一系列选项清单，用户可以选择其中的某一项。弹出式菜单不受菜单条的限制，可以位于图形窗口内的任何位置。通常状态下，弹出式菜单以矩形的形式出现，矩形中含有当前选择的选项，在选项右侧有一个向下的箭头来表明该对象是一个弹出式菜单。当鼠标指针位于弹出式菜单的箭头之上并单击鼠标时，出现所有选项。移动鼠标指针到不同的选项，单击鼠标左键就选中了该选项，同时关闭弹出式菜单，显示新的选项。选择一个选项后，弹出式菜单的"Value"属性的值为该选项的序号。弹出式菜单的"Style"属性的默认值是"popupmenu"，在"string"属性中设置弹出式菜单的选项字符串，不同的选项之间用"|"分隔，类似于换行。
- Listbox：列表框，列表框用于列出一些选项的清单，并允许用户选择其中的一个或多个选项，一个或多个选项的模式由"Min"和"Max"属性控制。"Value"属性的值为被选中选项的序号，同时也指示了选中选项的个数。当单击鼠标选中该项后，"Value"属性的值被改变，释放鼠标的时候 MATLAB 执行列表框的回调程序。列表框的"Style"属性的默认值是"listbox"。
- Panel：图文框，图文框是填充的矩形区域。一般用于把其他控件放入图文框中，组成一组。图文框本身没有回调程序。注意只有用户界面控件可以在图文框中显示。由于图文框是不透明的，因此定义图文框的顺序就很重要，必须先定义图文框，然后定义放到图文框中的控件。因为先定义的对象先画，后定义的对象后画，后画的对象覆盖到先画的对象上。
- Button Group：按钮组，放置在按钮组中的多个单选按钮具有排他性，但与按钮组外的单选按钮无关。制作界面时常常会遇到有几组参数具有排他性的情况，即每一组中只能选择一种情况。此时，可以用几组按钮组表示这几组参数，将每一组单选按钮放到一个按钮组控件中。

（2）工具栏。

下面分别介绍工具栏中的内容。

- 对象属性查看器。

对象属性查看器如图 15-9 所示，利用对象属性查看器，可以查看每个对象的属性值，也可以修改、设置对象的属性值，在 GUI 设计窗口工具栏上选择"Property Inspector"按钮，或者选择"View"菜单下的"Property Inspector"，就可以打开对象属性查看器。

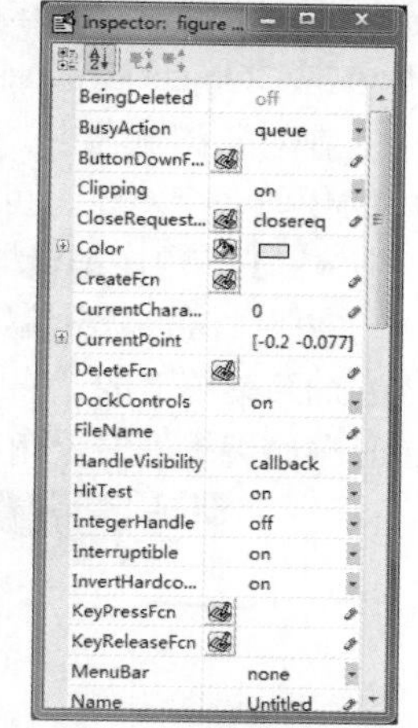

图 15-9　对象属性查看器

另外，在 MATLAB 命令行窗口输入 `inspect`，也可以看到对象属性查看器。在选中某个对象后，可以通过对象属性查看器查看该对象的属性值，也可以方便地修改对象的属性值。

- 菜单编辑器。

菜单编辑器如图 15-10 所示，利用菜单编辑器，可以创建、设置、修改下拉菜单和快捷菜单。在 GUI 设计窗口的工具栏上选择"Menu Editor"按钮，或者选择"Tools"菜单下的"Menu Editor"，就可以打开菜单编辑器。菜单编辑器左上角的第 1 个按钮用于创建一级菜单。第 2 个按钮用于创建一级菜单的子菜单。菜单编辑器的左下角有两个按钮，选择第 1 个按钮，可以创建下拉菜单。选择第 2 个按钮，可以创建 Context Menus 菜单。选择它后，菜单编辑器左上角的第 3 个按钮就会变成可用状态，单击它就可以创建 Context Menus 主菜单。

在选中已经创建的 Context Menus 主菜单后，可以单击第 2 个按钮创建选中的 Context Menus 主菜单的子菜单。与下拉菜单一样，选中创建的某个 Context Menus 菜单，菜单编辑器的右边就会显示该菜单的有关属性，可以设置、修改菜单的属性。菜单编辑器左上角的第 4 个与第 5 个按钮用于对选中的菜单进行左移与右移，第 6 个与第 7 个按钮用于对选中的菜单进行上移与下移，最右边的按钮用于删除选中的菜单。

- 对象位置调整器。

对象位置调整器如图 15-11 所示，利用对象位置调整器，可以对 GUI 对象设计区内的多个对象的位置进行调整。在 GUI 设计窗口的工具栏上选择“Align Objects”按钮，或者选择“Tools”菜单下的“Align Objects”，就可以打开对象位置调整器。

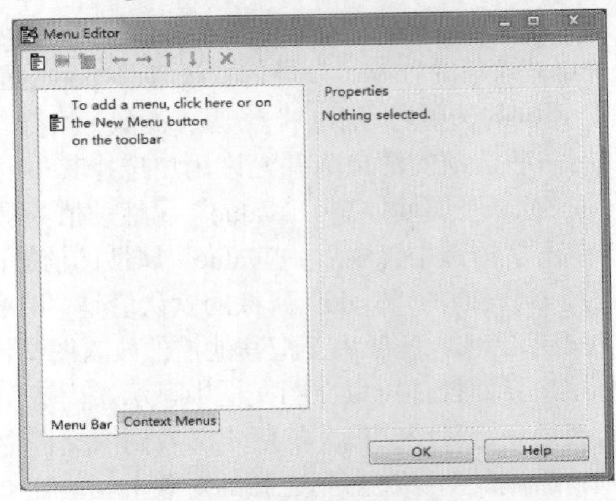

图 15-10 菜单编辑器

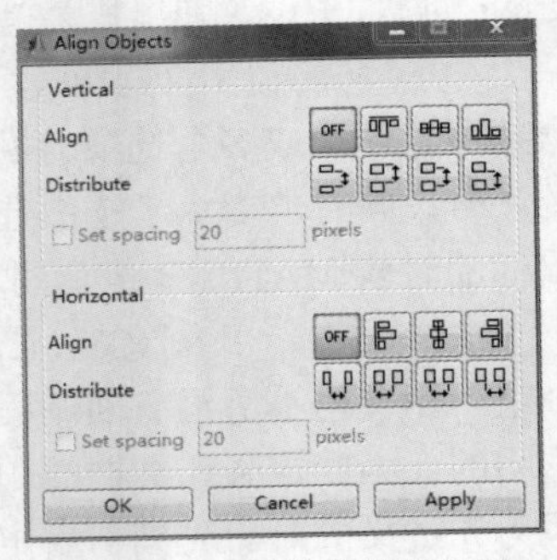

图 15-11 对象位置调整器

对象位置调整器中的第一个选项组是用于进行垂直方向的位置调整。对象位置调整器中的第二个选项组是用于进行水平方向的位置调整。在选中多个对象后，可以方便地通过对象位置调整器调整对象间的对齐方式和距离。

- 对象浏览器。

利用对象浏览器，可以查看当前设计阶段的各个句柄图形对象。在 GUI 设计窗口的工具栏上选择“Object Browser”按钮，或者选择“View”菜单下的“Object Browser”，就可以打开对象浏览器。如在对象设计区内创建了 3 个对象，它们分别是 Edit Text、Push Button、Listbox 对象，此时单击“Object Browser”按钮，可以看到对象浏览器。

在对象浏览器中，可以看到已经创建的 3 个对象和图形窗口对象 figure。用鼠标双击图 15-12 中的任何一个对象，可以进入对象属性查看器。

- Tab 顺序编辑器。

利用 Tab 顺序编辑器，可以设置用户按键盘上的 Tab 键时，对象被选中的先后顺序。选择“Tools”菜单下的“Tab Order Editor”，就可以打开 Tab 顺序编辑器。如图 15-13 所示，用户通过 Tab 顺序编辑器左上角的上、下箭头来改变触发焦点的顺序。

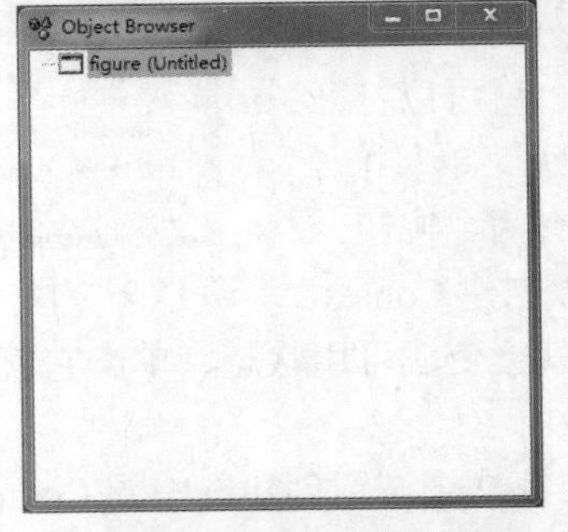

图 15-12 对象浏览器

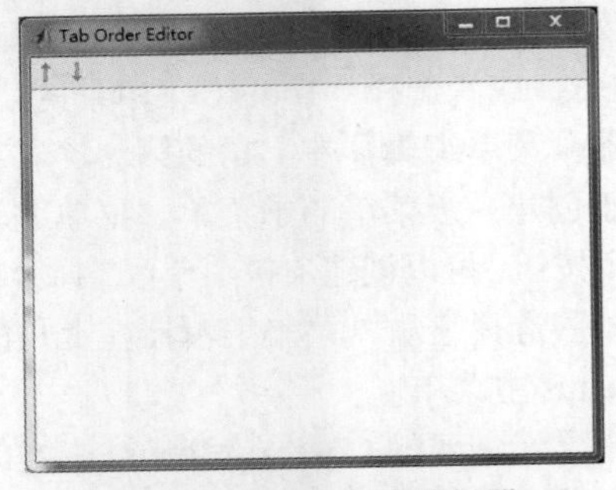

图 15-13 Tab 顺序编辑器

- M 文件编辑器。

当用户通过 GUIDE 创建 GUI 后，同时产生两个文件，即 FIG 文件和 M 文件，单击 M 文件编辑器即可打开其 M 文件，还可以编写 GUI 下每个对象的 Callback 与进行一些初始设置，M 文件编辑器如图 15-14 所示。直接在 M 文件编辑器上依据对象的名称与 Callback 来选取欲查询的内容后，GUIDE 即会立即将光标定位到选取的 Callback 位置处。如选取 untitled_OpeningFcn，则 GUIDE 就会将光标定位到图 15-15 所示的内容处，如此就可以编辑相应的内容了。

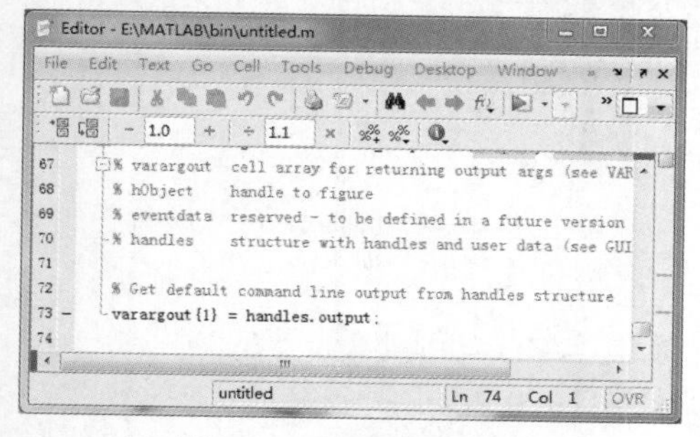

图 15-14　M 文件编辑器

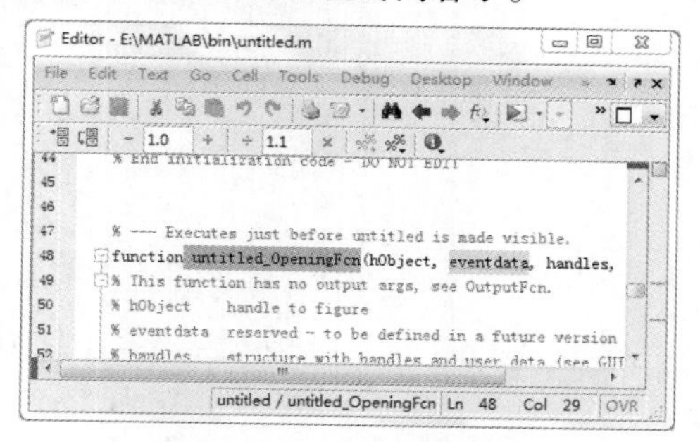

图 15-15　Callback 编辑区

15.2.4　使用 GUIDE 创建 GUI 的步骤

采用 GUIDE 创建一个完整的 GUI，步骤如下：

- 分析界面所要求实现的主要功能，明确设计任务；
- 在稿纸上绘出界面草图，并站在用户的角度来审查草图；
- 按构思的草图，上机制作静态界面，并检查；
- 编写界面具有动态功能的程序，对功能进行逐项检查。

15.2.5　使用 GUIDE 创建 GUI 的实例

例 15.2　按照以下步骤，制作一个简易的计算器。

（1）新建一个空白 GUI，放置一个简易计算器所需要的模块（1 个 Static Text 和 20 个 Push Button），Static Text 用于显示数和结果，20 个 Push Button 分别表示 0 ~ 9、加、减、乘、除、点、等于、平方、返回、清空、退出。放置模块并调整大小后如图 15-16 所示。

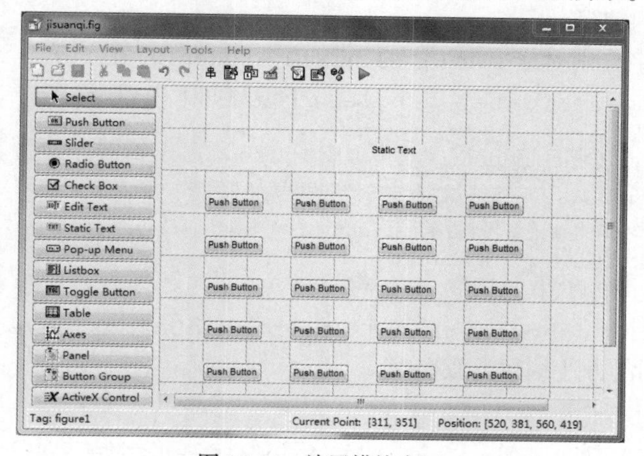

图 15-16　放置模块窗口

（2）属性设置：双击“Static Text”进行属性设置，修改 Backgroundcolor 为绿色，Fontsize 为 15，string 为空白。分别双击 20 个“Push Button”进行按钮属性设置，分别修改 Backgroundcolor

为黄色，Fontsize 为 15，Foregroundcolor 为红色，string 分别为 0～9、+、-、*、/、x^2、.、=、c、Eixt、R，修改完如图 15-17 所示，其中 c 表示清空、Exit 表示退出、R 表示返回。

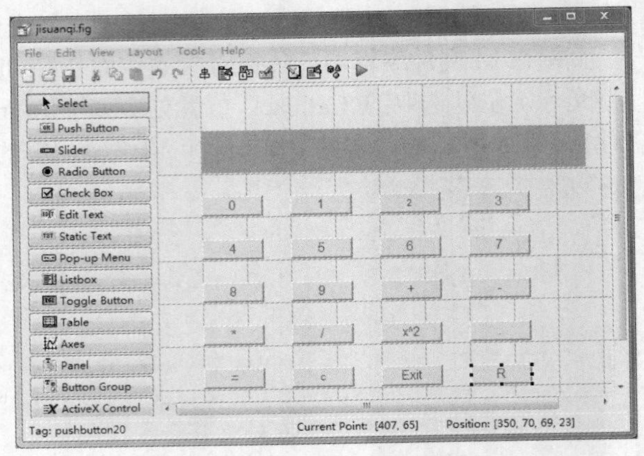

图 15-17　设置属性窗口

（3）保存文件，文件名 jisuanqi1；保存确认后进入 M 文件编辑器，如图 15-18 所示。

（4）在 M 文件编辑器里面编写程序，编写程序后的窗口如图 15-19 所示。

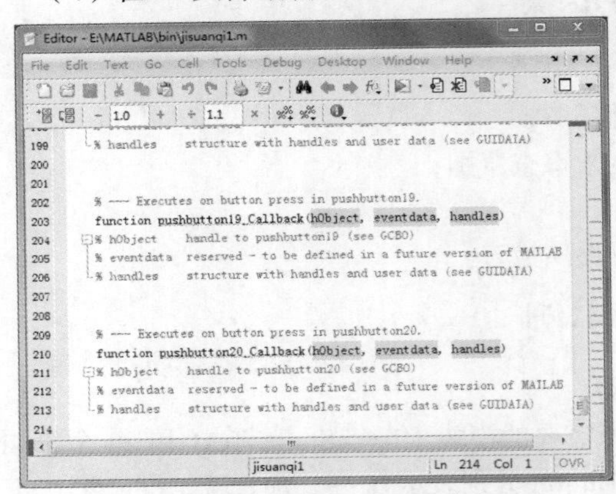

图 15-18　M 文件编辑器

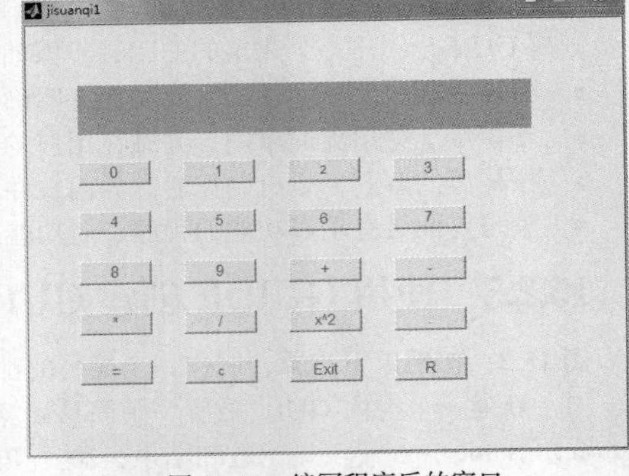

图 15-19　编写程序后的窗口

- 0～9 数字键的编写。

0～9 这 10 个数字分别对应 string 里的 button1～button10，在 function pushbutton1_Callback(hObject,eventdata, handles) 下编写如下内容。

```
textString = get(handles.text1,'String');
%把 text1 中的字符串赋给 textString 变量
textString =strcat(textString,'1');
%把 textString 中的字符与 1 连接起来并赋给 textString 本身
set(handles.text1,'String',textString)
%把新的 textString 中的内容以字符串的形式显示在 text1 中
```

分别在 function pushbutton2～10_Callback(hObject, eventdata, handles) 下给 1～9 数字以相同的方法编写类似程序。

- 符号键的编写。

在 function pushbutton11_Callback(hObject, eventdata, handles) 下编写如下内容。

```
textString = get(handles.text1,'String');
%把 text1 中的字符串赋给 textString 变量
```

```
textString =strcat(textString,'+');
 %把 textString 中的字符与+连接起来并赋给 textString 本身
set(handles.text1,'String',textString)
%把新的 textString 中的内容以字符串的形式显示在 text1 中
```

同理，分别在 function pushbutton12～15_Callback(hObject, eventdata, handles)和 function pushbutton17_ Callback(hObject, eventdata, handles)下给符号键-、*、/、.、x^2、=赋值类似语句。

- “=”的编程。

```
在 function pushbutton16_Callback(hObject, eventdata, handles)下编写：
textString = get(handles.text1,'String');
%把 text1 中的字符串赋给 textString 变量
ans =eval(textString);
%将 textString 的内容转换成数值表达式
set(handles.text1,'String',ans)
%把新的 ans 中的内容以字符串的形式显示在 text1 中
```

- 清除键的程序。

```
在 function pushbutton18_Callback(hObject, eventdata, handles)下编写：
set(handles.text1,'String','')     %把 text 清空
```

- 退出键的程序。

```
在 function pushbutton19_Callback(hObject, eventdata, handles)下编写：
close(gcf);                              %关闭句柄值，即关闭窗口
```

- 返回键的编程。

```
在 function pushbutton20_Callback(hObject, eventdata, handles)下编写：
textString=get(handles.text1,'String')
      %把 text1 中的字符串赋给 textString 变量
w=length(textString)           %w 为 textString 的长度
t=char(textString)
textString=t(1:w-1)            %把 t 中前 w-1 个数赋给 textString
set(handles.text1,'String',textString)
```

（5）在窗口中进行图 15-20 所示的计算。

输出结果如图 15-21 所示。

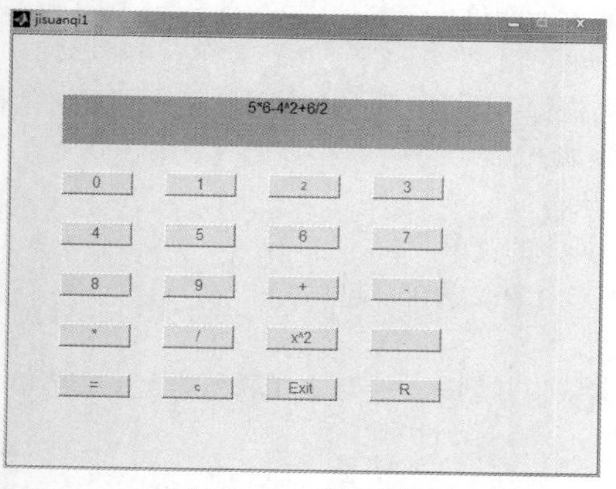

图 15-20　进行计算

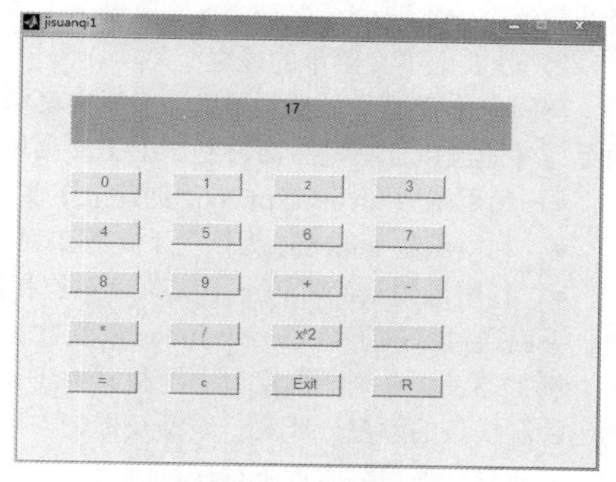

图 15-21　输出结果

15.3　用 M 文件创建 GUI

在 MATLAB 中，所有对象都可以使用 M 文件进行编写。GUI 也是一种 MATLAB 对象，因此，可以使用 M 文件来创建 GUI。了解创建 GUI 对象的 M 程序代码可以帮助用户理解 GUI 的各

种组件和图形对象控件的常用属性。

M 文件由一系列的子函数组成，包括主函数、初始化函数、输出函数及回调函数。其中，主函数不能修改，否则会导致 GUI 初始化失败。

- GUI 创建函数：即主函数，用于创建 GUI、GUI 程序实例等，用户可以在该函数内完成一些必需的初始化工作，如设置程序运行相关的环境变量等。GUI 创建函数可以返回程序窗口的句柄。
- 初始化函数：用于完成程序的初始化工作，如 GUI 的初始化等。
- 输出函数：将程序执行后的状态输出至命令行。
- 回调函数：用于响应用户操作。

当用户通过 GUIDE 创建 GUI 后，在执行或存储该 GUI 的同时，会产生一个 M 文件，这时就可以单击“M-file Editor”按钮来编写该 GUI 下每个对象的 `Callback` 与一些初始设置。

下面将介绍用函数编写 GUI 主要涉及的 3 个函数：uimenu()函数（菜单）、uicontextmenu()函数（上下文菜单）及 uicontrol()函数（控件）。

1. GUI 菜单对象的建立

自制 GUI 菜单对象，通过函数 uimenu()创建，其调用格式如下。

`h=uimenu('PropertyName1',value1,'PropertyName2',value2,…)`：即在当前图形窗口上部的菜单栏创建一个菜单对象，并返回一个句柄值。函数变量 `PropertyName` 是所建菜单的属性，value 是属性值。菜单对象的属性分为公共属性、基本控制属性及 `callback` 管理属性 3 个部分，关于属性及其详细内容见 MATLAB 帮助文件，下面介绍一些常用重要属性的设置方法。

- `label` 和 `callback`：这是菜单对象的基本控制属性，编写一个具有基本功能的菜单必须要设置 `label` 和 `callback` 属性。`label` 是在菜单项上显示的菜单内容；`callback` 是用来设置菜单项的回调程序。
- `checked` 和 `separator`：`checked` 属性用于设置是否在菜单项前添加选中标记。“`on`”表示添加，“`off`”表示不添加。因为有些菜单的选中标记相斥，所以就要求给一个菜单项添加选中标记的同时要去掉另一个菜单项的标记；`separator` 用于在菜单项之前添加分隔符，以便使菜单更加清晰。
- `Backgroundcolor` 和 `Foregroundcolor`：`Backgroundcolor`（背景色）是菜单本身的颜色；`Foregroundcolor`（前景色）是菜单内容的颜色。

2. GUI 上下文菜单的建立

与固定位置的菜单对象相比，上下文菜单对象的位置不固定，总是与某个（些）图形对象相联系，并通过鼠标右键激活，制作上下文菜单的步骤如下：

- 利用函数 uicontextmenu()创建上下文菜单对象；
- 利用函数 uimenu()为该上下文菜单对象制作具体的菜单项；
- 利用函数 set()将该上下文菜单对象和某些图形对象联系在一起。

下面通过示例了解 uicontextmenu()函数的使用。

例 15.3 在一个图形窗口中绘制抛物线和余弦曲线，并创建一个与之相联系的上下文菜单，用于控制线条的颜色、线宽、线型及标记点风格。

在命令行窗口输入如下程序。

```
>> % 画曲线 y1，并设置其句柄 h=uicontextmenu;
t=-1:0.1:1;subplot(2,1,1);y1=t.^2;h_line1=plot(t,y1); h=uicontextmenu;
% 建立上下文菜单
uimenu(h,'label','blue','callback','set(h_line1,''color'',''y'')');
uimenu(h,'label','red','callback','set(h_line1,''color'',''b'')');
uimenu(h,'label','yellow','callback','set(h_line1,''color'',''g'')');
uimenu(h,'label','linewidth1.5','callback','set(h_line1,''linewidth'',1.5)');
uimenu(h,'label','linestyle*','callback','set(h_line1,''linestyle'','':'')');
uimenu(h,'label','linestyle:','callback','set(h_line1,''linestyle'',''--'')');
```

```
uimenu(h,'label','marker','callback','set(h_line1,''marker'',''s'')');
set(h_line1, 'uicontextmenu',h)   % 使上下文菜单与正弦曲线 h_line1 相联系
title('抛物线和余弦曲线','fontweight','bold','fontsize',14)
set(gca,'xtick',[-1:0.5:1])        % 设置坐标轴的标度范围
set(gca,'xticklabel',{'-1','0.5','0','0.5','1'});      % 设置坐标轴的标度值
>> %画曲线 y2, 并设置其句柄
subplot(2,1,2);t=0:0.1:2*pi;y2=cos(t);h_line2=plot(t,y2);
h=uicontextmenu;
uimenu(h,'label','red','callback','set(h_line2,''color'',''r'')');
uimenu(h,'label','crimson','callback','set(h_line2,''color'',''m'')');
uimenu(h,'label','black','callback','set(h_line2,''color'',''k'')');
uimenu(h,'label','linewidth1.5','callback','set(h_line2,''linewidth'',1.5)');
uimenu(h,'label','linestyle*','callback','set(h_line2,''linestyle'',''*'')');
uimenu(h,'label','linestyle:','callback','set(h_line2,''linestyle'','':'')');
uimenu(h,'label','marker','callback','set(h_line2,''marker'',''s'')');
set(h_line2,'uicontextmenu',h)
set(gca,'xtick',[0:pi/2:2*pi])
set(gca,'xticklabel',{'0','pi/2','pi','3pi/2','2pi'})
xlabel('time 0-2\pi','fontsize',10)
>> % 建立关闭 GUI 的按钮 "close"
hbutton=uicontrol('position',[80 30 60 30],'string','close', 'fontsize',8,'fontweight',
'bold','callback','close');
```

在 MATLAB 中运行该程序，得到图 15-22 所示的图形界面。将鼠标指针指向线条，单击鼠标右键，弹出上下文菜单，在选中某菜单项后，将执行该菜单项的操作。

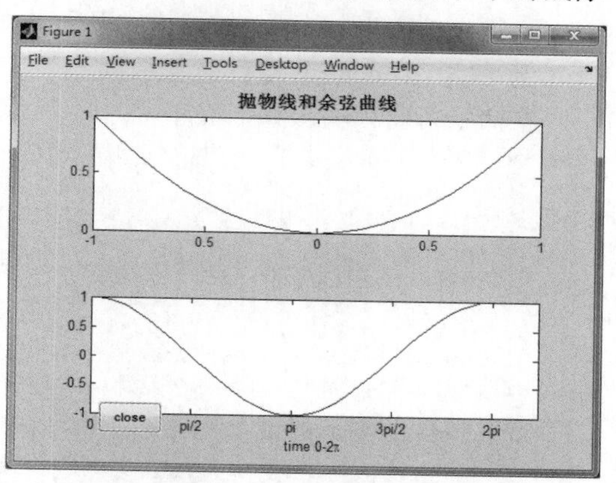

图 15-22　带有上下文菜单的图形界面

3. GUI 控件对象的建立

除了菜单以外，利用控件对象也可实现用户与计算机的交互。GUI 控件对象是这样一类图形界面的对象：用户用鼠标对控件对象进行操作，单击控件时，将激活该控件所对应的后台应用程序，并执行该程序。利用函数创建控件对象的格式如下。

H=uicontrol(H_parent,'style',Sv,pName,pVariable,…)：H 为该控件的句柄，H_parent 为控件父句柄，style 为控件样式，Sv 为控件类型，pName 和 pVariable 为一对值，用来确定控件的一个属性。对于用函数创建控件，这里有必要对控件的几个重要属性给予介绍。

（1）Value 属性：控件的当前值，为标量或变量。该属性对不同的控件有不同的取值方式。

- 复选框：当此控件被选中时，Value 的值为属性 Max 中设置的值；未被选中时 Value 的值为属性 Min 中设置的值。
- 列表框：被选中的选项，当有多个选项被选中时，Value 的属性值为向量。序号指的是选项的排列次序，最上面的选项序号为 1，第二个选项序号为 2。
- 弹出式菜单：和列表框类似，也是被选中的选项，只是弹出式菜单只能有一个选项被选中，因而 Value 属性值是标量。
- 单选按钮：被选中时 Value 的值为属性 Max 中设置的值；未被选中时，Value 的值为属性 Min 中设置的值。
- 滑动条：Value 的值等于滑块指定的值。
- 开关按钮："开" 时 Value 的值为属性 Max 中设置的值；"关" 时 Value 的值为属性 Min 中设置的值。

（2）Max 属性：指定 Value 属性中可以设置的最大值，为标量。

- 复选框：当复选框被选中时 Value 属性的取值。

● 编辑框：如果 Max 的值减去 Min 的值大于 1，那么编辑框可以接受多行输入文本；如果 Max 的值减去 Min 的值小于或等于 1，那么编辑框只能接受一行输入文本。

● 列表框：如果 Max 的值减去 Min 的值大于 1，那么允许选取多个选项；如果 Max 的值减去 Min 的值小于或等于 1，那么只能选取一个选项。

● 单选按钮：当单选按钮被选中时 Value 属性的取值。

● 滑动条：滑动条的最大值，默认值是 1。

● 开关按钮：当开关按钮为“开”（被选中）时 Value 属性的取值，默认值是 1。

（3）Min 属性：指定 Value 属性中可以设置的最小值，为标量。

● 复选框：当复选框被选中时 Value 属性的取值。

● 编辑框：如果 Max 的值减去 Min 的值大于 1，那么编辑框可以接受多行输入文本；如果 Max 的值减去 Min 的值小于或等于 1，那么编辑框只能接受一行输入文本。

● 列表框：如果 Max 的值减去 Min 的值大于 1，那么允许选取多个选项；如果 Max 的值减去 Min 的值小于或等于 1，那么只能选取一个选项。

● 单选按钮：当单选按钮未被选中时 Value 属性的取值。

● 滑动条：滑动条的最小值，默认值是 0。

● 开关按钮：当开关按钮为“开”（被选中）时 Value 属性的取值，默认值是 1。

例 15.4 Uicontrol 控件对象示例。

在命令行窗口输入如下程序。

```
>> close all % 关闭所有图形窗口
uicontrol('style','push','position',[200  20 80 30]);
uicontrol('style','slide','position',[200 70 80 30]);
uicontrol('style','radio','position',[200 120 80 30]);
uicontrol('style','frame','position',[200 170 80 30]);
uicontrol('style','check','position',[200 220 80 30]);
uicontrol('style','edit','position',[200 270 80 30]);
uicontrol('style','list','position',[200 320 80 30],'string', '1 2 3 4');
uicontrol('style','popup','position',[200 370 80 30],'string','one two three');
```

带有控件的图形界面如图 15-23 所示。

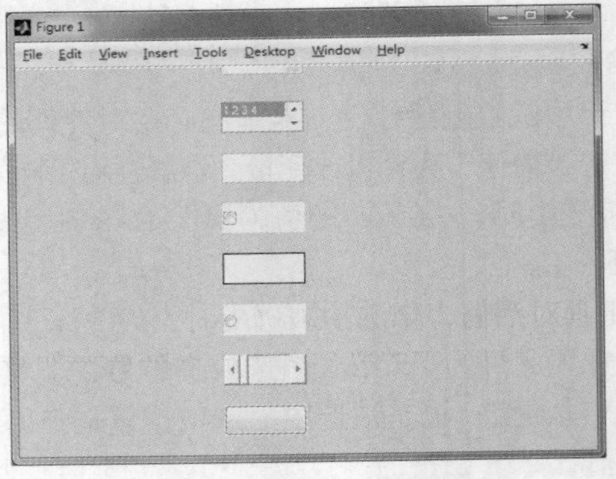

图 15-23　带有控件的图形界面

15.4　本章小结

本章介绍了 MATLAB 中 GUI 的基本知识、GUI 设计的两种基本方式、用 M 文件创建 GUI 等。用户需掌握 GUI 设计工具，以便实现静态界面的设计；还需了解 GUI 工具生成的 M 文件的结构，以便编写回调函数。

第 16 章 GUI 高级图形设计

GUI 是由窗口、图标、菜单、文本、按钮等图形对象组成的。用户通过一定的方法选择、激活这些图形对象，使计算机产生某种动作或变化，实现计算、绘图等功能，其目的是让软件使用者了解软件产品，学会使用软件产品，GUI 相当于软件开发者与使用者之间交流的“桥梁”。MATLAB 为表现其功能而设计的演示程序 demo，就是了解和使用 GUI 的最好范例之一。

16.1 GUIDE 常用工具

MATLAB 为用户开发图形界面提供了一个方便、高效的集成开发环境——GUIDE。GUIDE 主要是一个界面设计工具集，MATLAB 将所有 GUI 支持的用户控件都集成在这个环境中并提供界面外观、属性及行为响应方式的设置方法。GUIDE 将用户设计好的 GUI 保存在一个 FIG 资源文件中，同时还能够生成包含 GUI 初始化和组件界面布局控制代码的 M 文件。这个 M 文件为实现回调函数（当用户激活 GUI 某一组件时执行的函数）提供了一个参考框架。虽然使用用户自己编写的包含 GUI 所有发布命令的 M 文件也能够实现开发 GUI，但是使用 GUIDE 执行效率更高。使用 GUIDE 不但能够交互式地进行组件界面布局，而且能够生成两个用来保存和发布 GUI 的文件。

GUIDE 常用工具包括控件、排列工具、对象属性查看器等，主要用于图形界面的编辑、开发工作。

16.1.1 排列工具

对于控件的内容将在随后的章节中详细介绍。排列工具的作用是对选中的两个或两个以上的控件进行水平排列、垂直排列及均匀分布。

单击 GUI 设计窗口工具栏上的 按钮，或者单击“Tools”→“Align Objects”，都可以打开排列工具对话框，如图 16-1 所示。

排列工具对话框的第一个选项组是用于进行垂直方向的位置调整，第二个选项组是用于进行水平方向的位置调整。每一个选项组的第一排分别表示按照上边缘、中心及下边缘对齐；第二排表示几种分散对齐的方式。选中组件对齐时，每次只能对齐一个方向，否则组件会重叠。

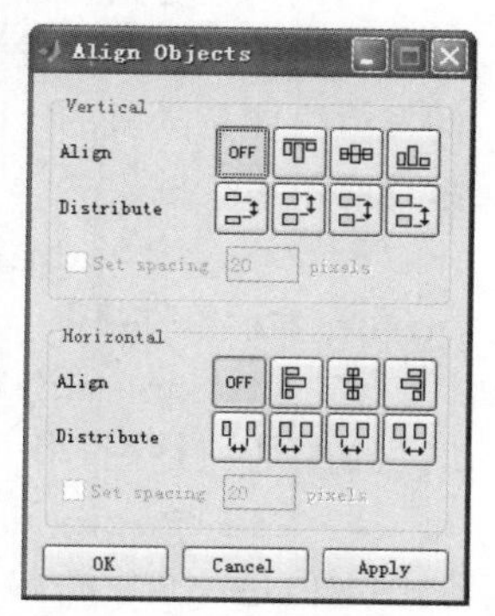

图 16-1　排列工具对话框

16.1.2 对象属性查看器

利用对象属性查看器，可以查看每个对象的属性值，也可以修改、设置对象的属性。选中某个控件，单击 GUI 设计窗口工具栏上的按钮，或者单击“View”→“Property Inspector”，直接双击控件，都可以打开对象属性查看器，如图 16-2 所示。

不同控件的属性列表不完全相同，但多数属性是通用的。在 GUI 设计中，很多属性不需要设置，取系统默认值即可。对象属性查看器按属性的字母顺序排列，下面对常用属性分类进行说明。

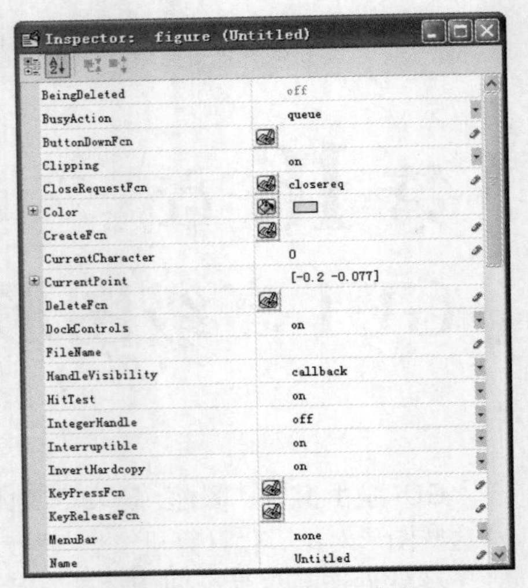

图 16-2　对象属性查看器

1. 外观和风格控制类

- BackgroundColor：用于设置控件的背景颜色，默认值是系统定义的颜色。通过颜色设置对话框选择颜色。
- ForegroundColor：用于设置控件的前景颜色，即控件上显示文本的颜色，默认值是系统定义的颜色。通过颜色设置对话框选择颜色。
- Visible：属性取值可以是 on 或 off，用于设置控件是否可见。
- Position：用于确定控件在图形窗口中的位置和控件的大小。
- Units：设置控件的位置和大小的计量单位。

2. 常规信息类

- Enable：用于决定用鼠标单击控件时控件的反应情况，有 on、off 及 inactive 3 种取值。分别代表控件是可用的；控件不可用，而且控件外表看起来是灰色的；控件不可用，但控件外表与 on 取值的情况是一样的。
- Style：用于设置控件的类型。
- Tag：属性取值是一个字符串，用于标记控件的名称，以便在程序设计时找到该控件，在一个程序中，控件的属性值是唯一的。
- TooltipString：属性取值是一个字符串，用于提示信息显示。当鼠标指针移到控件上时，就会显示定义的字符串。
- FontName：用于设置文字的字体，默认值是系统定义的字体。属性取值是一个字符串，设置时可以直接输入用户计算机支持的字体。
- FontSize：用于设置文字的字号，默认值是 8.0。
- FontUnits：用于设置字号的单位，默认值是 points。

3. 回调函数类

回调函数是指在控件定义的事件发生时，将自动调用定义的函数。使用回调函数，程序的控制流程不再由预定的发生顺序来决定，而是通过实际运行时各种事件的实际发生来触发，而事件的发生可能是随机的、不确定的，并没有预定的顺序，对需要用户交互的应用程序来说，回调函数是必不可少的。

- BusyAction：处理回调函数的中断。属性取值有两个选项：cancel 表示取消中断事件，queue 表示事件排队。
- ButtonDownFcn：用于定义在控件上单击，或在距离控件 5 个像素范围内单击时执行的函数。属性取值是一个字符串，可以是一个有效的 MATLAB 表达式或 M 文件名，用来表示要执行的函数。
- CallBack：是图形界面设计中最重要的属性之一，用于连接图形界面和整个程序系统。属性取值是一个字符串，在该对象被选中和改变时，系统将自动对字符串进行求值，执行该字符串所定义的函数。
- CreateFcn：用于定义创建控件时执行的回调函数。
- DeleteFcn：用于定义删除控件时执行的回调函数。
- Interruptibie：属性取值为 on 或 off，用于定义当前的回调函数在执行时是否允许被中断。

4. 当前状态信息属性

- String：属性取值是一个字符串，用于设置控件上显示的文本。对于复选框、可编辑文本框、静态文本框、命令按钮、单选按钮及开关按钮，文本显示在控件界面上。对于列表框和弹出式菜单，文本显示在控件的列表选项中，被选中选项的索引号赋值给 Value 属性。
- Min：属性取值是一个标量，与 Max 属性配合使用。默认值为 0。
- Max：属性取值是一个标量，与 Min 属性配合使用。默认值为 1。对于可编辑文本框控件，如果 Max 属性与 Min 属性的值之差大于 1，那么可编辑文本框可以进行多行输入，否则只能单行输入。对于滑动条控件，Max 属性与 Min 属性的值表示滑动条的取值范围。
- Value：属性取值是一个标量或矢量，决定控件的当前值，在不同的控件类型中，该属性的意义不同。对于复选框、单选按钮及命令按钮控件，当控件被选中时，Value 属性的值为 Max 属性的值；没有被选中时，其属性的值为 Min 属性的值。对于开关按钮控件，当按钮被按下时，Value 属性的值为 Max 属性的值；当按钮弹起时，其属性的值为 Min 属性的值。对于列表框或弹出式菜单控件，Value 属性的值为选中列表项的索引号，位于列表最上端的选项索引号为 1，其次为 2，以此类推。对于滑动条控件，Value 属性的值为滑槽内滑块的当前值。对于可编辑文本框、静态文本框及坐标轴等的控件，Value 属性没有意义。
- UIContextMenu：属性默认取值是 None，如果设置成一个 Context Menu 的标记，则将控件与菜单联系起来。在该控件上单击鼠标右键时，就会弹出与之联系的 Context Menu 菜单。

16.1.3 图形窗口的属性

图形窗口具有一般窗口对象的共同属性，包括图形类型、是否可视、是否剪辑、中断允许等。在 GUI 设计窗口的编辑区双击鼠标，就可以打开图形窗口的属性列表。图形窗口对象的常用属性如下。

（1）Color 属性。

图形背景颜色，其属性可通过颜色设置对话框设置。

（2）MenuBar 属性。

设置是否在图形窗口的顶部显示图形菜单栏。其属性值可选择 figure（图形窗口标准菜单）或 none（不加入标准菜单），默认值为 none。如果用户选择 figure 选项，则该窗口将保持图形窗口标准菜单项，同时用户又加入了自己的菜单项，用户菜单显示在标准菜单的右侧；如果用户选择 none 选项，则只显示用户定义的菜单。

（3）Name 属性。

设置图形窗口的显示标题。默认值是空字符串，如设为 Exam，图形窗口标题变为 Exam。

（4）NumberTitle 属性。

设置是否在图形标题中加入图形编号，其属性值可选择 on 或 off，默认值为 off。如果选择了 on 则会自动在每个图形窗口标题栏内加入图形编号。

（5）Units 属性。

设置图形大小和位置的计量单位。用户可选择 pixels、normalized、inches、points、centimeters、characters 等，默认值为 characters，Units 属性将影响到一切定义大小的属性值。其中 pixels 为相对单位，图形在不同型号的显示器上显示时，大小可能会发生变化；inches、centimeters 为绝对单位，图形在不同型号的显示器上显示时，大小不会发生变化；normalized 定义图形窗口左下角坐标为（0,0）、右上角坐标为（1,1），将度量单位转化为[0,1]之间的数字值；characters 是应用于字符的单位，高度是两个文本基线之间的距离，宽度相当于字母 x 的宽度。

（6）Position 属性。

设置图形显示的大小和位置。其属性值为一个 1 行、4 列的向量，前两个值代表左下角的坐标值，后两个值分别表示窗口的宽度和高度，单位由 Units 属性指定。

（7）Resize 属性。

设置能否改变图形的大小。有两个值可供选择：on（可以改变）或 off（不可以改变），默认值为 off。

（8）Visible 属性。

设置是否显示图形。有两个值可供选择：on（可以）或 off（不可以），默认值为 on。

（9）回调函数。

图形窗口对象的回调函数非常丰富，可用于完成复杂的图形界面功能设计。下面列出一些常用的回调函数。

- BusyAction：处理中断事件的方式，默认 queue 表示排队、cancel 表示取消中断事件。
- ButtonDownFcn：按窗口界面上的按钮时执行的函数。
- Callback：对象被选中时执行的函数。
- CreateFcn：产生图形对象的处理函数。
- KeypressFcn：按键盘键时执行的函数。
- DeleteFcn：删除图形对象时执行的函数。
- ResizeFcn：图形窗口大小改变时执行的函数。
- WindowButtonDownFcn：在图形窗口中单击鼠标时执行的函数。
- WindowButtonMotionFcn：在图形窗口中移动鼠标时执行的函数。

这些属性所对应的属性值是 M 文件名或函数名，一旦图形窗口接收到用户的输入信息，就将执行相应的程序或函数。

16.1.4 图形对象的属性

通过修改图形对象的属性可以控制对象的外观、行为等许多特征。属性不但包括对象的一般信息，而且包括特殊类型对象独一无二的信息。如用户可以从任意给出的 figure 对象中获得以下信息：窗口中最后一次输入的标示符、指针的位置以及最近一次选择的菜单项。MATLAB 将所有图形信息组织在一个层次表中，并将这些信息存储在相应的属性中。如 root 属性表包括当前图形窗口的句柄和当前的指针位置；figure 属性包括其子队形的类型列表，同时实现跟踪窗口中发生的事件；axes 属性包括有关器子回想对图形窗口映射表的使用方式和 plot()函数所使用的颜色命令。

用户不但可以查询当前任意对象的任意属性值，而且可以指定大多数属性的取值（某些属性为 MATLAB 控制的只读属性）。属性值仅对对象的特定实例起作用，也就是说，修改属性值不会对同类对象、不同实例的属性产生影响。可以通过设置属性的默认值来影响所有创建的对象的属性。如果用户既没有定义默认值也没有在创建对象时指定属性值，MATLAB 将使用系统默认值。每个对象创建函数的参考入口都提供一个与图形对象有关的属性完整列表。

有些属性是所有图形对象都具备的，如类型、备选状态、是否可见、创建回调函数、销毁回调函数。而有些属性则是某种对象独有的，如线条对象的线性属性等。这些独有的属性将在介绍属性设置方法时具体介绍。

在不产生混淆的前提下，编程时使用属性名的缩写。但是，在编写 M 文件是最好不使用缩写，以防将来 MATLAB 系统扩展时导致属性重名。

set()和 get()函数可以指定或获取已存在对象的属性值。如果该属性值有一个取值范围集，这两个函数还能够将该属性所有范围内的取值列举处理。设置已存在对象属性的调用格式如下。

```
set(object_handle,'PropertyName','New Property Value')
```

如果希望查询指定对象的当前属性值，可以使用以下语句。

```
returned_value=get(object_handle,'PropertyName');
```

16.2 菜单和对话框

菜单和对话框是 MATLAB GUI 高级图形设计中的主要图形对象，使用句柄函数和编辑器可以创建菜单和对话框。

16.2.1 图形对象句柄函数

在第十四章已经详细介绍过关于图形句柄的内容，在这里将对图形句柄的内容再次进行简单说明。

句柄是某个图形对象的记号，MATLAB 给图形中的每个对象都指定了句柄，利用句柄可以获取或修改图形对象的属性。每个图形可以有 4 种对象：菜单、控件、坐标轴及快捷菜单。

1. 图形对象句柄函数

MATLAB 提供了专门的函数用于获得已经存在的图形对象句柄，获得的句柄既可以赋值给某一变量，也可以直接作为其他函数的输入变量使用，图形对象句柄函数如表 16-1 所示。

表 16-1　图形对象句柄函数

函数	说明	函数	说明
gcf()	获得当前图形窗口的句柄	gcbf()	获得当前正在调用的图形的句柄
gca()	获得当前坐标轴的句柄	gco()	获得当前对象的句柄
gcbo()	获得当前正在调用的对象的句柄		

2. 对象属性函数

所用对象都用属性定义其特征，属性可以决定对象的显示方式、位置、颜色、字体、类型等内容，不同的图形对象有不同的属性，图形对象属性函数如表 16-2 所示。

表 16-2　图形对象属性函数

函数	函数格式	说明
delete()	delete(h)	删除句柄所对应的图形对象。h 为对象句柄
close()	close(h)	关闭句柄所对应的图形对象。h 为对象句柄
findobj()	h=findobj('proper name','P')	查找具有某种属性的图形对象句柄。proper name 为对象的某一个属性，P 为该属性的属性值，h 为得到的句柄
get()	Property value=get(handle,'Name')	获取指定图形对象某个指定属性的属性值。其中 handle 为图形对象的句柄，Name 为某个属性名称，Property value 为返回的属性值
set()	set(handle)	显示指定图形对象所有可以设置的属性名称及其可能取值。handle 为图形对象的句柄
	P=set(handle,'ProperName')	显示指定图形对象某个属性的取值。handle 为图形对象的句柄，ProperName 为属性，P 为返回的属性值
	set(handle,'Name1',Value1,'Name2',Value2,'Name3',Value3,…)	设定指定图形对象的某个属性，handle 为图形对象的句柄，Name1 为某个属性，Value1 为设置的属性值，其他参数相同

16.2.2 菜单

MATLAB 可以创建两种菜单：下拉菜单和上下文（弹出式）菜单。这两种菜单都可以通过菜单编辑器创建。在 GUI 设计窗口中，单击“Tools”→“Menu Editor”选项，或者单击工具栏中的按钮，将会出现图 16-3 所示的菜单编辑器。

在打开的菜单编辑器中，单击按钮，选中“Untitled 1”，如图 16-4 所示。

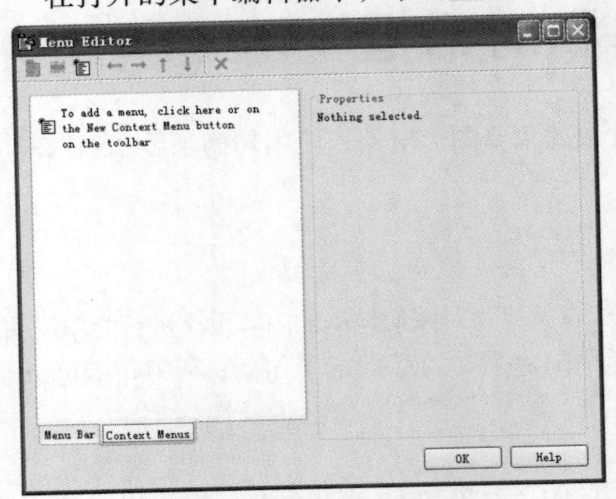

图 16-3　菜单编辑器

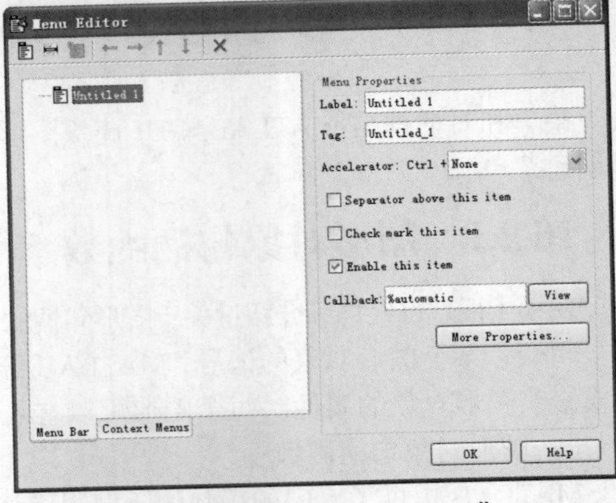

图 16-4　选中“Untitled 1”

菜单编辑器包括 Menu Bar 和 Context Menus 两个选项卡，分别用于创建菜单栏和上下文菜单。工具栏中包含新建按钮、编辑按钮及删除按钮等，其中新建按钮用于创建菜单、子菜单及上下文菜单（在 Context Menus 选项卡下有效），编辑按钮用于移动菜单位置。菜单编辑器的右侧显示选中菜单的属性。

1. Menu Bar 选项卡

（1）Label。

显示菜单项的标识字符串，在标识字符串中的某个字母前面加上“&”字符则定义一个快捷键，由 Alt 键+该字符来激活。

（2）Tag。

菜单项的标识项。一般用来标识某个菜单，在一个图形窗口中是唯一的，菜单的句柄能够利用 Tag 获取。如某菜单 Tag 标识为 `menu1`，其句柄可通过 `handle=findobj(tag,'menu1')` 获得。

（3）Accelerator。

定义菜单项的快捷键，与 Crtl 键组合使用。

（4）Separator above this item。

设置在当前菜单项前是否显示分隔符，默认是不显示。

（5）Check mark this item。

设置在当前菜单项前是否显示交易标记，默认是不显示。

（6）Enable this item。

设置菜单项使能状态，默认是使能。

（7）Callback。

设置菜单回调函数，可以直接输入字符串或单击“View”按钮打开 M 文件编辑器来编辑回调函数。

（8）More Properties。

设置菜单属性。单击该按钮可打开菜单的属性设置对话框。

2. Context Menus 选项卡

Context Menus 选项卡用于创建上下文菜单，多数是在某个图形对象上单击鼠标右键时，在屏幕上弹出的菜单。这种菜单出现的位置是不固定的，而且总是和某个图形对象的 `UIContext Menu` 属性相联系。先创建上下文菜单，再将图形对象的 `UIContext Menu` 属性设置为菜单的标记。

另外，用户也可以使用图形窗口标识菜单。在 GUI 设计窗口编辑区的空白处双击鼠标（不要选择任何控件），打开图形窗口的属性列表，设置 `Menu Bar` 属性为 `figure` 即可。

下面通过一个实例说明下拉菜单的设置。

例 16.1　制作一个下拉菜单 Color，包含两个子菜单 Red 和 Blue，能够使图形窗口背景设置为红色或蓝色。

打开 GUI 窗口，建立一个 GUI 文件。

单击工具栏菜单编辑器对应按钮，打开菜单编辑器进入 Menu Bar 编辑区，添加一个下拉菜单 Color，在其下建立两个子菜单 Red 和 Blue。

在 Color 菜单的 Label 和 Tag 文本框中输入 Color，在 Red 菜单的 Label 和 Tag 文本框中输入 Red，在 Blue 菜单的 Label 和 Tag 文本框中输入 Blue。

在 Red 菜单的 Callback 文本框中输入 set(gcf,'cloor','r')，在 Blue 菜单的 Callback 文本框中输入 set(gcf,'color','b')。

运行设计好的 GUI，生成图形窗口，通过菜单改变窗口的颜色，如图 16-5 所示。

图 16-5　下拉菜单

3. 定义文本菜单

定义了文本菜单的对象后，当用户单击鼠标右键时，文本菜单随之出现。菜单编辑器能够定义文本菜单并将菜单与对象联系起来。

文本菜单的所有菜单项都是文本菜单的子对象，这些菜单项并不显示在窗口的菜单栏中。选择菜单编辑器工具栏中的"New Context Menu"来创建父菜单并为之定义一个标签（名称）。注意在定义文本菜单之前要选择菜单编辑器的"Context Menus"选项卡。使用菜单编辑器工具栏中的"New Menu Item"按钮来创建文本菜单项，然后给该菜单项添加一个标签并定义回调字符串。

在界面编辑器中选择需要定义文本菜单的对象，使用对象属性查看器将该对象的 UIContextMenu 属性设置为所需文本菜单的标签名。在应用程序 M 文件中给各文本菜单项添加一个回调子函数，当用户选择特定的文本菜单项时，这个回调子函数将被调用。

16.2.3　对话框

对话框是显示信息和获取用户输入数据的图形界面对象，可以使应用程序界面友好、使用方便。MATLAB 提供两类对话框，一类是公用对话框，另一类是专用对话框。

1. 公用对话框

公用对话框包括打开文件、保存文件、颜色设置、字体设置、打印预览及打印设置等对话框，这些对话框均由 Windows 平台支持，公用对话框实现函数如表 16-3 所示。

表 16-3　公用对话框实现函数

功能	函数格式	说明	用法举例
打开文件	Fname=uigetfile	列出当前目录下 MATLAB 能识别的所有文件，Fname 为返回选定的文件名	Fname=uigetfile
	uigetfile('FilterSpec', 'DTitle')	列出当前目录下由参数 FilterSpec 指定类型的文件，DTitle 为打开对话框的标题	uigetfile('*.m', '打开 M 文件')
保存文件	[F,P]= uiputfile('InitFile', 'DTitle')	显示用于保存文件的对话框，InitFile 为保存类型，DTitle 为对话框标题。F 为返回的文件名，P 为文件路径。F、P 可采用默认设置	uiputfile('*.fig', '保存图形文件')
颜色设置	uisetcolor(h,'DTitle')	设置图形对象的颜色。h 为图形对象句柄。DTitle 为打开的颜色对话框标题	h=title('坐标图形') uisetcolor(h,'设置标题颜色')

续表

功能	函数格式	说明	用法举例
字体设置	uisetfont(h,'DTitle')	设置文本字符串、坐标轴或控件的字体。参数同颜色设置	h=title('坐标图形') uisetfont(h,'设置标题字体颜色')
打印预览	printpreview	当前图形窗口的打印预览对话框	Plot(1:10) printpreriew
打印设置	printdlg	当前图形窗口的打印对话框	printdlg

2. 专用对话框

MATLAB 提供的专用对话框主要有帮助、错误信息、信息提示、问题提示、警告信息、进程条及变量输入等对话框，专用对话框实现函数如表 16-4 所示。

表 16-4 专用对话框实现函数

功能	函数格式	说明	用法举例
帮助	helpdlg('string','DTitle')	显示帮助对话框。参数 string 为信息对话框，参数 DTitle 为对话框标题	helpdlg('矩阵尺寸必须相同','在线帮助')
错误信息	errordlg('string','DTitle')	显示错误信息对话框。参数同帮助对话框	errordlg('输入错误','错误信息')
信息提示	msgbox('string','DTitle','icon')	显示信息提示对话框。参数 icon 用于指定图标，有 none（默认选项，无图标）、error-help、warn、custom（用户自定义）4 种	msgbox('通过键盘输入','信息提示')
问题提示	questdlg('string','DTitle','str1','str2','str3','default')	显示问题提示对话框。参数 str1、str2、str3 代表 3 个按钮，default 必须是这 3 个按钮中的一个，表示默认选项	questdlg('继续运行吗？','问题提示','是','否','帮助','否')
警告信息	warndlg('string','DTitle')	显示警告信息对话框	warndlg('清除内存？','警告')
进程条	waitbar(x,'DTitle')	以图形方式显示运算或处理的进程。参数 x 为进程的比例长度，必须为 0~1，参数 DTitle 为进程条标题	waitbar(0.5,'请稍等')
	Waitbar(x,'h')	在同一进程条中，显示进程的变化。参数 h 为进程条的句柄。常用在循环语句中	参考例题
变量输入	inputdlg(prompt,DTitle,line,def,'resize')	prompt 定义输入窗口和显示信息，DTitle 为对话框标题，line 定义每个窗口的行数，def 为输入的数据，resize 定义对话框大小是否可调整，可选 on 或 off	参考例题

例 16.2 设计一个表现渐进过程的进程条对话框。

MATLAB 仿真程序如下。

```
clear
clc
h=waitbar(0,'正在计算，请稍等...');
for i=1:1000
```

```
    waitbar(i/1000,h)
end
```

进程条对话框如图 16-6 所示。

图 16-6　进程条对话框

16.2.4　GUI 组态

调用 GUIDE 命令来显示一个空的界面设计编辑器和一个无标题的图形窗口。在为该图形窗口添加组件时，首先应该使用 GUIDE 应用程序选项对话框来进行 GUI 组态。选择界面设计编辑器的“Tools”菜单下的“Application Options”选项打开 GUIDE 应用程序选项对话框，如图 16-7 所示。

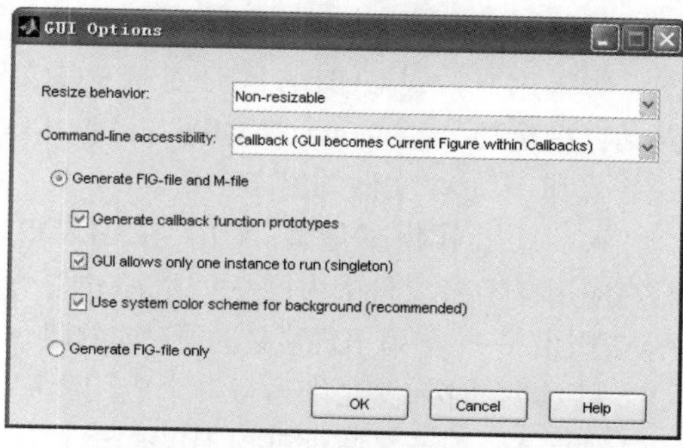

图 16-7　GUIDE 应用程序选项对话框

在该对话框能够设置的选项包括以下几项：

- 窗口重画行为（Resize behavior）；
- 命令行访问（Command-line accessibility）；
- 生成 FIG 文件和 M 文件（Generate FIG-file and M-file）；
  生成回调函数原型（Generate callback function prototypes）；
  同一时刻仅允许运行一个应用程序实例（GUI allows only one instance to run (singleton)）；
  使用系统背景颜色设置（Use system color scheme for background (recommended)）；
- 仅生成 FIG 文件（Generate FIG-file only）。

1. 窗口重画行为

通过 GUIDE 应用程序选项对话框可以决定用户是否可以重画 GUI 所在的图形窗口和 MATLAB 将如何管理重画过程。GUIDE 提供以下 3 种选择。

- Non-resizable：用户不能改变窗口大小（默认选项）。
- Proportional：允许 MATLAB 按照新的图形窗口尺寸自动按比例重新绘制 GUI 组件。注意重画过程中将不改变组件标签字体的大小，如果图形窗口过大，那么组件的标签将不可读。对于在设置过程中始终不关闭的简单 GUI 工具和对话框来说，这种方式非常实用。
- User-specified：通过编程使重画过程中 GUI 按照用户指定的方式变化。该选项需要用户编写一个 `ReaizeFcn` 属性定义的回调函数，该函数根据新的图形窗口尺寸重新计算组件的大小和位置。

2. 命令行访问

在 MATLAB 中创建一幅图形时，该图形的图形窗口和坐标轴将包括在其父对象的子对象列表中，它们的句柄可以使用诸如 findobj()、set()、get()之类的函数来获得。创建 GUI 是也要创建一个图形窗口，由于绘图命令会直接将结果输出到当前的 GUI 的图形窗口中，所以通常情况下用户不需要进行额外的 GUI 图形窗口访问，就可以直接将图形输出到窗口中。但是，如果用户需要创建一个包含坐标轴等绘图工具的 GUI，那么访问图形窗口则是必要的。这种情况下 GUI 要支持命令行的访问。

GUIDE 应用程序选项对话框提供 3 种用户访问权限。

- Off：禁止命令行对 GUI 图形窗口的访问；在这种方式下 GUI 图形句柄是隐藏的，这就意味着用户不能使用 findobj()函数来定位 GUI 中的用户控件句柄。应用程序 M 文件将创建一个对象句柄结果比来保存 GUI 中的所有用户控件句柄并将该结果图传给函数保证 GUI 中句柄的使用无误。

- On：允许命令行对 GUI 图形窗口进行访问。
- User-specified：GUI 使用用户设置的 Handle Visibility 和 IntergerHandle 这两个图形窗口属性值，它们决定句柄是否能被命令行获得。Handle Visibility 属性决定图形窗口的句柄对试图访问当前图形窗口的命令是否可见，该属性设置为 off 将导致图形窗口的句柄从跟对象的子对象列表中删除，使该图形窗口不再是当前图形窗口。但是该图形窗口的句柄仍然有效，明确使用该句柄的函数仍然有效，明确使用该句柄的函数仍然能够工作。IntergerHandle 决定图形窗口的句柄是一个整数还是浮点数。如果该属性设置为 off，MATLAB 将使用一个不可重复使用的浮点数来代替整数，这将大大减小用户对图形窗口误操作的概率。

3. 生成 FIG 文件和 M 文件

如果用户希望 GUIDE 同时创建 FIG 文件和应用程序 M 文件，则可在 GUIDE 应用程序选项对话框中选择“Generate FIG-file and M-file”选项。一旦用户选择了这个选项，用户就可以选择一些人和一项 M 文件的组态项目。

- 生成回调函数原型：当用户在GUIDE 应用程序选项对话框中选择生成回调函数原型时，GUIDE 将在应用程序 M 文件中为每一个组件添加一个回调函数。用户必须为回调函数编写代码。GUIDE 还为用户添加了一个与弹出式菜单选项对应的回调子函数，用户无论何时选择菜单项都会调用该函数。
- 同一时刻仅允许运行一个应用程序实例：该选项允许用户选择图形窗口的两种行为。允许 MATLAB 的一次运行过程中仅有一个 GUI 实例，运行 MATLAB 线束 GUI 的对攻实例。如果用户运行一个实例，那么无论何时执行一个发布 GUI 的命令，MATLAB 都将重新使用已存在的 GUI 图形窗口。如果允许 MATLAB 显示 GUI 的多个实例，则每一个 GUI 调用命令都将创建一个新的窗口。GUIDE 通过在应用程序 M 文件中生成使用 openfig()函数的代码来实现这个特征，通过 `reuse` 或 `new` 字符来指定 GUI 的一个或多个实例。
- 使用系统背景颜色设置：GUI 组件使用的颜色与计算机系统有关。选项是图形窗口的背景颜色与用户控件默认背景颜色相匹配。

如果用户不希望 GUIDE 生成应用程序 M 文件，则可在 GUIDE 应用程序选项对话框中选择“Generate FIG-file only”选项。当用户在界面设计编辑器中保存 GUI 时，GUIDE 将仅创建能够使用 open 和 hgload 命令重新显示的 FIG 文件。当用户选择这个选项时，必须将每一个 GUI 组件的 Callback 属性设置为一个 MATLAB 能够理解并执行指定操作的字符串，这个字符串可以是一个表达式也可以是一个 M 文件。如果用户希望生成一个与应用程序 M 文件完全不同的程序范例则可以选择这个选项。

16.2.5 GUI 设计

用户可以使用 openfig()、open()或 hgload()函数来显示一个 GUI 图形窗口，这些函数将相应的 FIG 文件装载到 MATLAB 的工作平台中，然后用户就可以对 GUI 进行重新设计。用户可以选择界面设计编辑器“File”菜单下的“Open”选项来装载一个已存在的 GUI 进行编辑。

GUI 界面设计是通过使用界面设计编辑器进行的。基本的编辑方法在前面已经进行了详细介绍，这里就不赘述。

GUI 的创建过程中经常会要求用户定义组件的 `Tag` 属性值和 Callback 子函数名。GUIDE 要求用户为 GUI 中的每个组件指定一个 `Tag` 属性值，然后根据该字符串来命名回调函数。在第一次激活 GUI 之前最好为组件选择一个 Tag 名和文件名。

选择界面设计编辑器“File”菜单下的“Save as”选项可以给应用程序 M 文件重命名并重新设置 `Callback` 属性以保证回调函数的正常运行。注意由于 GUIDE 使用 `Tag` 属性来命令函数和结构函数来确定用户自定义的字符串是否有效。如果用户在 GUIDE 中创建 M 文件和 FIG 文件后对 GUI 进行了修改，那么必须确保用户编写的代码能够兼容这些修改。

GUIDE 自动给每一个用户控件的 Tag 属性配一个字符串并使用该字符串构造生成的回调子函数名，并为句柄结果比添加一个域名。

如果用户在 GUIDE 生成回调子函数后对 Tag 属性进行了修改，GUIDE 将不会生成一个新的子函数。然后，由于句柄结果比是实时创建的，所以 GUIDE 将在句柄结果图中使用新的 Tag 名，避免产生问题最好的方法之一就是在添加组件的同时设置 Tag 属性值。如果一定要在应用程序 M 文件创建后修改 Tag 属性值并希望重新命名回调子函数来保持 GUIDE 所使用的名称一致，那么用户需要修改句柄结果比所有输出数据，以参考和修改回调子函数名称。当用户保持或激活 GUI 时，GUIDE 将使用一个在应用程序 M 文件中执行回调子函数的字符串来替换每一个取值为 automatic 的 Callback 属性。当第一次将一个按钮加入界面中时，其 Callback 属性如图 16-8 和图 16-9 所示。

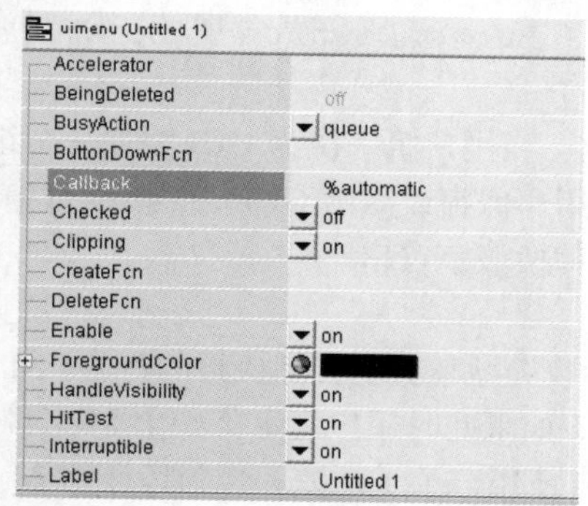

图 16-8　按钮组件的 Callback 属性（1）

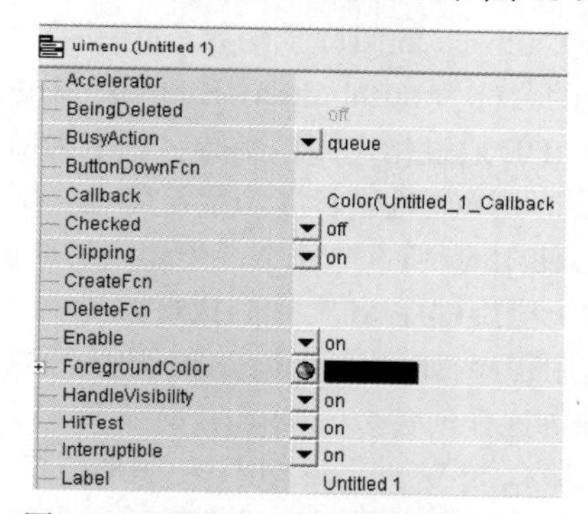

图 16-9　按钮组件的 Callback 属性（2）

用户保持或激活图形窗口时，GUIDE 将修改 Callback 属性，图 16-9 表明了添加了第一个按钮的字符串。如果用户希望修改回调子函数的名称，那么必须同时修改用户控件的 Callback 属性字符串。

GUI 的 FIG 文件和相关的应用程序 M 文件的文件名相同，只是文件扩展名不同。当用户执行 M 文件以发布 GUI 时，使用 mfilename()函数根据 M 文件名来确定 FIG 文件名。

完成 GUI 的创建工作后，选择“File”菜单下的“Save”或“Save as”选项将用户界面保存为一个 FIG 文件。当用户保存或激活图形窗口时，GUIDE 将自动创建应用程序 M 文件，执行 M 文件来显示 GUI。对于那些用户尚未实现，而 GUIDE 在 M 文件中保持原型的回调函数，运行 MATLAB 时将返回一个消息说明这些函数尚未实现。

16.3　编程设计 GUI

在前面的基础上，本节将主要介绍 GUI 的深入编程方式。首先说明对应用程序 M 文件的理解和利用句柄结构体管理 GUI 数据的方法，然后介绍 GUI 组件回调函数的类型和回调函数的中断方法，最后说明如何控制 GUI 图形窗口的行为。

16.3.1　M 文件和 GUI 数据管理

1. 应用程序 M 文件的理解

GUI 包含许多可以使软件与用户中断交互的用户界面组件，GUI 的实现任务之一就是控制这些组件响应用户的行为。对应用程序 M 文件代码进行详细分析的目的就是要通过了解 GUIDE 创建应用程序 M 文件的功能，来实现 GUI 的规划。

MATLAB 通过创建应用程序 M 文件为 GUI 控制程序提供一个框架。这个框架“孕育”着一种高效的编程方法，所有代码（包括回调函数）都包含在应用程序 M 文件中，这就使得 M 文件仅有一个入口可以初始化 GUI 或调用响应的回调函数和 GUI 中希望使用的任意帮助子程序。无论用户是否使用 GUIDE 来创建应用程序 M 文件，这里所说的编程技术对用户进行 GUI 编程都是有用的。

（1）回调函数自动命名。

GUIDE 给添加到应用程序 M 文件中的回调子函数自动命名。GUIDE 还将 `Callback` 属性值设置为一个字符串使用户激活控件时该子函数能够被调用。

首先说明 GUIDE 如何为回调子函数命名。当用户在 GUI 中添加一个组件时，GUIDE 为该组件的 `Tag` 属性指定一个用来生成回调函数名称的值。如假设用户添加到界面中的第一个按钮为 button1，当用户保存或激活图形窗口时，GUIDE 在应用程序 M 文件中添加一个名为 button1-Callback 的回调子函数。如果用户为该按钮定义了 `ButtonDownFcn` 属性，则相应的回调子函数的名称为 pushbutton1-ButtonDownFcn。

GUIDE 通过指定回调函数字符串为回调子函数命名。当用户第一次为 GUI 添加一个组件时，其 `Callback` 属性被设置为字符串`<automatic>`，当用户保存或激活 GUI 时，该字符串将通知 GUIDE 使用应用程序 M 文件中相应的回调子函数名来替换该字符串。

（2）应用程序 M 文件的执行路径。

应用程序 M 文件根据 GUI 调用文件时所传递的参数类型来决定有待执行的行为。如果不想 M 文件传递任何参数，则调用 M 文件将会发布该 GUI（如果此时用户指定了一个 M 文件是输出参数，那么 M 文件将返回 GUI 图形窗口的句柄）；如果使用一个子函数名作为传递给 M 文件的第一个参数，那么调用 M 文件将会执行指定的子函数（通常是回调子函数）。

应用程序 M 文件包含一个调度函数，该函数可以使 GUI 能够根据调用方式决定执行路径。应用程序 M 文件调度函数的功能是通过在 if 语句中使用 feval()函数实现的。在调用 M 文件时，feval()函数将执行字符串参数所指定的子函数。feval()函数在一个 `try` 调试语句块中执行，这是因为当 GUI 试图调用不存在的子函数（找不到与传递参数名称相同的子函数）或调用发生错误时能够得到正确的处理。以下是 GUIDE 生成的调度函数功能代码（用户不能够修改）。

```
%若无输入参数，则打开 GUI
if nargin==0
    gig=openfig(mfilename,'reuse');
    ...
%如果输入参数为字符串，执行相应子程序
elseif ischar(varargin{1})
    try
        [varargout{1:nargout}]=feval(varargin{:});
    catch
        disp(lasterr);
    end
end
```

任何由子函数返回的输出参数都将通过该函数返回 GUI。虽然 GUIDE 生成的子函数的参数是明确的，但是参数列表的长度是变化的，这是由于输入参数 `varargin` 其实可以是多个参数，用户可以在调用 M 文件时通过该参数给被调用的子函数赋予任意多个用户所需的参数。用户可以通过编辑 `Callback` 属性的字符串来传递额外的参数。

（3）GUI 初始化。

首先，应用程序 M 文件使用 openfig()函数来装载 GUI 图形窗口，其调用格式如下。

```
fig=openfig(mfilename,'reuse');
```

一定要注意这个语句打开的 FIG 文件的文件名是源于应用程序 M 文件的（参数 `mfilename` 返回当前执行的 M 文件名），如果用户使用由 GUIDE 创建的应用程序 M 文件，那么用户必须保证 FIG 文件与 M 文件同名。参数 reuse 决定任何时候都只能有一个 GUI 实例在运行。

应用程序 M 文件自动包含一些管理 GUI 的有效技术。

单个或多个实例控制。当设计 GUI 时，用户必须明确选择是否允许 GUI 图形窗口的多个实例窗口存在。如果选择允许，也就是说同一时刻只能有一个实例存在，那么以后试图创建另一个 GUI 的操作将仅仅导致已存在的 GUI 出现在其他窗口之上。很多信息对话框（尤其是模态对话框）只能同时存在一个实例，因为对于用户的某种特定行为，对话框只能提示一次。GUIDE 界面设计编辑器实际上是一个允许多个实例存在的 GUI，设计这个 GUI 的目的是使用户能够同时打开多个界面。

GUI 图形窗口在屏幕中的位置不在目标计算机屏幕上可见，使 GUI 不受计算和分辨率的影响。应用程序 M 文件使用 movegui()函数来确保 GUI 图形在目标计算机的屏幕上可见，使 GUI 不受计算机的尺寸和分辨率的影响。如果指定的窗口位置将导致 GUI 窗口位于屏幕之外，那么 movegui() 函数将窗口移动到屏幕中距指定位置最近的地方。movegui()函数的调用格式如下：movegui(fig,'onscreen')。其中 fig 是由 openfig()函数返回的 GUI 图形窗口句柄。

自动创建 GUI 组件句柄结构体。自动命名 Tag 属性、生成子函数原型并指定回调属性字符串。当用户发布 GUI 时，应用程序 M 文件创建一个包含所有 GUI 组件句柄的结构体，然后将该结构体保存在图形窗口的应用程序数据中以备将来使用。句柄结构体的域名与相应对象的 Tag 属性值一致。

用户可以使用相同的方法访问隐藏的图形窗口句柄，如假设窗口的 Tag 属性为 figure1，则 handles.figure1 就是图形窗口的句柄。应用程序 M 文件使用 guihandles()函数和 guidata() 函数来创建并存储句柄结构体，程序如下。

```
handles=guihandles(fig);
guidata(fig.handles);
```

注意只有那些 Tag 属性值为有效字符串的对象的句柄才能够保存在句柄结构中。可以使用 isvarname()函数来确定字符串是否有效。

句柄结构体是传递给所有回调函数的参数之一，因而用户可以使用这个结构体来保存数据并在子函数之间传递。

单个 M 文件同时包含 GUI 初始化和回调函数执行代码。

2. GUI 数据管理

GUIDE 使用保存在 GUI 图形窗口中的应用程序来定义和实现数据的存储和获取机制。GUIDE 使用这个机制来存储一个包含所有 GUI 组件对象句柄的结构体。由于这个结构体将传递每一个对象的回调函数，因此该结构体也可以用来保存其他数据。

16.3.2　回调函数的使用方法

1. 回调函数类型

实现一个 GUI 的首要机制就是使用构成用户界面的用户控件的回调函数进行编程。除了用户控件的 Callback 属性，还可以使用其他一些属性以回调函数。

（1）所有图形对象的回调函数属性。

所有图形对象的回调函数属性如下。

- ButtonDownFcn：当用户将鼠标指针移动到某个对象处或对象相应的 5 个像素范围内时，如果单击鼠标左键，MATLAB 将会执行回调函数。
- CreatFcn：MATLAB 将在创建对象时调用回调函数。
- DeleteFcn：MATLAB 在删除对象之前调用回调函数。

（2）图形窗口的回调属性。

图形窗口有如下所述的几种额外的用来执行相应用户行为的属性。

- CloseRequestFcn：当请求关闭图形窗口时 MATLAB 将执行这个回调函数。
- KeyPressFcn：当用户在图形窗口内单击时 MATLAB 将执行这个回调函数。
- ResizeFcn：当用户重画图形窗口时 MATLAB 将执行这个回调函数。
- WindowButtonDownFcn：一旦用户在图形窗口内无控件的地方单击时，MATLAB 就会执行这个回调函数。
- WindowButtonMotionFcn：当用户在图形窗口中移动鼠标指针时，MATLAB 将执行这个回调函数。
- WindowButtonUpFcn：当用户在图形窗口中释放鼠标键时，MATLAB 将执行这个回调函数。

MATLAB 将根据用户的行为来判断究竟执行哪个回调函数。单击一个有效的用户控件将会阻碍任何 ButtonDownFcn 和 WindowButtonDownFcn 回调函数的执行，而如果用户单击一个无效用户控件、图形窗口或其他定义了回调函数的图形对象时，MATLAB 将首先执行图形窗口的 WindowButtonDownFcn 函数，然后再执行数遍单击对象的 ButtonDownFcn 函数。

2. 回调函数执行中断

默认情况下 MATLAB 允许正在执行的回调函数被后来调用的回调函数中断。如假设用户创建了一个在装载数据时能够显示一个进程条的对话框，这个对话框包含一个取消按钮，可以组织数据的装载操作，那么去掉按钮的回调函数将会中断正在执行的数据装载子函数。某些情况下用户可能不希望正在执行的回调函数被用户的行为中断，如在重新显示一幅图形之前，可能会需要使用数据分析工具进行数据流长度计算。假设用户行为可以中断回调函数的执行，此时如果用户无意中单击鼠标使回调函数执行中断，那么可能导致 MATLAB 在返回原来的回调函数之前状态发生改变，引起执行错误。

（1）可中断设置。

多数图形对象都有一个控制其回调函数能否被中断的属性 Interruptible，该属性的默认值为 on，表示回调函数可以中断。然而 MATLAB 只有在遇到一些特定的命令（drawnow、figure、getfreame、pause 及 waitfor）时才会执行中断，转而查询事件序列，否则将会继续执行正在执行的回调函数。在回调函数中出现的计算或执行属性值的 MATLAB 命令将会被立即执行，而影响图形窗口状态的命令将被中断在事件序列中。事件可以由被任何导致图形窗口重画的命令或用户行为引发，如定义了回调函数的鼠标移动行为。仅仅当回调函数执行完毕或回调函数包含 drawnow、figure、getfreame、pause 及 waitfor 命令时，MATLAB 才进行事件序列的处理。

如果在回调函数的执行过程中遇到上述某个命令，MATLAB 将现执行的程序“挂起”，然后处理“事假”中的事件。MATLAB 控制事件的方式依赖于事件类型和回调函数对 Interruptible 属性的设置。只有在当前回调队形的 Interruptible 属性值为 on 的情况下，导致其他回调函数执行的事件才可以真正执行回调函数，导致图形窗口重画的事件将无视回调函数的 Interruptible 属性值而无添加地执行重画任务，对象的 DeleteFcn 属性和 CreatFcn 属性或图形窗口的 CloseRequestFcn 属性和 ResizeFcn 属性定义的回调函数将无视对象的 Interruptible 属性而中断正在执行的回调函数。

所有对象都具有一个 BusyAction 属性，该属性决定了对于在不允许中断的回调函数执行期间发生的事件的处理方式。BusyAction 属性有两种可能的取值。

- Queue：将事件保存在事件序列中并等待不可中断回调函数执行完毕后处理。
- Cancel：放弃该事件并将事件从事件序列中删除。

（2）回调函数执行期间的事件处理。

以下几种情况描述了 MATLAB 在一个回调函数执行期间是如果处理事件的。

- 如果遇到了 drawnow、figure、getfreame、pause 及 waitfor 命令中的一个命令时，那么 MATLAB 将该回调函数“挂起”并开始处理事件序列。

- 如果事件序列的顶端事件要求重画图形窗口，MATLAB 将执行重画并继续处理事件序列中的下一个事件。
- 如果事件序列的顶端事件将会导致一个回调函数的执行，MATLAB 将判断回调函数被“挂起”的对象是否可中断。如果回调函数可中断，MATLAB 执行与中断事件相关的回调函数；如果该回调函数包含 drawnow、figure、getfreame、pause 及 waitfor 命令之一，MATLAB 将重复以上步骤；如果回调函数不可中断，MATLAB 将检查事件生成对象的 BusyAction 属性，如果该属性值为 Queue，MATLAB 将事件保留在事件序列中，如果为 Cancel 则放弃该事件。
- 当所有事件都被处理后，MATLAB 恢复被中断函数的执行。

这些步骤都一直保持到回调函数执行完毕为止，当 MATLAB 返回命令行窗口时，所有剩余的事件都已经被处理了，当然，由于序列中事件的类型不同，以上步骤有可能不一一执行。

16.3.3　图形窗口的行为控制

在设计 GUI 时，需要考虑显示 GUI 时图形窗口将怎样展开，以及一个 GUI 图形窗口的行为是否为用户所需要的。考虑以下几种情况。

- 一个实现图形注释的工具 GUI 通常设计成其他 MATLAB 执行任务可访问的 GUI，这个工具 GUI 可能一次只能对一幅图形进行注释，所以每一幅图形都需要一个新的工具 GUI 实例。
- 一个对话框，能向用户发出询问并组织 MATLAB 运行直至用户做出回答，但是用户可能需要通过观察其他的 MATLAB 窗口获得信息后才能够做出回答。
- 一个警告用户指定的操作将会破坏文件的对话框，该对话框能够在执行用户所需要的操作前“强迫”用户做出回答。此时的图形窗口即被阻止且又是模态的（用户不可观察其他窗口）。

以下 3 种技术能够有效地实现以上 GUI 的设计要求。

- 允许单个或多个 GUI 实例同时运行。
- 在显示 GUI 时阻止 MATLAB 的运行。
- 使用模态图形窗口使用户只能与当前执行的 GUI 进行交互。

模态图形窗口能够捕捉在 MATLAB 窗口任何可见位置处发生的键盘和鼠标事件。这就意味着一个模态图形窗口能够处理用户与任何组件的交互操作，但是不允许用户访问其他的 MATLAB 窗口（包括命令行窗口）。另外，除非删除该模态图形窗口，否则其将始终位于窗口堆栈的最上方。如果用户希望在进行 MATLAB 其他操作之前必须先响应 GUI，那么最好使用模态图形窗口。

下面说明如何使一个 GUI 窗口模态化。事实上设置图形窗口的 WindowStyle 属性为 Model 就可将图形窗口模态化。用户可以使用对象属性查看器，也可以通过在应用程序 M 文件的初始阶段调用以下语句进行属性设置。

```
set(fig,'WindowStyle','modal')
```

如果要释放模态图形窗口的控制权，可以在模态图形窗口 GUI 的回调函数中使用以下方式之一。

- 删除窗口：delete(figure_handle)。
- 使窗口不可见：set(figure_handle,'Visible','off')。
- 修改窗口的 WindowStyle 属性值为 normal，代码如下。

```
set(figure_handle,'WindowStyle','normal')。
```

用户还可以在一个模态图形窗口按 Ctrl+C 键将该窗口转换为普通窗口。

无论使用哪一种方法释放模态图形窗口控制权都需要获得该窗口的句柄。由于大多数的 GUI 将图形窗口句柄隐藏以避免无意识地访问，所以在回调函数中使用 gcbf 命令能够有效地获取窗口句柄。gcbf 返回当前回调对象所在窗口的句柄，这个句柄就是释放控制权所需的句柄。如假设用户对话框包括一个用来关闭对话框的按钮，其回调函数末尾处将调用 delete 来删除对话框，实例代码如下。

```
Function varargout=pushbutton1_Callback(h,eventdata,handles,varargin)
%执行程序代码
...
%用户响应对话框后删除窗口
delete(gcbf)
```

16.4 GUI 设计实例

实现一个用来显示名字和电话号码的 GUI，该 GUI 中输入的名字和电话号码都保存在一个 MAT 文件中。要求该 GUI 可以添加新条目并将该条目保存在同一个 MAT 文件或一个新的 MAT 文件中。

16.4.1 图形界面的实现

实现图形界面要用到以下几种 GUI 编程技术。

- 使用打开和保存对话框的方法为使用者提供寻址和打开地址簿 MAT 文件、保存 MAT 文件的修改、创建新地址薄的方法。
- 定义 GUI 菜单回调函数。
- 使用 GUI 句柄结构体保存和传递全局数据（名字和电话号码）。
- 使用 GUI 图形窗口重画函数实现重新显示工作。

这里仅介绍 GUI 组态和界面设计工作。下面就介绍具体解决方法。

步骤 1：GUI 组态。打开 GUIDE 应用程序选项对话框，进行如下设置。

- 窗口重画行为：User-specified。
- 命令行访问：Off。
- 生产 FIG 文件和 M 文件。
- 生成回调函数原型：Generate callback function prototypes。
- 同一时刻只允许运行一个应用程序实例：GUI allows only one instance to run(singleton)。

步骤 2：进行界面设置。在命令行中输入 guide，选择空白模板。

可以按照用户的喜好任意设计 GUI 并排列各组件，使用“Prev”和“Next”按钮对地址簿中的条目向前或向后翻页。

步骤 3：设计菜单，地址簿 GUI 包含一个 File 菜单，其菜单项为 Open，GUI 用该菜单项来装载地址簿 MAT 文件。当用户对地址簿进行修改时，用户需要保存被修改的 MAT 文件或将其保存为一个新的 MAT 文件，选择“File”菜单下的“Save”和“Save as”菜单项能够使用户实现这些要求。

步骤 4：对各个组件的属性进行设置。在界面设计编辑器中使用菜单命令打开对象属性查看器，根据用户的界面需要设置组件的 Tag、Callback 等属性。必须设置“Prev”，“Next”按钮的 Callback 属性以及 Save 和 Save as 菜单项的回调函数，使它们分别能够调用同一个回调函数 Save_Callback、Prev_Next_Callback。另外，将窗口的 ResizeFcn 属性设置为下面的格式。

```
Address_book('ResizeFcn',gcbo,[],guidata(gcbo))
```

步骤 5：保存 GUI。激活 GUI，确保界面符合用户要求，设计满意后保存 GUI。

步骤 6：执行 GUI。执行地址簿 GUI 的应用程序 M 文件，可以对该 M 文件进行反复调试使之符合用户的要求。

16.4.2 行为控制的实现

16.4.1 节已经介绍了地址簿界面的实现，下面来讲如何实现地址簿 GUI 的行为控制。在 GUI 中重要的技术之一就是保证信息跟踪正确并使不同的子函数能够获得该信息。这里所指的信息包括当前

MAT 文件名、MAT 文件名中的名字和电话号码，一个表明当前名字和电话号码，一个表明当前名字和电话号码的索引指针（用户在地址簿中翻页时该指针必须刷新）、图形窗口的位置和大小，多有 GUI 组件的句柄。为了能够正确地管理全局数据，地址簿 GUI 的行为控制主要实现以下几个方面的内容。

- 发布 GUI：由于 GUI 需要在其他 MATLAB 任务执行的同时执行，所有 GUI 需要设置成不可中断、非模态的。
- 将一个地址簿装入阅读器中：有两种方式可以将地址簿 MAT 文件装入 GUI 中，一是发布 GUI 时使用参数指定 MAT 文件，如果用户不使用参数，则 MATLAB 装入默认的地址簿文件；二是用户选择"File"菜单下的"Open"选项来装入其他 MAT 文件。
- 管理菜单回调行为：选择"Open"菜单项后将显示一个对话框，使用户能够利用文件。对话框将返回文件名及其路径，并将返回值传递给 fullfile，从而确保路径对任意的操作系统而言是合理构建的，Save 和 Save as 菜单项用来保存对 MAT 文件的修改；Creat New 菜单将简单地清除 Contact Name 和 Contact Phone 编辑框的内容以便添加新的名字和电话号码。在添加新条目后，用户选择"File"菜单下的"Save"或"Save as"菜单项来保存地址簿。
- 管理按钮组件回调行为：Contact Name 编辑框显示地址簿条目的名字，如果用户输入新的名字，若当前地址簿中已存在该名字，相应的电话将被显示；若该名字不存在，则显示一个询问对话框确认是否创建一个新的条目，如果不创建将返回到先前显示的名字。Contact Phone 编辑框显示与 Contact Name 编辑框条目相匹配的电话号码。如果输入一个新的数字并按 Enter 键，回调函数将发布一个询问对话框确认是否要对已存在的号码进行修改。按钮控件 Prev 和 Next 用来实现地址簿条目键的翻页。
- 地址簿将自定义重画函数：允许用户增大窗口的宽度以适应长名字和电话号码，但是不允许缩小窗口宽度或改变窗口高度（这一限制不会限制 GUI 的使用，并且简化了必须保持窗口尺寸与组件大小相匹配的重画函数代码）。用户重画窗口并释放鼠标后将执行重画函数，重画后的窗口尺寸将被保存下来。

下面具体介绍解决方案。

步骤 1：发布 GUI。用户可以不使用参数来调用应用程序 M 文件，在这种情况下 GUI 使用默认的地址簿 MAT 文件。用户也可以在参数中指定一个 MAT 文件，这就需要修改默认的应用程序 M 文件 GUI 初始化代码，修改后的初始化代码如下。

```
Function varargout=address_book(varargin)
 if nargin<=1
%GUI 发布
fig=openfig(mfilename,'reuse');
set(fig,'Color',get(0,'defaultUicontrolBackColor'));
handles=guihandles(fig);
guidata(fig,handles);
if nargin==0
%装入默认的地址簿
Check_And_Load([],handles)
elseif exist(varagin{1},'file')
Check_And_Load(varargin{1},handles)
else
%如果文件不存在，则返回一个错误对话框并将文本设置为空字符串
errordlg('File Not Found','File Load Error')
set(handles.Contact_Name,'String','')
set(handles.Contact_Phone,'String','')
end
if nargout>0
varargout{1}=fig;
end
elseif ischar(varargin{1})
%调用指定的子函数或回调函数
try
[varargout{1:nargout}]=feval(varargin{:});
```

```
catch
disp(lasterr);
end
end
```

步骤 2：将一个地址簿装入阅读器中。首先要确认 MAT 文件。作为一个有效的地址簿文件，MAT 文件必须包含一个被称作 Address 的结构体，该结构体有两个域，分别为 Name 和 Phone。Check_And_Load 子函数将按照以下步骤来确认并装载这些数据。装载指定的或默认的文件，判断 MAT 文件是否为一个有效的地址簿文件，如果有效则显示数据，否则显示错误对话框，对于有效的 MAT 问价，返回 1，否则返回 0。在句柄结构中保持条目 MAT 文件名和 Address 结构体，指示当前所显示的名字和地址的索引指针。

利用 Check_And_Load 子函数设置的代码如下。

```
function pass=Check_And_Load(file,handles)
%初始化变量 pass 以判断文件是否有效
pass=0;
%如果不指定文件名则使用默认名称，否则如果指定文件存在就装载它
if isempty(file)
file='addrbook.mat';
handles.LastFile=file;
guidata(handles.Address_Book,handles)
end
if exist(file)==2
data=load(file);
end
%判断 MAT 文件是否有效，当存在一个名为 Addresses 的变量时
%并且其两个域名为 Name 和 Phone 时，该文件有效
fids=fieldnames(data);
if(length(fids)==1)&(strcmp(flds{1},'Addresses'))
fields=fieldnames(data.Addresses);
if(length(fields)==2)&(strcmp(fields{1},'Name'))&(strcmp(fields{2},'Phone'))
pass=1;
end
end
%如果文件有效则显示
if pass
%给句柄结构体添加地址
handles.Addresses=data.Addresses;
%显示第一个条目
set(handles.Contact_Name,'String',data.Addresses(1).Name)
set(handles.Contact_Phone,'String',data.Addresses(1).Phone)
%将索引指针设置为 1 并保存句柄
handles.Index=1;
guidata(handles.Address_Book,handles)
else
errordlg('Not a valid Address Book ','Address Book Error')
```

步骤 3：控制菜单回调行为。首先看 Open 菜单项回调函数 Check_And_Load，该函数将确认并装载新的地址簿。

Open 菜单项的回调函数代码如下。

```
function varargout=Open_Callback(h,eventdata,handles,varargin)
[filename,pathname]=uigetfile(…
{'*.mat','All MAT-Files(*.mat)';…
'*.*','All Files(*.*)'},…
'Select Address Book');
%选择 Cancel 则返回
if iseqyal([filename,pathname],[0,0])
return
%否则构造文件全路径并检查装载这些文件
else
File=fullfile(pathname,filename);
%如果 MAT 文件无效，则不保存信息
```

```
if Check_And_Load(File,handles)
handles.LastFile=File;
guidata(h,handles)
end
end
```

再来看 Save 和 Save as 回调函数，该回调函数使用菜单项的 Tag 属性来判断究竟是 Save 还是 Save as 为回调对象，也就是说判断哪一个对象的句柄作为回调函数的第一个参数。如果用户选择的是 Save 菜单项，则调用 Save 命令来保存 MAT 文件的名字和电话号码；如果选择的是 Save as，则显示一个指定保存目标文件的对话框，用户可以选择一个已有文件，也可以输入新的文件名，对话框将返回文件名和路径。

- 使用 fullfile 来创建一个与平台无关的路径名；
- 调用 Save 来保存 MAT 文件中的新数据；
- 刷新句柄结构体以包含新的 MAT 文件名；
- 调用 guidata 保存句柄结构体。

Save_Callback 回调函数代码如下。

```
function varargout=Save_Callback(h,eventdata,handles,varargin)
%获取被选菜单的 Tag 属性
Tag=get(h,'Tag');
%获取 address 数组
Addressess=handles.Addresses;
%根据所选项执行相应的行为
switch Tag
case 'Save'
%保存到默认的地址簿文件中
File=handles.LastFile;
save(File,'Addresses')
case'Save_As'
%允许用户选择要保存的目标文件名
[filename,pathname]=uiputfile(…
{'*.mat';'*.*'},…
'Save as');
%如果选择了 Cancel 则返回
if isequal([filename,pathname],[0,0])
return
else
%构造全路径名并保存
File=fullfile(pathname,filename);
save(File,'Addresses')
handles.LastFile=File;
guidata(h,handles)
end
end
```

第 3 步设置 Creat New 菜单。Creat New 菜单的回调函数主要将编辑框的 String 属性设置为空。其代码如下。

```
function varargout=New_Callback(h,eventdata,handles,varargin)
set(handles.Contact_Name,'String','')
set(handles.Contact_Phone,'String','')
```

步骤 4：控制组件回调行为。首先看 Contact Name 编辑框回调函数。回调函数使用句柄结构体来访问地址簿的内容并获得索引指针，这样回调函数就能够判断用户修改之前编辑框中显示的是什么名字。索引指针表明当前显示的名字位置，在发布 GUI 时由 Check_And_Load 函数来添加地址簿和索引指针。如果用户添加了一个新的条目，回调函数将新的姓名添加到地址簿中并刷新索引指针来显示新的数值。刷新后的地址簿和索引指针被保存在句柄结构体中。Contact Name 编辑框的回调函数代码如下。

```
function varargout=Contact_Name_Callback(h,eventdata,handles,varargin)
%在 Contact Name 和 Contact Phone 编辑框中获得字符串
```

```
Current_Name=get(handles.Contact_Name,'string');
Current_Phone=get(handles.Contact_Phone,'string');
%如果为空则返回
if isempty(Current_Name)
return
end
%从句柄结构体中获取当前地址列表
Addresses=handles.Addresses;
%搜索名字列表，判断是否与一个已有名字相同
for i=1:length(Addresses)
if strcmp(Addresses(i).Name,Current_Name)
set(handles.Contact_Name,'string',Addresses(i).Name)
set(handles.Contact_Phone,'string',Addresses(i).Phone)
handles.Index=i;
guidata(h,handles)
rrturn
end
end
%如果是个新的名字，请求创建一个新的条目
Answer=questdlg('Do you want to create a new entry?',…
'Create New Entry',…
'Yes','Cancel','Yes');
switch Answer
case'Yes'
Addresses(end+1).Name=Current_Name;%Grow away by 1
Addresses(end).Phone=Current_Phone;
index=length(Addresses);
handles.Address=Addresses;
handles.Index=index;
guidata(h,handles)
return
case'Cancel'
%恢复为初始数值
set(handles.Contact_Name,'string',Addressses(handles.Index).Name)
set(handles.Contact_Phone,'string',Addresses(handles.Index).Phone)
return
end
```

再来看 Contact Phone 编辑框回调函数。和 Contact Name 编辑框类似，这个回调函数使用索引指针来刷新地址簿中的新数值或恢复为上一次的显示内容。所有当前地址簿和索引指针都保存在句柄结构体中，因而其他回调函数可以获得这些数据。以下是 Contact Phone 编辑框的回调函数代码。

```
function varargout=Contact_Phone_Callback(h,eventdata,handles,varargin)
Current_Phone=get(handles.Contact_Phone,'string');
%如果有一个为空则返回
if isempty(Current_Phone)
return
end
%在句柄结构体中获取当前地址表
Addresses=handles.Addresses;
Answer=questdlg('Do you want to change the phone number?'…
'Change Phone Number',…
'Yes','Cancel','Yes');
switch Answer
case 'Yes'
%If no name match was found create a new contact
Addresses(handles.Index).Phone=Current_Phone;
handles.Address=Addresses;
guidata(h,handles)
return
case 'Cancel'
%恢复为初始数值
set(handles.Contact_Phone,'String',Addresses(handles.Index).Phone)
return
end
```

最后看“Prev”和“Next”按钮的回调函数。回调函数定义一个额外的参数 str 来表明被单击的按钮是“Prev”还是“Next”。“Prev”按钮的回调字符串以“Prev”为最后一个参数，而“Next”按钮的回调字符串则以“Next”为最后一个参数。在 case 语句中用 str 的数值来区分并实现每一个按钮的功能。Prev_Next_Callback 回调函数从句柄结构体中获取当前的索引指针和地址，根据被选择的按钮来增加或减少索引指针的数值，并显示相应的名字和电话号码，最后将在句柄结构体中存储新的索引指针数值并使用 guidata 来保存刷新后的结构体。

Prev_Next_Callback 回调函数代码如下。

```
function varargout=Prev_Next_Callback(h,eventdata,handles,str)
%获取索引指针和地址
index=handles.Index;
Addresses=handles.Addresses;
%根据被单击的按钮修改显示结果
switch str
case 'Prev'
%索引值减 1
i=index-1;
%如果索引值小于 1，设置其为 Addresses 数组最后一个元素的索引
if i<1
i=length(Addresses);
end
case 'Next'
%索引值增加 1
i=index+1;
%如果索引值超出范围，设置其为 Addresses 数组第一个元素的索引
if i>length(Addresses)
i=1;
end
end
%为被选索引获取相应数据
Current_Name=Addresses(i).Name;
Current_Phone=Addresses(i).Phone;
set(handles.Contact_Name,'string',Current_Name)
set(handles.Contact_Phone,'string',Current_Phone)
%刷新索引指针以反映新的索引
handles.Index=i;
guidata(h,handles)
```

步骤 5：自定义重画函数。重画函数将对以下几种可能发生的情况进行处理。

改变宽度：如果新的宽度大于固有宽度，图形窗口将被设为新的宽度。Contact Name 编辑框的尺寸随着窗口宽度的变化而变化。改变编辑框的宽度需要修改编辑框的 Units 为 normalized，重新设置编辑框的宽度为窗口宽度的 78.9%，将 Units 重新设置为 characters。如果新的宽度小于固有宽度，窗口被设置为固有宽度。

改变高度：如果用户试图修改窗口高度，则高度始终被设置为固有高度。但是由于用户释放鼠标时会调用重画函数，所以重画函数不能总用于判断 GUI 在屏幕中的固定位置。因此，重画函数设置窗口垂直分量为：鼠标释放时的垂直位置=鼠标释放时的高度-原始高度的设置。

当窗口从底部被重画时，窗口将保持原位；从顶部被重画时，窗口将移动到释放鼠标处的位置。

重画函数调用 movegui()函数来确保无论用户在何处释放鼠标，重画后的窗口始终保持在屏幕中。第一次发布 GUI 时，GUI 窗口的大小和位置由 Position 属性决定，用户可以使用对象属性查看器来设置这个属性。

重画函数代码如下。

```
function ResizeFcn(hobject,eventdata,handles)
%获取窗口尺寸和位置
Figure_Size=get(hobject,'Position');
%设置窗口固有大小
```

```
Original_Size=[0 0 94 19.230769230769234];
%如果重画窗口尺寸小于固有窗口尺寸，实行补偿
%original figure size then compensate
if(Figure _Size(3)<original_size(3))|(Figure_Size(4)~=Original_Size(4))
if Figure_Size(3)<Original_Size(3)
%如果宽度过小则设置为固有宽度
set(hobject,'Position',…
[Figure_Size(1)Figure_Size(2) Original_Size(3) Original_Size(4)])
Figure_Size=get(hobject,'Position');
end
if Figure_Size(4)~=Original_Size(4)
%不允许修改高度
set(hobject,'Position',…
[Figure_Size(1),Figure_Size(2)+Figure_Size(4)-Original_Size(4),…
Figure_Size(3),Original_Size(4)])
end
end
%设置 Contact Name 编辑框的 Units 属性为 normalized
set(handles.Contact_Name,'units','normalized')
%获取位置
C_N_pos=get(handles.Contact_Name,'Position');
%重新设置宽度使之与窗口相匹配
set(handles.Contact_Name,'Position',…
[C_N_pos(1)C_N_pos(2) 0.78 C_N_pos(4)])
%将 Units 重新设置为 characters
set(handles.Contact_Name,'units','characters')
%在屏幕中重新设置 GUI
movegui(hobject,'onscreen')
```

16.5　本章小结

本章主要针对高级图形设计中的菜单进行了详细的介绍，并对 GUIDE 的用户界面进行了简单的介绍。详细说明了用户如何自定义图形，并对图形的各个方面进行控制。对句柄图形为用户提供的强有力的工具进行简单的介绍。讲解了用户如何编写一个可以多次反复使用的实用函数。介绍了菜单、按钮、文本框的输入方法。系统地说明了句柄图形体系、图形对象、属性和操作方法。叙述了 GUI 的设计原则和操作的步骤。其中包括了如何使用编程语言来实现 GUI。最后，通过一个实际的例子，帮助读者理解图形界面制作的整个过程。

第17章 GUI用户控件操作

在第16章内容的基础上，本章介绍GUI用户控件操作，主要介绍用户控件的类型和属性，并在此基础上进行设计。

17.1 用户控件的概述

在各计算机平台上，窗口系统都采用控制框和菜单来让用户进行某些操作，或者设置选项或属性。控制框是图形对象，如图标、文本框和滚动条，它和菜单一起使用以建立用户图形界面，称为窗口系统和计算机窗口管理器。

MATLAB 控制框，又称uicontrol，其所用的函数与窗口管理器所用的函数十分相似。它们是图形对象，可以放置在MATLAB的图形窗口中的任何位置并用鼠标激活。MATLAB的uicontrol包括按钮、滑标、文本框及弹出式菜单。

由MATLAB生成的uicontrol对象在macOS、Microsoft Windows和X Window平台上有不同的外观，因为窗口系统表达图形对象的方法是不同的。但是，它们的功能本质上是相同的，所以相同的MATLAB编码将生成同样的对象，它在不同平台完成同样的功能。

uicontrol由函数uicontrol()生成。用户控制的句柄=uicontrol(父对象句柄,'属性名','属性值','属性名','属性值')。

```
>>Hc_1=uicontrol(Hf_fig, ' PropertyName ' , PropertyValue, ... )
```

其中，Hc_1是由函数uicontrol()生成的uicontrol对象的句柄。通过设定uicontrol对象的属性值'PropertyName','PropertyValue'定义了uicontrol的属性；Hf_fig是父对象的句柄，它必须是图形。如果图形对象句柄省略，就用当前的图形。

17.1.1 用户控件种类

MATLAB共有8种不同类型或形式的控件。它们均用函数uicontrol()建立。属性'Style'决定了所建控制框的类型。'Callback'属性值是当控件被激活时，传给eval在命令行窗口空间执行的MATLAB字符串。

下面将分别对8种控件进行介绍，并用示例说明。有关uicontrol对象的属性更为透彻的讨论和应用中更为完整的例子将在以后给出。

1. 按钮键

按钮键，又称命令按钮或按钮，是小的长方形屏幕对象，常常在对象本身标有文本。将鼠标指针移动至对象上来选择按钮键，单击鼠标，执行由回调字符串所定义的动作。按钮键的'Style'属性值是'pushbutton'。

按钮键的典型应用是执行一个动作，而不是改变状态或设定属性。下面的语句建立标志位 Close 的按钮键。当激活该按钮时，关闭当前的图形。以像素为单位的'Position'属性定义按钮的大小和位置，这里使用默认的'Units'属性值。属性'String'定义了按钮的标志。

```
>>Hc_close=uicontrol(gcff, ' Style ' , ' push ' , ...
' Position ' , [10 10 100 25], ...
' String ' , 'Close ' , ...
' CallBack ' , ' close');
```

2. 静态文本框

静态文本框是仅仅显示一个文本字符串的 uicontrol，该字符串是由'String'属性所确定的。静态文本框的'Style'属性值是'text'。静态文本框典型地用于显示标志、用户信息及当前值。

静态文本框之所以被称为“静态”，是因为用户不能动态地修改所显示的文本，文本只能通过改变'String'属性来更改。

在 X Window 平台上，静态文本框可只含有一行文字；如文本框太短，不能容纳文本串，则只显示部分文字。然而在 macOS 和 Microsoft Windows 平台上，长于文本框的文本串将字符串起来，即在可能的地方用词间分割的虚线显示多行。

下面的例子建立了含有 MATLAB 版本号的文本框。

```
>> Hc_ver = uimenu(gcf, ' Style ' , ' text ' , ...
' Position ' , [10 10 150 20], ...
' String ' , [ ' MATLAB Version ' , version]);
```

3. 无线按钮

无线按钮，又称选择按钮或切换按钮，它由一个标志和标志文本左端的一个小圆圈或小菱形所形成。当选择无线按钮时，圆圈或菱形被填充，且'Value'属性值设为 1；若未被选择，指示符被清除，'Value'属性值设为 0。无线按钮'Style'的属性值是'radiobutton'。

无线按钮典型地用于在一组互斥的选项中选择一项。为了确保互斥性，各无线按钮 uicontrol 的回调字符串必须不选组中其他项，将它们各项的'Value'设为 0。然而，这只是一个约定，如果需要，无线按钮可与检查框交换使用。

下面的例子建立了两个互斥选项的无线按钮，它将坐标轴'Box'属性设为 on 或 off。

```
>> Hc_boxon = uicontrol(gcf, ' Style ' , ' radio ' , ...
' Position ' , [20 45 100 20], ...
' String ' , ' Set box on
' Value ' , 0, ... ' , ...
' CallBack ' , [...
' set(Hc_boxon ' , ''Value'', 1 ' ...
' set(Hc_boxoff ' , ''Value'', 0 ' ...
' set(gca, ''Box'', ''on'') ' ]);
>> Hc_boxoff = uicontrol(gcf, ' Style ' , ' radio ' , ...
' Position ' , [20 20 100 20], ...
' String ' , ' Set box off
' Value ' , 1, ... ' , ...
' CallBack
' CallBack ' , [...
' set(Hc_boxon ' , ''Value'', 0 ' ...
' set(Hc_boxoff ' , ''Value'', 1 ' ...
' set(gca, ''Box'', ''off'') ' ]);
```

4. 检查框

检查框，又称切换按钮，它由标志和在标志左边的一个小方框所组成。激活时，uicontrol 在检查和清除状态之间切换。在检查状态时，根据平台的不同，方框被填充，或在框内含 x，'Value'属性值设为 1。若为清除状态，则方框变空，'Value'属性值设为 0。

检查框典型地用于表明选项的状态或属性。通常检查框是独立的对象，如果需要，检查框可与无线按钮交换使用。

下面的例子建立了一个检查框 uicontrol，设置坐标轴'Box'属性。当此检查框被激活时，测试'Value'属性以确定检查框是否以往被检查或清除过，并适当设置'Box'属性。

```
>> Hc_box = uicontrol(gcf, ' Style ' , ' check ' , ...
' Position ' , [100 50 100 20], ...
' String ' , ' Axis Box ' , ...
' CallBack ' , [...
' if get(Hc_box, ''Value'')==1, ' ...
' set(gca, ''Box'', ''on''), ' ...
' else, ' ...
' (gca, ''Box'', ''off'', ' ...
' end ' ]);
```

5. 可编辑文本框

可编辑文本框像静态文本框一样，在屏幕上显示字符。但与静态文本框不同的是，可编辑文本框允许用户动态地编辑或重新安排文本串，就像使用文本编辑器或文字处理器一样。在'String'属性中有该信息。可编辑文本框 uicontrol 的'Style'属性值是'edit'。可编辑文本框典型地用于让用户输入文本串或特定值。

可编辑文本框可包含一行或多行文本。单行可编辑文本框只接受一行输入，而多行可编辑文本框可接受一行以上的输入。单行可编辑文本框的输入以 Return 结尾。在 X Window 和 Microsoft Windows 平台上，多行文本输入以 Control-Return 结尾，而在 macOS 平台上以 Command-Return 结尾。

下面的例子建立了静态文本标志和一个单行可编辑文本框。用户可以在文本框中输入颜色映象名，而后回调字符串把它放到图中。

```
>>Hc_label=uicontrol(gcf, ' Style ' , ' text ' , ...
' Position ' [10 10 70 20], ...
' String ' , ' Colormap: ' );
>>Hc_map =uicontrol(gcf, ' Style ' , ' edit ' , ...
' Position ' [80 10 60 20], ...
' String ' , ' hsv ' , ...
' callback ' , ' colormap(eval(get(Hc_map, ''String''))) ' );
```

通过把'Max'属性和'Min'属性设置成数值，诸如 Max-Min>1，建立多行可编辑文本框。'Max'属性不指定最大的行数。多行可编辑文本框可具有无限多行。

一个多行可编辑文本框表示如下。

```
>>Hc_multi=uicontrol(gcf, ' Style ' , ' edit ' , ...
' Position ' , [20 50 75 75], ...
' String ' , ' Line 1 |Line 2|Line 3 ' ...
' Max ' , 2);
```

多行字符串被指定为单个引号的字符串，用“|”指明在何处分行。

6. 滑标

滑标，或称滚动条，包括 3 个独立的部分：滚动槽或长方条区域，代表有效对象值范围；滚动槽内的指示器，代表滑标当前值；滚动槽两端的箭头。滑标 uicontrol 的'Style'属性值是'slider'。

滑标典型地用于从几个值域范围中选定一个。设定滑标值有 3 种方法。方法 1：使鼠标指针指向指示器，单击并移动指示器。拖动鼠标时，要按住鼠标，当指示器位于期望位置后松开鼠标。方法 2：当鼠标指针处于滚动槽中但在指示器的一侧时，单击鼠标，指示器按该侧方向移动，距离约等于整个值域范围的 10%。方法 3：在滑标任何一端单击鼠标箭头，指示器沿着箭头的方向移动大约滑标范围的 1%。滑标通常与所用文本 uicontrol 对象一起显示标志、当前滑标值及值域范围。

下面的例子实现了一个滑标，可以用于设置视点方位角，用了 3 个文本框分别指示滑标的最大值、最小值和当前值。

```
>> vw = get(gca, ' View ' );
>> Hc_az = uicontrol(gcf, ' Style ' , ' slider ' , ...
```

```
                              ' Position ' [10 5 140 20], ...
                              ' Min ' , -90,  ' Max ' , 90,  ' Value ' , vw(1) ' , ...
                              ' CallBack ' , [...
                                  ' set(Hc_cur, ''String'', num22str(get(Hc_az, ''Value''))),
' ...
                                  ' set(gca, ''View'', [get(Hc_az, ''Value'') vw(2)]) ' ]);
    >> Hc_min = uicontrol(gcf,  ' Style ' ,  ' text ' , ...
    ' Position ' , [10 25 40 20], ...
    ' String ' , num2str(get(Hc_az,  ' Min ' )));
    num2str(get(Hc_az,  ' Min ' )));
    >> Hc_max = uicontrol(gcf,  ' Style ' ,  ' text ' , ...
                               ' Position ' , [110 25 40 20], ...
                               ' String ' , num2str(get(Hc_az,  ' Max));
    >> Hc_cur = uicontrol(gcf,  ' Style ' ,  ' text ' , ...
                               ' Position ' , [60 25 40 20], ...
                               ' String ' num2str(get(Hc_az,  ' Value ' )));
```

滑标的`'Position'`属性包含熟悉的向量`[left bottom width height]`，其单位由`'Units'`属性设定。滑标的方向取决于宽与高之比。如果`width > height`就画水平方向的滑标，如果`width < height`就画垂直方向的滑标。仅在 X Window 平台中，如果滑标在一个方向上的大小比在另一个方向上的大小小 80%，就不显示。其他操作平台上的滑标均有箭头。

7. 弹出式菜单

弹出式菜单典型地用于向用户提供互斥的一系列选项清单，让用户可以选择。弹出式菜单不同于前面论述过的下拉菜单，不受菜单条的限制。弹出式菜单可位于图形窗口内的任何位置。弹出式菜单的`'Style'`属性值是`'popumenu'`。

当关闭时，弹出式菜单以矩形或按钮的形式出现，按钮上含有当前选择的标志，在标志右侧有一个向下的箭头或凸起的小方块来表明`uicontrol`对象是一个弹出式菜单。当鼠标指针处在弹出式菜单`uicontrol`之上并单击时，出现其他选项。移动鼠标指针到不同的选项，松开鼠标就会关闭弹出式菜单，显示新的选项。Microsoft Windows 和某些 X Window 平台允许用户单击弹出式菜单打开它，而后单击另一个选项来进行选择。

当选择一个弹出项时，`'Value'`属性值设置成选择向量所选元素的下标。选项的标志指定为一个字符串，用“|”分隔，与指定多行文本的方法一样。下面的例子建立了图形颜色的弹出式菜单。回调函数把图形的`'Color'`属性值设定为所选值。每种与颜色相关的 RGB 值存储在弹出控制框的`'UserDate'`属性中。所有句柄图形对象的`'UserData'`属性仅仅为单独矩阵提供“孤立的”存储。

```
    >> Hc_fcolor = uicontrol(gcf,  ' Style ' ,  ' popumenu ' , ...
    ' Position ' , [20 20 80 20], ...
    ' String ' ,  ' Black|Red|Yellow|Green|Cyan|Blue|Magenta|White ' , ...
    ' Value ' , 1, ...
    UserData ' , [[0 0 0]; ...
    [1 0 0]; ...
    [1 1 0]; ...
    [0 1 0]; ...
    [0 1 1]; ...
    [0 0 1]; ...
    [1 0 1]; ...
    [1 1 1]; ...
    CallBack ' , [...
    ' UD=get(Hc_fcolor,  ' ' UserData ' ' );  ' , ...
    ' set(gcf,  ' ' Color ' ' , UD(get(Hc_fcolor,  ' ' Value ' ' ),: )) ' ]);
```

弹出式菜单的`'Position'`属性含有我们熟悉的向量`[left bottom width height]`，其中宽度与高度决定了弹出对象的大小；在 X Window 和 macOS 平台中，就是被关闭的弹出式菜单的大小。打开时，菜单展开适合显示屏幕大小的所有选项。在 Microsoft Windows 平台中，高度值基本上被忽略，这些平台建立高度足够的弹出式菜单，显示一行文本而不管 height 的值。

8. 框架

框架 uicontrol 对象仅是带色彩的矩形区域。框架能体现视觉的分隔性。在这点上，框架与 uimenu 的'Sepatator'属性相似。框架典型地用于组成无线按钮或其他 uicontrol 对象。在其他对象放入框架之前，框架应事先定义；否则，框架可能覆盖控制框使它们不可见。

下面的例子建立了一个框架，把两个按钮和一个标志放入其中。

```
>> Hc_frame = uicontrol(gcf, ' Style ', ' frame ' , ' Position ' , [250 200 95 65]);
>> Hc_pb1 = uicontrol(gcf, ' Style ' , ' pudhbutton ' , ...
' Position ' , [255 205 40 40], ' String ' , ' OK ' );
>> Hc_pb2 = uicontrol(gcf, ' Style ' , ' pushbutton ' , ...
' Position ' , [300 205 40 40], ' String ' , ' NOT ' );
>> Hc_1b1 = uicontrol(gcf, ' Style ' , ' text ' , ...
' Position ' , [255 250 85 10], ' Str ' , ' Push Me ' );
```

17.1.2　用户控件属性

如句柄图形对象建立函数一样，uicontrol 属性可在对象建立时定义，或用 set 命令来改变。所有可设定的属性，包括字符串文本、回调串，甚至控制框函数类型都可以用 set 来改变。本章后面有若干例子。

表 17-1 列出了 MATLAB 中 uicontrol 对象的属性。带有“*”的属性为非文件式的，使用时需多加小心。由“{}”括起来的属性值是默认值。

表 17-1　**uicontrol** 对象的属性

属性	说明
BackgroundColor	uicontrol 背景色。三元素的 RGB 向量或 MATLAB 一个预先定义的颜色名称。默认的背景色是浅灰色
Callback	MATLAB 回调串，当 uicontrol 激活时，回调串传给函数 eval()；初始值为空矩阵
ForegroundColor	uicontrol 前景（文本）色。三元素的 RGB 向量或 MATLAB 一个预先定义的颜色名称。默认的文本色是黑色
HorizontalAlignment	标志串的水平排列。 left：相对于 uicontrol 文本左对齐 {center}：相对于 uicontrol 文本居中 right：相对于 uicontrol 文本右对齐
Max	属性'Value'的最大许可值。最大许可值取决于 uicontrol 的'Type'，当 uicontrol 处于 on 状态时，无线按钮和检查框将 Value 设定为 Max；该值定义了弹出式菜单最小下标值或滑标的最大值。当 Max-Min>1 时，可编辑文本框是多行文本。默认值为 1
Min	属性'Value'的最小许可值。最小许可值取决于 uicontrol 的'Type'，当 uicontrol 处于 off 状态时，无线按钮和检查框将 Value 设定为 Min；该值定义了弹出式菜单最小下标值或滑标的最小值。当 Max-Min>1 时，可编辑文本框是多行文本。默认值为 0
Position	位置向量[left bottom width height]。其中，[left height]表示相对于图形对象左下角的 uicontrol 的左下角位置。[width height]表示 uicontrol 的尺寸大小，其单位由属性 Units 确定
Enable*	on：控制框使能状态，uicontrol 使能。激活 uicontrol，将 Callback 字符串传给 eval() off：unicontrol 不使能，标志串模糊不清。激活 unicontrol 不起作用
String	文本字符串，在按钮键、无线按钮、检查框及弹出式菜单上指定 uicontrol 的标志。对于可编辑文本框，该属性设置成由用户输入的字符串。对弹出式菜单或可编辑文本框中的多个选项，每一项用“|”分隔，整个字符串用引号括起来。框架和滑标不用引号

续表

属性	说明
Style	定义 uicontrol 对象的类型 {pushbutton}：按钮键，选择时执行一个动作 radiobutton：无线按钮键，单独使用时，在两个状态之间切换；成组使用时，让用户选择一个选项 checkbox：检查框，单独使用时，在两个状态之间切换；成组使用时，让用户选择一个选项 edit：可编辑框，显示一个字符串并可让用户改变 text：静态文本框，显示一个字符串 slider：滑标，让用户在值域范围内选择一个值 frame：框架，显示包围一个或几个 uicontrol 的框架，使其形成一个逻辑群 popumenu：弹出式菜单，含有许多互斥的选择的弹出式菜单
Units	位置属性值的单位 inches：英寸 centimeters：厘米 normalized：归一化的坐标值，图形的左下角映射为[0 0]，而右上角映射为[1 1] points：打印设置点，等于 1/72 英寸 {pixels}：屏幕的像素。计算机屏幕分辨率的最小单位
Value	uicontrol 的当前值。无线按钮和检查框在 on 状态时，Value 设为 Max；当是 off 状态时，Value 设为 Min。由滑标将滑标的 Value 设置为数值（Min≤Value≤Max），弹出式菜单把 Value 值设置为所选择选项的下标（1≤Value≤Max）。文本对象和按钮不设置该属性
ButtonDownFcn	当 uicontrol 被选择时，MATLAB 回调串传给函数 eval()。初始值为空矩阵
Children	uicontrol 对象一般无子对象，通常返回空矩阵
Clipping	限幅模式 {on}：对 uicontrol 对象无作用效果 off：对 uicontrol 对象无作用效果
DestroyFcn	只针对 macOS 4.2 版本。没有文件说明
Interruptible	指定 ButtonDownFcn 和 CallBack 串是否可中断 {on}：回调不能由其他回调中断 off：回调串可被中断
Parent	包含 uicontrol 对象的图形句柄
*Select	值为[on|off]
*Tag	文本串
Type	只读对象辨识串，通常为 uicontrol
UserData	用户指定的数据。可以是矩阵、字符串等
Visible	uicontrol 对象的可视性 {on}：uicontrol 对象在屏幕上可见 off：uicontrol 对象不可见，但仍然存在

例 17.1 MATLAB 程序输入如下。

```
    hf=figure('Color',[1,0,0],'Pos',[100,100,500,400],'Name','图形用户界面（GUI）设计教学举例',
'NumberTitle','off','MenuBar','none');
    pbstart=uicontrol(gcf,'Style','push','Position'[20,20,100,25],'String','请按此按钮','CallBack',
'warndlg(''This is an example!!!'')');
    pbstart=uicontrol(gcf,'Style','push','Position',[140,20,100,25],'String','关闭','CallBack',
'close');
    h_axes=axes('position',[0.05,0.2,0.6,0.6]);
    t=0:pi/50:2*pi;y=sin(t);plot(t,y);
    set(h_axes,'xlim',[0,2*pi]);
    set(gcf,'defaultuicontrolhorizontal','left');
```

```
htitle=title('正弦曲线');
set(gcf,'defaultuicontrolfontsize',12);     %设置用户默认控件字体属性值
uicontrol('style','text',...                %创建静态文本框
    'string','正斜体图名:',...
    'position',[360,300,100,30],...
    'horizontal','left');
hr1=uicontrol(hf,'style','radio',...        %创建“无线电”选择按钮
    'string','正体',...                      %按钮功能的文字标识'正体'
    'position',[360,280,100,30]);           %按钮位置
set(hr1,'value',get(hr1,'Max')); %因图名默认使用正体，所以小圆圈应被点黑
set(hr1,'callback',[...
             'set(hr1,''value'',get(hr1,''max'')),',... %选中将小圆圈点黑
              'set(hr2,''value'',get(hr2,''min'')),',... %将“互斥”选项点白
              'set(htitle,''fontangle'',''normal''),',... %使图名以正体显示
              ]);
hr2=uicontrol(gcf,'style','radio',...     %创建“无线电”选择按钮
        'string','斜体',...                      %按钮功能的文字标识'斜体'
        'position',[360,260,100,30],... %按钮位置
        'callback',[...
              'set(hr1,''value'',get(hr1,''min'')),',...
              'set(hr2,''value'',get(hr2,''max'')),',...
     'set(htitle,''fontangle'',''italic'')',... %使图名以斜体显示
     ]);
ht=uicontrol(gcf,'style','toggle',...       %制作双位按钮
      'string','Grid',...
      'position',[360,220,100,30],...
      'callback','grid');
htext=uicontrol(gcf,'style','text',...      %制作静态说明文本框
'position',[20,370,200,20],...
    'string','界面友好！个性体现！');
hslider=uicontrol(gcf,'style','slider',... %创建滑标
'position',[360,180,100,30],...
    'max',2.02,'min',0.02,...                 %设最大阻尼比为 2，最小阻尼比为 0.02
    'sliderstep',[0.01,0.05],...             %箭头操纵滑动步长 1%，游标滑动步长 5%
    'Value',0.5);                                %默认取阻尼比等于 0.5
hpop=uicontrol(gcf,'style','popup',...      %制作弹出式菜单
  'position',[360,140,100,30],...
  'string','钟宝江|王正盛|牛顿|爱因斯坦');   %设置弹出框中选项名
hlist=uicontrol(gcf,'Style','list',...      %制作列表框
   'position',[360,50,100,60],...
   'string','张三|李四|王五|赵六',...           %设置列表框中选项名
   'Max',2); %取 2，使 Max-Min>1，而允许多项选择
hpush=uicontrol(gcf,'Style','push',...      %制作与列表框配用的按钮
  'position',[360,10,100,30],'string','应用');
```

运行结果如图 17-1 所示。

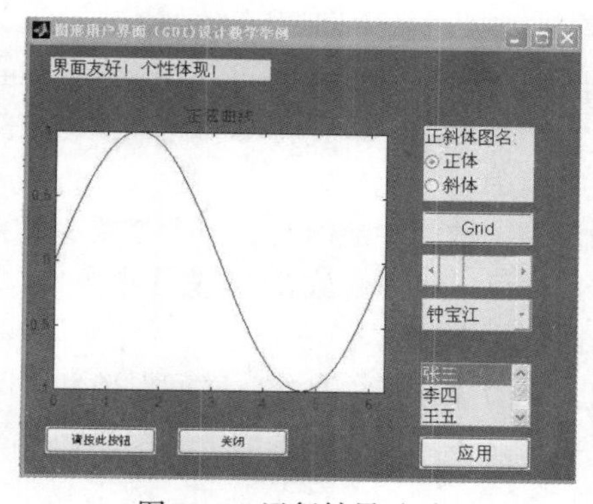

图 17-1　运行结果（1）

例 17.2　MATLAB 程序输入如下。

```
clf reset
set(gcf,'unit','normalized','position',[0.1,0.2,0.64,0.35]);
```

```
set(gcf,'defaultuicontrolunits','normalized');
set(gcf,'defaultuicontrolfontsize',12);
set(gcf,'defaultuicontrolfontname','隶书');
set(gcf,'defaultuicontrolhorizontal','left');
str='加法计算器 with MATLAB';
set(gcf,'name',str,'numbertitle','off');
hedit1=uicontrol(gcf,'style','edit','unit','normalized',...
'position',[0.1,0.65,0.232,0.18],'horizontal','left',...
'callback','z1=str2num(get(gcbo,''string''));');
hedit2=uicontrol(gcf,'style','edit','unit','normalized',...
'position',[0.5,0.65,0.232,0.18],'horizontal','left',...
'callback','z2=str2num(get(gcbo,''string''));');
hedit3=uicontrol(gcf,'style','edit','unit','normalized',...
'position',[0.45,0.25,0.232,0.18],'horizontal','left');
%z3=z1+z2
ht1=uicontrol(gcf,'style','push',...
'string','加法运算',...
'position',[0.17,0.345,0.2,0.2],...
'callback', 'set(hedit3,''string'',num2str(z1+z2))');
```

运行结果如图 17-2 所示。

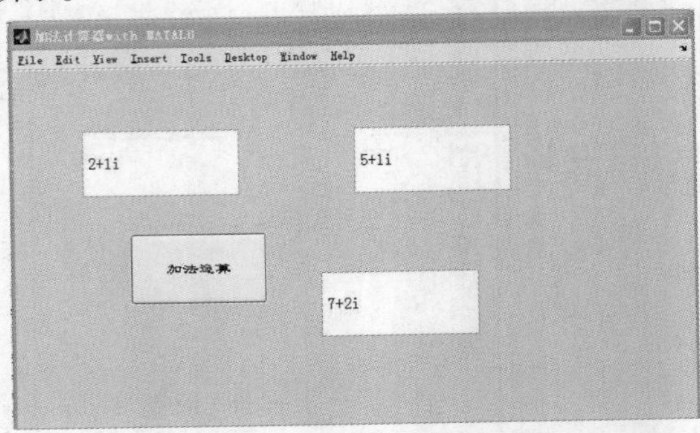

图 17-2　运行结果（2）

17.1.3　回调函数

回调函数常用于空间或者菜单被单击时发生的事件，从广义上讲，还包括图形对象的创建、删除等一系列操作所引发的事件。MATLAB 命令和时间对象事件联系起来，设置与之相关的时间对象回调属性的值。当时间对象确定好时间段后，时间对象将执行一个或多个用户选择的 MATLAB 函数，用户可以直接指定函数，明确回调函数属性的值来回调。用户可以将这些命令放置在一个 M 文件函数中并明确 M 文件函数中回调属性的值。

直接确定回调函数：t=timer('TimerFcn','disp("Hello World!")','StartDelay',5);。

该回调函数例子创建了一个时间对象在 5s 后显示一句问候，该例子直接明确了时间函数回调属性的值，把命令放在文本字符串中。

当用户指定回调命令明确回调函数属性的值时，该命令要在 MATLAB 工作区中评估。

在回调函数中放置命令：用户可以将命令放在 M 文件中并指定 M 文件中回调属性的值来代替在 MATLAB 命令中直接指定回调属性值。

当用户创建回调函数时，首先要注意必须是包含时间对象和时间结构的句柄。时间结构包括两个区域：类型和数据。文本域包含识别促成回调的事件类型的文本字符串，值域包含下列字符串 StartFcn、StopFcn、TimerFcn、orErrorFcn，数据域包含事件发生的时间。

下面举一个编写回调函数的例子，该例子实现一个简单的回调函数，该函数能够显示触发回调和显示回调发生时间的事件类型。为了解释通过特定应用论点，该回调函数例子接受了作为条件论点的文本串并在显示输出中包括了该文本串。

MATLAB 程序输入如下。

```
fuction my_callback_fcn(obj,event,string_arg)
txt1=' event occurred at ';
txt2=string_arg;
event_type=event.Type;
event_time=datastr(event.Data.time);
msg=(event_type txt1 event_time);
disp(msg)
disp(txt2)
```

17.2　综合应用实例等

本节主要给出了 GUI 用户控件的综合应用实例，使用 GUI 用户控件创建按钮键、静态文本框、无线按钮、检查框、可编辑文本框、滑标、弹出框等。

17.2.1　双位按钮、“无线电”选择按钮、控件区域框实例

例 17.3　创建一个界面，包含 4 种控件：静态文本框、“无线电”选择按钮、双位按钮、控件区域框。

程序输入如下。

```
clf reset
set(gcf,'menubar','none')
set(gcf,'unit','normalized','position',[0.2,0.2,0.64,0.32]);
set(gcf,'defaultuicontrolunits','normalized') %设置用户默认控件单位属性值
h_axes=axes('position',[0.05,0.2,0.6,0.6]);
t=0:pi/50:2*pi;y=sin(t);plot(t,y);
set(h_axes,'xlim',[0,2*pi]);
set(gcf,'defaultuicontrolhorizontal','left');
htitle=title('正弦曲线');
set(gcf,'defaultuicontrolfontsize',12);          %设置用户默认控件字体属性值
uicontrol('style','frame',...                   %创建用户控件区域框
'position',[0.67,0.55,0.25,0.25]);
uicontrol('style','text',...                    %创建静态文本框
'string','正斜体图名:',...
'position',[0.68,0.77,0.18,0.1],...
'horizontal','left');
hr1=uicontrol(gcf,'style','radio',...           %创建“无线电”选择按钮
'string','正体',...                              %按钮功能的文字标识'正体'
'position',[0.7,0.69,0.15,0.08]);               %按钮位置
set(hr1,'value',get(hr1,'Max'));                %因图名默认使用正体，所以小圆圈应被点黑
set(hr1,'callback',[... % <21>
'set(hr1,''value'',get(hr1,''max'')),',...      %选中将小圆圈点黑
'set(hr2,''value'',get(hr2,''min'')),',...      %将“互斥”选项点白
'set(htitle,''fontangle'',''normal''),',...     %使图名以正体显示
]);
hr2=uicontrol(gcf,'style','radio',...           %创建“无线电”选择按钮
'string','斜体',...                              %按钮功能的文字标识'斜体'
'position',[0.7,0.58,0.15,0.08],...             %按钮位置
'callback',[...
'set(hr1,''value'',get(hr1,''min'')),',...
'set(hr2,''value'',get(hr2,''max'')),',...
'set(htitle,''fontangle'',''italic'')',...      %使图名以斜体显示
]);
ht=uicontrol(gcf,'style','toggle',...           %制作双位按钮
'string','Grid',...
'position',[0.67,0.40,0.15,0.12],...
'callback','grid');
```

运行结果如图 17-3 所示。

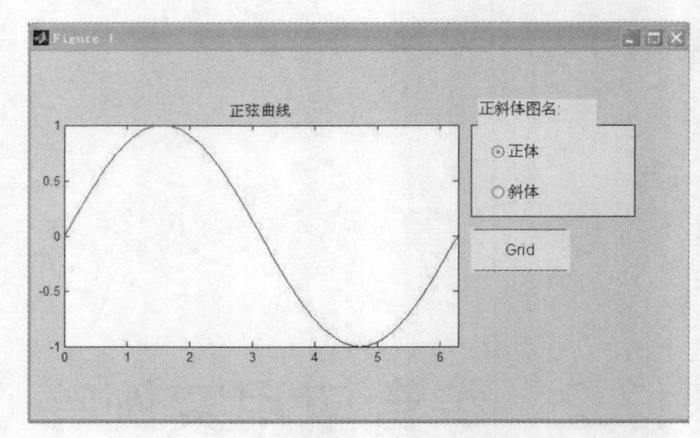

图 17-3　运行结果（3）

17.2.2　静态文本框、滑标、检查框实例

例 17.4　制作演示“归一化二阶系统阶跃响应”的交互界面。在该界面中，阻尼可在[0.02,2.02]中连续调节，标志当前阻尼比值：可标志峰值时间和大小，可标志（响应从 0 ~ 0.95 所需的）上升时间。

本例涉及以下主要内容。

（1）静态文本框的创建和实时改写。

（2）滑标的创建：'Max'和'Min'的设置，'Value'的设置和获取。

（3）检查框的创建：'Value'的获取。

（4）受多个控件影响的回调操作。

程序输入如下。

```
clf reset
set(gcf,'unit','normalized','position',[0.1,0.2,0.64,0.35]);
set(gcf,'defaultuicontrolunits','normalized');
set(gcf,'defaultuicontrolfontsize',12);
set(gcf,'defaultuicontrolfontname','隶书');
set(gcf,'defaultuicontrolhorizontal','left');
str='归一化二阶系统阶跃响应曲线';
set(gcf,'name',str,'numbertitle','off');        %书写图形窗口名称
h_axes=axes('position',[0.05,0.2,0.6,0.7]);     %定义轴位框位置
set(h_axes,'xlim',[0,15]);                      %设置时间轴长度
str1='当前阻尼比=';
t=0:0.1:10;z=0.5;y=step(1,[1 2*z 1],t);
hline=plot(t,y);
htext=uicontrol(gcf,'style','text',...          %制作静态文本框
'position',[0.67,0.8,0.33,0.1],...
'string',[str1,sprintf('%1.4g\',z)]);
hslider=uicontrol(gcf,'style','slider',...      %创建滑标
'position',[0.67,0.65,0.33,0.1],...
'max',2.02,'min',0.02,...                %设最大阻尼比为 2.02，最小阻尼比为 0.02
'sliderstep',[0.01,0.05],...             %箭头操纵滑动步长 1%，游标滑动步长 5%
'Value',0.5);                            %默认取阻尼比等于 0.5
hcheck1=uicontrol(gcf,'style','checkbox',...             %创建峰值检查框
'string','最大峰值' ,...
'position',[0.67,0.50,0.33,0.11]);
vchk1=get(hcheck1,'value');              %获得峰值检查框的状态值
hcheck2=uicontrol(gcf,'style','checkbox',...            %创建上升时间检查框
'string','上升时间(0->0.95)',...
'position',[0.67,0.35,0.33,0.11]);
vchk2=get(hcheck2,'value');              %获得上升时间检查框的状态值
set(hslider,'callback',[...              %操作滑标,引起回调
'z=get(gcbo,''value'');',...             %获得滑标状态值
'callcheck(htext,str1,z,vchk1,vchk2)']);                %被回调的函数文件
set(hcheck1,'callback',[...              %操作峰值检查框，引起回调
'vchk1=get(gcbo,''value'');',...         %获得峰值检查框状态值
'callcheck(htext,str1,z,vchk1,vchk2)']);                %被回调的函数文件
```

```
set(hcheck2,'callback',[...                   %操作峰值检查框，引起回调
'vchk2=get(gcbo,''value'');',...              %获得峰值检查框状态值
'callcheck(htext,str1,z,vchk1,vchk2)']);                %被回调的函数文件
[CALLCHECK.M]
function callcheck(htext,str1,z,vchk1,vchk2)
cla,set(htext,'string',[str1,sprintf('%1.4g\',z)]); %更新静态文本框内容
dt=0.1;t=0:dt:15;N=length(t);y=step(1,[1 2*z 1],t);plot(t,y);
if vchk1                                      %假如峰值框被选中
[ym,km]=max(y);
if km<(N-3)                                   %假如在设定时间范围内能插值
k1=km-3;k2=km+3;k12=k1:k2;tt=t(k12);
line(tt(kkm),yym,'marker','.',...             %画峰值点
'markeredgecolor','r','markersize',20);
ystr=['ymax = ',sprintf('%1.4g\',yym)];
tstr=['tmax = ',sprintf('%1.4g\',tt(kkm))];
text(tt(kkm),1.05*yym,{ystr;tstr})
else                                              %假如在设定时间范围内不能插值
text(10,0.4*y(end),{'ymax --> 1';'tmax --> inf'})
end
end
if vchk2                                        %假如上升时间框被选中
k95=min(find(y>0.95));k952=[(k95-1),k95];
t95=interp1(y(k952),t(k952),0.95);    %线性插值
line(t95,0.95,'marker','o','markeredgecolor','k','markersize',6);
tstr95=['t95 = ',sprintf('%1.4g\',t95)];
text(t95,0.65,tstr95)
end
```

运行结果如图 17-4 所示。

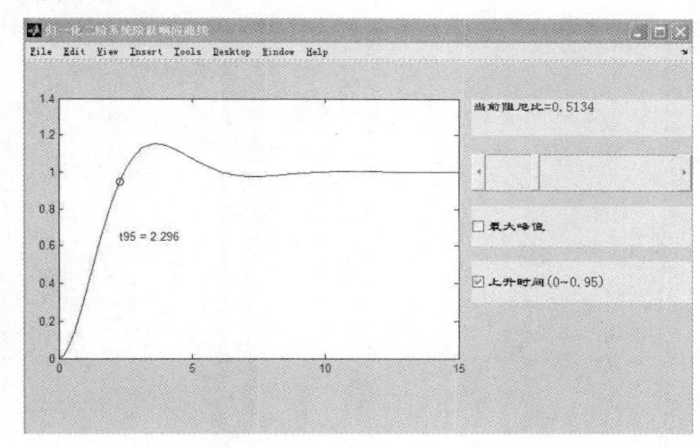

图 17-4 运行结果（4）

17.2.3 可编辑文本框、弹出框、列表框、按钮实例

例 17.5 制作一个能绘制任意图形的交互界面。它包括可编辑文本框、弹出框、列表框等。本例的关键内容是如何使用编辑框允许输入多行指令。

```
clf reset
set(gcf,'unit','normalized','position',[0.1,0.4,0.85,0.35]);%设置图形窗口大小
set(gcf,'defaultuicontrolunits','normalized');
set(gcf,'defaultuicontrolfontsize',11);
set(gcf,'defaultuicontrolfontname','隶书');
set(gcf,'defaultuicontrolhorizontal','left');
set(gcf,'menubar','none');                        %删除图形窗口工具条
str='通过多行指令绘图的交互界面';
set(gcf,'name',str,'numbertitle','off');   %书写图形窗口名称
h_axes=axes('position',[0.05,0.15,0.45,0.70],'visible','off');%定义轴位框位置
uicontrol(gcf,'Style','text',...                  %制作静态文本框
'position',[0.52,0.87,0.26,0.1],...
'String','绘图指令输入文本框');
```

```
hedit=uicontrol(gcf,'Style','edit',...        %制作可编辑文本框
'position',[0.52,0.05,0.26,0.8],...
'Max',2);                                     %取 2，使 Max-Min>1，允许多行输入
hpop=uicontrol(gcf,'style','popup',...        %制作弹出式菜单
'position',[0.8,0.73,0.18,0.12],...
'string','spring|summer|autumn|winter');      %设置弹出框中的选项名
hlist=uicontrol(gcf,'Style','list',...        %制作列表框
'position',[0.8,0.23,0.18,0.37],...
'string','Grid on|Box on|Hidden off|Axis off',...%设置列表框中的选项名
'Max',2);                                        %取 2，使 Max-Min>1，允许多项选择
hpush=uicontrol(gcf,'Style','push',...        %制作与列表框配用的按钮
'position',[0.8,0.05,0.18,0.15],'string','Apply');
set(hedit,'callback','calledit(hedit,hpop,hlist)'); %编辑框输入引起回调
set(hpop,'callback','calledit(hedit,hpop,hlist)');  %弹出框选择引起回调
set(hpush,'callback','calledit(hedit,hpop,hlist)'); %按钮引起的回调
function calledit(hedit,hpop,hlist)
ct=get(hedit,'string');                          %获得输入的字符串函数
vpop=get(hpop,'value');                          %获得选项的位置标识
vlist=get(hlist,'value');                        %获得选项位置向量
if ~isempty(ct)                                  %可编辑文本框输入非空时
eval(ct')                                        %运行从可编辑文本框输入的指令
popstr={'spring','summer','autumn','winter'};    %弹出框色图矩阵
liststr={'grid on','box on','hidden off','axis off'};%列表框选项内容
invstr={'grid off','box off','hidden on','axis on'}; %列表框的逆指令
colormap(eval(popstr{vpop}))                     %采用弹出框所选色图
vv=zeros(1,4);vv(vlist)=1;
for k=1:4
if vv(k);eval(liststr{k});else eval(invstr{k});end %按列表选项影响图形
end
end
```

运行结果如图 17-5 所示。

图 17-5　运行结果（5）

17.2.4　M 基础文件

1. 利用全局变量编写用户界面函数文件

例 17.6　利用 M 函数文件创建与 17.2.3 节中相同的用户界面。本例演示如何依靠全局变量传递控件的图柄，从而保证回调动作正确执行。

编写 M 函数文件 exm1724_1.m 和 calleditl.m。

```
〈exm1724_1.m〉
function exam1724_1 ()
global hedit hpop hlist
set(gcf,'unit','normalized','position',[0.1,0.4,0.85,0.35]);%设置图形窗口大小
set(gcf,'defaultuicontrolunits','normalized');
set(gcf,'defaultuicontrolfontsize',11);
set(gcf,'defaultuicontrolfontname','隶书');
set(gcf,'defaultuicontrolhorizontal','left');
set(gcf,'menubar','none');                      %删除图形窗口工具条
```

```
str='通过多行指令绘图的交互界面';
set(gcf,'name',str,'numbertitle','off');     %书写图形窗口名称
h_axes=axes('position',[0.05,0.15,0.45,0.70],'visible','off');%定义轴位框位置
uicontrol(gcf,'Style','text',...              %制作静态文本框
'position',[0.52,0.87,0.26,0.1],...
'String','绘图指令输入文本框');
hedit=uicontrol(gcf,'Style','edit',...        %制作可编辑文本框
'position',[0.52,0.05,0.26,0.8],...
'Max',2);
                                                  %取 2，使 Max-Min>1，允许多行输入
hpop=uicontrol(gcf,'style','popup',...        %制作弹出式菜单
'position',[0.8,0.73,0.18,0.12],...
'string','spring|summer|autumn|winter');      %设置弹出框中的选项名
hlist=uicontrol(gcf,'Style','list',...        %制作列表框
'position',[0.8,0.23,0.18,0.37],...
'string','Grid on|Box on|Hidden off|Axis off',...%设置列表框中的选项名
'Max',2);
                                                  %取 2，使 Max-Min>1，允许多项选择
hpush=uicontrol(gcf,'Style','push',...        %制作与列表框配用的按钮
'position',[0.8,0.05,0.18,0.15],'string','Apply');
set(hedit,'callback','calledit1');            %编辑框输入引起回调
set(hpop,'callback','calledit1');             %弹出框选择引起回调
set(hpush,'callback','calledit1');            %按钮引起的回调
function calledit1()
global hedit hpop hlist
ct=get(hedit,'string');                          %获得输入的字符串函数
vpop=get(hpop,'value');                          %获得选项的位置标识
vlist=get(hlist,'value');                        %获得选项位置向量
if ~isempty(ct)                                  %可编辑文本框输入非空时
eval(ct')                                        %运行从可编辑文本框输入的指令
popstr={'spring','summer','autumn','winter'};  %弹出框色图矩阵
liststr={'grid on','box on','hidden off','axis off'};%列表框选项内容
invstr={'grid off','box off','hidden on','axis on'}; %列表框的逆指令
colormap(eval(popstr{vpop}))                     %采用弹出框所选色图
vv=zeros(1,4);vv(vlist)=1;
for k=1:4
if vv(k);eval(liststr{k});else eval(invstr{k});end    %按列表选项影响图形
end
end
```

在 MATLAB 命令行窗口中运行以上程序就可获得题目所要求的 GUI，运行结果如图 17-6 所示。

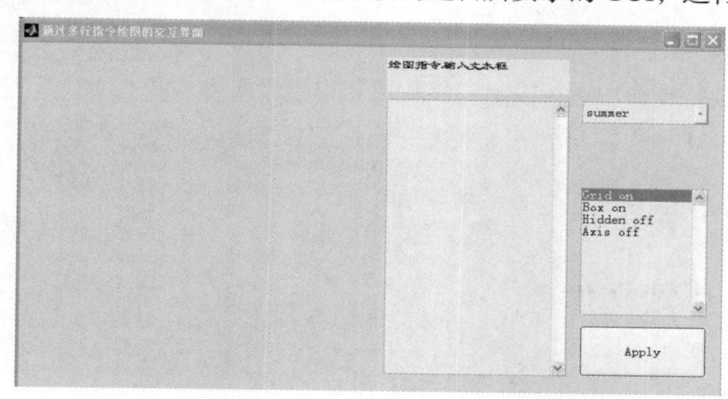

图 17-6　运行结果（6）

2. 利用'UserData'属性编写用户界面函数文件

例 17.7　利用 M 函数文件创建与 17.2.3 节中相同的用户界面。本例演示如何依靠图形窗口的'UserData'属性传递用户控件的图柄，从而保证回调动作正确执行。

编写 M 函数文件 exam1724_2.m 和 calledit2.m。

```
function exam1724_2 ()
global hedit hpop hlist
set(gcf,'unit','normalized','position',[0.1,0.4,0.85,0.35]);%设置图形窗口大小
set(gcf,'defaultuicontrolunits','normalized');
set(gcf,'defaultuicontrolfontsize',11);
```

```
set(gcf,'defaultuicontrolfontname','隶书');
set(gcf,'defaultuicontrolhorizontal','left');
set(gcf,'menubar','none');                      %删除图形窗口工具条
str='通过多行指令绘图的交互界面';
set(gcf,'name',str,'numbertitle','off');        %书写图形窗口名称
h_axes=axes('position',[0.05,0.15,0.45,0.70],'visible','off');%定义轴位框位置
uicontrol(gcf,'Style','text',...                %制作静态文本框
'position',[0.52,0.87,0.26,0.1],...
'String','绘图指令输入文本框');
hedit=uicontrol(gcf,'Style','edit',...          %制作可编辑文本框
'position',[0.52,0.05,0.26,0.8],...
'Max',2);                                       %取 2，使 Max-Min>1，允许多行输入
hpop=uicontrol(gcf,'style','popup',...     %制作弹出式菜单
'position',[0.8,0.73,0.18,0.12],...
'string','spring|summer|autumn|winter');%设置弹出框中的选项名
hlist=uicontrol(gcf,'Style','list',...     %制作列表框
'position',[0.8,0.23,0.18,0.37],...
'string','Grid on|Box on|Hidden off|Axis off',...%设置列表框中的选项名
'Max',2);                                  %取 2，使 Max-Min>1，允许多项选择
hpush=uicontrol(gcf,'Style','push',...     %制作与列表框配用的按钮
'position',[0.8,0.05,0.18,0.15],'string','Apply');
set(hedit,'callback','calledit2');        %编辑框输入引起回调
set(hpop,'callback','calledit2');         %弹出框选择引起回调
set(hpush,'callback','calledit2');           %按钮引起的回调
set(gcf,'UserData',[hedit,hpop,hlist])
function calledit2()
H=get(gcf,'UserData');
ct=get(H(1),'string');                         %获得输入的字符串函数
vpop=get(H(2),'value');                        %获得选项的位置标识
vlist=get(H(3),'value');                       %获得选项位置向量
if ~isempty(ct)                                %可编辑文本框输入非空时
eval(ct')                                      %运行从可编辑文本框输入的指令
popstr={'spring','summer','autumn','winter'}; %弹出框色图矩阵
liststr={'grid on','box on','hidden off','axis off'};%列表框选项内容
invstr={'grid off','box off','hidden on','axis on'}; %列表框的逆指令
colormap(eval(popstr{vpop}))                   %采用弹出框所选色图
vv=zeros(1,4);vv(vlist)=1;
for k=1:4
if vv(k);eval(liststr{k});else eval(invstr{k});end    %按列表选项影响图形
end
end
```

在 MATLAB 命令行窗口中运行以上程序就可获得题目所要求的 GUI，运行结果如图 17-7 所示。

图 17-7　运行结果（7）

3. 利用递归法编写用户界面函数文件

例 17.8　利用 M 函数文件创建与 17.2.3 节中相同的用户界面。本例演示如何依靠图形窗口的 'UserData' 属性在递归调用中传递用户控件的图炳，从而保证回调动作正确执行。

编写 M 函数文件 exam1724_3.m。

```
function exam1724_3(flag)
if nargin<1;flag='startup';end                 %允许在无输入变量形式下调用该函数
```

```
if ~ischar(flag);error('flag must be character ''startup''.');end
switch flag                                              %切换控制
case 'startup'
clf reset
set(gcf,'unit','normalized','position',[0.1,0.4,0.85,0.35]);
set(gcf,'defaultuicontrolunits','normalized');
set(gcf,'defaultuicontrolfontsize',11);
set(gcf,'defaultuicontrolfontname','隶书');
set(gcf,'defaultuicontrolhorizontal','left');
set(gcf,'menubar','none');                          %删除图形窗口工具条
str='通过多行指令绘图的交互界面';
set(gcf,'name',str,'numbertitle','off'); %书写图形窗口名称
h_axes=axes('position',[0.05,0.15,0.45,0.70],'visible','off');
uicontrol(gcf,'Style','text',...                    %制作静态文本框
'position',[0.52,0.87,0.26,0.1],...
'String','绘图指令输入文本框');
hedit=uicontrol(gcf,'Style','edit',...              %制作可编辑文本框
'position',[0.52,0.05,0.26,0.8],...
'Max',2);                                           %取 2，使 Max-Min>1，允许多行输入
hpop=uicontrol(gcf,'style','popup',...              %制作弹出式菜单
'position',[0.8,0.73,0.18,0.12],...
'string','spring|summer|autumn|winter');            %设置弹出框中的选项名
hlist=uicontrol(gcf,'Style','list',...              %制作列表框
'position',[0.8,0.23,0.18,0.37],...>
'string','Grid on|Box on|Hidden off|Axis off',...%设置列表框中的选项名
'Max',2);                                           %取 2，使 Max-Min>1，允许多项选择
hpush=uicontrol(gcf,'Style','push',...              %制作与列表框配用的按钮
'position',[0.8,0.05,0.18,0.15],'string','Apply');
set(hedit,'callback','exam1153_1(''set'')');  %编辑框输入引起回调
set(hpop,'callback','exam1153_1(''set'')');   %弹出框选择引起回调
set(hpush,'callback','exam1153_1(''set'')');  %按钮引起的回调
set(gcf,'UserData',[hedit,hpop,hlist]);       %向'UserData'存放图柄
case 'set'                                    %以下是回调函数
H=get(gcf,'UserData');                        %从'UserData'获取图柄
ct=get(H(1),'string');                        %获得输入的字符串函数
vpop=get(H(2),'value');                       %获得选项的位置标识
vlist=get(H(3),'value');                      %获得选项位置向量
if ~isempty(ct)
eval(ct')                                     %运行从可编辑文本框输入的指令
popstr={'spring','summer','autumn','winter'}; %弹出框色图矩阵
liststr={'grid on','box on','hidden off','axis off'};%列表框选项内容
invstr={'grid off','box off','hidden on','axis on'}; %列表框的逆指令
colormap(eval(popstr{vpop}))                  %采用弹出框所选色图
vv=zeros(1,4);vv(vlist)=1;
for k=1:4
if vv(k);eval(liststr{k});else eval(invstr{k});end %按列表选项影响图形
end
end
end
```

在 MATLAB 命令行窗口中运行以上程序就可获得题目所要求的 GUI，运行结果如图 17-8 所示。

图 17-8　运行结果（8）

17.2.5 编写界面开启程序

用户界面是人即用户与计算机或者计算机程序的接触点或交互方式，是用户与计算机进行信息交流的方式。计算机在屏幕显示图形和文本，若有扬声器还可产生声音。用户通过输入设备，如键盘、鼠标、跟踪球、绘制板或麦克风，与计算机通信。用户界面设定了如何观看和如何感知计算机、操作系统或应用程序。通常，人们多是根据悦目的结构和用户界面功能的有效性来选择计算机或程序。

界面设计在软件设计中具有重要地位，有时界面设计甚至决定了软件的命运，对 GUI 程序更是如此。本节首先给出了 MATLAB GUI 的一些设计原则和设计步骤。这对后面的界面设计工作具有重要的指导意义；接着对窗口、轴、菜单、控件等界面对象进行了详细介绍，主要介绍了各类对象的相关属性。

1. GUI 的设计原则

GUI 的设计原则是界面直观、对用户透明，即用户接触软件后对界面上对应的功能一目了然，不需要多少培训就可以方便地使用。GUI 的关键是使用户和计算机之间能够准确地交流信息，一方面用户输入时应当尽量采取自然的方式；另一方面，计算机向用户传递的信息必须准确，不致引起误解或混乱。另外，不要把内部的处理和 GUI 混在一起，以免互相干扰，影响速度甚至影响认知。

进行设计时，针对每一项功能，一般采用输入（Input）、处理（Process）与输出（Output）（简称 I-P-O）的模块化思想，充分体现 GUI 的通信功能。这样设计出来的程序不但不易出错，而且易于维护，即使有了错误也很容易加以改正。

简单说来，一个好的界面应遵循以下 3 点：简单性（simplicity）、一致性（consistency）及习常性（familiarity）。

（1）简单性。

设计界面时，应力求简洁、直接、清晰地体现出界面的功能和特征。那些可有可无的功能，应尽量删去，以保持界面的整洁。设计的图形界面要直观，为此应多采用图形，而尽量避免数值。设计界面应尽量减少窗口数目，力避在不同窗口之间进行来回切换。

（2）一致性。

所谓一致性，有两层含义：一是读者自己开发的界面风格要尽量一致；二是新设计的界面与其他已有的界面的风格不要截然相左。这是因为用户在初次使用新界面时，总习惯于凭借经验进行试探。如图形显示区常安排在界面的左侧，而按钮等控制区被安排在右侧。

（3）习常性。

设计界面时，应尽量使用人们所熟悉的标志与符号。用户可能并不了解新界面的具体含义和操作方法，但其完全可以根据熟悉的标志做出正确猜测，自学入门。

（4）其他考虑因素。

除了以上对界面的静态要求外，还应注意界面的动态性能。如界面对用户操作的响应要迅速、连续；对持续时间较长的运算，要给出等待时间提示，并允许用户中断运算。

2. GUI 的设计步骤

界面制作包括界面设计和程序实现。具体制作步骤如下：

- 分析界面所要求实现的主要功能，明确设计任务；
- 在稿纸上绘出界面草图，并站在用户的角度来审查草图；
- 按构思的草图，上机制作静态界面，并检查；
- 编写界面动态功能的程序，对功能进行逐项检查。

3. 窗口和轴

MATLAB 在创建图形对象时，必须有一个参照系定义每一个数据点在图形中的位置。这个参照系是坐标系所界定的轴线，轴线的属性确定了用户在屏幕上看到的图形方位和大小。MATLAB

创建的轴线包括在一个窗口中，轴线的属性控制着 MATLAB 图形的显示信息。

如图 17-9 所示，这是 GUI 环境下建立的一个新窗口。

用户如果想设置窗口的位置和大小，可以通过以下两种方式进行。

（1）在窗口中单击鼠标右键，在弹出的快捷菜单中选择“Property Inspector”命令，通过输入 X 和 Y 坐标数值来确定窗口的大小和位置，如图 17-10 所示。

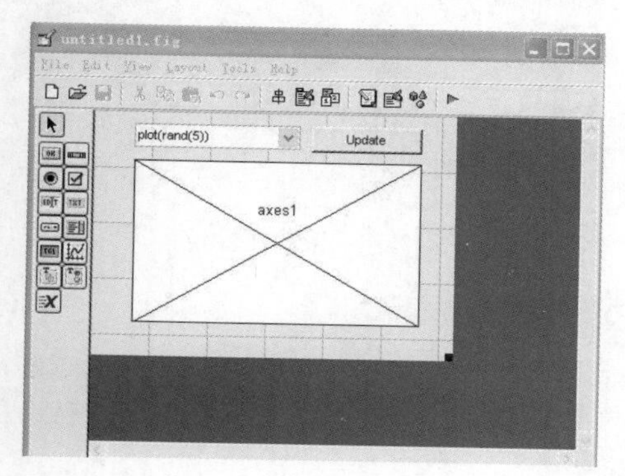

图 17-9　建立的新窗口

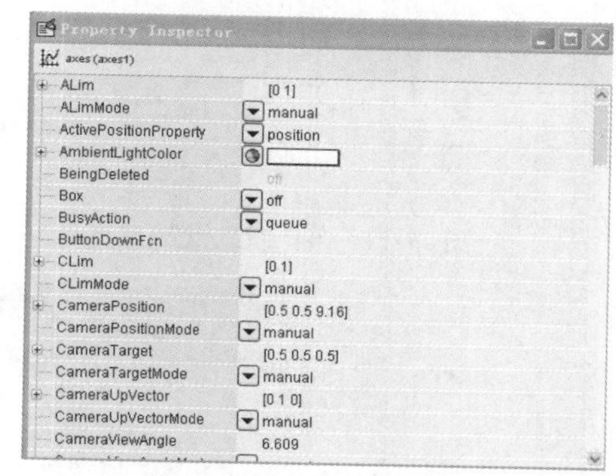

图 17-10　坐标管理

（2）通过移动鼠标指针来动态地选择窗口的位置和大小。

4. 菜单

MATLAB 中可以创建两种类型的菜单。一类为菜单条对象，该类菜单的名称显示在窗口菜单条上。一类为背景菜单对象，当用户在图形对象上单击鼠标右键时会弹出，使用 MATLAB 的菜单编辑器可以编辑这两类菜单，用户可以从图层编辑器工具条上的工具条菜单中打开菜单编辑器，如图 17-11 所示，在菜单编辑器中就可以添加所需要的菜单项。

用户需要单击新菜单按钮来新建一个下拉菜单，如图 17-12 所示。

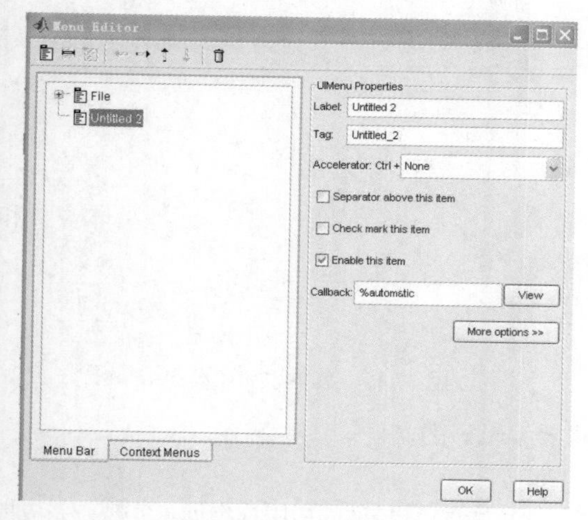

图 17-11　菜单编辑器

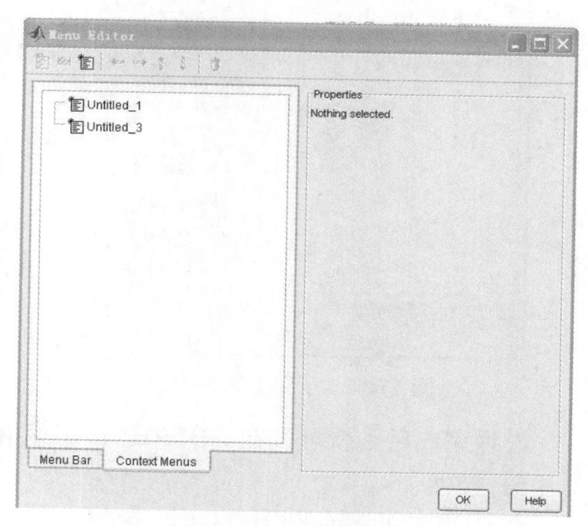

图 17-12　新建下拉菜单

用户可以通过选择菜单名称中的“Untitled 2”来进行该菜单各项参数的设置，如图 17-13 所示。

单击“More options”按钮，可以对菜单属性进行详细的设置，如图 17-14 所示。

单击“Viwe”按钮可以打开回调函数编辑器，如图 17-15 所示。

单击子菜单按钮，给菜单添加一个子菜单，并对该子菜单的各项属性进行设置，如图 17-16 所示。

按照上述方法对菜单进行添加和设置，这里不一一赘述，可以得到图 17-17 所示的结果。

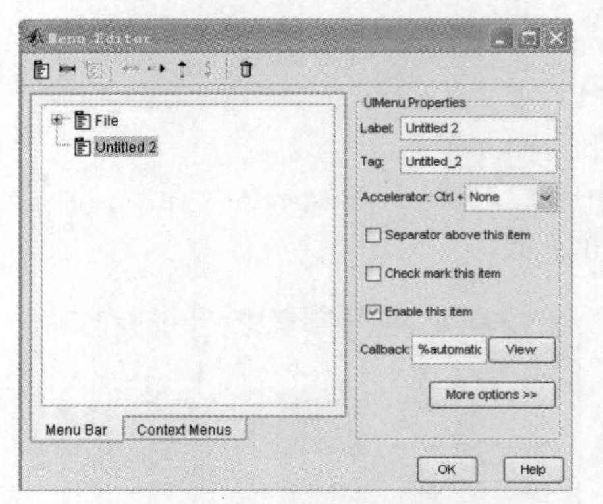

图 17-13 菜单参数设置

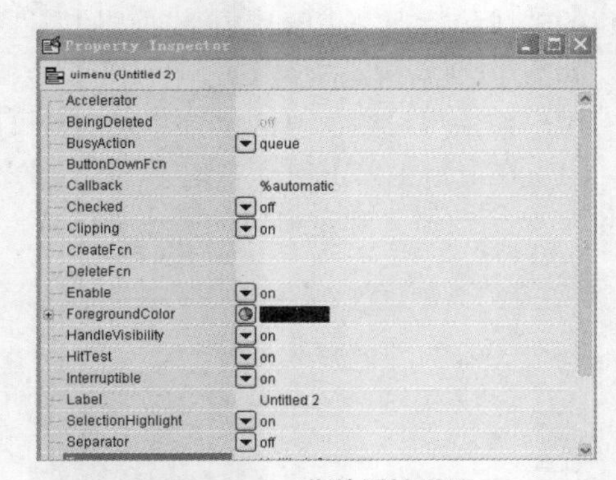

图 17-14 菜单属性设置

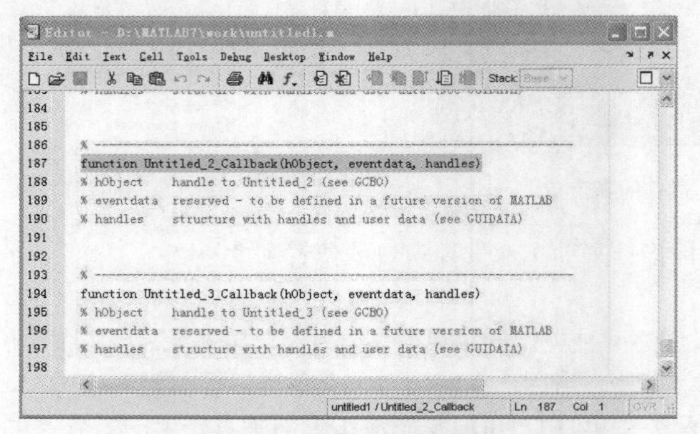

图 17-15 回调函数编辑器

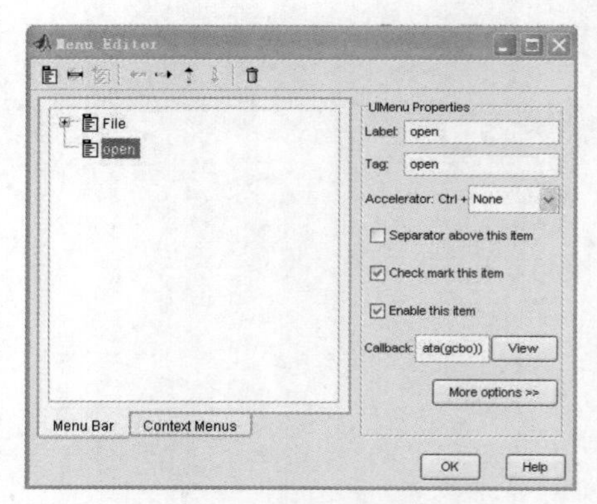

图 17-16 子菜单属性设置

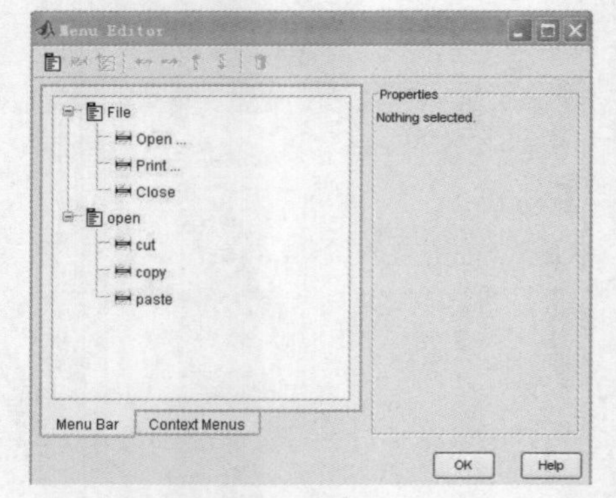

图 17-17 菜单添加和设置结果

设置完成后，就可以在 GUI 中运行用菜单编辑器编辑好的文件。

5. 控件

在 GUIDE 的版面的设计区添加控件的方法很简单，通过鼠标从控件面板中拖曳即可实现。完成控件的添加后，就可以使用 GUIDE 的特征工具调整控件的位置和对齐编辑器调整 table 次序，已达到最优化配置。删除控件时，只要选择控件使用 Delete 键或单击鼠标右键，在弹出的快捷菜单中选择“Clear”命令即可。也可以使用一般复制和粘贴的方式进行相同控件的添加。控件使用如图 17-18 所示。

双击控件或者通过单击鼠标右键，在弹出的快捷菜单中选择“Property Inspector”命令来对控件的属性进行设置。同时还可以通过单击鼠标右键，在弹出的快捷菜单中选择“CallBack”命令来进行回调函数的编辑，如图 17-19 所示。

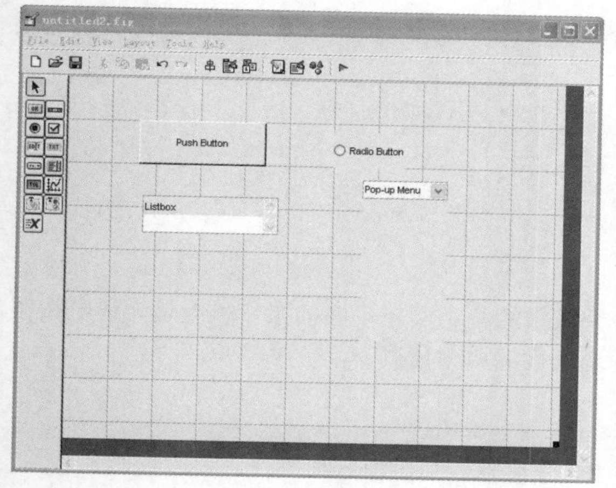

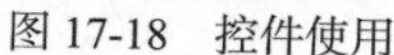
图 17-18　控件使用

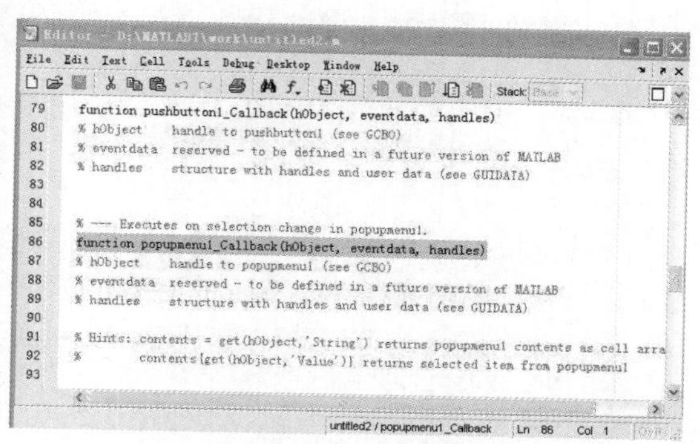

图 17-19　回调函数的编辑

17.2.6　GUI 程序设计

本小节将对 GUI M 文件的结构进行详细剖析，使读者了解 GUI 程序的大致框架；随后详细讨论 GUIDE 的数据组织，这对理解 GUI 程序至关重要。

GUI M 文件结构剖析：GUIDE 生成的 GUI 的 M 文件控制了用户编辑的 GUI 的所有属性和行为，或者说外观和用户操作的响应，如单击一个按钮或者选择了一个菜单项等。M 文件包括了运行整个界面程序所需的全部代码，包括所有 GUI 组件的 callback（回调函数）。其实这些回调函数算是 M 文件里的子程序，回调函数里面就填写希望程序做的动作，如画一个图或者计算一个算式。完成 GUI 程序设计之后，GUIDE 会自动产生相应的 M 文件框架。虽然回调函数对用户来说是主要的编程工作，但 GUI M 文件的结构对用户理解 MATLAB GUI 程序的本质和进一步的程序设计是非常重要的。

GUIDE 的数据组织：GUIDE 的数据组织中，是用 handles 结构体共享数据。在用户运行 GUI 的时候，M 文件会自动生成 handles，用户可以从 handles 处找到 GUI 的所有数据，如控件的信息、菜单信息、axes 信息。handles 好像就是一个缸里面装了所有的信息，而且这个缸在各个控件的 callback 之间传来传去，每个控件的 callback 都可以放入一些需要的数据，也可以从里面取出需要的数据。所以 handles 可以实现各个控件的 callback 的信息交换，如下面的代码。

```
handles.current_data = x;    %current_data 是随便设置的变量名
guidata(hObject,handles);    %在某空间下的 callback 写入这一句，就表示用户把这个数据放入 handles 里了
%然后在你需要的地方把它找到
X1 = handles.current_data;
%X1，读取 GUI 控件的信息，当然也可以设置 GUI 控件的信息
%All_choices 是变量名，my_menu 是用户对应菜单项的 TAG 名字
all_choices = get(handles.my_menu,'string');
current_choice = all_choices{get(handles.my_menu,'Value')};
```

这样 current_choice 就得到了用户界面操作中目录或者菜单的选择结果。

所以需要什么信息，就直接用 handles 中的对象就可以了。存储信息也直接用 handles 中的对象，如果是自己的数据就用变量名；如果是控件信息，就用 get()、set()函数。

17.2.7　回调函数

本小节首先介绍回调函数的基本格式，然后详细讨论各类回调函数编程过程中值得注意的问题。回调函数的一般格式如下。

```
function  tag_Callback(hObject,eventdata,handles)
```

其中 hObject 即界面对象的句柄，eventdata 为消息句柄，handles 为共享数据。

开关按钮的回调函数通过查询按钮的状态（on 或 off）实施不同的操作，下面是开关按钮函数的典型代码。

```
function togglebutton1_Callback(hObject,eventdata,handles)
button_state = get(hObject,'Value');
if button_state == get(hObject,'Max');
%toggle button is pressed
if button_state == get(hObject,'Min');
%toggle button is not pressed
End
```

无线电按钮 y 与开关按钮相似，也是通过查询按钮的状态实施不同的操作，但是无线电按钮通常以按钮组的形式存在。下面是无线电按钮回调函数的典型代码。

```
If (get(hObject,'Value')) = = get(hObject,'Max')
% then radio button is selected-take appropriate action
Else
% radio button is not selected-take appropriate action
End
```

复选框与无线电按钮相似，只是复选框可以同时有多个处于 on 状态，下面是复选框回调函数的典型代码。

```
function checkbox1_Callback(hObject,eventdata,handles)
If (get(hObject,'Value')) = = get(hObject,'Max')
% then checkbox is selected-take appropriate action
Else
% checkbox is not selected-take appropriate action
End
```

编辑框回调函数通过查询 String 属性来执行相应的操作，下面是编辑框回调函数的典型代码。

```
function edittext1_Callback(hObject,eventdata,handles)
user_string = get(hObject,'string')
```

用户经常通过编辑框输入数据参数，此时需要将字符串转换为数值，代码如下。

```
function edittext1_Callback(hObject,eventdata,handles)
user_entry = str2double(get(hObject,'string'));
if isnan(user_entry)
    errordlg('You must enter a numeric value ','Bad Input','modal')
end
```

滚动条回调函数通过查询滚动条当前位置执行相应的操作，下面是滚动条回调函数的典型代码。

```
function slider1_Callback(hObject,eventdata,handles)
slider_value = get(hObject,'string')
% proceed with callback…
```

有时需要根据滚动条的最大值 Max 和最小值 Min 对 slider_value 进行转换。

下拉列表框回调函数通过查询当前选项而执行不同的操作，属性 Value 为当前选项的索引，下面是下拉列表框回调函数的典型代码。

```
function popupmenu1_Callback(hObject,eventdata,handles)
val = = get(hObject,'Value');
switch val
case 1
% the user selected the first item
Case 2
% the user selected the second item
%produced with callback…
```

这里需要注意一个问题，即通过 String 属性得到的字符串不是当前选项字符串，用户需要通过下面的代码得到当前字符串。

```
val = = get(hObject,'Value');
string_list = val = = get(hObject,'String');
selected_string = string_list{val};
```

按钮组回调函数通过查询所属无线电按钮选项的情况执行不同的操作，按钮组会保证无线电按钮所属按钮只有一个被选中，下面是按钮组回调函数的典型代码。

```
Function uibuttongroup1_SelectionChangeFcn(hObject,eventdata,handles)
% hObject  handle to uipanell (see GCBO)
%eventdata  reserved - to be defined in a future version of MATLAB
%handles  structure with handles and user data (see GUIDATA)

Switch get(hObject,'Tag')           %Get Tag of selected object
case 'radiobutton1'
        % code piece when radiobutton1 is selected goes here
    case 'radiobutton2'
        % code piece when radiobutton1 is selected goes here
        %  ...
End
```

窗口和轴的回调函数主要用于相关属性的设置，这里不再详细介绍，下面介绍一下当前窗口和当前轴的设置。用户可以通过 `figure(h_figure)`将句柄为 `h_figure` 的窗口设置为当前窗口，通过 `axes(h_axes)`将句柄为 `h_axes` 的轴设置为当前轴。

后续的绘图指令实现在该轴上绘图，这对于包含多个轴对象的 GUI 程序是必要的。菜单回调函数与按钮的回调函数相似，可以参考上述知识。

17.2.8 设计实例

本节将从实例出发，就 MATLAB 在数学实验中常用的一些功能进行介绍。

例 17.9 设计一个 GUI，该 GUI 有如下功能。

- 打开该 GUI 时，在轴上绘制 peaks()函数表面着色图，方位角为−37.5°，俯视角为 30°；这两个角度的范围均为[−90,90]。
- 若在方位角或俯视角编辑框中输入新数据，则滚动条会自动“滚动”到对应的位置，且按新视角重新绘制 peaks()函数；若输入数据错误，则弹出出错对话框。
- 拖动滚动条时，对应的方位角和俯视角均更新，并重新绘制图形。
- 按钮“mesh”和“surf”用于切换图形绘制方式。
- 关闭该 GUI 时，弹出对话框进行确认。

在本程序中，读者将学习如下知识。

- GUI 程序的编写过程。
- GUI 程序中数据的传递和访问。
- MATLAB 自定义对话框的使用。
- 各种控件，包括编辑控件、按钮控件、滑动条控件的回调函数编写。

以下将一步步实现该 GUI 程序。

步骤 1：窗口的控件布局与参数设置。

使用 `guide` 指令，打开一个新的 GUI 程序，分别将 Axes 控件、4 个 Static Text 控件、2 个 Edit Text 控件、2 个 Slider 控件、2 个 Push Button 控件拖到 GUI 上。双击每个控件可以打开“Property Inspector”，并进行如下设置。

- 4 个静态文本控件的“`String`”属性，分别设置为方位角（度）、调整方位角（度）、俯视角（度）、调整俯视角（度）。
- 第 1 个 Edit Text 控件存储方位角，设置其“`String`”属性为−37.5，“`Tag`”属性为 `edit_az`。
- 第 2 个 Edit Text 控件存储俯视角，设置其“`String`”属性为 30，“`Tag`”属性为 `edit_el`。
- 第 1 个 Slider 控件设置其“`Tag`”属性为 `slider_az`。
- 第 2 个 Slider 控件设置其“`Tag`”属性为 `slider_el`。

- 第 1 个 Push Button 控件设置其“Tag”属性为 push_mesh，“String”属性为 Mesh。
- 第 2 个 Push Button 控件设置其“Tag”属性为 push_surf，“String”属性为 Surf。

此时，将文件存为 prog1_7_1.fig 并运行，即可出现一个 figure 界面，并生成一个 prog1_7_1.m 文件。可惜目前并不能做任何事情，因为我们还没有设置每个控件的回调属性。

步骤 2：设置回调函数。

（1）初始化图形界面函数。

打开 prog1_7_1.fig，找到：

```
function prog1_7_1_OpeningFcn(hObject, eventdata, handles, varargin)
```

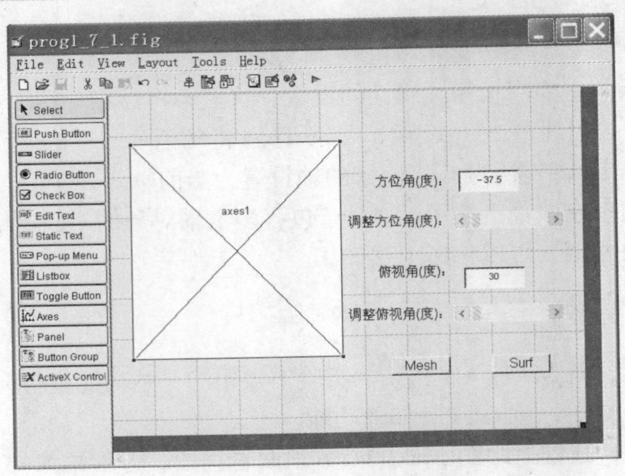

图 17-20　运行结果

初始化图形界面函数是在 prog1_7_1.fig 运行时，在 prog1_7_1.fig 图形界面出现之前开始执行。在该程序中，我们可以进行参数的初始化操作。在初始化图形界面函数中，输入如下代码。

```
handles.peaks= peaks(35);           %在 handles 结构中定义一个 field，名字为 peaks
                                    %此后在程序的其他地方均可访问 handle.peaks 数据
                                    %该语句使得程序执行时即表面着色绘图
surf(handles.peaks);
handles.az=-37.5;                   %同 handles.peaks 一样，这里利用 handles 结构定义 az 和 el 域
handles.el=30;                      %并赋值，使得程序的其他地方均可访问
view([handles.az,handles.el]);%设置初始视角
set(handles.edit_az,'Value',handles.az); %将 GUI 中的 edit_az 显示为当前值
set(handles.edit_el,'Value',handles.el); %将 GUI 中的 edit_el 显示为当前值
set(handles.slider_az,'Value',(handles.az+90)/180); %计算出在滑动条中所在的位置
set(handles.slider_el,'Value',(handles.el+90)/180); %计算出在滑动条中所在的位置
handles.output = hObject;
% Update handles structure
guidata(hObject, handles); %使用 guidata()函数存储当前的 handles 结构，使其数据被重用
```

保存后运行，可发现，此时在轴上绘制出 peaks()的图形，且视角显示对应的数据。但拖动滚动条时程序没有反应。

（2）为编辑框设置回调函数。

在 prog1_7_1.fig 上，选中 edit_az 编辑框，单击鼠标右键，选中“view Callbacks”，选中“Callback”，即进行回调函数编写。此时，若在编辑框中输入数据，并按 Enter 键，则自动调用该回调函数。

添加的源代码如下。

```
function edit_az_Callback(hObject, eventdata, handles)
（中间解释代码省略）
tt=get(handles.edit_az,'String');          %得到当前输入的数值
val=str2double(tt);                         %将字符串转换成数值
val1=(val+90)/180;                          %得到当前方位角在滚动条中的实际数值
handles.az=val;                             %对 handles.az 重新赋值
```

```
    guidata(hObject,handles);                        % 存储 handles 结构
    if isnumeric(val)   &   val >= -90 & val <= 90    %判断若输入的数值在规定范围
        set(handles.slider_az,'Value',val1); %将滚动条位置与当前输入值对应
        view([handles.az,handles.el]);
    else
        errordlg('输入参数错误! 输入数值范围为[-90, 90]! ');
        set(handles.edit_az,'String','-37.5');
    end
```

同样道理，选中 edit_el 编辑框，单击鼠标右键，选中“view Callbacks”，选中“Callback”，添加源代码如下。

```
    function edit_el_Callback(hObject, eventdata, handles)
    (中间解释代码省略)
    tt=get(handles.edit_el,'String');           %得到当前输入的数值
    val=str2double(tt);                         %将字符串转换成数值
    val1=(val+90)/180;                          %得到当前滚动角
    handles.el=val;                             %对 handles.el 重新赋值
    guidata(hObject,handles);                   %存储 handles 结构
    if isnumeric(val)  &   val >=-90 & val <= 90
        set(handles.slider_el,'Value',val1);
        view([handles.az,handles.el]);
    else
        errordlg('输入参数错误! 输入数值范围为[-90, 90]! ');
        set(handles.edit_el,'String','30' );
    end
```

errordlg()函数是一个 MATLAB 自定义的弹出式对话框函数，该函数的输入参数为对话框上显示的字符串。当程序执行到此时，会弹出一个对话框，如图 17-21 所示。

（3）为滑动条设置回调函数。

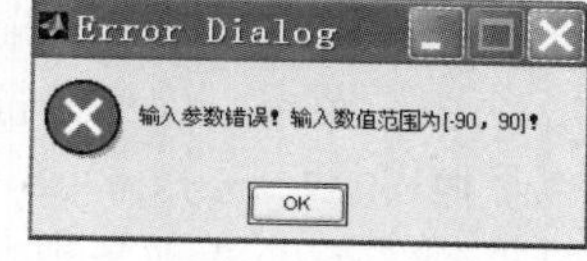

图 17-21　错误提示对话框

在 prog1_7_1.fig 上，选中 slider_az 滑动条，单击鼠标右键，选中“view Callbacks”，选中“Callback”，即进行回调函数编写。此后，若拖动滑动条上的滑块，则自动调用该回调函数。本段函数的目的是，当拖动滑块时，会在编辑框中显示当前方位角，并按新方位角绘制 peaks()函数。

添加的源代码如下。

```
    function slider_az_Callback(hObject, eventdata, handles)
    (中间的 MATLAB 自动生成的解释代码略去)
    sd_az=get(handles.slider_az,'Value'); %得到 tag 属性为 slider_az 的控件的当前值
    handles.az=(sd_az-0.5)*180;           %将其转换为对应的方位角，并存储在 handles.az 中
    set(handles.edit_az,'String',num2str(handles.az));%更新 edit_az 编辑框的字符串
    view([handles.az,handles.el]);        %对绘图设置新方位角
    guidata(hObject,handles);             %存储 handles 结构
```

同样道理，选中 slider_el 滑动条，单击鼠标右键，选中“view Callbacks”，选中“Callback”，添加源代码如下，代码同 `slider_az_Callback` 类似，不再解释。

```
    function slider_el_Callback(hObject, eventdata, handles)
    (中间的 MATLAB 自动生成的解释代码略去)

    sd_el=get(handles.slider_el,'Value');
    handles.el=(sd_el-0.5)*180;
    set(handles.edit_el,'String',num2str(handles.el));
    view([handles.az,handles.el]);
    guidata(hObject,handles);
```

（4）为按钮设置回调函数。

本段函数的目的是，按照当前输入的方位角和俯视角，在网格图和表面着色图之间切换。

在 prog1_7_1.fig 上，分别选中 push_mesh 按钮和 push_surf 按钮，单击鼠标右键，选中“view Callbacks”，选中“Callback”，即进行回调函数编写。

```
    function push_mesh_Callback(hObject, eventdata, handles)
    (中间的 MATLAB 自动生成的解释代码略去)
```

```
mesh(handles.peaks)                %绘图
view([handles.az,handles.el]);%设置当前视角

function push_surf_Callback(hObject, eventdata, handles)
(中间的 MATLAB 自动生成的解释代码略去)
surf(handles.peaks);%绘图
view([handles.az,handles.el]);%设置当前视角
```

步骤 3：设置关闭程序函数。

本函数在关闭该 GUI 程序时被执行。为此，在 prog1_7_1.fig 上的空白处单击鼠标右键，选中“viewCallbacks”中的“CloseRequestFcn”，自动生成 `GUIDemo_CloseRequestFcn(hObject, eventdata, handles)` 函数，添加代码如下。

```
function GUIDemo_CloseRequestFcn(hObject, eventdata, handles)
(中间的 MATLAB 自动生成的解释代码略去)
selection = questdlg('确认退出吗? ','退出','OK','Cancel','Cancel');
switch selection,
   case 'OK',
     delete(gcf);                   %删除当前图形句柄
   case'Cancel'
     return
end
```

运行时，单击关闭按钮，则调用该函数。在本函数中，调用了 MATLAB 的自定义对话框 questdlg，该函数中的参数分别为对话框中显示的文字、对话框名称、选择按钮和文字、按钮默认值。退出确认对话框如图 17-22 所示。

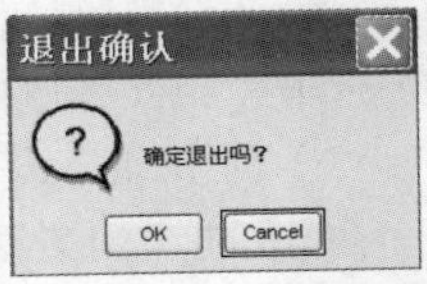

至此，该 GUI 程序编写完毕。在 prog1_7_1.fig 或 prog1_7_1.m 中单击“run”菜单，均可运行该程序。

图 17-22　退出确认对话框

在 `push_mesh_Callback` 和 `push_surf_Callback` 中，需要得到当前的滑动条或编辑框中的数值。这涉及 GUI 程序中数据的传递和访问。一般说来，如果想要在所有函数中访问某一变量，可以在 GUI 程序启动时的初始化函数中，在 `handles` 结构下添加一些变量，`guidata(hObject,handles)` 进行存储和更新，此后其他函数中均可进行访问和重新赋值。如本例中，我们在 `function prog1_7_1_OpeningFcn(hObject, eventdata, handles, varargin)` 函数下，添加 3 个数据，即 `handles.peaks`、`handles.az` 及 `handles.el` 并初始化，它们在其他函数中被重新赋值后，在 `push_surf_Callback` 和 `push_mesh_Callback` 中能被访问。

17.3　本章小结

本章对 MATLAB 中的 GUI 设计进行了详细的介绍。首先介绍了控件的种类，MATLAB 中有 8 种不同类型或形式的控件，在本章中都进行了详细的介绍，对控件的属性也进行了一一列举，然后列举了各个控件的综合应用实例。接下来对 GUI 设计进行了介绍，首先介绍了 GUI 的设计原则，指导用户更好地设计界面，然后分别从窗口和轴、菜单、控件三方面对界面设计进行了详细介绍。随后对 GUI 程序设计进行了介绍，首先剖析了 GUI 的 M 文件结构，并对 GUIDE 数据组织进行了介绍，又详细分析了回调函数的使用和编程，最后借助一个实例对 GUI 程序进行了串讲，供用户参考。

第 18 章 Simulink 基础概述

Simulink 是 MATLAB 软件的扩展，是实现动态系统建模和仿真的一个软件包。它与用户交互接口是基于 Windows 的模型化图形输入，即 Simulink 提供了一些按功能分类的基本的系统模块，用户只需要知道这些模块如何调用，再将它们连接起来就可以构成所需要的系统模型（以.mdl 文件进行存取），进而进行仿真与分析。

18.1 Simulink 的基础操作

Simulink 是 MATLAB 的重要组成部分，它是 MATLAB 提供的用以实现动态建模与仿真的软件包。

18.1.1 Simulink 概述

Simulink 支持线性、非线性、连续时间系统、离散时间系统、连续和离散混合系统建模，且系统可以是多进程的。

Simulink 支持 GUI，模型由模块组成的框图来表示。用户通过简单的单击和拖动鼠标，就能够完成建模。这有利于设计者把更多的精力放在模型和算法设计本身，而不是放在具体算法的实现上。Simulink 通过自带的模块库为用户提供多种多样的基本功能模块，用户可以直接调用这些模块，而不必从最基本的做起，Simulink 模块库窗口如图 18-1 所示。

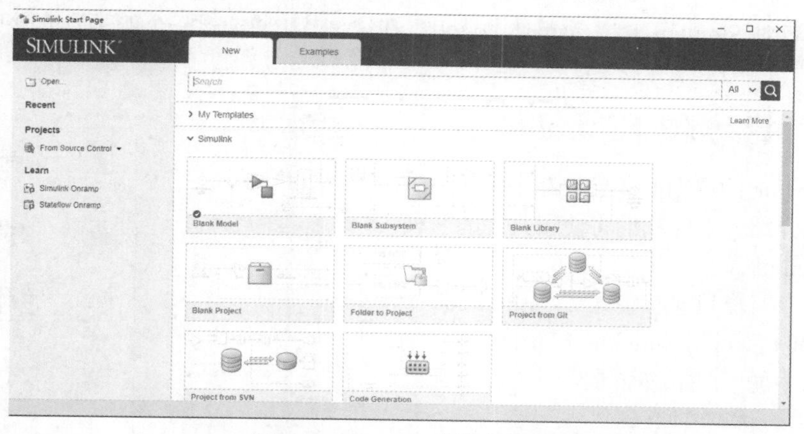

图 18-1 Simulink 模块库窗口

Simulink 的每个模块对于用户来说都是一个“黑箱子”，用户只需知道模块的输入和输出以及模块的功能即可，而不必知道模块内部是如何工作的。因此，用户使用 Simulink 进行系统建模的任务就是选择合适的模块并把它们按照自己所希望的模型结构连接起来，然后进行调试和仿真。

如果仿真结果不满足设计要求，可以改变模块的相关参数，再次仿真，直到结果满足要求为止。至于在仿真时各个模块是怎么执行的、各模块之间是如何通信的、仿真时间如何采样以及事件是如何驱动的，用户都不用了解。

18.1.2 Simulink 启动方式

在 MATLAB R2020a 中，启动 Simulink 有 2 种方式。

- 在命令行窗口直接输入“>>simulink”。
- 单击“主页”→“SIMULINK”→“simulink”按钮。

运行后会弹出图 18-1 所示的 Simulink 模块库窗口，选择“New”选项卡中的“Simulink”下的“Blank Model”选项，即可新建一个模型窗口，如图 18-2 所示。

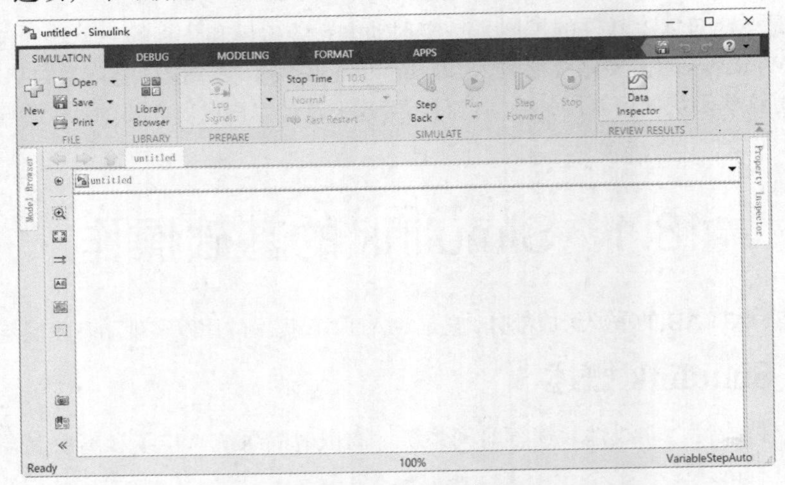

图 18-2　新建模型窗口

18.2 Simulink 仿真系统步骤

为了使读者对 Simulink 有一个整体的认识，在这一节中将通过一个例子简单说明 Simulink 的仿真过程。

18.2.1 启动添加 Simulink 模块

关于 Simulink 的启动方式已经在 18.1.2 小节中进行了详细介绍，下面我们将使用其中的一种方式启动 Simulink。

（1）在命令行窗口直接输入“>>simulink”，将会弹出图 18-1 所示的 Simulink 模块库窗口。单击模块库窗口中的“Blank Model”选项，将会弹出图 18-2 所示的新建模型窗口。

（2）单击“SIMULATION”→“Library Browser”按钮，弹出图 18-3 所示的“Simulink Library Browser”窗口。

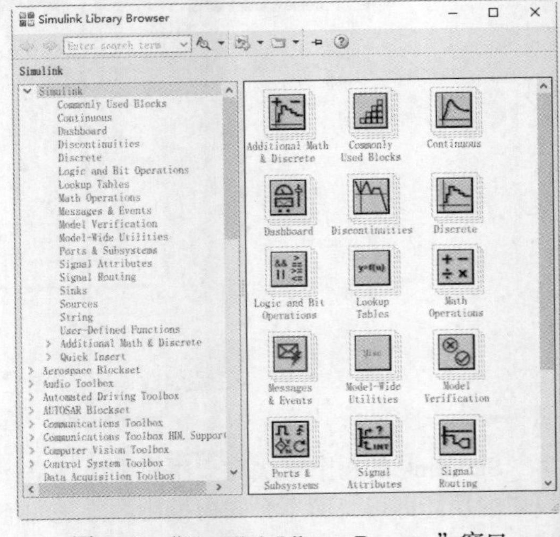

图 18-3　“Simulink Library Browser”窗口

（3）以计算两个不同频率正弦函数相加后再

积分，并显示波形为例，在图 18-3 所示的窗口左边选中“Sources”库，然后在右边选中“Sine Wave”模块，用鼠标拖曳所选模块从模块库窗口到新建模型窗口，如图 18-4 所示。

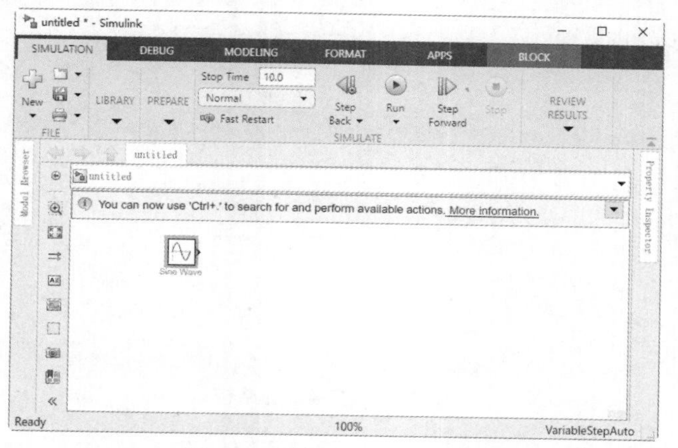

图 18-4　添加 Sine Wave 模块

（4）用同样的方法向新建模型窗口添加 Math Operations 库中的 Add 模块、Continuous 库中的 Integrator 模块和 Sinks 库中的 Scope 模块。添加结果如图 18-5 所示。

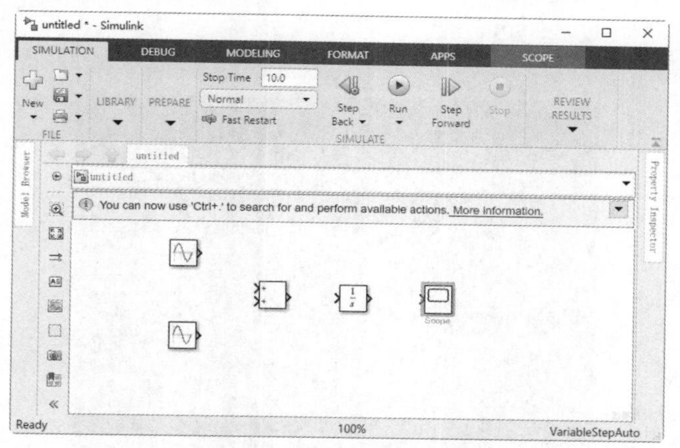

图 18-5　添加结果

18.2.2　建立模型设置模块属性

模块添加成功以后，按照工程要求需要对相关模块进行参数设置，双击需要设置参数的模块，将会弹出图 18-6 所示的设置参数对话框。

设置 Frequency 为 3，设置 Amplitude 为 2，然后单击“OK”按钮。参数设置成功。

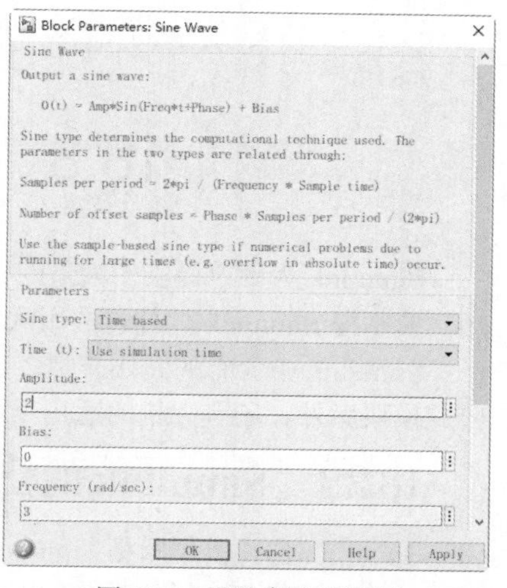

图 18-6　设置参数对话框

18.2.3　模块连接

连接模块的操作方法：将鼠标指针指向源模块的输出端口，当鼠标指针变成十字形时，按住鼠标左键不放，然后拖动鼠标，待鼠标指针指向目标模块输入端口后松开鼠标。连接好的结构如图 18-7 所示。

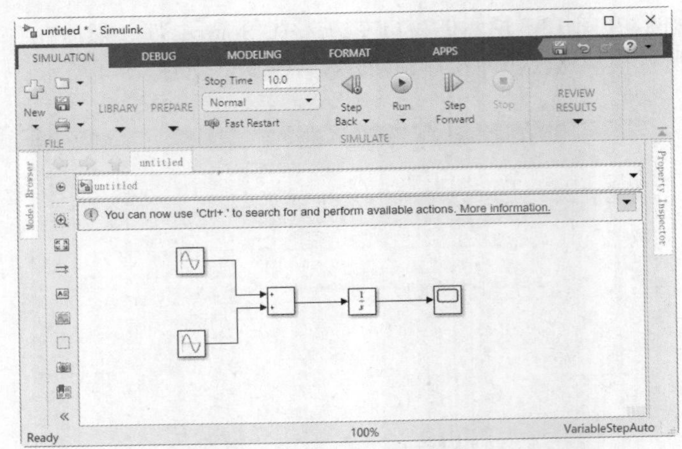

图 18-7 连接好的结构

18.2.4 运行系统输出结果

单击 ▶ 按钮进行仿真，然后双击模块 Scope，将会弹出图 18-8 所示的仿真波形图。

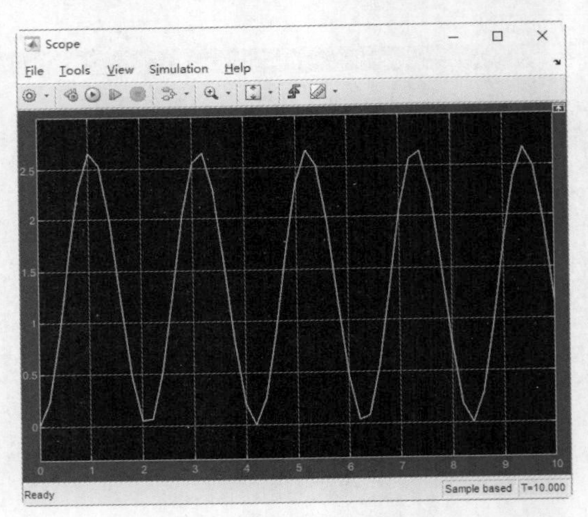

图 18-8 仿真波形图

18.3 Simulink 的模块库

Simulink 为用户提供了大量的标准模块，并根据其功能不同，将它们归到了不同的模块库中。用户要掌握 Simulink 软件包的用法，就需要熟悉这些标准模块的含义和各自的使用特点。

Simulink 中含有的模块非常多，并且还有很多的扩展模块。在 Simulink 软件包中除了标准的公共模块库外，还有大量的适用于不同专业领域的专业模块库。

18.3.1 Simulink 的公共模块库

Simulink 公共模块库是 Simulink 仿真环境中的重要组成部分，其中收集了大部分建模时经常用到的模块。对于一般的系统建模仿真，Simulink 公共模块库就可以完全胜任了。Simulink 公共模块库中各个子库的名称如图 18-9 所示。

各个子库中含有大量的模块，下面将进行详细的介绍。

1. Sources 子库

Sources 子库部分模块如图 18-10 所示。下面将对各个模块进行详细的介绍。

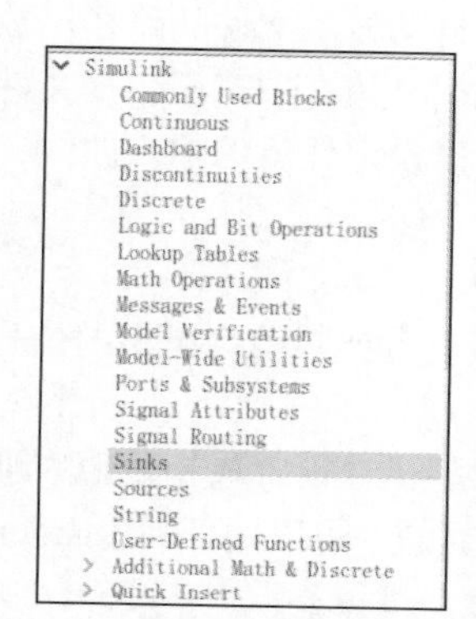

图 18-9 公共模块库中子库的名称

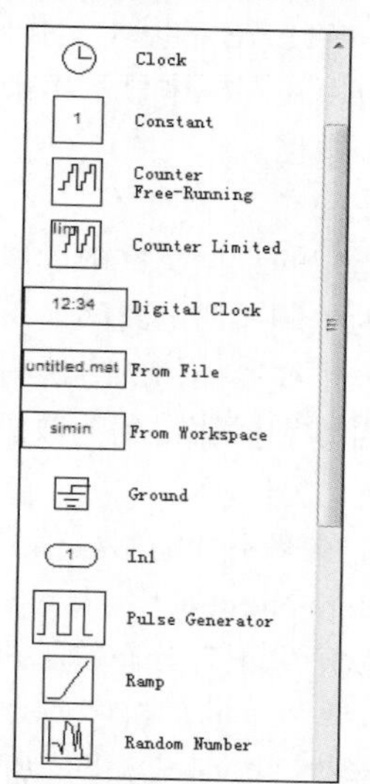

图 18-10 Sources 子库部分模块

（1）Band-Limited White Noise。

其功能为产生有限带宽的白噪声。理论上来讲，连续白噪声的相关时间为 0，功率谱密度是平坦的，协方差无限大。但实际上系统的干扰信号不是白噪声，当干扰噪声的相关时间相对于系统的带宽非常小时，可以近似采用白噪声。

在 Simulink 中，可以用相关时间比系统的最短时间常数小得多的随机序列来模拟实际噪声。该模块就可产生这样的随机序列，其噪声的相关时间是模块的采样速率。想要精确地进行仿真，就必须使用比系统最快的动态分量还要小得多的相关时间。

该模块支持双精度实数类型的信号。其特点是采样时间离散，标量扩展是参数或输出扩展，可以向量化，没有零点穿越。

（2）Chrip Signal。

该模块能够产生一个频率随时间线性递增的正弦信号，可以用该模块进行非线性系统的频谱分析。模块的输出为标量或向量，支持双精度实数类型的信号。

（3）Clock。

该模块输出每一步仿真的当前仿真时刻。该模块对于其他需要仿真时间的模块来说是有用的。它输出双精度实数类型的信号；其采样时间是连续的，不能向量化，没有零点穿越。

（4）Constant。

该模块产生一个不依赖于时间的实数或复数的常数值，一般作为定常输出信号。模块输出可以为标量、向量或矩阵。

（5）Digital Clock。

该模块输出指定采样时间间隔的仿真时间，其他时间模块输出保持前一时刻的值不变。该模块适用于离散系统。

（6）Pulse Generator。

以一定的时间间隔产生一系列的脉冲信号。脉冲的宽度是脉冲为高电平时的采样周期的个数。

周期是脉冲为一个高电平和一个低电平时的采样周期的个数。相位延迟是在脉冲开始前采样的周期数目。相位延迟可以是正数，也可以是负数，但不大于一个周期。采样时间必须大于 0。在连续系统中可以使用该模块。

（7）From Workspace。

该模块从 MATLAB 的基本工作空间中读取数据。模块中的 Data 参数指定了读取数据的变量名，该变量名可以在图标中显示出来。读取的数据放在一个二维数组或某个结构中，其中包括仿真时间和相应的数据。

（8）From File。

该模块从指定的数据文件中读取数据，模块图标上会自动显示文件的路径。数据文件至少有两行，第 1 行为单调递增的时间，其他行为对应的输入数据。仿真中对于数据文件没有描述对应时间的数据，采用线性插值的方法得到。使用这个模块可以设定任意的输入曲线，但是输入的数据不能太少，否则靠插值得到的数据将使仿真精度降低。

（9）Ramp。

该模块产生斜率不变的斜坡信号。斜率可以为负数。它支持双精度类型的信号。

（10）Random Number。

该模块可以产生正态分布的随机数。每次仿真开始时随机数设置成指定值。默认情况下，产生均值为 0、方差为 1 的随机序列，产生的随机数是可重复的，可以用任何 Random Number 模块以相同的参数产生。要生成相同均值和方差的随机数向量，指定参数 Initial Seed 为向量即可。

（11）Repeating Sequence。

该模块可以产生随着时间的推移在波形上重复的信号，波形可以任意指定，当仿真达到 Time value 向量中的最大时间值时信号开始重复。该模块是使用一维 Look-Up Table 模块实现的，在各个点之间进行了线性插值。

（12）Signal Generator。

该模块可以产生 3 种不同的波形，即方波、正弦波和锯齿波。频率参数的单位可以是赫兹（Hz）。负的 Amplitude 参数可使输出波形发生 180° 偏移。该模块可以在仿真过程中修改输出设置，以观察不同波形下的系统响应。

（13）Sine Wave。

该模块提供正弦曲线，既可以是连续形式的正弦波，也可以是离散形式的正弦波。

（14）Step。

该模块在某一指定的时刻在两值之间产生一个跳变。

（15）Uniform Random Number。

该模块在指定的区间内，以指定的起始时间生成均匀分布的随机数。它在每次仿真开始时需重新设置时间。生成的随机序列是可重复的，并且能够由相同参数的该模块生成；要生成随机数向量。

2. Sinks 子库

（1）Display。

该模块显示输入的值。可以通过选择 Format 选项来控制显示的格式。如果模块输入是向量，则可以改变模块图标的大小，以使其显示的不仅仅是第 1 个元素，并可以在垂直方向和水平方向上改变模块图标的大小，模块会在适当的方向增加显示区域。一个黑色的三角形用于表明模块没有显示出来的向量元素。

（2）Scope。

该模块显示仿真时产生的信号曲线，横坐标为仿真时间，是最常用的模块之一。模块接受一个输入值并且能够显示多个信号的图形。Scope 模块可调整仿真时间和显示输入值的范围。可以移动 Scope 窗口，也可以改变它的大小，还可以在仿真期间改变 Scope 的参数值。

（3）Stop Simulation。

该模块当输入为非零值时将终止仿真过程。仿真在终止之前完成当前时间步的计算。如果该模块的输入是向量，任何非零的向量元素都会导致仿真结束。可以使用该模块与 Relational Operator 模块相连，来控制仿真的结束。

（4）To File。

该模块将其输出写入 MAT 数据文件中的矩阵，它将每一时间步写成一列，第一行是仿真时间，该列中剩余的行是输入的数据，输入向量中每个元素占一个数据点。

（5）To Workspace。

该模块将输入写入 MATLAB 工作空间中由参数变量名指定的矩阵或结构。参数保持格式确定输出格式。

（6）XY Graph。

该模块在 MATLAB 的图形窗口中显示它的输入信号的 X-Y 曲线图。该模块有两个标量输入，模块绘制第 1 个输入的数据对第二个输入数据的曲线图。该模块对于检测两状态的数据很有帮助。超过指定范围的数据不显示。

3. Discrete 子库

（1）Discrete Filter。

该模块实现无限脉冲响应和有限脉冲响应滤波器，可以使用 Numerator 和 Denominator 参数以向量的形式指定分子和分母的 z^{-1} 的升幂多项式的系数。分母的阶数必须大于或者等于分子的阶数。

（2）Discrete State-Space。

该模块实现由式 $\begin{cases} x(n+1)=\boldsymbol{A}x(n)+\boldsymbol{B}u(n) \\ y(n+1)=\boldsymbol{C}x(n)+\boldsymbol{D}u(n) \end{cases}$ 描述的系统，其中，u 是输入，x 是状态，y 是输出。该模块接受一个输入并且产生一个输出，输入向量的宽度由矩阵 $\boldsymbol{B}$ 和 $\boldsymbol{D}$ 的列数确定。输出向量的宽度由矩阵 $\boldsymbol{C}$ 和 $\boldsymbol{D}$ 的行数确定。

（3）Discrete-Time Integrator。

在构造一个纯离散系统时，可以用该模块代替 Integrator 模块。

（4）Discrete Transfer Fcn。

用以描述 z 变换的传递函数。

（5）Discrete Zero-Pole。

该模块实现一个用延迟因子 z 的零点、极点和增益形式给出的离散系统。

（6）First-Order Hold。

该模块实现以一定的指定采样间隔执行的一阶采样保持器。

（7）Zero-Order Hold。

该模块实现指定采样速率的采样的保持功能。它有一个输入和一个输出端口，输入和输出信号可以是标量，也可以是向量。

（8）Unit Delay。

该模块将它的输入信号延迟并保持一个采样间隔。如果模块的输入是向量，向量中所有元素的延迟时间都相同。该模块与离散时间算子 z-1 的作用是相同的。如果需要无延迟的采样保持函数，可以使用零阶保持器（Zero-Order Hold）模块；如果需要大于一个单位的延迟，可以使用离散传递函数（Discrete Transfer Fcn）模块。

对于剩余的子库，这里将以表格的形式给出各个模块的名称与功能。

4. Commonly Used Blocks 子库（见表 18-1）

表 18-1 Commonly Used Blocks 子库

模块名	功能
Bus Creator	将输入信号合并成向量信号
Bus Selector	将输入信号分解成多个信号，输入信号只接受从 Mux 和 Bus Creator 输出的信号
Constant	输出常量信号
Data Type Conversion	数据类型的转换
Demux	将输入向量转换成标量
Discrete-Time Integrator	离散积分器模块
Gain	增益模块
In1	输入模块
Integrator	连续积分器模块
Logical Operator	逻辑运算模块
Mux	将输入的向量、标量或矩阵信号合成
Out1	输出模块
Product	乘法器，执行标量、向量或矩阵的乘法
Relational Operator	关系运算，输出布尔类型数据
Saturation	定义输入信号的最大值和最小值
Scope	输出示波器
Subsystem	创建子系统
Sum	加法器
Switch	选择器，根据第 2 个输入信号来选择输出第 1 个信号还是第 3 个信号
Terminator	终止输出，在模型最后的输出端没有接任何模块时进行报错
Unit Delay	单位时间延迟

5. Continuous 子库（见表 18-2）

表 18-2 Continuous 子库

模块名	功能
Derivative	数值微分
Integrator	积分器，与 Commonly Used Blocks 子库中的同名模块一样
State-Space	创建状态空间模型 $dx/dt = Ax + Bu$， $y = Cx + Du$
Transport Delay	定义传输延迟，如果将延迟时间设置的比仿真步长大，可以得到更精确的结果
Transfer Fcn	用矩阵形式描述的传输函数
Variable Transport Delay	定义传输延迟，第 1 个输入接受输入值，第 2 个输入接受延迟时间
Zero-Pole	用矩阵描述系统零点，用向量描述系统极点和增益

6. Discontinuities 子库（见表 18-3）

表 18-3 Discontinuities 子库

模块名	功能
Coulomb&Viscous Friction	刻画在零点的不连续性，`y=sign(x)*(Gain*abs(x)+Offset)`
Dead Zone	产生死区，当输入在某一范围取值时，输出为 0
Dead Zone Dynamic	产生死区，当输入在某一范围取值时，输出为 0，与 Dead Zone 不同的是它的死区范围在仿真过程中是可变的
Hit Crossing	检测输入是上升经过某一值还是下降经过某一值，或是固定的某一值，用于过零检测
Quantizer	按相同的间隔离散输入

续表

模块名	功能
Rate Limiter	限制输入的上升和下降速率在某一范围
Rate Limiter Dynamic	限制输入的上升和下降速率在某一范围，与 Rate Limiter 不同的是它的范围在仿真过程中是可变的
Relay	判断输入与某两阈值的大小关系。当大于开启阈值时，输出为 on；当小于关闭阈值时，输出为 off；当在两者之间时，输出不变
Saturation	限制输入在最大和最小范围之间
Saturation Dynamic	限制输入在最大和最小范围之间，与 Saturation 不同的是它的范围在仿真过程中是可变的
Wrap To Zero	当输入大于某一值时输出为 0，否则输出等于输入

7. Logic and Bit Operations 子库（见表 18-4）

表 18-4 Logic and Bit Operations

模块名	功能
Bit Clear	将向量信号中的某一位置设为 0
Bit Set	将向量信号中的某一位置设为 1
Bitwise Operator	对输入信号进行自定义的逻辑运算
Combinatorial Logic	组合逻辑，实现一个真值表
Compare To Constant	定义如何与常数进行比较
Compare To Zero	定义如何与 0 进行比较
Detect Change	检测输入的变化，如果输入的当前值与前一时刻的值不等，则输出 TURE，否则输出 FALSE
Detect Decrease	检测输入是否下降，如果是则输出 TRUE，否则输出 FALSE
Detect Fall Negative	若输入当前值为负值，前一时刻值为非负值则输出 TRUE，否则输出 FALSE
Detect Fall Nonpositive	若输入当前值为非正值，前一时刻值为正数则输出 TRUE，否则输出 FALSE
Detect Increase	检测输入是否上升，如果是则输出 TRUE，否则输出 FALSE
Detect Rise Nonnegative	若输入当前值为非负值，前一时刻值为负数，则输出 TRUE，否则输出 FALSE
Detect Rise Positive	若输入当前值为正数，前一时刻为非正值则输出 TRUE，否则输出 FALSE
Extract Bits	从输入中提取某几位输出
Interval Test	检测输入是否在某两个值之间，如果是则输出 TURE，否则输出 FALSE
Logical Operator	逻辑运算
Relational Operator	关系运算
Shift Arithmetic	算术平移

8. Math Operations（见表 18-5）

表 18-5 Math Operations 子库

模块名	功能
Abs	求绝对值
Add	加法运算
Algebraic Constraint	将输入约束为 0，主要用于代数等式的建模
Bias	将输入加一个偏移
Complex to Magnitude-Angle	将输入的复数转换为幅度和幅角
Complex to Real-Imag	将输入的复数转换为实部和虚部
Divide	实现除法或乘法

续表

模块名	功能
Dot Product	点乘
Gain	增益，实现点乘或普通乘法
Magnitude-Angle to Complex	将输入的幅度和幅角合成复数
Math Function	实现数学函数运算
Matrix Concatenation	实现矩阵的串联
MinMax	将输入的最小值或最大值输出
Polynomial	多项式求值，多项式的系数以数组的形式定义
MinMax Running Resettable	将输入的最小值或最大值输出，当有重置信号 R 输入时，输出被重置为初始值
Product of Elements	将所有输入实现连乘
Real-Imag to Complex	将输入的两个数当成一个复数的实部和虚部合成一个复数
Reshape	改变输入信号的维数
Rounding Function	将输入的正数部分输出
Sign	判断输入的符号，若为正输出 1，为负输出-1，为零输出 0
Sine Wave Function	产生一个正弦函数
Slider Gain	可变增益
Subtract	实现加法或减法
Sum	加法或减法
Sum of Elements	实现计算输入信号所有元素的和
Trigonometric Function	实现三角函数和双曲线函数
Unary Minus	一元函数的求负
Weighted Sample Time Math	根据采样时间实现输入的加法、减法、乘法和除法，只对离散信号适用

9. Ports&Subsystems 子库（见表 18-6）

表 18-6 Ports&Subsystems 子库

模块名	功能
Configurable Subsystem	用以配置用户自检模型库，只在库文件中才可用
Atomic Subsystem	只包括输入/输出模块的子系统模板
Code Reuse Subsystem	只包括输入/输出模块的子系统模板
Enable	使能模块，只能用在子系统模板中
Enabled and Triggered Subsystem	包括使能和边沿触发模块的子系统模板
Enable Subsystem	包括使能模块的子系统模板
For Iterator Subsystem	循环子系统模板
Function-Call Generator	实现循环运算模板
Function-Call Subsystem	包括输入/输出和函数调用触发模块的子系统模板
If	条件执行子系统模板，只在子系统模板中可用
If Action Subsystem	由 If 模块触发的子系统模板
Model	定义模型名字的模块
Subsystem	只包括输入/输出模块的子系统模板
Subsystem Examples	子系统演示模块，在模型中双击该模块图标可以看见多个子系统示例
Switch Case	条件选择模块
Switch Case Action Subsystem	由 Switch Case 模块触发的子系统模板
Trigger	触发模块，只在子系统模板中可用
Triggered Subsystem	触发子系统模板
While Iterator Subsystem	条件循环子系统模板

10. User-Defined Functions 子库（见表 18-7）

表 18-7　User-Defined Functions 子库

模块名	功能
Fcn	简单的 MATLAB 7.x 函数表达式模块
Embedded MATLAB Function	内置 MATLAB 7.x 函数模块，在模型窗口双击该模块图标就会弹出 M 文件编辑器
M-file S-Function	用户使用 MATLAB 语言编写的 S-函数模块
MATLAB Fcn	对输入进行简单的 MATLAB 函数运算
S-Function Builder	具有 GUI 的 S-函数编辑器，在模型中双击该模块图标可以看到 GUI，利用该 GUI 可以方便地编辑 S-函数模块
S-Function Examples	S-函数演示模块，在模型中双击可以看到多个 S-函数示例
S-Function	用户按照 S-函数的规则自定义的模块，用户可以使用多种语言进行编辑

18.3.2　Simulink 的专业模块库

Simulink 集成了许多面向各专业领域的系统模块库，不同领域的系统设计者可以使用这些系统模块快速构建自己的系统模型，然后在此基础上进行系统的仿真与分析，从而完成系统设计的任务。这里仅简单介绍部分专业模块库的主要功能。

1. 通信模块库（Communications Blockset）

其中包括 8 个主要的子模块库。

（1）信道编码库（Channel Coding），包括模块编码库和卷积编码库。模块编码库中又包含各种编码和解码成对模块以及相应的演示模块。

- 线性编码模块，包括二进制向量线性编码、解码和演示 3 个模块，二进制序列线性编码、解码和演示模块 3 个模块。
- 循环编码模块组，包括二进制向量循环编码、解码和演示 3 个模块，二进制序列循环编码、解码和演示模块 3 个模块。
- Hamming 编码模块组，包括二进制向量汉明（Hamming）编码、解码和演示 3 个模块，二进制序列 Hamming 编码、解码和演示模块 3 个模块。
- BCH 编码模块组，包括二进制向量 BCH 编码、解码和演示 3 个模块，二进制序列 BCH 编码、解码和演示 3 个模块。
- 里德-所罗门（Reed-Solomon，RS）编码模块组，包括正数向量 RS 编码、解码和演示 3 个模块，二进制向量 RS 编码、解码和演示 3 个模块，整数序列 RS 编码、解码和演示 3 个模块，二进制序列 RS 编码、解码和演示 3 个模块。
- 卷积编码库中包括卷积编码、维特比（Viterbi）编码和演示模块 3 个模块。

（2）信道库（Channels），包括以下模块。

- 加零均值 Gauss 白噪声信道模块和 4 个演示模块。
- 加二进制误差信道模块及演示模块。
- 有限二进制误差模块及演示模块。
- 定参数瑞利（Rayleigh）衰减信道模块、变参数 Rayleigh 衰减信道模块和演示模块。
- 定参数加莱斯（Rician，又译为赖斯）噪声信道模块、变参数加 Rician 噪声信道模块和两个演示模块。

（3）通信接受库（Comm Sinks），包括以下模块。

- 触发写文件模块及触发文件输入/输出演示模块。
- 触发眼孔图样/散布图模块及演示模块。

- 采样时间眼孔图样/散布图模块及演示模块。
- 误差率计算模块及演示模块。

（4）通信源库（Comm Sources），包括以下模块。

- 触发文件读入模块及触发文件输入/输出演示模块。
- 采样读工作空间变量模块、具有同步脉冲的采样读工作空间变量模块。
- 具有采样率的向量脉冲模块。
- 均匀分布的噪声发生器模块及演示模块。
- Gauss 分布噪声发生器模块及演示模块。
- 随机整数发生器模块及均匀分布整数演示模块。
- 泊松（Poisson）分布随机整数发生器模块及演示模块。
- 二进制向量发生器模块及演示模块。
- 伯努利（Bernoulli）分布随机数发生器模块及演示模块。
- Rayleigh 分布随机噪声发生器模块及演示模块。
- Rician 分布噪声发生器模块及演示模块。

（5）调制库（Modulation），包括数字基带调制模块库、数字通带调制模块库、模拟基带调制模块库和模拟通带调制模块库。

其中数字基带调制模块库包括以下模块。

- 基带 MASK（Multiple Amplitude Shift Keying，多幅移键控）调制、解调和演示模块。
- 基带 S-QASK（Quadrature Amplitude Shift Keying，正交幅移键控）调制、解调和演示模块。
- 基带 A-QASK 调制、解调和演示模块。
- 基带 MFSK（Multiple Frequence Shift Keying，多频移键控）调制模块、基带相干 MFSK 解调模块。

数字通带调制模块库包括以下模块。

- 通带 MASK 调制、解调和演示模块。
- 通带 S-QASK 调制、解调和演示模块。
- 通带 A-QASK 调制、解调和演示模块。
- 通带 MFSK 调制模块、通带相干 MFSK 解调模块、通带非相干 MFSK 解调模块和它们的演示模块。
- 通带 MPSK（Multiple Phase Shift Keying，多相移键控）调制、解调和演示模块。
- 通带 DPSK（Differential Phase Shift Keying，差分相移键控）调制、解调和演示模块。
- 通带 MSK（Minimum Phase Shift Keying，最小相移键控）调制、解调模块。
- 通带 OQPSK（Offset Quadrature Phase Shift Keying，偏移四相相移键控）调制、解调模块。

模拟基带调制模块库包括以下模块。

- 基带 DSB-SC（Double Side Band Shift Control，双边带移位控制）调制、解调和演示模块。
- 基带 QAM（Quadrature Amplitude Modulation，正交调幅）调制、解调和演示模块。
- 基带 FM（Frequency Modulation，调频）、解调和演示模块。
- 基带 PM（Phase Modulation，调相）、解调和演示模块。
- 基带 SSB-AM（Single Side Band Amplitude Modulation，单边带调幅）、解调和演示模块。
- 具有传输载波的基带 AM、解调和演示模块。

模拟通带调制模块库包括以下模块。

- 通带 DSB-SC 调制、解调和演示模块。
- 通带 QAM 调制、解调和演示模块。

- 通带 FM、解调和演示模块。
- 通带 PM、解调和演示模块。
- 通带 SSB-AM、解调和演示模块。
- 具有传输载波的通带 AM、解调和演示模块。

（6）源编码器（Source Coding），包括以下模块。

- 标量量化编码、解码和演示模块。
- 激活量化编码和演示模块。
- DPCM（Differential Pulse Code Modulation，差分脉冲编码调制）编码、解码和演示模块。
- 规则压缩、解压模块。
- A 规则压缩、解压模块。

（7）同步库（Synchronization），包括以下模块。

- PLL（Phase Locked Loop，锁相环）模块、基带 PLL 模型模块和演示模块。
- 进料泵 PLL 模块。
- 线性化基带 PLL 模块。

（8）实用函数库（Utility Functions），包括以下模块。

- 离散时间积分器模块。
- 模积分器模块。
- 离散 VCO（Voltage Controlled Oscillator，压控振荡器）模块。
- VCO 模块。
- 可复位数字计数器模块。
- 错误计数器模块。
- 数据绘图器和演示模块。
- 二进制微分编码器和解码器模块。
- 窗口积分器模块。
- 包络检测器模块。
- 十进制正数标量与向量相互转换器模块。
- 交错模块和演示模块。
- 预定复位积分模块。
- 信号边沿检测模块。
- 扰频器、解扰器和演示模块。
- 寄存器移位和演示模块。
- 触发缓冲器模块。
- 触发向量信号重新分布和演示模块。
- 向量信号重新分布和演示模块。

2. 面板与仪表模块库

面板与仪表模块库包含的模块子库有基于面板的仪器库（Dashboard-Based Instrumentation）和基于模型的仪器库（Model-Based Instrumentation）。

3. 数字信号处理模块库（DSP Blockset）

数字信号处理模块库中包括的子模块库有数字信号处理（Digital Signal Processors，DSP）接受库、DSP 源库和估计库。估计库中包含参数估计模块库和功率谱估计模块库。

（1）参数估计模块库包括以下模块。

- Yule-Walker AR 模块。

- Burg AR 估计模块。
- 协方差 AR 估计模块。
- 改进的协方差 AR 估计模块。

（2）功率谱估计模块库包括以下模块。

- 短时 FFT 模块。
- 幅值 FFT 模块。
- Yule-Waker AR 谱估计模块。
- Burg AR 谱估计模块。
- 协方差 AR 谱估计模块。
- 改进的协方差 AR 谱估计模块。

4. 定点模块库（Fixed-Point Blockset）

定点模块库包括以下模块子库和模块。

- 滤波器与系统模块库（Filters and Systems Examples）。
- 定点参数模块（FixPt Constant）。
- 定点转换模块（FixPt Conversion）。
- 定点遗传转换模块（FixPt Conversion Inherited）。
- 定点 FIR 模块（FixPt FIR）。
- 定点 GUI 模块（FixPt GUI）。
- 定点增益模块（FixPt Gain）。
- 定点门输入模块（FixPt Gateway In）。
- 定点门输出模块（FixPt Gateway Out）。
- 定点逻辑运算模块（FixPt Logical Operator）。
- 定点查询表模块（Look-Up Table）。
- 二维定点查询表模块（FixPt Look-Up Table2-D）。
- 定点矩阵增益模块（FixPt Matrix Gain）。
- 定点乘积模块（FixPt Product）。
- 定点关系运算模块（FixPt Relation Operator）。
- 定点延迟模块（FixPt Relay）。
- 定点饱和模块（FixPt Saturation）。
- 定点求和模块（FixPt Sum）。
- 定点开关模块（FixPt Switch）。
- 定点单位延迟模块（FixPt Unit Delay）。
- 定点零阶保持模块（FixPt Zero-Order Hold）。

5. 非线性控制系统设计模块库（NCD Blockset）

NCD 模块库包括以下模块子库。

- RMS 模块库，包括连续、离散 RMS 模块和它们的演示模块。
- NCD 输出端口模块库（NCD Outport）。
- NCD 演示模块库（NCD Demos），含有 4 个演示模块和 3 个指南模块。

6. 神经网络模块库（Neural Network Blockset）

神经网络模块库包括以下模块子库。

- 传递函数模块库（Transfer Functions）。
- 权函数模块库（Weight Functions）。

- 网络输入函数库（Net Input Functions）。

7. 电力系统模块库

（1）电源模块库包括以下模块。

- 直流电压源模块（DC Voltage Source）。
- 交流电压源模块（AC Voltage Source）。
- 交流电流源模块（AC Current Source）
- 可控电压源模块（Controlled Voltage Source）。
- 可控电流源模块（Controlled Current Source）。

（2）元件模块库包括以下模块。

- 串联 RLC 支路模块（Series RLC Branch）。
- 串联 RLC 负载模块（Series RLC Load）。
- 并联 RLC 负载模块（Parallel RLC Load）。
- 线性变压器模块（Linear Transformer）。
- 饱和变压器模块（Saturable Transformer）。
- 互感器模块（Mutual Inductance）。
- 电涌放电器模块（Surge Arrester）。
- 分布参数线路模块（Distributed Parameters Line）。
- 断路器模块（Bleaker）。
- π 截面导线模块（PI Section Line）。

（3）电源电子元件模块库包括以下模块。

- 理想开关模块（Ideal Switch）。
- 金属氧化物半导体模块（Diode）。
- 场效应晶体管模块（Mosfet）。
- 门电路模块（Thyristor）。
- 二极管模块（Gto）。
- 可控硅模块（Detailed Thyristor）。

（4）仪表模块库包括以下模块。

- 电压测量模块（Voltage Measurement）。
- 电流测量模块（Current Measurement）。

（5）连接器模块库包括以下模块。

- 接地模块。
- 局部接地模块。
- T 形和 L 形接地模块。
- 多进多出连接器。
- 多进多出薄连接器。

（6）电动机模块库包括以下模块。

- 简单的同步电动机模块（3 个）。
- 恒磁同步电动机模块（2 个）。
- 异步电动机模块（3 个）。
- 涡轮与调节器模块（2 个）。
- 同步电动机模块（4 个）。

18.4 Simulink 模块的基本操作

本节介绍 Simulink 模块的基本操作，主要包括 Simulink 模型的工作原理、模块的选定与复制、模块大小的改变与旋转、模块颜色的改变与名称的改变、模块参数设置、连线分支与连线改变、信号的组合与分解。

18.4.1 Simulink 模型的工作原理

Simulink 建模大体可以分为两步，即创建模型的图标和控制 Simulink 对它进行仿真。这些图形化的模型和现实系统之间存在着一定的映射关系，下面将详细介绍 Simulink 模型的工作原理。

1. 模型和实际系统的映射关系

现实情况下，每一个系统都是由输入、输出和状态 3 个基本元素组成的，它们之间随着时间的变化有一定的数学函数关系。Simulink 模型中每一个图形化的模块代表现实系统中的一个元件的输入、输出和状态之间随着时间变化的函数关系，即元件或系统的数学模型。系统的数学模型是由一系列数学方程（代数环、微分和差分等式）来描述的，每一个模块都代表一组数学方程，在 Simulink 中将这些方程形象化为模块。模块和模块之间的连线代表系统中各元件输入和输出信号的连接关系，也代表了随时间变化的信号值。

2. Simulink 对图形化模型的仿真

Simulink 对模型进行仿真的过程，就是在用户定义的时间段内根据模型提供的信息计算系统的状态和输出的过程。当用户开始仿真，Simulink 分以下几个阶段来运行。

（1）模型编译阶段。

Simulink 引擎调用模型编译器，将模型编译成可执行的数学函数形式。编译器主要完成以下任务：

- 评价模块参数的表达式以确定它们的值；
- 确定信号属性（如名字、数据类型等）；
- 传递信号属性以确定定义信号的属性；
- 优化模块；
- “展平”模型的继承关系（如子系统）；
- 确定模块运行的优先级；
- 确定模块的采样时间。

（2）连接阶段。

Simulink 引擎创建按执行的次序排列的函数运行列表，同时定位和初始化存储每个模块的运行信息的存储器。

（3）仿真阶段。

Simulink 引擎在从仿真的开始时间到结束时间，在每一个时间点将按顺序计算系统的状态和输出。这些计算状态和输出的时间点就称作时间步，相邻两个时间点间的长度就称作步长，步长的大小取决于求解器的类型。该阶段又分成两个子阶段。

- 仿真环初始化阶段。该阶段只运行一次，用于初始化系统的状态和输出。
- 仿真环迭代阶段。该阶段在定义的时间段内每隔一个时间步长就重复运行一次，用于在每一个时间步计算模型的新的输入、输出和状态，并更新模型使之能反映系统最新的计算值。在仿真结束时，模型能反映系统最终的输入、输出和状态值。

18.4.2 模块的选定和复制

1. 模块的选定

模块的选定是许多其他操作的前提条件，如模块的复制、删除、移动等。用鼠标单击需要选定的模块，被选定的模块边框会出现蓝色阴影，4 个角会出现小矩形，称为柄。选定的模块如图 18-11 所示。

选定单个模块的方法如下。

将鼠标指针指向待选模块，单击鼠标左键，选定的模块边框会出现蓝色阴影，4 个角出现小矩形，图 18-11 所示的就是一个被选定的模块。一旦选定一个模块，以前选定的所有模块将恢复以前不被选定的状态。所以当需要同时选定多个模块时需要按以下方法进行。

选定多个模块的操作方法如下。

- 按住 Shift 键，依次选中所需选定的模块。
- 按住鼠标左键，拉动矩形虚线框，将所有待选定的模块包含在其中，然后松开鼠标，矩形框里的模块（包括信号线）均被选定，如图 18-12 所示。

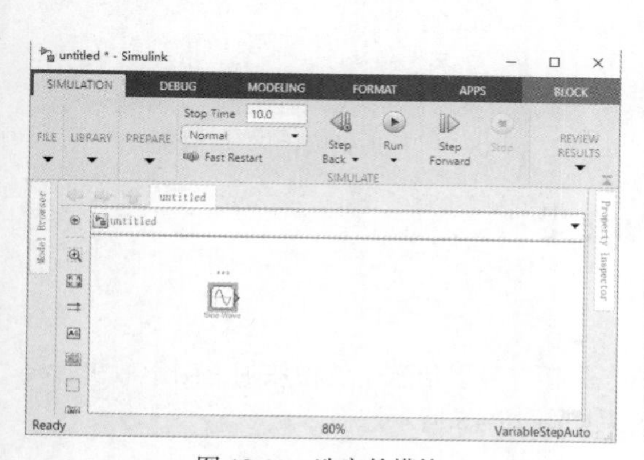

图 18-11 选定的模块

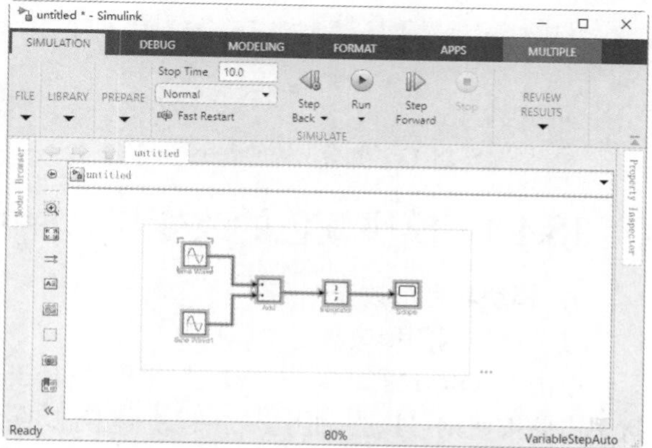

图 18-12 选定多个模块

选定当前窗口中所有的模块的方法如下。

打开窗口中的“Edit”项，选择其中的“Select All”，这时当前窗口中的所有模块都被选定。

2. 模块的复制

模块的复制可以在模型窗口、库窗口以及模型窗口和库窗口之间实现。

（1）不同模型窗口和库窗口之间的模块复制的方法如下。

- 在一个窗口中选中模块，按住鼠标左键，将它拖到另一个模型窗口，释放鼠标。
- 在一个窗口中选中模块，单击图标，然后单击目标窗口中需要复制模块的位置，最后单击图标。

（2）相同模型窗口内的模块复制的方法如下。

- 按住鼠标右键，将鼠标拖动到合适的地方，然后释放鼠标。
- 按住 Ctrl 键，再按住鼠标左键，拖动鼠标到合适的地方，然后释放鼠标。
- 与不同模型窗口中的第二种复制方法一样。

18.4.3 模块大小的改变与旋转

1. 改变模块大小

首先选中需要改变大小的模块，移动鼠标指针到出现的柄处，当鼠标指针变成带双箭头的形式时，按住鼠标左键，拖曳鼠标即可。一个模块最小可定义为 5 像素×5 像素，而最大只受计算机屏幕的限制。当模块被重新定义大小的时候，出现一个矩形虚框表示改变后的大小。改变模块大小的效果如图 18-13 所示。

2. 模块的旋转

Simulink 在默认情况下，信号总是从模块的左边流进，从模块的右边流出，即输入在左边，输出在右边。用户可以采用下面的方法来改变模块的方向：单击“FORMAT”→“ARRANGE”中的或按钮，可以将模块顺时针或逆时针旋转 90°。顺时针旋转 90° 后的模块如图 18-14 所示。

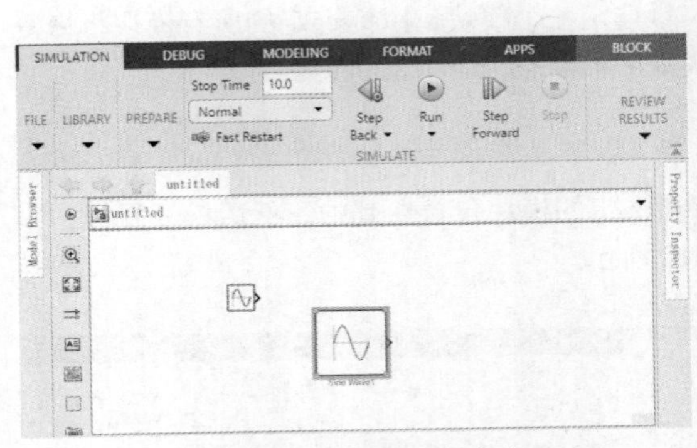

图 18-13　改变模块的大小

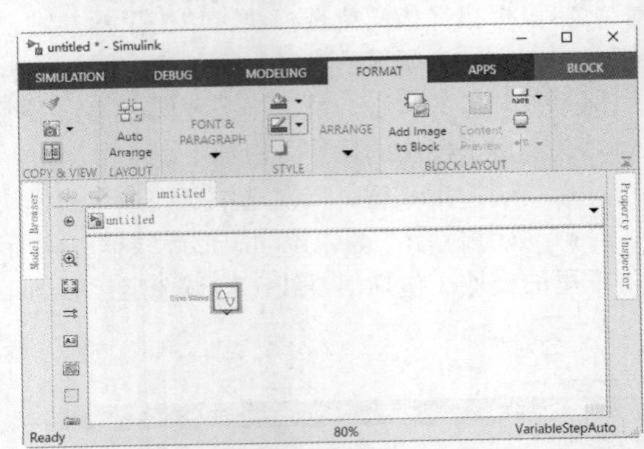

图 18-14　顺时针旋转 90° 后的模块

18.4.4　模块颜色的改变与名称的改变

1. 模块颜色的改变

（1）模块的阴影效果。

单击“FORMAT”→“STYLE”中的“Shadow”按钮，可以给选中的模块加上阴影效果。再次单击此按钮则可以去除阴影效果。加上阴影的效果如图 18-15 所示。

（2）改变模块颜色。

单击“FORMAT”→“STYLE”中的“Background”或“Foreground”按钮，在弹出的颜色面板中可以改变模块的背景或线条颜色，如图 18-16 所示。

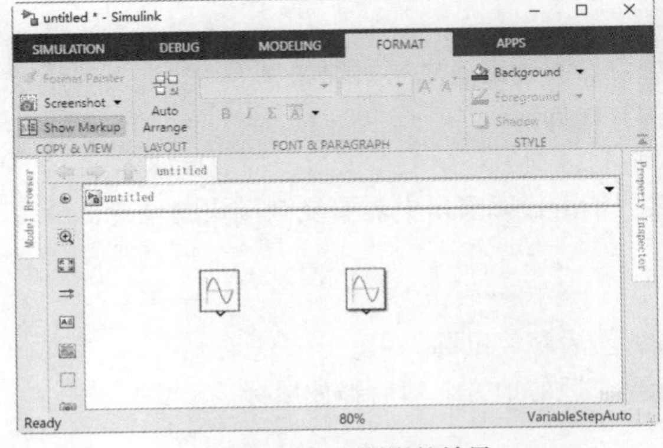

图 18-15　加上阴影的效果

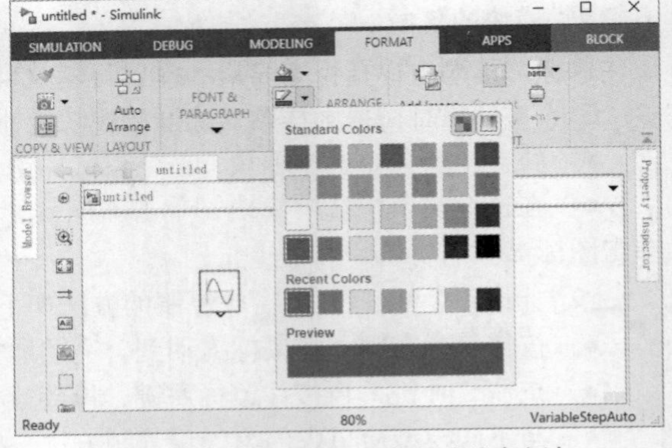

图 18-16　改变模块的背景或线条颜色

2. 有关模块名的操作

在一个 Simulink 模型当中，所有的模块名都必须是唯一的，并且至少含有一个字符。Simulink 在默认情况下，如果一个模块的端口在右边，那么它的名称就在它的下方；如果模块的端口在其上方或下方，那么它的名称就在它的右边。用户可以改变模块名的位置和内容。

- 修改模块名：单击需要修改的模块名，在模块名的四周将出现一个编辑框，可以在编辑框中完成对模块名的修改。修改完毕，单击编辑框外的区域，修改结束。
- 模块名的字体设置：单击“FORMAT”→“FONT&PARAGRAPH”中的A按钮，打开字体设置对话框，设置相应的字体。字体设置对话框如图 18-17 所示。

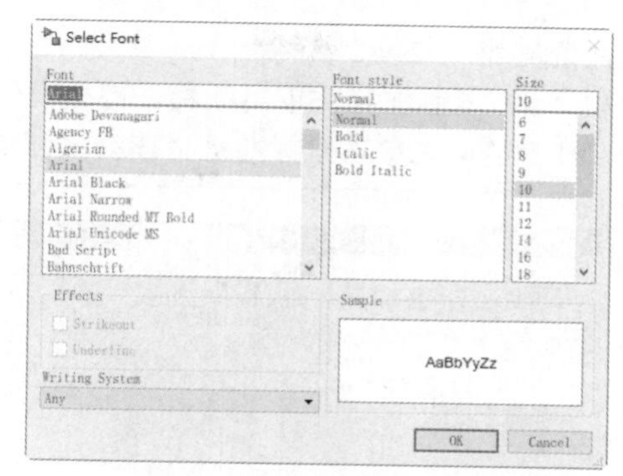

图 18-17　字体设置对话框

18.4.5　模块参数设置

在 Simulink 中，用户可以对模块进行参数设置。双击需要进行参数设置的模块，Simulink 将打开一个模块的基本属性对话框。在该对话框中，用户可以对功能描述（Description）、优先级（Priority）、标签（Tag）、打开函数（Open Function）、属性格式（Attributes Format String）等基本属性进行设置。

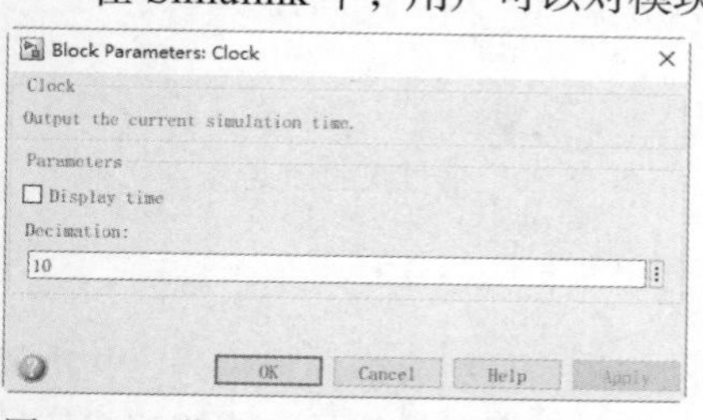

图 18-18　信号源“Clock”的属性对话框

图 18-18 所示为信号源“Clock”的属性对话框。用户按各个模块的属性对话框中的相应参数进行设定，单击“OK”即可完成参数的设定。

18.4.6　连线分支与连线改变

在 Simulink 中，模块之间要用线连接起来，该线称为信号线。各个模块的信号总是通过这些信号线连接并传输的。在 Simulink 中，无论哪个模块都是由输入端口接收信号，由输出端口发送信号。

通过拖动鼠标即可在模型窗口中完成信号线的绘制。具体方法是，先将鼠标指针指向连线的起点，一般为某个模块输出端，鼠标指针将以十字形显示，按住鼠标，并移动鼠标指针到终点，一般为另一个模块的输入端，然后释放鼠标。Simulink 将根据起点和终点的位置，自动完成两个模块之间的连接，连线一般是水平线或垂直线。

1. 信号线的移动与删除

对信号线进行移动时，只需选中待移动的信号线，将鼠标指针移至信号线上，会显示小圆圈，按住鼠标，移动鼠标指针至要求的位置，然后释放鼠标，效果如图 18-19 所示。

删除信号线时，选中待删除的信号线，按 Delete 键即可。

2. 信号线的分支

在实际的系统中，某个模块的信号经常需要同时与多个模块进行连接，这时的信号线将出现分支的情况，如何绘制信号线的分支将是下面要讲的内容。

在信号线需要加分支的某个点按住鼠标右键，当鼠标指针变成十字形时，拖动鼠标，将鼠标指针移到终点，释放鼠标，即可完成一条分支的绘制，并在分支处显示出一个粗点，表示这里是相连接的。如果没有出现粗点，则表示这两条信号线交叉不相连。信号线的分支如图 18-20 所示。

3. 注释信号线

- 添加注释：双击需要添加注释的信号线，弹出编辑框。输入结束后，单击编辑框以外的地方，即完成注释的输入。
- 修改注释：单击需要修改的注释，在注释四周出现编辑框，在编辑框中可以对注释进行修改。
- 删除注释：单击注释，出现编辑框后，双击注释，这样整个注释都被选中，按 Delete 键可删除整个注释。

- 复制注释：单击注释，待编辑框出现后，将鼠标指针指向注释，单击鼠标右键，或在按 Ctrl 键的同时单击鼠标左键，移动鼠标指针到新的注释出现的地方，然后释放鼠标。

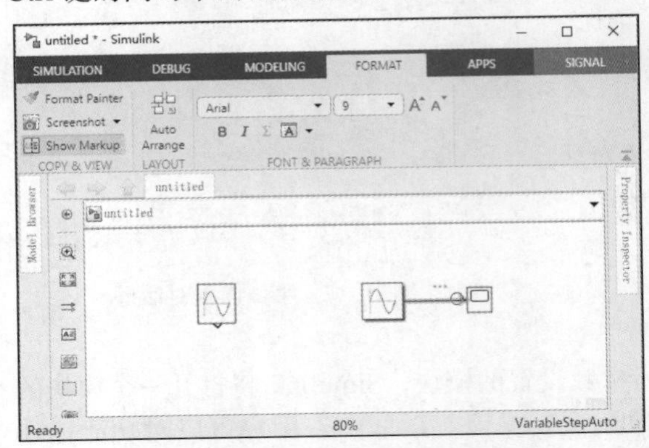

图 18-19　移动信号线

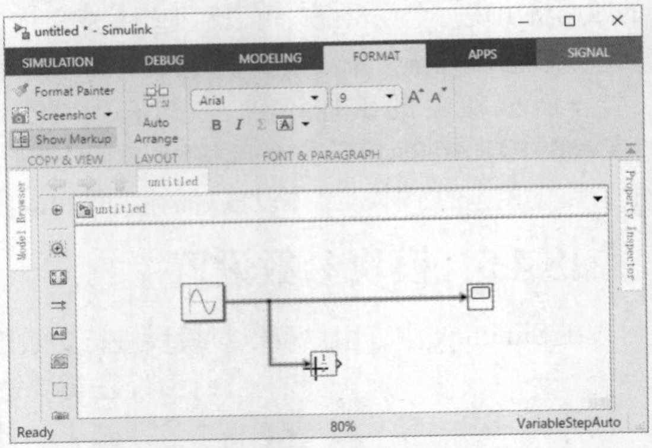

图 18-20　信号线的分支

18.4.7　信号的组合与分解

在利用 Simulink 进行系统仿真时，有时需要将某些模块的输出信号组合成向量信号，并将得到的向量信号作为其他模块的输入。有时又需要将向量信号分解成多个标量信号。能够完成信号组合与分解功能的模块是 Signal Routes 模型库中的 Mux 模块和 Demux 模块。使用 Mux 模块可以将多个标量信号组合成一个向量信号，使用 Demux 模块可以将向量信号分解成多个标量信号。如图 18-21 所示，图中使用示波器显示模块 Scope 显示信号，Scope 模块只有一个输入口，若输入信号是向量信号，则 Scope 模块会以不同的颜色显示每个信号。

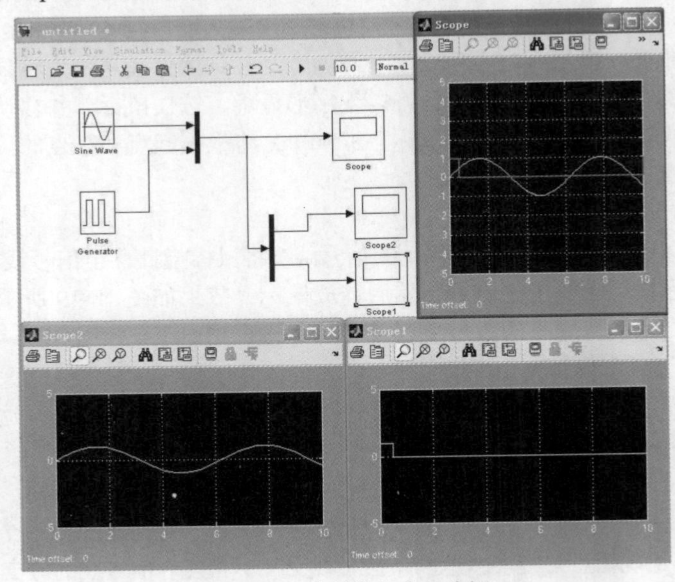

图 18-21　信号的组合与分解

18.5　模型注释

对于复杂系统的 Simulink 仿真模型，如果没有适当的说明，人们很难读懂模型的功能，因此需要对其进行注释说明。通常可以采用 Simulink 的模型注释和信号标签两种方法。信号标签方法将在后续内容中进行介绍，本节主要介绍模型注释的方法。

在 Simulink 中对系统模型进行注释很简单，只需要在系统模型编辑器的背景上双击即可打开一个文本编辑框，可以在里面输入相应的注释。需要注意的是，虽然文本编辑框支持汉字输入，但是 Simulink 无法将添加有汉字注释的系统模型保存起来，因此建议读者采用英文注释。添加模型注释的效果如图 18-22 所示，添加注释后，可用鼠标指针对其进行移动。

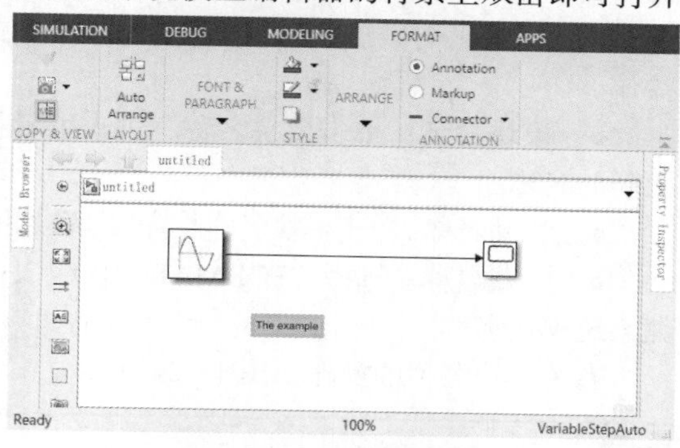

图 18-22 添加模型注释

注释位置的移动：在注释文字处单击鼠标左键出现编辑框，将鼠标指针移至编辑框上，按住鼠标左键，将鼠标指针拖至期望位置即可。

注释文字的字体控制：单击编辑框，选中“FORMAT”下的“Font & PARAGRAPH”，弹出标准的字体对话框用于进行设置。

18.6 设置 Simulink 仿真系统界面

前面几节已经介绍了用 Simulink 如何进行系统建模与仿真，任何动态系统的模型构建和仿真的步骤与此类似。本节所要介绍的 Simulink 界面设计主要用于改善系统模型的界面，以便于用户对系统模型进行理解与维护。

18.6.1 模块框图属性编辑

1. 框图的视图调整

为了使用户更好地观察系统模型，Simulink 允许用户在其系统模型编辑器中对系统模型的视图进行适当的调整。视图调整的方法如下所述。

- 使用“Zoom In/Out”控制模型在视图区的显示，用户可以对模型视图进行任意缩放。
- 选中要改变大小的模型，使用系统快捷键 R（放大）或 V（缩小）进行调整。
- 按 Space 键可以使系统模型充满整个视图窗口。

视图调整效果如图 18-23 所示。

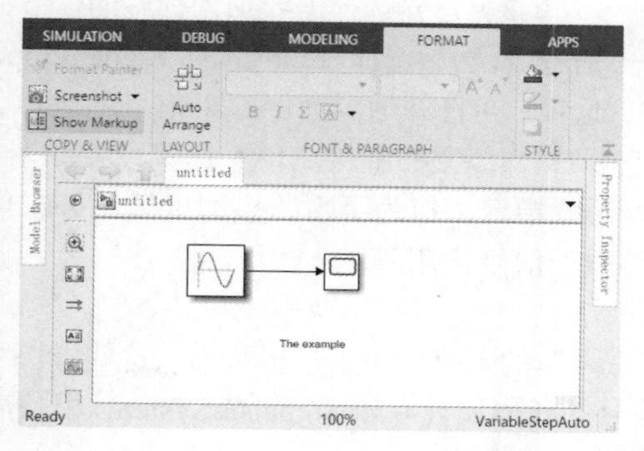

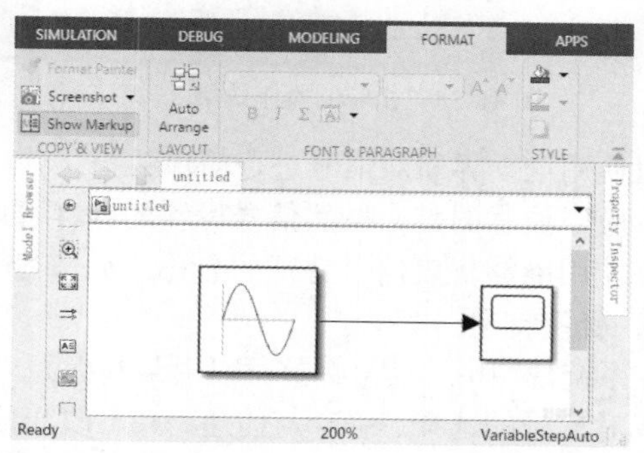

图 18-23 视图调整效果

2. 有关模块名称的操作

在使用 Simulink 中的系统模块构建系统模型时，Simulink 会自动赋予系统模型中的模块一个名称，如正弦信号模块的名称为“Sine Wave”；对于系统模型中相同的模块，Simulink 会自动对其进行编号。一般对于简单的系统，可以采用 Simulink 自动命名的名称，但对于复杂系统，给每个模块取一个具有明显意义的名称非常有利于用户对系统模型进行理解与维护。下面简单介绍一下有关模块名称的操作。

● 模块命名：单击模块名称，进入编辑状态，然后输入新的名称。

● 移动名称：单击模块名称并将其拖动到模块的另一侧。

● 隐藏名称：选择“FORMAT”中的“Hide Name”隐藏系统模块名称。

有关模块名称的操作如图 18-24 所示。

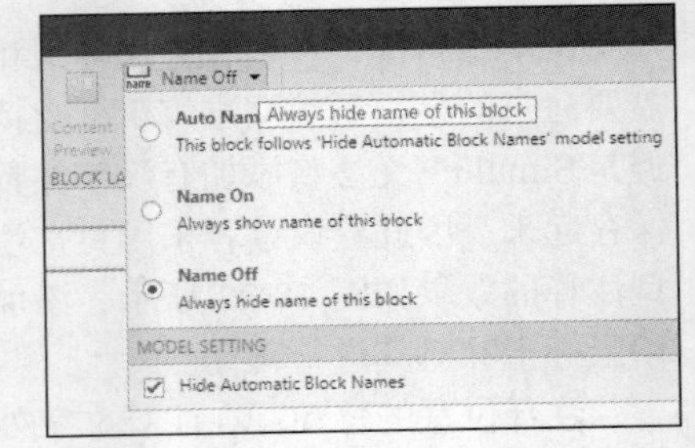

图 18-24 有关模块名称的操作

系统模型中模块的名称应当是唯一的，否则 Simulink 会给出警告信息并自动改变名称。

18.6.2 信号标签与标签传递

1. 信号标签

在创建大型复杂的系统模型时，信号标签对理解系统框图尤为重要。所谓信号标签，就是信号的“名称”或“标记”，它与特定的信号相联系，是信号的一个固有的属性。与系统框图中的注释不同，框图注释只是对整个或局部系统模型进行说明的文字信息，它与系统模型是相分离的。

生成信号标签的方法有两种。

（1）双击需要加入标签的信号（系统模型中与信号相对应的模块连线），这时便会出现标签编辑框，在其中输入标签文本即可。与框图注释类似，信号标签也可以移动到要求的位置，但只能是在信号线的附近。如果强行将信号标签拖动到离开信号线的位置，信号标签将会自动回到原处。当一个信号定义了标签后，这条信号线引出的分支线会继承这个标签。当双击分支线时，对应的信号标签将会显示。相应的操作效果如图 18-25 所示。

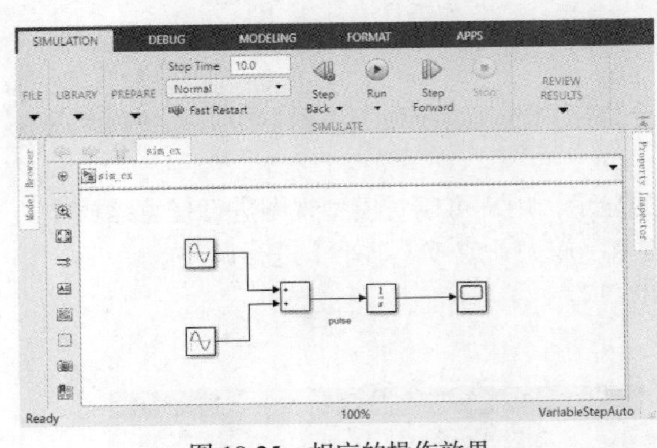

图 18-25 相应的操作效果

（2）首先选择需要加入标签的信号，单击信号线，然后选择“Edit”下的“Signal Properties”选项，在打开的界面中编辑信号的名称，而且还可以使用这个界面对信号进行简单的描述并建立 HTML 文档链接。信号标签设置如图 18-26 所示。应当注意的是，虽然信号标签的内容可以任意指定，但为了系统模型可读性好，信号标签最好使用能够代表信号特征的名称（如信号类型、信号作用等）。

2. 标签传递

在系统模型中，信号标签可以由某些称为“虚块”的系统模块来进行传递。这些虚块主要用来完成对信号的选择、组合与传递，并不改变信号的任何属性。如 Signals&Systems 模块库中的 Mux 模块的功能是组合信号，但并不改变信号的值。

信号标签传递的方法有如下两种。

（1）选择信号线并用鼠标双击，在信号标签编辑框中输入“< >”，在此角括号中输入信号标签即可传递信号标签。然后选择“Edit”中的“Update Diagram”刷新模型。

（2）选择信号线，然后选择“Edit”中的“Signal Properties”，或单击鼠标右键，在弹出的快捷菜单中选择“Signal Properties”，将“Show Propagated Signals”设置成 on 即可。值得说明的是，只能在信号的前进方向上传递该信号标签。当一个带有标签的信号与 Scope 块连接时，信号标签将作为标题显示。信号标签的传递如图 18-27 所示。

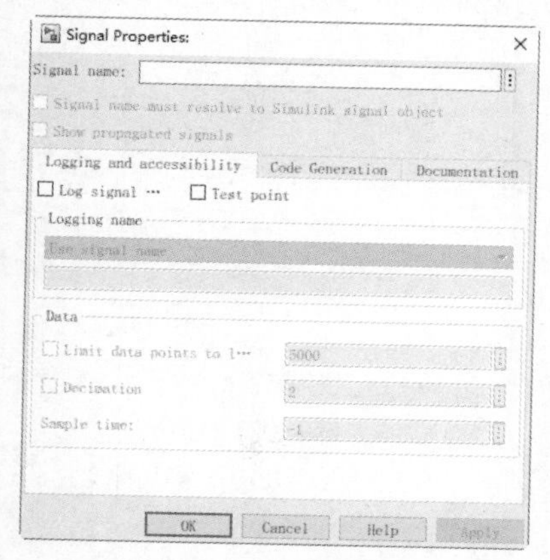

图 18-26　信号标签设置

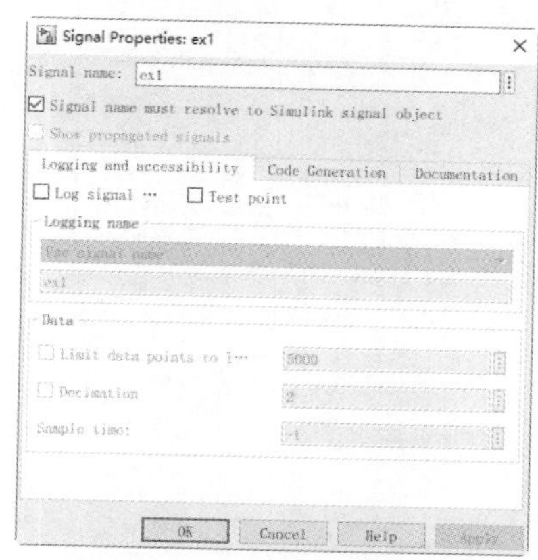

图 18-27　信号标签的传递

18.7　仿真运行过程

建立好一个模型之后就要运行模型和分析仿真结果，在前文已经通过一个例子简单说明了仿真运行的过程。本节将对仿真参数的设置和示波器的使用进行详细介绍。

Simulink 支持两种不同的仿真启动方法：直接从模型窗口中启动和在命令行窗口中启动。本节主要介绍使用模型窗口进行运行仿真。在仿真之前，用户需要仔细配置仿真的基本设置。如果设置不合理，仿真过程将难以进行。

18.7.1　运行仿真

当建立好模型后，可以直接在模型窗口通过工具栏进行仿真，如图 18-28 所示。可以通过这些设置仿真的参数、仿真的时间、已经选择的解法器等，不需要记忆 MATLAB 中的各种命令语法。

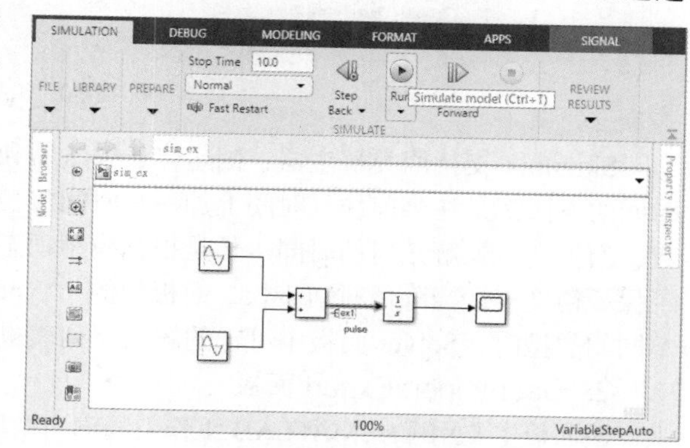

图 18-28　进行仿真

由于模型的复杂程度和仿真时间跨度的大小不同，每个模型的仿真时间不相同，同时仿真时间还受到计算机本身性能的影响。用户可以在仿真过程中单击“Simulation: Stop”，或采用按 Ctrl+T 快捷键的方式人为中止模型的仿真。用户也可以单击“Simulation: Pause”或“Simulation: Continue”来暂停或继续仿真过程。如果模型中包含向数据文件或工作空间输出结果的模块或在仿真配置中进行了相关的设置，则仿真过程结束或暂停后会将结果写入数据文件或工作空间中。

18.7.2 仿真参数设置

可以通过模型窗口的“Simulation: Configuration Parameters”命令打开设置仿真参数的窗口，仿真参数窗口如图 18-29 所示。

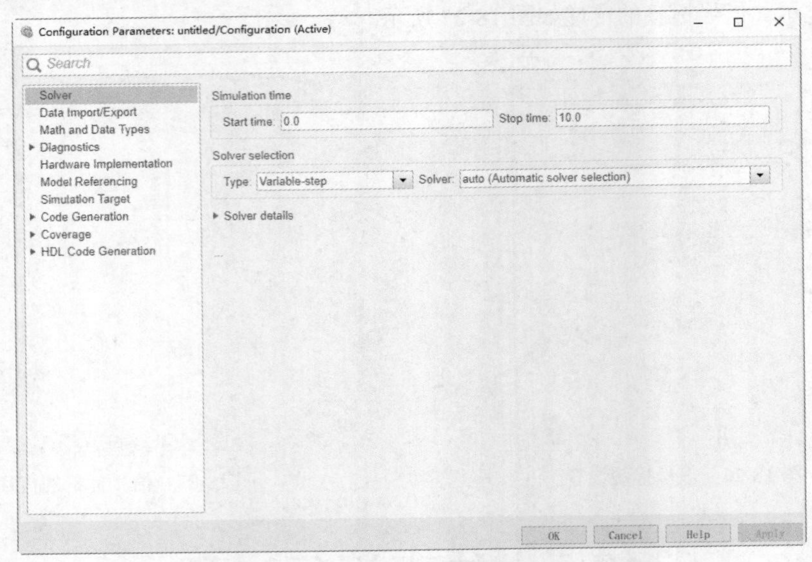

图 18-29　仿真参数窗口

窗口将参数分成 6 组不同的类型，下面将对每组中的参数的作用和设置方法进行简单的介绍。

1. Solver 面板

该面板用于设置仿真开始和结束时间，选择解法器，并设置它的相关参数，Solver 面板如图 18-30 所示。

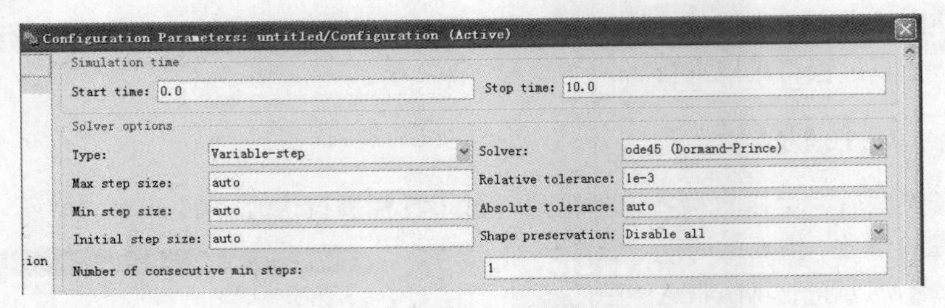

图 18-30　Solver 面板

Simulink 支持两类解法器：固定步长解法器和可变步长解法器。两种解法器计算下一个仿真时间的方法都是在当前仿真时间上加一个时间步长。不同的是，固定步长解法器的时间步长是常数，而可变步长解法器的时间步长是根据模型动态特性可变的。当模型的状态变化特别快时，为了保证精度应适当降低时间步长。面板中的“Type”下拉列表框用于设置解法器的类型，当选择不同的类型时，Solver 面板中可选的解法器列表也不同。

2. Data Import/Export 面板

该面板主要用于向 MATLAB 工作空间输出模型仿真结果数据，或从 MATLAB 工作空间读入数据到模型，Data Import/Export 面板如图 18-31 所示。

Load from workspace：从 MATLAB 工作空间向模型导入数据，作为输入和系统的初始状态。

Save to workspace：向 MATLAB 工作空间输出仿真时间、系统状态、系统输出和系统最终状态。

Save options：向 MATLAB 工作空间输出数据的数据格式、数据量、存储数据的变量名以及生成附加输出信号数据等。

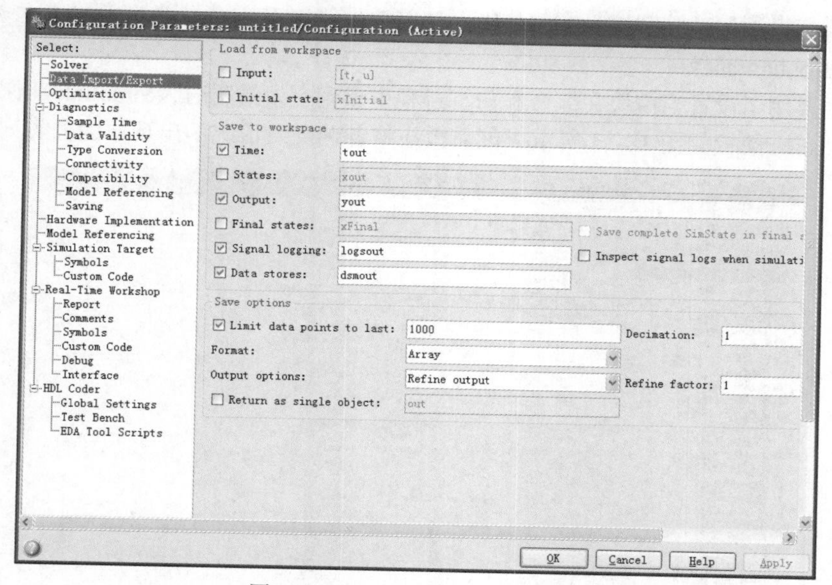

图 18-31　Data Import/Export 面板

3. Optimization 面板

该面板用于设置各种选项来提高仿真性能和由模型生成的代码的性能。Optimization 面板如图 18-32 所示。

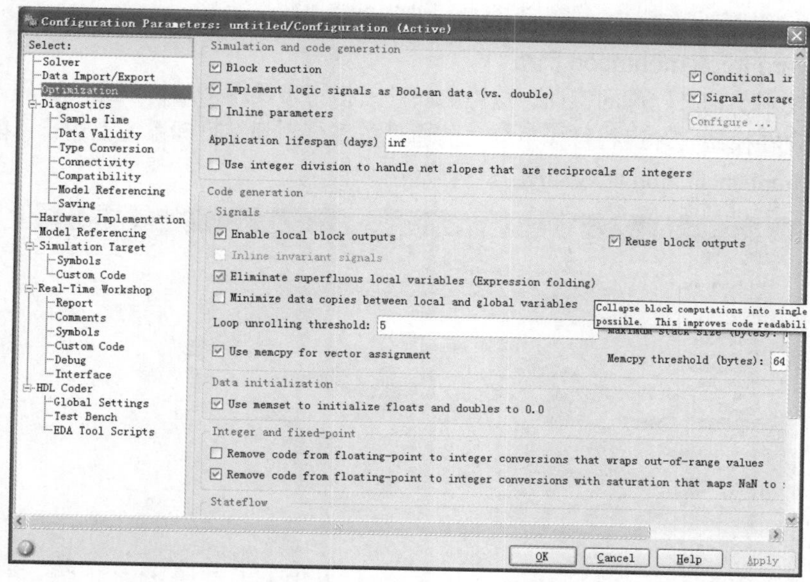

图 18-32　Optimization 面板

Block reduction：设置用时钟同步模块来代替一组模块，以加速模型的运行。

Conditional input branch execution：用于优化模型的仿真和代码的生成。

Inline parameters：勾选该复选框使得模型的所有参数在仿真过程中不可调，Simulink 在仿真时就会将那些输出仅决定于模块参数的模块从仿真环中移出，以加快仿真。如果用户想要使某些变量参数可调，那么可以单击“Configure”按钮打开“Model Parameter Configuration”对话框将这些变量设置为全局变量。

Implement logic signals as Boolean data：使得接受布尔值输入的模块只能接受布尔类型的输入，若该复选框没被勾选，则接受布尔值输入的模型也能接受 double 类型的输入。

4. Diagnostics 面板

该面板主要用于设置当模块在编译和仿真过程中遇到突发情况时，Simulink 将采用哪种诊断方式。Diagnostics 面板如图 18-33 所示，该面板还将各种突发情况的出现原因分类列出。

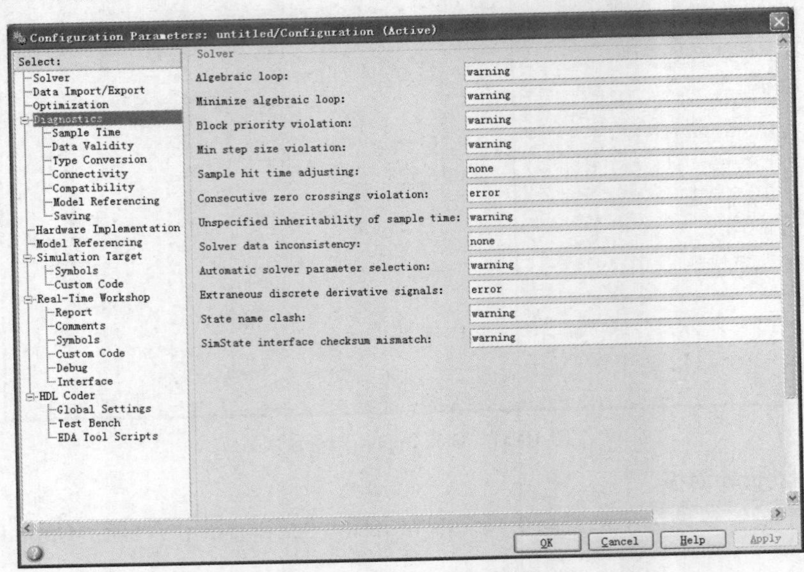

图 18-33　Diagnostics 面板

5. Hardware Implementation 面板

该面板主要用于定义硬件的特性，这里的硬件是指将来要用来运行模型的物理硬件。这些设置可以帮助用户在模型实际运行目标系统之前通过仿真检测到在目标系统上运行可能会出现的问题。Hardware Implementation 面板如图 18-34 所示。

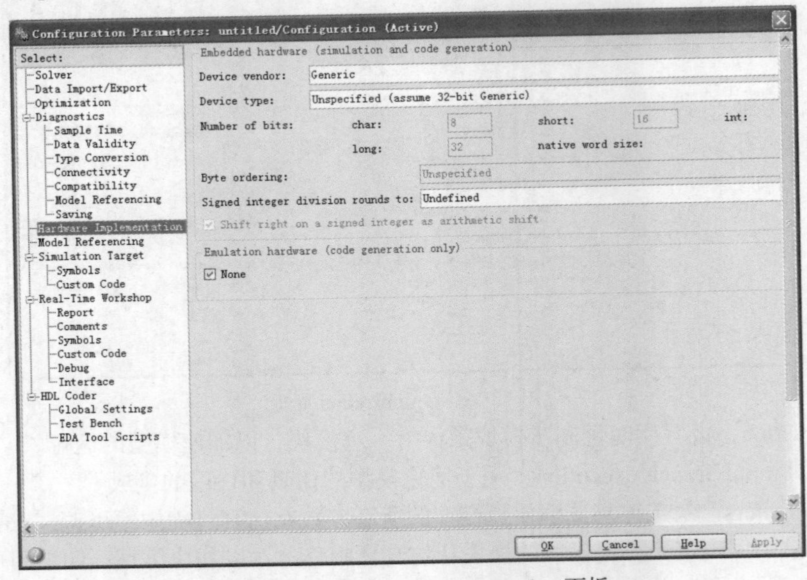

图 18-34　Hardware Implementation 面板

6. Model Referencing 面板

该面板主要用于生成目标代码、建立仿真以及定义当此模型中包含其他模型或其他模型引用该模型时的一些选项参数值。Model Referencing 面板如图 18-35 所示。

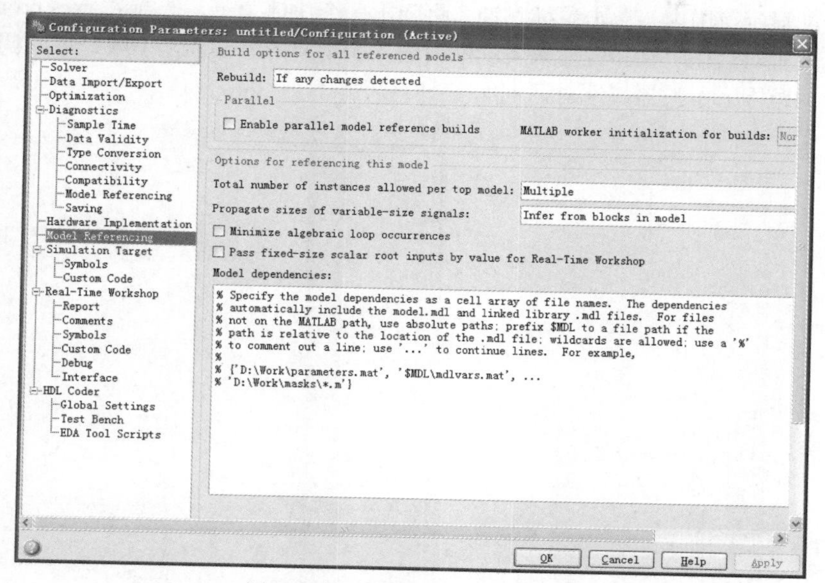

图 18-35 Model Referencing 面板

（1）当前模型中含有其他模型时（Build options for all referenced models）的设置。

Rebuild：用于设置是否要在当前模型更新、运行仿真及生成代码之前重建仿真和 Real-Time Workspace 目标。因为在进行模型更新、运行仿真和生成代码时，有可能其中所包含的其他模型发生了改变，所以需要在这里进行设置。

（2）其他模型中含有当前模型时（Options for referencing this model）的设置。

Total number of instances allowed per top model：用于设置在其他模型中可以引用多少个该模型。

Model dependencies：用于定义存放初始化模型参数的命令和为模型提供数据的文件名或路径，定义的方式是将文件名或文件路径的字符串定义成字符串细胞阵列。

Pass fixed-size scalar root inputs by value for Real-Time Workshop：勾选此复选框后，别的模型在调用该模型时就会通过数值来传递该模型的标量输入，否则就通过参考来传递输入。勾选此复选框就会允许模型从速度快的寄存器或局部存储单元读取数据，而不是从它的实际输入位置来读取。

Minimize algebraic loop occurrences：勾选此复选框后，Simulink 就试图消除模型中的一些代数环。

18.7.3 示波器的使用

仿真进行过程中，用户一般需要随时绘制仿真结果的曲线，以观察信号的实时变化，在模型当中使用示波器（Scope）模块是其中最为简单和常用的方式之一。

示波器模块可以在仿真进行的同时显示输出信号曲线。由于示波器模块在仿真中经常用到，在这里我们将主要说明示波器模块的使用方法。

示波器模块可以接受向量信号，在仿真过程中，实时显示信号波形。如果是向量信号，示波器可以自动以多种颜色的曲线表示各个向量。

不论示波器是否已经打开，只要仿真一启动，示波器缓冲区就会接受传递来的信号。如果数据长度超过设定值，则最早的历史数据将被冲掉。如图 18-36 所示，3 个图标分别表示 X-Y 双轴调节、X 轴调节、Y 轴调节。通过图标可以根据数据的时间范围自动设置纵坐标的显示范围和刻度。双击图标则打开示波器属性对话框。

在示波器的显示范围内，单击鼠标右键，将弹出一个快捷菜单，选择“Axes properties”项，将弹出纵坐标设置对话框。在相应输入文本框中输入所希望的纵坐标上下限，可以调整示波器实际纵坐标显示的范围。示波器属性对话框如图 18-37 所示。

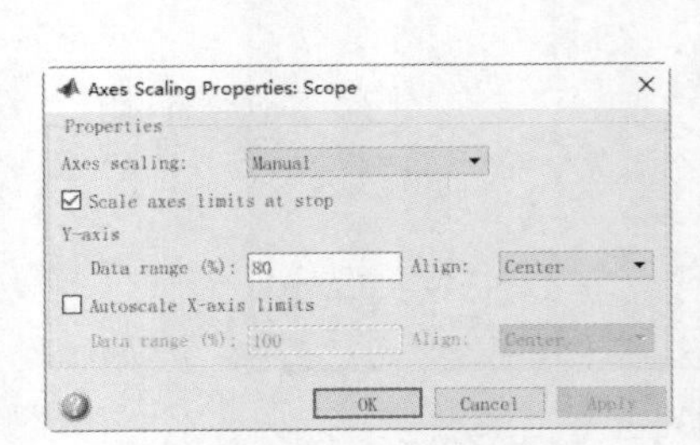

图 18-36　坐标轴属性设置

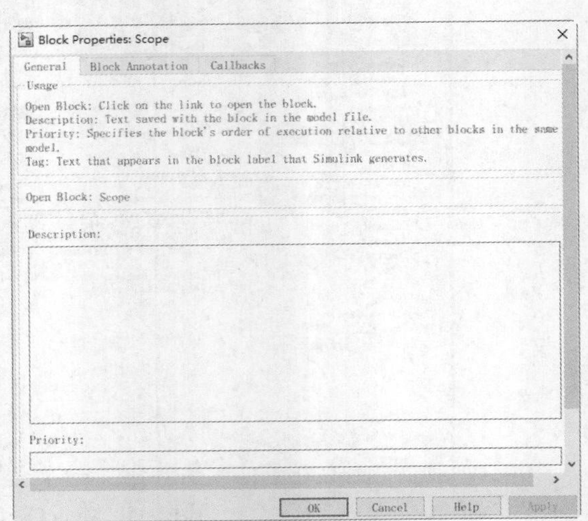

图 18-37　示波器属性对话框

18.8　本章小结

本章介绍了 Simulink 的基本模块、基本功能，以及如何使用 Simulink 进行仿真等内容。Simulink 包括众多功能强大的模块，了解这些模块的主要内容和熟悉模块的基本操作，是使用 Simulink 进行仿真和设计的基础。

第 19 章 Simulink 建模与仿真

第 18 章中对 Simulink 的基础知识进行了详细的介绍。本章将对 Simulink 的系统建模与子系统操作进行详细的介绍，其中包括利用 Simulink 对连续系统建模、子系统的封装技术，以及典型子系统的详细操作。

19.1 Simulink 连续系统建模

连续系统是指系统输出在时间上连续变化，连续系统的应用非常广泛，下面简单介绍连续系统的概念。

满足下面条件的系统为连续系统。

- 系统输出连续变化，变化的间隔为无穷小量。
- 对系统的数学描述来说，存在系统输入或输出的微分项。
- 系统具有连续的状态。

19.1.1 线性系统建模

如果一个连续系统能够同时满足如下的性质，则此连续系统为线性连续系统。

（1）齐次性。对于任意的参数 α，系统满足：

$$T\{\alpha u(t)\} = aT\{u(t)\}$$

（2）叠加性。对于任意输入变量 $u_1(t)$ 与 $u_2(t)$，系统满足：

$$T\{u_1(t)+u_2(t)\} = T\{u_1(t)\}+T\{u_2(t)\}$$

在 Simulink 基本模块中选择“Continuous”后，单击便可看到其中包括的连续模块，连续模块的名称和功能如表 19-1 所示。

表 19-1 连续模块的名称和功能

图标	模块名	功能
du/dt	Derivative	输入信号微分
1/s	Integrator	输入信号积分
x' = Ax+Bu y = Cx+Du	State-Space	状态空间系统模型
1/(s+1)	Transfer-Fcn	传递函数模型

续表

图标	模块名	功能
	Transport Delay	固定时间传输延迟
	Variable Transport Delay	可变时间传输延迟
(s-1)/s(s+1)	Zero-Pole	零极点模型

使用这些模块进行仿真时，将图标拖到 Simulink 的模型窗口中，双击图标就打开了其属性设置对话框，设置具体的模型系数即可。下面将对在 Simulink 中设置系统模型的几种方式进行介绍。

1. 由传递函数建立系统模型

由系统传递函数的形式建立 Simulink 仿真模型可直接使用 Continuous 模块库的 Transfer Fcn 模块，下面以实例进行说明。

例 19.1 已知某单位负反馈系统的开环传递函数为 $G(s)=\dfrac{3s+9}{s^2+4s+2}$，试建立其 Simulink 仿真模型并进行仿真。

建立上述模型的基本步骤如下。

（1）建立一个空白的 Simulink 仿真模型窗口，如图 19-1 所示。

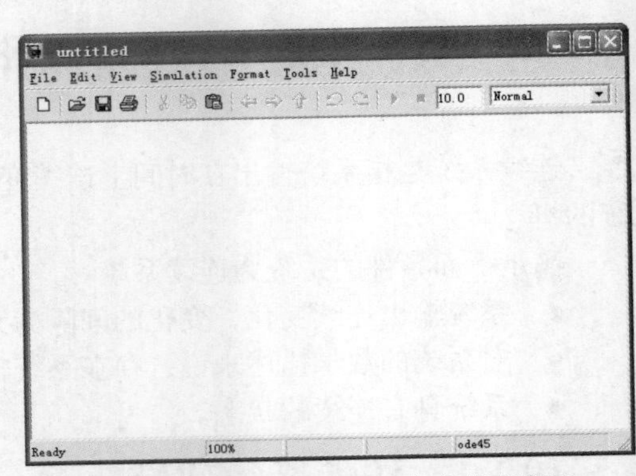

图 19-1 空白的 Simulink 仿真模型窗口

（2）选择系统所需要的 Simulink 模块，传递函数模型需要 Continuous 模块库的 Transfer Fcn 模块，单位阶跃信号需要 Sources 模块库的 Step 模块，此外还需要 Math Opwrations 模块库的 Add 模块以及 Sinks 模块库中的 Scope 模块，将它们拖动到图 19-1 所示的空白模型窗口中，添加基本模块后的仿真窗口如图 19-2 所示。

（3）建立传递函数的模型。由已知条件可知开环传递函数只有一部分。因此首先建立传递函数模型部分，连接模块并设置仿真参数。建立完成后的仿真模型如图 19-3 所示。仿真求解器参数取系统默认值，单位阶跃响应的阶跃时间从 0 开始。

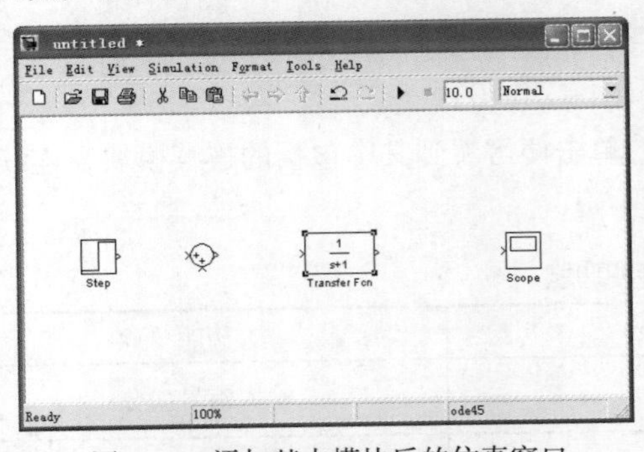

图 19-2 添加基本模块后的仿真窗口

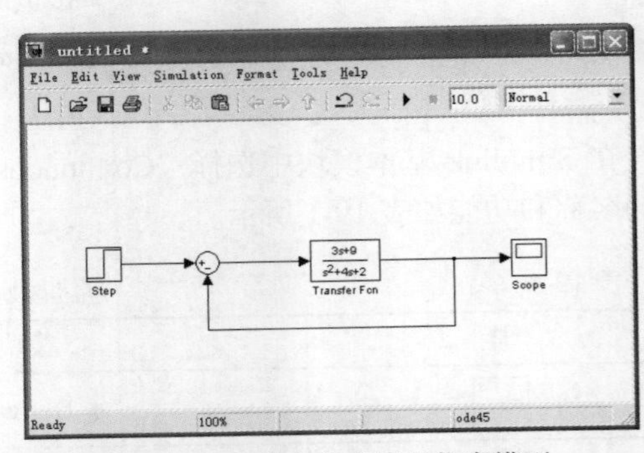

图 19-3 建立完成后的仿真模型

（4）单击工具栏中的 ▶ 按钮，运行仿真，仿真结果如图 19-4 所示。

2. 由状态方程建立系统模型

由系统状态方程建立 Simulink 仿真模型可直接使用 Continuous 模块库的 State-Space 模块，同样下面以实例进行说明。

例 19.2　已知某系统状态空间模型为：

$$\dot{X}=\begin{bmatrix}-8 & -16 & -6\\ 1 & 0 & 0\\ 0 & 1 & 0\end{bmatrix}X+\begin{bmatrix}1\\ 0\\ 0\end{bmatrix}U,\ Y=\begin{bmatrix}2 & 8 & 6\end{bmatrix}X$$

试建立其 Simulink 仿真模型，并求其单位阶跃响应。

求解过程如下。

（1）建立一个空白的 Simulink 仿真模型窗口，如图 19-1 所示。

选择系统所需的 Simulink 模块。求取状态空间模型描述的系统单位阶跃响应曲线，所需的 Simulink 模块有 Continuous 模块库的 State-Space 模块和 Souces 模块库的 Step 模块，此外还需要 Sinks 模块库的 Scope 模块，将它们拖动到图 19-1 所示的空白模型窗口中，连接后的效果如图 19-5 所示。

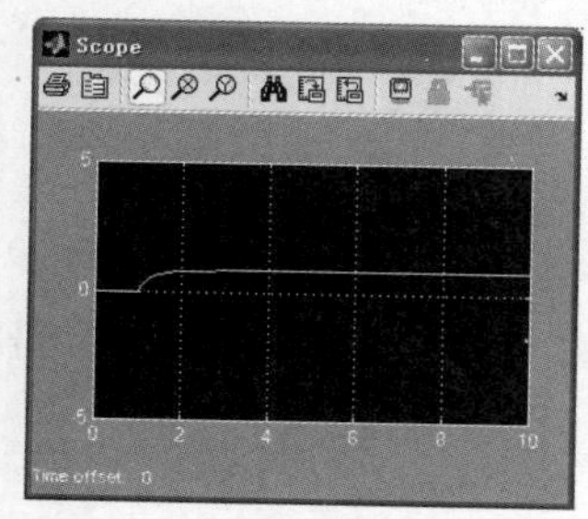

图 19-4　仿真结果（1）

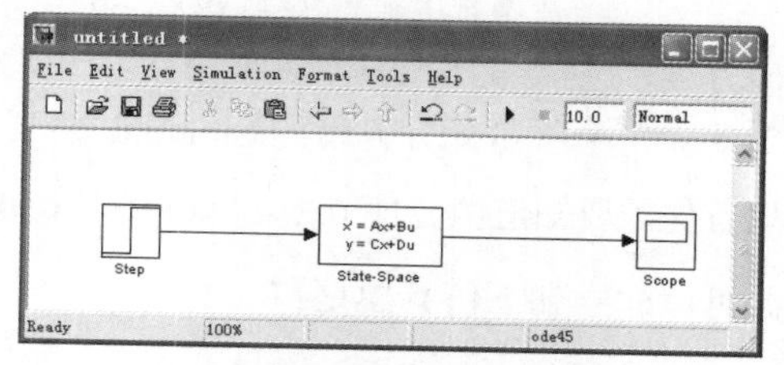

图 19-5　连接后的效果

（2）连接模块并设置参数。

由状态空间模型可知，其系数矩阵为：

$$A=\begin{bmatrix}-8 & -16 & -6\\ 1 & 0 & 0\\ 0 & 1 & 0\end{bmatrix},\ B=\begin{bmatrix}1 & 0 & 0\end{bmatrix}^{\mathrm{T}},\ C=\begin{bmatrix}2 & 8 & 6\end{bmatrix},\ D=0$$

双击“State-Space”模块，弹出参数设置对话框，如图 19-6 所示。在这里需要设置状态空间模型的系数矩阵。

（3）设置仿真参数并运行仿真。

Simulink 仿真求解器取默认参数设置，单击工具栏中的 ▶ 按钮，运行仿真，仿真结果如图 19-7 所示。

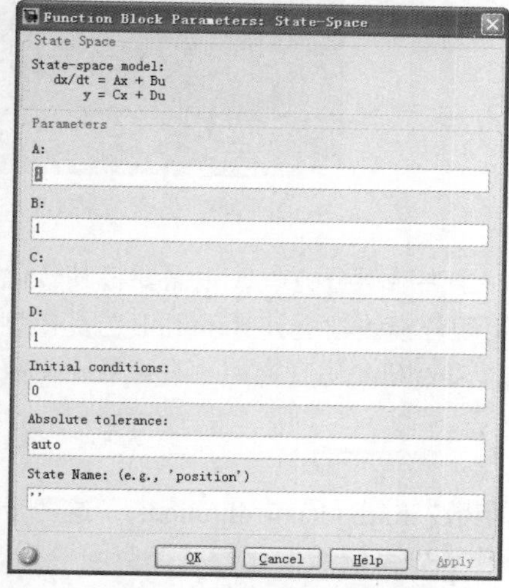

图 19-6　参数设置对话框

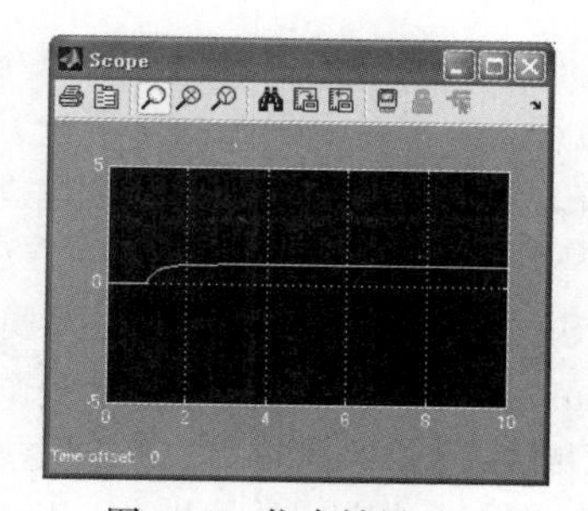

图 19-7　仿真结果（2）

3. 由微分方程建立系统模型

在实际应用中，用户可以将微分方程转化为传递函数模型或状态空间模型，然后利用前面介绍的两种方法建立系统模型。也可以直接由微分方程建立系统模型。下面通过一个实例说明建立系统模型的过程。

例 19.3 已知某系统数学模型是一个高阶微分方程，如下所示：

$$\dddot{y}+10\ddot{y}+20\dot{y}+24y=4u$$

且输出量 y 的各阶导数初值均为 0，试建立其 Simulink 仿真模型。

求解过程如下。

（1）将高阶微分方程转化为一组一阶微分方程。

设 $x_1=y$，$x_2=\dot{y}$，$x_3=\ddot{y}$，则得：

$$\dot{x}_1=\dot{y}=x_2 \qquad \dot{x}_2=\ddot{y}=x_3$$

$$\dot{x}_3=\dddot{y}=-10\ddot{y}-20\dot{y}-24y+4u=-10x_3-20x_2-24x_1+4u$$

输出方程：$y=x_1$。

（2）建立每个一阶微分方程的 Simulink 仿真模型。

这里首先需要知道微分环节 $x=\int\dot{x}\mathrm{d}t$ 的 Simulink 模型，如表 19-1 所示的输入信号积分模块所示。因此可以建立如下仿真模型：

$$x_1=\int\dot{x}_1\mathrm{d}t \quad x_2=\int\dot{x}_2\mathrm{d}t \quad x_3=\int\dot{x}_3\mathrm{d}t$$

（3）将以上各微分单元连接起来就构成了整个系统的 Simulink 仿真模型，由微分方程建立系统结构如图 19-8 所示。

（4）设置 Simulink 仿真参数，Simulink 求解器取默认参数配置。运行仿真，输出响应曲线，仿真结果如图 19-9 所示。

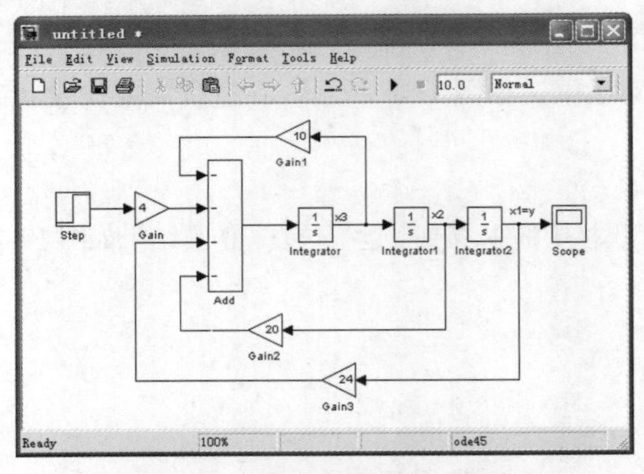

图 19-8 由微分方程建立系统结构

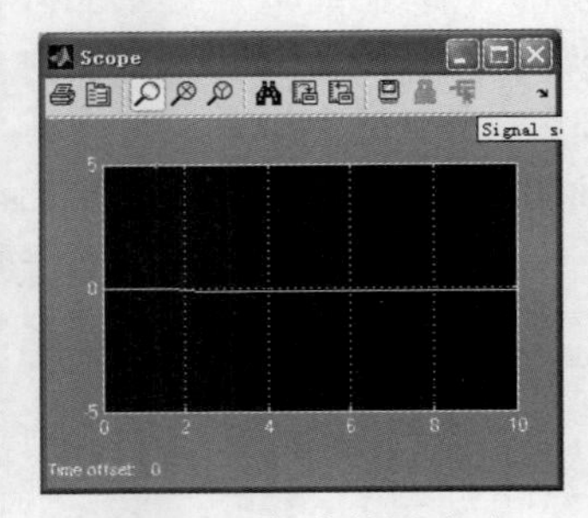

图 19-9 仿真结果（3）

从上面的例子可以看出，如果系统数学模型是一个高阶微分方程，则需要将其转化为一组一阶微分方程，这样对每一个一阶微分方程都可以利用积分模块建立其 Simulink 仿真模型，再利用每个微分方程之间的变量关系，就建立起整个系统的 Simulink 仿真模型。不管系统的数学模型简单与否，建立 Simulink 仿真模型的方法都是这样。

4. Simulink 中模型与状态空间模型的转化

Simulink 提供了以状态空间形式线性化模型的函数：linmod()和 dlinmod()，这两个函数需要提供模型线性化时的操作点，它们返回的是围绕操作点处系统线性化的状态空间模型。linmod()执行的是连续系统模型的线性化，linmod2()也是获取线性模型，采用高级的方法，而 dlinmod()

执行的是离散系统模型的线性化。

linmod()函数返回的是由 Simulink 模型建立的常微分方程系统的线性模型，调用格式如下。

```
[A,B,C,D]=linmod('sys',x,u)
```

这里，sys 是需要进行线性化的 Simulink 模型的系统的名称，linmod()函数返回的就是 sys 系统在操作点处的线性模型。$\boldsymbol{x}$ 是操作点处的状态向量；$\boldsymbol{u}$ 是操作点处的输入向量，如果删除 $\boldsymbol{x}$ 和 $\boldsymbol{u}$，默认值为 0。

需要注意的是，linmod()函数如果要线性化包含微分或传输滞后模块的模型会比较麻烦，在线性化之前，需要用一些专用模块替换包含微分或传输滞后的模块，以避免产生问题。

专用模块在 Simulink Extras 库下的 Linearization 子库中。

- 对于 Derivative 模块，用 Linearization 子库中的 Switched derivative for linearization 模块替换，
- 对于 Transport Delay 模块，用 Switched transport delay for linearization 模块替换，这些模块要求系统安装了控制系统工具箱 Control System Toolbox)。
- 当模型中有 Derivative 模块时，也可以试试把导数模块与其他模块合并起来，如将一个 Derivative 模块与一个 Transfer Fcn 模块串联，最好用单个一个 Transfer Fcn 模块实现。

19.1.2　非线性系统建模

系统如果不能应用叠加原理，则系统是非线性的。在建立控制系统的微分方程时，常常会遇到非线性微分方程。由于解非线性微分方程比较困难，因此提出了非线性特性的线性化问题。如果我们能够进行某种近似处理，或者缩小一些研究问题的范围，那么大部分非线性特性都可以近似地作为线性特性来处理，这会给控制系统研究工作带来诸多的方便。虽然这种方法是近似处理的方法，但在一定范围内能够反映系统的特性，在工程实践中有很大的实际意义。

在实际应用中，如果系统的运行是围绕平衡点进行的，并且系统中的信号是围绕平衡点变化的小信号，那么可以用线性系统去“近似”非线性系统。这种线性系统在有限的工作范围内等效于原来的非线性系统。在应用中，这种线性化系统（线性定常模型）是很重要的。

线性化过程用数学方法来处理就是将一个非线性函数 $y=f(x)$，在其工作点 (x_0,y_0) 处展开成泰勒级数，然后忽略其二次以上的高阶项得到线性化方程，并以此代替原来的非线性函数。因为忽略了泰勒级数展开中的高阶项，所以这些被忽略的项必须更小，即变量只能对工作状态有微小的偏离。

对于具有一个自变量的非线性函数，设输入量为 $x(t)$，输出量为 $y(t)$，系统正常工作点为 $y_0=f(x_0)$，那么在 $y_0=f(x_0)$ 附近展开成泰勒级数为：

$$y=f(x_0)+\left(\frac{\mathrm{d}f(x)}{\mathrm{d}x}\right)_{x=x_0}(x-x_0)+\frac{1}{2!}\left(\frac{\mathrm{d}^2f(x)}{\mathrm{d}x^2}\right)_{x=x_0}(x-x_0)^2+\dots$$

如果变量的变化很小，则可以忽略二次以上的项，可以写成：

$$y=f(x_0)+\left(\frac{\mathrm{d}f(x)}{\mathrm{d}x}\right)_{x=x_0}(x-x_0)$$

或

$$y=y_0+k(x-x_0)$$

对于多输入量函数的线性化，下面以两个输入变量的函数 $y=f(x_1,x_2)$ 在工作点 $x_1=x_{10}$ 和 $x_2=x_{20}$ 处的线性化为例进行介绍。

方程 $y=f(x_1,x_2)$ 在工作点附近展开成泰勒级数如下：

$$y = f(x_{10}, x_{20}) + \left[\left(\frac{\partial f}{\partial x_1}\right)(x_1 - x_{10}) + \left(\frac{\partial f}{\partial x_2}\right)(x_2 - x_{20})\right]$$

$$+\frac{1}{2!}\left[\left(\frac{\partial^2 f}{\partial x_1^2}\right)(x_1 - x_{10})^2 + 2\left(\frac{\partial^2 f}{\partial x_1 \partial x_2}\right)(x_1 - x_{10})(x_2 - x_{20}) + \left(\frac{\partial^2 f}{\partial x_2^2}\right)(x_2 - x_{20})^2\right] + \cdots$$

在工作点附近，高阶项可以忽略不计，于是上式可以写成如下形式：

$$y = f(x_{10}, x_{20}) + \left(\frac{\mathrm{d}f}{\mathrm{d}x_1}\right)_{x_1 = x_{10}}(x_1 - x_{10}) + \left(\frac{\mathrm{d}f}{\mathrm{d}x_2}\right)_{x_2 = x_{20}}(x_2 - x_{20})$$

或

$$y = y_0 + k_1(x_1 - x_{10}) + k_2(x_2 - x_{20})$$

上述线性化方法只有在工作点附近才是正确的。当工作点的变换范围很大时，线性化方程就不适合了，这时必须使用非线性方程。应当特别注意，在分析和设计中采用的具体数学模型只是在一定的工作条件下才能精确表示实际系统的动态特性，在其他工作条件下它可能是不精确的。

19.2 子系统

当模型变得越来越大、越来越复杂时，用户很难读懂以前所创建的模型。在这种情况下，通过子系统可以将大的模型分割成几个小的模型系统以使整个模型变得更加简洁、可读性更强。而且这种操作也不复杂。创建子系统有以下优点：

- 减少模型窗口中模块的个数，使得模型窗口更加整洁；
- 把一些功能相关的模块集成在一起，还可以实现复用；
- 通过子系统可以实现模型图标的层次化，这样用户既可以采用自上而下的设计方法，也可以采用自下而上的设计方法。

Simulink 提供的子系统功能可以大大地增强 Simulink 系统模型框图的可读性。所谓的子系统可以理解为一种容器，此容器能够将一种相关的模块封装到一个单独的模块中，并且与原来的系统模块组的功能一致。

子系统的创建有如下两种方法。

- 通过子系统模块来创建子系统：先向模型中添加 Subsystem 模块，然后打开该模块并向其中添加模块。
- 组合已存在的模块创建子系统：首先框选带封装的区域，即在模型编辑器背景中单击鼠标左键并拖动鼠标，选中需要放置到子系统中的模块与信号，然后选择“Edit”菜单下的“Create Subsystem”，即可创建子系统。

19.2.1 通用子系统创建的常见方法

下面通过两个例子来介绍通用子系统创建的两种方法。

例 19.4 组合已存在的模块创建子系统。

具体步骤如下：

- 创建子系统中的模块，如图 19-10 所示；
- 选中要创建成子系统的模块，如图 19-11 所示；
- 选择“Edit”菜单下的“Create Subsystem”，创建的子系统运行结果如图 19-12 所示。
- 运行仿真并保存。

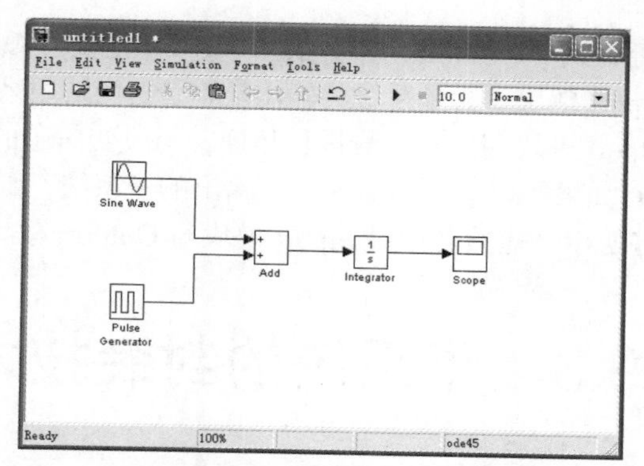

图 19-10 创建子系统中的模块

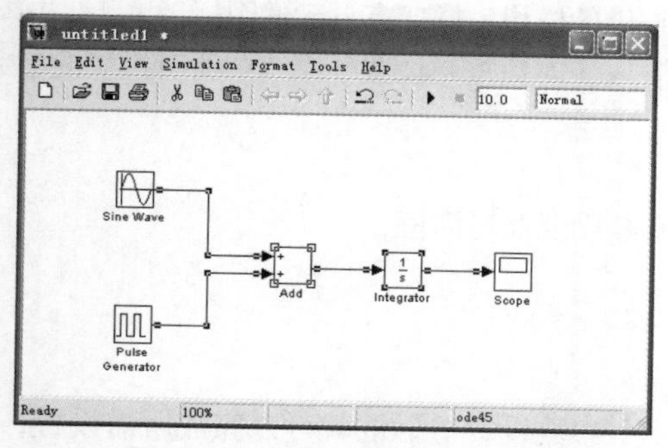

图 19-11 选择子系统中的模块

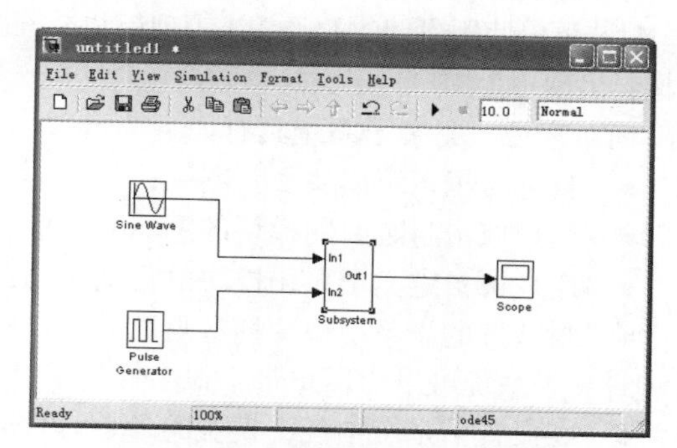

图 19-12 创建的子系统运行结果

例 19.5 通过 Subsystem 模块来创建子系统。

具体步骤如下：

- 从 Ports&Subsystem 子库中复制 Subsystem 模块到自己的模型中，创建模型如图 19-13 所示；
- 双击 Subsystem 模块图标打开图 19-14 所示的 Subsystem 模块编辑窗口；
- 在新的空白窗口创建子系统，然后保存；
- 运行仿真并保存。

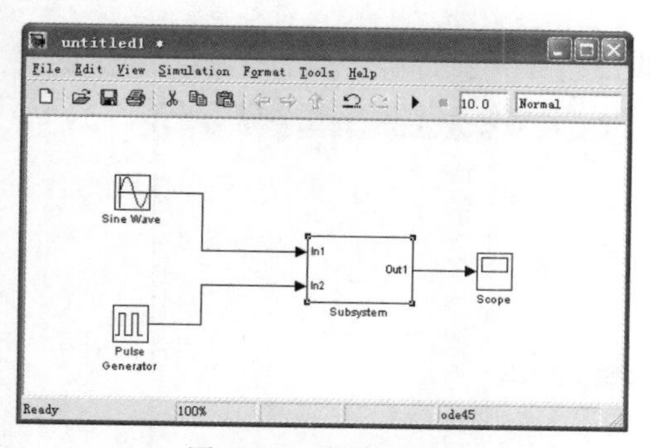

图 19-13 创建模型

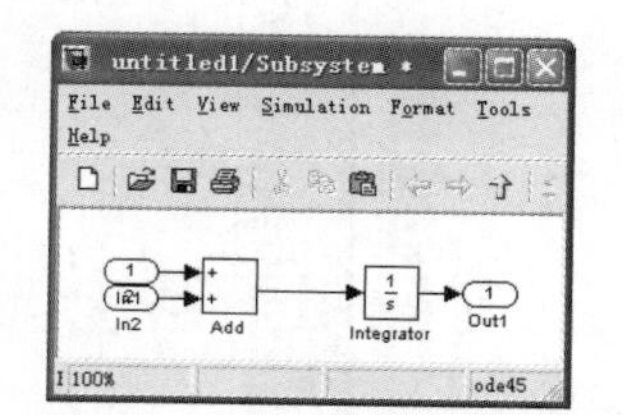

图 19-14 Subsystem 模块编辑窗口

19.2.2 子系统的基本操作

在创建子系统之后，用户可以对子系统进行各种与系统模块相类似的操作，如子系统的命名、子系统视图的修改、子系统的显示颜色等，这时子系统相当于具有一定功能的系统模块。当然子系统也有其特有的操作，如子系统的显示（双击子系统模块即可打开子系统）、子系统的封装等。

在系统模型中创建子系统时，Simulink 会自动生成 Inport 模块与 Outport 模块。Inport 模块作为子系统的输入端口，Outport 模块作为子系统的输出端口，它们被用来完成子系统和主系统之间的通信。Inport 模块和 Outport 模块用来对信号进行传递，不改变信号的任何属性，另外，信号标签可以越过它们进行传递。如果需要创建多输入、多输出的子系统，则需要使用多个 Inport 模块与 Outport 模块，而且最好使用合适的名称对 Inport 模块与 Outport 模块进行命名。

19.3 子系统的封装技术

子系统可以使模型更简洁，但是在设置模型中各模块的参数时仍然很烦琐，此时可以使用封装技术。封装可以使用户创建的子系统表现得与 Simulink 提供的模块一样拥有自己的图标，并且双击模块图标会出现一个用户自定义的参数设置对话框，实现在一个对话框中设置子系统中所有模块的参数。

简单来说，封装子系统具有如下特点：

- 自定义子系统模块及其图标；
- 用户双击封装好的模块的图标时显示子系统参数设置对话框；
- 用户可自定义子系统模块的帮助文档；
- 封装好的子系统模块拥有自己的工作区。

封装子系统可以为用户带来很多好处，具体如下：

- 在设置子系统中各个模块的参数时只通过一个参数设置对话框就可以完成所需设置；
- 能够为子系统创建一个可以反映子系统功能的图标；
- 可以避免用户在无意中修改子系统中模块的参数。

19.3.1 子系统封装的方法

用户可以按照如下的步骤来封装一个子系统。

（1）选择需要封装的子系统；

（2）选择“Edit”菜单下的“Edit Mask”，这时会弹出图 19-15 所示的封装编辑器，通过它进行各种设置；

（3）单击“Apply”或“OK”按钮保存设置。

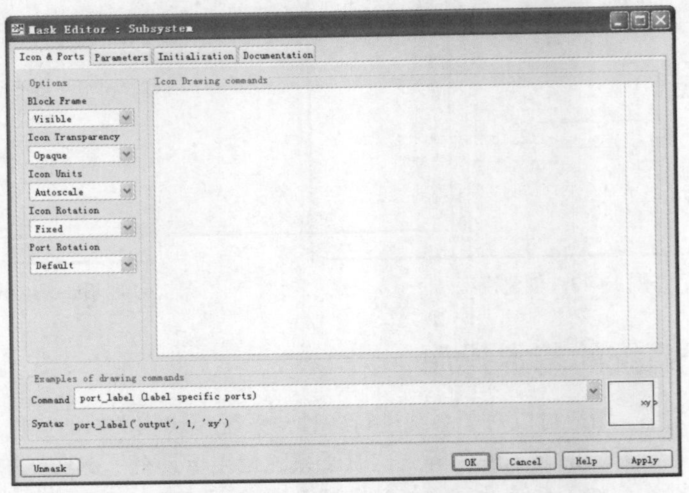

图 19-15 封装编辑器

下面将通过一个简单的例子来介绍如何对子系统进行封装。

例 19.6　创建图 19-16 所示的含有一个子系统的模型，并设置子系统中 Gain 模块的 Gain 参数为变量 *k*；选中模型中的 Subsystem 子系统，选择“Edit”菜单下的“Edit Mask”打开封装编辑器，如图 19-15 所示；进行封装设置。

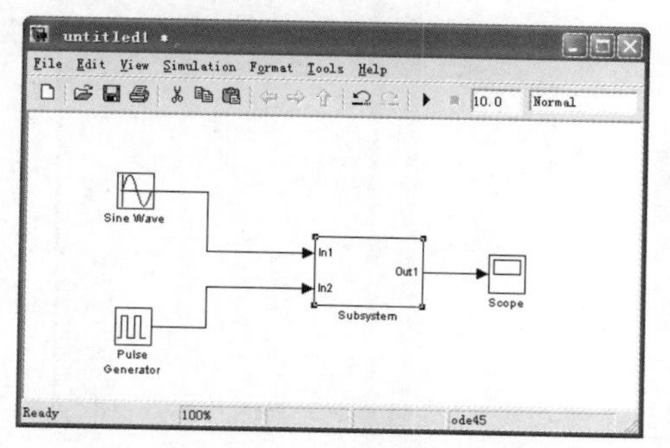

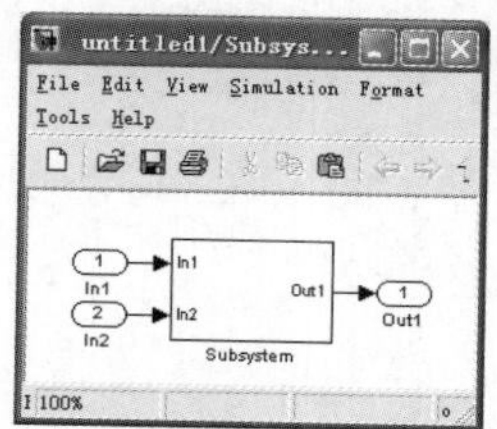

图 19-16　封装子系统示例

按照图 19-17 所示设置“Icon”。“Icon”允许用户定义封装子系统的图标，其中各项设置的含义如下。

- “Options”选项组：定义图标的边框是否可见（Block Frame），系统在图标中自动生成的端口标签等是否可见（Icon Transparency）等。
- “Drawing commands”选项组：用 MATLAB 命令来定义如何绘制模型的图标，这里的绘制命令可以调用“Initialization”选项卡中定义的变量。
- “Examples of drawing commands”选项组：向用户解释如何使用各种绘制图标的命令和右下角给出的相应示例图标来书写自己的图标绘制命令。

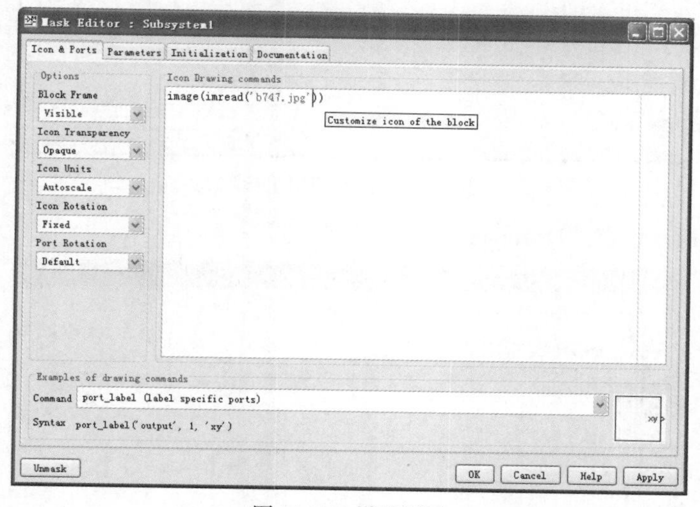

图 19-17　设置图标

按照图 19-18 所示设置“Parameters”选项卡。

按照图 19-19 所示设置“Initialization”选项卡。

“Initialization”选项卡允许用户定义封装子系统的初始化命令。初始化命令可以使用任何有效的 MATLAB 表达式、函数、运算符及在“Parameters”选项卡定义的变量，但是初始化命令不能访问 MATLAB 工作空间的变量。在每一条命令后用“;”作为结束可以避免模型运行时在 MATLAB 命令行窗口显示运行结果。一般在此定义附加变量、初始化变量或绘制图标等。

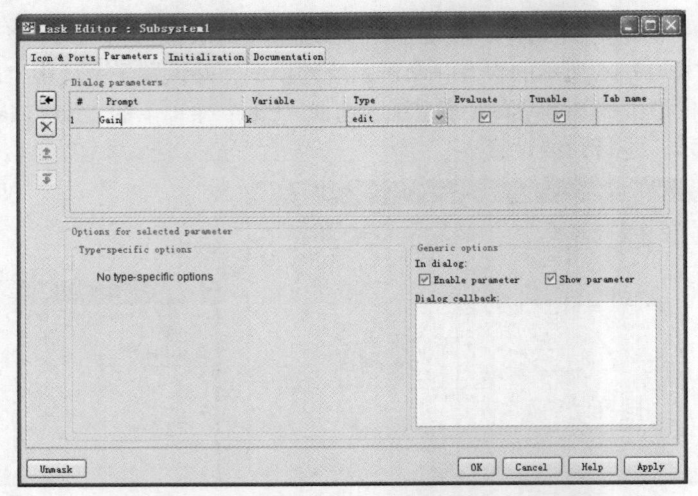

图 19-18　设置参数

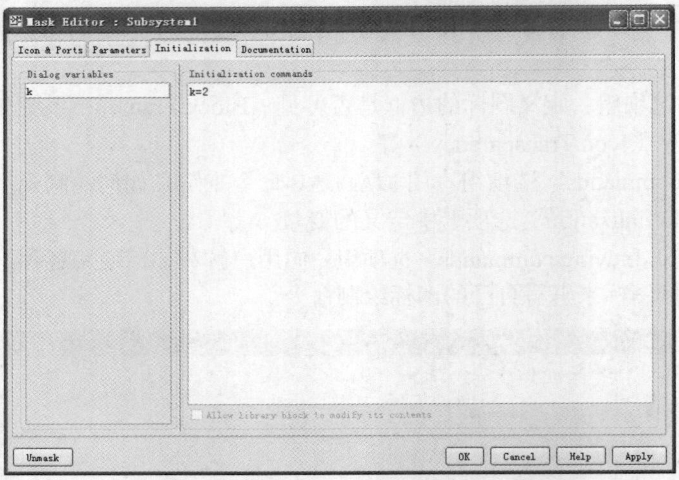

图 19-19　设置初始化参数

按照图 19-20 所示设置“Documentation”选项卡。

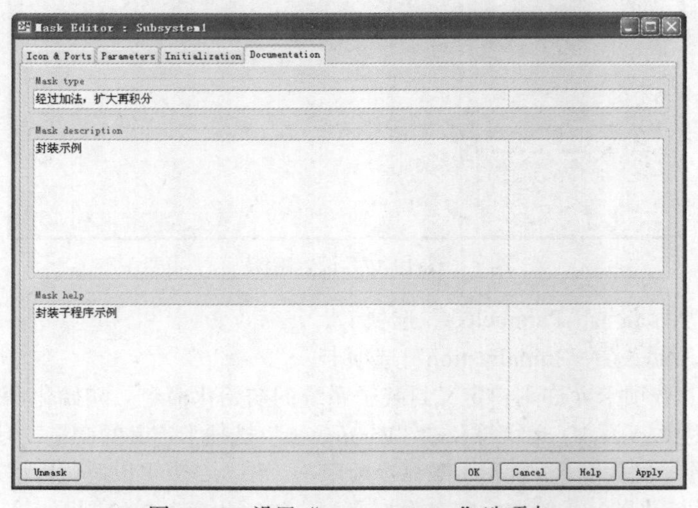

图 19-20　设置“Documentation”选项卡

“Documentation”选项卡允许用户定义封装子系统的封装类型、模块描述及模块帮助信息。

单击“Apply”或“OK”按钮。双击模型中的 Subsystem 子系统，弹出图 19-21 所示的封装子系统参数设置对话框。封装子系统参数设置对话框中的变量不可以在 MATLAB 工作空间赋值，这与非封装子系统不同。封装子系统有一个独立于 MATLAB 工作空间的内部存储空间。

接着运行仿真。

双击模型中的 Scope 模块，模型仿真结果如图 19-22 所示。读者也可以试着改变图 19-21 中 Gain 参数的值，然后观察输出是否有所变化。

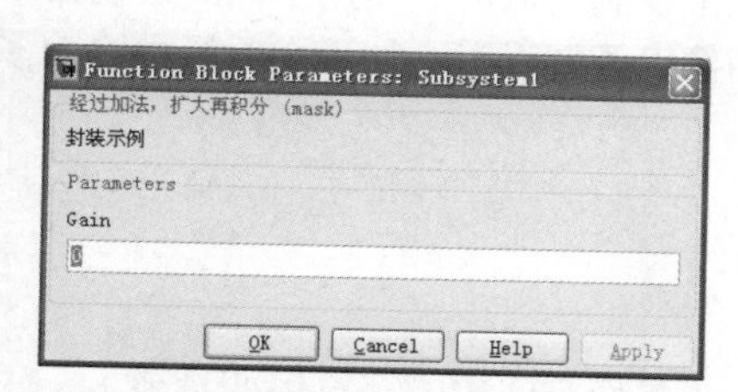

图 19-21 封装子系统参数设置对话框

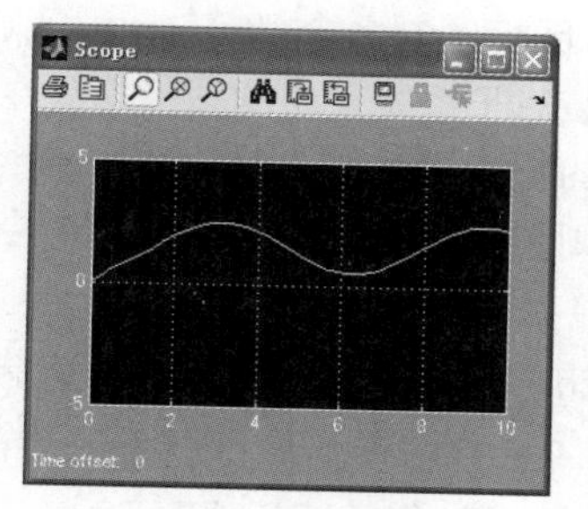

图 19-22 模型仿真结果

19.3.2 设置封装编辑器的图标编辑选项卡

当选择“Mask Subsystem”菜单命令进行子系统封装时，将会出现图 19-15 所示的封装编辑器并显示图标编辑选项卡。

使用此编辑器可以对封装后的子系统进行各种编辑。这里首先介绍图标编辑对话框的功能与使用方法。

在默认情况下，封装子系统不使用图标。但友好的子系统图标可使子系统的功能一目了然。为了增强封装子系统的界面友好性，用户可以自定义子系统模块的图标。只需在图标编辑对话框中的子系统模块图标绘制命令栏（Drawing Commands）中使用 MATLAB 中相应的命令便可绘制模块图标，并可设置不同的参数控制图标界面的显示。

1. 图标显示界面控制参数

通过设置不同的参数可使模块图标具有不同的显示形式。控制参数共有 4 种。

（1）图标边框设置（Frame）。

功能：设置图标边框为可见（Visible）或不可见（Invisible）。如图 19-23 所示，其中左侧表示图标边框可见，右侧表示图标边框不可见。

（2）图标透明性设置（Transparency）。

功能：设置图标透明（Transparency）或不透明（Opaque）显示。如图 19-24 所示，其中左侧表示图标不透明，右侧表示图标透明（此时在图标后面的内容如模块端口标签可以被显示出来）。

（3）图标旋转设置（Rotation）。

功能：设置图标为固定（Fixed）或旋转（Rotates）显示。如图 19-25 所示，其中左侧表示图标不可旋转，右侧表示图标可以旋转（图标随模块的旋转而旋转）。

（4）图标绘制坐标系设置（Units）。

功能：设置图标绘制命令所使用的坐标系单位，仅对 `plot` 与 `text` 命令有效。其选项分别为自动缩放（`Autoscale`）、像素（`Pixels`），以及归一化表示（`Normalized`）。其中 `Autoscale` 表示图标自动适合模块大小，与其成比例缩放；`Pixels` 表示图标绘制以采样像素作为单位，`Normalized` 表示以模块的大小为单位长度，绘制命令中的左边值不能超过单位值 1。

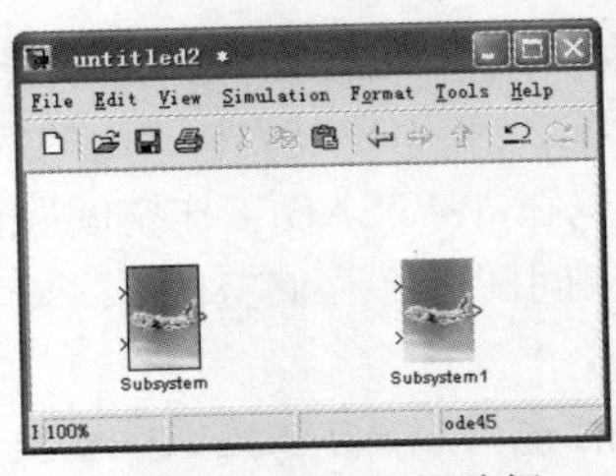

图 19-23　图标边框编辑

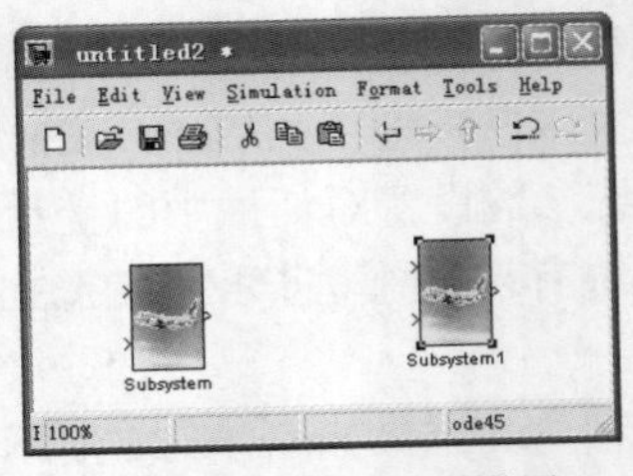

图 19-24　图标透明设置

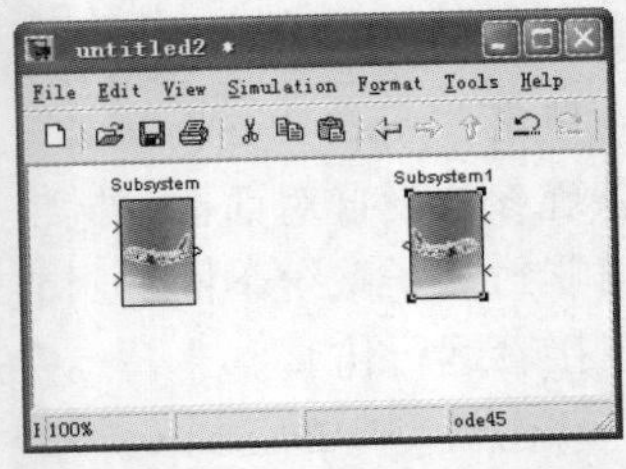

图 19-25　图标旋转设置

2. 图标绘制命令栏（Drawing Commands）

封装后子系统模块的图标均是在图标绘制命令栏中绘制完成的。使用不同的绘制命令可以生产不同的图标，如描述性的文本、系统状态方程、图像以及图形等。如果在此栏中输入多个绘制命令，则图标的显示会按照绘制命令顺序显示。

（1）图标为描述性文本。

使用如下的绘制命令可以在模块图标上显示文本。

- disp('text')：text 表示图标文本。
- disp(variablename)：variablename 为工作空间中的字符串变量名。
- Text(x,y,'text')：text 为已存在的图标文本。
- text(x,y,stringvariablename)：stringvariablename 为已存在的字符串变量名。
- text(x,y,text,'horizontalAlignment',halign,'verticalAlignment',valign)：halign 与 valign 分别表示文本水平与垂直对齐方式，其取值不赘述。
- fprintf('format',variablename)：format 表示文本的格式。

（2）图标为系统状态方程。

使用 dpoly 命令设置封装后子系统模块的图标为系统传递函数，或采用 droots 命令设置为系统零极点传递函数，其调用格式如下。

- dpoly(num,den)。
- dpoly(num,den,'character')。
- Droots(z,p,k)。

其中 num、den 分别为分子与分母多项式，'character'（如 s 或 z）为系统频率变量，z、p、k 分别为零点、极点与系统增益。需要注意的是，num、den、z、p、k 均为 MATLAB 工作空间中已经存在的变量，否则绘制命令的执行将出现错误。绘制封装后子系统的图标为系统传递函数。

（3）图标为图像或图形。

使用 plot 命令与 image 命令可以设置封装后子系统模块的图标为图形或图像。尽管一般的 MATLAB 命令不能在图标绘制命令栏中直接使用，但它们的返回值可以作为图标绘制命令的参数。绘制封装后子系统模块的图标为图形或图像。

至于在图标中绘制图像与图形的其他细节，这里不赘述，有一点需要注意，在图标中绘制图像时，图像必须为 BMP 格式（否则需要使用图像处理工具箱中的 ind2rgb()函数进行转换）。此外，所有的绘制命令都可以使用在子系统对话框中输入的参数。

19.3.3　设置封装编辑器的参数初始化选项卡

子系统封装最主要的目的之一便是提供一个友好的参数设置界面。一般的用户无须了解系统内部实现，只需提供正确的模块参数，以使用特定模块的特定功能，从而完成系统设计与仿真分析的任务。如果只是绘制了模块的图标，则模块并没有被真正封装，因为在双击模块时仍显示模块内部的内容，并且始终直接使用来自 MATLAB 工作空间中的参数。只有使用子系统封装编辑器中所提供的参数初始化对话框进行子系统参数输入设置，才可以完成子系统模块的真正封装，从而使用户设计出与 Simulink 内置模块一样直观的参数设置界面。

在没有对子系统进行封装之前，子系统中的模块可以直接使用 MATLAB 工作空间中的变量。通常的子系统均可以被看作图形化的 MATLAB 脚本，也就是说，子系统只是将一些命令（由模块实现）以图形化的方式组合到一起。而一旦子系统被封装之后，其内部的参数对系统模型中的其他系统不可见，而且只能使用参数设置对话框输入，也就是说，封装后的子系统拥有独立的工作空间，这是封装最主要的特点之一。这样用户可以在一个模型中有同样模块的若干实例，它们拥有同样的变量名定义，但其取值各不相同。下面对通常的子系统与封装后的子系统进行简单的比较。

通常的子系统可以视为 MATLAB 脚本文件，其特点是子系统没有输入参数，可以直接使用 MATLAB 工作空间中的变量。

封装后的子系统可以视为 MATLAB 的函数，其特点是封装后的子系统提供参数设置对话框输入参数，不能直接使用 MATLAB 工作空间中的变量，拥有独立的模块工作空间，包含的变量对其他子系统和模块不可见，可以在同一模型中使用同样的子系统而其取值可各不相同。

子系统模块的参数设置选项卡如图 19-26 所示。其中表明了各选项卡的功能。

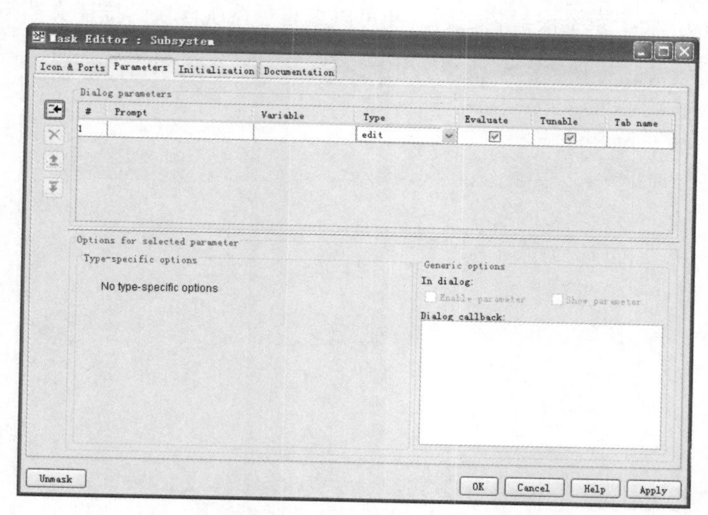

图 19-26 参数设置选项卡

下面对参数初始化选项卡的内容进行简单的介绍。

1. 参数设置控制

参数设置控制包括添加、删除、上移、下移，它们分别表示在即将生成的参数设置对话框中添加、删除、上移、下移模块需要的输入参数。

2. 参数描述（Prompt）

参数描述指的是对模块输入的参数进行简单的说明，其取值最好能够说明参数的意义或者作用。

3. 参数对应变量（Variable）

参数对应变量表示输入的参数值将传递给封装后的子系统工作空间中相应的变量，在此使用的变量必须与子系统中所使用的变量具有相同的名称。

4. 参数设置描述

参数设置描述包括参数控制类型（Type）、参数分配类型（Evaluate），其中控制类型包括 edit（需要用户输入参数值，适合多数情况）、checkbox（复选框，表示逻辑值）及 popup（弹出参数选项以供选择取值，弹出参数选项用 Popup strings 栏中由“|”隔开的字符串表示）。参数分配类

型表示在 Edit 栏中输入的表达式是作为求值字符串还是普通的文字字符串。

5. 初始化命令栏

初始化命令为一般的 MATLAB 命令，在初始化命令栏对话框可以定义封装后子系统工作空间中的各种变量，这些变量可以被封装子系统模块图标绘制命令、其他初始化命令或子系统中的模块使用。当出现下述情况时，Simulink 开始执行初始化命令。

- 模型文件被载入。
- 框图被更新或模块被旋转。
- 绘制封装子系统模块图标。

19.3.4 设置封装编辑器的文档编辑选项卡

Simulink 模块库中的内置模块均提供了简单的描述文档与详细的帮助文档，这可以方便用户使用与理解。对于用户自定义的模块（封装后的子系统），Simulink 提供的文档编辑功能同样可以使用户建立自定义模块的所有帮助文档。图 19-27 所示为封装编辑器中的文档编辑选项卡，使用文档编辑选项卡可以建立用户自定义模块的简单描述文档与模块的详细帮助文档（包括模块的所有信息，可以使用 HTML 格式编写）。当子系统被封装之后，便可以编写子系统模块的描述文档与帮助文档了。

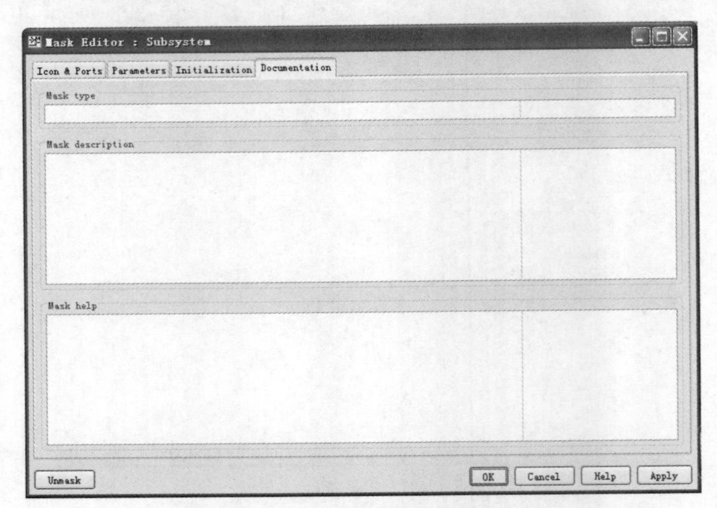

图 19-27 文档编辑选项卡

单击“Apply”或“OK”按钮后，双击封装后的模块，则其参数设置对话框中显示模块的描述文档。

编写一个好的文档对于系统的设计与开发往往是至关重要的，它便于用户对系统进行使用与维护。如果这时单击“Help”按钮，用户可以从 MATLAB 的帮助系统中获得模块的进一步说明信息与其他的所有相关信息。

19.4 条件执行子系统

在前面介绍的内容中，无论是使用 Subsystems 模块库中的 Subsystem 模块，还是直接对已有的模块生成子系统，子系统都可以被看作具有一定输入/输出的单个模块，其输出直接依赖于输入的信号，但是在有些情况下，只有满足一定的条件时子系统才被执行，也就是说子系统的执行依赖于其他的信号，这个信号称为控制信号，它从子系统单独的端口即控制端口输入。这样的字体称为条件执行子系统。在条件执行子系统中，子系统的输出不仅依赖于子系统本身的输入信号，而且还受到子系统控制信号的控制。

19.4.1　条件执行子系统概述

条件执行子系统的执行受到控制信号的控制，依据控制信号对条件执行子系统的控制方式的不同，可以将条件执行子系统划分为如下几种基本类型。

使能子系统：是指当控制信号的值为正时，子系统开始执行。

触发子系统：是指当控制信号的符号发生改变时（也就是控制信号出现过零事件时），子系统开始执行。触发子系统的触发执行有 3 种形式。

① 控制信号上升沿触发：控制信号具有上升沿形式。

② 控制信号下降沿触发：控制信号具有下降沿形式。

③ 控制信号的双边沿触发：控制信号在上升沿或下降沿时触发子系统。

函数调用子系统：这时条件执行子系统是在用户自定义的 S 函数中进行函数调用时开始执行。有关 S 函数的概念将在第 20 章中介绍。

19.4.2　条件执行子系统的建立

在进一步介绍条件执行子系统之前，首先介绍如何建立条件执行子系统，条件执行子系统建立方法如图 19-28 所示。其中需要使用 Subsystems 模块库中的使能子系统（Enabled Subsystem）模块、触发子系统（Triggered Subsystem）模块及使能触发子系统（Enabled and Triggered Subsystem）模块。

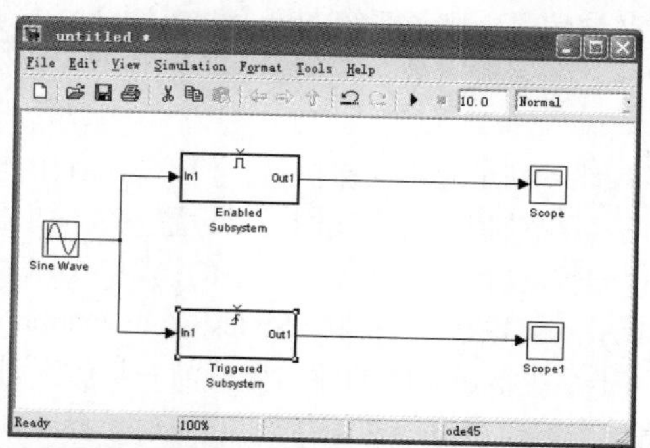

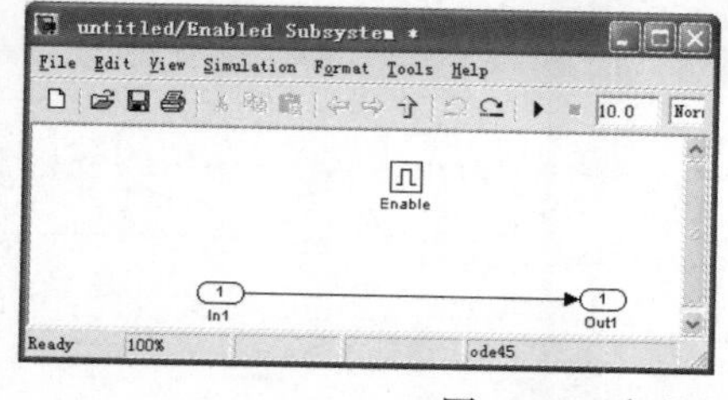

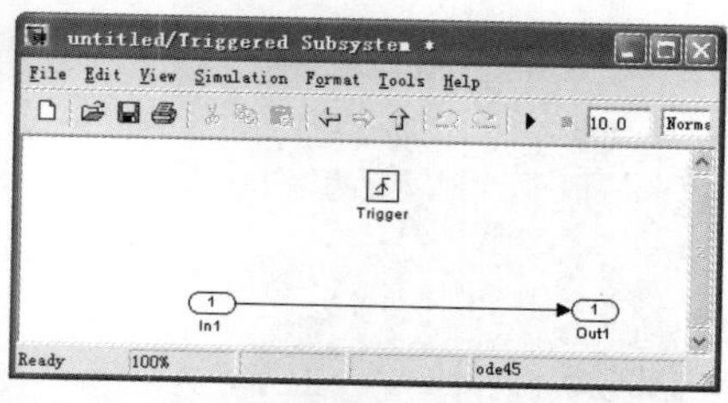

图 19-28　条件执行子系统建立方法

在建立条件执行子系统前需要注意以下内容。

对于 Simulink 的早期版本而言，不存在专门的 Subsystems 模块库。如果需要建立条件执行子系统，用户可以在给定的子系统中加入 Signals and Systems 模块库中的 Enable 使能信号与 Trigger 触发信号，以使子系统成为使能子系统、触发子系统或使能歀子系统。

Simulink 系统模型的最高层不允许使用 Enable 信号与 Trigger 信号，而仅允许在子系统中使用。所以在 Simulink 的后期版本中，Signals and Systems 模块库中不再包含 Enable 信号与 Trigger 信号，而只有在 Subsystems 模块库中的 Enabled Subsystem 模块、Triggered Subsystem 模块以及 Enabled and Triggered Subsystem 模块中才含有这两个信号。

对于实际的动态系统而言，其中某些子系统很可能受到多个控制信号的控制，因此在相应的系统模型建立时，应使用多个控制信号输入。用户在建立这样的条件执行子系统时，需要质疑的是，在一个系统模块中不允许有多个 Enable 信号或 Trigger 信号。如果需要多个控制信号相组合，用户可以使用逻辑运算符来实现。

条件执行子系统是一个应用非常广泛的子系统。其实在 Simulink 的 Subsystems 模块库中还存在着大量的其他类型的子系统。这些子系统均可以被看作某种形式的条件执行子系统，但是对它的控制并非用使能信号或触发信号就能实现。

19.5 使能子系统

使能子系统在仿真过程的每一步都将检查控制信号的符号，只有当控制信号为正时，该系统才能发挥作用。这里的控制信号可以是标量，也可以是矢量。如果是标量，则只要该标量的信号值大于 0，即正值时，该子系统被执行。如果是矢量，则只要其中有一个分量大于 0，就满足子系统执行的条件。

19.5.1 使能子系统的参数设置

假设控制输入是一个正弦波信号，则子系统的开启和关闭交替发生，正弦信号如图 19-29 所示。在横轴以上的信号发出时，子系统有效。在横轴以下的信号发出时，子系统无效。

这里有几个问题需要注意。

虽然使能子系统在外界条件不满足时不会被执行，但不是说它的输出就无效了，用户仍然需要为该系统指定输出。当该子系统被禁止时，我们可以设置它的输出保持前一步仿真时的值，也可以将它设置成初始状态值。设置过程是在使能子系统的模块对话框中完成的。双击使能模块的图标，系统将弹出图 19-30 所示的模块对话框，在“States when enabling”下拉列表框中指定“held”或“reset”。其中，held 表示子系统被禁止时的输出保持前一步仿真时的值，而 reset 表示子系统被禁止时的输出设置成初始状态值，这里的初始状态值是在 Initial output 中输入的。

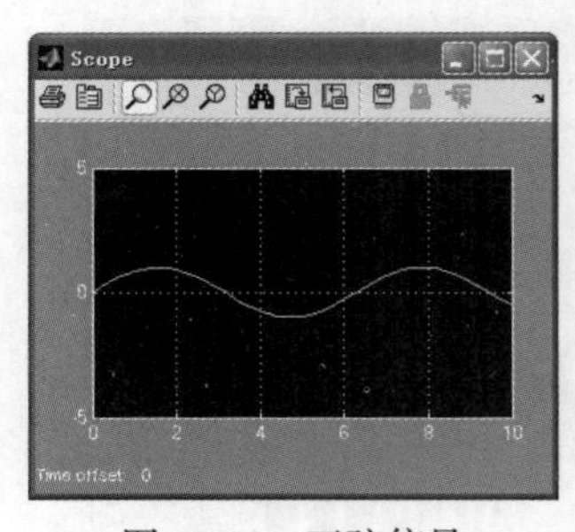

图 19-29 正弦信号

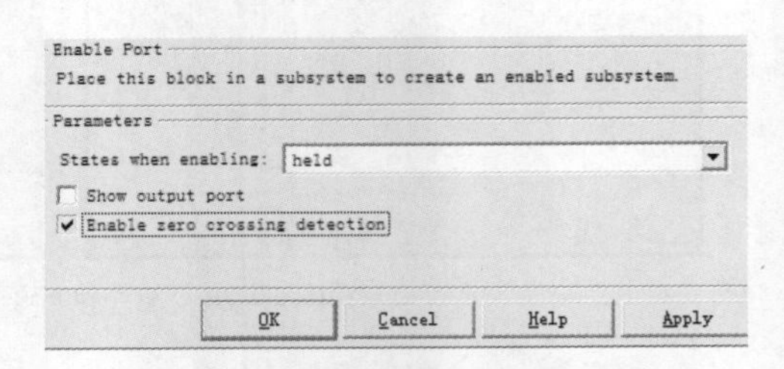

图 19-30 设定子系统执行时的状态

对于控制信号输出的问题，在使能子系统的模块对话框中有“Show output port”复选框，勾选它可使控制信号输入子系统内部，这在子系统内部需要控制信号的情况下非常有用。

在使能子系统内部，我们可以加入各种模块，并用信号线连接起来，这样就完成了使能子系统的创建。使能子系统既支持连续系统，也支持离散系统。

19.5.2　使能子系统的应用实例

按照上文所讲的方法建立图 19-31 所示的系统模型。在此模型中，存在由正弦信号驱动的使能子系统。当控制信号（系统模型中的正弦信号）为正时开始执行子系统。图 19-32 所示为使能子系统结构。

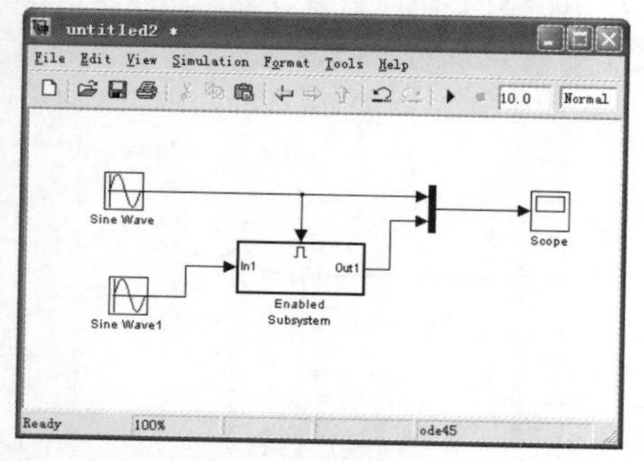

图 19-31　系统模型

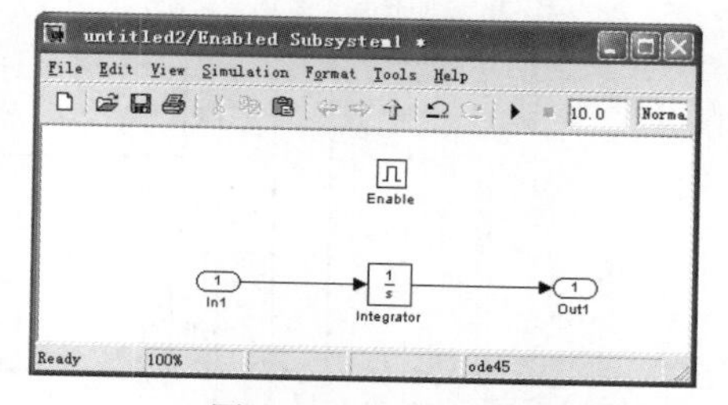

图 19-32　使能子系统结构

在此系统中输入为正弦信号，且各个参数采用默认的设置（单位幅值，单位频率的正弦信号）。

使能子系统的控制信号源使用的仍然是正弦信号（幅值为 2，单位频率的正弦信号）。

系统输出 Scope 模块参数设置，示波器参数设置如图 19-33 所示。

系统仿真参数设置：设置仿真时间范围为 0～20s。采用默认求解器设置，即连续变步长，具有过零检测能力的求解器。

系统仿真结果如图 19-34 所示。

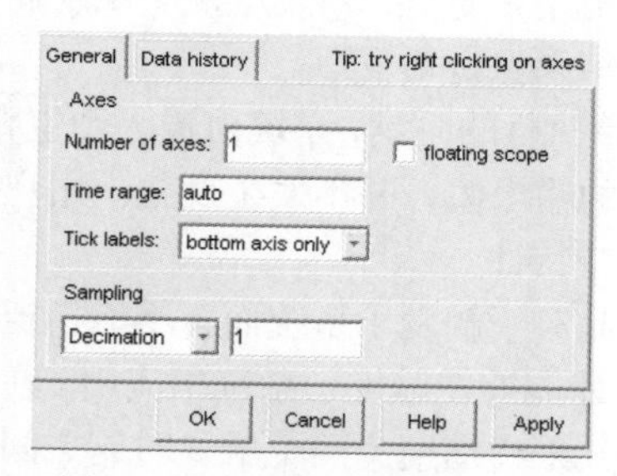

图 19-33　示波器参数设置

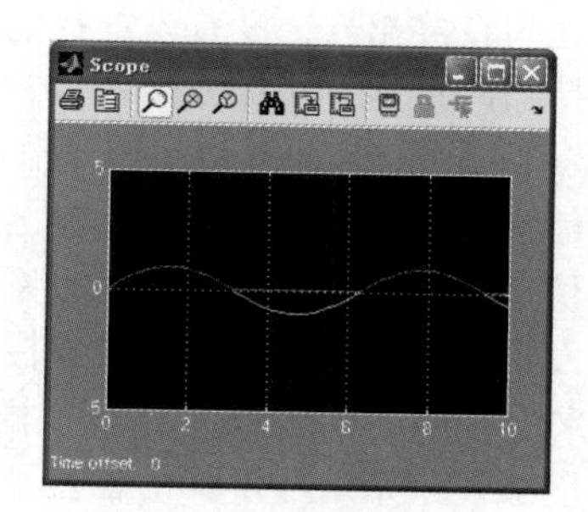

图 19-34　系统仿真结果

19.6　触发子系统

所谓的触发子系统是指只有在控制信号的符号发生改变的情况下（也就是控制信号出现过零事件时），子系统才开始执行。

19.6.1　触发子系统的种类

根据控制信号的符号改变的方式可以将触发子系统分为如下 3 种。

- 上升沿触发子系统。系统在控制信号出现上升沿时开始执行。
- 下降沿触发子系统。系统在控制信号出现下降沿时开始执行。

- 双边沿（上升沿或下降沿）触发子系统。系统在控制信号出现任何过零事件时开始执行。

19.6.2 触发子系统的应用实例

下面通过一个具体的实例来说明触发子系统的建立与参数设置问题。

例 19.7 建立图 19-35 所示的触发系统模型。在该模型中存在着 3 个使用不同触发方式的触发子系统，分别是上升沿触发子系统、下降沿触发子系统及双边沿触发子系统。

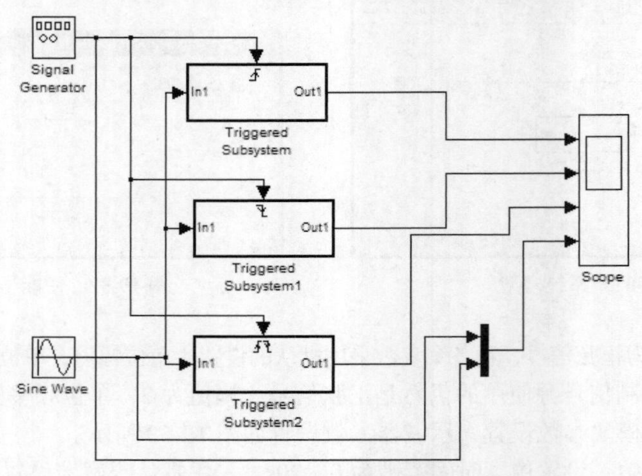

图 19-35 触发系统模型

为了突出触发控制信号的作用和触发子系统的特点，实例中的 3 种不同类型的触发子系统其输入与输出之间直接相连，没有设置其他的模块。需要注意的是，对于触发子系统而言，它们都具有零阶保持器的特性。所谓零阶保持，就是指输出结果保持不变。

对于触发子系统而言，系统在触发信号控制下开始执行的时刻，系统由输入产生相应的输出，当触发控制信号离开过零时，系统的输出保持在原来的输出值，并不发生变化。用户可以在后面给出的系统仿真结果中明显看出触发子系统的零阶保持特性。

由于触发子系统的执行依赖于触发控制信号，因此对于触发子系统而言不能指定常值采样时间（固定的采样时间），只有带有继承采样时间的模块才能够在触发子系统中应用。在这个系统之中对于上升沿触发子系统与下降沿触发子系统来说，其采样周期为两个触发时刻之间的时间间隔（触发控制方波信号的两个相邻上升沿或下降沿之间的间隔）。对双边沿触发子系统来说，其采样周期为触发控制方波信号的相邻的上升沿与下降沿之间的间隔。

下面将给出触发系统模型中各个系统模块的参数和参数设置，最后给出系统仿真结果并进行一定的分析。模块参数设置如下。

- 系统输入正弦信号，其模块参数除频率选择 6rad/sec 外，其余采用默认的参数。
- 系统触发控制信号为方波信号，使用 Sources 模块库中的 Signal Generator 模块生成方波信号，其参数设置为 Wave form 为 square，Amplitude 为 1，Frequency 为 1，Units 为 Hertz。参数设置如图 19-36 所示。
- 系统输出 Scope 模块。在 Scope 模块参数设置中，设置其坐标轴数目为 4，以使用 4 个示波器同时显示 4 组信号。具体方法是双击 Scope 模块，将显示图 19-37 所示的图形，单击按钮，将显示图 19-38 所示的示波器参数设置对话框。

触发子系统参数设置如图 19-39 所示。分别设置其触发方式为 rising、falling 及 either 即可。

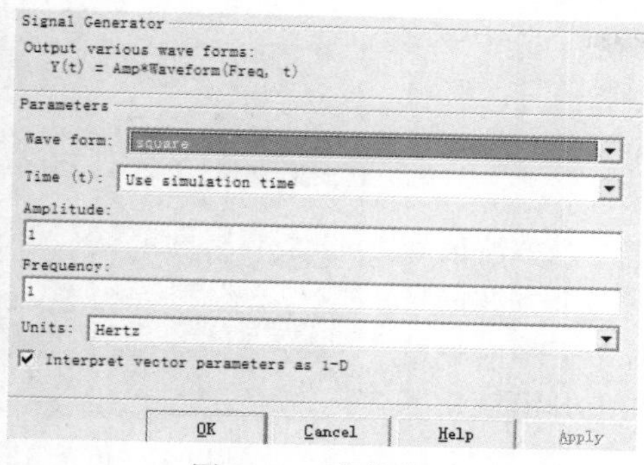

图 19-36　参数设置

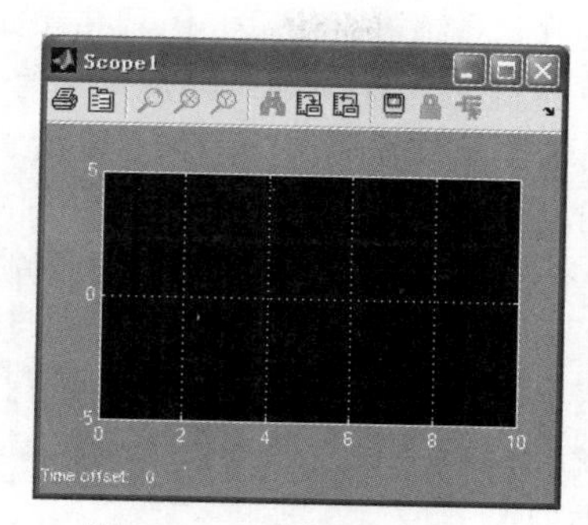

图 19-37　示波器显示界面

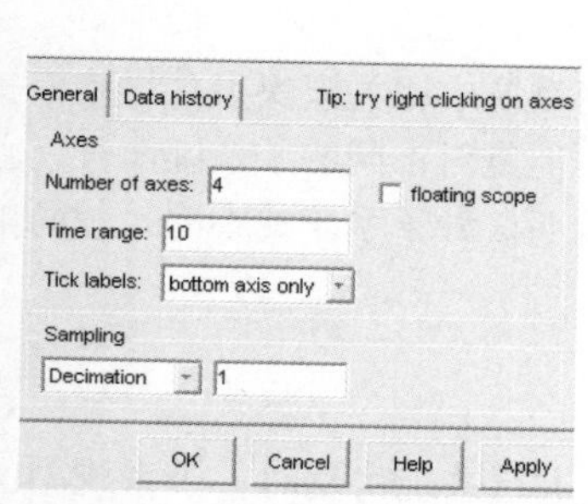

图 19-38　示波器参数设置对话框

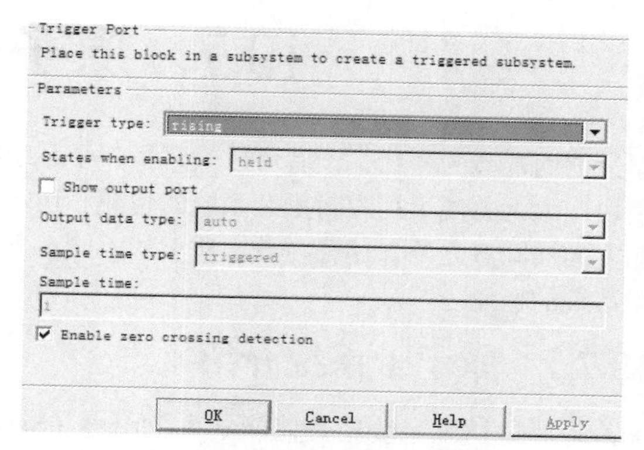

图 19-39　触发子系统参数设置

仿真参数设置对话框如图 19-40 所示，系统仿真参数设置如下。

- 仿真时间范围为 0.0～10.0s。
- 采用变步长连续求解器，最大步长为 0.01，以避免信号不连续。

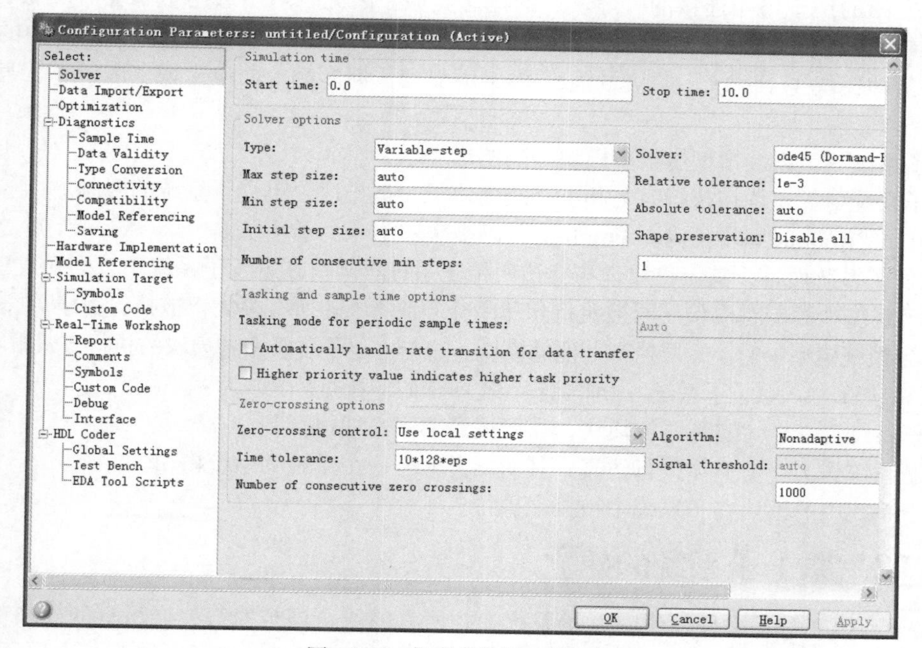

图 19-40　仿真参数设置对话框

运行此系统进行仿真，仿真结果如图 19-41 所示。其中第 4 个示波器输出为系统输入的正弦信号以及控制方波信号。第 1 个～第 3 个示波器输出分别为上升沿、下降沿及双边沿触发子系统的输出。

从仿真结果可以看出，对于上升沿触发子系统，当方波信号出现上升沿时，系统开始执行，并且其输出在下一个方波信号上升沿到来之前保持不变，即零阶保持特性。对于下降沿触发子系统和双边沿触发子系统而言，其工作方式与上升沿触发子系统类似。

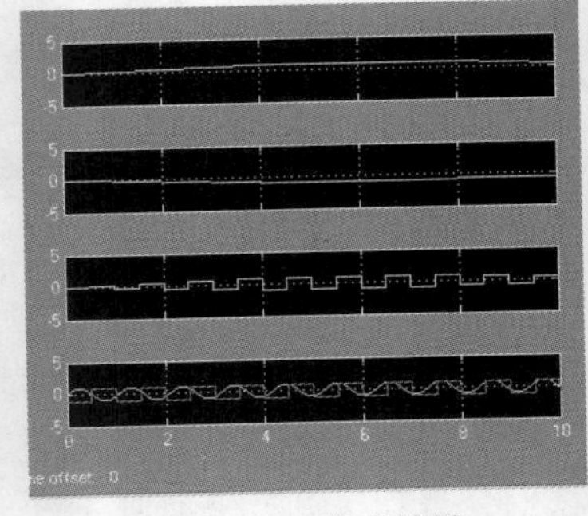

图 19-41　仿真结果

19.7　原子子系统

通过前面几节的介绍，读者可以发现虽然子系统都可以将系统中相关模块组合封装成一个单独的模块，大大方便了用户对复杂系统的建模、仿真及分析，但是对不同的子系统而言，它们除了有如上的共同点之外，还存在着本质上的不同。下面简单说明 3 种子系统的不同，并简单介绍原子子系统的概念。

19.7.1　原子子系统介绍

无论是对通用子系统还是使能子系统而言，Simulink 在进行系统仿真时，子系统中的各个模块的执行并不受子系统的限制。也就是说，系统的执行与通用子系统或使能子系统的存在与否无关。这两种子系统的使用均是为了使 Simulink 框图模型形成一种层次结构，以增强系统模型的可读性。子系统中的模块在执行过程中与上一级的系统模块统一被排序，模块的执行顺序与子系统本身无关，在一个仿真时间步长之内，系统的执行可以对称进出同一个子系统。这与在前面所介绍的用于信号连接的“虚块”的概念类似。因此，对于通用子系统与使能子系统这两种子系统，我们称其为“虚子系统”。子系统相当于一种虚设的模块组容器，其中的各模块与系统中其他模块（子系统）的信号输入/输出不受到任何影响。简单来说，虚子系统具有如下特点。

- 子系统只是系统模型中某些模块组的图形表示。
- 子系统中的模块在执行时与其上一级模块统一被排序，不受子系统的限制。
- 在一个仿真时间步长内，Simulink 可以多次进出一个子系统。

对触发子系统而言，其工作原理与上述两种子系统不同。在触发子系统中，当触发事件发生时，触发子系统中的所有模块一同被执行。只有当子系统中的所有模块都被执行完毕后，Simulink 才会转移到系统模型中的上一层执行其他的模块。这与上述子系统中各模块的执行方式根本不同。这样的子系统称为“原子子系统”。原子子系统具有如下特点。

- 子系统为一个“实际”的模块，需要按照顺序连续执行。
- 子系统作为一个整体进行仿真，其功能类似于一个单独的系统模块。
- 子系统中的模块在子系统中被排序执行。

19.7.2　原子子系统的建立

触发子系统在触发事件发生时，子系统中的所有模块一同被执行，当所有的模块都执行完毕后，Simulink 才开始执行上一级其他模块或其他子系统，因此触发子系统为一个原子子系统。

但是在有些情况下，需要将一个普通的子系统作为一个整体进行执行，而不管它是不是触发子系统。这对于多速率复杂系统尤为重要，因为在多速率复杂系统中，时序关系的任何差错都会导致整个系统设计仿真的失败，而且难以进行诊断分析，尤其是在要生成系统可执行代码时更为重要。

在 Simulink 中有两种方法可以建立原子子系统。

建立一个空的原子子系统。选择使用 Subsystems 模块库中的 Atomic Subsystem 子系统模块，然后编辑原子子系统。

将已经建立好的子系统强制转换为原子子系统。首先选择子系统，然后选择 Simulink 模型编辑器中“Edit”菜单下的“Block Parameters”，框选 Treat as Atomic Unit（作为原子子系统）即可，或单击鼠标右键，在弹出的快捷菜单中选择相同项即可。

建立原子子系统方法一如图 19-42 所示，建立原子子系统方法二如图 19-43 所示。

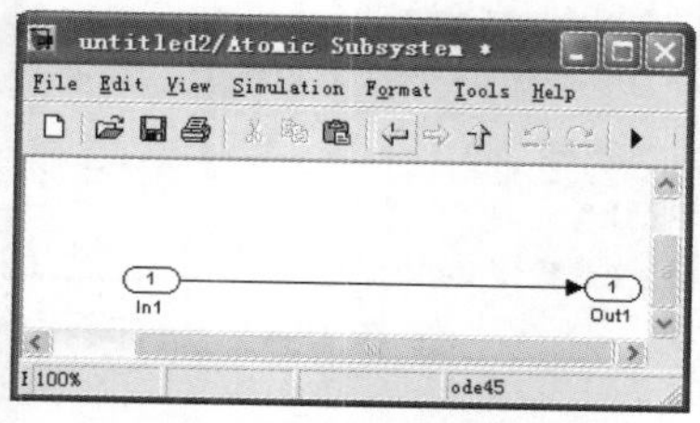

图 19-42　建立原子子系统方法一

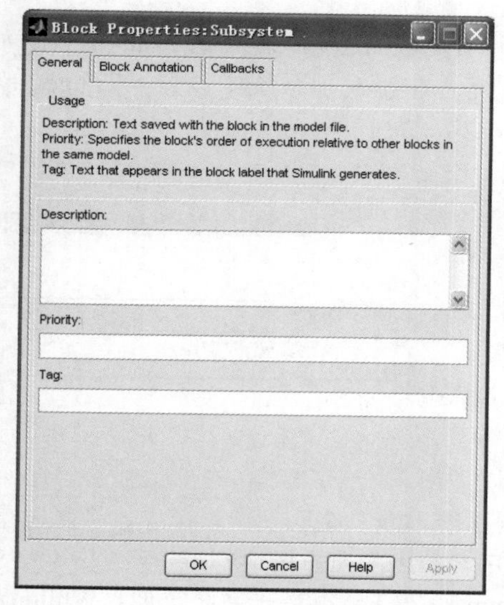

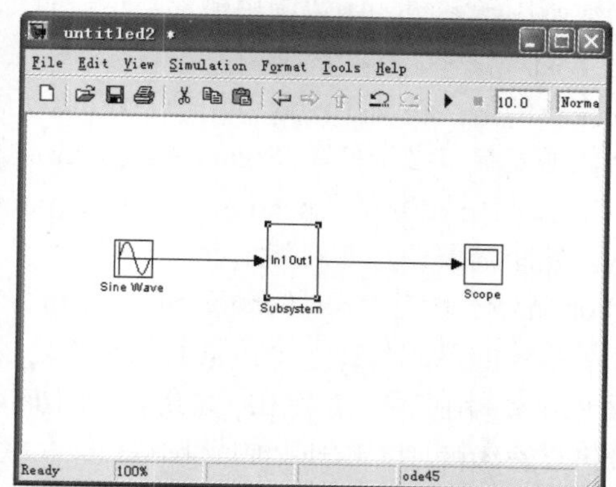

图 19-43　建立原子子系统方法二

19.8　其他子系统

在 Simulink 中的 Subsystems 模块库中除了前面所介绍的通用子系统、触发子系统、使能子系统以及原子子系统外，Simulink 还提供了许多其他的条件执行子系统。图 19-44 所示为 Subsystems 模块库中的所有子系统模块。在此对其进行简单的介绍。

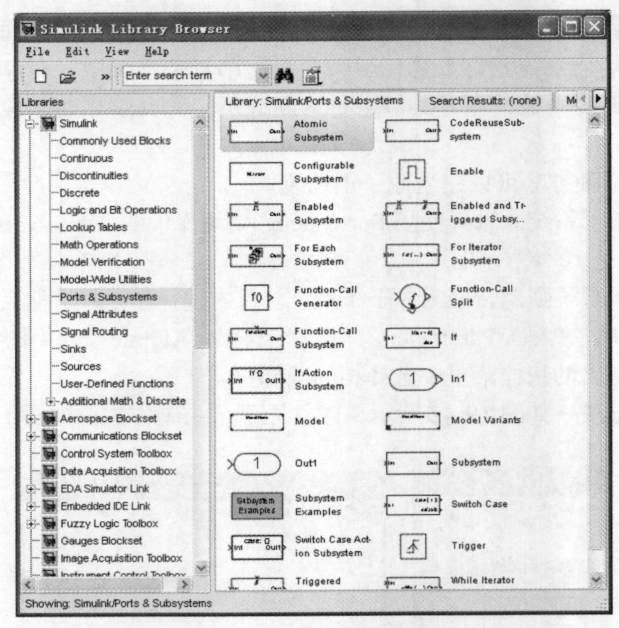

图 19-44 所有子系统模块

可配置子系统（Configurable Subsystem）：用来代表用户自定义库中的任意模块，只能在用户自定义库中使用。

函数调用子系统（Function-Call Subsystem）：使用 S 函数的逻辑状态而非普通的信号作为触发子系统的控制信号。函数调用子系统属于触发子系统，在触发子系统中设置“Trigger type”为“function-call”可以将由普通信号触发的触发子系统转换为函数调用子系统。函数调用触发类型设置如图 19-45 所示。

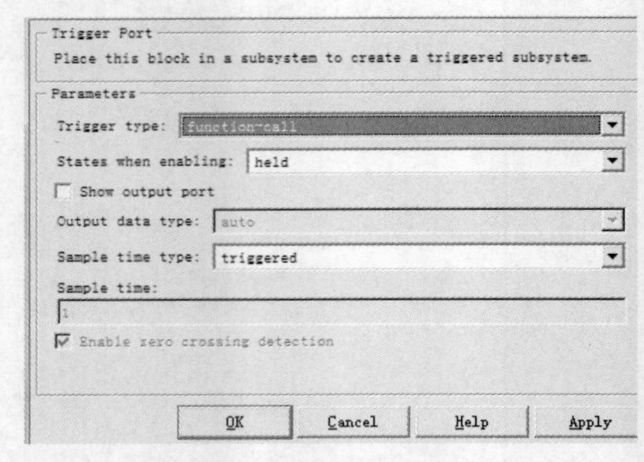

图 19-45 函数调用触发类型设置

需要注意的是，在使用函数调用子系统时，子系统的函数触发端口必须使用 Signals&Systems 模块库中的函数调用发生器 Function-Call Generator 作为输入。这里需要使用 S 函数。

- For 循环子系统（For Iterator Subsystem）：For 循环子系统的目的是在一个仿真时间步长之内循环执行子系统。用户可以指定在一个仿真时间步长内子系统执行的次数，以达到某种特殊的目的。
- While 循环子系统（While Iterator Subsystem）：与 For 循环子系统类似，While 循环子系统同样可以在一个仿真时间步长内循环执行子系统，但是其执行必须满足一定的条件。While 循环子系统有两种类型：当型与直到型，这与其他高级语言中的 While 循环类似。
- 选择执行子系统（Switch Case Action Subsystem）：在某些情况下，系统对于输入的不同取值分别执行不同的功能。所谓的选择执行子系统，与 C 语言中的 Switch Case 语句的功能类似。需要注意的是，选择执行子系统必须同时使用 Switch Case 模块与 Switch Case Action Subsystem 模块。
- 表达式执行子系统（If Action Subsystem）：为了与前面的条件执行子系统相区别，这里我们称其为表达式执行子系统。此子系统的执行依赖于逻辑表达式的取值，这与 C 语言中的 If Else

语句类似。需要注意的是，表达式执行子系统必须同时使用 If 模块与 If Action Subsystem 模块。

这里仅仅对 Simulink 中的子系统模块库中的其他子系统模块的功能进行了简单的说明，并未涉及使用的方法。如果读者对此感兴趣，可以参考 Subsystems 模块库中的 Subsystem Examples 子系统示例。

19.9　本章小结

Simulink 在创建系统模型的过程中常常采用“分层”的设计思想。用户在动态系统的建模过程中，可以根据需要将模型中部分比较复杂，或者共同完成某一功能的基本模块（也可能是低一层次的子系统）封装起来，并采用一个简单的图形来替代表示。这样可使整个模型结构清晰、显示简单，让用户将主要精力放在系统的信号分析上。这种设计思想实际上也是面向对象设计思想的一种体现。

依照封装后系统的不同特点，Simulink 具有一般子系统、封装子系统及条件执行子系统等不同类型的子系统，本章分别对各种子系统的基本特点和创建过程及子系统的封装依次进行了详细的介绍。

第20章 S函数和仿真系统建模

S 函数，即系统函数，在很多情况下都是非常有用的，它是扩展 Simulink 功能的强有力工具。它使用户可以利用 MATLAB、C、C++以及 Fortran 等语言的程序创建自定义的 Simulink 模块。如对一个工程的几个不同的控制系统进行设计，而此时已经用 M 文件建立了一个动态模型，在这种情况下，可以将模型加入 S 函数，然后使用独立的 Simulink 模型来模拟这些控制系统。这样先前的努力就不会白费，而且模型还可以方便地重复使用。利用 S 函数还可以提高仿真的效率。

20.1 S 函数概述

S 函数使用一种特殊的调用规则来使得用户可以与 Simulink 的内部求解器进行交互，这种交互和 Simulink 内部求解器与内置的模块之间的交互非常相似，而且可以适用于不同性质的系统，如连续系统、离散系统以及混合系统。这里先介绍一下 S 函数的基础概念、S 函数的使用步骤及 S 函数相关概念。

20.1.1 S 函数的基础概念

S 函数是系统函数（system function）的简称，是指采用非图形化的方式（计算机语言，区别于 Simulink 的系统模块）描述的一个功能块。用户可以采用 MATLAB、C、C++、Fortran 或 Ada 等语言编写 S 函数。S 函数由一种特定的语法构成，用来描述并实现连续系统、离散系统以及混合系统等动态系统。S 函数能够接收来自 Simulink 求解器的相关信息，并对求解器发出的命令做出适当的响应，这种交互作用非常类似于 Simulink 系统模块与求解器的交互作用。

S 函数作为与其他语言相结合的接口，可以使用这个语言所提供的强大功能。如使用 MATLAB 语言编写的 S 函数可以充分利用 MATLAB 所提供的丰富资源，方便地调用各种工具箱函数和图形函数；使用 C 语言编写的 S 函数则可以实现对操作系统的访问，如实现与其他进程的通信和同步等。

简单来说，用户可以从如下几点来理解 S 函数。

（1）S 函数为 Simulink 的“系统”函数。

（2）能够响应 Simulink 求解器命令的函数。

（3）采用非图形化的方法实现一个动态系统。

（4）可以开发新的 Simulink 模块。

（5）可以与已有的代码相结合进行仿真。

（6）采用文本方式输入复杂的系统方程。

（7）能扩展 Simulink 的功能。M 文件 S 函数可以扩展图形能力，C 语言 MEX 文件 S 函数可以提供与操作系统的接口。

（8）S 函数的语法结构是为实现一个动态系统而设计的（默认用法），其他 S 函数的用法是默认用法的特例（如用于显示目的）。

20.1.2　S 函数的使用步骤

前面简单介绍了 S 函数的基本概念，在动态系统设计、仿真及分析中，用户可以使用 Functions & Tables 模块库中的 S-Function 模块来使用 S 函数。S-Function 模块是一个单输入、单输出的系统模块，如果有多个输入与多个输出信号，可以使用 Mux 模块与 Demux 模块对信号进行组合和分离操作。

一般而言，S 函数的使用步骤如下。

（1）创建 S 函数源文件。创建 S 函数源文件有多种方法，当然用户可以按照 S 函数的语法格式自行书写每一行代码，但是这样做容易出错且麻烦。Simulink 为我们提供了很多 S 函数模板和例子，用户根据自己的需要修改相应的模板或例子即可。

（2）在动态系统的 Simulink 模型框图中添加 S-Function 模块，并进行正确的设置。

（3）在 Simulink 模型框图中按照定义好的功能连接输入/输出端口。

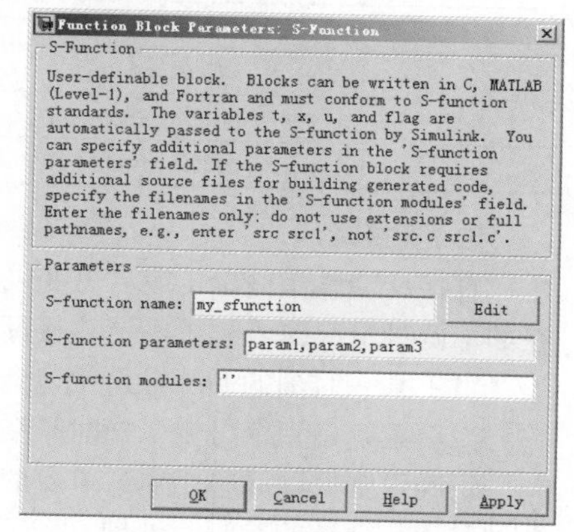

图 20-1　S 函数块对话框

例 20.1　使用 S 函数实现系统：$y=2u$。

解：

（1）打开模板 M 文件 S 函数模板文件 sfuntmpl.m，在\MATLABroot\work 目录下将其另存为 doublesfunction.m。

（2）找到函数 mdlInitializeSizes()，修改以下代码。

```
sizes.NumOutputs = 1;
sizes.NumInputs = 1;
```

（3）找到函数 mdlOutputs()，加入以下代码：`s=2*u`。

到现在为止我们的第一个 S 函数写完了。下面演示一下它的作用。

（4）在 Simulink 空白页中添加 S-Function 模块，打开 S-Function 模块对话框，将参数 S-function name 设置为 doublesfunction。按照图 20-2 所示添加、连接好其余的各个模块。

（5）开始仿真，在 Scope 中观察输出结果，可以看到输入正弦信号被放大为原来的 2 倍，如图 20-3 所示。

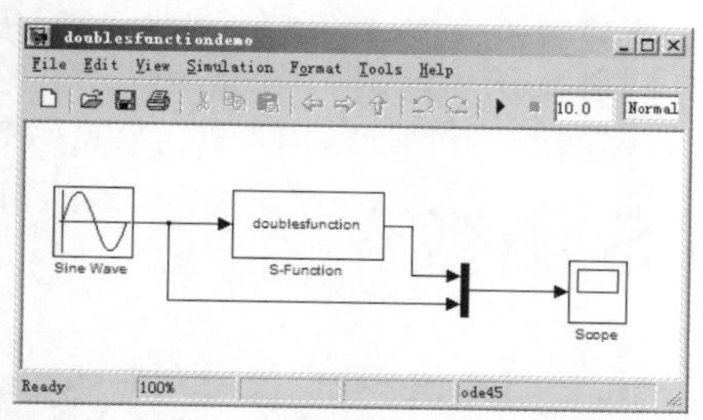

图 20-2　用 S 函数实现的简单系统模块连接

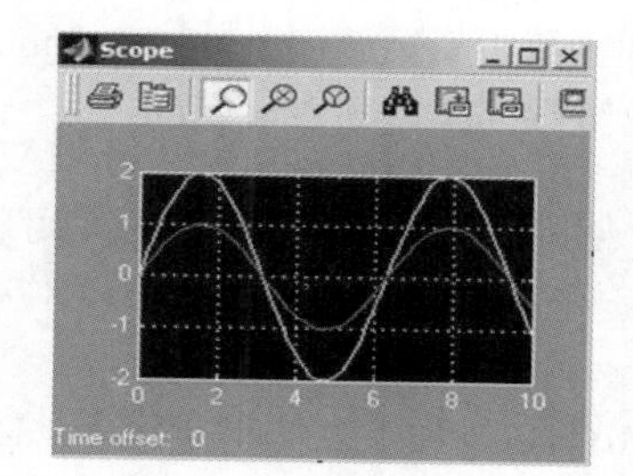

图 20-3　用 S 函数实现的简单系统仿真

20.1.3　S 函数相关概念

用户理解下列与 S 函数相关的一些基本术语对于理解 S 函数的概念与编写都是非常有益的，而且这些概念在其他的仿真语言中也是会经常遇到的。

1. 仿真例程

Simulink 在仿真的特定阶段调用对应的 S 函数功能模块（函数），来完成不同的任务，如初始化、计算输出、更新离散状态、计算导数、结束仿真等，这些功能模块被称为仿真例程或者回调函数。表 20-1 列出了 S 函数仿真例程和对应的仿真阶段。

表 20-1　S 函数仿真例程及其仿真阶段

S 函数仿真例程	仿真阶段
mdlInitialization	初始化
MdlGetTimeOfNextVarHit()	计算下一个采样点
mdlOutputs()	计算输出
mdlUpdate()	更新离散状态
mdlDerivatives()	计算导数
mdlTerminate()	结束仿真

2. 直接馈通

直接反馈就是输出（或者可变采样时间模块的可变采样时间）受输入信号的直接控制，当存在如下两种情况时，系统需要直接反馈。

（1）某一时刻的系统输出中包含某一时刻的系统输入。

（2）系统是一个可变采样时间系统（Variable Sample System）且采样时间计算与输入相关。

正确设置反馈标志是非常重要的，因为这不仅关系到系统模型中系统模块的执行顺序，还关系到对代数循环的检测与处理。

3. 采样时间和偏移量

在离散时间系统内采样时间 time、采样时间间隔 sample_time_value 及偏移量 offset_time 之间的关系如下。

```
time=(n×sample_time_value)+offset_time
```

式中，n 表示第 n 个采样点。

Simulink 在每一个采样点上调用 mdlOutputs()和 mdlUpdate()例程。系统采样时间还可以继承自驱动模块、目标模块或者系统最小采样时间，这种情况下采样时间值应该设置为-1 或 inherited_ sample_time。

4. 动态可变维数信号输入

S 函数支持动态可变维数信号的输入。S 函数输入变量的维数决定于驱动 S 函数模块的输入信号的维数。所以当仿真开始的时候，需要先估计 S 函数输入信号的维数。在 M 文件 S 函数中动态设置输入信号的维数时，应该把 sizes 数据结构的对应对象设置为-1 或 dynamiclly_sized。在 C 文件 S 函数中需要调用函数 ssSetInputPortWidth()来动态设置输入信号的维数。其他的如状态维数和输出维数同样是动态可变的。

20.2　编写 S 函数

MATLAB 为了方便用户使用，有一个 S 函数的模板，一般来说，我们仅需要在 sfuntmpl.m 的基础上进行修改即可。在主窗口打开模板即可出现模板函数的内容，可以详细地观察其帮助说明以便更好地了解 S 函数的工作原理。

20.2.1　S 函数工作流程

1. S 函数仿真流程

S 函数是 Simulink 的重要组成部分，它的仿真过程包含在 Simulink 仿真过程之中。如图 20-4 所示，S 函数的仿真流程也包括初始化阶段和运行阶段两个阶段。图 20-4 所示的每个功能模块都对应一个仿真例程或者回调函数。

在仿真的特定阶段，Simulink 反复调用模型中的每一个模块，以执行诸如计算输出、更新离散状态或者计算导数这样的任务。其他调用是在仿真的开始或结束时，以执行初始化任务和结束任务。

图 20-4 所示显示了 Simulink 执行仿真时的各个阶段的顺序。首先，Simulink 初始化模型包括初始化的每个模块，也包括 S 函数，然后进入仿真循环，其每个循环经过作为一个仿真步，在每个仿真步，Simulink 执行用户 S 函数模块，直到仿真结束。

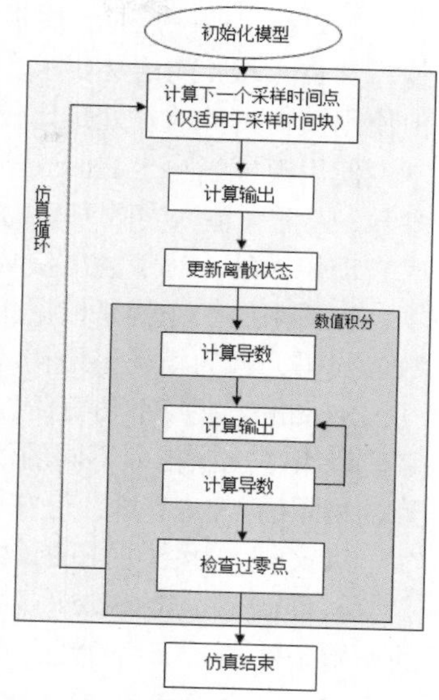

图 20-4　S 函数仿真流程

Simulink 在模型中反复地调用 S 函数程序，以执行每一个阶段的任务。这些任务主要包括以下内容。

（1）初始化：在第一仿真循环之前，Simulink 初始化 S 函数，此阶段 Simulink 执行以下工作。

- 初始化 SimStructure，SimStructure 是一个包含关于 S 函数信息的 Simulink 结构。
- 设置输入和输出端口的数量和大小。
- 设置模块采样时间。
- 分配存储空间并估计数组大小。

（2）计算下一个采样时间点：只有在使用可变步长求解器进行仿真时，才需要计算下一个采样时间点，即计算下一步的仿真步长。

（3）计算输出：计算所有输出端口的输出值。

（4）更新状态：此例程在每个步长处都要执行一次，可以在这个例程中添加每一个仿真步都需要更新的内容，如离散状态的更新。

（5）数值积分：用于连续状态的求解和非采样过零区间的模型。如果 S 函数存在连续状态，Simulink 就在 minor step time 内调用 mdlDerivatives()和 mdlOutputs()两个 S 函数例程。如果存在非采样过零点，Simulink 将调用 mdlOutputs()和 mdlZeroCrossings()例程以检测过零点。

（6）仿真结束：S 函数使用 mdlTerminate()例程来处理仿真结束时的工作。

从 S 函数的仿真流程可以看出，Simulink 在每个仿真阶段都会调用相应的例程。

2. M 文件 S 函数的工作流程

M 文件 S 函数的工作流程与刚刚介绍的 S 函数的仿真流程一样，它通过标志 `flag` 来调用例程函数，控制仿真流程。当 `flag=0` 时，程序初始化；当 `flag=1` 时，计算系统状态变量的导数；当 `flag=2` 时，更新离散状态；当 `flag=3` 时，计算系统的输出；当 `flag=4` 时，请求函数提供下一步的采样时间（这个例程在单采样速率系统中不被调用）；当 `flag=9` 时，处理仿真结束的工作。

20.2.2　S 函数模板的使用

S 函数是由一些仿真功能模块（例程）组成的。它可以是 M 文件，也可以是 MEX 文件。M 文件 S 函数结构明晰、易于理解、书写方便，且可以调用丰富的 MATLAB 函数，对于一般的应用，使用 M 文件编写 S 函数就足够了。

Simulink 为我们编写 S 函数提供了各种模板文件，模板文件里 S-Function 的结构十分简单，它只为不同的 `flag` 的值指定要相应调用的 M 文件子函数。如当 `flag=3` 时，即模块处于计算输出这个仿真阶段时，相应调用的子函数为 `sys=mdlOutputs(t,x,u)`。模板文件使用 `switch` 语句来完成这种指定，当然这种结构并不唯一，用户也可以使用 `if` 语句来完成同样的功能。而且在实际运用时，可以根据实际需要去掉某些值，因为并不是每个模块都需要经过所有的子函数调用。

需要指出的一点是，模板文件只是 Simulink 为方便用户使用而提供的一种参考格式，并不是编写 S-Function 的语法要求，用户完全可以改变子函数的名称，或者直接把代码写在主函数里，但使用模板文件的好处是比较方便，而且条理清晰。

使用模板编写 S-Function，用户只需把 S 函数名换成期望的函数名称，如果需要额外的输入参数，还需在输入参数列表的后面增加这些参数，因为前面的 4 个参数是 Simulink 调用 S-Function 时自动传入的。对于输出参数，最好不进行修改。主函数基本上就可以不用读者再进行别的修改了。接下来的工作就是根据所编 S-Function 要完成的任务，用相应的代码去替代模板里各个子函数的代码，因为模板里最初的代码“实际上什么也没有做”。

Simulink 在每个仿真阶段都会对 S-Function 进行调用，在调用时，Simulink 会根据所处的仿真阶段为 `flag` 传入不同的值，而且还会为 `sys` 这个返回参数指定不同的“角色”，也就是说尽管是相同的 `sys` 变量，但在不同的仿真阶段其意义却不相同，这种变化由 simulink 自动完成。

M 文件 S 函数可用的子函数说明如下。

- mdlInitializeSizes()：定义 S-Function 模块的基本特性，包括采样时间、连续或者离散状态的初始条件和 `sizes` 数组。
- mdlDerivatives()：计算连续状态变量的更新，状态变量由 `sys` 变量返回。
- mdlUpdate()：计算离散状态变量的更新。
- mdlOutputs()：计算 S-Function 的输出信号。
- mdlGetTimeOfNextVarHit()：计算下一个采样点的绝对时间，这个方法仅用于用户在 mdlInitializeSizes()里说明了一个可变的离散采样时间。
- mdlTerminate()：实现仿真任务结束，这一过程不返回任何变量。

概括地说，建立 S 函数可以被当成两个分离的任务。

（1）初始化模块特性包括输入/输出信号的宽度，离散连续状态的初始条件和采样时间。

（2）将算法放到合适的 S 函数方法中去。

20.2.3 S 函数程序代码

1. M 文件 S 函数模板

Simulink 为我们编写 S 函数提供了各种模板文件，其中定义了 S 函数完整的框架结构，用户可以根据自己的需要加以剪裁。编写 M 文件 S 函数时，推荐使用 S 函数模板文件 sfuntmpl.m。这个文件包含了一个完整的 M 文件 S 函数，它包含 1 个主函数和 6 个子函数。在主函数内程序根据标志变量 `flag`，由一个开关转移结构（Switch-Case）根据标志将执行流程转移到相应的子函数，即例程函数。`flag` 标志变量作为主函数的参数由系统（Simulink 引擎）调用时给出。了解这个模板文件的最好方式之一莫过于直接打开看看其代码。要打开模板文件，可在 MATLAB 命令行下输入如下代码。

```
>>edit sfuntmpl
```

主函数包含 4 个输出：`sys` 数组包含某个子函数返回的值，它的含义随着调用子函数的不同而不同；`x0` 为所有状态的初始化向量；`str` 是保留参数，总是一个空矩阵；*ts* 返回系统采样时间。函数的 4 个输入分别为采样时间 *t*，状态 *x*，输出 *u* 及仿真流程控制标志变量 `flag`，`sfuntmpl` 是 M 文件 S 函数的模板，用户编写自己的 S 函数时，应该把函数名 `sfuntmpl` 改为 S-Function 模块中对应的函数名。

```
function [sys,x0,str,ts] = sfuntmpl(t,x,u,flag)
%标志 flag 控制仿真流程
switch flag,
%初始化，调用“模块初始化”子函数
case 0,
[sys,x0,str,ts]=mdlInitializeSizes;
```

```
%连续状态变量计算器，调用“计算模块导数”子函数
case 1,
sys=mdlDerivatives(t,x,u);
%更新，调用“更新模块离散状态”子函数
case 2,
sys=mdlUpdate(t,x,u);
%输出，调用“计算模块输出”子函数
case 3,
sys=mdlOutputs(t,x,u);
%计算下一时刻采样点，调用“计算下一个采样时间点”子函数
case 4,
sys=mdlGetTimeOfNextVarHit(t,x,u);
%结束，调用“结束仿真”子函数
case 9,
sys=mdlTerminate(t,x,u);
%其他 flag 数值时的处理方法
otherwise
  error(['Unhandled flag = ',num2str(flag)]);
end
% 主函数结束
```

下面是各个子函数，即各个仿真例程。

（1）初始化例程子函数：提供状态、输入、输出、采样时间数目及初始状态的值。M 文件 S 函数必须有该子函数。初始化阶段，标志变量首先被置为 0，S 函数被第一次调用时，mdlInitializeSizes()子函数首先被调用。这个子函数应当为系统提供 S-Function 模块的下列信息。

- 连续状态数。
- 离散状态数。
- 输出量个数。
- 输入量个数。
- 是否存在直接馈通：这是一个布尔量，当输出值直接依赖于同一时刻的输入值时为 1，否则为 0。
- 采样时间的个数：每个系统至少有一个采样时间，这些信息是通过一个数据结构 sizes 来表示的，在该函数中用户还应该提供初始状态 x0、采样时间 **ts**。**ts** 是一个 $m\times 2$ 的矩阵，其中第 k 行包含了对应与第 k 个采样时间的采样周期值和偏移量。另外，在该子函数中 str 设置为空，即[ ]，str 是保留变量，暂时没有任何意义。

```
function [sys,x0,str,ts]=mdlInitializeSizes
sizes = simsizes;                  % 生成 sizes 数据结构
sizes.NumContStates= 0;            % 连续状态数，默认为 0
sizes.NumDiscStates = 0;           % 离散状态数，默认为 0
sizes.NumOutputs = 0;              % 输出量个数，默认为 0
sizes.NumInputs = 0;               % 输入量个数，默认为 0
sizes.DirFeedthrough = 1;          % 是否存在直接馈通。1 表示存在；0 表示不存在，默认为 1
sizes.NumSampleTimes = 1;          % 采样时间个数，至少是一个
sys = simsizes(sizes);             % 返回 sizes 数据结构所包含的信息
x0 = [ ];                          % 设置初始状态
str = [ ];                         % 保留变量置空
ts = [0 0];                        % 采样时间：[采样周期 偏移量]，采样周期为 0 表示是连续系统
```

（2）计算导数例程子函数：给定 t、x、u，计算连续状态的导数，用户应该在此给出系统的连续状态方程，该子函数可以不存在。

```
function sys=mdlDerivatives(t,x,u)
sys = [ ];                         % sys 表示状态导数，即 dx
```

（3）状态更新例程子函数：给定 t、x、u，计算离散状态的更新。每一步仿真必然调用该子函数，不论是否有意义。用户除了在此描述系统的离散状态方程外，还可以在子函数中输入其他每个仿真步长都需要执行的代码。

```
function sys=mdlUpdate(t,x,u)
sys = [ ];                          % sys 表示下一个离散状态，即 x(k+1)
```

（4）计算输出例程子函数：给定 t、x、u，计算输出。该子函数必须存在，用户可以在此描述系统的输出方程。

```
function sys=mdlOutputs(t,x,u)
sys = [ ];                          % sys 表示下输出，即 y
```

（5）计算下一个采样时间例程子函数，仅在系统是可变采样时间系统时调用。

```
function sys=mdlGetTimeOfNextVarHit(t,x,u)
sampleTime = 1;                  % 设置下一次的采样时间是 1s 以后
sys = t + sampleTime;            %  sys 表示下一个采样时间点
```

（6）仿真结束时要调用的例程子函数，在仿真结束时调用，用户可以在此完成结束仿真所需的结束工作。

```
function sys=mdlTerminate(t,x,u)
sys = [ ];
```

下面通过连续系统、离散系统及混合系统等，讲述使用 M 文件 S 函数实现这些系统的方法。

2. 连续系统的 S 函数描述

用 S 函数实现一个连续系统时，首先 mdlInitializeSizes()子函数应当进行适当的修改，包括确定连续状态的个数、状态初始值及采样时间设置。另外，还需要编写 mdlDerivatives()子函数，将状态的导数向量通过 sys 变量返回。如果系统状态不止一个，可以通过索引 x(1)、x(2)得到各个状态。当然，对于多个状态，就会有多个导数与之对应。在这种情况下，sys 为一个向量，其中包含了所有连续状态的导数。与前文所述一样，修改后的 mdlOutputs()中应包含系统的输出方程。下面使用 S 函数实现一个简单的连续系统模块——积分器。

例 20.2　用 M 文件 S 函数实现一个积分器。

解：下面修改 S 函数模板文件。

（1）修改 S 函数模板文件的第一行，代码如下。

```
function [sys,x0,str,ts] = sfun_int(t,x,u,flag,initial_state)
```

（2）初始状态应当传递给 mdlInitializeSizes()，代码如下。

```
case 0,
[sys,x0,str,ts]=mdlInitializeSizes(initial_state);
```

（3）设置初始化参数，代码如下。

```
function [sys,x0,str,ts]=mdlInitializeSizes(initial_state)
sizes= simsizes;
sizes.NumContStates= 1;
sizes.NumDiscStates= 0;
sizes.NumOutputs= 1;
sizes.NumInputs= 1;
sizes.DirFeedthrough= 0;
sizes.NumSampleTimes= 1;                 % 采样时间个数，至少是一个
sys=simsizes(sizes);
x0=initial_state;                           % 初始化状态变量
```

（4）书写状态方程，代码如下。

```
function sys=mdlDerivatives(t,x,u)
sys=u;
```

（5）添加输出方程，代码如下。

```
function sys=mdlOutputs(t,x,u)
sys=x;
```

建立连续系统 Simulink 模型框架，如图 20-5 所示，保存为 sfun_int.mdl，同时将 sfun_int.m S 函数文件也保存在与 sfun_int.mdl 相同的目录下，并将该目录设置为 MATLAB 当前工作目录。

Sine Wave 模块采用默认设置，S-Function 模块在其参数设置的“S-function name”文本框中设置为“sfun_int”，如图 20-6 所示。

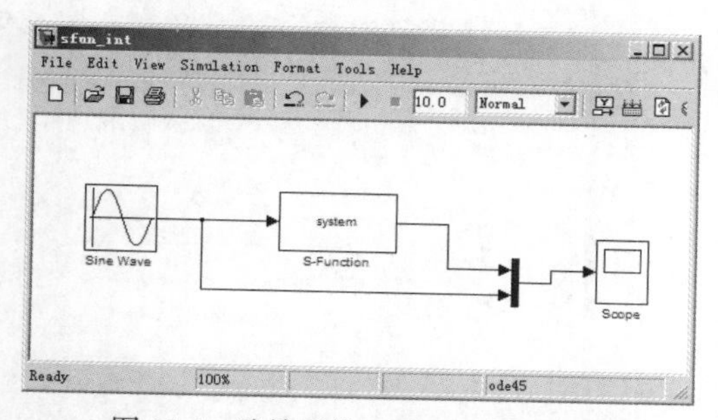

图 20-5　连续系统 Simulink 模型框架

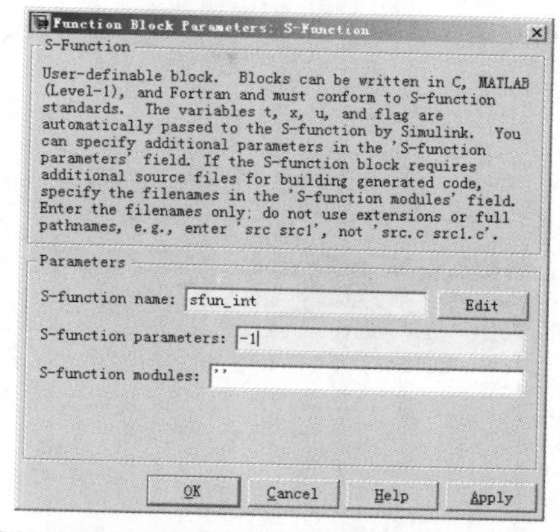

图 20-6　连续系统 S-Function 模块的参数设置

再运行 sfun_int 模型，用 S 函数实现的积分器如图 20-7 所示。

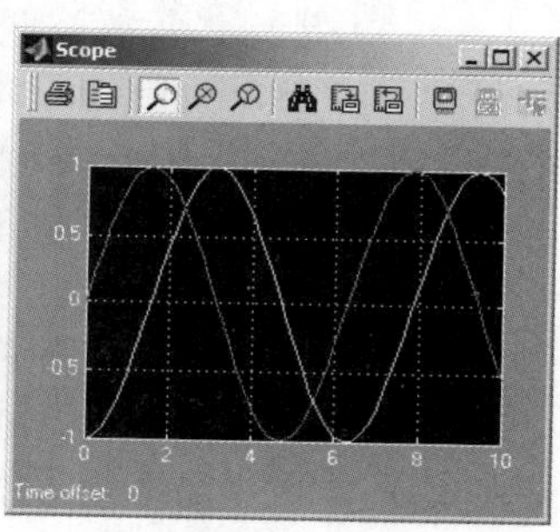

图 20-7　用 S 函数实现的积分器

3. 离散系统的 S 函数描述

用 S 函数模板实现一个离散系统时，首先对 mdlInitializeSizes() 子函数进行修改，声明离散状态的个数，对状态进行初始化，确定采样时间等。然后对 mdlUpdate()和 mdlOutputs()函数进行适当的修改，分别输入要表示的系统的离散状态方程和输出方程即可。

例 20.3　编写一个 S 函数，说明人口的动态变化。设人口出生率为 r，资源为 K，初始人口数量为 init，则人口变化规律为 p(n)=r*p(n-1)*[1-p(n-1)/K]，p(0)=init。

解：

（1）修改 M 文件 S 函数主函数，代码如下。

```
function [sys,x0,str,ts]=sfun_population(t,x,u,flag,r,K,init)
case 0,
[sys,x0,str,ts]=mdlInitializeSizes(init);
 . . .
case 2,
sys=mdlUpdate(t,x,u,r,K);
```

（2）修改初始化部分，代码如下。

```
function [sys,x0,str,ts]=mdlInitializeSizes(init)
sizes = simsizes;
sizes.NumContStates  =  0;
sizes.NumDiscStates  =  1;      % 一个离散状态，人口数量
sizes.NumOutputs  =  1;         % 一个输出
sizes.NumInputs  =  0;
sizes.DirFeedthrough  =  0;     % 不存在直接馈通
sizes.NumSampleTimes  =  1;
sys = simsizes(sizes);
x0  = init;  % 初始状态：人口基数
. . .
```

（3）在这个例子中，p 为状态，输出等于状态，代码如下。

```
function sys=mdlUpdate(t,x,u,r,K)
sys = [r*x*(1-x/K)];
function sys=mdlOutputs(t,x,u)
sys = [x];
```

设置初始人口基数 init=1e5，资源 K=1e6，人口出生率 r=1.05。建立离散系统 Simulink

模型框架，如图 20-8 所示。

S-Function 模块在其参数设置的“S-function name”文本框中栏设置为“sfun_population”，如图 20-9 所示。

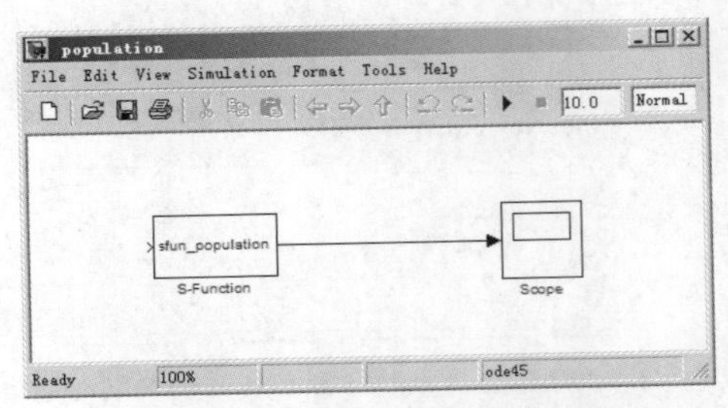

图 20-8　离散系统 Simulink 模型框架

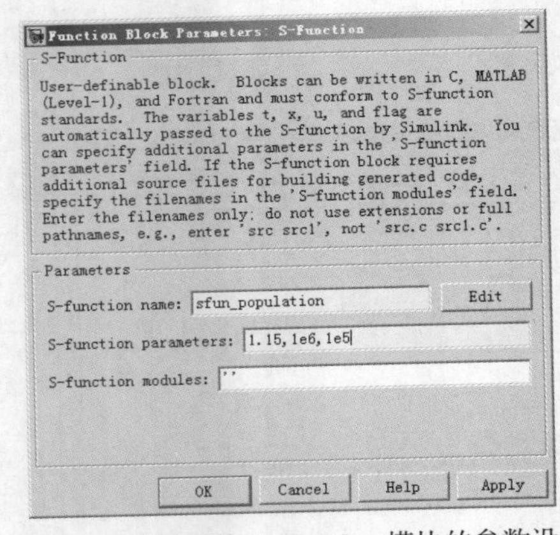

图 20-9　离散系统 S-Function 模块的参数设置

然后运行 sfun_population.mdl 模型，用 S 函数仿真人口系统如图 20-10 所示。

由仿真结果和 Simulink 框图可以看到在以上条件下人口数量随时间变化缓慢减少，直到稳定到一个值。当增加资源的量时，如令 $K=3e6$，会看到人口数随时间的增加而增加，直到稳定到一个值，说明在此资源数下已经不能够再承载更多的人口。

4. 混合系统的 S 函数描述

所谓混合系统，就是既包含离散状态，又包含连续状态的系统。这里使用一个 Simulink 自带的例子 mixedm.m 来说明这个问题。mixedm.m 描述了一个连续积分系统外加一个离散单位延迟。一个简单的混合系统如图 20-11 所示。在仿真的每个采样时间点上 Simulink 都要调用 mdlUpdate()、mdlOutputs()及 mdlGetTimeOfNextVarHit()仿真例程（如果是固定步长就不需要 mdlGetTimeOfNextVarHit()例程）；所以在 mdlUpdate()、mdlOutputs()中需要判断是否需要更新离散状态和输出。因为对于离散状态并不是在所有的采样点上都需要更新，否则就是一个连续系统了。

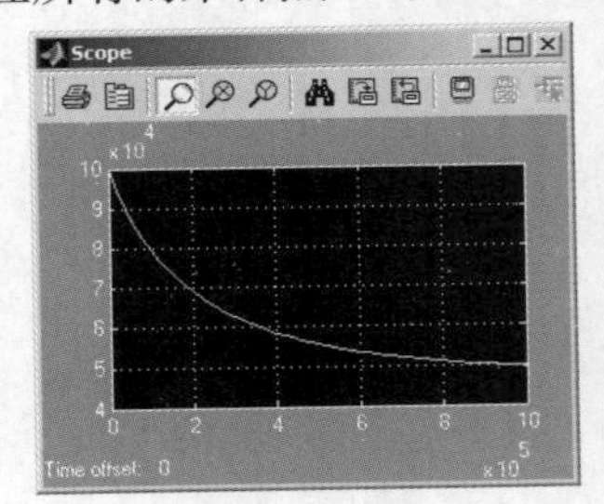

图 20-10　用 S 函数仿真人口系统

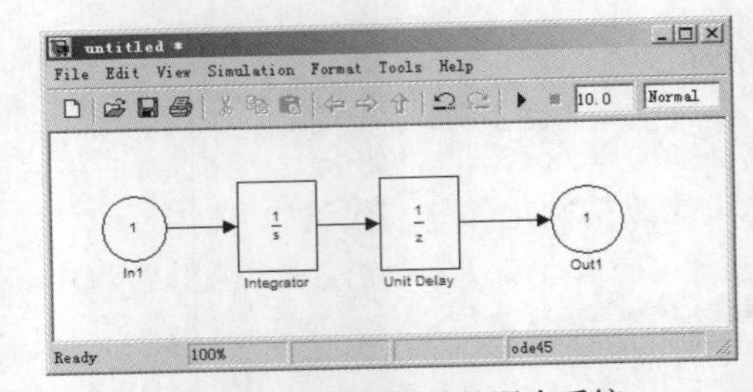

图 20-11　一个简单的混合系统

下面给出这个简单混合系统的代码。

在命令行输入如下代码。

```
>> edit mixedm.m
```

下面列出了部分代码。

```
function [sys,x0,str,ts] = mixedm(t,x,u,flag)
dperiod = 1;
doffset = 0;                            % 设置离散采样周期和偏移量
. . .                                    % switch-case 结构
function [sys,x0,str,ts]=mdlInitializeSizes(dperiod,doffset)
sizes = simsizes;
```

```
sizes.NumContStates  = 1;     % 一个连续状态
sizes.NumDiscStates  = 1;     % 一个离散状态
sizes.NumOutputs     = 1;     % 一个输出
sizes.NumInputs      = 1;     % 一个输入
sizes.DirFeedthrough = 0;     % 没有前馈
sizes.NumSampleTimes = 2;     % 两个采样时间
sys = simsizes(sizes);
x0  = ones(2,1);
str = [ ];
ts = [0 0; dperiod doffset];  % 一个采样时间是 [0  0] 表示是连续系统
% 离散系统的采样时间就是在主程序开始所设置的两个变量
function sys=mdlDerivatives(t,x,u)
sys = u;                        % 连续系统是一积分环节

function sys=mdlUpdate(t,x,u,dperiod,doffset)
if abs(round((t - doffset)/dperiod) - (t - doffset)/dperiod) < 1e-8
  sys = x(1);                   % 离散系统是一延迟环节
else
  sys = [ ];
function sys=mdlOutputs(t,x,u,doffset,dperiod)
if abs(round((t - doffset)/dperiod) - (t - doffset)/dperiod) < 1e-8
  sys = x(2);                   % 输出采样延迟
else
  sys = [ ];
end
```

5. 可变步长 S 函数的描述

名为 vsfunc.m 的 M 文件是使用可变步长的一个 S 函数的例子，该例当 `flag=4` 时调用 mdlGetTimeOfNextVarHit，因为计算下一个采样时间取决于输入 *u*，所以该模块具有直接馈通。通常，使用输入计算下一个采样时间（`flag=4`）的所有模块都需要直接馈通。下面是 M 文件的 S 函数的代码。

```
Function[sys,x0,str,ts]=vsfunc(t,x,u,flag)
%VSFUNC Variable step S-function example
%This example S-function illustrates how to create a variable step
%block in Simulink. This block implements a bariable step delay
%in which the first input is delayed by an amount of time determined
%by the second input:
%
%   dt =u(2)
%  y(t+dt)=u(t)
%
% See also SFUNTMPL,CSFUNC,DSFUNC.
% Copyright 1990-2002 The MathWorks,Inc.
% $Revision:1.10$
%The following outlines the general structure of an S-function.
switch flag,
%%%%%%%%%
%Initialization%
%%%%%%%%%
case0,
    [sys,x0,str,ts]=mdlInitializeSizes;
%%%%%%%%%
%Update%
%%%%%%%%%
case2,
    sys=mdlUpdate(t,x,u) ;
%%%%%%%%%
%Outputs%
%%%%%%%%%
case3,
    Sys=mdlOutputs(t,x,u) ;
%%%%%%%%%
%GetTimeOfNextVarHit%
```

```
%%%%%%%%%
case4,
    sys=mdlGetTimeOfNextVarHit(t,x,u);
%%%%%%%%%
%Terminate%
%%%%%%%%%
case9,
    sys=mdlTerminate(t,x,u) ;
%%%%%%%%%%%%
%Unhandled flags%
%%%%%%%%%%%%
case1,
    sys=[] ;
%%%%%%%%%
%Unexpected flags%
%%%%%%%%%
otherwise
    error(['Unhandled flag=',num2str(flag)]) ;
end
%end sfuntmpl
%=================================================================
%mdlInitializeSizes
%Return the sizes,initial conditions,and sample times for the S-function.
%=================================================================
%function[sys,x0,str,ts]=mdlInitializeSizes
%call simsizes for assizes structure,fill it in and conver it to a sizes array
%
sizes=simsizes;
sizes.NumContStates=0;
sizes.NumDiscStates=1;
sizes.NumOutputs  =1;
sizes.NumInputs   =2;
sizes.DirFeedthrough=1;
sizes.NumSampleTimes=1;     %at least one sample time is needed
sys=simsizes(sizes);
%initialize the initial conditions
x0=[0];
%str is always an empty matrix
str=[];
%initialize the array of sample times
ts=[-2 0];                  %variable sample time
%end mdlInitializeSizes
%=================================================================
%mdlUpdate
%Handle discrete state updates,sample time hits,and major time step
%requirements.
%=================================================================
function sys=mdlUpdate(t,x,u)
sys=u(1);
%end mdlUpdate
%=================================================================
%mdlOutputs
%Return the block outputs.
%=================================================================
%function sys=mdlOutputs(t,x,u)
sys=x(1) ;
%end mdlOutputs
%=================================================================
%mdlGetTimeOfNextVarHit
%Return the time of the next hit for this block. Note that the result is absolute time
%=================================================================
Function sys=mdlGetTimeOfNextVarHit(t,x,u)
sys=t+u(2) ;
%end madGetTimeOfNextVarHit
%=================================================================
%mdlTerminate
```

```
%Perform any end of simulation tasks.
%=============================================================
function sys=mdlTerminate(t,x,u)
sys=[] ;
%end mdlTerminate
```

子程序 madGetTimeOfNextVarHit 返回“下一个采样点的时间”，它是仿真过程中 vsfunc 下一次调用的时间，这就意味着直到下一采样时间点之前该 S 函数不会有输出，在 vsfunc 中，下一个时间点被设成 t+u(2)，它意味着用第二个输入 u(2)来设置下一次调用 vsfunc 的时间。

20.3　编写 C MEX S 函数

M 文件 S 函数的优点是编写简单，但它会影响仿真的运行速度，而且包含 M 文件 S 函数的模型无法生成实时代码，无法利用 RTW（Real-Time Workshop，实时工作间）提供的许多强大功能。所以，如果想要利用 S 函数高效地对 Simulink 进行扩展，那么必须掌握 C 语言 MEX 文件 S 函数的编写方法。这里只对其进行简单的介绍，更详细的信息请读者参阅 Simulink 的帮助文档。

用 C 语言编写的 S 函数具有以下优点。

（1）执行速度高。

（2）实时代码生成。

（3）包含已有的 C 代码。

（4）能够访问操作系统接口。

（5）可以编写设备驱动。

20.3.1　MEX 文件

对于 M 文件 S 函数，在 MATLAB 环境下可以通过解释器直接执行，对于 C 文件或其他语言编写的 S 函数，则需要先编译成可以在 MATLAB 内运行的二进制代码——动态链接库或者静态库，然后才能使用，这些经过编译的二进制文件即所谓的 MEX 文件，在 Windows 操作系统下 MEX 文件的扩展名为.dll。要将 C 文件 S 函数编译成动态库，需在 MATLAB 命令行下输入如下代码。

```
>> mex my_sfunction.c
```

要使用 mex 命令，首先需要在系统中安装一个 C 编译器。如果还没有设置编译器，则要在命令行下输入如下代码。

```
>> mex -setup
```

然后按照提示选取 VC、BC 或者其他的 C 编译器。推荐使用 VC 编译器。生成的文件 my_sfunction.dll 即我们需要的动态库文件。当 C 文件中使用到其他库文件时，编译时应该在其后加上所需库文件名。

20.3.2　Simstruct 数据结构

一个称为 Simstruct 的数据结构描述了 S 函数中所包含的系统。此结构在头文件 Simstruct.h 中定义。Simstruct 将描述系统的所有信息，即封装系统的所有动态信息。它保存了指向系统的输入、状态、时间等存储区的指针，另外它还包含指向不同 S 函数方法（S 函数例程）的指针。实际上整个 Simulink 框图模型本身也是通过一个 Simstruct 数据结构来描述的，它可以被视为与 Simulink 框图模型等价的表达。

20.3.3 工作向量

在仿真过程中不释放的内存区域称为持续存储区（persistent memory storage），为全局变量或局部静态变量分配的内存就是这样的区域。当一个模型中出现同一个 S 函数的多个实例时，这些全局变量或者局部静态变量就会发生冲突，导致仿真不能正确进行。因为这些实例使用了共同的动态链接库（MEX 文件），正如在 Windows 下多个实例在内存中只有一个映像一样。此时 Simulink 为用户提供了工作向量（work vector）来解决这个问题。工作向量是 Simulink 为每个 S 函数实例分配的持续存储区，它完全可以替代全局变量和局部静态变量，工作向量函数如图 20-2 所示。

表 20-2　　　　工作向量函数

函数	功能	所在例程
ssSetNumRWork()	设置为实数型工作向量维数	在 mdlInitializeSizes()例程中分配 在 mdlStart()或者 mdlInitializeConditions()中初始化工作向量
ssSetNumIWork()	为整型工作向量维数	
ssSetNumPWork()	为指针数据类型工作向量维数	
SsSetRWorkvalue()	设置实数型工作向量值	mdlOutputs()
ssSetIWorkvalue()	设置整型工作向量值	
ssSetPWorkvalue()	设置指针型工作向量值	
ssGetRWorkvalue()	读取实数型工作向量值	mdlUpdate()或者 mdlDerivatives()
ssGetIWorkvalue()	读取整型工作向量值	
ssGetPWorkvalue()	读取指针型工作向量值	

下面说明如何使用工作向量来保存和使用一个指向文件的指针。

（1）首先在 mdlInitializeSizes()例程中设置指针工作向量的维数，代码如下。

```
ssSetNumPWork(S, 1)                    /*设置指针工作向量维数为 1*/
```

（2）在 mdlStart()例程中为该指针向量赋值，代码如下。

```
static void mdlStart(real_T *x0, SimStruct *S)
{
FILE *fPtr;
void **PWork = ssGetPWork(S);
/*获取指向指针工作向量的指针，因为工作向量本身是指针数组，所以这里 PWork 是指向指针的指针*/
fPtr = fopen("file.dat", "r");
PWork[0] = fPtr;                        /*将文件指针存入指针工作向量 */
/* ssSetPWorkValue(S,0,fPtr); 显然更为简洁*/
}
```

（3）在仿真结束时释放文件指针，代码如下。

```
static void mdlTerminate(SimStruct *S)
{
if (ssGetPWork(S) != NULL)             /*首先判断是否存在指针工作向量*/
{
FILE *fPtr;
fPtr = (FILE *) ssGetPWorkValue(S,0); /*再判断文件指针是否为空*/
if (fPtr != NULL)
{
fclose(fPtr);                          /*关闭文件*/
 }
ssSetPWorkValue(S,0,NULL);             /*指针工作向量置空*/
}
}
```

20.3.4 S 函数流程

了解 Simulink 如何与 S 函数相互作用完成动态系统的仿真对用户编写 S 函数是非常有帮助

的。前面已经对此进行了介绍，不同的是 S 函数的流程控制更为精细，数据 I/O 也更为丰富，但是这里还有一些前面没有涉及的内容。图 20-12 显示了 S 函数的数据交换过程。

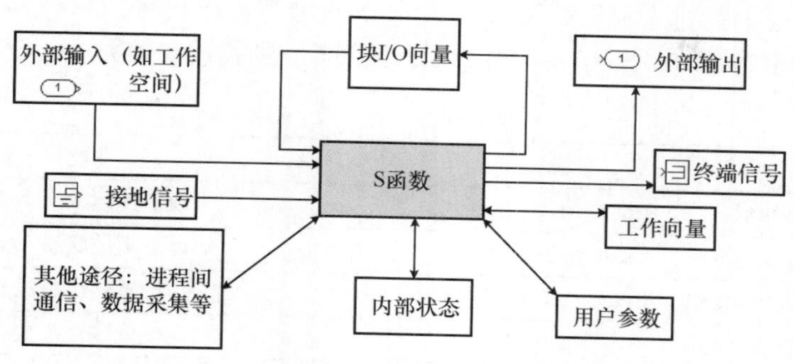

图 20-12　S 函数的数据交换过程

除了这些输入/输出数据外，S 函数还经常用到的内部数据如下。

（1）连续状态。

（2）离散状态。

（3）状态导数。

（4）工作向量。

访问这些数据首先需要一套宏函数获取指向存储它们的存储器的指针，然后通过指针来访问。这时就需要特别注意指针的越界访问问题。

同 M 文件 S 函数一样，在仿真时，一个 S 函数模块必须提供给 Simulink 有关的模型信息。当仿真进行时，Simulink、ODE 求解器及 MEX 文件交互地实现指定的任务。这些任务包括定义初始条件和模块特性、计算微分、离散状态和输出，它们的定义和 M 文件 S 函数的一样。

确切地说，S 函数有着和 M 文件 S 函数相同的结构，它能够实现 M 文件 S 函数能实现的功能。而且，S 函数相比 M 文件 S 函数能为用户提供更多的功能。与 M 文件 S 函数类似，Simulink 同样提供了模板文件 sfuntmpl_basic.c 以及它的复杂版本 sfuntmpl_doc.c（都在 Simulink/src 目录下），来方便读者编写 S 函数。

20.3.5　S 函数模板

与编写 M 文件 S 函数一样，Simulink 同样为用户提供了编写 S 函数所需的模板，该文件只包含了常用的几个例程，这对于一般的应用已经足够了。文件 sfuntmpl_doc.c 则包含了所有的例程，并附有详细的注释。每个 S 函数的开头应包含下列代码。

```
#define S_FUNCTION_NAME your_sfunction_name_here
#define SFUNCTION_LEVEL 2
#include "simstruc.h"
```

另外在文件的顶部还应包含适当的头文件或定义其他的宏或者变量，就和编写普通的 C 程序一样。在 S 函数的尾部必然包含下面几行代码。

```
#ifdef MATLAB_MEX_FILE
#include "simulink.c"
#else
#include "cg_sfun.h"
#endif
```

1．初始化

S 函数的初始化部分包含下面 3 个不同的例程函数。

（1）mdlInitializeSizes()：在该函数中给出各种数量信息。

（2）mdlInitializeSampleTimes()：在该函数中给出采样时间。

（3）mdlInitializeConditions()：在该函数中给出初始状态。

mdlInitializeSizes()通过宏函数对状态、输入、输出等进行设置。工作向量的维数也是在mdlInitializeSizes()中确定的。表 20-3 列出了 S 函数初始化所需的宏函数。

表 20-3 S 函数初始化所需的宏函数

宏函数	功能
`ssSetNumContStates(S, numContStates)`	设置连续状态个数
`ssSetNumDiscStates(S, numDiscStates)`	设置离散状态个数
`ssSetNumOutputs(S, numOutputs)`	设置输出个数
`ssSetNumInputs(S, numInputs)`	设置输入个数
`ssSetDirectFeedthrough(S, dirFeedThru)`	设置是否存在直接前馈
`ssSetNumSampleTimes(S, numSamplesTimes)`	设置采样时间的数目
`ssSetNumInputArgs(S, numInputArgs)`	设置输入参数个数
`ssSetNumIWork(S,numIWork)`	设置各种工作向量的维数，实际上是为各个工作向量分配内存提供依据
`ssSetNumRWork(S,numIWork)`	
`ssSetNumPWork(S,numIWork)`	

2. 使用输入和输出

在 S 函数中，同样可以通过描述该 S 函数的 Simstruct 数据结构对输入/输出进行处理。在 S 函数中，当需要对一个输入进行处理时，使用宏函数 `input=ssGetInputPortRealSignalPtrs(S,index)`。

返回值中含有指向输入向量的指针，其中的每个元素通过`*input[i]`来访问。指向输出向量的指针通过宏函数 `output=ssGetOutputPortRealSignal(S,index)`得到。

如果想知道输出信号的宽度，使用宏函数 `width=ssGetOutputPortWidth(S,index);` 如果需要获得指向输入的指针，使用宏函数 `ssGetInputPortRealSignalPtrs(S,input_index);` 如果需要获得指向输出的指针，使用宏函数 `ssGetOutputPortRealSignal(S, output_index)`。表 20-4 列出了输入/输出相关宏函数。

表 20-4 输入/输出相关宏函数

宏函数	功能
SsGetInputPortRealSignalPtrs()	获得指向输入的指针（double 类型）
ssGetInputPortSignalPtrs()	获得指向输入的指针（其他数据类型）
ssGetInputPortWidth()	获得指向输入信号宽度
ssGetInputPortOffsetTime()	获得输入端口的采样时间偏移量
ssGetInputPortSampleTime()	获得输入端口的采样时间
ssGetOutputPortRealSignal()	获得指向输出的指针
ssGetOutputPortWidth()	获得指向输出信号宽度
ssGetOutputPortOffsetTime()	获得输出端口的采样时间偏移量
ssGetOutputPortSampleTime()	获得输出端口的采样时间

如下面的一段代码获得指向输入和输出的指针，然后把输入乘以 5 后送往输出。

```
static void mdlOutputs(SimStruct *S, int_T tid)
{
    int_T        i;
    InputRealPtrsType uPtrs = ssGetInputPortRealSignalPtrs(S,0);
```

```
    real_T              *y = ssGetOutputPortRealSignal(S,0);
    int_T               width = ssGetOutputPortWidth(S,0);
    for (i=0; i<width; i++)
  {
        *y++ = 5 *(*uPtrs[i]);
   }
}
```

3. 使用参数

使用用户自定义参数时，在初始化中必须说明参数的个数。为了得到指向存储参数的数据结构的指针，使用宏函数 ptr=ssGetSFcnParam(S, index)；为了得到存储在这个数据结构中指向参数值本身的指针使用宏函数 mxGetPr(ptr)；使用参数值时使用宏函数 param_value=*mxGetPr(ptr)。下面的代码首先获取参数 gain 的值，然后输入乘以 gain 作为输出。

```
#define GAIN=ssGetSFcnParam(S,0)
static void mdlOutputs(SimStruct *S, int_T tid)
{
    int_T              i;
    InputRealPtrsType  uPtrs = ssGetInputPortRealSignalPtrs(S,0);
    real_T              *y  = ssGetOutputPortRealSignal(S,0);
    int_T               width = ssGetOutputPortWidth(S,0);
    real_T              gain = *mxGetPr(GAIN);
for (i=0; i<width; i++) {
        *y++ = gain *(*uPtrs[i]);
    }
}
```

4. 使用状态

如果 S 函数包含连续的或离散的状态，则需要编写 mdlDerivatives()或 mdlUpdate()子函数。若要得到指向离散状态向量的指针，使用宏函数 ssGetRealDiscStates(S)；若要得到指向连续状态向量的指针，使用宏函数 ssGetContStates(S)；在 mdlDerivatives()中，连续状态的导数应当通过状态和输入计算得到，并将 Simstruct 结构体中的状态导数指针指向得到的结果，这通过下面的宏完成：*dx=ssGetdX(S)，然后修改 dx 所指向的值。在多状态的情形下，通过索引得到 dx 中的单个元素。它们被返回给求解器通过积分求得状态。需要注意的是，在离散系统中，没有对应于 dx 的变量，由于状态是由 S 函数来更新的，不需要求解器做任何额外的工作。

下面的一段代码描述了连续状态方程。

```
static void mdlDerivatives(SimStruct *S)
{
    real_T           alpha = .01;
    real_T           beta = .02;
    real_T             *dx = ssGetdX(S);
dx[0] = (1 - alpha*x[1])*x[0];
    dx[1] = (-1 + beta*x[0])*x[1];
  }
```

下面的一段代码描述了离散状态方程。

```
static void mdlUpdate(SimStruct *S, int_T tid)
{
real_T tempX[2] = {0.0, 0.0};
real_T *x = ssGetRealDiscStates(S);
InputRealPtrsType uPtrs = ssGetInputPortRealSignalPtrs(S,0);
UNUSED_ARG(tid);        /* not used in single tasking mode */
tempX[0]= (1 - alpha*x[1])*x[0];;
tempX[1]= (-1 + beta*x[0])*x[1];
x[0]=tempX[0];
x[1]=tempX[1];
}
```

下面给出该模板的基本框架，并给出相应的中文解释。

```
/*
*2 级 S 函数的 C MEX 模板文件 sfuntmp1_basic.c
*/
#define S_FUNCTION_NAME sfuntmp1_basic
#define S_FUNCTION_LEVEL 2
#include "simstruc.h"
/*=======================*
 *S 函数方法*
*=======================*/
/* 函数 mdlInitializeSizes()   =====================
 *Simulink 利用该信息决定 S 函数模块的特性（如输入、输出和状态等变量的数目等）
*/
static void mdlInitializeSizes(SimStruct*S)
{
ssSetNumSFcnParams(S,0);                    /* 需要参数的数目 */
if(ssGetNumSFcnParams(S)!= ssGetSFcnParamsCount(S))
{
    /* 当需要参数与实际参数数目相等时，则返回 */
    return;
}
ssSetNumContStates(S,0);
ssSetNumDiscStates(S,0);
if (!ssSetNumInputPorts(S,1)) return;          /* 如果设置输入端口数为 1 失败，则返回 */
ssSetInputPortWidth(S,0,1);
ssSetInputPortReqiredContiguous(S,0,ture);    /*指定信号的入口*/
ssSetInputPortDirectFeedThrough(S,0,1);
if (!ssSetNumOutputPorts(S,1)) return;
ssSetOutputPortWidth(S,0,1);
ssSetNumSampleTimes(S,1);
ssSetNumRWork(S,0);
ssSetNumIWork(S,0);
ssSetNumPWork(S,0);
ssSetNumModes(S,0);
ssSetNumNonsampledZCs(S,0);
ssSetOptions(S,0);
}
/* 函数 mdlInitializeSampleTimes() ===================
 *指定 S 函数的采样时间
*/
static void mdlInitializeSampleTimes(SimStruct *S)
{
    ssSetSampleTime(S,0,CONTINUOUS_SAMPLE_TIME);
    ssSetOffsetTime(S,0,0,0);
}
#define MDL_INITIALIZE_CONDITIONS
#if defined(MDL_INITIALIZE_CONDITIONS)
/* 函数 mdlInitializeConditions() ======================
 *初始化 S 函数模块的连续或离散状态
*/
static void mdlInitializeConditions(SimStruct *S)
{
}
#endif /* MDL_INITIALIZE_CONDITIONS*/
#define MDL_START
#if defined(MDL_START)
/* 函数 mdlStart()   ===============================
 *该函数在模型运行时执行
*/
static void mdlStart(SimStruct*S)
{
}
#endif /* MDL_START */
/* 函数 mdlOutputs()   ===============================
 *计算 S 函数模块的输出
*/
static void mdlOutputs(SimStruct*S,int_T tid)
```

```
{
    const real_T*u=(const real_T*)ssGetInputPortSignal(S,0);
    real_T      *y= ssGetOutputPortSignal(S,0);
    y[0]=u[0];
}
#define MDL_UPDATE
#if defined(MDL_UPDATE)
/* 函数 mdlUpdate()  ================================
 *该函数在每一步主要积分时间段被调用，以更新离散系统的状态
*/
static void mdlUpdate(SimStruct*S,int_T tid)
{
}
#endif  /* MDL_UPDATE */
#define MDL_DERIVATIVES
#if defined(MDL_DERIVATIVES)
/* 函数 mdlDerivatives()  ================================
 *计算连续模型系统状态的导数
*/
static void mdlDerivatives (SimStruct*S)
{
}
#endif  /* MDL_DERIVATIVES */
/* 函数 mdlTerminate()  ================================
 *处理仿真结束的一些工作
*/
static void mdlTerminate (SimStruct*S)
{
}
#ifdef  MATLAB_MEX_FILE              /* 该文件被编译成 MEX 文件？ */
#include "simulink.c"                /* MEX 文件接口机制 */
#else
#include "cg_sfun.h"                 /* 代码生成注册函数 */
#endif
```

由以上代码可以看出，S 函数是通过一套宏函数获得指向存储在 Simstruct 中的输入、输出、状态、状态导数向量的指针来引用输入/输出状态等变量的，从而完成对系统的描述。

例 20.4　S 函数 csfunc 描述了一个用状态方程表示的线性连续系统，并通过共享内存与其他程序交换数据。

下面是该系统 S 函数的完整代码和注释。

```
#define S_FUNCTION_NAME csfunc      /* S 函数名 */
#define S_FUNCTION_LEVEL 2
#include "simstruc.h"
#include "windows.h"                          /*创建共享内存所需头文件*/
#define U(element) (*uPtrs[element])        /* 宏定义，方便对输入的索引*/
/* 定义状态方程 A B C D 阵*/
static real_T A[2][2]={ {-0.09, -0.01},{1 ,0}      /*在 S 函数中有一套自己的数据类型表示方法, real_T
表示双精度类型,int_T 表示整型。通用的 C 语言数据类型标识同样适用*/
};
static real_T B[2][2]={ {1,-7} ,{0,-2}
};
static real_T C[2][2]={ {0,2} ,{1,-5}
};
static real_T D[2][2]={ {-3,0} ,{1,0}
};
double *psharedmem;          /* 指向共享内存存储区的指针 */
HANDLE hfilemap;              /* 共享内存句柄 */
static void mdlInitializeSizes(SimStruct *S)
{
ssSetNumSFcnParams(S,0);         /* 不含用户参数，所以参数个数设为 0 */
if (ssGetNumSFcnParams(S)!= ssGetSFcnParamsCount(S))
{
        return; /* Parameter mismatch will be reported by Simulink */
```

```
    }
ssSetNumContStates(S,2);          /*系统有两个连续状态*/
ssSetNumDiscStates(S,0);          /*系统没有离散状态*/
if(!ssSetNumInputPorts(S,1)) return; /* 如果设置输入端口数为 1 失败，则返回 */
/*S-Function 模块只有一个输入端口，当需要多个输入时，使用 Mux 模块把需要输入的信号集中成一个向量*/
ssSetInputPortWidth(S,0,2);       /*输入信号宽度为 2*/
ssSetInputPortDirectFeedThrough(S, 0, 1);     /*设置馈通标志为 1*/
if(!ssSetNumOutputPorts(S,1)) return;
ssSetOutputPortWidth(S,0,2);      /*输出信号宽度为 2*/
ssSetNumSampleTimes(S,1);         /*1 个采样时间*/
ssSetNumRWork(S,0);               /*未使用工作向量 */
ssSetNumIWork(S,0);
ssSetNumPWork(S,0);
ssSetNumModes(S,0);
ssSetNumNonsampledZCs(S,0);
ssSetOptions(S,SS_OPTION_EXCEPTION_FREE_CODE);
}
static void mdlInitializeSampleTimes(SimStruct*S)
{
ssSetSampleTime(S,0,CONTINUOUS_SAMPLE_TIME);
/* 连续系统设采样时间为 0，等同于 ssSetSampleTime(S,0,0);*/
ssSetOffsetTime(S,0,0.0); /*偏移量为 0*/
}
#define MDL_INITIALIZE_CONDITIONS
static void mdlInitializeConditions(SimStruct*S)
{
real_T *x0 = ssGetContStates(S);     /*获得指向连续状态的指针*/
int_T  lp;
for (lp=0;lp<2;lp++)
{
  *x0++=0.0;                                   /*各状态初始化为 0*/
}
/*创建共享内存 */
hfilemap=OpenFileMapping(FILE_MAP_WRITE,false, "sharedmem");
/* 获得指向共享内存的指针*/
psharedmem=(double*)MapViewOfFile(hfilemap,FILE_MAP_WRITE,0,0,2*sizeof(double);
}
static void mdlOutputs(SimStruct *S, int_T tid)
{  /* 获得指向输出向量、连续状态向量及输入端口的指针*/
    real_T     *y= ssGetOutputPortRealSignal(S,0);
    real_T     *x= ssGetContStates(S);
 InputRealPtrsType uPtrs = ssGetInputPortRealSignalPtrs(S,0);
UNUSED_ARG(tid);
/* y=Cx+Du */   /* 输出方程*/
    y[0]=C[0][0]*x[0]+C[0][1]*x[1]+D[0][0]*U(0)+D[0][1]*U(1);
    y[1]=C[1][0]*x[0]+C[1][1]*x[1]+D[1][0]*U(0)+D[1][1]*U(1);
    psharedmem[0]=y[0]; /* 将输出放到共享内存中供其他进程使用*/
    psharedmem[1]=y[1];
}
#define MDL_DERIVATIVES
static void mdlDerivatives(SimStruct *S)
{
    real_T            *dx= ssGetdX(S); /*获得指向状态导数向量的指针*/
    real_T            *x= ssGetContStates(S);
    InputRealPtrsType uPtrs = ssGetInputPortRealSignalPtrs(S,0);
/* xdot=Ax+Bu */ /*连续状态方程 */
    dx[0]=A[0][0]*x[0]+A[0][1]*x[1]+B[0][0]*U(0)+B[0][1]*U(1);
    dx[1]=A[1][0]*x[0]+A[1][1]*x[1]+B[1][0]*U(0)+B[1][1]*U(1);
}
static void mdlTerminate(SimStruct*S)
{
    UNUSED_ARG(S);
    UnmapViewOfFile(psharedmem); /*在仿真结束时，释放共享内存 */
}
#ifdef  MATLAB_MEX_FILE     /* 是否编译成 MEX 文件 */
```

```
#include "simulink.c"              /* 其中包含 MEX 文件的接口方法 */
#else
#include "cg_sfun.h"               /* 代码生成注册函数 */
#endif
```

20.3.6　S 函数包装

当用户需要将已有的程序、算法集成到 Simulink 框图模型中时，通常使用 S 函数包装程序（MEX S-function Wrappers）来完成这个任务。所谓的 S 函数包装程序就是一个可以调用其他模块代码的 S 函数，实际上就是通过 S 函数的形式来调用其他语言（MATLAB 语言除外）编写的程序。使用外部模块时，需要在 S 函数中将已有的代码声明为 extern（外部函数），并且还必须在 mdlOutputs()例程中调用这些已有的代码。

下面是一个简单的例子，C 源文件如下。

```
/*wrapfcn.c*/
double wrapfcn(double input)
{
    return(input * 2.0);
}
S 函数源文件如下：
#define S_FUNCTION_NAME wrapsfcn
#define S_FUNCTION_LEVEL 2
#include "simstruc.h"
extern real_T wrapfcn( (real_T u); /*声明函数为外部函数*/
. . .
static void mdlOutputs(SimStruct *S, int_T tid)
{
InputRealPtrsType uPtrs = ssGetInputPortRealSignalPtrs(S,0);
real_T *y = ssGetOutputPortRealSignal(S,0);
*y = wrapfcn (*uPtrs[0]);   /*在 mdlOutputs()例程中调用外部函数 wrapfcn()*/
}
```

编译带有外部函数的 S 函数时，只需将已有程序的源文件加在 S 函数源文件的后面即可，如下所示。

```
>> mex wrapsfcn.c wrapfcn.c
```

20.4　本章小结

高性能、低成本以及短周期的更新换代是当今科学研究和工业生产企业的一大特点，而研究对象的模型化、模型的模块化是满足这些要求的基本条件之一。MATLAB 和 Simulink 为用户提供了一个强大的，并具有友好界面的建模和动态仿真的环境。并且 Simulink 借助 MATLAB 在科学计算、图形和图像的处理，甚至各类建模和仿真的代码生成这些优势，可以非常方便地为用户创建和维护一个研究对象的模型，评估各类设计原理和方法，大大减少科学研究的时间，加快企业产品的开发过程。而本章介绍的 S 函数，即系统函数，在很多情况下都是非常有用的，它是扩展 Simulink 功能的强有力工具。为什么要使用 S 函数呢？是因为在研究中，有时需要用到复杂的算法设计等，而这些算法因为其复杂性不适合用普通的 Simulink 模块来搭建，即 MATLAB 所提供的 Simulink 模块不能满足用户的需求，需要用编程的形式设计出 S 函数模块，将其嵌入系统。如果恰当地使用 S 函数，理论上可以在 Simulink 下对任意复杂的系统进行仿真。

限于篇幅和由于 Simulink 本身内容的丰富，本章所介绍的仅仅是 MATLAB 和 Simulink 的部分入门知识。但目前许多出版社都出版了大量的 MATLAB 和 Simulink 的书籍，所以感兴趣的读者可以参考这些书籍。

第 21 章 文件 I/O

文件是程序设计的一个重要概念。一般数据是以文件的形式存放在外部介质上，操作系统也以文件为单位对数据进行管理。和其他高级语言一样，MATLAB 把文件看成字符的序列，根据数据的组织形式，可分为 ASCII 文件和二进制文件。ASCII 文件又称文本（text）文件。二进制文件是把内存中的数据按其在内存中的存储形式原样输出到磁盘上存放。

MATLAB 可以通过数据 I/O 导入导出数据文件，或者通过函数操作实现。其中函数操作又可根据函数的类型分为低级文件的 I/O 操作和高级文件的 I/O 操作。低级文件的 I/O 操作读写数据比较复杂，需要设置比较多的参数，但是相对比较灵活，而高级文件的 I/O 操作是 MATLAB 向用户提供的可较为简洁地导入导出数据的函数。

21.1 低级文件 I/O 介绍

MATLAB 提供了一系列低层输入/输出函数，专门用于文件操作。这些函数是建立在美国国家标准学会（American National Standards Institute，ANSI）标准 C 库中的 I/O 函数。若用户对 C 语言熟悉的话，那么也肯定熟悉这些函数。

低级文件的 I/O 操作大致的操作过程为打开文件，并标识打开的文件，输入从文件中读入或写入，完成操作后关闭文件。下面具体介绍实现这些功能的函数及其使用方法。

MATLAT 中这种基本的低级文件 I/O 函数如表 21-1 所示。

表 21-1 低级文件 I/O 函数

函数	说明
fopen()	打开文件
fclose()	关闭文件
feof()	测试文件结束
ferror()	查询文件 I/O 的错误状态
fgetl()	读文件的行，忽略回行符
fgets()	读文件的行，包括回行符
fprintf()	把格式化数据写到文件上
frewind()	返回到文件开始处
fscanf()	从文件中读格式化数据
fseek()	设置文件位置指示符
ftell()	获取文件位置指示符
fread()	从文件中读二进制数据
fwrite()	把二进制数据写到文件里

21.2　文件打开和关闭

21.2.1　打开文件

在读写文件之前，无论是要读写 ASCII 文件还是二进制文件，必须先用 fopen()函数打开或创建文件，并指定对该文件进行的操作。fopen()函数的调用格式如下。

- fid=fopen(filename, mode)。
- [fid,message]=fopen(filename, mode)。
- fid =fopen('all')。

其中，fid 表示待打开的数据文件，用于存储文件句柄值。如果返回的句柄值大于 0，如果返回的文件标识是-1，则代表用 fopen()函数无法打开文件，其原因可能是文件不存在，或是用户无打开此文件的权限。则说明文件打开成功。

filename 表示要读写的文件名称，用字符串形式，表示待打开的数据文件。

message 是 fopen()函数的一个返回值，用于返回无法打开文件的原因。安全起见，最好在每次使用 fopen()函数时，都测试其返回值是否为有效值。

mode 则表示要对文件进行的处理的方式。常见的文件处理方式如表 21-2 所示。

表 21-2　常见的文件处理方式

命令	说明
'r'	用只读方式打开文件（默认的方式），该文件必须已存在
'r+'	用读写方式打开文件，打开后先读后写。该文件必须已存在
'w'	打开后写入数据。该文件已存在则更新；不存在则创建
'w+'	用读写方式打开文件，打开后先读后写。该文件已存在则更新；不存在则创建
'a'	在打开的文件末端添加数据。文件不存在则创建
'a+'	打开文件后，先读入数据再添加数据。文件不存在则创建
'W'	以更新文件方式处理时没有自动格式
'A'	以修改文件方式处理时没有自动格式

'r'表示对打开的文件读数据，'w'表示对打开的文件写数据，'a'表示在打开的文件末尾添加数据。另外，在这些字符串后添加一个't'，如'rt'，则将该文件以文本方式打开；如果添加的是'b'，则以二进制格式打开，这也是 fopen()函数默认的打开方式。

例 21.1　以只读方式依次打开 tan 函数、atan 函数、sin 函数、cos 函数、cot 函数、acot 函数以及不存在的 sincos 函数对应文件。

```
[fid1,message1]=fopen('tan.m','r')
[fid2,message2]=fopen('atan.m','r')
[fid3,message3]=fopen('sin.m','r')
[fid4,message4]=fopen('cos.m','r')
[fid5,message5]=fopen('cot.m','r')
[fid6,message6]=fopen('acot.m','r')
[fid7,message7]=fopen('sincos.m','r')
```

命令行窗口中的输出结果如下所示。

```
fid1 =
     3
message1 =
     ''
fid2 =
```

```
        4
  message2 =
        ''
  fid3 =
        5
  message3 =
        ''
  fid4 =
        6
  message4 =
        ''
  fid5 =
        7
  message5 =
        ''
  fid6 =
        8
  message6 =
        ''
  fid7 =
       -1
  message7 =
  No such file or directory
```

前几条语句为已存在的文件分别给出文件标识 3、4、5、6、7、8，这 6 个数字仅仅是一个标识，不同情况下运行可能数值不同。

具体的 fid 数值没有太大的意义，一般是由系统自动获取的，用户只需查看 fid 数值是否为-1。

21.2.2 关闭文件

文件在进行完读写等操作后，应及时关闭，以免数据丢失。这时就可以使用 fclose()函数来关闭文件。fclose()函数的调用格式如下。

- status=fclose(fid)。
- status=fclose('all')。

其中，fid 为打开文件的标志。

status 表示关闭文件操作的返回代码，若返回值为 0，则表示成功关闭 fid 标志的文件；若返回值为-1，则表示无法成功关闭该文件。

一般来说，在完成对文件的读写操作后就应关闭它，以免造成系统资源浪费。此外，需注意的是，打开和关闭文件都比较耗时，因此为了提高程序执行效率，最好不要在循环体内使用文件。

如果要关闭所有已打开的文件，可以使用 status=fclose('all')。

例 21.2 关闭已打开的文件。

在命令行窗口中输入如下代码。

```
>> fid=fopen('cos.m','r')
>> status=fclose(fid)
```

运行后，命令行窗口的输出结果如下。

```
fid =
     3
status =
     0
```

例 21.3 在 MATLAB 中关闭对应的磁盘文件。

创建文件 mytest.m，然后删除该文件。在 MATLAB 的命令行窗口中输入如下代码。

```
>> [fid,message]=fopen('mytest.m','w');
>> delete mytest.m
```

运行后，命令行窗口的输出结果如下。

```
Warning: File not found or permission denied
```

我们创建了对应的空白文件 mytest.m，并打开对应文件后，如果直接删除文件，而没有关闭文件，则系统会发出警告。

先关闭文件，然后删除文件。在命令行窗口中再输入如下代码。

```
>> status=fclose(fid);
>> delete mytest.m
>> [fid,message]=fopen('mytest.m','r+')
```

运行后，命令行窗口的输出结果如下。

```
fid =
    -1
message =
No such file or directory
```

21.3　数据的读写

对 MATLAB 而言，二进制文件是相对比较容易处理的，这些文件比较容易和 MATLAB 进行交互。常见的二进制文件的扩展名包括.m、.dat、.txt 等。

21.3.1　读取 TXT 文件

虽然 MATLAB 自带的 MAT 文件为二进制文件，但为了便于和外部程序进行交换和方便查看文件中的数据，也常常以文本数据格式与外界进行数据交换。在文本数据格式中，数据采用 ASCII 格式，可以表示字母和数字字符。ASCII 文本数据可以在文本编辑器中查看和编辑。MATLAB 提供多种函数，能够进行文件读写，这些函数都是 MATLAB 的一部分，不需要额外的工具箱支持。

1．使用导入模板读取数据

打开 MATLAB，选择“File”→“Import Data”选项，或者单击“Workspace”窗口中的按钮，如图 21-1 所示，即可弹出“Import Wizard”窗口。

在文件选择对话框中选择想导入数据的文本文件 grade.txt 然后单击“Open”按钮，导入数据模板就会打开该文件并准备处理其内容，如图 21-2 所示。

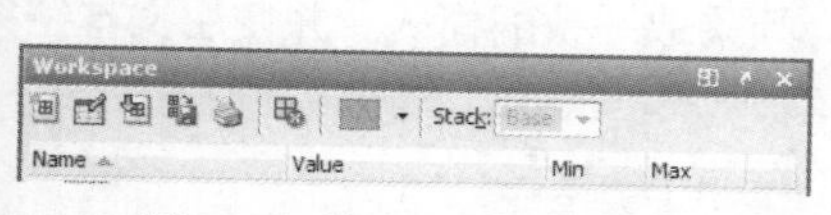

图 21-1　“Workspace”窗口

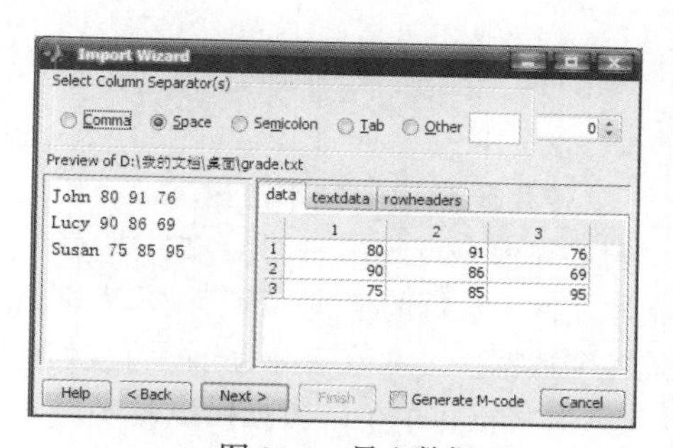

图 21-2　导入数据

指定用于分开单个数据的字符，该字符称为分隔符或列分隔符。在多数情况下可以用导入模板来设定分隔符。

选择要导入的变量。在默认情况下，导入模板将所有的数值数据放在一个变量中，而将文本数据放在其他变量中。

单击“Finish”按钮完成数据的导入。

当使用导入模板来打开一个文本文件时，在“Import Wizard”窗口的预览区仅显示原始数据的一部分，通过它用户可以验证该文件中的数据是否为所期望的。导入模板也根据文件中的数据分隔符来对导入的数据进行预处理。在导入模板中打开工作区中的 grade.txt 文件。

```
         english  Math   physic
John       80      91     76
Lucy       90      86     69
Susan      75      85     95
```

如图 21-3 所示，导入模板已辨认 space 字符，把它作为文件中数据的分隔符，并建立了两个变量：data（包含文件中所有数值数据）和 textdata（包含文件中所有文本数据）。

当导入模板正确导入文件中的数据后，就会显示它所建立的变量。要选择一个变量来导入数据，可勾选它名称前面的复选框。在默认情况下，所有变量都会被选中。在“Import Wizard”窗口的右面显示了导入模板建立的变量内容。要查看其他变量，只需要单击该名称。在选择好要导入的变量后，单击“Next”按钮，使用模板查看各变量数据如图 21-4 所示。

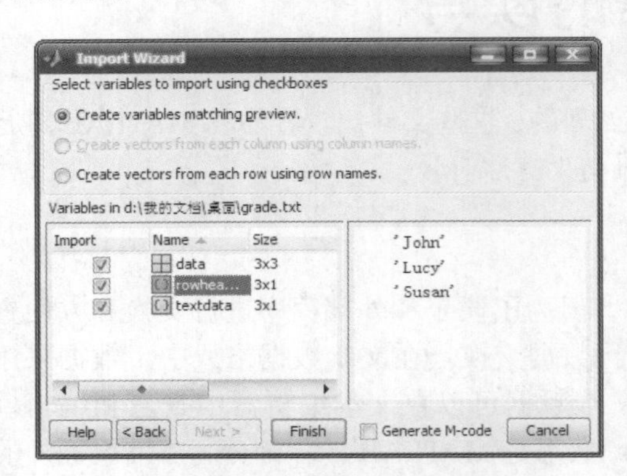

图 21-3　建立两个变量 data 和 textdata

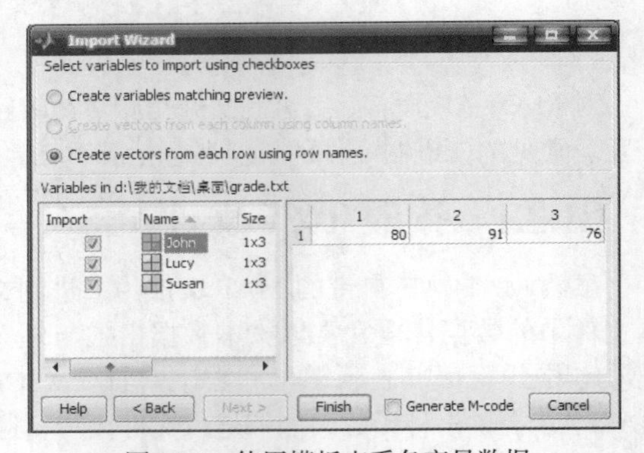

图 21-4　使用模板查看各变量数据

在默认情况下，导入模板将文件中所有的数值数据放在一个变量中；若文件包含文本数据，则模板将把这些文本数据放在另外一个变量中；若文件包含行或列，模板也将把行或列作为各自独立的变量分别称为行头和列头。

当所有导入模板创建好数据后，使用 whos 命令可以查看工作空间的变量。

```
>> whos
  Name          Size              Bytes  Class     Attributes
  John          1x3                  24  double
  Lucy          1x3                  24  double
  Susan         1x3                  24  double
```

2. 使用函数读取文本数据

若要在命令行或在一个 M 文件中读取数据，必须使用 MATLAB 数据函数，函数的选择则是依据文本文件中数据的格式。而且文本数据格式在行和列上必须采取一致的模式，并使用文本字符来分隔各个数据项，称该字符为分隔符或列分隔符。分隔符可以是 space、comma、semicolon、ab 或其他字符，单个的数据可以是字母、数值字符或它们的混合形式。

文本文件也可以包含称为头行的一行或多行文本，或可以使用文本头来标志各列或各行。在了解要输入数据的格式之后，便可以使用 MATLAB 函数来读取数据了。若对 MATLAB 函数不熟悉，可从表 21-3 中了解几个读取数据的函数的一些使用特征。

表 21-3 读取数据的函数的比较

函数	数据类型	分隔符	返回值
csvread()	数值数据	仅 comma	1
dlmread()	数值数据	任何字符	1
fscanf()	字母和数值	任何字符	1
load()	数值数据	仅 space	1
textread()	字母和数值	任何字符	多返回值

（1）csvread()函数。

csvread()函数的调用格式如下。

M=csvread('filename')，将文件 filename 中的数据读入，并且保存为 M，filename 中只能包含数字，并且数字之间以逗号分隔。M 是一个数组，行数与 filename 的行数相同，列数为 filename 列的最大值，对于元素不足的行，以 0 补充。

M=csvread('filename', row, col)，读取文件 filename 中的数据，起始行为 row，起始列为 col，需要注意的是，此时的行、列从 0 开始。

M = csvread('filename', row, col, range)，读取文件 filename 中的数据，起始行为 row，起始列为 col，读取的数据由数组 range 指定，range 的格式为[R1 C1 R2 C2]，其中 R1、C1 为读取区域左上角的行和列，R2、C2 为读取区域右下角的行和列。

（2）dlmread()函数。

dlmread()函数用于从文档中读入数据，其功能强于 csvread()函数。dlmread()函数的调用格式如下。

```
M = dlmread('filename')
M = dlmread('filename', delimiter)
M = dlmread('filename', delimiter, R, C)
M = dlmread('filename', delimiter, range)
```

其中参数 delimiter 用于指定文件中的分隔符，其他参数的意义与 csvread()函数中参数的意义相同，这里不赘述。dlmread()函数与 csvread()函数的差别在于，dlmread()函数在读入数据时可以指定分隔符，不指定时默认分隔符为逗号。

（3）load()函数。

若用户的数据文件只包含数值数据，则可以使用许多 MATLAB 函数，这取决于这些数据采用的分隔符。若数据为矩形形状，也就是说，每行有同样数目的元素，这时可以使用最简单的命令 load（load 也能用于导入 MAT 文件，该文件为用于存储工作空间变量的二进制文件，如果文件扩展名是.dat，则 MATLAB 会以 MAT 文件格式进行读取）。

如文件 my_data.txt 包含了两行数据，各数据之间由 space 字符隔开。

当使用 load 时，它将读取数据并在工作空间中建立一个与该文件同名的变量，但不包括扩展名。

```
>>load my_data.txt;
```

调用 whos 命令查看工作空间的变量。

```
>> whos
  Name          Size          Bytes     Class     Attributes
  data          3x3            72       double
 my_data        3x4            96       double
  textdata      4x1            314      cell
```

此时可以查看与该文件同名的变量的值。

```
>> my_data
my_data =
    0.3242    0.4324    0.3455    0.6754
    0.4566    0.9368    0.9892    0.9274
    0.4658    0.2832    0.9373    0.8233
```

若想将工作空间的变量以该文件名命名，则可以使用函数形式的 load，下面的语句将文件导入工作空间并赋给变量 A。

```
A=load('my_data.txt');
```

（4）dlmread()函数。

如果数据文件不使用空格符而是使用逗号或其他符号作为分隔符，用户可以选择多个可用的导入数据函数。最简单的便是使用函数 dlmread()。

如一个名为 lcode.dat 的数据文件，数据内容由逗号分隔。

```
0.3445,0.8433,0.7865
0.7562,0.4233,0
```

要把该文件的全部内容读入阵列 A，只需输入如下命令。

```
>> A=dlmread('lcode.dat',',')
```

即可以把数据文件中使用的分隔符作为函数 dlmread()的第二个参数。

即使每行的最后一个数据后面不是逗号，dlmread()函数仍能正确读取数据，因为 dlmread()函数忽略了数据之间的空格符。因此，即使数据为如下格式，前面的 dlmread 命令仍能正常工作。

```
A =
    0.3445    0.8433    0.7865
    0.7562    0.4233         0
```

另外需要注意的是，对于分隔符只能选取单个字符，不能用字符串来作为分隔符。

（5）textread()函数。

要读取一个包含文本头的 ASCII 数据文件，可以使用 textread()函数，并指定头行参数。调用函数 textread()同样非常简单，同时该函数对文件读取的格式处理能力更强，函数接收一组预先定义好的参数，由这些参数来控制变量的不同方面。textread()函数既能处理有固定格式的文件，也可以处理无格式的文件，还可以对文件中每行数据按列逐个读取。

textread()函数常见的调用格式有如下两种。

```
[A,B,C…]=textread('filename', 'forMat')
[A,B,C…]=textread('filename', 'forMat',N)
```

forMat 用来控制读取的数据的格式，由“%”加上格式符组成，格式化输出的标志符及其意义如表 21-4 所示。

表 21-4　格式化输出的标志符及其意义

标志符	意义
%c	输出单个字符
%d	输出有符号十进制数
%e	采用指数格式输出，采用小写字母 e，如 3.1415e+0
%E	采用指数格式输出，采用大写字母 E，如 3.1415E+00
%f	以定点数的格式输出
%g	%e 和%f 的更“紧凑”的格式，不显示数字中无效的 0
%i	输出有符号十进制数
%o	输出无符号八进制数
%s	输出字符串
%u	输出无符号十进制数
%x	输出十六进制数，采用小写字母 a～f
%X	输出十六进制数，采用大写字母 A～F

其中%o、%u、%x、%X 支持使用子类型，具体情况这里不赘述。格式化输出的标志符的使用效果见下面的例子。

例 21.4 用 textread()函数来读取文件中的数据。

文件 my_data.txt 包含了如下文件内容，有一行文本头和格式化的数值数据。

```
num1    num2    num3    num4
0.3142  0.4324  0.3455  0.6754
0.4566  0.9368  0.9892  0.9274
0.4655  0.2832  0.9373  0.8333
```

因为有文件头，所以要使用如下命令来读取文件中的数据。

```
>> [num1 num2 num3 num4]=textread('my_data.txt','%f %f %f %f','headerlines',1)
```

运行结果如下。

```
num1 =
    0.3142
    0.4566
    0.4655
num2 =
    0.4324
    0.9368
    0.2832
num3 =
    0.3455
    0.9892
    0.9373
num4 =
    0.6754
    0.9274
    0.8333
```

若数据文件中包含了字母和数值混合的 ASCII 数据，也可以使用函数 textread()来读取数据。由前文知道，函数 textread()可以返回多个输出变量，实际上用户还可以通过参数指定每个变量的数据类型。

如要把文件 my_exam.dat 的全部内容读入工作空间，需要在 textread()函数行数的输入参数中指定数据文件的名称和格式。

文件 my_exam.dat 包含的混合的字母和数值如下。

```
John    gradeA  4.9  pass
Lucy    gradeB  3.5  pass
Susan   gradeD  2.0  fail
```

如果想把 3 列数据全部读取出放在 3 个变量中，则使用如下命令。

```
>> [name  gra  grades  answer]=textread('my_exam.dat','%s %s %f %s')
```

在这里要注意命令中格式字符串的定义，对于格式字符串中定义的每种变换，必须指定一个单独的输出变量，textread()函数按格式字符串中指定的格式处理文件中的某个数据项，并把值放在输出变量中。输出变量的数目必须和格式字符串中指定的变换数目项匹配，在该例中，函数按格式字符串来读取文件 my_exam.dat 的每一行，直到文件读完，该命令的运行结果如下。

```
name =
    ' John '
' Lucy '
'Susan'
gra =
'gradeA'
'gradeB'
    'gradeD'
grades =
    4.9000
    3.5000
2.0000
```

```
answer =
'pass'
'pass'
    'fail
```

另外，textread()函数可以有选择地读取数据，如我们不需要取出中间几列数据，只取出第一列和最后一列数据，则可以使用如下命令。

```
>> [name   answer]=textread('my_exam.dat','%s %*s %*f %s')
name =
    'Joe'
    'susan'
answer=
    'pass'
    'fail'
```

若文件采用的分隔符不是空格，则必须使用函数 textread()，将该分隔符作为它的参数。如若文件 my_exam.dat 使用分号作为分隔符，则读入该文件需使用如下命令。

```
[name  gra  grades  ans]=textread('my_exam.dat','%s %s %f %s', 'delimiter', '; ')
```

（6）fread()函数。

使用 fread()函数可从文件中读取二进制数据，它将每个字节看成整数，并将结果以矩阵形式返回。对于读取二进制文件，使用 fread()函数必须设定正确的数据精度。

fread()函数的基本调用格式如下。

```
A=fread(fid)
```

其中 `fid` 是一个整数型变量，是通过调用 fopen()函数获得的，表示要读取的文件标识符，输出变量 `A` 为矩阵，用于保存从文件中读取的数据。

如文件 test.txt 的内容如下。

```
test it
```

用 fread()函数读取该文件，输入如下命令。

```
>> f=fopen('test.txt','r');
>> answer=fread(f)
answer =
   116
   101
   115
   116
    32
   105
   116
```

输出变量的内容是文件数据的 ASCII，若要验证读入的数据是否正确，通过下面的命令可以验证。

```
>> disp(char(ans1'))
test it
```

fread()函数的第 2 个输入参数可以控制返回矩阵的大小，如以下所示。

```
>> f=fopen('test.txt','r');
>> answer=fread(f, 2)
answer =
   116
   101
```

也可以把返回矩阵定义为指定的矩阵格式，如以下所示。

```
>> f=fopen('test.txt','r');
>> an=fread(f, [2 3])
answer =
   116   115    32
   101   116   105
```

使用 fread()函数的第 3 个输入变量，可以控制 fread()函数将二进制数据转成 MATLAB 矩阵用的精度，包括一次读取的位数和这些位数所代表的数据类型。

常用数据精度类型如表 21-5 所示。

表 21-5　　常用数据精度类型

数据类型	说明
char	带符号的字符
uchar	无符号的字符（通常是 8bit）
short	短整数（通常是 16bit）
long	长整数（通常是 16bit）
float	单精度浮点数（通常是 32bit）
double	双精度浮点数（通常是 64bit）

3. 使用 fscanf()函数和 fprintf()函数读取数据

（1）fscanf()函数。

fscanf()函数与 C 语言中的 fscanf()函数在结构、含义及使用方法上都很相似，即能够从一个有格式的文件中读入数据，并将它赋给一个或多个变量。fscanf()函数可以读取文本文件的内容，并按指定格式存入矩阵，其调用格式如下。

```
[A, COUNT]=fscanf(fid, forMat, size)
```

其中，A 用来存放读取的数据，COUNT 返回所读取的数据元素个数。

fid 为文件句柄。

forMat 用来控制读取的数据的格式，由“%”加上格式符组成。在“%”与格式符之间还可以插入附加格式说明符，如数据宽度说明等。

size 为可选项，决定矩阵 A 中数据的排列形式，它可以取下列值：N（读取 N 个元素到一个列向量）、inf（读取整个文件）、[M,N]（读取数据到 M×N 的矩阵中，数据按列存放）。

例 21.5　使用 fscanf()函数读取文件数据。

读取 my_test.dat 文件中的数据，其数据内容如下。

```
4.5646867e-001  8.2140716e-001  6.1543235e-001
1.8503643e-002  4.4370336e-001  7.9192704e-001
```

通过下面这段代码，将该文件中的数据读取到列向量 T 中。

```
>> f=fopen('my_test.dat','r');
>> T=fscanf(f,'%g');
>> fclose(f)
```

也可以通过以下代码把文件数据读取到一个 3×2 的矩阵 A 中。

```
>> f=fopen('my_test.dat','r');
>> A=fscanf(f,'%g', [3 2]);
>> fclose(f)
```

运行后结果如下，这时候 A 矩阵恰好是文件中数据矩阵的转置矩阵。

```
>> A
A =
    0.4565    0.0185
    0.8214    0.4437
    0.6154    0.7919
```

（2）fprintf()函数。

fprintf()函数将会把数据转换为字符串，并将它们输出到屏幕或文件中。一个格式控制字符串包含转换指定符和可选的文本字符，通过它们来指定输出格式。转换指定符用于控制阵列元素的输出。fprintf()函数可以将数据按指定格式写入文本文件，其调用格式如下。

```
fprintf(fid, forMat, A)
```

`fid` 为文件句柄，指定要写入数据的文件，`forMat` 是用来控制所写数据格式的格式符，与 fscanf()函数相同，***A*** 是用来存放数据的矩阵。

例 21.6 创建一个字符矩阵并存入磁盘，再将其读出赋值给另一个矩阵。

在命令行窗口中输入如下代码。

```
>> a='string';
>> fid=fopen('d:\char1.txt','w');
>> fprintf(fid,'%s',a);
>> fclose(fid);
>> fid1=fopen('d:\char1.txt','rt');
>> fid1=fopen('d:\char1.txt','rt');
>> b=fscanf(fid1,'%s')
```

运行后得到的结果如下所示。

```
b = string
```

例 21.7 创建一个 2×2 的魔方阵，然后打开一个文件，写入数据。

```
>> x=magic(2);
>> fid=fopen('test.txt','w');
>> fprintf(fid,'%4.2f  %8.4f\n',x);
>> fclose(fid);
```

运行这段代码之后，我们可以检验一下运行结果。

```
>> x
x =
     1     3
     4     2
>> type test.txt
1.00    4.0000
3.00    2.0000
```

可以看出，fprintf()函数在输出矩阵数据时，数据转换规则是可以按列方式循环作用于矩阵的各个元素的，这个例子中显示出来的结果就好像是原矩阵的转置，而且分别按数据转换规则显示。

当 fprintf()函数进行标准输出时，也就是运行结果显示在屏幕上的时候，它的功能和 disp()函数类似，区别仅在于 fprintf()函数可以输出特定格式的文本数据。

例 21.8 计算当 x=[0 1]时，$f(x)=e^x$ 的值，并将结果写入文件 my.txt。

代码如下。

```
>> x=0:0.1:1;
y=[x;exp(x)];      %y 有两行数据
fid=fopen('my.txt','w');
fprintf(fid,'%6.2f  %12.8f\n',y);
fclose(fid)
```

运行后，命令行窗口中的结果如下所示。

```
ans =
     0
```

从上例中生成的文件 my.txt 中读取数据，并将结果输出到屏幕。

在命令行窗口中输入如下代码。

```
>> fid = fopen('my.txt','r');
[a,count] = fscanf(fid,'%f %f',[2 inf]); fprintf(1,'%f %f\n',a);
fclose(fid);
```

运行后，命令行窗口中的结果如下所示。

```
0.000000 1.000000
0.100000 1.105171
```

```
0.200000 1.221403
0.300000 1.349859
0.400000 1.491825
0.500000 1.648721
0.600000 1.822119
0.700000 2.013753
0.800000 2.225541
0.900000 2.459603
1.000000 2.718282
```

21.3.2　写入二进制文件

二进制文件在不同的计算机架构上可能存储方式不同，所以二进制文件存在兼容性问题，而文本文件则不存在这种兼容性问题。不同的存储方式会导致在不同计算机架构上保存的二进制文件在另外的平台上无法读取，这主要是因为多字节类型数据在计算机硬件上的存储顺序不同。在 MATLAB 中，无论计算机上的数据存储顺序是哪一种，都可以读写二进制文件，但要正确地调用 fopen()函数打开文件。

使用 fwrite()函数可将矩阵按所指定的二进制格式写入文件，并返回成功写入文件的大小。fwrite()函数按照指定的数据类型将矩阵中的元素写入文件，其调用格式如下。

```
count =fwrite (fid, A, precision)
```

其中，count 返回所写入的数据元素个数，fid 为文件句柄，A 用于存放写入文件的数据，precision 用于控制所写入数据的类型，其形式与 fread()函数相同。

fwrite()函数可用于向一个文件写入二进制数据。

```
count=fwrite(fid,A,precision)
```

用 fwrite()函数读写文件时，必须以二进制数据写入方式打开文件。

例 21.9　将 5 行 5 列的“魔方阵”存入二进制文件中。

```
>> fid=fopen('my.dat','w');
a=magic(6);
fwrite(fid,a,'long');
fclose(fid);
```

读取此文件中的数据，在命令行窗口中输入以下代码。

```
fid=fopen('my.dat','r');
[A,count]=fread(fid, [6, inf], 'long');
fclose(fid);
>> A
A =
    35     1     6    26    19    24
     3    32     7    21    23    25
    31     9     2    22    27    20
     8    28    33    17    10    15
    30     5    34    12    14    16
     4    36    29    13    18    11
```

例 21.10　将一个二进制矩阵存入磁盘文件中。

```
>> a=[1 2 3 4 5 6 7 8 9];
>> fid=fopen('d:\test.bin','wb') %以二进制数据写入方式打开文件
fid =                            %其值大于 0，表示打开文件成功
3
>> fwrite(fid,a,'double')
ans =
```

```
9                   %表示写入了 9 个数据
>> fclose(fid)
ans =
0                   %表示关闭文件成功
```

例 21.11 向文件 my_ex.dat 中写入数据。

在命令行窗口中输入以下代码。

```
>> y=rand(5)
>> fid=fopen('my_ex.dat','w');
>> fprintf(fid,'%6.3f',y);
>> fclose(fid);
>> fid=fopen('my_ex.dat','r');
>> ey=fscanf(fid,'%f');
>> ey1=ey'
>> fclose(fid);
>> fid=fopen('my_ex.dat','r');
>> ey2=fscanf(fid,'%f',[5 5])
>> fclose(fid);
```

命令行窗口中的输出结果如下所示。

```
y =
    0.8147    0.0975    0.1576    0.1419    0.6557
    0.9058    0.2785    0.9706    0.4218    0.0357
    0.1270    0.5469    0.9572    0.9157    0.8491
    0.9134    0.9575    0.4854    0.7922    0.9340
    0.6324    0.9649    0.8003    0.9595    0.6787
ey1 =
  Columns 1 through 9
    0.8150    0.9060    0.1270    0.9130    0.6320    0.0980    0.2780    0.5470    0.9580
  Columns 10 through 18
    0.9650    0.1580    0.9710    0.9570    0.4850    0.8000    0.1420    0.4220    0.9160
  Columns 19 through 25
    0.7920    0.9590    0.6560    0.0360    0.8490    0.9340    0.6790
ey2 =
    0.8150    0.0980    0.1580    0.1420    0.6560
    0.9060    0.2780    0.9710    0.4220    0.0360
    0.1270    0.5470    0.9570    0.9160    0.8490
    0.9130    0.9580    0.4850    0.7920    0.9340
    0.6320    0.9650    0.8000    0.9590    0.6790
```

要以一种标准二进制格式来存写二进制数据，可以使用 MATLAB 提供的高端函数，函数的选择取决于要存写数据的类型，这些函数如表 21-6 所示。

表 21-6　存写二进制数据的函数

函数	读取文件的扩展名	数据格式
save()	.mat	存写 MATLAB 下的 MAT 数据格式的数据
avifile()	.avi	存写 AVI 格式的音频、视频数据
cdfwrite()	.cdf	存写 CDF 格式的数据
hdf()	.hdf	存写 HDF 格式的数据
imwrite()	.bmp、.cur、.gif、.hdf、.ico、.jpg、.pbm、.pgm、.png、.pnm、.ppm、.pcx、.tif、.xwd、.ras	存写各种格式的图形数据
wavwrite()	.wav	存写 Windows 操作系统的声音文件
xlswrite()	.xls	存写 Excel 电子表格数据

21.4 文件的定位和文件的状态

每一次打开文件时，MATLAB 都会保持一个文件位置指针（file position indicator），由它决定下一次进行数据读取或写入的位置。控制文件位置指针的函数如表 21-7 所示。

表 21-7　控制文件位置指针的函数

函数	说明
fseek()	设定指针位置
ftell()	获得指针位置
frewind()	重设指针到文件起始位置
feof()	测试指针是否在文件结束位置

1. fseek()函数

fseek()函数用于指定文件指针的位置，其调用格式如下。

```
status=fseek(fid,offset,str)
```

其中，fid 是指定的文件标识符。offset 为整数型变量，表示相对于指定位置需要的偏移字节数，其中 fid 为文件句柄，offset 表示位置指针相对移动的字节数，正数表示向文件末尾偏移，负数表示向文件开头偏移。

```
OFFSET values are interpreted as follows:
> 0    Move toward the end of the file.
= 0    Do not change position.
< 0    Move toward the beginning of the file.
```

str 可以是特定字符串，也可以是整数，表示文件中的参考位置。参考位置参数的说明如表 21-8 所示。

表 21-8　参考位置参数的说明

参考位置参数（str）	说明
'bof'或者-1	文件开头
'cof'或者 0	文件中当前位置
'eof'或者 1	文件末尾

2. ftell()函数

ftell()函数用于获得当前文件指针的位置，其调用格式如下。

```
position=ftell(fid)
```

其中，fid 是指定的文件标识符。position 为返回值，表示当前指针的位置。position 是以相对于文件开头的字节数来表示的。如果返回值为-1，表示未能成功调用。这时可以调用 feeeor(fid)的具体的错误信息。

3. frewind()函数

frewind()函数用于把文件指针重新复位到文件开头，其调用格式如下。

```
frewind(fid)
```

其中 fid 为指定的文件标识符，其作用和 fseek(fid,0,-1)是等效的。

4. feof()函数

feof()函数用于判断是否到达文件末尾，其调用格式如下。

```
eofstat=feof(fid)
```

其中，fid 为指定的文件标识符。eofstat 是返回值，当到达文件末尾时，eofstat 为 1，否则为 0。

例 21.12　控制文件位置指针函数使用实例。

在命令行窗口中输入以下代码。

```
fid=fopen('my.txt','r');
fseek(fid,0,'eof'');                    %指定文件末尾位置
```

```
x=ftell(fid);                        %获得当前文件指针的位置
fprintf(1,'File Size=%d\n',x);
frewind(fid);                        %重新回到文件开头
x=ftell(fid);
fprintf(1,'File Position =%d\n',x);
fclose(fid);
```

运行后，命令行窗口中显示结果如下。

```
File Size = 231
File Position = 0
```

例 21.13 仍然对文件 my_test.dat 运行以下代码，然后测试文件指针位置。

```
>> f=fopen('my_test.dat','r');
>> A=fscanf(f,'%g',[3 2])
A =
    0.4565    0.0185
    0.8214    0.4437
    0.6154    0.7919
>>feof(f)
ans=
     0
```

在本例中，文件指针指向最后一个数据，而不是文件末尾，因此返回值是 0，而不是 1，但是若运行以下代码，则返回值是 1。

```
>> f=fopen('my_test.dat','r');
>> A=fscanf(f,'%g',[4 2])
A =
    0.4565    0.4447
    0.8214    0.7919
    0.6154         0
    0.0185         0
>>feof(f)
ans=
     1
```

在 my_test.dat 文件中只包含 6 个数字，因此 feof()函数返回值为 1。若要重新设置指针到起始位置，就可以直接使用 frewind()函数。

文件指针可以移动到当前文件末尾的后面，但不能移动到文件开头的前面；当把指针移动到文件末尾后面时，若关闭文件则文件大小会自动增长到文件指针所指的大小，用这种方法可以很容易地创建一个很大的文件，当然新增加的文件内容是随机的。

例 21.14 通过演示数据文件指定位置数据读取的方法。

在命令行窗口中输入以下代码。

```
>> A=magic(4);
>> fid=fopen('c:\data.txt','w');      %打开文件
>> fprintf(fid,'%d\n','int8',A);      %把 A 写入文件
>> fclose(fid);
>> fid=fopen('c:\data.txt','r');
>> frewind(fid);                      %把指针放在文件开头
>> if feof(fid)==0                    %如果没有到文件结尾，则读取数据
[B,count]=fscanf(fid,'%d\n')          %把数据放入 B 中
position=ftell(fid)                   %得到当前指针位置
end
>> if feof(fid)==1                    %如果指针已在文件结尾，则重新设置指针
status=fseek(fid,-4,'cof')            %把读取到的数据放入 C
[C,count]=fscanf(fid,'%d\n')
end
>> fclose(fid);                       %关闭数据
```

命令行窗口中的输出结果如下所示。

```
B =
   105
```

```
    110
    116
     56
     16
      5
      9
      4
      2
     11
      7
     14
      3
     10
      6
     15
     13
      8
     12
      1
count =
    20
position =
    54
status =
     0
C =
     2
     1
count =
     2
```

例 21.15 利用文件内的位置控制读取文件。

在命令行窗口中输入以下代码。

```
>> fid=fopen('magic.m','r');
>> p1=ftell(fid)
>> a1=fread(fid,[5 5])
>> stadus=fseek(fid,10,'cof');
>> p2=ftell(fid)
>> a2=fread(fid,[5 5])
>> frewind(fid);
>> p3=ftell(fid)
>> a3=fread(fid,[5 5])
>> stadus=fseek(fid,0,'eof');
>>  p4=ftell(fid)
>> d=feof(fid)
>> fclose(fid);
```

命令行窗口中的输出结果如下所示。

```
p1 =
     0
a1 =
   102   105    32   103    41
   117   111    61   105    10
   110   110    32    99    37
    99    32   109    40    77
   116    77    97   110    65
p2 =
    35
a2 =
    32   114    32    71    41
   115   101    32    73    32
   113    46    32    67   105
   117    10    77    40   115
    97    37    65    78    32
p3 =
```

```
      0
a3 =
   102   105    32   103    41
   117   111    61   105    10
   110   110    32    99    37
    99    32   109    40    77
   116    77    97   110    65
p4 =
        1043
d =
      0
```

21.5 高级文件 I/O 介绍

高级文件程序包括现成的函数，可以用来读写特殊格式的数据，并且只需要进行少量的编程。

举个例子，如果你有一个包含数值和字母的文本文件想导入 MATLAB，那么你可以调用一些低级 I/O 文件自己写一个函数，或者是简单地用 textread()函数。

使用高级文件程序的关键是文件必须是相似的。

21.5.1 MAT 文件操作

MAT 文件是 MATLAB 使用的一种特有的二进制数据文件。MAT 文件是标准的二进制文件，还可以 ASCII 形式保存和加载。MAT 文件可以包含一个或者多个 MATLAB 变量。MATLAB 通常采用 MAT 文件把工作空间的变量存储在磁盘里，在 MAT 文件中不仅保存各变量数据本身，而且同时保存变量名和数据类型等。

在 MATLAB 中载入某个 MAT 文件后，可以在当前 MATLAB 工作空间完全再现当初保存该 MAT 文件时的那些变量。这是其他文件格式所不能实现的。同样，用户也可以使用 MAT 文件从 MATLAB 环境中导出数据。MAT 文件提供了一种更简便的机制在不同操作平台之间移动 MATLAB 数据。MAT 数据格式是 MATLAB 的数据存储的标准格式。

1. 在 MATLAB 中读写 MAT 文件

load()函数和 save()函数是主要的高级文件 I/O 程序。load()函数可以读取 MAT 文件或者用空格间隔的格式相似的 ASCII 文件。save()函数可以将 MATLAB 变量写入 MAT 格式文件或者用空格间隔的 ASCII 文件。

MATLAB 中导入数据通常由函数 load()实现，该函数的调用格式如下。

- `load`：如果 Matlab.Mat 文件存在，导入 Matlab.Mat 中的所有变量，如果不存在，则返回 `error`。
- `load filename`：将 `filename` 中的全部变量导入工作区。
- `load filename X Y Z …`：将 `filename` 中的变量 *X*、*Y*、*Z* 等导入工作区，如果是 MAT 文件，在指定变量时可以使用通配符“*”。
- `load filename -regexp expr1 expr2 …`：通过正则表达式指定需要导入的变量。
- `load -ascii filename`：无论输入文件名是否包含扩展名，都将其以 ASCII 格式导入；如果指定的文件不是数值文本，则返回 `error`。
- `load -Mat filename`：无论输入文件名是否包含扩展名，都将其以 MAT 格式导入；如果指定的文件不是 MAT 文件，则返回 `error`。

例 21.16 将文件 Matlab.Mat 中的变量导入工作区。

首先应用命令 `whos -file` 查看该文件中的内容。

```
>> whos -file Matlab.Mat
Name                    Size                  Bytes Class
A                       2x3                  48 double array
I_q                     415x552x3             687240 uint8 array
answer                  1x3                  24 double array
num_of_cluster          1x1                   8 double array
Grand total is 687250 elements using 687320 bytes
```

将该文件中的变量导入工作区。

```
>> load Matlab.Mat
```

该命令执行后，可以在工作区中看见这些变量，接下来用户可以访问这些变量。

```
>> num_of_cluster
num_of_cluster =
          3
```

在 MATLAB 中可以使用 open()函数打开各种格式的文件，MATLAB 会自动根据文件的扩展名选择相应的编辑器。

需要注意的是 `open('filename.Mat')`和 `load('filename.Mat')`的不同，前者将 filename.Mat 以结构体的方式在工作区中打开，后者将文件中的变量导入工作区，如果需要访问其中的内容，需要以不同的格式进行。

例 21.17　open()函数与 load()函数的比较。

```
>> A = magic(4);
>> B = rand(3);
>> save
Saving to: Matlab.Mat
>> load('Matlab.Mat')
>> A
A =

    16     2     3    13
     5    11    10     8
     9     7     6    12
     4    14    15     1
>> B
B =
        0.9501    0.4860    0.4565
        0.2311    0.8913    0.0185
        0.6068    0.7621    0.8214
>> open('Matlab.Mat')
ans =
        A: [4x4 double]
        B: [3x3 double]
>> struc1=ans;
>> struc1.A
A =
    16     2     3    13
     5    11    10     8
     9     7     6    12
     4    14    15     1
>> struc1.B
ans =
        0.9501    0.4860    0.4565
        0.2311    0.8913    0.0185
        0.6068    0.7621    0.8214
```

save()函数可以用于保存工作区，或工作区中任何指定文件，其调用格式如下。

- `save`：将工作区中的所有变量保存在当前工作区中的文件中，文件名为 Matlab.Mat，MAT 文件可以通过 load()函数再次导入工作区，MAT 文件可以被不同的编译器导入，甚至可以通过其他的程序调用。
- `save('filename')`：将工作区中的所有变量保存为文件，文件名由 `filename` 指定。

如果 filename 中包含路径，则将文件保存在相应目录下，否则默认路径为当前路径。

- save('filename', 'var1', 'var2', …)：将指定的变量保存在 filename 指定的文件中。
- save('filename', '-struct', 's')：保存结构体 s 中全部域作为单独的变量。
- save('filename', '-struct', 's', 'f1', 'f2', …)：保存结构体 s 中的指定变量。
- save('-regexp', expr1, expr2, …)：通过正则表达式指定待保存的变量需满足的条件。
- save('…, 'forMat')：指定保存文件的格式，格式可以为 MAT 文件、ASCII 文件等。

在 MATLAB 中，另一个导入数据的常用函数为 importdata()，其调用格式如下。

- importdata('filename')：将 filename 中的数据导入工作区。
- A = importdata('filename')：将 filename 中的数据导入工作区，并保存为变量 A。
- importdata('filename','delimiter')：将 filename 中的数据导入工作区，以 delimiter 指定的符号作为分隔符。

如从文件中导入数据，输入以下代码。

```
>> imported_data = importdata('Matlab.Mat')
imported_data =
ans: [1.1813 1.0928 1.6534]
                    A: [2x3 double]
                  I_q: [415x552x3 uint8]
       num_of_cluster: 3
```

与 load()函数不同，importdata()函数是将文件中的数据以结构体的方式导入工作区。

2. 使用 MATLAB 提供的 MAT 文件接口函数

在 C/C++程序中有两种方式可以读取 MAT 文件数据。一种方式是利用 MATLAB 提供的有关 MAT 文件的编程接口函数。MATLAB 的库函数中包含了 MAT 文件接口函数库，其中有各种对 MAT 文件进行读写的函数，都是以“Mat”开头的函数。C 语言中的 MAT 文件读写函数如表 21-9 所示。

表 21-9　C 语言中的 MAT 文件读写函数

Mat 函数	说明
MatOpen()	打开 MAT 文件
MatClose()	关闭 MAT 文件
MatGetDir()	从 MAT 文件中获得 MATLAB 阵列的列表
MatGetFp()	获得一个指向 MAT 文件的 ANSI C 文件指针
MatGetVariable()	从 MAT 文件中读取 MATLAB 阵列
MatPutVariable()	将 MATLAB 阵列写入 MAT 文件
MatGetNextVariable()	从 MAT 文件中读取下一个 MATLAB 阵列
MatDeleteVariable()	从 MAT 文件中删去下一个 MATLAB 阵列
MatPutVariableAsGlobal()	将 MATLAB 阵列写入 MAT 文件
MatGetVariableInfo()	从 MAT 文件中读取 MATLAB 阵列头信息
MatGetNextVariableInfo()	从 MAT 文件中读取下一个 MATLAB 阵列头信息

（1）打开数据文件——MatOpen()函数。

```
MATFile * MatOpen(const char *filename,const char *mode)
```

（2）关闭数据文件——MatClose()函数。

```
int MatClose(MATFile *mfp)
```

（3）获取变量——MatGetVariable()函数。

```
mxArray *MatGetVariable(MATFile *mfp,const char *name)
```

（4）写入数据——MatPutVariable()函数。

```
int MatPutVariable(MATFile *mfp, const char *name,const mxArray *mp)
```

另外一种方式是在 C/C++程序中读写 MAT 文件的方法是根据 MAT 文件结构，以二进制格式在 C/C++中读入文件内容，然后解析文件内容，从而获得文件中保存的 MATLAB 数据。因为 MAT 文件格式是公开的，所以用户只要找到安装路径下的一个名为 Matfile_forMat_pdf 的文件，就可以详细了解 MAT 文件结构，从而在 C/C++程序中以二进制格式读取文件内容，解析以后得到文件中保存的数据。

21.5.2　图像、声音、影片格式文件的操作

在 MATLAB 中可以将一系列的图像保存为电影，这样使用电影播放函数就可以进行回放，保存方法可以与保存其他 MATLAB 工作空间变量一样，通过采用 MAT 文件格式保存。但是若要浏览该电影，必须在 MATLAB 环境下进行。在以某种格式存写一系列的 MATLAB 图像时，不需要在 MATLAB 环境下进行预览，通常采用的格式为 AVI 格式。AVI 是一种文件格式，在个人计算机（Personal Computer，PC）上的 Windows 操作系统或 UNIX 操作系统下可以进行动画或视频的播放。

MATLAB 中提供了函数 imread()和 imwrite()用于导入和导出不同格式的图片文件。

1．不同格式图片文件的导入

在 MATLAB 中提供了函数 imread()用于导入不同格式的图片文件，其调用格式如下。

- `[…] = imread(filename)`：直接读取图片文件，自动识别文件的类型。
- `[…] = imread(URL,…)`：读取网络中的图片，参数 `URL` 必须为“`http://....`”格式。
- `[…] = imread(…,idx)`：只适用于读取 CUR、GIF、ICO 及 TIFF 格式的图片文件。
- `[…] = imread(…,'PixelRegion',{ROWS, COLS})`：该格式只适用于读取 TIFF 格式的图片文件。
- `[…] = imread(…,'frames',idx)`：该格式只适用于读取 GIF 格式的图片文件。

2．不同格式图片文件的导出

函数 imwrite()用于对数据形式存储的图片文件进行保存操作，与函数 imread()相对使用，其调用格式如下。

- `imwrite(A,filename,fmt)`：导出数据 `A` 所代表的图片文件，`filename` 为保存的文件名，`fmt` 为保存的文件格式。
- `imwrite(X,map,filename,fmt)`：导出数据矩阵为 `X` 的索引图像，参数 `map` 为其演示映射表。
- `imwrite(…,filename)`：导出图片文件，根据文件的扩展名识别保存的文件类型。
- `imwrite(…,Param1,Val1,Param2,Val2…)`：导出图片文件，并设置相关参数，对于不同格式的图片文件可以设置不同的属性，具体参考帮助文档。

若要以 AVI 格式来存写 MATLAB 图像，则步骤如下。

- 用 avifile()函数建立一个 AVI 文件。
- 用 addframe()函数来捕捉图像并保存到 AVI 文件中。
- 使用 close()函数关闭 AVI 文件。

若要将一个已经存在的 MATLAB 电影文件转换为 AVI 文件，需使用函数 movie2avi()，其调用格式如下。

- `movie2avi(mov,filename)`。
- `movie2avi(mov,filename,param,value,param,value…)`。

例 21.18　显示一幅真彩（RGB）图像。

在命令行窗口中输入以下程序。

```
>> [x,map]=imread('D:\我的文档\My Fetion file\my_qq.jpg');
imwrite(x,'my.bmp');        %将图像保存为真彩图像
[x,map]=imread('my.bmp');
image(x)
```

运行后，读取图像结果如图 21-5 所示。

MATLAB 还提供了其他函数用于操作不同格式的文件，如下所示。

（1）image()函数：显示图像，其调用格式如下。

```
image(A)
```

（2）imfinfo()函数：查询图片文件信息，其调用格式如下。

```
innfo = imfinfo(filename)
```

（3）wavread()函数：用于读取扩展名为.wav 的声音文件，其调用格式如下。

```
y=wavread(file)
[y, fs, nbits]=wavread(file)
```

（4）wavwrite()函数：用于将数据写入扩展名为.wav 的声音文件，其调用格式如下。

```
wavwrite(y, fs, nbits, wavefile)
```

（5）wavplay()函数：利用 Windows 音频输出设备播放声音，其调用格式如下。

```
wavplay(y,fs)
```

例 21.19 读取一个音频数据文件，以不同频率播放，并显示声音波形。

```
y=wavread('C:\MATLAB7\toolbox\simulink\simdemos\simgeneral\toilet.wav')
plot(y);
wavplay(y);
wavplay(y,11025);
wavplay(y,44100);
```

读取音频结果如图 21-6 所示。

图 21-5 读取图像结果

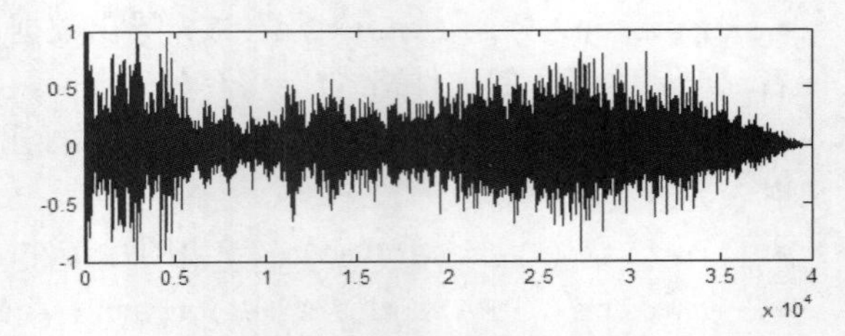

图 21-6 读取音频结果

21.6 本章小结

本章主要介绍了 MATLAB 数据文件和图片文件的导入导出，其中数据文件的导入导出中，介绍了大量的函数，读者在实际应用中可以根据实际导入导出数据的特征选择相应的函数，而图片文件的导入导出一般如果用户没有特别的要求，在界面中利用菜单操作是较为方便的，但是如果用户需要自动在程序运行过程中打开或保存生成的图片文件，可以利用本章中介绍的函数。

本章全面而系统地介绍了 MATLAB 输入/输出函数，通过本章的学习读者将掌握数据文件、图片文件的导入导出，再结合前面章节的学习，读者可以尝试编写相应的代码。

第22章 应用程序接口

本章主要讲述 MATLAB 的应用程序接口（Application Programming Interface，API）。MATLAB 应用程序接口所涵盖的内容相当广泛，不仅包括与 C 语言或 Fortran 语言的交互操作，而且还增加了与 Java 的接口，同时 MATLAB 还提供了使用 ActiveX 和 DDE 的操作以及与硬件的接口。鉴于那些内容具有相当的难度，并且内容上也涉及其他程序设计语言的深层知识，所以，本章将借助例程简单介绍 MATLAB 与 C 语言、Fortran 语言及 Java 接口的实现。

22.1 C 语言 MEX 文件

MEX 从字面上来说是“MATLAB”和“Executable”两个单词的缩写。一般情况下 MEX 文件都使用 C 或 Fortran 语言开发，通过适当的编译之后，生成目标文件能够被 M 语言解释器调用执行。MEX 文件在使用上和 M 函数文件非常类似，但是由于 M 语言解释器解析指令具有优先级特性，所以 MEX 文件总是被优先执行。

下面给出一个 MATLAB 自带的示例 MEX 程序 mexeval.c，并对程序的主要部分添加了中文注释，以此简要介绍用 C 语言编写 MEX 文件的格式和方法。

例 22.1 应用示例。

```
/* C语言编写的MEX文件*/
/* 头文件声明*/
#include "mex.h"
/*入口程序*/
void
mexFunction(int nlhs,mxArray *plhs[],
            int nrhs,const mxArray *plhs[] )
{
    if(nrhs==0)
    /* 没有输入参数时报错*/
    mexErrMsgTxt("Function'mexeval'cannot be used without any input variables.\n");
    else if(!mxIsChar (prhs[0]))
{
    /* 输入参数不为字符型时报错*/
    const char str[]="Function'mexeval'not defined for variables of class";
    char errMsg[100];
    sprintf(errMsg,"%s '%s'\n",str,mxGetClassName(prhs[0]));
    mexErrMsgTxt(errMsg);
    }
    else
        {
/* 满足要求时，执行字符串的命令*/
/* 定义变量*/
char *fcn
```

```
int status;
int buflen=mxGetN(prhs[0])+1;
fcn=(char *)mxCalloc(buflen,sizeof (char));
status=mxGetString(prhs[0],fcn,buflen);
status=mexEvalString(fcn);
if((nrhs==2)&&(status))
{
char *cmd;
int buflen;
buflen=mxGetN(prhs[1])+1;
cmd=(char *)mxCalloc(buflen,sizeof (char));
mxGetString(prhs[1],cmd,buflen);
mexEvalString(cmd);
mxFree(cmd);
}
mxFree(fcn);
}
}
```

由例子可以看出，用 C 语言编写的 MEX 文件与一般的 C 语言程序相同，没有复杂的内容和格式。较为独特的是在输入参数中出现的一种新的数据类型 mxArray，该数据类型就是 MATLAB 矩阵在 C 语言中的表述，是一种已经在 C 语言头文件 matrix.h 中预定义的结构类型，所以，在实际编写 MEX 文件的过程中，应当在文件开始声明这个头文件，否则在执行过程中会报错。

mxArray 结构体具体的定义方式如下。

```
typedef struct mxArray_tag mxArray;
struct mxArray_tag
{
    char  name[mxMAXNAM]
    int   reserved1[2];
    void  * reserved2;
    int   number_of_dims;
    int   nelements_allocated;
    int    reserved3[3];
    union
    {
      struct
      {
      void    *pdata;
      void    *pimag_data;
      void    *reserved4;
      int     reserved5[3];
      }number_array;
    }data;
  };
```

通过调用 matrix.h 头文件就可以用 C 语言实现对 MATLAB 生成的矩阵的运算，由于 MATLAB 的接口函数库对 mxArray 结构体进行了很好的封装，所以，在具体操作过程中，无须了解结构体各部分的具体含义，这样大大方便了 MEX 文件的设计，使得不必为不同的操作系统或不同版本的语言系统而改动应用程序。

另外要指出的是，一般来说 MEX 文件都有固定的程序结构，即入口程序 mexFunction，该程序是 MEX 文件和 MATLAB 的接口，用于完成其相互间的程序通信，其结构如下。

```
void
mexFunction( int nlhs,mxArray *plhs[],
int nrhs,const mxArray *prhs[])
    {
    /*程序代码以实现具体的通信功能*/
    }
```

该函数的输入参数主要有 4 个，分别是 nlhs、plhs、nrhs 及 prhs。其中 nlhs 为整数，用来说明函数的输出参数个数；plhs 为一个指向 mexArray 结构体类型的指针数组，该数组的各元素依次指向所有的输出参数；输入参数 nrhs 也为整数变量，用以说明函数的输入参数个数，而相应的输入参数 prhs 也为一个指向 mexArray 结构体类型的指针数组，其元素依次指向所有的输入参数。

在 MATLAB 程序中调用 MEX 文件时，MEX 文件的使用方法与普通 M 文件相同，需给出必要的输入参数和输出参数。

```
c=mexeval('sin(pi/2)');
```

此时，系统已经对入口程序的参数进行了设置，不难看出，nlhs 为 1、plhs 为空、nrhs 为 1，而 prhs 为指向字符串 sin(pi/2)的指针。当然，这里字符串只是形象的说明，事实上，在调用过程中，MATLAB 内的字符串已被转换成 C 语言的 mxArray 结构型变量了。

在 C 语言的 MEX 文件中可以对 MATLAB 的所有语言要素进行操作，从而实现全面的接口，这大大扩充了 MATLAB 语言的功能。

22.1.1 MEX 文件的结构

下面以 MATLAB 软件自带的一个 C-MEX 文件为例，说明 MEX 文件的结构。位于 <MATLABroot>\extern\example 目录下的 timestwo.c 结构清晰，体现了 C-MEX 文件的基本框架。现将 timestwo.c 列举如下。

```
#include"mex.h"
/*
*timestwo.c-example found in API guide
*
*Computational function that takes a scalar and double it.
*
*This is a MEX-file forMATLAB.
*
*Copywrite 1984-2000 The MathWorks,Inc.
*/
/*Revision:1.8*/
//本 MEX 文件的目的是实现 timestwo 的功能
void timestwo(double y[],double x[])
{
    y[0]=2.0*x[0];
}
//下面这个 mexFunction 的目的是使 MATLAB 知道如何调用这个 timestwo()函数
void mexFunction(int nlhs,mxArray*plhs[],
                 int nrhs,const mxArray*plhs[]
{
//nlhs:MATLAB 命令行方式下输出参数个数
//plhs:MATLAB 命令行方式下输出参数
//nrhs:MATLAB 命令行方式下输入参数个数
//prhs:MATLAB 命令行方式下输入参数
double*x,*y;
  int mrows,ncols;
//检查输入、输出参数个数
if(nrhs!=1) {
  mexErrMsgTxt("one input required.");
  }else if(nlhs>1){
    mexErrMsgTxt("Too many output arguments");
  }
//输入必须是一个非复数浮点类型矩阵
//获得输入矩阵的行、列数
mrows=mxGetM(prhs[0]);
ncols=mxGet(prhs[0]);
//判断输入矩阵是不是 double 类型，以及它是否包括单个元素
if(!mxIsDouble(prhs[0])||mxIsComplex(prhs[0])||
    !(mrows==1&&ncols==1)){
    mexErrMsgTxt("Input must be a noncomplex scalar double.");
    }
```

```
    //为输出创建一个矩阵，显然这个矩阵是 1×1 的
    plhs[0]mxCreateDoubleMatrix(mrows,ncols,mxREAL);
    //获得指向输入、输出矩阵数据的指针
    x=mxGetPr(prhs[0]);
    y=mxGetPr(prhs[0]);
    //调用 C++函数 timestwo(y,x)
    timestwo(y,x);
    }
```

可见，C 语言 MEX 文件的源程序主要由两个截然不同的部分组成，分别用于完成不同的任务：第一部分称为计算子程序，它包含了所有实际需要完成计算功能的源代码，用来完成实际的计算工作，即用户以前所编写的算法和程序；由于它是以函数形式存在的，所以用户如果想要将一些已经编写好的算法和程序移植到 MATLAB 环境中使用，就需要将算法和程序整理成函数形式封装。第二部分称为入口子程序，它是计算子程序同 MATLAB 环境之间的接口，用来完成两者之间的通信任务。它定义被 MATLAB 调用的外部子程序的入口地址、MATLAB 系统向子程序传递的子程序参数、子程序向 MATLAB 系统返回的结果参数，以及调用计算功能子程序等。

入口子程序的名字为 mexFunction，它的原型在 mex.h 中定义如下。

```
  void mexFunction(
     int   nlhs
     mxArray   *plhs[]
     int         nrhs,
     const mxArray*prhs[]
     );
```

在入口子程序中，用户主要可以完成两方面任务：一方面，从输入的 mxArray 结构体中获得计算所需的数据，然后在用户的计算子程序中加以使用。另一方面，用户同样可以将计算完毕的结果返回给一个用于输出的 mxArray 结构体，这样 MATLAB 系统就能够识别从用户计算子程序返回的结果。

MEX 源文件的两个组成部分既可以存放在一个文件中，也可以分为两个文件来存放，这并不重要，重要的是头文件必须对头文件 mex.h 进行包含，因为该头文件中不仅包含了最基本的头文件 matrix.h（定义了矩阵），而且包含了所有以 mex 为前缀的库函数声明。不管怎样，入口子程序必须是 mexFunction，其结构形式如下。

```
void mexFunction(int nlhs,mxArray*plhs[],int nrhs,const ,mxArray*plhs[])
{.
    //一些必要的 C 语言代码，用来完成 MATLAB 与计算子程序的通信任务
 }
```

22.1.2 创建 C 语言的 MEX 文件

创建 MEX 文件的时候，在 MATLAB 命令行中需要使用 MEX 指令，该指令是 MATLAB 产品的一部分，它主要完成以下功能：

- 清除内存中已经加载的 MEX 函数；
- 调用系统脚本（在操作系统中可以独立使用），完成 MEX 文件的生成。

其中，不同操作系统平台上的系统脚本类型不一样，如在 Windows 平台上是 Perl 脚本，而在 UNIX 平台上则是 B-shell 脚本。除了使用 MEX 指令在 MATLAB 命令行创建 MEX 文件的方法外，对于 C 语言的 MEX 文件，还可以使用 MATLAB 提供的 Visual Studio 插件完成创建工作。

本节具体介绍 MEX 指令和在 Visual Studio 中创建 MEX 文件的方法。

使用 MEX 指令不仅能够创建 C 语言的 MEX 文件，而且还能够创建 Fortran 语言的 MEX 文件，具体创建的 MEX 文件的类型是通过预先配置的编译器类型决定的。完整地执行 MEX 指令的命令如下。

```
>>mex[option1...optionN] sourcefile1[...sourcefileN]...
[objectfile1...objectfileN][libraryfile1...libraryfileN]
```

其中，option1…optionN 是 MEX 指令的命令行参数选项；sourcefile 为参与编译生成 MEX 文件的所有 C 文件；objectfile 和 libraryfile 分别为对象文件和函数库文件。

熟悉 C 语言或 Fortran 语言的读者比较清楚，一般的高级编程语言从源代码到最终的可执行程序的生成过程包含两个步骤：第一个步骤是对源代码文件进行编译，这一步主要检查程序源代码是否有语法或单词错误，并将源文件编译成为目标文件；第二个步骤是链接，将源文件生成的目标文件和必要的库文件、其他的目标文件链接在一起，生成最终的可执行程序文件。在生成 MEX 文件时也是如此，只不过系统的 MEX 脚本将这一过程一次完成了，并且隐藏了其中的细节，如果需要对编辑链接过程进行控制，则要通过设置相应的选项文件和命令行开关来完成。表 22-1 中总结了 MEX 脚本的命令行参数。

表 22-1　MEX 脚本的命令行参数

参数	说明
@<rsp_file>	将 rsp_file 中包含的内容作为 MEX 脚本的命令参数
-argcheck	检测库函数的输入、输出参数
-c	仅完成编译，不进行链接
-D<name>[#<def>]	定义 C 语言预处理宏<name>
-f<file>	指定编译选项文件，如果该选项文件没有保存在当前的路径下，则 file 项需要使用完整的路径名称和文件名称。当指定该参数时，默认的选项文件 mexopts.bat 则不起作用
-g	编译生成的 MEX 文件中包含必要的调试信息
-h[help]	列出 MEX 指令所有的帮助信息，包含本表中的参数说明
-I<pathname>	将指定的路径 pathname 添加到系统的 include 路径中
-inline	内嵌函数文件中包含的 MEX 函数，注意利用此参数生成的 MEX 文件也许和未来版本的 MATLAB 不兼容
-I<file>	将 MEX 文件与指定库文件链接（仅在 UNIX 平台上适用）
-L<pathname>	将指定的路径 pathname 添加到库函数的搜索路径中（仅在 UNIX 平台上适用）
<name>#<def>	使用 def 内容替代选项文件中 name 选项的内容
<name>=<def>	使用 def 内容替代选项文件中 name 选项的内容（仅在 UNIX 平台上适用）
-O	创建代码优化的文件
-outdir<name>	指定文件的输出路径
-output<name>	指定创建文件的文件名称
-setup	设置系统默认的编译器和编译器的选项文件
-U<name>	取消 C 语言预处理程序中指定的宏定义
-v	显示详细的编译过程
-V7	创建与 MATLAB 7 兼容的 MEX 文件

在使用 MEX 脚本编译、链接多个文件时需要注意，第一个源文件的名字将成为 MEX 函数文件的名字，并且该源文件中必须包含 MEX 函数的入口函数 mexFunction()。

22.2　MAT 文件

MAT 文件格式是 MATLAB 专用的数据存储的标准格式，也是默认的文件格式。它的文件名是以.mat 结尾的。MAT 文件提供了一种简便的机制，允许在两个不同的平台或不同的应用程序之间以灵活的方式共享数据。

MAT 文件是 MATLAB 专用的二进制数据文件，因此不能用文本编辑器打开，只能在 MATLAB

中打开。修改 MAT 文件中变量的方法是启动 MATLAB 后，在“File”菜单中选择“Open”，然后找到要打开的 MAT 文件，则 MAT 文件中的变量自动载入 MATLAB 的工作区间，这时可以双击需要修改的变量，打开变量编辑器，直接对变量的内容进行修改，对工作区间中 MAT 文件的变量数据加以编辑。利用变量编辑器可以同时打开多个变量，当然，一般很少手工修改 MAT 文件变量中的数据，而是通过 MATLAB 的命令修改工作区间的变量，然后保存工作区间的变量到 MAT 文件中。MATLAB 中的变量编辑器如图 22-1 所示。

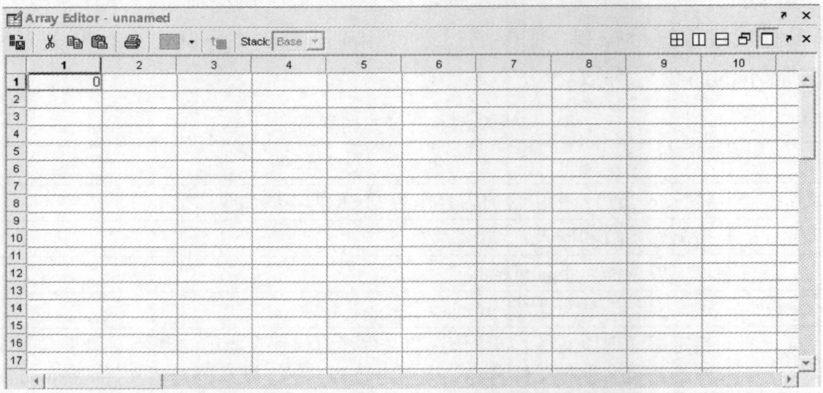

图 22-1　MATLAB 中的变量编辑器

MATLAB 的 save()函数可以将 MATLAB 系统内部数据保存为 MAT 文件，而 load()函数可以将磁盘上的 MAT 文件读入 MATLAB 系统。除此之外，为了有效地管理 MAT 文件和在 MATLAB 外部读取和创建 MAT 文件，MATLAB 提供了一个子程序库，可以在 C 语言或 Fortran 语言程序中直接调用这些子程序来创建和读取 MAT 文件。

22.2.1　创建 C 语言的 MAT 文件

下面先给出一个基于 C 语言的 MAT 文件示例，该示例是 MATLAB 自带的用以说明用 C 语言编辑 MAT 文件的方法。

```
/*用 C 语言编写的 MAT 文件函数*/
/*头文件声明*/
#include<stdio.h>
#include"mat.h"
#define BUFSIZE 255
/*creat()子函数*/
int creat (const char *file)
{
    /*变量声明*/
    MATFile *pmat;
    mxArray *pa1,*pa2,*pa3;
    double data[9]={1.0,4.0,7.0,2.0,5.0,8.0,3.0,7.0,9.0};
    char str[BUFSIZE];
    printf("Creating file %s...\n\n",file);
/*打开 MAT 文件*/
pmat=matOpen(file,"w");
if(pmat==NULL)
    {
        printf("Error creating file %s\n, file")
        printf("(do you have write permission in this directory?)\n");
        return(1);
        }
        /*创建双精度 mxArray 类型的数组，并为其命名、赋值*/
        pa1=mxCreatDoubleMatrix(3,3,mxREAL);
```

```
        mxSetName(pa1,"LocalDouble");
        pa2=mxCreatDoubleMatrix(3,3,mxREAL);
        mxSetName(pa2,"GlobalDouble");
        memcpy((char*)(mxGetPr(Pa1)),(char*)data,3*3*sizeof(double));
        matPutArray(pmat,pa1);
        /*删除已赋值的指针变量*/
        mxDestroyArray(pa1);
        mxDestroyArray(pa2);
        mxDestroyArray(pa3);
        /*已关闭 MAT 文件*/
        if(matClose(pamat)!=0)
       {
        printf("Error closing file %s\n, file");
        return(1);
        }
/*再次打开 MAT 文件*/
pmat=matOpen(file,"r");
if(pmat==NULL)
    {
        printf("Error reopening file %s\n, file")
        return(1);
        }
/*读取 MAT 文件的数据*/
pa1=matGetArray(pmat,LocalDouble);
if(pa1==NULL)
    {
      printf("Error reading existing matrix LocalDouble\n");
      return(1);
      }
if(mxGetNumberOfDimensions(pa1)!=2)
    {
      printf("Error saving matrix:result does not have two dimensions\n");
      return(1);
      }
pa2=matGetArray(pmat,"GlobalDouble");
if(pa2==NULL)
    {
      printf("Error reading existing matrix globalDouble\n");
      return(1);
      }
if(!(mxIsFromGloba1WS(pa2)))
    {
        printf("Error saving global matrix:result is not global\n");
        return(1);
      }
pa3=matGetArray(pmat,"LocalString");
if(pa3==NULL)
    {
      printf("Error reading existing matrix LocalDouble\n");
      return(1);
      }
mxGetString(pa3,str,255);
if(strcmp(str,"MATLAB:the language of technical computing"))
 {
      printf("Error reading string:result has incorrect contents\n");
      return(1);
      }
/*删除已赋值的指针变量*/
mxDestroyArray(pa1);
mxDestroyArray(pa2);
mxDestroyArray(pa3);
/*关闭已打开的 MAT 文件*/
  if(matClose(pamat)!=0)
       {
        printf("Error closing file %s\n, file");
        return(1);
```

```
        }
printf("Done\n");
return(0);
}
/*主程序*/
int main()
{
    int result;
    result=create("mattest.mat");
    return(result==0)?EXIT_SUCCESS:EXIT_FAILURE;
    }
```

由上面的程序可以看出用 C 语言编写的 MAT 文件是着重于对“mat-函数库”中函数的调用。

对 C 语言编写的 MAT 文件的编译也较为简单，与 MEX 文件的编译方法相同，在 MATLAB 中选择 C 语言编译器的选项文件对其进行编译即可。

22.2.2 创建 Fortran 语言的 MAT 文件

接下来给出一个基于 Fortran 语言的 MAT 文件示例，该文件也是 MATLAB 自带的示例程序。用 Fortran 语言编写的 Mat 函数。

- 主程序片段。

```
      program matdemo1
```

- 定义有关 MAT 文件变量。

```
      integer matopen, mxCreateFull,mxCreateString
      integer matGetMatrix, mxGetPr
      integer mp,pa1,pa2,pa3
```

- 其他常用变量。

```
integer status, matClose
double precision dat(9)
data dat / 1.0,2.0,3.0,4.0,5.0,6.0,7.0,8.0,9.0 /
```

- 打开 MAT 文件准备写入。

```
write(6,*)'Creating MAT-file matdemo.mat...'
mp=matOpen('matdemo.mat','w')
if(mp.ep.0)  then
    write(6,*)'can't open''matdemo.mat''for writing.'
    write(6,*)'(Do you have write permission in this directory)'
    stop
end if
```

- 创建 mxArray 结构体变量并为变量命名。

```
pa1=mxCreateFull(3,3,0)
call mxSetName(pa1,'Numeric')
pa2=mxCreateString('MATLAB:The Language of computing')
call mxSetName(pa2,'String')
pa3=mxCreateString('MATLAB:The Language of computing')
call mxSetName(pa3,'String2')
```

- 将变量值写入 MAT 文件。

```
call matPutMatrix(mp,pa1)
call matPutMatrix(mp,pa2)
call matPutMatrix(mp,pa3)
call mxCopyReal8ToPtr(dat,mxGetPr(pa1),9)
call matPutMatrix(mp,pa1)
```

- 从 MAT 文件中删除变量 String2。

```
call matDeleteMatrix(mp,'String2')
```

- 关闭 MAT 文件。

```
    status=matClose(mp)
    if(status.ne.0)then
        write(6,*)'Error Closing MAT-file'
        stop
    end if
```

- 打开 MAT 文件。

```
mp=matOpen('matdemo.mat','r')
if(status.ne.0)  then
    write(6,*)'can't open''matdemo.mat''for reading.'
    stop
end if
```

- 从 MAT 文件中读出 mxArray 结构体变量。

```
pa1=matGetMatrix(mp,'Numeric')
if(mxIsNumeric(pa1).eq.0)then
write(6,*)'Invalid non-numeric matrix written to MAT-file'
    stop
end if
pa2=matGetMatrix(mp,'String')
if(mxIsString(pa2).eq.0)then
write(6,*)'Invalid non-numeric matrix written to MAT-file'
    stop
end if
pa3=matGetMatrix(mp,'String2')
if(pa3.ne.0)then
write(6,*)'String2 not deleted MAT-file'
    stop
end if
```

- 删除指针变量，释放内存。

```
call mxFreeMatrix(pa1)
call mxFreeMatrix(pa2)
call mxFreeMatrix(pa3)
```

- 关闭 MAT 文件。

```
status=matClose(mp)
if(status.ne.0)then
write(6,*)'Error Closing MAT-file'
    stop
end if
write(6,*)'Done creating MAT-file'
stop
end
```

基于 Fortran 语言的 MAT 文件与传统的 Fortran 语言程序也无明显不同，主要是调用相应的函数。其在 MATLAB 中的编译方法也同 MEX 文件相同，这里不赘述。

22.3　Java 接口

在 MATLAB 7.x 中，对 Java 编程进行了扩展，每次安装时都将 Java 虚拟机（Java Vitual Machine，JVM）安装或集成到 MATLAB 中。Java 解释器已经被广泛应用于 MATLAB 7.x 的环境中，并构成了 MATLAB 用户界面的基础。本节主要对 MATLAB 和 Java 之间的集成进行介绍，而不对 Java 进行介绍。读者可以自行翻阅 Java 编程方面的书籍来学习 Java 编程。

Java 是一种可以用于跨平台，能在不同类型的计算机分部环境中使用的语言。在编译时，Java 编写的程序都被编译成与平台无关的 Java 字节的代码，任何安装了 Java 虚拟机的计算机都可以使用。Java 虚拟机实际上可以将一段字节代码编译为实际计算机硬件上运行的机器代码。机器代码在执行时能够识别不同的计算机操作系统从而加以区别。因此，Java 得到了相当广泛的应用。

22.3.1 MATLAB 中的 Java 接口

用户可以在 MATLAB 中使用的 Java 内容来自 3 个部分：Java 自身提供的类；第三方提供的类；用户自己编写的 Java 类。Java 是一种面向对象的高级语言，因此，类、对象等面向对象语言中的概念在 Java 中都存在。读者在 MATLAB 环境中可以直接使用 Java 提供的类来创建对象或创建新类。本节主要通过实例来对一些基础接口加以说明，读者可以查阅帮助文件或查看相关的数据获得更详细的资料。

例 22.2 确定当前 MATLAB 运行环境中的 Java 环境。

```
>> %确定 Java 版本
>> version -java
ans =
Java 1.4.2 with Sun Microsystems Inc. Java HotSpot(TM) Client VM
    (mixed mode)
>>  %确定可以使用的 Java 类
>> javaclasspath
        STATIC JAVA PATH .
    D:\matlab2\java\patch
    D:\matlab2\java\jar\util.jar
    D:\matlab2\java\jar\widgets.jar
    D:\matlab2\java\jar\beans.jar
    D:\matlab2\java\jar\hg.jar
    D:\matlab2\java\jar\ice.jar
    D:\matlab2\java\jar\ide.jar
    D:\matlab2\java\jar\jmi.jar
    D:\matlab2\java\jar\mde.jar
    D:\matlab2\java\jar\mlservices.jar
    D:\matlab2\java\jar\mlwidgets.jar
    D:\matlab2\java\jar\mwswing.jar
    D:\matlab2\java\jar\mwt.jar
    D:\matlab2\java\jar\org\netbeans.jar
    D:\matlab2\java\jar\page.jar
    D:\matlab2\java\jar\services.jar
    D:\matlab2\java\jar\test\fakematlab.jar
    D:\matlab2\java\jar\test\installer.jar
    D:\matlab2\java\jar\test\instrument.jar
    D:\matlab2\java\jar\test\jmi.jar
    …    …
    D:\matlab2\java\jarext\ice\ib5xalan.jar
    D:\matlab2\java\jarext\ice\icessl.jar
    D:\matlab2\java\jarext\J2PrinterWorks.jar
    D:\matlab2\java\jarext\jaccess-1_4.jar
    D:\matlab2\java\jarext\junit.jar
    D:\matlab2\java\jarext\mwucarunits.jar
    D:\matlab2\java\jarext\saxon.jar
    D:\matlab2\java\jarext\vb20.jar
    D:\matlab2\java\jarext\wsdl4j.jar
    D:\matlab2\java\jarext\xalan.jar
    D:\matlab2\java\jarext\xercesImpl.jar
    D:\matlab2\java\jarext\xml-apis.jar
        DYNAMIC JAVA PATH
        <empty>
```

可以看出，默认情况下，Java 的类路径可以分为静态路径和动态路径，静态路径用于保存稳定和静态的 Java 类，而对于需要编辑的 Java 类，则保存在动态路径中。实际上，在 MATLAB 程序运行时，会自动加载 Java 的内置函数类。

例 22.3 确定 Java 运行时自动加载的类。

```
>> [M,X,J]=inmem
M =
     'matlabrc'
     'pathdef'
     'userpath'
     'ispc'
     'filesep'
     'pwd'
     'usejava'
     'hgrc'
     'opaque.char'
     'colordef'
     'whitebg'
     'jet'
     'initprefs'
     'findallwinclasses'
     'initdesktoputils'
     'path'
     'mdbstatus'
     'java'
     'workspacefunc'
     'num2str'
     'int2str'
     'strvcat'
     'javaclasspath'
     'pathsep'
     'iscellstr'
X =
     'cellfun'
J =
     'java.util.Locale'
     'GObject'
     'schema.class'
     'figure'
     'schema.method'
     'java.lang.String'
     'java.lang.CharSequence'
'com.mathworks.jmi.ClassLoaderManager'
```

在上面的程序中，M 表示系统加载的 M 文件，X 表示系统加载的 MEX 文件，而 J 则表示系统加载的 Java 函数类。

例 22.4 在 MATLAB 中创建 Java 对象。

```
>> %创建窗口对象
>> frame=java.awt.Frame('Frame A')
frame =
java.awt.Frame[frame0,0,0,0x0,invalid,hidden,layout=java.awt.BorderLayout,title=Frame
A,resizable,normal]
>>  %创建 URL 对象
>> url=java.net.URL('http://archive.ncsa.uiuc.edu/demoweb/')
url =
http://archive.ncsa.uiuc.edu/demoweb/
>>   %创建字符串对象
>> strObj=javaObject('java.lang.String','hello')
strObj =
hello
>> %通过引用创建对象
>> origFrame=java.awt.Frame

origFrame =
java.awt.Frame[frame1,0,0,0x0,invalid,hidden,layout=java.awt.BorderLayout,title=,resizable,
normal]
>> whos
```

```
  Name              Size                  Bytes  Class
  J                 8x1                     736  cell array
  M                25x1                    1898  cell array
  X                 1x1                      74  cell array
  ans               1x81                    162  char array
  frame             1x1                          java.awt.Frame
  origFrame         1x1                          java.awt.Frame
  strObj            1x1                          java.lang.String
  url               1x1                          java.net.URL

Grand total is 453 elements using 2870 bytes
```

例 22.5 对 MATLAB 中创建的 Java 对象进行操作。

```
>> %将同类对象进行合并
>> point1=java.awt.Point(24,127);
>> point2=java.awt.Point(114,29);
>> cat(1,point1,point2)
ans =
java.awt.Point[]:
    [java.awt.Point]
    [java.awt.Point]
>> %按照 MATLAB 方式合并对象
>> byte=java.lang.Byte(127);
>> integer=java.lang.Integer(52);
>> double=java.lang.Double(7.8);
>> [ byte;integer;double]
ans =
java.lang.Number[]:
    [    127]
    [     52]
[7.8000]
>> %不同层次的对象合并
>> byte=java.lang.Byte(127);
>> point=java.awt.Point(24,127);
>> [byte;point]
ans =
java.lang.Object[]:
    [                    127]
[java.awt.Point]
```

例 22.6 在 MATLAB 中设置对象的属性。

```
>> %在 MATLAB 中设置生成的 Java 对象的属性
>> frame.setTitle('Sample Frame')
>> title=frame.get.Title
title=
Sample Frame
>>  %按照 MATLAB 方式设置 Java 对象的属性
>> setTitle(frame,'Sample Frame')
>> title=get.Title(frame)
title=
Sample Frame
>> %获得属性信息
>> methods java.awt.Dimension -full
Methods for class java.awt.Dimension:
Dimension(java.awt.Dimension)
Dimension()
Dimension(int,int)
java.lang.Object clone()  % 继承自 java.awt.geom.Dimension2D
boolean equals(java.lang.Object)
java.lang.Class getClass()  % 继承自 java.lang.Object
double getHeight()
java.awt.Dimension getSize()
double getWidth()
int hashCode()
void notify()  % 继承自 java.lang.Object
```

```
void notifyAll()  % 继承自 java.lang.Object
void setSize(int,int)
void setSize(java.awt.Dimension)
void setSize(double,double)
void setSize(java.awt.geom.Dimension2D)  % 继承自 java.awt.geom.Dimension2D
java.lang.String toString()
void wait(long,int) throws java.lang.InterruptedException  % 继承自 java.lang.Object
void wait() throws java.lang.InterruptedException  % 继承自 java.lang.Object
void wait(long) throws java.lang.InterruptedException  % 继承自 java.lang.Object
```

例 22.7 在 MATLAB 中创建 Java 类型的数据。

```
>> %使用 javaArray()函数创建 Java 类型的数据
>> dblArray=javaArray('java.lang.Double',4,5);
>> for m=1:4
for n=1:5
dblArray(m,n)=java.lang.Double((m*10)+n);
end
end
>> dblArray
dblArray =
java.lang.Double[][]:
    [11]    [12]    [13]    [14]    [15]
    [21]    [22]    [23]    [24]    [25]
    [31]    [32]    [33]    [34]    [35]
    [41]    [42]    [43]    [44]    [45]
>> %用另一种方式创建 Java 数组
>> matlabArray(4,5)=0;
>> javaArray(4,5)=java.lang.Double(0)
javaArray =
java.lang.Double[][]:
     []      []      []      []      []
     []      []      []      []      []
     []      []      []      []      []
     []      []      []      []     [0]
```

例 22.8 将 Java 对象转化为 MATLAB 数组。

```
>> %将对象转化为 MATLAB 结构体
>> polygon=java.awt.Polygon([14 42 98 124],[55 12 -2 62],4);
>> pstruct=struct(polygon)
pstruct =
    npoints: 4
    xpoints: [4x1 int32]
    ypoints: [4x1 int32]
>> pstruct.xpoints
ans =
          14
          42
          98
         124
>> %将数据转化为单元数组
>> import java.lang.*java.awt.*;
>> %create a java array of double
>> dblArray =javaArray('java.lang.Double',1,10);
>> for m=1:10
dblArray(1,m)=Double(m*7);
end
>> %create a java array of points
ptArray=javaArray ('java.awt.Point',3);
ptArray(1)= Point(7.1,22);
ptArray(2)= Point(5.2,35);
ptArray(3)= Point(3.1,49);
>> %create a java array of strings
strArray=javaArray ('java.long.Strings',2,2);
strArray(1,1)= Strings('ones')
strArray(1,1)= String('one');
```

```
strArray(1,2)= String('two');
strArray(2,1)= String('three');
strArray(2,2)= String('four');
>>%convert each to cell arrays
cellArray={cell(dblArray),cell(ptArray),cell(strArray)}
cellArray=
{1x10 cell}  {3x1 cell}  {2x2 cell}
>>cellArray{1,1}
ans=
[7]   [14]   [21]   [28]   [35]   [42]   [49]   [56]   [63]   [70]
>>cellArray{1,2}
ans=
[1x1 java.awt.Point]
[1x1 java.awt.Point]
[1x1 java.awt.Point]
>>cellArray{1,3}
ans=
   'one'              'two'
'three'             'four'
```

22.3.2 Java 接口程序应用

此处通过一个示例来说明 Java 接口在 MATLAB 中的应用示例。用户可以在该程序的基础上，根据需要来编写更为实用的程序，以满足 MATLAB 中的编程需要。该程序通过一个 M 文件函数 resolveip()来返回 IP 域名或地址，如果输入一个域名，则返回 IP 地址；反之输入 IP 地址，则返回域名。在程序中使用 InetAddress 类来得到 InetAddress 对象，接着根据输入数据，通过访问操作符来获得域名或 IP 地址。

例 22.9 IP 地址访问应用程序。

```
%创建 InetAddress 对象
function resolveip(input)
try
    address=java.net.InetAddress.getByName(input)
catch
    error(sprintf('Unknown host %s.','input'))
end
%获取域名或 IP 地址
hostname=char(address.getHostName);
ipaddress=char(address.getHostAddress);
%显示域名或 IP 地址
if strcmp(input,ipaddress)
    disp(sprintf('Host name of %s is %s',input hostname));
else
    disp(sprintf('IP address of %s is %s',input ipaddress));
end
>> resolveip('127.0.0.1')
Host name of 127.0.0.1 is localhost
>> resolveip(' localhost ')
IP address of localhost is 127.0.0.1
```

例 22.10 在 MATLAB 中使用 Java 来编写电话本程序。

所编写的示例程序中，主程序部分 phonebook 可以判断用户使用电话本文件的目录。如果电话本文件存在，则可以使用 java.io.FileOutputStream 创建对象，然后关闭 Java 输出流。接着使用 java.util.Properties 创建一个数据字典对象，该字典对象使用 java.util.Hashtable 创建对象，在一个散列表（hash table）中存储键/值对，即 key/value 对，key 存储姓名，而 value 存储一个或多个电话号码。

电话本文件也可以使用 java.io.FileInputStream 的对象，来创建和打开一个输入流，用于读取数据。在调用时，如果散列表内容存在，那么可以查询用户输入的 key 关键字，通过

pb_lookup()函数来查询数据，并显示查询结果。如果用户在调用 phonebook 时没有参数，那么将会显示一个功能目录。

下面通过程序注释和程序内容，来说明此处编写的示例程序的功能和内容。由于此处涉及一些 Java 方面的库函数，因此读者如果对此感兴趣，则可以翻阅 Java 编程方面的介绍书籍以获得更详细的介绍。当然此处会对其中的一些内容进行介绍。

（1）主调用函数。

```
function phonebook(varargin)
%确定数据的目录和完整文件名
%电话本文件名称 myphonebook
%调用 java.lang.System 的静态方法 getProperty()
%默认情况下为用户的当前工作目录
%否则，使用 MATLAB 的 getenv()函数来确定目录，使用系统变量 HOME 来确定文件名
pbname='myphonebook'
if ispc
    datadir=char(java.lang.System.getProperty('user.dir'));
else
    datadir=chargetenv('HOME')
end;
pbname=fullfile(datadir,pbname);
%如果文件不存在，则通过 java.io.FileOutputStream 创建一个新的文件输出流
if~exist(pbname)
    disp(sprintf('Data file %s dose not exist.'pbname));
    r=input('Creat a new phone book(y/n)?','s')
    if r=='y',
        try
            FOS=java.io.FileOutputStream(pbname)
            FOS.close
        catch
            error(sprintf('Failed to creat %s',pbname));
        end;
    else
        return;
    end;
end;
%利用 java.util.Properties
pb_htable=java.util.Properties;
%创建文件输入流
try
    FIS=java.io.FileInputStream(pbname);
catch
    error(sprintf('Failed to open %s for reading.',pbname));
end;
%加载电话本中的电话信息，并关闭文件输入流
pb_htable.load(FIS);
FIS.close;
%显示操作菜单，捕获用户的选择
while 1
    disp ''
    disp 'Phonebook menu:'
    disp ''
    disp '1.Look up a phone number'
    disp '2.Add an entry to the phone book'
    disp '3.Remove an entry from the phone book'
    disp '4.Change the contents of an entry in the phone book '
    disp '5.Display entire contents of the phone book'
    disp '6.Exit this program'
    disp ''
    s=input('Please type the number for a menu selection:','s');
    %触发操作函数进行电话本操作
    switch s
        %查找用户输入的姓名
        case'1'
```

```
            name=input('Enter the name to look up:','s');
            if isempty(name)
                disp 'No name entered'
            else
                pb_lookup(pb_htable,name)
            end;
            %添加一个用户
            case'2'
                pb_add(pb_htable)
                %删除一个用户
        case'3'
        name=input('Enter the name of the entry to remove:','s');
            if isempty(name)
                disp 'No name entered'
            else
                pb_remove(pb_htable,name);
            end;
            %改变电话本记录
            case'4'
        name=input('Enter the name of the entry to change:','s');
            if isempty(name)
                disp 'No name entered'
            else
                pb_change(pb_htable,name);
            end;
            %显示所用电话本用户记录
            case'5'
                pb_listall(pb_htable)
                %关闭操作
            case'6'
                try
                    FOS=java.io.FileOutputStream(pbname);
                catch
                    error(sprintf('Failed to open %s for writing.',...pbname));
                    pb_htable.save(FOS,'Data file for phonebook program');
                    FOS.close
                    return;
                    otherwise
                        disp'That selection is not on the menu.'
                end;
end;
```

（2）根据输入的用户姓名查找用户。

```
function pb_lookup(pb_htable,name)
%查找函数 pb_lookup()，根据输入的用户姓名，利用散列表函数来查找
entry=pb_htable.get(pb_keyfilter(name));
if isempty(entry),
    disp(sprintf('The name %s is not in the phone book',name));
else
    pb_display(entry);
end
```

（3）向电话本中添加用户记录。

```
function pb_add(pb_htable)
%向电话本中添加记录，包括姓名和电话号码
disp 'Type the name for the new entry,folloed by Enter.'
disp 'Then,type the phone number(s),one per line.'
disp 'To complete the entry,type an extra Enter.'
name=input('::','s');
entry=[name'^'];
    while 1
    line=input('::','s');
    if isempty(line)
    break;
    else
```

```
        entry=[entry line'^']
        end;
        end;

        if strcmp(entry,'^')
        disp 'No name entered'
        return;
        end;

        pb_htable.put(pb_keyfilter(name),entry);
        disp''
        disp(sprintf('%s has been added to the phone book.'name));
```

（4）删除电话本中的记录。

```
function pb_remove(pb_htable)
 %从电话本中删除记录
 %检查用户是否存在
 if~pb_htable.containsKey(pb_keyfilter(name))
disp(sprintf('The name %s is not in the phone book.'name));
return
end;
%如果用户存在，确定后删除电话记录
r=input(sprintf('Removed entry %s(y/n)?',name),'s')
if r=='y'
pb_htable.remove(pb_keyfilter(name))
disp(sprintf('%s has been removeed from the phone book.'name));
else
disp(sprintf('%s has not been removed.'name));
end;
```

（5）改变电话记录。

```
function pb_change(pb_htable,name)
%改变电话本中的记录
%如果找到用户，那么通过 else 块来显示
entry=pb_htable.get(pb_keyfilter(name));
if isempty(entry)
disp(sprintf('The name %s is not in the phone book.'name));
return
else
    pb_display(entry)
    r=input('Replace phone numbers in this entry (y/n)?','s')
    if r~='y'
        return;
    end
end
%输入新的电话号码
disp 'Type in the new phone numbers,one per line'
disp 'To complete the entry,type an extra Enter.'
disp(sprintf(':: %s',name))
entry=[name'^']
    while 1
    line=input('::','s')
    if isempty(line)
    break;
    else
    entry=[entry line'^'];
    end;
    end;
    pb_htable.put(pb_keyfilter(name),entry);
    disp''
    disp(sprintf('The entry for %s has been changed',name));
```

（6）列表显示所有电话记录。

```
function pb_listall(pb_htable)
%列表显示所有电话记录
```

```
enum=pb_htable.propertyNames;
while enum.hasMoreElements
key=enum.nextElement;
pb_display(pb_htable.get(key));
end;
```

（7）显示一个用户的所有电话记录。

```
function pb_display(pb_htable)
%显示一个用户的所有电话记录
disp''
disp'_________________'
[t,r]=strtok(entry,'^')
while~isempty(t)
disp(sprintf('%s',t))
[t,r]=strtok(r,'^')
end;
disp'_________________'
```

（8）关键字过滤。

```
function out=pb_keyfilter(key)
%通过使用过滤，使 key 能够被 java.util.Properties 对象使用
if~isempty(findstr(key,'')
out=strrep(key,'','_');
else
    out=strrep(key,'','_');
end;
```

上面为在 MATLAB 中编写程序使用 Java 类函数的一个比较详细的示例的所有程序代码。可以看出，在 MATLAB 中编写 M 文件时，可以使用 Java 提供的大量对象。在该示例中使用了 `java.io.FileOutputStream`、`java.io.FileInputStream`、`java.util.Properties`、`java.util.Hashtable` 等对象和函数。后两个 Java 类函数更是该程序示例中实现大量用于查找、添加等功能的基础，对 `java.util.Hashtable` 所创建的电话本中的这些程序都能够更方便地提供操作。在编写相应的 M 函数文件后，可以直接在 MATLAB 命令行中使用，使用方法和其他 MATLAB 的命令函数使用方法相同。

22.4　本章小结

通过接口函数的使用，大大提高了 MATLAB 与其他语言之间交互的能力。本章主要介绍了用 C 语言和 Fortran 语言编写 MEX 函数文件，通过编译后得到 MATLAB 的方法；同时也介绍了 MATLAB 利用所提供的引擎技术，供 C 语言或 Fortran 语言编写程序时的作用。此外，还对 MATLAB 内置调用的 Java 接口进行了简单的介绍。当然，MATLAB 提供的和外部程序之间的接口还有其他方式，感兴趣的读者可查阅 MATLAB 的帮助文件获得更为详细的介绍。

第 23 章 MATLAB 工具箱

目前 MATLAB 已经发展成一个系列产品，包括它的内核和多个可供选择的工具箱。MATLAB 的多个工具箱主要分为两类：功能型工具箱和领域型工具箱。功能型工具箱主要用来扩充 MATLAB 符号计算功能、图形建模仿真功能、文字处理功能等。而领域型工具箱的专业性很强，如控制系统工具箱（Control System Toolbox）、信号处理工具箱（Signal Processing Toolbox）、财经工具箱（Financial Toolbox）等，只适用于相关专业领域。本章将介绍 MATLAB 工具箱的知识。

23.1 MATLAB 工具箱概述

MATLAB 的工具箱，为不同领域内使用 MATLAB 的研究开发者提供了“捷径”。MATLAB 的工具箱丰富多样，方便了广大用户使用。迄今为止，已有多种各类工具箱面世，涉及的范围广，内容包含信号处理、自动控制、图像处理、经济、数学、化学等领域。

应用工具箱可以降低编程的复杂程度，使用户感到更加简单、快捷，因此，MATLAB 总是追踪各领域的最新进展，推出各具特色的工具箱，使广大用户受益匪浅。

用户也可以自己编写工具箱。放入一个目录中的专门编写的一组 MATLAB 函数就可以组成一个工具箱。在一个工具箱中，有一个用来描述工具箱中所有 MATLAB 函数的名称和意义的文件，这个文件是 Contents.m。在该文件的第一行应该给出该工具箱中各类函数的最基本功能。需要注意的是，这个文件中所有的语句都应该是注释语句，由百分号“%”开头引导，即使是空行也应由其引导。

23.1.1 工具箱类型

迄今为止 MATLAB 工具箱的种类已有多种，其部分内部模块和工具箱具体类型如下。

Simulink：动态仿真工具箱

Aerospace Blockset：太空模块

Bioinformatics Toolbox：生物信息工具箱

CDMA Reference Blockset：码分多址参数模块

Communications Blockset：通信模块

Communications Toolbox：通信工具箱

Control System Toolbox：控制系统工具箱

Curve Fitting Toolbox：曲线拟合工具箱

Data Acquisition Toolbox：数据获取工具箱

Database Toolbox：数据库工具箱

Data feed Toolbox：数据供给工具箱

Filter Design Toolbox：滤波器设计工具箱
Financial Derivatives Toolbox：金融衍生工具箱
Financial Time Series Toolbox：财经时序工具箱
Financial Toolbox：财经工具箱
Fixed Income Toolbox：固定输入工具箱
Fixed Point Toolbox：定点数工具箱
Fuzzy Logic Toolbox：模糊逻辑工具箱
Genetic Algorithm DirectSearch Toolbox：遗传算法直接搜索工具箱
Image Processing Toolbox：图像处理工具箱
Instrument Control Toolbox：仪表控制工具箱
Mappings Toolbox：地图工具箱
Model Predictive Control Toolbox：模型预测控制工具箱
Model-Based Calibration Toolbox：模型校正工具箱
Neural Network Toolbox：神经网络工具箱
OPC Toolbox：OPC 工具箱
Optimization Toolbox：优化工具箱
Partial Differential Equation Toolbox：偏微分方程工具箱
RF Blockset：RF 模块
RF Toolbox：RF 工具箱
Robust Control Toolbox：鲁棒控制工具箱
Signal Processing Blokset：信号处理模块
Signal Processing Toolbox：信号处理工具箱
Spline Toolbox：样条工具箱
Stateflow：状态流
Stateflow Coder：状态流编码器
Statistics Toolbox：统计工具箱
Symbolic Math Toolbox：符号数学工具箱
System Identification Toolbox：系统辨识工具箱
Video and Image Processing Blockset：视频和图像处理模块
Virtual Reality Toolbox：虚拟实现工具箱
Wavelet Toolbox：小波工具箱

23.1.2 MATLAB 常用工具箱介绍

本节主要针对 MATLAB 中常用的工具箱所涉及的主要内容进行简要介绍。

1. 控制系统工具箱

MATLAB 中含有极为丰富的专用于控制工程与系统分析的函数。一些常见的运算如复数运算、求特征值、求根、矩阵逆运算与快速傅里叶变换（Fast Fourier Transform，FFT）等，我们可能会觉得很难，但在 MATLAB 的控制系统工具箱中，用一条语句就能解决。

控制系统工具箱实际上是一个算法的集合，它使用复数矩阵来提供控制工程的专用函数，其中大部分是 M 文件函数，都可以直接调用。利用这些函数就可以完成控制系统的时域或频域设计、分析与建模。无论对于连续的还是离散的系统，在控制系统工具箱中都能用传递函数或状态空间等形式来表示。我们熟知的时间响应、频域响应、根轨迹等都能够进行方便的计算并画出图形。

MATLAB 的安装提示中有控制系统工具箱的安装提示，可以在安装 MATLAB 时按提示插入含控制系统工具箱的磁盘进行工具箱的安装，可以在安装完 MATLAB 后随时添加控制系统工具箱，只需在 Windows 环境下运行磁盘中的 setup.exe 即可。

这里介绍控制系统的两种数学描述，一是连续系统，二是离散系统。

（1）连续系统。

- 系统的状态空间描述。

其方程可以表示为：

$$\dot{x} = Ax + Bu$$
$$y = Cx + Du$$

其中，$\boldsymbol{u}$ 是 n 维控制输入向量，$\boldsymbol{x}$ 是状态向量，$\boldsymbol{y}$ 是输出向量。

设有一个由一对极点组成的二阶系统，其自然频率 w_n=a，阻尼频率 ξ=b，则在命令行窗口或正在编辑的 M 文件中输入如下程序可以输入系统的状态空间描述形式。

```
>> syms a b
>> wn=a;
>> z=b;
>> A=[0  1
-wn^2  -2*z*wn];
>> B=[0
wn^2];
>> c=[1 0];
>> d=0;
```

- 系统的传递函数描述。

系统的状态空间描述的一种等价方式是如下的拉普拉斯传递函数的描述：

$$\gamma(s) = H(s) \cdot u(s)$$

其中，$H_{(s)}=C(sI-A)^{-1}B+D$。

在 MATLAB 中，用如下公式描述一个单输入单输出（Single Input Single Output，SISO）系统：

$$H_{(s)} = \frac{n_{(s)}}{d_{(s)}} = \frac{n(1)s^{n-1} + n(2)s^{n-2} + \ldots + n(n)}{d(1)s^{d-1} + d(2)s^{d-2} + \ldots + d(n)}$$

其中，n 和 d 分别是分子和分母的数目。d 是行向量，为传递函数的分母多项式系数。且 d≠0；分子系数 n 的行数与输出 H 维数一致，每列对应一个输出。

现在我们看一下单输入多输出（Single Input Multiple Output，SIMO）系统：

$$H_{(s)} = \frac{\dfrac{3s+2}{s^3+2s+5}}{3s^3+5s^2+2s+1}$$

进行如下的输入。

```
>> n=[0 0 3 2
      1 0 2 6];
>> d=[3 1 2 5];
```

说明系统是多输出的，且一些分子多项式比其他一些的阶数要低，则可以用主导极点的原理来进行拓展，使矩阵或向量的维数一致。

- 零极点形式。

传递函数能写成零极点形式，进行这种变换需要对原系统传递函数的分子和分母进行分解因式处理，如 SIMO 系统可写成：

$$H_{i(s)} = k_i \frac{[s-z_i(1)][s-z_i(2)]\ldots[s-z_i(n)]}{[s-p(1)][s-p(2)]\ldots[s-p(n)]}$$

列向量 $\boldsymbol{p}$ 包括传递函数极点，零点存储在矩阵 z 的列中，既可以是实数，又可以是复数，z 的列数等于输出向量 $\boldsymbol{y}$ 的维数，每列对应一个输出。对于 SISO 系统而言，k 是一个标量。

工具箱中的函数 poly()和 roots()用于实现多项式形式和零极点形式的转换，如在命令行窗口中进行如下操作可实现互相转换。

```
>> p=[3 1 2 5]
p =
     3     1     2     5
>> r=roots(p)
r =
   0.3841 + 1.1685i
   0.3841 - 1.1685i
  -1.1016
>> dp=poly(r)
dp =
    1.0000    0.3333    0.6667    1.6667
```

对 SIMO 系统而言，工具箱中的 tf2zp()函数用于实现从多项式传递函数到零极点形式的转换，zp2tf()函数则实现相反的转换。

（2）离散系统。

同连续系统一样，离散系统也有状态空间、多项式传递函数、零极点形式等多种描述方法，下面仅进行简单介绍。

- 状态空间形式。

用一阶差分方程来表示：

$$\boldsymbol{x}(n+1)=A\boldsymbol{x}(n)+B\boldsymbol{u}(n)$$
$$\boldsymbol{y}(n)=C\,\boldsymbol{x}(n)+D\,\boldsymbol{u}(n)$$

其中，$\boldsymbol{u}$、$\boldsymbol{x}$、$\boldsymbol{y}$ 分别为控制输入向量、状态向量、输出向量，n 表示采样点。

- 传递函数形式。

系统状态空间的一个等价描述 z 变换传递函数为：

$$\mathrm{Y}(z)=\mathrm{H}(z)\cdot\mathrm{U}(z)$$
$$\mathrm{H}(z)=C(z\mathrm{I}-A)^{-1}B+D$$

在 MATLAB 中，离散系统传递函数形式表示为：

$$\mathrm{H(z)}=\frac{n(1)z^{n-1}+n(2)z^{n-2}+\ldots+n(n)}{d(1)z^{d-1}+d(2)z^{d-2}+\ldots+d(d)}$$

其中 n 和 d 分别是上式中分子和分母的数目。$\boldsymbol{d}$ 是行向量，为传递函数分母多项式的系数，按 z 的降幂排列；分子系数则包含在矩阵 n 中，n 的行数与输出 $\boldsymbol{y}$ 的维数一致，每列对应一个输出。

- 零极点形式。

零极点形式为：

$$\mathrm{H(z)}=k\frac{(z-z(1))(z-z(2))\ldots(z-z(n))}{(z-p(1))(z-p(2))\ldots(z-p(n))}$$

例 23.1 飞机航向阻尼器设计。

首先建立一个状态矩阵。

```
>> A=[-0.054 -9.9675 0.0876 0.0451;0.589 -0.125 -0.0382 0;
-3.05 0.388 -0.465 0;0 0.0806 1 0];
>>B=[0.0731 0.0002;-4.78 1.23;1.53 10.63;0 0];
>>C=[0 1 0 0;0 0 0 1];
>>D=[0 0;0 0];
```

下面的语句用来定义状态、输入、输出的向量名，若不定义的话，MATLAB 自动取默认名。

状态用“x1,x2,…”表示，控制输入用“u1,u2,…”表示。

```
>> states='beta yaw roll phi';
>> inputs='rudder aileron';
>> outputs='yaw-rate band-angle';
>> printsys(A,B,C,D,inputs,outputs,states)
```

命令行窗口中显示开环系统的状态矩阵如下。

```
a =
                    beta           yaw          roll           phi
        beta    -0.05400      -9.96750       0.08760       0.04510
         yaw     0.58900      -0.12500      -0.03820             0
        roll    -3.05000       0.38800      -0.46500             0
         phi           0       0.08060       1.00000             0
b =
                  rudder       aileron
        beta     0.07310       0.00020
         yaw    -4.78000       1.23000
        roll     1.53000      10.63000
         phi           0             0
c =
                    beta           yaw          roll           phi
    yaw-rate           0       1.00000             0             0
  band-angle           0             0             0       1.00000
d =
                  rudder       aileron
    yaw-rate           0             0
  band-angle           0             0
```

上述 a、b、c、d 是在巡航时飞机的状态空间矩阵，可以看出有两个输入、两个输出，侧滑角 beta 和内倾角 phi 的单位是 rad，输出航向角速度 yaw-rate 和横滚角 roll-rate 的单位是 rad/s，输入方向舵偏角 rudder 和副翼偏角 aileron 的单位是 rad。

下面计算开环系统特征值。

```
>>disp('Open Loop Eigenvalues')
>>damp(A);
```

在命令行窗口得到的结果如下。

```
Open Loop Eigenvalues
        Eigenvalue                 Damping        Freq. (rad/s)
  1.81e-003 + 2.50e+000i        -7.26e-004          2.50e+000
  1.81e-003 - 2.50e+000i        -7.26e-004          2.50e+000
 -1.36e-003                      1.00e+000          1.36e-003
 -6.46e-001                      1.00e+000          6.46e-001
```

在画图前可以定义时间向量 T。

```
T=0: 0.2: 10
```

下面画出输入、输出不同组合的脉冲响应，如图 23-1 所示。

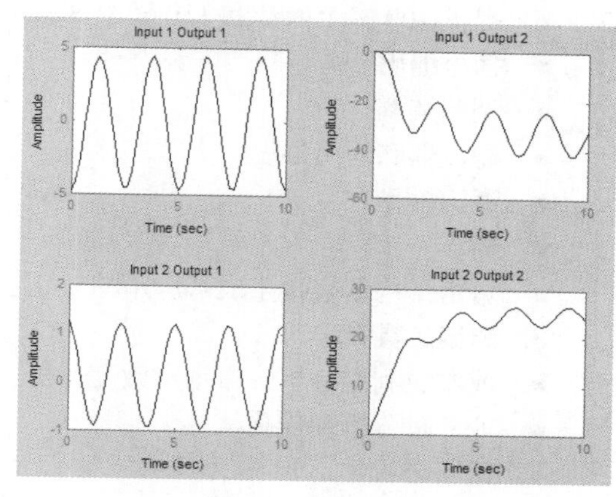

图 23-1　脉冲响应

通过下面的代码画出此通道的波特图。

```
>> bode(A,B,C(1,:),D(1,:),1)
```

得到的波特图如图 23-2 所示。

下面的代码使用正反馈，并得到系统的正反馈根轨迹图。

```
>> [a,b,c,d]=ssselect(A,B,C,D,1,1);
>> clf
>> rlocus(a,b,-c,-d)
>> sgrid
```

得到的根轨迹图如图 23-3 所示。

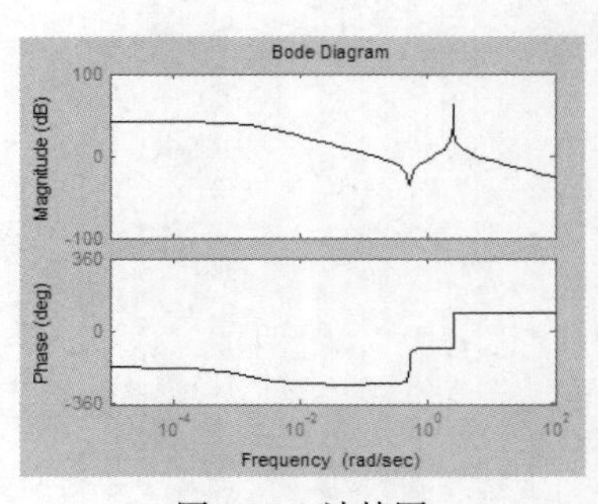

图 23-2　波特图

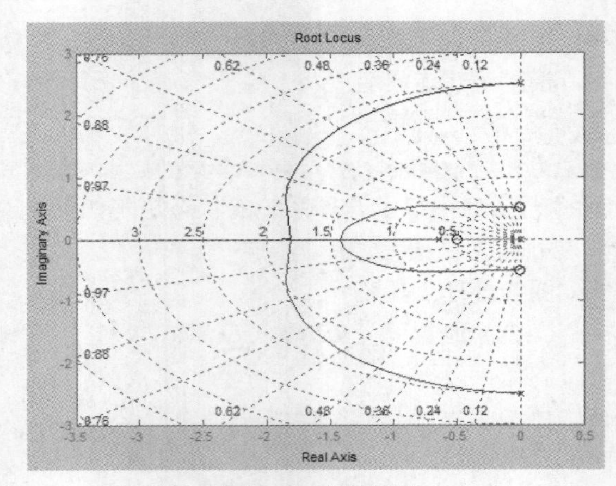

图 23-3　根轨迹图

从闭环系统性能就可以分析所做的设计，首先形成负反馈闭环。

```
[ac,bc,cc,dc]=feedback(a,b,c,d,[],[],[],-k);
```

下面的代码显示闭环系统的特征值。

```
>> [k,poles]=rlocfind(a,b,-c,-d);                    %实现极点的自由选择功能
```

闭环系统的特征值与上面在根轨迹图上所做的选择是一致的。下面的代码显示闭环系统的特征值。

```
>>disp('Close loop eigenvalues'),damp(ac)
```

其命令行窗口中显示的结果如下。

```
Select a point in the graphics window
```

此时在上面的根轨迹图上会出现一个“+”号，可用鼠标指针拖动此符号选择任意的极点，并单击鼠标左键确定，此时命令行窗口会出现你所选择的极点坐标。

```
selected_point =
 2.2773e+001 +1.7474e+003i
Close loop eigenvalues
Eigenvalue                     Damping      Freq. (rad/s)
 -1.37e-002 + 5.09e-001i       2.69e-002       5.09e-001
 -1.37e-002 - 5.09e-001i       2.69e-002       5.09e-001
 -4.98e-001                    1.00e+000       4.98e-001
 -1.75e+003                    1.00e+000       1.75e+003
```

2. 通信工具箱

- 提供 100 多个函数和 150 多个 Simulink 模块用于通信系统的仿真和分析。
- 信号编码。
- 调制解调。
- 滤波器和均衡器设计。
- 通道模型。
- 同步。
- 可由结构图直接生成可应用的 C 语言源代码。

3. 财经工具箱

- 成本、利润分析，市场灵敏度分析。
- 业务量分析和优化。
- 偏差分析。
- 资金流量估算。

- 财务报表。

4. **模糊逻辑工具箱**

- 友好的交互设计界面。
- 自适应神经——模糊学习、聚类以及 Sugeno 推理。
- 支持 Simulink 动态仿真。
- 可生成 C 语言源代码用于实时应用。

5. **图像处理工具箱**

- 二维滤波器设计和滤波。
- 图像恢复增强。
- 色彩、集合及形态操作。
- 二维变换。
- 图像分析和统计。

6. **神经网络工具箱**

- BP、Hopfield、Kohonen、自组织、径向基函数等网络。
- 竞争、线性、Sigmoidal 等传递函数。
- 前馈、递归等网络结构。
- 性能分析及应用。

7. **优化工具箱**

- 线性规划和二次规划。
- 求函数的最大值和最小值。
- 多目标优化。
- 约束条件下的优化。
- 非线性方程求解。

线性规划（LP，Linear Programming）是一种优化方法，MATLAB 优化工具箱中有现成函数 linprog()对如下式描述的 LP 问题求解。

（1）模型：$\min z = cX$。

$$AX \leqslant b$$

命令：`x = linprog(c, A, b)`。

（2）模型：$\min z = cX$。

$$AX \leqslant b$$
$$AeqX \leqslant \mathrm{beq}$$

命令：`x = linprog(c, A, b, Aeq, beq)`。

（3）模型：$\min z = cX$。

$$AX \leqslant b$$
$$AeqX = beq$$
$$VLB \leqslant X \leqslant VUB$$

命令：① `x = linprog(c, A, b, Aeq, beq, VLB, VUB)`。

② `x = linprog(c, A, b, Aeq, beq, VLB, VUB, X0)`。

（4）命令：`[x, fval] = linprog(…)`。

返回最优解 x 和 x 的目函值 `fval`。

例 23.2 求函数最大值。

$$\max z = 0.4x_1 + 0.28x_2 + 0.33x_3 + 0.70x_4 + 0.63x_5 + 0.6x_6$$

$$\begin{cases} 0.01x_1 + 0.01x_2 + 0.02x_3 + 0.03x_4 + 0.03x_5 + 0.03x_6 \leqslant 849 \\ 0.02x_1 + 0.06x_4 \leqslant 700 \\ 0.02x_2 + 0.05x_5 \leqslant 100 \\ 0.03x_3 + 0.07x_6 \leqslant 900 \\ x_j \geqslant 0 \qquad j = 1,2,3,4,5,6 \end{cases}$$

在 MATLAB 中的代码如下。

```
c=[-0.4 -0.28 -0.33 -0.70 -0.63 -0.6];
A=[0.01 0.01 0.02 0.03 0.03 0.03;0.02 0 0 0.06 0 0;0 0.02 0 0 0.05 0;0 0 0.03 0 0 0.07];
b=[849;700;100;900];
Aeq=[]; beq=[];
vlb=[0;0;0;0;0;0]; vub=[];
[x,fval]=linprog(c,A,b,Aeq,beq,vlb,vub)
```

在 MATLAB 中的运行结果如下。

```
x =
   1.0e+004 *
     3.5000
     0.5000
     0.8860
     0.0000
     0.0000
     0.9060
fval =
  -2.3760e+004
```

例 23.3 求函数最小值。

$$\min f(x) = -5x_1 - 4x_2 - 6x_3$$

$$\begin{cases} x_1 - x_2 + x_3 \leqslant 20 \\ 3x_1 + 2x_2 + 4x_3 \leqslant 42 \\ 3x_1 + 2x_2 \leqslant 30 \\ x_1, x_2, x_3 \geqslant 0 \end{cases}$$

在 MATLAB 中的代码如下。

```
clear all
f=[-5 -4 -6];
A=[1 -1 1; 3 2 4; 3 2 0];
b=[20; 42; 30];
lb=zeros(2,1);
[x, fval]=linprog(f, A, b, [], [], lb)
```

在 MATLAB 中的运行结果如下。

```
x =
     0.0000
    15.0000
     3.0000
fval =
   -78.0000
```

8. 偏微分方程工具箱

- 二维偏微分方程的图形处理。
- 几何表示。
- 自适应曲面绘制。
- 有限元方法。

9. 鲁棒控制工具箱

- LQG / LTR（线性二次型高斯/回路传输恢复）最优综合。
- H2 和 H 无穷大最优综合。
- 奇异值模型降阶。
- 谱分解和建模。

10. 信号处理工具箱

- 数字和模拟滤波器设计、应用及仿真。
- 谱分析和估计。
- 傅里叶变换（FFT）、离散余弦变换（Discrete Cosine Transform，DCT）等变换。
- 参数化模型。

11. 样条工具箱

- 分段多项式和 B 样条。
- 样条的构造。
- 曲线拟合和平滑。
- 函数微分、积分。

12. 统计工具箱

- 概率分布和随机数生成。
- 多变量分析。
- 回归分析。
- 主元分析。
- 假设检验。

13. 符号数学工具箱

主要功能以符号为对象。在大学教学中，符号数学一般各专业都能用到。

符号运算无须事先对独立变量赋值，运算结果以标准的符号形式表达，其特点如下。

- 运算对象可以是没赋值的符号变量。
- 可以获得任意精度的解。

符号数学工具箱的常用函数如表 23-1 所示。

表 23-1 常用函数

函数	说明
syms()/sym()	建立符号变量
factor()	有理因式分解
simplify()	表达式化简
diff()	符号微分
limit()	求极限
int()	积分
taylor()	泰勒级数展开

符号运算的功能如下。

- 符号表达式和符号矩阵的创建。
- 符号微积分、线性代数、方程求解。
- 因式分解、展开及简化。
- 符号函数的二维图形绘制。

- 图形化函数计算器。

如以下实例。

```
z ='a*t^2+b*t+c';
r =solve(z,'t') 对默认变量求解
r =
[1/2/a*(-b+(b^2-4*a*c)^(1/2))]
[1/2/a*(-b-(b^2-4*a*c)^(1/2))]
```

对任意变量求解。

```
r =solve(z,'b')
r =
-(a*t^2+c)/t
r =solve(z,'c')
r =
-a*t^2-b*t
r =solve(z,'a')
r =
-(b*t+c)/t^2
```

14. 系统辨识工具箱

- 状态空间和传递函数模型。
- 模型验证。
- 时间序列分析模型（MA、AR、ARMA）等。
- 基于模型的信号处理。
- 谱分析。

15. 小波工具箱

- 基于小波的分析和综合。
- 图形界面和命令行接口。
- 连续和离散小波变换及小波包。
- 一维、二维小波。
- 自适应去噪和压缩。

16. Simulink 动态仿真工具箱

Simulink 是实现动态系统建模、仿真及分析的一个集成环境，使得 MATLAB 的功能得到进一步扩展，它可以非常容易地实现可视化建模，把理论研究和工程实践有机地结合在一起。

大部分专用工具箱只要以 MATLAB 主包为基础就能运行，有少数工具箱（通信工具箱、信号处理工具箱等）则要求有 Simulink 工具箱的支持。

启动 Simulink 十分容易，只需在 MATLAB 的命令行窗口输入“Simulink”命令，此时出现一个 Simulink 窗口，包含 7 个模型库，分别是信号源库、输出库、离散系统库、线性系统库、非线性系统库、系统连接库及系统扩展库：

- 信号源库。

包括阶跃信号、正弦波、白噪声、时钟、常值、文件、信号发生器等各种信号源，其中信号发生器可产生正弦波、方波、锯齿波、随机信号波等波形。

- 输出库。

包括示波器仿真窗口、MATLAB 工作区、文件等形式的输出。

- 离散系统库。

包括 5 种标准模式：延迟、零极点、滤波器、离散传递函数、离散状态空间。

- 线性系统库。

提供 7 种标准模式：加法器、比例环节、积分环节、微分环节、传递函数、零极点、状态空间。

- 非线性系统库。

提供多种常用标准模式：绝对值、乘法、函数、回环特性、死区特性、斜率、继电器特性、饱和特性、开关特性等。

- 系统连接库。

包括输入、输出、多路转换等模块，用于连接其他模块。

- 系统扩展库。

考虑到系统的复杂性，Simulink 另提供 12 种类型的扩展系统库，每一种又有多种模型供选择。

使用时只要从各子库中取出模型，定义好模型参数，将各模型连接起来，然后设置系统参数，如仿真时间、仿真步长、计算方法等。Simulink 提供了 Euler、RungeKutta、Gear、Adams 及专用于线性系统的 LinSim 算法，用户可根据仿真要求选择适当的算法。

当然，不同版本的 MATLAB/Simulink 内容有所不同，另外，Simulink 还提供了诸如航空航天、码分多址（Code Division Multiple Access，CDMA）、DSP、机械、电力系统等的专业模块库，给快速建模提供了很大的便利。

由于 MATLAB 和 Simulink 是集成在一起的，因此用户可以在两种环境下对自己的模型进行仿真、分析及修改。不用命令行编程，由方框图产生 M 文件（S 函数）。当创建好的方框图保存后，相应的 M 文件就自动生成，这个 M 文件包含了该方框图的所有图形和数学关系信息。方框图表示比较直观，容易构造，运行速度较快。

Simulink 的优点如下。

- 适应面广：包括线性、非线性系统；离散、连续系统；定性系统。
- 结构和流程清晰：以方框图形式呈现。
- 仿真精细、贴近实际。
- 可实现物理仿真、计算机仿真、半实物仿真、虚拟仿真、构造仿真。

Simulink 的模型：

Simulink 模型在视觉上表现为方框图，在文件上则是扩展名为.m 的 ASCII 代码（MATLAB 7 中是扩展名为.mdl 的 ASCII 代码）；在数学上体现为一组微分方程或差分方程；在行为上模拟了物理器件构成的实际系统的动态特性。

Simulink 的一般结构：

仿真原理：

- 当在框图视窗中进行仿真的同时，MATLAB 实际上是运行保存于 Simulink 内存中 S 函数的映象文件，而不是解释运行该 M 文件。
- S 函数并不是标准 M 文件，它可以是 M 文件，也可以是 C 或 C++程序，通过一定的规则让 Simulink 的模型或模块能够被调用。

17. 遗传算法直接搜索工具箱

遗传算法直接搜索工具箱是针对 MATLAB 优化处理算法的扩展，它在 MATLAB 和优化工具箱的基础上，提供遗传算法和直接搜索的基本功能。

23.1.3 工具箱和工具箱函数的查询办法

在 MATLAB 软件中有很多应用函数，常用的函数如下。

- MATLAB 内部函数。

  eps：浮点相对精度。

exp：自然对数的底数 e。

i 或 j：基本虚数单位。

inf 或 Inf：无限大，如 1/0。

nan 或 NaN：非数值，如 0/0。

pi：圆周率（等于 3.1415926…）。

realmax：系统所能表示的最大数值。

realmin：系统所能表示的最小数值。

nargin：函数的输入引数个数。

nargout：函数的输出引数个数。

lasterr：存放最新的错误信息。

lastwarn：存放最新的警告信息。

- MATLAB 常用基本数学函数。

abs(x)：纯量的绝对值或向量的长度。

angle(z)：复数 z 的相角。

sqrt(x)：开平方。

real(z)：复数 z 的实部。

imag(z)：复数 z 的虚部。

conj(z)：复数 z 的共轭复数。

round(x)：四舍五入至最近整数。

fix(x)：无论正负，舍去小数至最近整数。

floor(x)：向下取整，即舍去正小数至最近整数。

ceil(x)：向上取整，即加入正小数至最近整数。

rat(x)：将实数 x 化为多项分数展开。

rats(x)：将实数 x 化为分数表示。

sign(x)：符号函数。

① 当 x<0 时，sign(x)=-1。

② 当 x=0 时，sign(x)=0。

③ 当 x>0 时，sign(x)=1。

rem(x,y)：求 x 除以 y 的余数。

gcd(x,y)：整数 x 和 y 的最大公因数。

lcm(x,y)：整数 x 和 y 的最小公倍数。

exp(x)：自然指数。

pow2(x)：2 的指数。

log(x)：以 e 为底的对数，即自然对数。

log2(x)：以 2 为底的对数。

log10(x)：以 10 为底的对数。

- MATLAB 常用三角函数。

sin(x)：正弦函数。

cos(x)：余弦函数。

tan(x)：正切函数。

asin(x)：反正弦函数。

acos(x)：反余弦函数。

atan(x)：反正切函数。
atan2(x,y)：四象限的反正切函数。
sinh(x)：双曲正弦函数。
cosh(x)：双曲余弦函数。
tanh(x)：双曲正切函数。
asinh(x)：反双曲正弦函数。
acosh(x)：反双曲余弦函数。
atanh(x)：反双曲正切函数。

- 适用于向量的常用函数。

min(x)：向量 **x** 的元素的最小值。
max(x)：向量 **x** 的元素的最大值。
mean(x)：向量 **x** 的元素的平均值。
median(x)：向量 **x** 的元素的中位数。
std(x)：向量 **x** 的元素的标准差。
diff(x)：向量 **x** 的相邻元素的差。
sort(x)：对向量 **x** 的元素进行排序。
length(x)：向量 **x** 的元素个数。
norm(x)：向量 **x** 的欧氏长度。
sum(x)：向量 **x** 的元素总和。
prod(x)：向量 **x** 的元素总乘积。
cumsum(x)：向量 **x** 的累计元素总和。
cumprod(x)：向量 **x** 的累计元素总乘积。
dot(x, y)：向量 **x** 和 **y** 的内积。
cross(x, y)：向量 **x** 和 **y** 的外积。

- MATLAB 基本绘图函数。

plot()：*x* 轴和 *y* 轴均为线性刻度（linear scale）。
loglog()：*x* 轴和 *y* 轴均为对数刻度（logarithmic scale）。
semilogx()：*x* 轴为对数刻度，*y* 轴为线性刻度。
semilogy()：*x* 轴为线性刻度，*y* 轴为对数刻度。

- plot()绘图函数的参数，如表 23-2 所示。

表 23-2 plot()绘图函数参数

字元	颜色	字元图线	型态
y	黄色	.	点
k	黑色	o	圆
w	白色	x	x
b	蓝色	+	+
g	绿色	*	*
r	红色	-	实线
c	亮青色	:	点线
m	锰紫色	-.	点虚线
		--	虚线

- 注解。

```
xlabel('Input Value'); % x 轴注解。
ylabel('Function Value'); % y 轴注解。
title('Two Trigonometric Functions'); % 图形标题。
legend('y = sin(x)','y = cos(x)'); % 图形注解。
grid on; % 显示格线。
```

- 二维绘图函数。

bar()：长条图。
errorbar()：图形加上误差范围。
fplot()：较精确的函数图形。
polar()：极坐标图。
hist()：累计图。
rose()：极坐标累计图。
stairs()：阶梯图。
stem()：针状图。
fill()：实心图。
feather()：羽毛图。
compass()：罗盘图。
quiver()：向量场图。

MATLAB 中也同样有许多有意思的实例，为提高读者对 MATLAB 和 Simulink 的兴趣，特举部分以供参考，具体如下。运行的时候只要将“:”前面的内容复制到 MATLAB 中就可以了，随之会出现各种各样的演示实例，对初学者帮助不小哦。

- 平面与立体绘图。

graf2d：XY 平面绘图（火柴棒）。
graf2d2：XYZ 立体绘图（切片）。
hndlgraf：平面显示线型处理窗口和命令演示。
hndlaxis：平面显示处理窗口和命令演示。
graf3d：立体显示处理窗口和命令演示。

- 复杂函数的三维绘图。

cplxdemo：复杂的 XYZ 立体图形。

- 等高线绘制。

quivdemo：等高线箭头显示。

- 动画。

lorenz：洛伦茨吸引子动画显示。

- 电影。

vibes：L-形薄膜振动。

- 傅里叶变换。

sshow sunspots：太阳黑点数据的傅里叶分析。
fftdemo：分析噪声序列中两组数据的相关度。

- 数据拟合。

sshow fitdemo：显示非线性数据拟合过程。
census：预测世界人口。

spline2d：样条拟合。

- 稀疏矩阵。

sshow sparsity：降阶。

- 游戏。

xpbombs：仿 Windows 操作系统自带的扫雷游戏。

life：生命发展游戏。

- 三维效果图。

klein1：肤色三维效果图。

tori4：4 个首尾相接的圆环。

spharm2：球形和声。

cruller：类似油饼的东西。

xpklein：克莱因瓶。

modes：L-形薄膜的 12 种模态。

logo：MATLAB 的 Logo。

xpquad：不同比例的巴尔体超四方体。

truss：二维桁架的 12 种模态。

travel：旅行商问题动画演示。

wrldtrv：在地球仪上演示两地间的飞行线路。

makevase：通过单击鼠标来制作花瓶。

xpsound：声音样本分析。

funfuns：综合了找零点、最小化及单输入函数积分功能。

sshow e2pi：e^pi 或者 pi^e。

quake：地震波可视化。

penny：便士可视化。

imageext：改变图像的映射颜色。

earthmap：地球仪。

- 优化工具箱。

bandem：香蕉最优化展示。

sshow filtdem：滤波效果演示。

sshow filtdem2：滤波设计演示。

cztdemo：FFT 和 CZT（两种不同类型的 Z 变换算法）。

phone：演示电话通声音的时间与频率的关系。

sigdemo1：离散信号的时频图，可用鼠标设置。

sigdemo2：连续信号的时频图，可用鼠标设置。

filtdemo：低通滤波器的交互式设计。

moddemo：声音信号的调制。

sosdemo：数字滤波器的切片图。

- 神经网络工具箱。

neural：神经网络模块组。

firdemo：二维 FIR 滤波器。

nlfdemo：非线性滤波器。

dctdemo：DCT 演示。

mlpdm1：利用多层感知器神经网络拟合曲线动画。

mlpdm2：利用多层感知器神经网络进行 XOR 问题运算。

- 模糊逻辑工具箱。

invkine：运动逆问题。

juggler：跳球戏法。

fcmdemo：FCM。

slcp：类似倒立摆动画。

slcp1：类似倒立摆动画 cart and a varying pole。

slcpp1：类似倒立摆动画，有两个摆，一个可以变化。

sltbu：卡车支援。

slbb：类似于跷跷板。

以上是 MATLAB 中常用的函数，我们可以看到其数量很多，在写命令时如果直接找相应函数会很麻烦，所以我们要想办法能够更快、更准地找到想用的函数。下面就介绍查找工具箱和工具箱函数的方法。

- MATLAB 的目录结构。

目录树如下。

```
c:\MATLAB\bin
c:\MATLAB\extern
c:\MATLAB\Simulink
c:\MATLAB\toolbox\comm\
c:\MATLAB\toolbox\control\
c:\MATLAB\toolbox\symbolic\
```

MATLAB\bin ——该目录包含 MATLAB 系统运行文件、MATLAB 帮助文件及一些必需的二进制文件。

MATLAB\extern ——该目录包含 MATLAB 与 C、Fortran 语言交互所需的函数定义和连接库。

MATLAB\Simulink ——该目录包含建立 Simulink MEX 文件所必需的函数定义和接口软件。

MATLAB\toolbox ——该目录包含各种工具箱，MathWorks 公司提供的商品化 MATLAB 工具箱有多种。toolbox 目录下的子目录数量是随安装情况而变的。

- 工具箱。

MATLAB 工具箱在 Windows 下由目录检索得到。

```
dir — 工具箱清单
compiler    fixpoint       lmi       nag        qft       pde
control       fuzzy       local     ncd        robust    esmutools stats
ada        symbolic      dspblks   hosa       MATLAB    nnet
signal      uitools      codegen  fdident     ident     mpc
optim      Simulink      wavelet   comm       finance   splines
```

- 工具箱函数清单的获得。

所有工具箱中都有函数清单文件 contents.m，可用各种方法得到工具箱函数清单，有如下几种方法。

① 执行在线帮助命令。

```
help   工具箱名称
```

列出该工具箱中 contents.m 的内容，显示该工具箱中所有函数清单。

举例如下。

```
help  symbolic\
help optim
```

② 函数的查询。

```
help  函数名
```

使用 type 命令得到工具箱函数清单。

```
type    signal\contents
type    optim\contents
```

如果在当前工具箱目录下可用。

```
help   contents
type   contents  得到该工具箱的函数清单
```

由于 contents .m 为文本文件，因此可以通过任何文本编辑器打开阅读，如 Word、写字板、记事本。

③ MATLAB 函数的查阅与定位。

```
which  函数名 — 给函数定位
```

举例如下。

```
which  laplace
d:\MATLAB42\toolbox\symbolic\laplace.m
which fft2
d:\MATLAB42\toolbox\MATLAB\datafun\fft2.m
which poly
d:\MATLAB42\toolbox\MATLAB\polyfun\poly.m
which constr
d:\MATLAB42\toolbox\optim\constr.m
which plot
plot is a built-in function.
```

which 命令只能定位 MATLAB 的外部命令，而对内部命令是无效的。MATLAB 内部函数只能通过 contents.m 工具箱清单文件来查询。

23.1.4 工具箱的扩充

用户可以修改工具箱中的函数，更为重要的是用户也可以通过编制 M 文件来任意地添加工具箱中原来没有的工具函数。此功能充分体现了 MATLAB 语言的开发性。

MATLAB 的功能扩充的工具箱如下。

- 控制系统工具箱。

控制系统工具箱是建立在 MATLAB 对控制工程提供的设计功能的基础上，为控制系统的建模、分析、仿真提供了丰富的函数与简便的 GUI。

在 MATLAB 中，专门提供了面向系统对象模型的系统设计工具：线性时不变系统浏览器（LTI Viewer）和单输入单输出线形系统设计工具（SISO Design Tool）。利用这些工具，可以更加方便地研究和设计系统。控制系统工具箱允许使用经典控制理论和现代控制理论，对连续控制系统和离散控制系统进行仿真分析。

- 图像处理工具箱。

数字图像处理的研究主要有两个方面：其一是为了便于人工分析而对图像信息的改进，包括图像去噪、增强、图像恢复等；其二是为了便于计算机自动理解，对图像进行的分割、理解等。基本的图像数据操作有：数字图像的灰度变换；数字图像的代数运算；数字图像的几何运算，包括图像缩放、旋转、裁剪；数字图像滤波。

- 神经网络工具箱。

MATLAB 软件中包含 MATLAB 神经网络工具箱，工具箱以人工神经网络为基础，只要根据自己需要调用相关函数，就可以完成网络设计、权值初始化、网络训练等，MATLAB 神经网络工具箱包括的网络有感知器、线性网络、BP 神经网络、径向基网络、自组织网络和回归网络，BP 神经网络工具箱主要包括 newff，sim 和 train 三个神经网络函数

- 信号处理工具箱。

信号处理工具箱的大多数功能是通过函数的条用来实现的，工具箱函数根据常用的信号处理应用需求，整合了数据生成、数据计算以及数据图形化的功能，从而最大限度地方便信号处理系统设计人员的工作。

- Simulink 动态仿真工具箱。

Simulink 动态仿真工具箱是对动态系统进行建模、仿真及分析的一个软件包，其文件扩展名为.mdl，支持连续、离散及两者混合的线性和非线性系统仿真，也支持具有多种采样速率的多速率系统仿真。此外 Simulink 用 M 语言或 C 语言，根据系统函数即 S 函数的标准格式，写成自己定义的功能模块，扩充其功能。

MATLAB 新增工具箱如下。

- 虚拟现实工具箱。
- 电力系统工具箱。
- 仪器仪表控制工具箱。
- 报告编辑工具箱。

23.1.5 工具箱的添加

很多时候我们要将一个工具箱添加到系统中来运行。如果是 MATLAB 安装光盘上的工具箱，重新执行安装程序，选中对应工具箱选项即可。如果是单独下载的工具箱，一般情况下需要把新的工具箱解压到某个目录下（如 toolbox 目录下），然后用 addpath（对于多个目录的使用 genpath）或者 pathtool 添加工具箱的路径，然后用 which newtoolbox_command.m 来检验是否可以访问。如果能够显示新设置的路径，则表明该工具箱可以使用了。具体请看工具箱自带的 readme 文件。如果是自己编写的工具箱添加方法同单独下载的工具箱添加方法一样。

例 23.4 添加一个名为 svm 的工具箱。

要添加的工具箱为 svm，则解压后里边有一个目录 svm，假设 MATLAB 安装在 D:\MATLAB，将 svm 目录复制至 D:\MATLAB\toolbox，然后运行 MATLAB，在命令行窗口输入 addpath D:\MATLAB\toolbox\svm 并按 Enter 键，来添加路径。然后在 svm 目录下，任意找一个 M 文件，以 svcinfo.m 为例，在命令行窗口中输入 which svcinfo.m。如果显示出该文件路径，如 D:\MATLAB\toolbox\svm\svcinfo.m，则安装成功，当然也可以在命令行窗口输入 path 来查看。

上面的说明和例子基本上介绍了如何在 MATLAB 中添加工具箱，下面是其他补充。

1. 添加方式总结

事实上，有两种添加工具箱到 MATLAB 搜索路径的方法：其一是用代码，其二是用界面。其实无论用哪种方法，都是修改 pathdef.m 这个文件，也可以直接打开该文件修改，在此不进行讨论。

代码方式：添加下载的工具箱。

在命令行窗口输入：addpath D:\MATLAB\toolbox\svm 或者 addpath('D:\MATLAB6p5\toolbox\svm')；但是这种方法只能添加 svm 目录，如果该目录下有其他子文件夹，并且运行时候“隐式”调用到这些子文件夹（如假设 svm 目录下存在子文件夹 matdata，该子文件夹下有 logo.mat 这个文件，且在 M 文件代码中使用了诸如 load logo 这样的语句，即没有显式给出 logo.mat 的具体路径，则称为“隐式”），则不能正确访问。因此，有必要在添加时使用以下代码把 svm 目录下所有文件夹都添加到搜索路径中。

```
addpath(genpath('D:\MATLAB6p5\toolbox\svm'));
```

另外，如果只使用以上代码，则退出 MATLAB 后，新添加的路径不会被保存下来，下次重新启动 MATLAB 后又需要重新添加。可以用 savepath 来解决这个问题，即在命令行窗口中使用 savepath 便可。

适用于添加自己的工具箱（工具箱自己编写，然后希望别人下载后当运行主文件时自动把路径添加到 MATLAB 搜索路径中），在主文件中加入如下代码。

```
sCurrPath = fileparts(mfilename('fullpath'));
```

addpath(genpath(sCurrPath)); %如果该工具箱没有其他子目录，则可以不需要用 genpath savepath; %这句可根据各人需要自行选择。

2. 工具箱添加失败

work 目录和 toolbox 目录问题。

可以单独把一个或多个文件（不含文件夹）放在 work 目录下来实现“1 对 *n*”，因为 work 目录是一个 MATLAB 默认的搜索路径，但显然不能包含文件夹，如果包含文件夹，则同样需要把该文件夹添加到搜索路径中。相反，不能单独把一个或多个文件（不含文件夹）放在 toolbox 目录下来实现“1 对 *n*”，因为 toolbox 这个目录并非 MATLAB 的一个默认搜索路径，除非把 toolbox 文件夹添加到搜索路径中。

由于路径名称而导致工具箱添加失败的总结如下。

- 路径存在空格。

错误：addpath C:\Program Files\MATLAB\R2006b\toolbox\finity

正确：addpath('C:\Program Files\MATLAB\R2006b\toolbox\finity') 或者使用界面方式添加。

说明：对于 6.5 版本的 MATLAB 不推荐使用带空格的路径，因为 MATLAB 6.5 的安装路径是不允许有空格的。

- 路径存在中文。

用 addpath 和界面方式均可以成功添加，但不推荐，最好使用英文路径。

- 路径存在“@”字符。

若路径中存在“@”字符，则均不会成功，出现其他与添加相关的错误时，可以换用标准的路径和文件名。

3. 正确添加了工具箱，但运行调用时出错

- 版本问题。

对于工具箱检测到 MATLAB 版本不兼容的问题，不是 MATLAB 直接回复说“版本不支持”，而是普通的语法出错。可以根据错误提示调试一下，看看问题出在哪里，然后对程序进行相应修改。如由于不支持最新的版本，所以对于 2006a 和 2006b 版本分别用下面的语句进行检查：strcmp(version('-release'),'2006a')和 strcmp(version('-release'),'2006b')。

- 程序中其他语法错误。

部分语法不兼容，如 7.0 版本以上的 MATLAB 可以使用&&、||、@(x)之类的符号，但是在 6.5 版本下无效，这种错误则需要用户自己手动修改一下代码。

- 工具箱中的函数重名问题。

如果工具箱中的函数出现了重名的问题，则需改名。但是若改的地方不止一处，如遇到某文件进行了多次的自我调用（一个典型例子是以 switch 和 case 语句进行区分不同的操作），或者其他文件存在对该文件的调用时，以两个工具箱为例，它们的文件夹名字不同（一个是 spm2，一个是 spm5），但是里面的主 M 文件名字都一样，为 spm.m，如果两个工具箱同处于 MATLAB 的搜索路径中，会导致其中一个工具箱失效，更别说两者之间通过切换来进行调用了。一般的解决方法是安装两个 MATLAB，如一个是 6.5 版，一个是 2006 版，把两个工具箱分别添加到不同的 MATLAB 中，这样就可以启动不同版本的 MATLAB 使用不同版本的工具箱了。

- 找不到 M 文件的问题。

如果已经把工具箱正确添加到搜索路径下，这种情况一般不会发生。也就是说，通过“文件夹复制—运行 MATLAB—添加路径”步骤后，该文件夹下所有文件应该都可以访问到。但是，当对该文件夹下的 M 文件更新（包括修改和新增）了以后，此时如果不重启 MATLAB，则可能会出现找不到 M 文件的问题（特别是该工具箱中的文件没有依赖关系，它们只是被放在一起方便调用，当新增一个 M 文件到该文件夹下而不重启 MATLAB 的时候，会造成这一新增 M 文件访问失败）。解决这个问题的方法之一显然是重启 MATLAB，如果不想重启，也可用第二个方法：在命令行窗口输入 rehash toolbox，“强制”MATLAB 刷新 toolbox 目录下的所有文件，这样就可以正确访问了。

23.2 MATLAB 主工具箱

前面所介绍的数值计算、符号运算、绘图以及句柄绘图都是 MATLAB 主工具箱的内容，是 MATLAB 的基本部分。MATLAB 主工具箱位于 c:\MATLAB\toolbox\ MATLAB。MATLAB 主工具箱是任何版本的 MATLAB 都不可缺少的。除 toolbox\MATLAB 之外，在比较完整的专业版 MATLAB 中有 30 多个工具箱。这些工具箱是需要单独选择购买的。

MATLAB 工具箱主要有以下函数库。

datafun —— 数据分析函数库。

sonnds —— 声音处理函数库。

dde —— 动态数据交换函数库。

elfun —— 初等数学函数库。

specmat —— 特殊矩阵函数库。

elmat —— 初等矩阵和时间函数库。

funfun —— 函数功能和数学分析函数库。

general —— 通用命令函数库。

graphics —— 通用图形函数库。

iofun —— 底层输入/输出函数库。

lang —— 语言结构函数库。

matfun —— 矩阵线性代数函数库。

ops —— 运算符和逻辑函数库。

plotxy —— 二维绘图函数库。

plotxyz —— 三维绘图函数库。

color —— 颜色和光照函数库。

polyfun —— 多项式函数库。

sparfun —— 稀疏矩阵函数库。

strfun —— 字符串函数库。

demos —— MATLAB 演示函数库。

uitools —— 图形界面函数库。

datatypes —— 数据类型函数库。
graphics —— 句柄绘图函数库。
graph3d —— 三维绘图。

23.3　本章小结

MATLAB 的工具箱，为不同领域内使用 MATLAB 的研究开发者提供了“捷径”。应用工具箱可以降低编程的复杂程度，使用户感到更加简单、快捷。MATLAB 的多个工具箱主要分为两类：功能型工具箱和领域型工具箱。功能型工具箱主要用来扩充 MATLAB 符号计算功能、图形建模仿真功能、文字处理功能等。而领域型工具箱的专业性很强，如控制系统工具箱、信号处理工具箱、财经工具箱等。用户也可以自己编写工具箱。

第24章 信号处理工具箱

MATLAB 的信号处理工具箱是信号处理算法文件的集合，它处理的基本对象是信号与系统。利用工具箱中的文件可以实现信号的变换、滤波、谱估计、滤波器设计、线性系统分析等功能。工具箱还提供了 GUI 工具，可以交互实现很多信号处理的功能。信号处理工具箱约定以列向量表示单通道信号，在多通道情况下，每一列代表一个通道，每一行对应一个采样点。MATLAB 中的信号处理工具箱主要进行对帧信号的数字信号处理系统设计、仿真与分析工作。该工具箱能够完成通信系统、音频/视频系统、雷达/声呐系统等信号处理系统的开发工作。

24.1 信号、系统及信号处理的基本概念

信号是信息的物理表示形式，或者说是传递信息的函数，而信息则是信号的具体内容。系统定义为处理信号的物理设备，或者进一步说，凡是能将信号加以变换以达到人们的要求的各种设备都称为系统。当然，系统有大小之分，一个大系统又可细分为若干个小系统。实际上，因为系统是完成某种运算的，所以我们还可把软件编程也看成一种系统的实现方法。

24.1.1 信号

信号可以从是否连续的角度分为模拟信号、连续时间信号、离散时间信号及数字信号。变量的取值方式有连续与离散两种。若变量（一般都看成时间）是连续的，则称为连续时间信号；若变量是离散的，则称为离散时间信号。信号幅值的取值方式又分为连续与离散两种方式（幅值的离散称为量化），因此组合起来应该有以下几种情况。

- 模拟信号：时间是连续的，幅值是连续的。
- 连续时间信号：时间是连续的，幅值可以是连续的也可以是离散的。
- 离散时间信号：时间是离散的，幅值是连续的。
- 数字信号：时间是离散的，幅值是量化的。由于幅值是量化的，故数字信号可用一系列的数来表示，而每个数又可以表示为二进制码的形式。

24.1.2 系统

按所处理的信号种类的不同可将系统分为 4 类。

- 模拟系统：处理模拟信号，系统输入、输出均为连续时间、连续幅值的模拟信号。
- 连续时间系统：处理连续时间信号，系统输入、输出均为连续时间信号。
- 离散时间系统：处理离散时间信号，系统输入、输出均为离散时间信号。
- 数字系统：处理数字信号，系统输入、输出均为数字信号。

系统可以是线性的或非线性的、不变的或可变的。

24.1.3　信号处理

信号处理是研究用系统对含有信息的信号进行处理，以获得人们所希望的信号，从而实现提取信息、便于利用信息的一门科学。信息处理的内容包括滤波、变换、检测、谱分析、估计、压缩、识别等一系列的加工处理。

24.2　基本信号的表示和可视化

在众多的信号中，有一些典型的基本信号，由它们可以组成各种复杂的信号。

24.2.1　正弦波

正弦信号和余弦信号通常都称为正弦信号，记为：

$$x(t) = A\sin(\omega t + \varphi)$$

其中 A 为振幅，ω 为角频率（单位为 rad/s），φ 为初相位。

例 24.1　用 MATLAB 编写生成正弦序列 $x(t) = 3\sin(0.05\pi n + \frac{\pi}{4})$ 的程序如下。

```
%MATLAB 程序
%创建正弦波
n=[0:100];
x=3*sin(0.05*pi*n+pi/4);
stem(n,x)
xlabel('n');ylabel('x(n)');title('正弦波');
grid
```

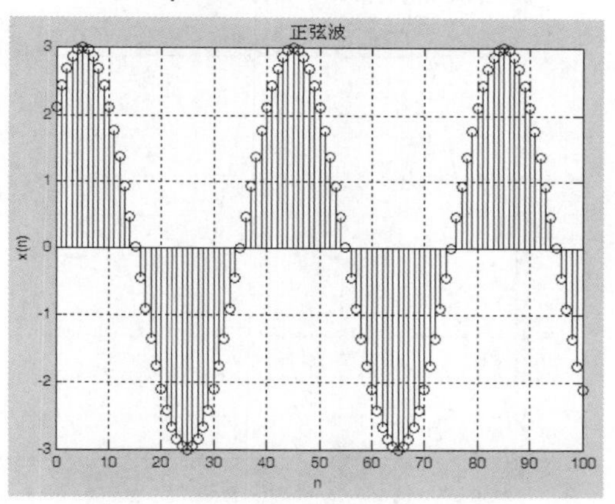

图 24-1　正弦波

正弦波如图 24-1 所示。

24.2.2　方波

产生方波的函数 square()有如下两种调用格式。

- x = square(t)：相对时间数组 t 中的元素生成周期为 2、峰值为±1 的方波。
- sx = square(t,duty)：duty 是“占空比”，即信号为正的区域在一个周期内所占的百分比。

例 24.2　用 MATLAB 产生一个幅度为 1、基频为 3Hz，占空比为 30%的周期方波的程序如下。

```
t=0:0.0001:2.5;
y=square(6*pi*t,30);
plot(t,y);
axis([0,2.5,-1.5,1.5]);
xlabel('t');
ylabel('y(t)')
title('方波');
grid
```

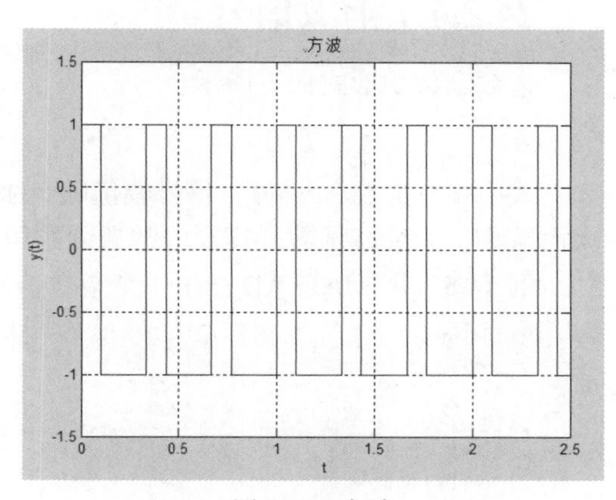

图 24-2　方波

方波如图 24-2 所示。

24.2.3　锯齿波和三角波

产生锯齿波和三角波的函数 sawtooth()有如下

两种调用格式。

- $x = \text{sawtooth}(t)$：相对时间数组 t 中的元素生成周期为 2π、峰值为 ± 1 的锯齿波。锯齿波在 2π 整数倍的位置定义为 -1，随时间变化按照 $1/\pi$ 的斜率增加到 1。
- $x = \text{sawtooth}(t, \text{width})$：根据 width 值的不同产生不同形状的三角波，参数 width 是 0 与 1 之间的标量，指定在一个周期之间最大值的位置，width 是该位置的横坐标和周期的比值。因此，当 width=0.5 时产生标准的对称三角波，当 width=1 时产生锯齿波。

例 24.3 用 MATLAB 产生标准的对称三角波的程序如下。

```
t=0:0.01:3;
y=sawtooth(2*pi*t,0.5);
plot(t,y)
xlabel('t');ylabel('y(t)');title('三角波');
grid
```

三角波如图 24-3 所示。

例 24.4 用 MATLAB 产生锯齿波的程序如下。

```
t=0:0.01:3;
y=sawtooth(2*pi*t,1);
plot(t,y)
xlabel('t');ylabel('y(t)');title('锯齿波');
grid
```

锯齿波如图 24-4 所示。

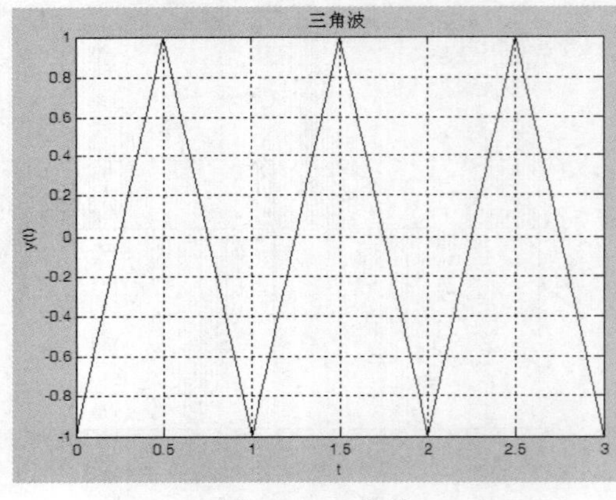

图 24-3 三角波

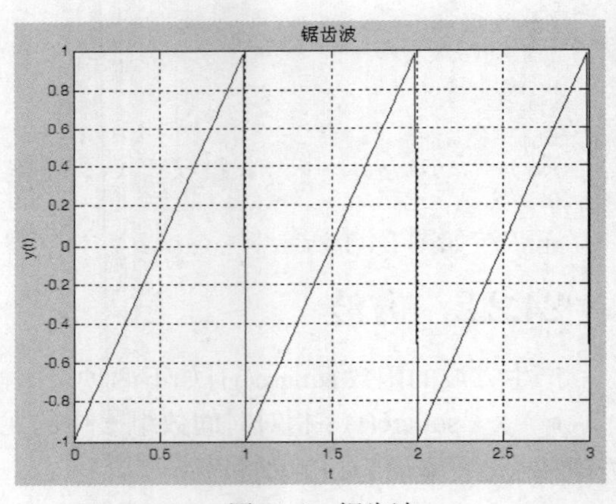

图 24-4 锯齿波

24.2.4 指数信号

指数函数的形式如下所示：

$$f(t) = k\mathrm{e}^{at}$$

式中 a 为实数。$a > 0$，信号幅值随 t 的增大而增大，为增值函数。$a < 0$，信号幅值随 t 的增大而减小，为衰减函数。实际中常遇到的信号为衰减指数信号。

例 24.5 用 MATLAB 产生一个指数信号的程序如下。

```
x=linspace(0,10,100);
y=exp(x);
plot(x,y)
title('y=exp(t)');
xlabel('时间 t')
ylabel('幅值 y')
grid
```

指数函数如图 24-5 所示。

图 24-5　指数函数

24.2.5　阶跃信号

阶跃信号的函数如下：

$$u(t)=\begin{cases}0,t<0\\a,t>0\end{cases}$$

其中 a 为常数，当 $a=1$ 时，上式表示单位阶跃信号。信号在 $t=0$ 时发生跳变。

例 24.6　用 MATLAB 产生一个阶跃信号的程序如下。

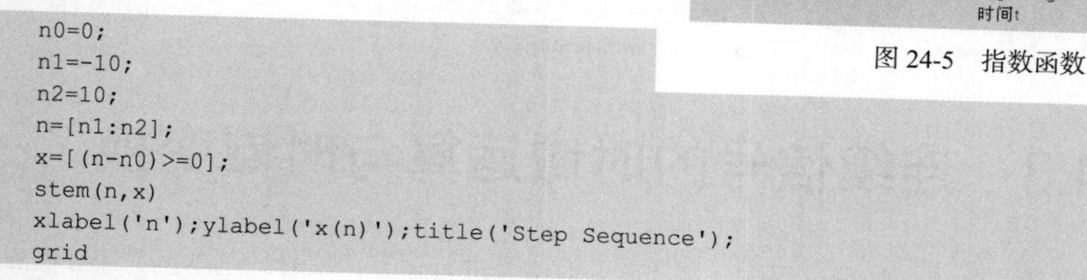

```
n0=0;
n1=-10;
n2=10;
n=[n1:n2];
x=[(n-n0)>=0];
stem(n,x)
xlabel('n');ylabel('x(n)');title('Step Sequence');
grid
```

阶跃函数如图 24-6 所示。

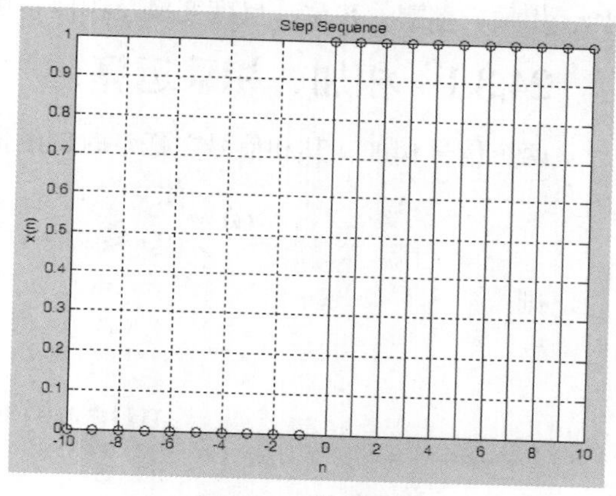

图 24-6　阶跃函数

24.2.6　单位脉冲信号

单位脉冲函数可定义为在 ε 时间内某一方波的面积为 1，即满足下式：

$$f(t)=\begin{cases}\dfrac{1}{\varepsilon},0\leqslant t\leqslant\varepsilon\\0,t<0,t>\varepsilon\end{cases}$$

当 $\varepsilon\to 0$ 时，方波的极限就称为单位脉冲函数，常记为 $\delta(t)$，用脉冲函数所描述的信号为脉冲信号。

函数 rectpuls()和 tripuls()分别用于产生非周期矩形脉冲和三角脉冲，其用法如下。

rectpuls(t,w)：产生连续非周期、单位高度的矩形脉冲，宽度为 w，默认时宽度为 1。t 是采样时间数组，脉冲信号的中心位置在 t=0 处。该函数产生的矩形脉冲非零幅值的区间左边是闭区间，右边是开区间。

y = tripuls(T, w,s)：产生连续非周期、单位高度的三角脉冲，T 是采样时间数组。w 是脉冲宽度，默认值为 1，s 是倾斜度，取值范围为（−1,1），默认值是 0，产生对称三角脉冲。脉冲信号的中心位置在 T=0 处。

例 24.7　用 MATLAB 产生一个脉冲信号的程序如下。

```
t=-1:0.01:1;
y=rectpuls(t);
plot(t,y)
axis([-1,1,0,1.5])
xlabel('t');ylabel('y(t)');title('单位脉冲函数');
grid
```

单位脉冲函数如图 24-7 所示。

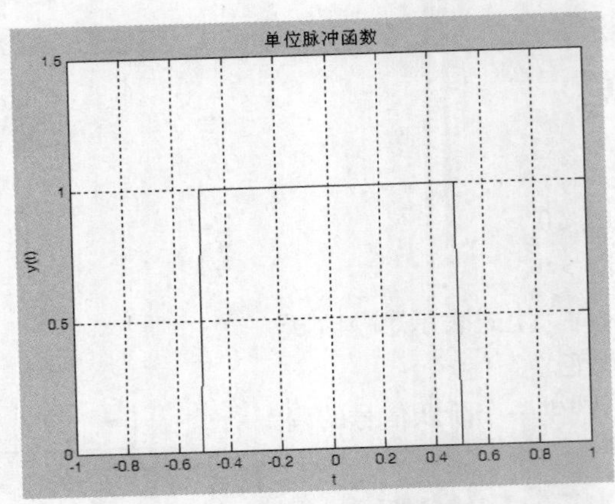

图 24-7 单位脉冲函数

24.3 连续信号的时域运算与时域变换

在信号的传输、加工、处理过程中，常常需要对信号进行运算，信号的基本运算主要包括相加、相乘、翻褶、移位、尺度变换及线性卷积等。

24.3.1 相加、相乘运算

两个信号相加，其和信号在任意时刻的值等于两个信号在该时刻的值之和。举例如下：

$$x_1(t)=\begin{cases}1,-3<t<1\\0,t\leqslant -3,t\geqslant 1\end{cases}\qquad x_2(t)=\begin{cases}2,-1<t<2\\0,t\leqslant -1,t\geqslant 2\end{cases}$$

则

$$x(t)=x_1(t)+x_2(t)=\begin{cases}1,-3<t<-1\\3,-1<t<1\\2,1<t<2\\0,其他\end{cases}$$

两个信号相乘，其积信号在任意时刻的值等于两个信号在该时刻的值之积。如上述两个信号的积如下所示：

$$x(t)=x_1(t)*x_2(t)=\begin{cases}2,-1<t<1\\0,其他\end{cases}$$

用 MATLAB 实现两个信号的相加与相乘只需用运算符“+”与“.*”来实现，或调用函数 symadd()实现加法运算，其调用格式如下。

s = symadd(f1,f2)。

调用函数 symmul()实现乘法运算，其调用格式如下。

s = symmul(f1,f2)。

例 24.8 已知信号 $x(t)=\exp(-0.3*t)$，$y(t)=2\cos(2pi*t)$，用 MATLAB 实现两个信号的相加与相乘的程序如下。

```
t=0:0.001:8;
x=exp(-0.3*t);
y=2*cos(2*pi*t);
```

```
f1=x+y;
subplot(2,1,1);
plot(t,f1)
grid
f2=x.*y;
subplot(2,1,2)
plot(t,f2)
grid
```

信号相加与相乘如图 24-8 所示。

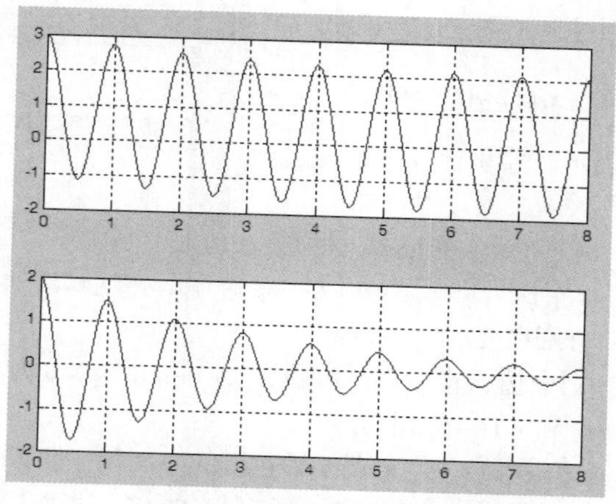

图 24-8　信号相加与相乘

24.3.2　信号的翻褶、移位、尺度变换

1. 翻褶

翻褶是将信号 $x(t)$ 的自变量 t 变成 $-t$ 后得到一个新的信号 $x(-t)$。翻褶是信号波形以 $t=0$ 轴为中心进行 180° 翻转。同样信号 $x(t)$ 翻褶后非零值区间的分布也可能发生变化。

2. 移位

移位是将信号 $x(t)$ 的自变量 t 换成 $t \pm t_0$ 后得到一个新的信号 $x(t \pm t_0)$，其中 $x(t+t_0)$ 为 $x(t)$ 的左移信号，又称超前信号。$x(t-t_0)$ 为 $x(t)$ 的右移信号，又称延时信号。移位是指信号波形沿着时间轴 t 整体平移。信号 $x(t)$ 移位后信号非零区的分别可能会发生变化。

3. 尺度变换

尺度变换是将信号 $x(t)$ 的自变量 t 换成 at 得到一个新的信号 $x(at)$。尺度变换是信号波形沿时间轴 t 压缩 $(a>1)$ 或者扩展 $(a<1)$ 为原来的 $\dfrac{1}{a}$ 倍。

翻褶、移位、尺度变换是信号 $x(t)$ 的自变量 t 发生变化，但波形的整体形状保持不变。而相加、相乘运算是信号 $x(t)$ 的幅值发生变化。

用 MATLAB 实现信号的移位与尺度变换只需对自变量进行相应的变换即可。实现信号的翻褶需调用函数 fliplr(x)。

例 24.9　用 MATLAB 实现一个矩形脉冲的移位、翻褶、尺度变换。其中矩形脉冲自定义。具体程序如下。

```
t=-6:0.01:6;
x1=rectpuls(t+1,4);
t1=t+1;t2=-fliplr(t);t3=t/2;
y2=fliplr(x1);
```

```
subplot(4,1,1);plot(t,x1);ylabel('x1(t)');grid
subplot(4,1,2);plot(t1,x1);ylabel('x1(t+1)');grid
subplot(4,1,3);plot(t2,y2);ylabel('x1(-t)');grid
subplot(4,1,4);plot(t3,x1);ylabel('x1(t/2)');grid
```

信号变换如图 24-9 所示。

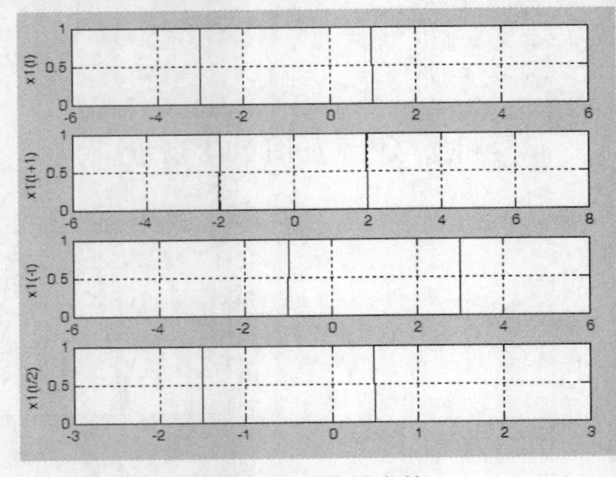

图 24-9　信号变换

24.3.3　卷积运算

对于任意的两个信号 $x_1(t)$ 和 $x_2(t)$ ，其线性卷积运算（简称卷积）定义为：

$$x(t)=x_1(t)*x_2(t)=\int_{-\infty}^{+\infty}x_1(\tau)x_2(t-\tau)\mathrm{d}\tau$$

卷积运算用“*”号表示。卷积运算可以通过以下几个步骤来完成。

第 1 步：变量代换。将自变量 t 变成 τ ，得到 $x_1(\tau)$ 和 $x_2(\tau)$ 。

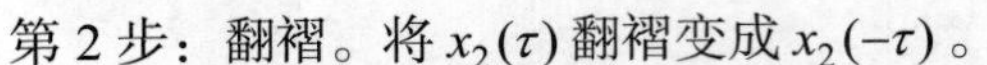

第 2 步：翻褶。将 $x_2(\tau)$ 翻褶变成 $x_2(-\tau)$ 。

第 3 步：移位。给定一个 t 值，将 $x_2(-\tau)$ 移位到 $x_2(t-\tau)$ ， $t>0$ 为右移， $t<0$ 为左移。

第 4 步：相乘。将 $x_1(\tau)$ 和 $x_2(t-\tau)$ 相乘。

第 5 步：积分。计算乘积 $x_1(\tau)x_2(t-\tau)$ 与 τ 轴包围的净面积，即得 t 时刻的卷积值。

第 6 步：将 t 在 $(-\infty,+\infty)$ 内取值，重复第 3～第 5 步的操作，进而得到卷积 $x(t)=x_1(t)*x_2(t)$ 的表达式或波形。

卷积运算可用于计算线性系统的时间响应，因此卷积运算在信号处理中非常重要。MATLAB 提供的卷积运算的函数有 conv()、conv2()、convn。

函数 conv()用于计算向量卷积和多项式乘，其调用格式如下。

c = conv(a,b)。

其中 *a*、*b* 为两个序列， *c* =*a***b*。

若向量 *a* 的长度为 *na*，向量 *b* 的长度为 *nb*，则长度 *c* 的长度 *nc*=*na*+*nb*−1。函数 conv2()用于进行二维卷积，函数 convn()用于进行 *n* 维卷积运算。

例 24.10　已知信号 $f1=\sin(3t)$ ，信号 $f2=\cos(3t+2)$ ，求两个信号的卷积，程序如下。

```
t=0:0.01:7;
f1=sin(3*t);f2=cos(3*t+2);dt=0.01;
y=conv(f1,f2);
plot(dt*([1:length(y)]-1),y);grid on;
title('卷积');
xlabel('t');ylabel('f1*f2')
```

信号卷积如图 24-10 所示。

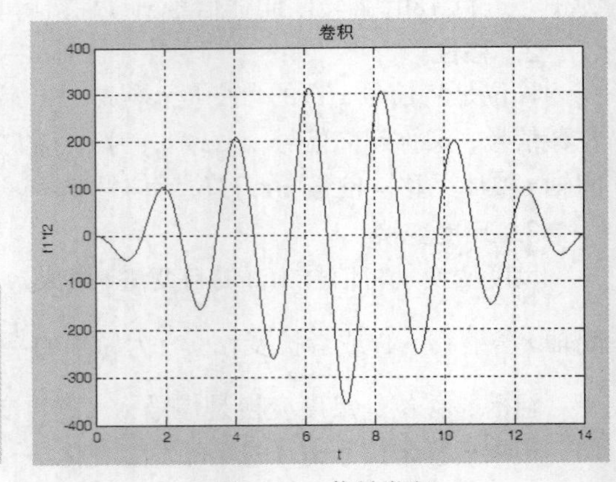

图 24-10　信号卷积

24.4　线性系统的时域分析

线性系统是指由线性元件组成的系统，该系统的运动方程式可以用以下的线性微分方程描述。

$$a_0(t)\frac{\mathrm{d}^n x_c(t)}{\mathrm{d}t^n}+a_1(t)\frac{\mathrm{d}^{n-1}x_c(t)}{\mathrm{d}t^{n-1}}+\ldots+a_{n-1}(t)\frac{\mathrm{d}x_c(t)}{\mathrm{d}t}+a_n(t)x_c(t)$$
$$=b_0(t)\frac{\mathrm{d}^m x_r(t)}{\mathrm{d}t^m}+b_1(t)\frac{\mathrm{d}^{m-1}x_r(t)}{\mathrm{d}t^{m-1}}+\ldots+b_{n-1}(t)\frac{\mathrm{d}x_r(t)}{\mathrm{d}t}+b_m(t)x_r(t)$$

在该方程中，输出量 $x_c(t)$ 及其各阶导数都是一次的，并且各系数与输入量无关。线性微分方程的各项系数为常数时，称为线性定常系统。这是一种简单而重要的系统。线性系统的主要特点是具有叠加性和齐次性，即当输入量为 $x_{r1}(t)$ 和 $x_{r2}(t)$ 时，如果输出量分别为 $x_{c1}(t)$ 和 $x_{c2}(t)$，则当输入量为 $x_r(t)=ax_{r1}(t)+bx_{r2}(t)$ 时，输出量为 $x_c(t)=ax_{c1}(t)+bx_{c2}(t)$。叠加性和齐次性是鉴别系统是否为线性系统的依据。

时域分析法是以拉普拉斯变换为工具，从传递函数出发，直接在时间域上研究系统的一种方法。

一个动态系统的性能常用典型输入作用下的响应来描述。响应是指零初始值条件下，某种典型的输入函数作用下对象的响应，控制系统常用的输入函数为单位阶跃函数和脉冲激励函数。

在 MATLAB 中，提供了求取连续系统的单位阶跃响应函数 step()、单位脉冲响应函数 impulse()及任意输入响应函数 lsim()。下面将分别进行介绍。

24.4.1　脉冲响应

函数 impulse()将绘制出连续系统在指定时间范围内的脉冲响应 h(t)的时域波形图，并能求出指定时间范围内脉冲响应的数值解。

单位脉冲响应函数 impulse()的调用格式如下。

- y = impulse(num, den, t)：其中 num 和 den 分别表示系统传递函数中的分子和分母多项式系数，t 为选定的仿真时间向量，一般可由 t=0:step:end 等步长产生。该函数的返回值 y 为系统在仿真中所得输出组成的矩阵。
- [y,x,t]=impulse(num,den)：时间向量 t 由系统模型特性自动生成，状态变量 x 返回为空矩阵。
- [y,x,t]=impulse(A,B,C,D,iu)：其中 A、B、C、D 为系统的状态空间描述矩阵，iu 用来指明输入变量的序号，x 为系统返回的状态轨迹。

如果对具体的响应值不感兴趣，只是想绘制系统的阶跃响应曲线，则可采用以下调用格式。

- impulse(num,den)。
- impulse(num,den,t)。
- impulse(A,B,C,D,iu,t)。
- impulse(A,B,C,D,iu)。

例 24.11　已知系统传递函数如下：

$$H(s)=\frac{2s^2+15s+50}{s^6+15s^5+84s^4+222s^3+309s^2+240s+100}$$

求该系统的单位脉冲响应的程序如下。

```
num=[2,15,50];
den=[1,15,84,222,309,240,100];
y=tf(num,den)
t=0:0.1:20;
impulse(num,den,t)
title('单位脉冲响应')
grid
```

运行结果如下所示。

```
Transfer function:
                    2 s^2 + 15 s + 50
```

```
------------------------------------------------------
s^6 + 15 s^5 + 84 s^4 + 222 s^3 + 309 s^2 + 240 s + 100
```

单位脉冲响应如图 24-11 所示。

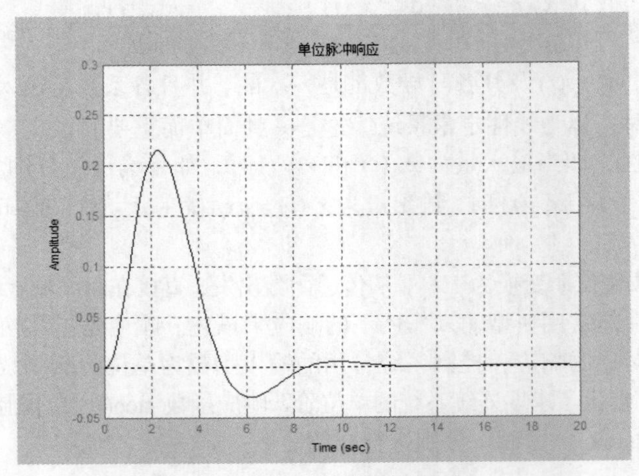

图 24-11 单位脉冲响应

24.4.2 阶跃响应

函数 step()将绘制出由向量 num 和 den 表示的连续系统的阶跃响应 h(t)在指定时间范围内的波形图，并能求其数值解。

单位阶跃响应函数 step()的调用格式如下。

- y=step(num,den,t)：其中 num 和 den 分别表示系统传递函数中的分子和分母多项式系数，t 为选定的仿真时间向量，一般可由 t=0:step:end 等步长产生。
- [y,x,t]=step(num,den)：时间向量 ***t*** 由系统模型特性自动生成，状态变量 ***x*** 返回为空矩阵。
- [y,x,t]=step(A,B,C,D,iu)：其中 ***A***、***B***、***C***、***D*** 为系统的状态空间描述矩阵，*iu* 用来指明输入变量的序号，*x* 为系统返回的状态轨迹。

与单位脉冲响应函数类似，如果只需了解响应曲线，可由以下调用格式完成。

- step(num,den)。
- step(num,den,t)。
- step(A,B,C,D,iu,t)。
- step(A,B,C,D,iu)。

例 24.12 已知系统的传递函数为 $H(s)=\dfrac{1}{s^2+0.6s+1}$，求其单位阶跃响应曲线的程序如下。

```
num=[1];
den=[1,0.6,1];
sys=tf(num,den)
t=0:0.1:20;
step(num,den,t)
title('单位阶跃响应曲线')
grid
```

运行结果如下所示。

```
Transfer function:
       1
---------------
s^2 + 0.6 s + 1
```

阶跃响应如图 24-12 所示。

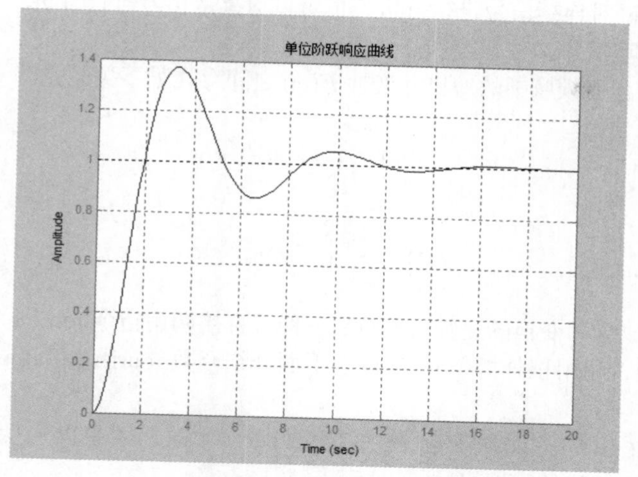

图 24-12　阶跃响应

24.4.3　对任意输入的响应

MATLAB 还提供了求取任意输入响应的函数 lsim()，其调用格式如下。

- lsim(sys1,u,t)和 lsim(sys2,u,t,x0)
- [Y,T,X]=lsim(sys1,u,t)和[Y,T,X]=lsim(sys2,u,t,x0)

其中，*u* 为输入信号，*x*0 为初始条件，**t** 为等间隔时间向量，sys1 为 tf()或 zpk()模型，sys2 为 ss()模型，*Y* 为响应的输出，*T* 为仿真的时间，***X*** 为系统的状态变量。

当不带输出变量引用函数时，lsim()函数在当前图形窗口中直接绘制出系统的零输入响应曲线。

当带有输出变量引用函数时，可得到系统零输入响应的输出数据，而不直接绘制出曲线。

例 24.13　已知系统的传递函数为 $H(s)=\dfrac{2s+1}{s^2+0.5s+1}$，试求其单位斜坡响应曲线，程序如下。

```
num=[2,1];den=[1,0.5,1];
sys=tf(num,den)
t=0:0.1:20;u=t;
lsim(num,den,u,t)
title('单位斜坡响应曲线')
grid
```

单位斜坡阶跃响应如图 24-13 所示。

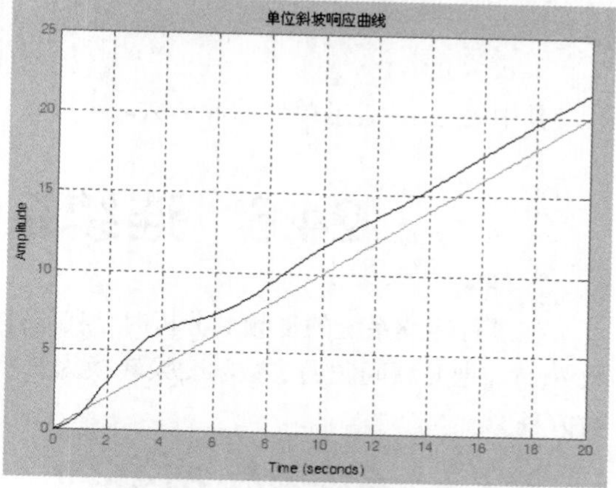

图 24-13　单位斜坡阶跃响应

24.5　连续时间信号的频域分析

对信号进行分析，通常可以在时域中进行，也可以在频域中进行，时域分析方法和频域分析方法各有其优缺点。傅里叶变换是把信号从时域变换到频域，因此它在信号分析中具有极其重要的地位，如在滤波器设计、频谱分析等方面非常重要。

傅里叶变换既可以对连续信号进行分析，也可以对离散信号进行分析。连续信号的傅里叶变换实际上是计算傅里叶积分。

时域中的 $f(t)$ 与它在频域中的傅里叶变换 $F(\omega)$ 之间存在如下关系：

$$F(\omega)=\int_{-\infty}^{+\infty} f(t)\mathrm{e}^{-j\omega t}\mathrm{d}t$$

$$f(t)=\frac{1}{2\pi}\int_{-\infty}^{\infty} F(\omega)\mathrm{e}^{j\omega t}\mathrm{d}\omega$$

由 MATLAB 完成这种变换的途径有两种：一种是直接调用指令 fourier 和 ifourier 进行；另一种是根据上面的定义，利用积分指令 int 实现。下面介绍函数 fourier()和 ifourier()的使用方法和相关注意事项。

- Fw=fourier(ft,t,w)：求时域函数 ft 的傅里叶变换 Fw，ft 是以 t 为自变量的时域函数，Fw 是以角频率 w 为自变量的频域函数。
- ft=ifourier(Fw,w,t)：求频域函数 Fw 的傅里叶反变换，ft 是以 t 为自变量的时域函数，Fw 是以角频率 w 为自变量的频域函数。

例 24.14 求出一个单位阶跃信号的傅里叶变换，并对得到的函数求取傅里叶反变换的程序如下。

```
syms t w                    %定义基本符号变量
ut=heaviside(t);            %定义单位阶跃信号
UT=fourier(ut)
ut1=ifourier(UT,w,t)
```

运行结果如下。

```
UT =
pi*dirac(w)-i/w
ut1 =
heaviside(t)
```

其中 dirac 表示单位脉冲函数。

24.6 连续系统的复频域分析

在进行连续系统的复频域分析时，我们往往利用拉普拉斯变换将时间函数 $f(t)$ 转换为复变函数 $F(s)$，把时域问题通过数学变换转换为复频域问题，将时域的高阶微分方程转换为复频域的代数方程。

24.6.1 系统函数 H(s)定义

连续系统的传递函数 $H(s)$ 的定义为在零初始条件下，输出量（响应函数）的拉普拉斯变换与输入量（驱动函数）的拉普拉斯变换之比。

连续系统可由以下微分方程描述：

$$\begin{aligned}&a_0x_0{}^{(n)}(t)+a_1x_0^{(n-1)}(t)+\ldots+a_{n-1}x_0^{(1)}(t)+a_nx_0(t)\\&=b_0x_1^{(m)}(t)+b_1x_1^{(m-1)}(t)+\ldots+b_{n-1}x_1^{(1)}(t)+b_nx_1(t),n\geqslant m\end{aligned}$$

在零初始条件下，输入量与输出量的拉普拉斯变换之比，就是这个系统的传递函数：

$$H(s)=\frac{X_0(s)}{X_1(s)}=\frac{b_0s^m+b_1s^{m-1}+\ldots+b_{m-1}s+b_m}{a_0s^n+a_1s^{n-1}+\ldots+a_{n-1}s+a_n}$$

系统的传递函数与微分方程相比有以下特点。

- 传递函数比微分方程简单，通过拉普拉斯变换，实数域内复杂的微分运算转换为代数运算。
- 当系统输入典型信号时，其输出与传递函数有一定的对应关系，当输入是单位脉冲函数时，输入的象函数与传递函数相同。
- 令传递函数中的 $s=j\omega$，则系统可在频域内分析。
- 传递函数的零极点分布决定系统的动态特性和稳定性。

为了便于分析传递函数的零极点对系统的影响，传递函数也经常写出零极点的形式：

$$H(s)=\frac{K(s-z_1)(s-z_2)\ldots(s-z_m)}{(s-p_1)(s-p_2)\ldots(s-p_n)}=\frac{K\prod_{i=1}^{m}(s+z_i)}{\prod_{j=1}^{n}(s+p_j)}$$

式中，K 为系统增益；$-z_i$ 为系统零点，$-p_j$ 为系统极点。

MATLAB 提供了建立传递函数模型的函数 tf()，其调用格式如下。

- sys=tf(num,den)。
- sys=tf(num,den,'InputDelay',tao)。

其中，num 是分子多项式系数行向量，den 是分母多项式系数行向量，sys 是建立的传递函数。

$$num=[b_m,b_{m-1}\ldots b_0]，\quad den=[1,a_{n-1},\ldots a_0]$$

InputDelay 表示该系统中带有时滞环节，tao 为系统延迟时间 τ 的数值。

建立零极点形式的数学模型的函数为 zpk()，其调用格式如下。

- sys=zpk([z],[p],[k])。
- sys=zpk(z,p,k,'InputDelay',tao)。

其中，z、p、k 为系统零极点，[z]、[p]、[k]为系统的增益向量，sys 是建立的零极点形式的数学模型。

例 24.15 用 MATLAB 写出传递函数 $H(s)=\frac{s+1}{s^2+2s+1}$ 的程序和运行结果如下。

```
>> num=[1,1];den=[1,2,1];
sys=tf(num,den)
Transfer function:
    s + 1
-------------
s^2 + 2 s + 1
```

例 24.16 用 MATLAB 写出传递函数 $H(s)=2\frac{s+1}{(s+1)(s+2)}$ 的程序和运行结果如下。

```
>> z=[-1];p=[-1,-2];k=[2];
sys=zpk(z,p,k)

Zero/pole/gain:
  2 (s+1)
-----------
(s+1) (s+2)
```

24.6.2 系统零极点分布与系统稳定性关系

一个连续系统正常工作的首要条件就是它必须是稳定的。所谓稳定，是指如果系统受到瞬时扰动的作用，而使原有输出信号偏离了平衡状态，当瞬间扰动消失后，偏差逐渐减少，经过足够长的时间，偏差趋近于 0，系统恢复到原来的平衡状态，则系统是稳定的。反之，若偏差随着时间的推移发散，则系统是不稳定的。

连续系统的稳定性取决于系统本身固有的特性而与扰动信号无关。系统稳定的充分必要条件是系统特征方程的根（系统闭环传递函数的极点）全部为负实数或具有负实部的共轭复数，也就是所有的闭环特征根分布在 S 复平面虚轴的左侧。

MATLAB 提供了多项式求根函数 roots()，其调用格式如下。

r=roots(p)：其中 p 为多项式，r 为所求的根。

例 24.17 用 MATLAB 求取函数 $H(s)=\dfrac{s+1}{s^2+2s+1}$ 的特征根，分析系统稳定性的程序和运算结果如下。

```
>> num=[1,1];den=[1,2,1];
sys=tf(num,den)
r=roots(den)


Transfer function:
    s + 1
-------------
s^2 + 2 s + 1
r =
    -1
    -1
```

由运行结果可见特征根为-1，所以系统是稳定的。

24.7 信号采样与重构

模拟信号经过模数变换器（A/D，Analog to Digital Converter）转换为数字信号的过程称为采样，信号采样后其频谱产生了周期延拓，每隔一个采样频率 f_s，重复出现一次。为保证采样后信号的频谱形状不失真，采样频率必须大于信号中最高频率的两倍，这称为采样定理。

24.7.1 信号的采样

采样定理所要解决的问题是：采样周期选多大，才能将采样信号较少失真地恢复为原来的连续信号。

香农采样定理：如果 $f(t)$ 是有限宽带的信号，即 $\omega>\omega_{\max}$ 时，$F(\omega)=0$；而 $f^*(t)$ 是 $f(t)$ 的理想采样信号，若采样频率 $\omega_s\geqslant 2\omega_{\max}$，则可由 $f^*(t)$ 完全复现出 $f(t)$ 来。

假设信号 $x(n)$ 的采样频率为 f_s，现在希望对其进行 M 倍的抽取，使其采样频率降低为 $\dfrac{f_s}{M}$，一个简单的方法是在 $x(n)$ 中每间隔 M 个点，抽取一个点，以此组成一个新的序列 $x'(n)$。

$$x'(n)=x(Mn),n\in(-\infty\sim\infty)$$

为防止抽取后 $x'(n)$ 的频谱混叠，一般需要先对 $x(n)$ 进行低通滤波处理，压缩其频带，再进行抽取。理想低通滤波器 $h(n)$ 的频率响应为：

$$H(\mathrm{e}^{j\omega})=\begin{cases}1,|\omega|\leqslant\dfrac{\pi}{M}\\0,其他\end{cases}$$

MATLAB 中提供了 decimate()函数进行信号的抽取，其调用格式如下。

y=decimate(x,n)。

例 24.18　对信号 $x(n)=\cos\left(2\pi fn\big/f_s\right)$，$f\big/f_s=1\big/40$ 进行 4 倍的抽取的程序如下。

```
n=0:120;
x=cos(2*pi*n/40);
y=decimate(x,4);
subplot(2,1,1);stem(x)
axis([0 120 -1 1]);title('原始信号');
grid on;
subplot(2,1,2);stem(y)
axis([0 30 -1 1]);title('4 倍抽取后的信号');
grid on;
```

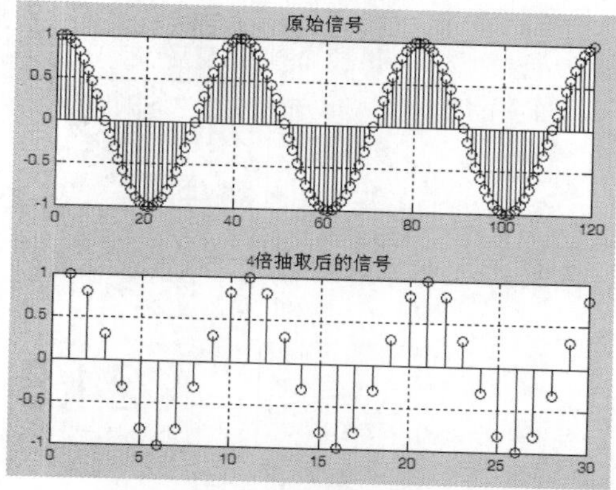

图 24-14　抽取结果

抽取结果如图 24-14 所示。

24.7.2　信号的重构

把采样信号恢复为原来的连续信号的过程通常称为信号的重构。与信号的采样相对应，假定信号 $x(n)$ 的采样频率为 f_s，现在通过 L 倍的插值，将其采样频率变为 Lf_s。一个简单的方法就是在 $x(n)$ 的每相邻两个点之间补上 $L-1$ 个 0。

$$v(n)=\begin{cases}x\left(n\big/L\right),n=0,\pm L,\pm 2L\ldots\\0,其他\end{cases}$$

然后对信号进行低通滤波处理，目的是去除 $v(n)$ 频谱的镜像。理想低通滤波器 $h(n)$ 的频率响应为：

$$H(\mathrm{e}^{j\omega})=\begin{cases}L,|\omega|\leqslant\pi\big/L\\0,其他\end{cases}$$

MATLAB 提供了函数 interp()进行信号的复现处理，其调用格式如下。

y=interp(x,n)。

例 24.19　对信号 $x(n)=\cos\left(2\pi fn\big/f_s\right)$，$f\big/f_s=1\big/10$ 进行 5 倍的插值的程序如下。

```
n=0:30;
x=cos(2*pi*n/10);
y=interp(x,5);
subplot(2,1,1);stem(x)
axis([0 30 -1 1]);title('原始信号');
grid on;
subplot(2,1,2);stem(y)
axis([0 150 -1 1]);title('5 倍插值后的信号');
grid on;
```

插值结果如图 24-15 所示。

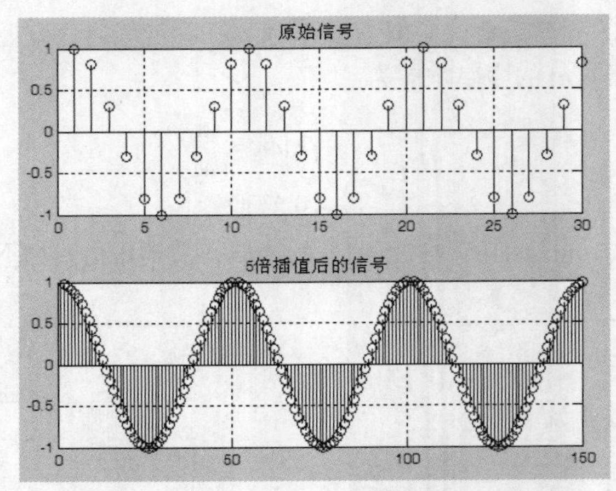

图 24-15　插值结果

24.8　本章小结

信号是信息的载体，对信号进行分析的目的在于揭示信号的自身特性，以便有效地对信息进行传输、加工及处理，实现应用。信号的产生、传输、加工及处理都离不开系统，信号和系统是不可分割的统一整体。为了有效地利用系统来传输、加工及处理信号，除需要对信号特性本身进行分析外，还要对系统特性和二者的相互匹配关系进行分析和研究。本章在介绍信号与系统的基本概念和分类的基础上，讨论连续时间信号的时域、频域分析方法，线性时不变连续时间系统的时域、频域分析方法及 MATLAB 信号处理工具箱中的函数对以上分析的实现。

第 25 章 图像处理工具箱

本章主要讲述 MATLAB 图像处理的基本知识，首先着重介绍一下图像处理工具箱，它是 MATLAB 能实现强大图像处理功能的核心，然后介绍不同类型图像转换的一些基础知识。

25.1 图像处理工具箱概述

图像处理工具箱是 MATLAB 环境下开发出来的许多工具箱之一，它是以数字图像处理理论为基础，用 MATLAB 语言构造得到的一系列用于图像数据显示与处理的 M 文件，我们可以查看这些 M 文件的代码并进行改进。图像处理工具箱可支持的图像处理的范围很广，包括如下内容。

1. 图像的空域变换

包括常见的图像操作，如图像缩放、旋转、裁剪、剪变、翻转、平移等，二维及多维图像的仿射变换、投影变换、盒型变换，此外还可以通过更改参数自定义变换类型。

2. 形态学运算

它包括以下内容。

- 腐蚀算法和膨胀算法，通过这两个算法可以把二值图像的纹理进行平滑、细化，也可以用来消除图像中的零散的不连续点，从而达到除噪、保留纹理的目的。
- 形态学重建。它利用蒙版（mask）的信息来对图像（这里称为 Masker）进行处理。通过形态学重建很容易得到图像的峰值点和低谷点，而不受局部大小变化的影响。
- 距离变换。在图像中描述点与点之间的距离有 4 种：Euclidean、CityBlock、Chessboard、Quasi-Euclidean。工具箱提供了 bwdist()函数来计算这些点之间的距离。
- 目标、区域、特征测度。包括对二值图像中的连通区域标号且用标号矩阵获得图像的统计信息；选取二值图像中的目标；计算二值图像前景的面积；计算二值图像的 Euler 数。
- 检查表操作。

3. 图像的邻域运算和块运算

块操作是指对图像局部块操作而非全局操作，包括两种类型：重叠块或非重叠块。

如对图像进行平滑时常采用重叠块，这里的块实际是一个滑动窗口，以整幅图从上至下、从左至右的顺序依次进行，滑动的步长一般是一个像素。反之，非重叠块就是边界搭边界的处理窗口，两个块没有公共区域。

列操作是指把图像的块拉伸为一个列向量，这里处理的优点是运行速度高。

4. 线性滤波和滤波器设计

MATLAB 工具箱提供了众多常见的空域滤波模板，如 Laplacian 模板、sobel 模板、Prewitt 模板及 Roberts 模板等，包括进行平滑和锐化。

此外，工具箱提供了滤波器设计函数，用户也可以自定义一个滤波器，然后在频域中进行图像滤波。

5. 图像变换

MATLAB 图像处理工具箱提供的图像变换包括：傅里叶变换；DCT；Radon 变换；Fan-Beam 投影数据的变换及小波变换。

6. 图像分析和增强

图像处理工具箱在图像分析和增强方面主要提供了 5 个方面的内容：获得图像像素灰度信息和统计信息；边缘检测、边界跟踪，运用 Hough 变换进行线性检测和运用二叉树分解等方法对图像进行分析；图像的纹理分析；亮度调节；去噪。

7. 图像配准是遥感图像处理中常用的方法

MATLAB 支持 6 种常用的变换类型：linear conformal、affine、projective、polynomial(Order 2 ,3,or4)、piecewise linear、lwm。

8. 图像恢复

MATLAB 提供了 4 种图像恢复方法：维纳滤波；Lucy-Richardson 迭代非线性复原算法；约束最小二乘（正则）滤波；盲卷积算法。

9. 感兴趣区域操作

MATLAB 通过二值图像提供感兴趣区域的界定、滤波，还对图像的色彩管理和转换都提供了许多有用的函数。

从上面内容可以看出，MATLAB 图像处理工具箱几乎包含了常见的图像处理的函数，从第 1 层次的图像变换（包括空域变换）、图像运算、形态学运算，到第 2 层次的图像增强和滤波，再到第 3 层次的图像理解（图像分析和感兴趣区域操作），涵盖了绝大部分图像处理的内容。特别的是，它也包含了遥感图像中常用到的图像配准。

此外，对于图像的基本操作，如读入、输出、保存等都得到了完美的支持。当然，也可以自己编写函数来扩展其功能。MATLAB 中的信号处理工具箱、神经网络工具箱、模糊逻辑工具箱及小波工具箱也用于协助执行图像处理任务。

25.1.1 图像处理工具函数

1. 图像的输入/输出函数

表 25-1 所示是 MATLAB 图像处理工具箱中提供的用于图像文件输入/输出的函数，本节只介绍基本的使用方法，更为详细的内容请参阅 MATLAB 的帮助工具。

表 25-1 图像文件输入/输出的函数

函数	功能
imfinfo()	返回关于图像的信息
imread()	读图像文件
imwrite()	写图像文件

（1）imfinfo()函数。返回有关图像的信息，包括图像的格式、图像的长和宽、图像的颜色信息以及表示每个像素的位数。了解图像的尺寸信息对于后续的工作是必须的，因此可以利用 imfinfo()函数获取相关参数，也可以通过调用函数 sizeof()等获取图像输出矩阵的尺寸。

调用格式如下。

```
Info=imfinfo(文件名，'图像文件格式')
```

返回一个图像信息结构或结构数组。'图像文件格式'与 imread()函数中的一样。

```
Info=imfinfo()
```

根据文件内容推断文件格式。

（2）imread()函数。专用的图像输入函数，从图像文件中读入图像。

调用格式如下。

```
A=imread(文件名,'图像文件格式')
```

将文件名指定的图像文件读入数组 **A**，**A** 的数据类型为无符号 8 位整数（uint8）。对于灰度图像 *A* 是一个二维数组；对于真彩图像，**A** 是一个三维数组。文件名是指定图像文件名称的字符串，'图像文件格式'是指定图像文件格式的字符串。文件名必须在当前目录或 MATLAB 指定的路径中。如果找不到该文件，则寻找"文件名.图像文件格式"。MATLAB 中'图像文件格式'的可能值如表 25-2 所示。

表 25-2　MATLAB 中'图像文件格式'的可能值

'图像文件格式'	文件类型
bmp	Windows 位图文件（BMP）
hdf	层次数据格式图像文件
jpg 或 jpeg	彩色静态图像压缩格式
pcx	Windows 画笔图像文件
tif 或 tiff	Tagged Image File Format
xwd	X Windows Dump

imread()函数读入文件的方式有多种，其调用格式如下。

- [A,imread]=imread(文件名,'图像文件格式')：读入索引图像到矩阵 **A**，其调色板存入 map，A 为无符号 8 位整数，map 为双精度浮点数，其值在[0,1]内。
- [...]=imread(文件名)：根据图像内容推断图像格式。
- [...]=imread(...,idx)：从多图像的 TIFF 格式文件中读入一幅图像，idx 为整数，表示文件中的图像次序，默认值为 1。
- [...]=imread(..., ref)：从多图像的 HDF 格式文件中读入一幅图像，ref 为整数，表示标识图像的参考值，默认值为 1。

（3）imwrite()函数。图像的输出方式之一。将在图像数组中保存的数据以指定的文件格式写入图像文件中。在写入前，会自动分析数据的格式，并进行格式转换。

imwrite()函数的调用格式如下。

- imwrite(A,文件名,'图像文件格式')
- imwrite(A,map,文件名,'图像文件格式')

（4）image()函数。显示图像，其调用格式如下。

```
image(...)
```

返回图像对象的句柄。

（5）imshow()函数。在图像显示中最常用，是功能最强的图像显示函数之一，其调用格式如下。

```
imshow(I,n)
```

使用 *n* 个灰度等级显示图像 ***I***。如果默认 *n*，则使用 256 级或 64 级灰度显示图像。

```
imshow(I,[LOW,HIGH])
```

将 ***I*** 显示为灰度图像，并指定灰度级范围为[LOW,HIGH]。

```
imshow(RGB)
```

使用颜色图 map 显示索引图像。

```
imshow(...,option)
```

如果参数 option 为'truesize'则显示为原始大小；为'notruesize'，则显示为压缩形式。

2. 其他的图像处理函数

MATLAB 中提供的专用图像处理函数可以说囊括了现在常用的已经成熟的图像处理算法，下面将它们分类列出。在课程实践中，对于指定实践的算法要自己编程，但允许调用其他的函数辅助，以提高效率。其他的图像处理函数如表 25-3 ~ 表 25-14 所示。

表 25-3　图像的增强

函数	说明
imadjust()	调整图像对比度
histeq()	直方图均衡化
imnoise()	给图像增加噪声
medfilt2()	二维中值滤波
ordfilt()	二维序统计滤波
wiener2()	二维自适应消除噪声滤波

表 25-4　线性滤波

函数	说明
conv2()	二维卷积
convmtx2()	二维卷积矩阵
convn()	N 维卷积
filter2()	二维线性数字滤波
fspecial()	产生预定义滤波器

表 25-5　二维线性滤波器的设计

函数	说明
freqspace()	设置二维频率响应区域
freqz2()	二维频率响应
fsamp2()	运用频率采样设计二维 FIR 滤波器
ftrans2()	运用频率转换设计二维 FIR 滤波器
fwind1()	运用一维窗函数法设计二维 FIR 滤波器
fwind2()	运用二维窗函数法设计二维 FIR 滤波器

表 25-6　二进制图像的操作

函数	说明
applylut()	运用查找表进行邻域运算
bwarea()	计算二进制图像中物体的面积
bweuler()	计算二进制图像的 Euler 数
bwfill()	填充二进制图像的背景区域
bwlabel()	标识二进制图像中的相连成分
bwmorph()	二进制图像的形态运算
bwperim()	确定二进制图像中物体的边界长
bwselect()	选择二进制图像中的物体
dilate()	二进制图像的膨胀
erode()	二进制图像的腐蚀
makelut()	构造 applylut()函数所要使用的查找表

表 25-7　颜色的操作

函数	说明
brighten()	修改调色板，使现有的图像变亮或变暗
cmpermute()	重新排列调色板上的颜色
cmunique()	寻找符合图像的独特的调色板颜色
colormap()	设置或获取颜色查找表
imapprox()	由较少颜色的图像近似索引图像
rgbplot()	绘制 RGB 颜色成分图

表 25-8　邻域和分块处理

函数	说明
bestblk()	选择块处理的块尺寸
blkproc()	图像实施不同的块处理
col2im()	重新排列矩阵列以形成图像
colfilt()	局部非线性滤波
im2col()	重新排列图像形成列矢量
nifilter()	进行一般的邻域滤波

表 25-9　基于区域的处理

函数	说明
roicolor()	根据颜色选择要处理的区域
roifill()	在任意区域内平滑插值
roifilt2()	对所选区域进行滤波
roipoly()	选择所要处理的多边形区域

表 25-10　图像分析

函数	说明
edge()	灰度图像边缘检测
qtdecomp()	执行四叉树分解
qtgetblk()	获取四叉树分解中的块值
qtsetblk()	设置四叉树分解中的块值

表 25-11　几何操作

函数	说明
imcrop()	图像裁剪
imresize()	图像大小调整
imrotate()	图像旋转
imterp2()	二维数据插值

表 25-12　图像类型转换

函数	说明
dither()	图像抖动
gray2ind()	将灰度图像转换为索引图像
grayslice()	通过阈值将灰度图像转换为索引图像
im2bw()	将图像转换为黑白图像
ind2gray()	将索引图像转换为灰度图像

续表

函数	说明
ind2rgb()	将索引图像转换为 RGB 图像
isbw()	判断是否为二进制图像
isgray()	灰度图像判断
isind()	索引图像判断
isrgb()	RGB 图像判断
mat2gray()	将矩阵转换为灰度图像
rgb2gray()	将 RGB 图像或位图转换为灰度图像
rgb2ind()	将 RGB 图像转换为索引图像

表 25-13　工具箱优先权

函数	说明
iptgetpref()	返回图像处理工具箱的特性值
iptsetpref()	设置图像处理工具箱的特性值

表 25-14　滑动显示

函数	说明
ips001()	钢球的区域标定
ips002()	基于特性的逻辑运算
ips003()	非均匀照明的修正

25.1.2　MATLAB 可操作的图像文件

图像文件目前有两种类型，一种是位图图像文件，另一种是矢量图像文件。

1. 位图图像文件

位图图像文件又称光栅图图像文件，以矩阵的形式描述图像，广泛用于各种图像处理的文件格式中，无论图像压缩与否，描述的出发点都是图像的每一个像素（由数字化过程的采样来决定）。这种文件的特点是对图像像素进行直接表示，因此图像成了一个一个孤立的点，此外图像的数据量也特别大。

2. 矢量图像文件

矢量图像文件具有抽象描述的特点，它只描述高层的图像信息，在使用中需要翻译成图像。如动画领域使用的 TGA 格式、计算机辅助技术（Computer Aided Design，CAD）领域的 DXF 格式的图像文件等。图像中的矢量信息可以是点、线、面、体等，多用于计算机图形学中表示图像。在图像分析、模式识别以及计算机视觉中，用这种表达方式也有明显的优势。这种文件的特点是描绘了图像中的信息，文件数据量也小。但是当图像的细节比较多时，描述的复杂度提高、数据量迅猛增长。

这两种图像文件用不同的图像格式存储，使用技术称为“图像编码”。图像编码是图像处理中一个重要且很有吸引力的研究领域。

25.1.3　图像和图像数据

图像是指由输入设备输入的自然景观画面等，或以数字化形式存储的任意画面，也可以说是用数值表示的各像素的灰度值的集合。对于真实世界的图像一般由图像上每一点光的强弱和频谱（颜色）来表示，把图像信息转换成数据信息时，须将图像分解为很多小区域，这些小区域称为像素，每个像素的值可以量化为 4 位（0～15 等级）或 8 位（0～255 等级），表示该点的亮度，这些等级称为灰度。可以用一个数值来表示图像的灰度，对于彩色图像常用红、绿、蓝三原色分量表示。顺序地抽取每一个像素的信息，就可以用一个离散的阵列来代表一幅连续的图像。

25.1.4　图像处理工具箱所支持的图像类型

掌握 MATLAB 支持的图像类型是学好图像处理的基本要求。MATLAB 主要支持索引图像、RGB 图像、二进制图像、灰度图像及多帧图像。下面介绍它们的含义。

1. 索引图像

索引图像包括图像矩阵与颜色图数组。其中，颜色图数组是指按图像中颜色值进行排序后的数组。对于每个像素，图像矩阵包含一个值，这个值就是颜色图数组中的索引。颜色图为 $m \times 3$ 的双精度值矩阵，各行分别指定红（R）、绿（G）、蓝（B）单色值，且 R、G、B 均为值域[0,1]上的实数值。

2. RGB 图像

与索引图像一样，RGB 图像也是分别以红、绿、蓝 3 个色度值为一组，代表每个像素的颜色。与索引图像不同的是，这些色度值直接存放在图像数组中，而不是存放在颜色图数组中。

3. 二进制图像

在二进制图像中，每个点为两个离散值中的一个，这两个值代表开或关。二进制图像保存在一个二维的由 0（关）和 1（开）组成的矩阵中，从另一个角度讲，二进制图像可以看作仅包含黑色与白色的特殊灰度图像，也可看作仅有两种颜色的索引图像。

4. 灰度图像

在 MATLAB 中，灰度图像是保存在一个矩阵中的，矩阵中的每一个元素代表一个像素。矩阵可以是双精度类型，其值域为[0,1]；也可以是 uint8 类型，其值域为[0,255]。矩阵的每一个元素代表不同的亮度或灰度级，其中，亮度为 0 表示黑色，亮度为 1（或者 uint8 类型的 255）则表示白色。

5. 多帧图像

多帧图像是一种包含多幅图像或帧的图像文件，又称为多页图像或图像序列。在 MATLAB 中，它是一个四维数组。其中，第 4 维用来指定帧的序号。

在一个多帧图像数组中，每一幅图像必须有相同的大小和颜色分量，每一幅图像还要使用相同的调色板。另外，图像处理工具箱中的许多函数（如 imshow()）只能对多帧图像矩阵的前两维或三维进行操作，也可以对四维数组使用这些函数，但是必须单独处理每一帧。如果将一个数组传递给一个函数，并且数组的维数超过该函数设计的操作维数，那么得到的结果是不可预知的。

25.1.5　图像文件的读写和查询

1. 图像文件的读写

MATLAB 提供了两种常用的用于图像文件读写的函数，分别是 imread()函数和 imwrite()函数。imread()函数用于从图像文件中读取数据，imwrite()函数则是用于将数据写回图像文件中。下面分别仅对常见的调用格式进行介绍。imread()函数常用的调用格式如下。

```
A=imread(filename,fmt)
```

将文件名指定的图像文件读入 A，如果读入的是灰度图像则返回 $m \times n$ 的矩阵；如果读入的是彩色图像，则返回 $m \times n \times 3$ 的矩阵。fmt 为代表图像格式的字符串。

```
[X,map]=imread(filename,fmt) %将文件名指定的索引图像读入矩阵 X，返回色图到 map
```

imwrite()函数常用的调用格式如下。

```
imwrite(A,filename,fmt)  %将 A 中的图像按 fmt 指定的格式写入 filename 文件中
imwrite(X,map,filename,fmt)  %将矩阵 X 中的索引图像及其色图按 fmt 指定的格式写入 filename 文件中
imwrite(…,filename)  %根据 filename 的扩展名推断图像文件格式，并写入 filename 文件中
```

2. 图像文件的查询

在 MATLAB 中，使用函数 imfinfo()能够获得图像处理工具箱所支持的任何格式的图像文件的

信息，其调用格式如下。

```
info=imfinfo(filename,fmt)
info=imfinfo(filename)
```

函数 imfinfo()返回一个结构体 info，其中包括了图像的文件信息，filename 是一个图像文件名的字符串，fmt 是一个图像文件格式的字符串。

通过此函数获得的信息与图像文件的类型有关，至少包含以下一些内容。

- Filename——文件名。
- FileModDate——文件最后修改时间。
- FileSize——文件大小，以字节为单位。
- Format——文件格式。
- FormatVersion——文件格式的版本号。
- Width——图像的宽度，以像素为单位。
- Height——图像的高度，以像素为单位。
- BitDepth——每个像素的位数。
- ColorType——颜色类型。

例 25.1 imfinfo()函数的应用示例。

```
>> info=imfinfo('canoe.tif')
info = '
Filename: 'D:\matlab2\toolbox\images\imdemos\canoe.tif'
FileModDate: '04-Dec-2000 21:57:56'
FileSize: 69708
Format: 'tif'
FormatVersion: []
Width: 346
Height: 207
BitDepth: 8
ColorType: 'indexed'
FormatSignature: [73 73 42 0]
ByteOrder: 'little-endian'
NewSubfileType: 0
BitsPerSample: 8
Compression: 'PackBits'
PhotometricInterpretation: 'RGB Palette'
StripOffsets: [9x1 double]
SamplesPerPixel: 1
RowsPerStrip: 23
StripByteCounts: [9x1 double]
XResolution: 72
YResolution: 72
ResolutionUnit: 'Inch'
Colormap: [256x3 double]
PlanarConfiguration: 'Chunky'
TileWidth: []
TileLength: []
TileOffsets: []
TileByteCounts: []
Orientation: 1
FillOrder: 1
GrayResponseUnit: 0.0100
MaxSampleValue: 255
MinSampleValue: 0
Thresholding: 1
```

25.1.6 MATLAB 图像类型转换

针对索引图像、RGB 图像、二进制图像、灰度图像及多帧图像这些不同类型的图像，MATLAB

提供了一些相互转换的功能函数，具体如下。

- 通过颜色抖动，把 RGB 图像转换成索引图像或把灰度图像转换成二进制图像。

```
X=dither(RGB,map)
X=dither(RGB,map,Qm,Qe)
BW=dither(I)
```

其中 RGB 是分析的 RGB 图像；map 是分析的颜色图像；Qm 对于转换颜色图，指定了沿每个色彩轴的量化位数，默认为 5；Qe 指定了颜色空间误差计算的量化位数，默认为 8，若 Qe<Qm，则抖动不能执行；I 为灰度图像矩阵；BW 为二进制图像。

- 将灰度图像转换成索引图像。

```
[X,map]=gray2ind(I,n)
[X,map]=gray2ind(BW,n)
```

I 是分析的图像；n 是 1～65536 的整数，默认值为 64，决定索引图像的灰度级；BW 是分析的二进制图像。

- 将索引图像转换成灰度图像。

```
I=ind2gray(X,map)
```

X 是分析的索引图像，可以是 uint8 或双精度类型；map 是索引图像的颜色图；I 返回索引图像。

- 将 RGB 图像或颜色图像转换为灰度图像。

```
I=rgb2gray(RGB)
newmap=rgb2gray(map)
```

RGB 是分析的 RGB 图像；map 是分析的颜色图像；I 和 newmap 返回灰度图像

- 将 RGB 图像转换成索引图像。

```
[X,map]=rgb2ind(RGB,tol)
[X,map]=rgb2ind(RGB,n)
X=rgb2ind(RGB,map)
[…]=rgb2ind(…,dither_option)
```

RGB 是分析的 RGB 图像；tol 是 0～1 的数，决定了转换后索引图像的颜色数目；n 是 1～65536 的整数；map 是索引图像的颜色图；dither_option 是颜色抖动开关，该参数可以提高颜色分辨率，但同时降低了空间分辨率；X 返回索引图像。

- 将索引图像转换成 RGB 图像。

```
RGB=ind2rgb(X,map)
```

X 是输入的矩阵（uint8 或双精度类型）；map 是矩阵对应的颜色图。

- 利用阈值将一个图像转换为二进制图像。

```
BW=im2bw(I,level)
BW=im2bw(X,map,level)
BW=im2bw(RGB,level)
```

I 是灰度图像；X 是索引图像；RGB 是 RGB 图像；level 是阈值范围（[0,1]）；BW 返回二进制图像。

- 利用多层阈值产生一个索引图像。

```
X=grayslice(I,n)
X=grayslice(I,v)
```

n 构成阈值 $1/n, 2/n, \ldots, (n-1)/n$；$\boldsymbol{v}$ 为一个元素值在[0,1]上的向量，构成阈值；***X*** 返回索引图像。

- 将矩阵转换成灰度图像。

```
I=mat2gray(A,[amin amax])
I=mat2gray(A)
```

I 是灰度图像；***A*** 是图像矩阵；amin 和 amax 是 I 中对应于 0 和 1 的值。

下面这个例子，对不同类型的图像进行相互转换。

例 25.2 不同类型的图像进行相互转换。

```
%原始索引图像
load trees
I=ind2gray(X,map)
figure(1)
subplot(2,2,1);
imshow(X,map);
title('索引图像')
subplot(2,2,2);
imshow(I);
title('转换后的灰度图像')
%原始 RGB 图像
RGB=imread('peppers.png');
[XX,map]=rgb2ind(RGB,128);
figure(2);
subplot(2,2,1);
imshow(RGB);
title('RGB 图像')
subplot(2,2,2);
imshow(XX,map);
title('转换后的索引图像')
%原始索引图像
load trees
BW=im2bw(X,map,0.4);
figure(3);
subplot(2,2,1);
imshow(X,map);
title('索引图像')
subplot(2,2,2);
imshow(BW);
title('转换后的二进制图像')
```

索引图像与灰度图像之间的转换结果如图 25-1 所示，读者还可以通过在工作区中查看各种图像的数据结构。

RGB 图像与索引图像之间的转换结果如图 25-2 所示。

索引图像与二进制图像之间的转换结果如图 25-3 所示。

图 25-1 索引图像与灰度图像之间的转换结果

图 25-2 RGB 图像与索引图像之间的转换结果

图 25-3 索引图像与二进制图像之间的转换结果

25.2 图像处理

本节介绍图像处理相关内容，包括图像的灰度变换与直方图、图像的增强滤波、图像的空间变换、图像边缘检测与分割。

25.2.1 图像的灰度变换与直方图

图像的灰度变换在图像处理中有着很重要的作用，是一种常用的、有效的分析手段，变换的目的在于使图像处理问题简化，有利于图像的特征提取，有助于从概念上加强对图像信息的理解。包括线性灰度变换、分段线性灰度变换、非线性灰度变换。

1. 线性灰度变换

线性灰度变换是将输入图像灰度值的动态范围按线性关系公式拉伸、扩展至指定范围或整个动态范围。可突出感兴趣的目标，抑制不感兴趣的目标。在实际运算中，原图像 $f(x,y)$ 的灰度范围为 $[a,b]$，使变换后的图像 $g(x,y)$ 的灰度范围扩展为 $[c,d]$，则可以使用给出的线性变换公式来实现：

$$g(x,y)=\frac{d-c}{b-a}[f(x,y)-a]+c$$

线性灰度变换对图像每个灰度范围进行线性拉伸，将有效地改善图像的视觉效果。

例 25.3　线性灰度变换示例。

程序如下。

```
A=imread('F:\test\meiguihuidu.png')
B=imadjust(A,[0.1,0.8],[0,1])
imwrite(B,'F:\test\race.png')
subplot(2,2,1);imshow(A);
subplot(2,2,2);imshow(A);
subplot(2,2,3);imshow(B);
subplot(2,2,4);imshow(B);
```

线性灰度变换结果如图 25-4 所示。

2. 分段线性灰度变换

为了突出图像中感兴趣的目标或者区间，相对抑制那些不感兴趣的灰度区间，而不牺牲其他灰度级上的细节，可以采用分段线性法。将需要的图像细节灰度级拉伸，增强对比度，将不需要的图像细节灰度级压缩。常采用三段线性变换法，其数学表达式为：

$$g(x,y)=\begin{cases}\dfrac{c}{a}f(x,y) & 0\leqslant f(x,y)\leqslant a\\ \dfrac{d-c}{b-a}[f(x,y)-a]+c & a<f(x,y)\leqslant b\\ \dfrac{f-d}{e-b}[f(x,y)-b] & b<f(x,y)\leqslant e\end{cases}$$

图 25-4　线性灰度变换结果

图像对灰度区间 $[a,b]$ 进行了线性扩展，而灰度区间 $[0,a]$ 和 $[b,e]$ 受到了压缩。通过调整折线拐点的位置和控制直线的斜率，可对任意灰度区间进行扩展和压缩。

3. 非线性灰度变换

除了分段折线式变换，也可以用数学上的非线性函数进行变换，如平方、指数及对数等，但是其中有实际意义的还是对数变换。对数变换的一般公式为：

这里的 a、b、c 是为了调整曲线的位置和形状而引入的参数。对数变换常用来扩展低值灰度、压缩高值灰度，这样可使低值灰度的图像细节更容易看清。

例 25.4　对图像进行对数变换。

程序如下。

```
A=imread('rice.png');
B=double(A);
H=(log(B+1))/10;
subplot(2,2,1);imshow(A);
subplot(2,2,2);imhist(A);
```

```
subplot(2,2,3);imshow(H);
subplot(2,2,4);imhist(H);
```

变换后的结果如图 25-5 所示。

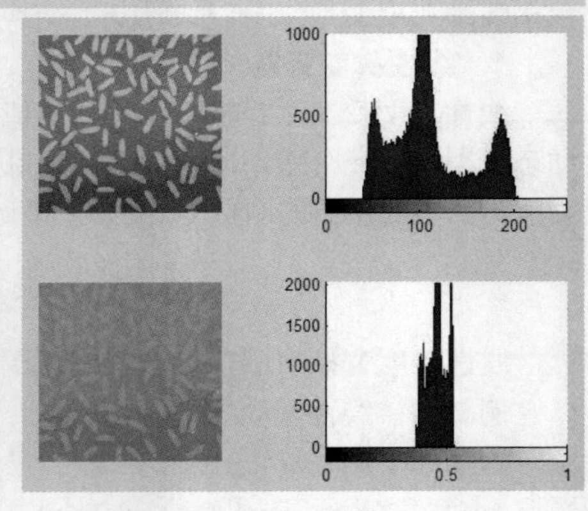

图 25-5 变换后的结果（1）

4. **直方图均衡化**

在介绍直方图均衡化之前，先了解一下什么是图像的直方图。按照随机过程理论，图像是一个随机场，也具有相应的随机特性。其中，最重要的之一就是灰度密度函数，因为无法做到精确到图像的灰度密度函数，所以实际工作中通常使用数字图像的直方图来代替。图像的直方图是图像的重要统计特征，用来表示数字图像中每一灰度级与该灰度级出现的频数间的统计关系。用横坐标表示灰度级、纵坐标表示频数。按照直方图的定义可表示为：

$$P(r_k)=\frac{n_k}{N}$$

其中，N 表示一幅图像的总像素数；n 是第 k 级灰度的像素数；r 表示第 k 个灰度级；$P(r_k)$表示该灰度级出现的相对频数。直方图可以给出图像的灰度范围、灰度级的分布、整幅图像的平均亮度等图像的大致描述，但是不能给出完整的描述；一幅图像对应于一个直方图，但是一个直方图不一定只对应一幅图像，几幅图像只要灰度分布密度相同，那么它们的直方图也是相同的。

直方图均衡化处理的“中心思想”，是把原始图像的灰度直方图从比较集中的某个灰度区间变成在全部灰度范围内的均匀分布。直方图均衡化就是对图像进行非线性拉伸，重新分配图像像素，使一定灰度范围内的像素数量大致相同。直方图均衡化就是把给定图像的直方图分布改变成“均匀”分布直方图分布。下面讲解如何进行直方图均衡化，首先来了解所需的相关函数。

MATLAB 图像处理工具箱提供了用于直方图均衡化的函数 histep()，其调用格式如下。

```
J=histep(I,hgram)
```

其功能是将原始图像 I 的直方图变换成用户指定的向量 hgram，hgram 中的各元素的值域为[0,1]。

```
J=histep(I,n)
```

其功能是指定直方图均衡化后的灰度级数 n，默认值为 64。

```
[J,T]=histep(I,…)
```

其功能是返回能将图像 I 的灰度直方图变换成图像 J 的直方图的变换 T。

```
newmap=histep(X,map,hgram)
newmap=histep(X,map)
[newmap,T]=histep(X,…)
```

其功能是针对索引图像调色板的直方图均衡化，其他与上面相同。

例 25.5 对图像进行直方图均衡化的程序示例。

程序如下。

```
f=imread('rice.png')
subplot(2,2,1);imshow(f)
subplot(2,2,2);imhist(f)
g=histep(f,256)
subplot(2,2,3);imshow(g)
subplot(2,2,4);imhist(g)
```

变换后的结果如图 25-6 所示。

25.2.2　图像的增强滤波

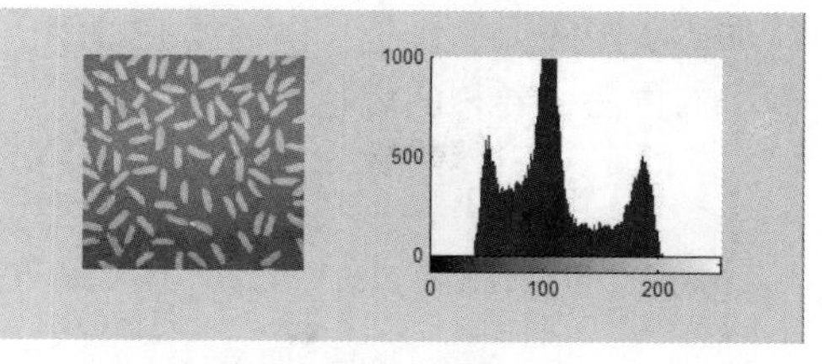

图 25-6　变换后的结果（2）

图像增强是指按特定的需要突出一幅图像中的某些信息，通过减弱或除去某些不需要的信息，以提高图像的质量。具体来说，图像增强是指对图像的某些特征，如边缘、轮廓及对比度等进行强调或锐化，其目的是改善图像的视觉效果，针对给定图像的应用场合，有目的地强调图像的整体或局部特征，使图像中不同物体特征之间的差别扩大，以满足某些特殊分析的需要。

通过对原图像附加一些信息或变换数据可实现图像增强。通过采取适当的图像增强处理方法，可以将原本模糊不清甚至根本无法分辨的原始图像处理成清楚、明晰且富含大量有用信息的可使用图像。图像增强的方法可分为空域方法和频域方法两大类。其中，空域方法是直接对图像的像素灰度值进行操作；频域方法是在图像变换域中，对图像的变换值进行操作，然后经逆变换获得所需的增强结果。

1. 对比度增强

对比度指的是一幅图像中明暗区域最亮的白和最暗的黑之间不同亮度层级的测量，即指一幅图像灰度反差的大小。所以，通过图像的灰度变换可实现对比度的增强。灰度变换原理是：灰度变换是一种空域处理方法，其本质是按一定的规则修改每个像素的灰度，从而改变图像的动态范围，实现期望的增强效果。相关函数包括以下两种。

（1）imhist()函数。MATLAB 图像处理工具箱提供了 imhist()函数来计算和显示图像的直方图，其调用格式如下。

```
imhist(I,n)
```

其功能是计算和显示灰度图像 I 的直方图，n 为指定的灰度级数目，对于灰度图像其默认值是 256，对于黑白二值图像，n 的默认值是 2。

```
imhist(X,map)
```

其功能是计算和显示索引图像 X 的直方图，map 为调色板。

```
[counts,x]=imhist(…)
```

其功能是返回直方图数据向量 counts 或相应的色彩值向量 $\boldsymbol{x}$。

（2）imadjust()函数。MATLAB 图像处理工具箱中提供的 imadjust()函数，可以实现图像的灰度变换，使图像对比度增强，其调用格式如下。

```
J=imadjust(I,[low,high],[buttom,top],gamma)
```

其功能是返回图像 I 经过直方图调整后的图像 J。[low,high]为原图像中要变换的灰度范围，[buttom,top]为指定变换后的灰度范围，两者默认值均为[0,1]。gamma 为矫正量，其取值决定了输入图像到输出图像的灰度映射方式，即决定了增强低灰度还是增强高灰度。如果 gamma 等于 1，则为线性变换；如果 gamma 小于 1，那么映射将会对图像的像素值加权，使输出像素值比原来大；如果 gamma 大于 1，那么映射加权后的灰度值比原来小。

```
newmap=imadjust(map,[low,high],[buttow,top],gamma)
```

其功能是调整索引图像的调色板 map，此时若[low,high]、[buttow,top]都是 2×3 阶矩阵，则根据它们的值分别调整 R、G、B 这 3 个分量。

2. 空域滤波增强

空域滤波增强可分为空域高通滤波和空域低通滤波。

（1）空域高通滤波。

图像中的边缘或线条等细节部分与图像频谱中的高频成分相对应。依次采用高通滤波的方法让高频分量顺利通过，使低频分量受到抑制，就可以增强高频的成分，使图像的边缘或线条变得清晰，实现图像的锐化。高通滤波可用空域或频域法来实现。在空域实现高通滤波通常使用离散卷积的方法，卷积的表达式为：

$$g(m_1,m_2)=\sum_{n1}\sum_{n2}f(n_1,n_2)H(m_1-n_1+1,m_2-n_2+1)$$

式中，输出图像 $g(m1,m2)$是 $M\times M$ 方阵，输入图像 $f(n1,n2)$是 $N\times N$ 方阵，冲击响应 $\boldsymbol{H}$ 是 $L\times L$ 方阵。

（2）空域低通滤波。

图像经过傅里叶变换后，噪音频谱经过傅里叶变换后，噪音频谱一般位于空间频率较高的区域内。因此，可以通过低通滤波的方法使高频成分受到抑制，而使低频成分顺利通过，从而实现平滑图像。与高通滤波相同，在空域中实现低通滤波采用离散卷积的方法：

$$g(m_1,m_2)=\sum_{n1}\sum_{n2}f(n_1,n_2)H(m_1-n_1+1,m_2-n_2+1)$$

低通滤波与高通滤波的不同是冲击响应方阵，下面列出几种用于平滑噪音的低通形式方阵 $\boldsymbol{H}$：

$$\boldsymbol{H}_1=\frac{1}{9}\begin{pmatrix}1&1&1\\1&1&1\\1&1&1\end{pmatrix},\boldsymbol{H}_2=\frac{1}{10}\begin{pmatrix}1&1&1\\1&2&1\\1&1&1\end{pmatrix},\boldsymbol{H}_3=\frac{1}{16}\begin{pmatrix}1&2&1\\2&4&2\\1&2&1\end{pmatrix}$$

这些方阵都被进行归一化处理，以免在处理过的图像中引起亮度出现偏置的现象。

（3）频域增强。

频域增强是利用图像变换的方法将原来图像空间中的图像以某种形式转换到其他空间中，然后利用该空间的特有性质方便地进行图像处理，最后在转换回来的图像空间中，得到处理后的图像。频域增强的主要步骤有以下 3 步。

- 选择变换方法，将输入图像变换到频域空间。
- 在频域空间中，根据处理目的设计一个转移函数并进行处理。
- 将所有结果通过反变换实现图像增强。

其常用方法有低通滤波和高通滤波，下面分别进行介绍。

① 低通滤波。

图像在传递过程中，由于噪声主要集中在高频部分，为去除噪声改善图像质量，滤波器采用低通滤波器 `H(u,v)` 来抑制高频成分、通过低频成分，然后进行逆傅里叶变换获得滤波图像，就可以达到平滑图像的目的。由卷积定理，低通滤波表达式为：

```
G(u, v)=F(u, v)H(u, v)
```

式中，`F(u,v)` 为含有噪声的图像的傅里叶变换域，`H(u,v)` 为传递函数，`G(u,v)` 为经低通滤波后输出图像的傅里叶变换。

常用的频率域低通滤波器 `H(u,v)` 有 4 种，即理想低通滤波器、巴特沃斯（Butterworth）低通滤波器、指数低通滤波器及梯形低通滤波器。

② 高通滤波。

图像的边缘、细节主要位于高频部分，而图像模糊是由于高频成分比较弱而导致的。采用高通滤波器可以对图像进行锐化处理，是为了消除模糊、突出边缘。因此，应采用高通滤波器让高频成分通过，使低频成分削弱，再经过逆傅里叶变换得到边缘锐化的图像，常用的高通滤波器包括理想高通滤波器、Butterworth 高通滤波器、指数高通滤波器及梯形高通滤波器。

25.2.3 图像的空间变换

为了快速有效地对图像进行处理和分析，常常需要将原定义在图像空间的图像以某种形式转换到另外一些空间，并利用这些空间特有的性质方便地进行一定的加工，最后在转换回图像空间以得到需要的效果。这种使图像处理简化的方法通常是对图像进行变换。图像变换技术在图像增强、图像恢复及有效地减少图像数据、进行数据压缩与特征提取等方面都有着十分重要的作用。本节主要对应用非常多的傅里叶变换、DCT、Radon 变换进行简要的介绍。

1. MATLAB 提供的快速傅里叶变换函数

在 MATLAB 中，提供了 fft()函数、fft2()函数及 fftn()函数分别用于进行一维离散傅里叶变换（Discrete Fourier Transform，DFT）、二维 DFT 及 *N* 维 DFT 的快速傅里叶变换；ifft()函数、ifft2()函数及 ifftn()函数分别用于进行一维 DFT、二维 DFT 及 *N* 维 DFT 的快速傅里叶反变换。下面具体介绍。

（1）fft2()函数。

该函数用于计算二维快速傅里叶变换，其调用格式如下。

- B=fft2(I)：返回图像 `I` 的二维 `fft` 变换矩阵，输入图像 `I` 和输出图像 `B` 大小相同。
- B=fft2(I,m,n)：通过对图像 `I` 剪切或补零，按用户指定的点数计算 `fft`，返回矩阵 `B` 的大小为 `m×n`。很多 MATLAB 图像显示函数无法显示复数图像，为了观察图像进行傅里叶变换后的结果，应对变换后的结果求模，方法是对变换结果调用 abs()函数。

（2）fftn()函数。

该函数用于计算 *N* 维傅里叶变换，其调用格式如下。

- B=fftn(I)：计算图像的 *N* 维傅里叶变换，输出图像 `B` 与输入图像 `I` 大小相同。
- B=fftn(I,size)：函数通过对图像 `I` 剪切或补零，按 `size` 指定的点数计算给定矩阵的 *N* 维傅里叶变换，返回矩阵 `B` 的大小也是 `size`。

（3）fftshift()函数。

该函数是用于将变换后图像频谱中心从矩阵的原点移到矩阵的中心，其调用格式如下。

B=fftshift（I）：可以用于调整 fft()、fft2()及 fftn()的输出结果。对于向量，`fftshift(I)`将 `I` 的左右两半交换位置；对于矩阵 `I`，`fftshift(I)`将 `I` 的一、三象限和二、四象限进行互换；对于高维矢量，`fftshift（I）`将矩阵各维的两半进行互换。

2. 二维傅里叶变换的 MATLAB 实现

下面举例说明傅里叶变换的实现语句 B=fft2(A)，该语句执行对矩阵 `A` 有二维傅里叶变换。

例 25.6　给出一幅图像（saturn2.tif），其傅里叶变换程序如下。

```
figure(1);
load imdemos saturn2;
imshow(saturn2);
figure(2);
B=fftshift(fft2(saturn2));
imshow(log(abs(B)),[]),colormap(jet(64)),colorbar;
```

原始图像如图 25-7 所示，变换后的图像如图 25-8 所示。

图 25-7　原始图像（1）

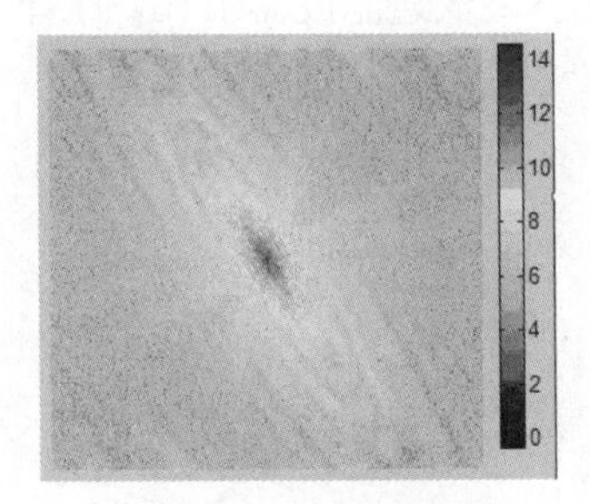

图 25-8　变换后的图像

下面举例说明傅里叶变换在图像处理中的应用。

例 25.7 生成大小为 100×100 的图像，然后分别进行平移的 DFT 和不平移的 DFT。

```
X=ones(100,100);
X(35:75,45:75)=0
figure(1)
imshow(X,'notruesize');
F=fft2(X);
F1=abs(F);
figure(2)
imshow(F1);
F2=fftshift(F1);
figure(3)
imshow(F2);
```

原始图像如图 25-9 所示，原始图像的频谱如图 25-10 所示，平移后的频谱如图 25-11 所示。

图 25-9 原始图像（2）

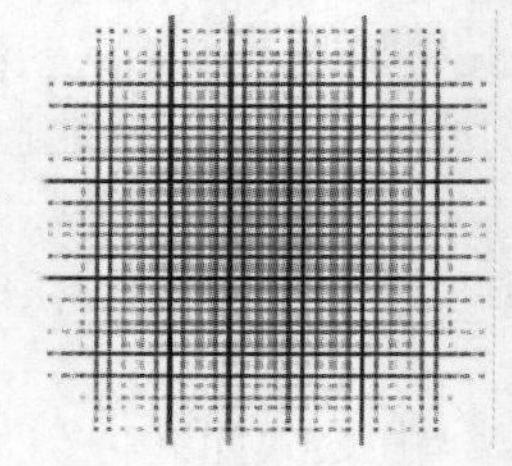

图 25-10 原始图像的频谱

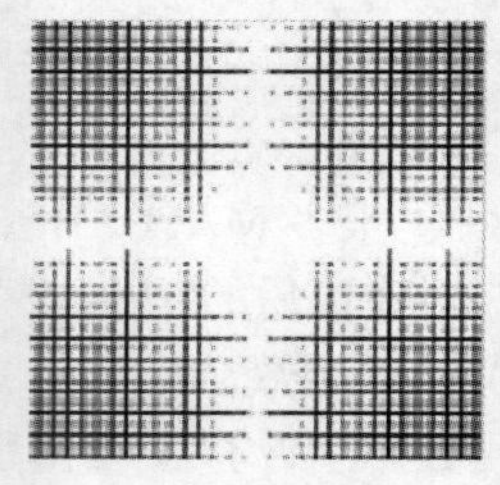

图 25-11 平移后的频谱

3. 离散余弦变换

离散余弦变换（Discrete Cosine Transform，DCT）是与傅里叶变换相关的一种变换，它类似于 DFT，但是只是用实数。DCT 相当于一个长度大概是它两倍的 DFT，这个 DFT 是对一个实偶函数进行的，在有些变换中需要将输入或者输出的位置移动半个单位。

在 MATLAB 中，实现 DCT 的函数为 dct()，其逆变换函数为 idct()。相关函数的调用格式如下。

- y=dct(x)：一维快速 DCT，***x*** 为一个向量，结果 ***y*** 为相等大小的向量。
- B=dct2(A)：二维快速 DCT，***A*** 为一个矩阵，结果 ***B*** 为相等大小的实值矩阵。
- x=idct(y)：一维快速逆 DCT，***x*** 为一个向量，结果 ***y*** 为相等大小的向量。
- B=idct2(A)：二维快速逆 DCT，***A*** 为一个矩阵，结果 ***B*** 为相等大小的实值矩阵。

例 25.8 计算输入图像分为 8×8 块的二维 DCT，将每块的 DCT 64 个系数只留下 10 个（其余的设置为 0），然后通过对每块进行逆变换重建图像。本例中使用了变换矩阵运算。

```
I=imread('cameraman.tif');
I=im2double(I);
T=dctmtx(8);
B=blkproc(I,[8 8],'P1*x*P2',T,T');
mask=[1 1 1 1 0 0 0 0
      1 1 1 0 0 0 0 0
      1 1 0 0 0 0 0 0
      1 0 0 0 0 0 0 0
      0 0 0 0 0 0 0 0
      0 0 0 0 0 0 0 0
      0 0 0 0 0 0 0 0
      0 0 0 0 0 0 0 0];
B2=blkproc(B,[8 8],'P1.*x',mask);
I2=blkproc(B2,[8 8],'P1*x*P2',T,T');
subplot(1,2,1)
imshow(I)
subplot(1,2,2)
imshow(I2)
```

从图 25-12 可以看出，尽管变换后的图像质量比原来差了一些，而且 85%的 DCT 系数都被压缩了，但是图像本身仍然是可以辨识的。

4. Radon 变换

在医学图像中，往往要通过对某个切面做多个 X 射线投影，来获得切面的结构图形，这就是图像重建。图像重建的方法很多，但实际上，当人们处理二维或三维投影数据时，真正有效的重建算法都是以 Radon 变换和 Radon 逆变换作为数学基础。因此，对这种变换算法和快速算法的研究在医学影像中有着特殊的意义。

图像处理工具箱提供 radon()函数来计算图像沿着指定方向上的投影，其调用格式如下。

[R,xp]=radon(I,theta)：其中 I 为输入图像，theta 为指定角度的向量。

例 25.9 图像 Radon 变换与重建示例。

```
P=phantom(256);
imshow(P)
theta1=0:10:170;[R1,xp]=radon(P,theta1);
theta2=0:5:175;[R2,xp]=radon(P,theta2);
theta3=0:2:178;[R3,xp]=radon(P,theta3);
figure,imagesc(theta3,xp,R3);colormap(hot);colorbar;
xlabel('\theta');ylabel('\prime');
I1=iradon(R1,10);
I2=iradon(R2,5);
I3=iradon(R3,2);
figure;subplot(131);imshow(I1);
subplot(132);imshow(I2);
subplot(133);imshow(I3);
```

原始的 Shepp-Logan Head 影像如图 25-13 所示，经 Radon 变换后的图像如图 25-14 所示，3 种经 Radon 变换后重建的图像如图 25-15 所示。

图 25-12 二维 DCT 结果

图 25-13 原始的 Shepp-Logan Head 影像

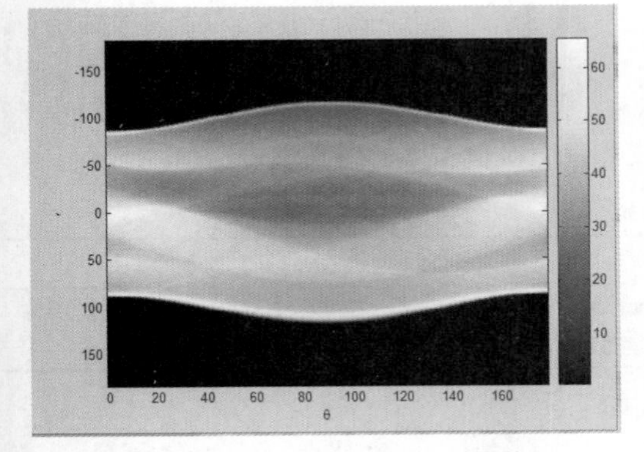

图 25-14 经 Radon 变换后的图像

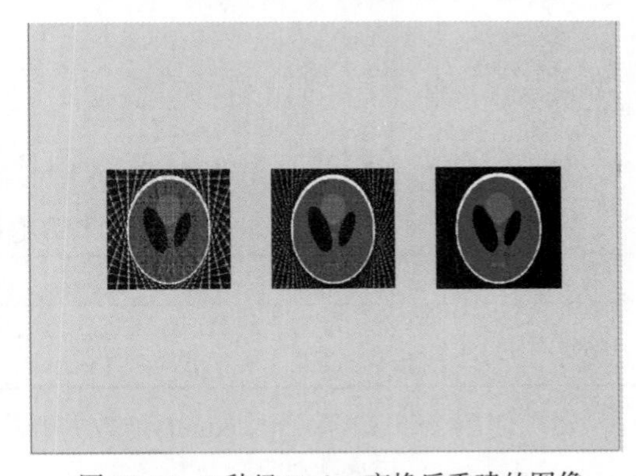

图 25-15 3 种经 Radon 变换后重建的图像

25.2.4 图像边缘检测与分割

图像的边缘检测在图像处理中占据着重要的地位，是实现基于边界的图像分割的基础。在 MATLAB 中，利用图像处理工具箱中的 edge()函数可以实现基于各种算子的边缘检测功能，下面介绍 edge()函数针对不同算子的调用格式，然后引入实例讨论 MATLAB 在图像边缘检测中的作用。

edge()函数的调用格式如下。

```
[g,t]=edge(I,'method'parameters)
```

其中，I 是输入图像，method 是表 25-15 中列出的一种方法，parameters 是后面将要说明的另一个参数。在输出中 g 是一个逻辑数组，其值按照如下决定：在 I 中检测到边缘的位置为 1，在其他位置为 0。参数 t 是可选的，它给出 edge 使用的阈值，以确定哪个梯度值足够大到可以称为边缘点。

表 25-15　函数 edge()中用到的边缘检测器

方法	描述
'roberts'	Roberts 算子
'sobel'	Sobel 算子
'prewitt'	Prewitt 算子
'log'	Log 算子
'zerocross'	零交叉方法
'canny'	Canny 算子

下面介绍 edge()函数使用表 25-15 中的边缘检测器时的详细用法。

（1）使用 Roberts 算子的 edge()函数的调用格式如下。

```
BW=edge(I,'roberts')
BW=edge(I,'roberts',thresh)
[BW,thresh]=edge(I,'roberts',…)
```

其参数含义如表 25-16 所示。

表 25-16　使用 Roberts 算子的 edge()函数的参数的含义

参数	含义
BW	返回与 I 同样大的二值图像，BW 中的 1 表示 I 中的边缘，0 表示非边缘，为 uint8 类型
I	输入灰度图像，可以是 uint8 类型、uint16 类型或 double 类型
thresh	敏感度阈值，进行边缘检测时，它将忽略所有小于阈值的边缘。如果为默认，MATLAB 将自动选择阈值用 Roberts 算子进行边缘检测

（2）使用 Sobel 算子的 edge()函数的调用格式如下。

```
BW=edge(I,'sobel')
BW=edge(I,'sobel',thresh)
BW=edge(I,'sobel',thresh,direction)
[BW,thresh]=edge(I,'sobel',…)
```

其中，BW、thresh、I 与表 25-16 中参数含义相同，其他参数的含义如表 25-17 所示。

表 25-17　使用 Sobel 算子的 edge()函数的参数的含义

参数	含义
direction	在所指定的方向 direction 上，用 Sobel 算子进行边缘检测。direction 可取的字符串为“horizontal”（水平方向）、“vertical”（垂直方向）或“both”（两个方向）

（3）使用 Prewitt 算子的 edge()函数的调用格式如下。

```
BW=edge(I,'prewitt')
BW=edge(I,' prewitt ',thresh)
BW=edge(I,' prewitt ',thresh,direction)
[BW,thresh]=edge(I,' prewitt ',…)
```

其中 BW、thresh、I、direction 与表 25-16 和表 25-17 中参数含义相同。

（4）使用 Log 算子的 edge()函数的调用格式如下。

```
BW=edge(I,'log')
BW=edge(I,' log ',thresh)
```

```
BW=edge(I,' log ',thresh,sigma)
[BW,thresh]=edge(I,' log ',…)
```

其中，BW、thresh、I 与表 25-16 中参数含义相同。sigma 为标准偏差，默认时 sigma 等于 2。滤波器是 n×n 维的，其中 n=ceil(sigma×3)×2-1。

（5）使用 Canny 算子的 edge()函数的调用格式如下。

```
BW=edge(I,'canny')
BW=edge(I,' canny ',thresh)
BW=edge(I,' canny ',thresh,sigma)
[BW,thresh]=edge(I,' canny ',…)
```

其中，BW、thresh、I 与表 25-16 中参数含义相同。

（6）使用零交叉方法的 edge()函数的调用格式如下。

```
BW=edge(I,'zerocross',thresh,h)
[BW,thresh]=edge(I,' zerocross',…)
```

其中，BW、thresh、I 与表 25-16 中含义相同。

例 25.10　以 Sobel 算子进行边缘检测，原图如图 25-16 所示，直方图如图 25-17 所示。

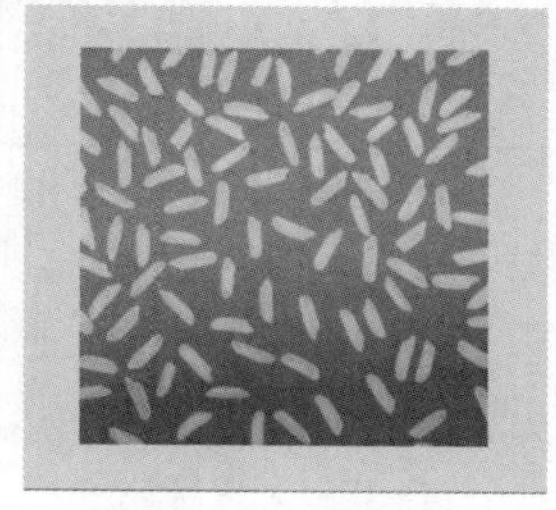

图 25-16　原图

程序如下。

```
clc
clear all
image=imread('rice.png');
imhist(image)                          %显示图像的直方图
image0=edge(image,'sobel');            %自动选择阈值的 Sobel 算子
image1=edge(image,'sobel',0.06);       %指定阈值为 0.06
image2=edge(image,'sobel',0.04);       %指定阈值为 0.04
image3=edge(image,'sobel',0.02);       %指定阈值为 0.02
figure;imshow(image)
figure
xlabel('原图')
subplot(221);imshow(image0)
xlabel('默认门限')
subplot(222);imshow(image1)
xlabel('门限 1')
subplot(223);imshow(image2)
xlabel('门限 2')
subplot(224);imshow(image3)
xlabel('门限 3')
```

运行结果如图 25-18 所示。

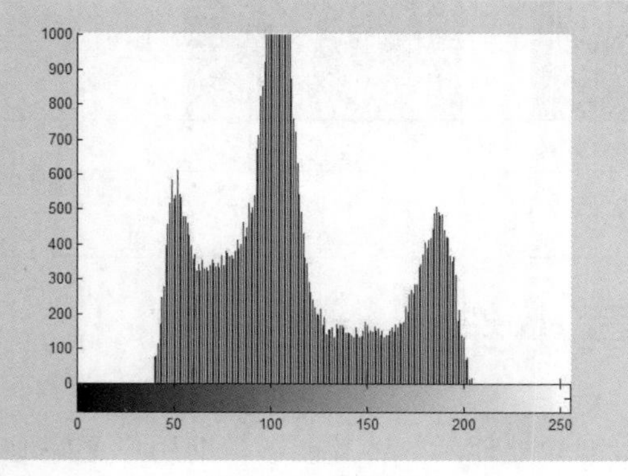

图 25-17　直方图

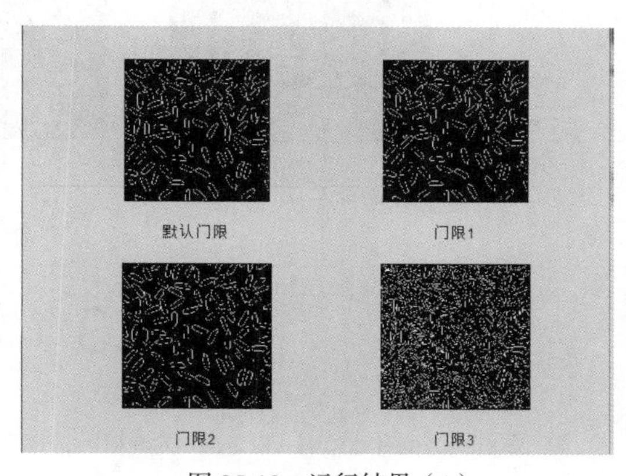

图 25-18　运行结果（1）

从本例可以看出，若要设定临界值，首先要看灰度直方图的分布，寻找其分界的地方为临界值，以本例图像为例，差不多取到 0.06，其边缘效果就已经很明显了。

例 25.11 分别采用 Roberts 算子、Sobel 算子、Prewitt 算子、Log 算子、Canny 算子及零交叉方法检测图像 rice.png 的边缘。

程序如下。

```
I=imread('rice.png');
BW1=edge(I,'sobel');
BW2=edge(I,'roberts');
BW3=edge(I,'prewitt');
BW4=edge(I,'log');
BW5=edge(I,'canny');
BW6=edge(I,'zerocross',[]);
figure,imshow(I)
figure
subplot(3,2,1),imshow(BW1)
xlabel('sobel')
subplot(3,2,2),imshow(BW2)
xlabel('roberts')
subplot(3,2,3),imshow(BW3)
xlabel('prewitt')
subplot(3,2,4),imshow(BW4)
xlabel('log')
subplot(3,2,5),imshow(BW5)
xlabel('canny')
subplot(3,2,6),imshow(BW6)
xlabel('zerocross')
```

运行结果如图 25-19 所示。

图 25-19 运行结果（2）

25.3 本章小结

本章首先介绍了 MATLAB 为用户提供的大量图像处理函数，其能够帮助用户更好地和 MATLAB 处理程序相互交互。此外，本章还对图像处理的具体问题，如图像的灰度变换与直方图、图像的增强滤波、图像的空间变换以及图像边缘检测与分割等内容进行了详细的介绍。